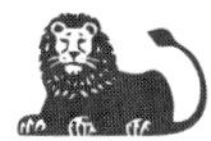

计算机技术开发与应用丛书

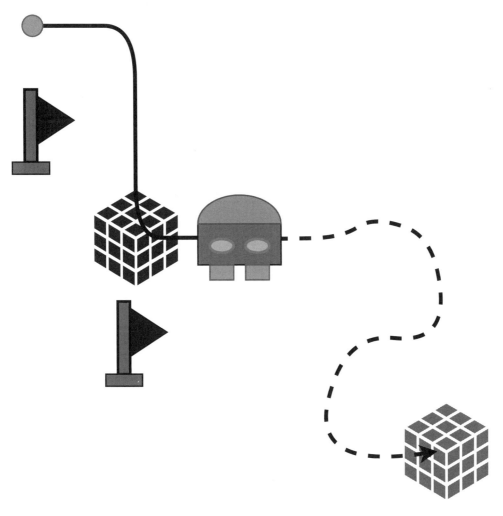

Octave AR应用实战

于红博◎编著

清華大学出版社

北京

内 容 简 介

Octave 为 GNU 项目下的开源软件，旨在解决线性和非线性的数值计算问题。本书全面讲解 AR 技术的理论基础和在行业内的应用，帮助读者尽快掌握 Octave 的应用技巧。

本书共 13 章，涵盖广泛的 AR 技术应用场景，将庞大的 AR 技术分解为可视化技术、计算机视觉、硬件选型、SLAM 算法等方面，分类进行详细讲解，并提供大量实用程序示例，让读者不仅可以在学习过程中减小阻碍，在实际的工程研究中也方便查找，内容覆盖全面。

本书针对零基础的读者，有 VR 方向研发经验的程序设计人员也可以学到很多 Octave 独有的特性。

图书在版编目(CIP)数据

Octave AR 应用实战/于红博编著. —北京：清华大学出版社，2024.1
(计算机技术开发与应用丛书)
ISBN 978-7-302-65263-2

Ⅰ. ①O…　Ⅱ. ①于…　Ⅲ. ①程序设计　Ⅳ. ①TP311.1

中国国家版本馆 CIP 数据核字(2024)第 019903 号

责任编辑：赵佳霓
封面设计：吴　刚
责任校对：刘惠林
责任印制：曹婉颖

出版发行：清华大学出版社
网　　址：https://www.tup.com.cn，https://www.wqxuetang.com
地　　址：北京清华大学学研大厦 A 座　　**邮　　编**：100084
社 总 机：010-83470000　　**邮　　购**：010-62786544
投稿与读者服务：010-62776969，c-service@tup.tsinghua.edu.cn
质量反馈：010-62772015，zhiliang@tup.tsinghua.edu.cn
课件下载：https://www.tup.com.cn，010-83470236
印 装 者：北京同文印刷有限责任公司
经　　销：全国新华书店
开　　本：186mm×240mm　　**印　　张**：39.25　　**字　　数**：880 千字
版　　次：2024 年 2 月第 1 版　　**印　　次**：2024 年 2 月第1 次印刷
印　　数：1～2000
定　　价：149.00 元

产品编号：100462-01

前言

PREFACE

AR 技术是增强现实技术的简称，是一种将虚拟信息与真实世界进行融合的技术。AR 技术通过计算机生成的图像、声音和其他感官输入，将虚拟元素叠加到真实环境中，使用户可以与虚拟和真实世界进行交互。

AR 技术通常使用智能手机、平板电脑、AR 眼镜或头戴式显示器等设备来呈现虚拟内容。通过这些设备，用户不仅可以看到真实场景，还可以看到额外添加的特效。

AR 技术在人们的生活中逐渐普及。用户可以通过支持 AR 芯片的手机拍摄实时的特效视频，可以通过 AR 眼镜等新型外设看到增强的景象，还可以通过智能驾驶技术更轻松地驾车出行。

AR 技术的应用场景广泛。AR 技术可用于制作电子游戏，有些 AR 游戏可以在现实世界中放置桌椅模型，并将所有用户虚拟成卡通人物。AR 技术可用于制作远程教育应用，为学生营造出一种轻松愉快的学习氛围；在 AR 应用中的教具也可能是虚拟的模型，拥有更丰富的动作，因此教师也能更好地发挥自己的教学水平。AR 技术可用于零售行业，消费者可以通过 AR 应用远程查看商品的任意角度；AR 应用还支持试穿功能，实时拍摄用户的视频影像，并将服饰模型放置在人物之上，达到远程试穿的效果。制造业中的 AR 技术可实时展示工业设计、维修和装配的效果，提供实时指导和可视化信息，提高工作效率和准确性。

笔者依据真实的工业研发经验和在科学计算领域的积累，将实际的应用场景和理论的 AR 算法相融合，博采其他编程语言的经典概念，配合 Octave 编程的基础知识进行实战，力求使读者由浅入深地上手 AR 技术中的各个环节。

本书共分为 13 章，主要内容如下。

第 1 章绪论，为 Octave 的概述内容。

第 2 章从简单的模型入手，到如何创建复杂的模型，再到实际研发过程中的模型背景如何透明等技术细节，最后编写在 AR 画面中放置模型的实战应用。

第 3 章讲解与位姿相关的知识。从数学和力学等基础理论入手，到仿射变换的理论和应用，再配合 Octave 的仿射变换函数和其他工具的空间变换命令，最后编写机器人模型位姿变换的实战应用。从传统的几何变换到复杂的仿射变换，这种思维的转变是本章的一大难点。

第 4 章讲解与投影相关的知识。读者需要先理解投影的理论，再配合 Octave 的相机概念，即可在软件层面上轻松控制机器人模型的投影效果，最后编写控制机器人模型的投影效果的实战应用。

第 5 章讲解与畸变相关的知识。从投影的分类入手，再讲解畸变矫正工具的用法，配合畸变矫正的公式理论，帮助读者在拍摄 AR 画面时能够一步微调画面的显示效果，最后编写畸变矫正的实战应用。

第 6 章讲解与计算机视觉相关的知识。先讲解经典且常用的 SIFT 和 SURF 等算法，再深入讲解计算机视觉的代码如何在 Octave 上实现，引导读者根据实际的应用场景去编写新的算法。还涉及点云模型在计算机视觉中的用法，引领读者在开发 AR 应用时脱离固有的 RGB 彩色图像的限制，最后介绍 YOLOv8 等顶级的计算机视觉算法。

第 7 章从 AR 系统的硬件选型入手，意在让读者领悟理论的算法与实际的硬件之间的关联。不同的算法往往对应不同的选型方案，本章的内容对提高读者的 AR 系统设计能力有较大帮助。

第 8 章讲解与倾斜摄影相关的知识。倾斜摄影是一种高新技术，在遥感测绘等方面的 AR 应用上被广泛应用，并且具备卓越的性能优势。

第 9 章讲解 SLAM 算法的入门知识。先从 SLAM 算法的流程开始讲解，又讲解了 Octave 的传感器数据读取函数等基础用法，最后从头编写一套 SLAM 算法代码，帮助读者从能够开发单个的算法提升到能够开发整套 SLAM 算法。

第 10 章和第 11 章讲解 SLAM 算法的常用库和开源算法的实现，帮助读者能够在已有的 SLAM 算法基础上进行二次开发，希望读者能够具备拿来就用和知道用什么的能力。二次开发已有的开源算法也是业界常用的一种做法。

第 12 章讲解与贴图相关的知识。贴图是一种具有艺术性的工序，本章不但从代码层面上讲解贴图的各种实战应用，还举了大量生活中的例子，使内容更贴近实际且更容易理解。

第 13 章讲解推流和拉流。本章中的实战内容将算法处理完的 AR 视频以流媒体的形式在网络上传输，并且涵盖和部署应用相关的技术难点。

素材(源代码)等资源：扫描封底的文泉云盘防盗码，再扫描目录上方的二维码下载。

限于本人的水平和经验，书中一定存在疏漏之处，恳请专家与读者批评指正。

于红博

2023 年 11 月于哈尔滨

目录

CONTENTS

本书源代码

第 1 章　绪论 …… 1

第 2 章　模型与背景画面 …… 5

2.1　定义二维模型 …… 5

2.1.1　matgeom …… 5

2.1.2　矩形 …… 6

2.1.3　圆形 …… 7

2.1.4　圆弧 …… 7

2.1.5　椭圆 …… 9

2.1.6　椭圆弧 …… 9

2.2　定义三维模型 …… 11

2.2.1　胶囊体 …… 11

2.2.2　立体圆形 …… 11

2.2.3　立体圆弧 …… 12

2.2.4　圆柱体 …… 12

2.2.5　球体 …… 14

2.2.6　立体椭圆 …… 14

2.2.7　椭球体 …… 15

2.2.8　圆环面 …… 15

2.2.9　圆顶面 …… 17

2.2.10　正方体 …… 17

2.2.11　长方体 …… 17

2.3　盒子模型 …… 19

2.4　制作复杂的模型 …… 20

2.4.1 制作二维机器人模型 …… 20

2.4.2 制作三维机器人模型 …… 27

2.5 以图片格式保存模型 …… 35

2.6 FFmpeg …… 36

2.6.1 安装 FFmpeg …… 37

2.6.2 FFmpeg 支持的命令 …… 37

2.7 播放真实的背景画面 …… 37

2.7.1 ffplay 命令的主要选项 …… 38

2.7.2 ffplay 命令的键盘操作选项 …… 40

2.7.3 ffmpeg 命令的用例 …… 41

2.8 模型图片背景透明化 …… 42

2.8.1 SVG 格式 …… 42

2.8.2 SVG 格式的不透明度属性 …… 42

2.8.3 SVG 格式的点属性 …… 43

2.8.4 SVG 格式的 svg 片段元素 …… 43

2.8.5 SVG 格式的多边形元素 …… 43

2.8.6 SVG 格式的组合对象元素 …… 43

2.8.7 Octave 保存的 SVG 图片的结构 …… 44

2.8.8 通过 Octave 修改 SVG 图片背景的透明度 …… 45

2.8.9 GIF 格式 …… 46

2.8.10 GIF 格式的背景透明效果 …… 46

2.9 ImageMagick …… 47

2.9.1 安装 ImageMagick …… 47

2.9.2 安装 magick …… 47

2.9.3 ImageMagick 的用例 …… 47

2.9.4 制作透明背景的 GIF 图片 …… 48

2.10 读取或写入图像 …… 48

2.10.1 读取图像 …… 48

2.10.2 写入图像 …… 49

2.10.3 设置或返回读取图像的路径 …… 50

2.10.4 返回图像信息 …… 50

2.10.5 管理支持的图像格式 …… 51

2.10.6 Octave 默认支持处理的图像格式 …… 53

2.11 显示图像 …… 54

2.11.1 以基础方式显示图像 …… 54

2.11.2 将图像矩阵显示为图像 …… 54

2.11.3　以缩放模式显示图像 …… 54
2.12　转换图像类型 …… 55
2.12.1　将图像转换为 double 格式 …… 55
2.12.2　将灰度图像或黑白图像转换为索引图像 …… 55
2.12.3　将索引图像转换为灰度图像或黑白图像 …… 56
2.12.4　将 RGB 图像转换为索引图像 …… 56
2.12.5　将索引图像转换为 RGB 图像 …… 56
2.13　将模型放置于真实的背景画面上 …… 56
2.13.1　预览 AR 画面 …… 57
2.13.2　背景画面为视频时的处理方法 …… 57
2.13.3　加快视频的处理速度 …… 57
2.14　放置模型应用 …… 58
2.14.1　放置模型应用原型设计 …… 58
2.14.2　放置模型应用视图代码设计 …… 58
2.14.3　放置模型应用属性代码设计 …… 62
2.14.4　放置模型应用回调函数代码设计 …… 69
2.14.5　选择图像文件 …… 74
2.14.6　将视频解压为图片 …… 78
2.14.7　生成输出文件名或文件夹 …… 79
2.14.8　初始化轴对象 …… 81
2.14.9　设置轴对象的宽高比 …… 82
2.14.10　生成预览图片或视频 …… 83
2.14.11　更新 AR 画面的预览效果 …… 90
2.14.12　实际采用的视频预处理方式和处理方式 …… 92
2.15　日志功能 …… 94
2.15.1　日志的原理 …… 94
2.15.2　日志级别 …… 94
2.15.3　日志格式 …… 95
2.15.4　日志持久化 …… 96
2.15.5　实例化日志对象 …… 96
2.15.6　日志类 …… 97
2.15.7　在放置模型应用中使用日志类 …… 101

第 3 章　位姿 …… 103

3.1　位姿在不同坐标系下的数学表述 …… 103
3.1.1　球面角 …… 103

3.1.2 球面坐标 …… 103
3.1.3 欧拉角 …… 103
3.1.4 RPY 角 …… 104
3.2 计算几何相关知识 …… 104
3.2.1 两点求角度 …… 104
3.2.2 三点求角度 …… 104
3.3 力学相关知识 …… 104
3.3.1 质点 …… 104
3.3.2 质点系 …… 104
3.3.3 质心 …… 104
3.3.4 质心运动定理 …… 105
3.3.5 刚体 …… 105
3.4 旋转矩阵 …… 105
3.4.1 旋转矩阵的用法 …… 105
3.4.2 欧拉角与旋转矩阵的变换 …… 106
3.4.3 根据旋转角度创建旋转矩阵 …… 107
3.4.4 根据旋转矩阵计算转轴或旋转角度 …… 107
3.5 仿射变换 …… 108
3.5.1 平移变换 …… 108
3.5.2 缩放变换 …… 108
3.5.3 剪切变换 …… 108
3.5.4 旋转变换 …… 109
3.5.5 仿射变换矩阵的尺寸描述 …… 109
3.6 Octave 的空间变换函数 …… 110
3.6.1 安装 image 工具箱 …… 110
3.6.2 实例化仿射变换对象 …… 110
3.6.3 根据仿射变换对象进行仿射变换 …… 112
3.6.4 根据仿射变换对象进行仿射变换的逆变换 …… 112
3.6.5 推断仿射变换矩阵 …… 112
3.6.6 裁剪图像函数 …… 114
3.6.7 缩放图像函数 …… 114
3.6.8 旋转图像函数 …… 115
3.6.9 快速旋转和缩放图像函数 …… 116
3.6.10 透视变换函数 …… 116
3.6.11 高斯金字塔函数 …… 117
3.6.12 重新映射图像函数 …… 117

3.6.13 剪切变换函数 …… 118

3.6.14 平移变换函数 …… 119

3.7 ImageMagick 的空间变换命令 …… 119

3.7.1 -resize 参数 …… 119

3.7.2 -geometry 参数 …… 121

3.7.3 -thumbnail 参数 …… 121

3.7.4 -sample 参数 …… 122

3.7.5 -scale 参数 …… 122

3.7.6 -filter 参数 …… 122

3.7.7 -magnify 参数 …… 123

3.7.8 -adaptive-resize 参数 …… 123

3.7.9 -interpolate 参数 …… 123

3.7.10 -interpolative-resize 参数 …… 123

3.7.11 -distort 参数 …… 123

3.7.12 ＋distort 参数 …… 131

3.8 通过 GUI 控制模型的位姿 …… 132

3.8.1 控制模型的位姿应用原型设计 …… 132

3.8.2 控制模型的位姿应用视图代码设计 …… 133

3.8.3 控制模型的位姿应用回调函数代码设计 …… 139

3.8.4 位姿的默认值 …… 142

第 4 章 投影 …… 144

4.1 平行投影和透视投影 …… 144

4.2 建立模型的边界盒 …… 145

4.2.1 判断边界 …… 145

4.2.2 hggroup …… 146

4.2.3 图形对象定位 …… 148

4.2.4 根据边界点的位置绘制边界盒 …… 150

4.2.5 自动确定模型的边界 …… 150

4.2.6 在模型类中添加绘制边界盒功能 …… 157

4.3 将二维模型投影为三维模型 …… 160

4.4 Octave 的相机概念 …… 164

4.4.1 相机位置 …… 165

4.4.2 相机目标 …… 165

4.4.3 相机视角 …… 165

4.4.4 轴对象的方向 …… 166

4.5 更改三维模型的投影效果 …… 167
4.5.1 视点变换 …… 167
4.5.2 观察点变换 …… 167
4.6 通过 GUI 控制模型的投影效果 …… 167
4.6.1 控制投影效果应用原型设计 …… 168
4.6.2 控制投影效果应用视图代码设计 …… 168
4.6.3 更新模型文件的预览效果 …… 172
4.6.4 显示当前的选项值 …… 174
4.6.5 修改当前的选项值 …… 176
4.6.6 保存模型文件的预览效果 …… 179

第 5 章 畸变 …… 182

5.1 图像畸变 …… 182
5.1.1 径向畸变 …… 182
5.1.2 桶形畸变和枕形畸变 …… 182
5.1.3 切向畸变 …… 183
5.2 Hugin …… 183
5.2.1 安装 Hugin …… 183
5.2.2 Hugin 镜头校准的默认状态 …… 184
5.2.3 Hugin 镜头校准的镜头类型 …… 184
5.2.4 Hugin 镜头校准的图片要求 …… 185
5.2.5 Hugin 镜头校准的必选参数 …… 185
5.2.6 Hugin 镜头校准的可选参数 …… 185
5.2.7 Hugin 镜头校准的常见错误 …… 185
5.2.8 Hugin 镜头校准的预览功能 …… 185
5.2.9 Hugin 保存镜头 …… 186
5.3 kalibr …… 188
5.3.1 kalibr 在 Docker 之下安装并校准相机 …… 188
5.3.2 kalibr 源码安装并校准相机 …… 189
5.3.3 kalibr 以 ROS 包的格式收集数据 …… 190
5.3.4 kalibr 校准多个相机 …… 190
5.3.5 kalibr 校准带 IMU 的相机 …… 191
5.3.6 kalibr 校准多个 IMU …… 193
5.3.7 kalibr 校准滚动快门相机 …… 194
5.3.8 kalibr 对优化校准结果的改进建议 …… 194
5.3.9 kalibr 使用数据集校准 …… 194

5.3.10 kalibr 支持的相机模型 …… 194

5.3.11 kalibr 支持的畸变模型 …… 195

5.3.12 kalibr 支持的校准目标 …… 195

5.3.13 kalibr 设置相机焦点 …… 196

5.3.14 kalibr 校准验证器 …… 197

5.3.15 kalibr 配合 ROS 2 使用 …… 197

5.4 畸变的校准 …… 197

5.4.1 用现成的参数校准畸变 …… 197

5.4.2 用 Hugin 校准畸变 …… 198

5.5 畸变的矫正 …… 200

5.5.1 用校准参数矫正畸变 …… 200

5.5.2 用坐标映射矫正畸变 …… 202

5.6 通过 GUI 控制矫正效果 …… 205

5.6.1 控制矫正效果应用原型设计 …… 205

5.6.2 控制矫正效果应用视图代码设计 …… 206

5.6.3 控制矫正效果应用回调函数代码设计 …… 211

5.6.4 校准参数的默认值 …… 214

第 6 章　计算机视觉 …… 216

6.1 Canny 边缘检测 …… 216

6.2 Hough 直线检测 …… 217

6.3 自适应局部图像阈值处理 …… 218

6.4 SIFT 算法 …… 218

6.4.1 高斯金字塔 …… 218

6.4.2 高斯尺度空间 …… 219

6.4.3 DoG 空间 …… 219

6.4.4 SIFT 特征点定位 …… 220

6.4.5 SIFT 特征点方向 …… 220

6.4.6 SIFT 特征匹配 …… 221

6.5 SURF 算法 …… 221

6.5.1 SURF 算法和 SIFT 算法的区别 …… 221

6.5.2 积分图像 …… 222

6.5.3 构造 Hessian 矩阵 …… 222

6.5.4 用盒子滤波器代替高斯滤波器 …… 223

6.5.5 SURF 特征点定位 …… 223

6.5.6 SURF 特征点方向分配 …… 223

6.5.7 SURF 特征匹配 …… 224
6.6 生成图像处理时需要的特殊矩阵 …… 224
6.6.1 生成均值滤波器 …… 224
6.6.2 生成圆形区域均值滤波器 …… 225
6.6.3 生成高斯滤波器 …… 226
6.6.4 生成高斯-拉普拉斯算子 …… 227
6.6.5 生成拉普拉斯算子 …… 228
6.6.6 生成锐化算子 …… 228
6.6.7 生成运动模糊算子 …… 229
6.6.8 生成 Sobel 算子 …… 229
6.6.9 生成 Prewitt 算子 …… 230
6.6.10 生成 Kirsch 算子 …… 230
6.7 ImageMagick 的计算机视觉变换命令 …… 230
6.7.1 -edge 参数 …… 230
6.7.2 -canny 参数 …… 231
6.7.3 -hough-lines 参数 …… 231
6.7.4 -lat 参数 …… 231
6.8 文件扩展名为 oct 的程序 …… 231
6.8.1 编译 oct 程序 …… 232
6.8.2 编译 oct 程序时支持的可选参数 …… 232
6.8.3 编译 oct 程序时支持的环境变量 …… 234
6.9 PCL 库 …… 235
6.9.1 安装 PCL 库 …… 235
6.9.2 PCL 库的点的类型 …… 236
6.9.3 在 Octave 中使用 PCL 库 …… 238
6.10 点云模型 …… 239
6.10.1 点云模型的概念 …… 239
6.10.2 点云模型的存储格式 …… 239
6.10.3 读取 PCD 模型 …… 240
6.10.4 写入 PCD 模型 …… 241
6.10.5 PCD 模型可视化 …… 242
6.10.6 OpenNI 点云捕捉 …… 247
6.10.7 点云分割 …… 248
6.11 通过 GUI 控制计算机视觉变换效果 …… 252
6.11.1 控制计算机视觉变换效果应用原型设计 …… 252
6.11.2 控制计算机视觉变换效果应用视图代码设计 …… 256

6.11.3 控制计算机视觉变换效果应用回调函数代码设计 …… 262
6.11.4 计算机视觉变换参数的默认值 …… 266
6.11.5 显示当前修改的参数 …… 267
6.11.6 计算机视觉变换的关联关系 …… 269
6.11.7 计算机视觉变换的流程 …… 272
6.12 OctoMap …… 279
6.12.1 OctoMap 源码安装 …… 280
6.12.2 OctoMap 通过 vcpkg 安装 …… 280
6.12.3 octomap ROS 包的用法 …… 281
6.12.4 octomap_rviz_plugins …… 281
6.13 Caffe …… 281
6.13.1 Caffe 源码安装 …… 281
6.13.2 Caffe 使用 Docker 安装 …… 283
6.13.3 Caffe 训练 MNIST 模型 …… 283
6.13.4 Caffe 训练 ImageNet 模型 …… 287
6.14 SOLD2 …… 288
6.14.1 SOLD2 源码安装 …… 288
6.14.2 SOLD2 使用 pip 安装 …… 288
6.14.3 SOLD2 训练模型 …… 288
6.14.4 SOLD2 使用模型 …… 289
6.15 YOLOv5 …… 290
6.15.1 YOLOv5 源码安装 …… 290
6.15.2 YOLOv5 推断 …… 290
6.15.3 YOLOv5 使用 detect.py 推断 …… 291
6.15.4 在其他应用中使用 YOLOv5 …… 291
6.15.5 YOLOv5 数据集训练 …… 292
6.16 YOLOv8 …… 292
6.16.1 YOLOv8 源码安装 …… 292
6.16.2 YOLOv8 的模式 …… 293
6.16.3 YOLOv8 的 CLI 模式 …… 293
6.16.4 YOLOv8 的 Python 模式 …… 298
6.16.5 YOLOv8 的三大组件 …… 300
6.17 Fast R-CNN …… 303
6.17.1 Fast R-CNN 源码安装 …… 304
6.17.2 Fast R-CNN 运行用例 …… 304

第7章 硬件选型与AR算法 …… 306

7.1 相机选型 …… 306

7.1.1 单目相机和双目相机 …… 306

7.1.2 景深相机 …… 307

7.1.3 全景相机 …… 307

7.1.4 柱面全景相机 …… 308

7.1.5 网络摄像头 …… 308

7.2 镜头选型 …… 308

7.2.1 变焦镜头和定焦镜头 …… 308

7.2.2 正圆镜头和椭圆镜头 …… 309

7.2.3 不同焦段的镜头 …… 309

7.2.4 不同视角的镜头 …… 309

7.2.5 标准镜头 …… 309

7.2.6 广角镜头 …… 309

7.2.7 长焦镜头 …… 310

7.2.8 鱼眼镜头 …… 310

7.2.9 微距镜头 …… 310

7.2.10 移轴镜头 …… 310

7.2.11 折返镜头 …… 310

7.3 IMU选型 …… 311

7.3.1 3轴IMU …… 311

7.3.2 6轴IMU …… 311

7.3.3 9轴IMU …… 312

7.3.4 不同精度的IMU …… 312

7.3.5 不同封装的IMU …… 312

7.4 激光雷达选型 …… 312

7.4.1 不同线数的激光雷达 …… 313

7.4.2 不同记录光能方式的激光雷达 …… 313

7.4.3 不同工作条件的激光雷达 …… 313

7.5 声呐选型 …… 313

7.5.1 不同频率的声呐 …… 313

7.5.2 不同记录声波方式的声呐 …… 314

7.5.3 不同扫描方式的声呐 …… 314

7.5.4 数字成像声呐 …… 315

7.5.5 数字剖面声呐 …… 315

7.6 机器人选型 …… 315
7.6.1 常用的机器人 …… 315
7.6.2 不同连接方式的机器人 …… 315
7.6.3 不同移动性的机器人 …… 316
7.6.4 不同控制方式的机器人 …… 316
7.6.5 不同几何结构的机器人 …… 316
7.6.6 不同智能程度的机器人 …… 316
7.6.7 不同用途的机器人 …… 316
7.7 AR 算法中的景深 …… 317
7.8 点云处理算法 …… 317
7.8.1 点云反射 …… 317
7.8.2 点云降噪 …… 317
7.8.3 点云分类 …… 318
7.8.4 体素滤波器 …… 318
7.9 里程计算法 …… 319
7.9.1 不同传感器的里程计 …… 319
7.9.2 不同参考图像或参考点的里程计 …… 320
7.9.3 里程计的传感器融合 …… 320
7.10 建图算法 …… 320
7.10.1 状态估计 …… 320
7.10.2 回环检测 …… 321
7.10.3 在线建图 …… 321
7.10.4 离线建图 …… 322
7.11 路径规划算法 …… 322
7.11.1 A* 算法 …… 322
7.11.2 Dijkstra 算法 …… 322
7.11.3 RRT 算法 …… 322
7.11.4 D* 算法 …… 322

第 8 章 倾斜摄影 …… 323

8.1 倾斜摄影技术的特点 …… 323
8.2 倾斜摄影的图像特点 …… 324
8.3 倾斜摄影方式 …… 325
8.4 倾斜摄影的遮挡关系 …… 325
8.5 倾斜摄影的相机 …… 326
8.6 倾斜摄影的相机选型 …… 329

第 9 章 SLAM 算法入门 …… 331

9.1 SLAM 算法的流程 …… 331
9.2 instrument-control …… 332
9.2.1 常用函数 …… 332
9.2.2 通用函数 …… 335
9.2.3 GPIB …… 335
9.2.4 I^2C …… 339
9.2.5 MODBUS …… 341
9.2.6 并口 …… 344
9.2.7 串口 …… 346
9.2.8 新版串口 …… 352
9.2.9 SPI …… 357
9.2.10 TCP …… 360
9.2.11 TCP 客户端 …… 363
9.2.12 TCP 服务器端 …… 365
9.2.13 UDP …… 367
9.2.14 UDP 端口 …… 371
9.2.15 USBTMC …… 375
9.2.16 VXI-11 …… 377
9.3 SLAM 算法的分类 …… 379
9.3.1 不同硬件的 SLAM 算法 …… 379
9.3.2 二维 SLAM 和三维 SLAM …… 380
9.3.3 紧耦合 SLAM 和松耦合 SLAM …… 380
9.3.4 室内 SLAM 和室外 SLAM …… 381
9.3.5 不同微调方式的 SLAM …… 381
9.4 SLAM 算法实战 …… 381

第 10 章 SLAM 算法的常用库 …… 393

10.1 Protobuf …… 393
10.1.1 Protobuf 源码安装 …… 393
10.1.2 Protobuf 通过 DNF 软件源安装 …… 394
10.1.3 Protobuf 用法 …… 394
10.2 g2o …… 396
10.2.1 g2o 源码安装 …… 397
10.2.2 g2o 的文件格式 …… 398

10.2.3 g2o 的基本用法 …… 398
10.2.4 g2o 运行用例 …… 400
10.2.5 g2o 的拟合命令 …… 404
10.2.6 g2o 的输出命令 …… 409
10.2.7 g2o 的转换命令 …… 411
10.2.8 g2o 制造数据 …… 411
10.2.9 g2o 的模拟器命令 …… 416
10.2.10 g2o 的优化命令 …… 418
10.2.11 g2o 的校准命令 …… 421
10.2.12 g2o 的 GUI 命令 …… 422
10.3 g2opy …… 427
10.3.1 g2opy 源码安装 …… 427
10.3.2 g2opy 用法 …… 428
10.4 ROS …… 428
10.4.1 ROS 1 源码安装 …… 428
10.4.2 ROS 2 源码安装 …… 429
10.4.3 使用 Docker 安装 ROS 1 …… 430
10.4.4 使用 Docker 安装 ROS 2 …… 430
10.4.5 离线访问 rosdistro …… 431
10.4.6 ROS 包初始化环境变量 …… 432
10.4.7 ROS 1 版本更新 …… 432
10.4.8 ROS 2 版本更新 …… 433
10.4.9 ROS 的发行版 …… 434
10.5 rviz …… 434
10.5.1 rviz 初始化环境变量 …… 434
10.5.2 rviz 主界面操作 …… 435
10.5.3 rviz 支持的界面类型 …… 435
10.5.4 rviz 的配置文件 …… 436
10.5.5 rviz 在预览时支持的鼠标操作 …… 437
10.5.6 rviz 的键盘操作选项 …… 438
10.5.7 rviz 管理插件 …… 438
10.6 GLC-lib …… 438
10.6.1 GLC-lib 源码安装 …… 439
10.6.2 GLC-lib 运行用例 …… 439
10.7 GLC-Player …… 440
10.7.1 GLC-Player 源码安装 …… 440

10.7.2 安装 GLC-Player 的 Windows 安装包 …… 441
10.7.3 GLC-Player 的主界面 …… 441
10.7.4 GLC-Player 的用法 …… 445
10.8 Pangolin …… 451
10.8.1 Pangolin 支持的主要特性 …… 451
10.8.2 Pangolin 源码安装 …… 451
10.9 TEASER++ …… 452
10.9.1 TEASER++ 源码安装 …… 452
10.9.2 TEASER++ 运行用例 …… 454
10.10 Ceres 解算器 …… 454
10.10.1 Ceres 解算器源码安装 …… 454
10.10.2 Ceres 解算器通过 DNF 软件源安装 …… 456
10.10.3 Ceres 解算器通过 vcpkg 安装 …… 456
10.10.4 Ceres 解算器使用 BAL 数据集 …… 456
10.11 Kindr …… 456
10.11.1 Kindr 源码安装 …… 456
10.11.2 Kindr 使用 catkin 安装 …… 457
10.11.3 Kindr 二次开发 …… 457
10.11.4 Kindr 编译文档 …… 458
10.12 Sophus …… 458
10.12.1 Sophus 源码安装 …… 458
10.12.2 Sophus 安装 Python 的包应用 …… 458
10.12.3 Sophus 的 C++ 常用函数和方法 …… 459
10.12.4 Sophus 的 Python 常用函数和方法 …… 459

第 11 章 开源的 SLAM 算法实现 …… 462

11.1 OKVIS …… 462
11.1.1 OKVIS 源码安装 …… 462
11.1.2 OKVIS 运行用例 …… 464
11.1.3 OKVIS 的输出数据 …… 464
11.1.4 OKVIS 的配置文件 …… 464
11.1.5 OKVIS 对校准相机的要求 …… 466
11.1.6 OKVIS 二次开发 …… 466
11.2 VINS-Mono …… 467
11.2.1 VINS-Mono 源码安装 …… 467
11.2.2 VINS-Mono 使用视觉惯性里程计和姿态图数据集 …… 467

11.2.3 VINS-Mono 建图合并 …… 468
11.2.4 VINS-Mono 建图输入/输出 …… 468
11.2.5 VINS-Mono AR 演示 …… 468
11.2.6 VINS-Mono 使用相机 …… 468
11.2.7 VINS-Mono 在不同相机上的表现 …… 469
11.2.8 VINS-Mono 在 Docker 之下安装 …… 469
11.3 ROVIO …… 469
11.3.1 ROVIO 源码安装 …… 470
11.3.2 ROVIO 相机内参 …… 470
11.3.3 ROVIO 的配置文件 …… 471
11.3.4 ROVIO 通过校准方式获取相机内参 …… 471
11.4 MSCKF_VIO …… 471
11.4.1 MSCKF_VIO 源码安装 …… 471
11.4.2 MSCKF_VIO 校准 …… 472
11.4.3 MSCKF_VIO 使用数据集 …… 472
11.4.4 MSCKF_VIO 的 ROS 节点 …… 473
11.5 ORB-SLAM …… 473
11.5.1 ORB-SLAM 源码安装 …… 474
11.5.2 ORB-SLAM 的用法 …… 475
11.5.3 ORB-SLAM 的设置文件 …… 475
11.5.4 ORB-SLAM 结果失败的总结 …… 475
11.6 ORB-SLAM2 …… 476
11.6.1 ORB-SLAM2 源码安装 …… 476
11.6.2 ORB-SLAM2 的单目相机用例 …… 477
11.6.3 ORB-SLAM2 的双目相机用例 …… 477
11.6.4 ORB-SLAM2 的景深相机用例 …… 478
11.6.5 ORB-SLAM2 编译 ROS 包 …… 478
11.6.6 ORB-SLAM2 的 ROS 包的用法 …… 478
11.6.7 ORB-SLAM2 的模式 …… 479
11.7 ORB-SLAM3 …… 479
11.7.1 ORB-SLAM3 源码安装 …… 479
11.7.2 ORB-SLAM3 配置相机 …… 480
11.7.3 ORB-SLAM3 执行用例 …… 480
11.7.4 ORB-SLAM3 编译 ROS 包 …… 480
11.7.5 ORB-SLAM3 的 ROS 包的用法 …… 480
11.7.6 ORB-SLAM3 分析运行时间 …… 481

11.7.7 ORB-SLAM3 相机校准 …… 481

11.8 Cube SLAM …… 481

11.8.1 Cube SLAM 的模式 …… 481

11.8.2 Cube SLAM 源码安装 …… 482

11.8.3 Cube SLAM 的 ROS 包的用法 …… 482

11.8.4 Cube SLAM 的注意事项 …… 483

11.9 DS-SLAM …… 483

11.9.1 DS-SLAM 源码安装 …… 483

11.9.2 DS-SLAM 使用 TUM 数据集 …… 484

11.9.3 DS-SLAM 的目录结构 …… 484

11.10 DynaSLAM …… 484

11.10.1 DynaSLAM 源码安装 …… 485

11.10.2 DynaSLAM 使用景深相机和 TUM 数据集 …… 485

11.10.3 DynaSLAM 使用双目相机和 KITTI 数据集 …… 486

11.10.4 DynaSLAM 使用单目相机和 TUM 数据集 …… 486

11.10.5 DynaSLAM 使用单目相机和 KITTI 数据集 …… 486

11.11 DXSLAM …… 486

11.11.1 DXSLAM 源码安装 …… 486

11.11.2 DXSLAM 使用 TUM 数据集 …… 487

11.11.3 DXSLAM 配置相机 …… 487

11.11.4 DXSLAM 的模式 …… 488

11.12 LSD-SLAM …… 488

11.12.1 LSD-SLAM 源码安装 …… 488

11.12.2 LSD-SLAM 的 ROS 包 …… 489

11.12.3 LSD-SLAM 使用相机 …… 489

11.12.4 LSD-SLAM 使用数据集 …… 489

11.12.5 LSD-SLAM 的校准文件 …… 489

11.12.6 LSD-SLAM 的键盘操作选项 …… 490

11.12.7 LSD-SLAM 动态调节参数 …… 490

11.12.8 LSD-SLAM 对优化结果的改进建议 …… 491

11.12.9 LSD-SLAM 查看器 …… 492

11.12.10 LSD-SLAM 查看器的键盘操作选项 …… 492

11.12.11 LSD-SLAM 查看器动态调节参数 …… 493

11.13 GTSAM …… 494

11.13.1 GTSAM 源码安装 …… 494

11.13.2 GTSAM 的用法 …… 496

11.13.3 GTSAM 的包应用 …… 496
11.13.4 GTSAM 的包应用运行用例 …… 497
11.13.5 GTSAM 对提升性能的改进建议 …… 498
11.14 Limo …… 498
11.14.1 Limo 源码安装 …… 499
11.14.2 Limo 在 Docker 之下安装 …… 499
11.14.3 Limo 在 Docker 之下安装语义分割功能 …… 500
11.14.4 Limo 的核心库 …… 500
11.14.5 Limo 使用数据集 …… 500
11.15 LeGO-LOAM …… 501
11.15.1 LeGO-LOAM 源码安装 …… 501
11.15.2 LeGO-LOAM 的外部变量 …… 502
11.15.3 LeGO-LOAM 使用 ROS 包 …… 502
11.16 SC-LeGO-LOAM …… 503
11.16.1 SC-LeGO-LOAM 源码安装 …… 503
11.16.2 SC-LeGO-LOAM 使用 ROS 包 …… 503
11.17 MULLS …… 503
11.17.1 MULLS 源码安装 …… 504
11.17.2 MULLS 运行用例 …… 505
11.17.3 MULLS 使用数据集 …… 506
11.17.4 MULLS 的键盘操作选项 …… 506
11.17.5 MULLS 的 SLAM 参数 …… 508
11.17.6 MULLS 保存结果的首选项 …… 511

第 12 章 贴图 …… 512

12.1 补丁对象 …… 512
12.1.1 由单个多边形构成的补丁对象 …… 512
12.1.2 由多个多边形构成的补丁对象 …… 513
12.1.3 使用多个补丁对象绘图 …… 513
12.2 面对象 …… 514
12.2.1 由单个面构成的面对象 …… 514
12.2.2 由多个面构成的面对象 …… 515
12.2.3 使用多个面对象绘图 …… 516
12.3 颜色图 …… 517
12.3.1 Octave 的内置颜色图 …… 517
12.3.2 查看颜色图 …… 518

12.3.3 查看色谱 …… 519
12.3.4 颜色调节 …… 520
12.3.5 颜色设计 …… 521
12.4 颜色图插值 …… 523
12.4.1 interp1()函数 …… 523
12.4.2 interp1()函数支持的插值方式 …… 523
12.4.3 其他的一维插值函数 …… 524
12.5 颜色图重采样 …… 525
12.5.1 颜色图向下采样 …… 525
12.5.2 颜色图向上采样 …… 526
12.6 颜色条 …… 526
12.6.1 显示颜色条 …… 526
12.6.2 指定颜色条的绘制位置 …… 526
12.6.3 删除颜色条 …… 527
12.7 按坐标上色 …… 528
12.7.1 fill3()函数 …… 528
12.7.2 fill3()函数支持的其他参数 …… 529
12.7.3 按坐标上色和其他对象的关系 …… 529
12.8 使用颜色图上色 …… 529
12.9 网格和网格面 …… 529
12.9.1 创建网格 …… 530
12.9.2 绘制网格面 …… 534
12.9.3 特殊的网格面 …… 536
12.9.4 网格面和其他对象的关系 …… 536
12.10 光照效果 …… 536
12.10.1 构造光源对象 …… 536
12.10.2 光源对象的数量限制 …… 537
12.10.3 光源对象对其他对象的影响 …… 538
12.10.4 光照效果对比 …… 538
12.10.5 构造相机光源对象 …… 542
12.10.6 内置的相机光源方向 …… 542
12.10.7 精确的相机光源方向 …… 543
12.10.8 指定相机光源的风格 …… 543
12.11 材质 …… 543
12.11.1 材质的尺度 …… 544
12.11.2 Octave的内置材质 …… 544

12.11.3 修改材质 …… 544
12.11.4 材质设计 …… 545
12.12 贴图实战案例 …… 545

第13章 推流和拉流 …… 551

13.1 推流时使用的网络协议 …… 551
13.1.1 HTTP …… 551
13.1.2 RTMP …… 551
13.1.3 RTSP …… 552
13.1.4 RTP …… 552
13.1.5 TCP …… 553
13.1.6 UDP …… 553
13.2 Nginx …… 553
13.2.1 带插件编译并安装 Nginx …… 554
13.2.2 启动和停止 Nginx …… 555
13.2.3 安装 HLS 库 …… 555
13.2.4 Nginx 的 RTMP 配置 …… 556
13.3 rtsp-simple-server …… 556
13.3.1 安装 rtsp-simple-server …… 556
13.3.2 rtsp-simple-server 的用法 …… 557
13.4 使用 FFmpeg 推流 …… 558
13.4.1 FFmpeg 推流媒体文件 …… 558
13.4.2 FFmpeg 转流 …… 558
13.4.3 FFmpeg 支持的网络协议 …… 559
13.4.4 FFmpeg 指定编译选项 …… 559
13.4.5 FFmpeg 编译第三方库 …… 559
13.5 libx264 编码器 …… 561
13.6 推流的分类 …… 561
13.6.1 点对点推流 …… 561
13.6.2 广播式推流 …… 562
13.7 常用的拉流客户端 …… 562
13.7.1 VLC …… 562
13.7.2 mplayer …… 562
13.7.3 mpv …… 563
13.8 推流工具类 …… 563
13.8.1 推流工具类的构造方法 …… 563

13.8.2 拼接推流命令 …… 565
13.8.3 获取推流命令 …… 569
13.8.4 发送推流命令 …… 569
13.9 推流 CLI 应用 …… 571
13.10 推流 GUI 应用 …… 573
13.10.1 推流应用原型设计 …… 573
13.10.2 推流应用视图代码设计 …… 574
13.10.3 启动推流或停止推流 …… 577
13.10.4 推流应用和推流工具类的配合逻辑 …… 581
13.10.5 推流应用的优化逻辑 …… 583
13.11 拉流应用 …… 585
13.11.1 拉流应用原型设计 …… 585
13.11.2 拉流应用视图代码设计 …… 586
13.11.3 拉流应用回调函数代码设计 …… 589
13.12 一体化部署 …… 592
13.12.1 部署方案 …… 592
13.12.2 rtsp-simple-server 的端口配置 …… 592
13.12.3 视频流属性代码设计 …… 593
13.12.4 客户端提示字符串设计 …… 598
13.12.5 推流应用和拉流应用共同运行 …… 599

第1章 绪论

AR应用由于其丰富的可视化效果而正在逐步成为众多解决方案的一个配套部分。AR应用可按功能细分为AR可视化应用、图像处理应用、投影应用、畸变矫正应用、计算机视觉应用、SLAM应用、贴图应用和推流应用等，涵盖学科广泛，对开发者的基础知识要求全面。因此AR开发者非常稀缺。学习AR知识是一种不错的选择，哪怕从头开始也不晚。

目前，AR应用的发展前景广阔。随着国产芯片的研发速度不断提升，市面上已经陆续出现了众多型号的嵌入式处理芯片，可以在低功耗和高性能之间做出较好的平衡。上游芯片厂商的成果也间接影响了下游制造业的研发计划，某些先进的制造商已经可以将AR处理芯片运用到手机等消费级产品当中，提高产品定价，从而提升产品利润，而且AR功能受到消费者欢迎，因此在消费者中还能获得较高评价。读者可以在阅读本书的过程中从简单的模型可视化方案学起，逐渐地学会位姿、投影、畸变、计算机视觉、硬件选型、AR基础算法和倾斜摄影技术，进一步上手SLAM算法、贴图和推流技术，循序渐进，力求在AR生态中掌握完整的研发流程。

消费者对AR技术的需求促进了行业的发展，行业的发展也促进了AR技术的发展，因此AR技术正处于一个快速迭代的发展阶段。目前，SLAM算法是AR技术中的一个热点研究方向，并且在互联网上有众多研究团队敢于开源自己的SLAM框架，因此SLAM代码的竞争激烈。目前，已经有众多的被推翻、被停止维护和过时的SLAM框架，所以笔者在编写本书时不但教开发者利用已有的框架并二次开发，还教开发者自己从头开发SLAM框架，这样读者才能在AR行业中获得长久发展。

在继续阅读本书之前，必须先了解以下概念。

1. Octave使用的编程语言

Octave使用的编程语言叫作MATLAB语言。MATLAB语言主要被用于MATLAB软件的程序编写。虽然Octave使用了MATLAB语言进行程序编写，但Octave和MATLAB软件对于MATLAB语言上的解释规则有所不同，所以对于学习过MATLAB语言或者MATLAB软件的读者而言，学习Octave的难度降低了很多，但是不能套用已有的MATLAB使用中的经验，因为那些经验有些是不适用的。

此外，Octave还支持其他编程语言的接口，例如C语言、Java语言、Perl语言和Python

语言。通过调用接口的方式，还可以使用其他编程语言进行混合编程。

2. Octave 版本

本书使用的 Octave 版本为 7.3.0。Octave 的某些特性会根据 Octave 版本的变化而相应地改变。

3. 交叉学科中的名词混用

Octave 是一款面向数学及其他学科的科学计算工具，在编程中无法避免交叉学科中的名词混用情况。例如，因为“矩阵”一词代表数学当中的纵横排列的表格，而“向量”一词代表沿一个方向排列的表格，所以“向量”也属于“矩阵”，而“数组”一词代表计算机中按规则排列的一组数据，并且 Octave 使用“数组”类型的数据描述矩阵，所以“数组”在 Octave 中等价于“矩阵”。于是，有时在可以使用“向量”一词的场合中，“向量”一词也可以使用“矩阵”“行数为 1 的矩阵”和“列数为 1 的矩阵”等名词进行替代；有时在可以使用“矩阵”一词的场合中，“矩阵”一词也可以使用“数组”等名词进行替代。

4. 函数名称记法

在本书中将同时出现两种函数的记法：

(1) 在记录函数名时加上圆括号。

(2) 在记录函数名时不加圆括号。

这两种记法存在区别。根据约定俗成的做法，Octave 在涉及常用圆括号传入参数的函数时，在函数名的后面加上圆括号，而在涉及不常用圆括号传入参数的函数时，在函数名的后面不加圆括号。

对于 hold 函数而言，常用的调用方式如下：

```
>> hold on
```

此时 hold 函数不使用圆括号传入参数。虽然这行代码等效于：

```
>> hold('on')
```

但用户一般不用圆括号传入参数，所以将此函数记为“hold 函数”。

对于 fprintf()函数而言，常用的调用方式如下：

```
>> fprintf('output')
```

此时 fprintf()函数使用圆括号传入参数。虽然这行代码等效于：

```
>> fprintf output
```

但用户一般用圆括号传入参数，所以将此函数记为“fprintf()函数”。

5. 命令提示符

因为 Octave 支持交互操作，所以用户可以直接在 Octave 的命令行窗口中输入命令，但 Octave 的命令行窗口和终端都有着一个相同的特点：输入和输出都打印在一起，所以如果本书不对输入命令和输出内容加以区分，则将很难阅读。

为解决这一问题，本书在代码部分严格引入命令提示符。只要看到命令提示符，就意味着需要将命令提示符所在行后面的内容当作一条命令输入 Octave 的命令行窗口或终端、其他软件的终端或操作系统的终端当中。

在下面的代码中，每行都代表着一种命令提示符。本书中使用的命令提示符包括但不限于以下种类的命令提示符：

```
>>
octave:1>
$
#
```

6. 命令提示符的灵活解释

有时，命令提示符会和其他符号含义冲突，此时则需要根据书中的具体场景，对符号的含义进行具体分析。

7. 表例与表格内容记法

本书中的表格涉及不同格式的内容，如表 1-1 所示。

表 1-1　表例

编号	内　容	编号	内　容
(1)	abc	(8)	字符串一
(2)	a/b/c	(9)	+/−/*
(3)	+/−/*/"/"/\	(10)	+/字符串一/*
(4)	""	(11)	字符串 nan
(5)	" "	(12)	nan 字符串
(6)	空格	(13)	1
(7)	一		

表格内容记法如下：

(1) 若单元格中的内容或内容元素不被其他记法所规定，则单元格内的文字就是这个内容或内容元素。例如表例(1)的内容代表 abc。

(2) 若一个单元格内含有多个内容元素，则将每两个相邻的内容元素用正斜杠(/)连接，然后单元格内的文字就代表连接后的所有内容元素，它们共同组成这个单元格中的内容。这种表示方法不限定每个内容元素之间的逻辑关系，因此可能需要根据实际的上下文来判断内容元素之间的逻辑关系。例如表例(2)的内容代表 a 和/或 b 和/或 c。

(3) 使用一对双引号加上正斜杠("/")代表正斜杠(/)。例如表例(3)的内容代表加号和/或减号和/或星号和/或正斜杠和/或反斜杠。

(4) 使用一对双引号("")代表空字符串，详见表例(4)。

(5) 可能使用一对双引号加上空格(" ")代表空格( )，详见表例(5)。

(6) 可能使用“空格”字样代表空格( )，详见表例(6)。

(7) 可能使用“空格”字样代表“空格”字样(“空格”)，详见表例(6)。

(8) 使用减号(—)内容元素代表某个单元格代表的内容没有意义、留空或暂未实现，详见表例(7)。

(9) 若一个单元格内只涉及减号这一内容元素，则使用“字符串－”代表减号(—)，详见表例(8)。

(10) 若一个单元格内除了减号这一内容元素，还包含其他的内容元素，则可能使用“字符串－”代表减号(—)，也可能直接用减号(—)代表减号(—)。例如表例(9)和表例(10)的内容均代表加号和/或减号和/或星号。

(11) 用“字符串”字样和内容或内容元素进行组合的方式，而不使用一对双引号("")括上内容的方式来表示单元格中的内容或内容元素为字符串类型。例如表例(11)和表例(12)的内容均代表字符串 nan，而不是 Octave 中的数字 nan。

(12) 若单元格中没有体现内容或内容元素的类型，则可能需要根据实际的程序来判断内容或内容元素的类型。例如表例(13)的内容可能代表字符串 1，也有可能代表数字 1，还有可能代表 int8 型数字 1 等。

(13) 单元格不会留空(特指没有任何文字，和表格内容记法(8)中的留空不同)。如果单元格留空，就说明这是一处疏漏。

8. C++ 版本

本书默认使用的 C++ 版本为 gnuc＋＋17。

此外，本书中还涉及 gnuc＋＋11 版本，那部分代码会在编译命令中额外体现。

9. Python 版本

本书默认使用的 Python 版本为 3.11。

此外，本书中还涉及 3.6 版本，那部分代码或软件(如 ROS 2) 因版本落后过多的原因不推荐使用，并且会在正文或“注意”中额外强调。

第2章 模型与背景画面

AR应用需要显示的对象可分为两类：模型与背景画面。模型与背景画面的区别如下：

(1) 在现实世界中的背景和物体会被摄像头捕获成为统一的图片或视频，然后作为背景画面输出到屏幕上。这种图片或视频允许先增加额外的渲染步骤再输出，也可以原样输出，但无论如何都作为背景画面。

(2) 通过虚拟技术渲染得到的背景既可以作为背景画面输出到屏幕上，又可以作为模型输出到屏幕上。

(3) 通过虚拟技术渲染得到的物体作为模型输出到屏幕上。

AR应用将模型与背景画面输出到屏幕上的步骤如下：

(1) 如果同时存在模型与背景画面，则先输出背景画面，再输出模型。

(2) 如果只存在模型，则既可以只输出模型，又可以输出模型与默认的背景画面。

(3) 如果只存在背景画面，则既可以只输出背景画面，又可以输出默认的模型与背景画面。

(4) 如果在屏幕上显示的内容需要更新，则按照步骤(1)～(3)更新在屏幕上显示的内容。

AR应用的设计方法如下：

(1) 设计用于显示对象的区域，这个区域和输出的AR画面对应。在AR应用中，输出的AR画面显示在对应的区域当中。

(2) 设计GUI控件。在AR应用中，用户可以通过GUI控件操作输出的AR画面，如暂停画面更新、拉伸画面和增加模型等。

2.1 定义二维模型

二维模型一般指平面模型。在图像中，二维模型可以由多个在平面上的点描述，也可以由边长、半径等数学上的尺度描述。

2.1.1 matgeom

使用Octave的matgeom工具箱可以绘制二维模型。matgeom工具箱拥有更接近于数学上的描述方式的代码写法，并且含有针对绘图的扩展选项，非常适合绘制模型。

使用 matgeom 工具箱前必须加载 matgeom 工具箱。加载 matgeom 工具箱的代码如下：

```
>> pkg load matgeom
```

2.1.2 矩形

matgeom 工具箱可以使用坐标和边长的方式描述矩形。使用 matgeom 工具箱绘制起点的 x 坐标为 1、y 坐标为 2、x 轴方向的边长为 3 且 y 轴方向的边长为 4 的矩形的代码如下：

```
>> drawRect([1, 2, 3, 4])
```

代码执行的结果如图 2-1 所示。

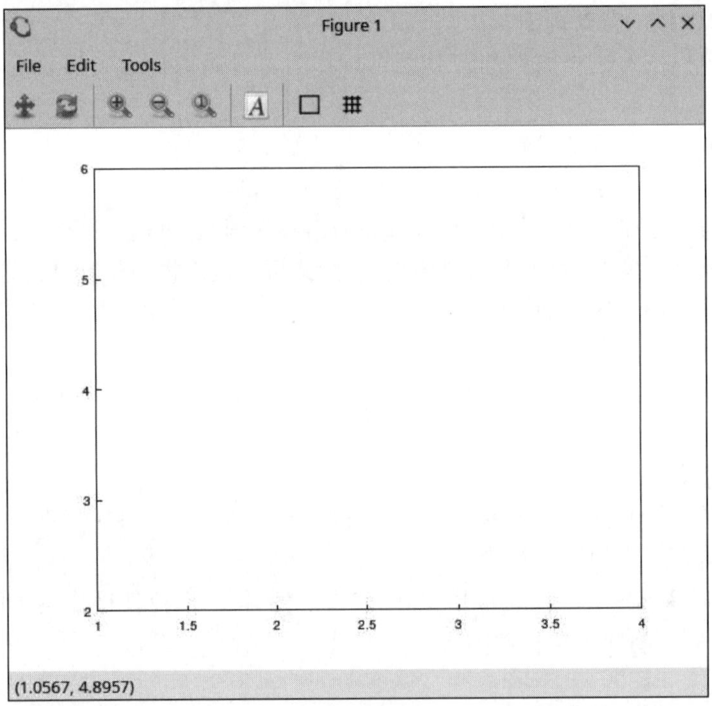

图 2-1 矩形

此外，matgeom 工具箱也允许指定矩形的旋转角度。使用 matgeom 工具箱绘制起点的 x 坐标为 1、y 坐标为 2、x 轴方向的边长为 3、y 轴方向的边长为 4 且旋转 45°的矩形的代码如下：

```
>> drawRect([1, 2, 3, 4, 45])
```

代码执行的结果如图 2-2 所示。

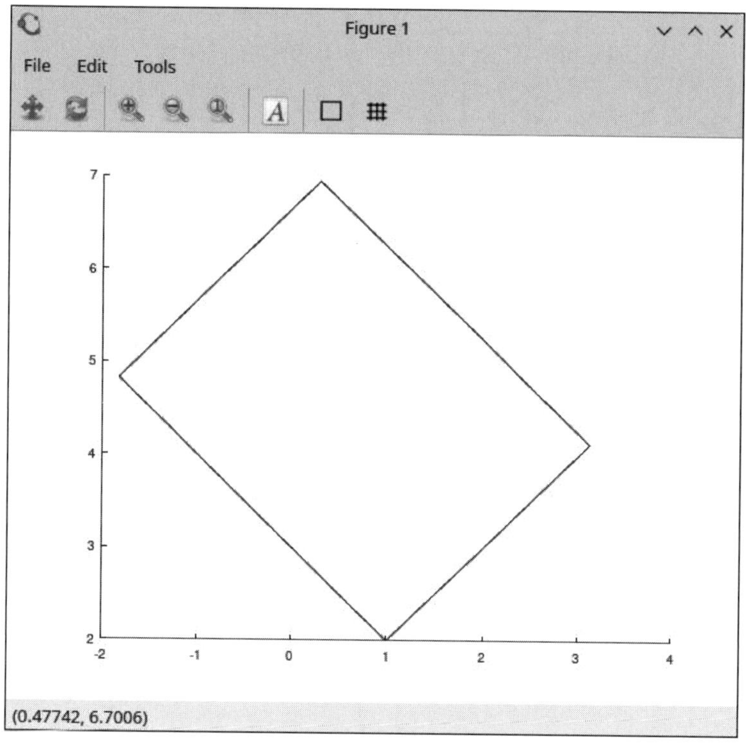

图 2-2　旋转的矩形

2.1.3　圆形

matgeom 工具箱使用原点和半径的方式描述圆形。使用 matgeom 工具箱绘制原点为(1,2)且半径为 3 的圆形的代码如下：

```
>> drawCircle([1, 2, 3])
```

代码执行的结果如图 2-3 所示。由于 x 轴和 y 轴的刻度不同，所以此圆显示为一个椭圆。

2.1.4　圆弧

matgeom 工具箱使用原点、半径、起始角度和绘制角度的方式描述圆弧。使用 matgeom 工具箱绘制原点为(1,2)、半径为 3、起始角度为 90°且绘制角度为 180°的圆弧的代码如下：

```
>> drawCircleArc(1, 2, 3, 90, 180)
```

代码执行的结果如图 2-4 所示。

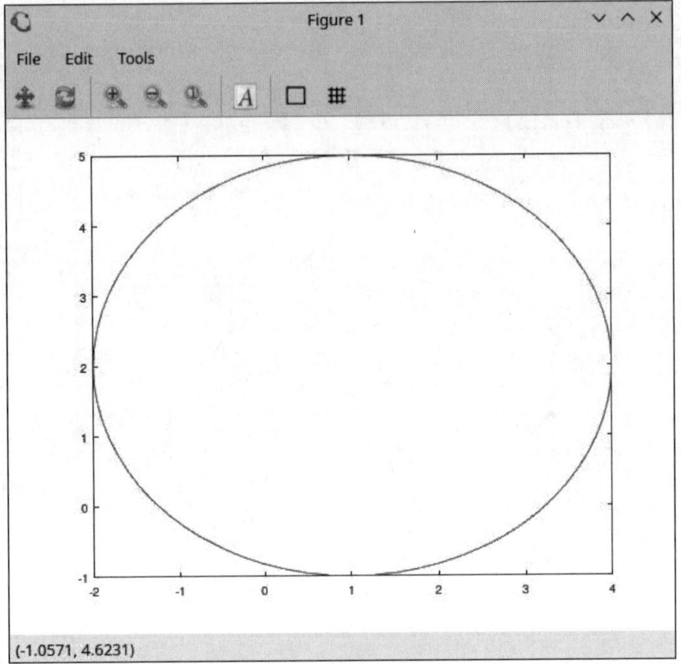
Figure 1
File
Edit
Tools
5
4
3
2
1
0
-1
-2
-1
0
1
2
3
4
(-1.0571, 4.6231)

图 2-3　圆形

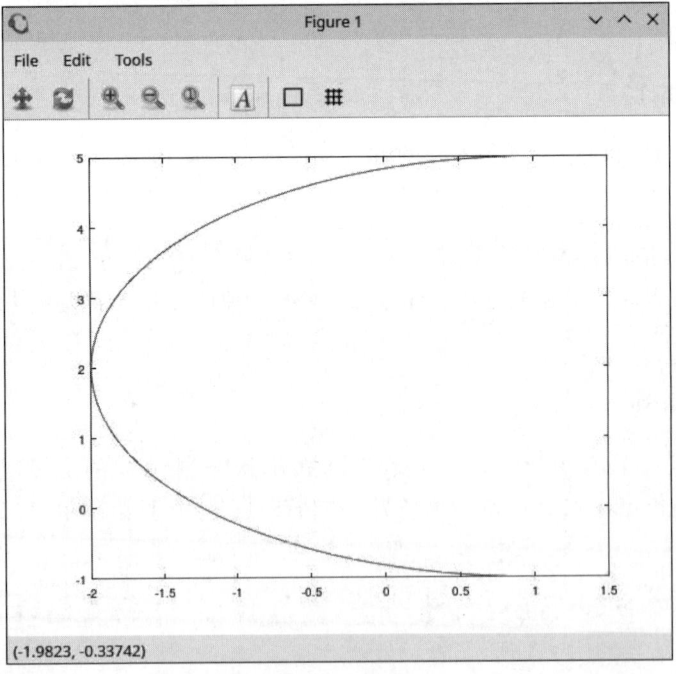
Figure 1
File
Edit
Tools
5
4
3
2
1
0
-1
-2
-1.5
-1
-0.5
0
0.5
1
1.5
(-1.9823, -0.33742)

图 2-4　圆弧

2.1.5　椭圆

matgeom 工具箱使用椭圆中心和两个半轴的长度的方式描述椭圆。使用 matgeom 工具箱绘制椭圆中心为(1,2)且两个半轴的长度为 3 和 4 的椭圆的代码如下：

```
>> drawEllipse(1, 2, 3, 4)
```

代码执行的结果如图 2-5 所示。

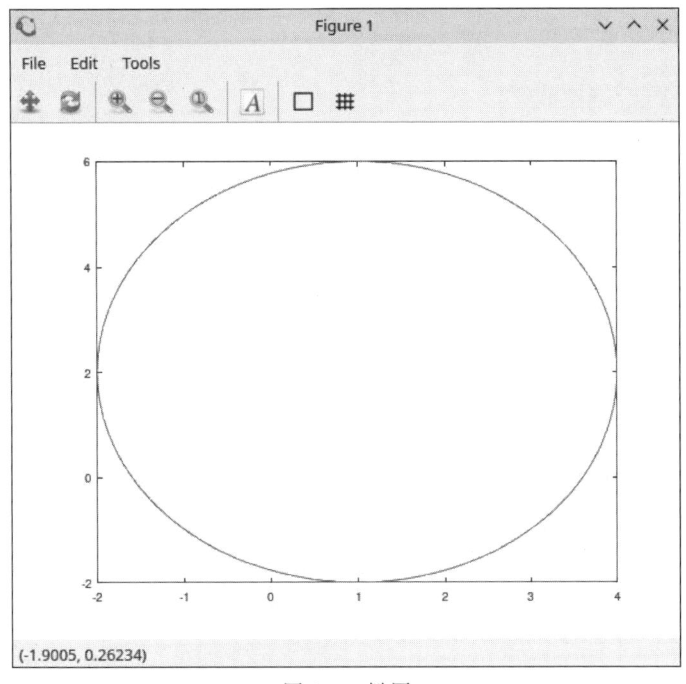

图 2-5　椭圆

此外，matgeom 工具箱也允许指定椭圆的旋转角度。使用 matgeom 工具箱绘制椭圆中心为(1,2)、两个半轴的长度为 3 和 4 且旋转 45°的椭圆的代码如下：

```
>> drawEllipse(1, 2, 3, 4, 45)
```

代码执行的结果如图 2-6 所示。

2.1.6　椭圆弧

matgeom 工具箱使用椭圆中心、两个半轴的长度、第 1 个半轴和 x 轴的夹角和绘制角度的方式描述椭圆弧。使用 matgeom 工具箱绘制椭圆中心为(1,2)、两个半轴的长度为 3 和 4、第 1 个半轴和 x 轴的夹角为 45°且绘制角度为 180°的椭圆弧的代码如下：

```
>> drawEllipseArc(1, 2, 3, 4, 45, 180)
```

代码执行的结果如图 2-7 所示。

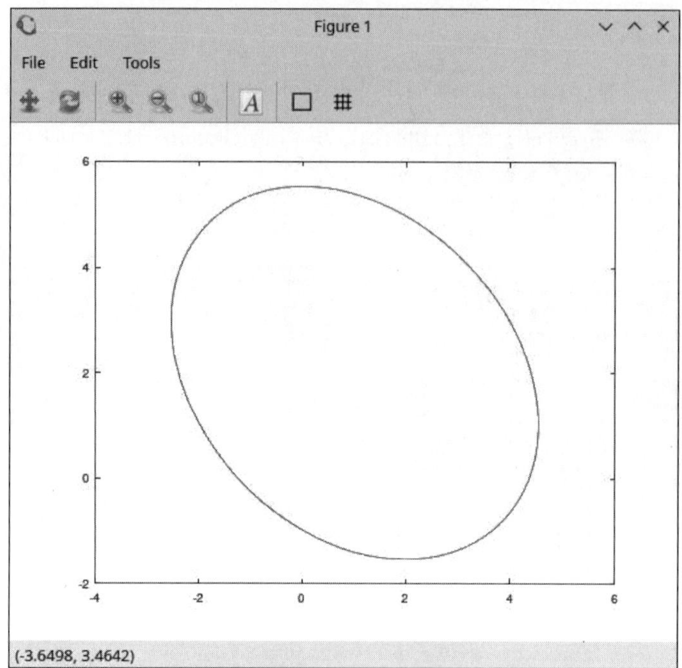

图 2-6 旋转的椭圆

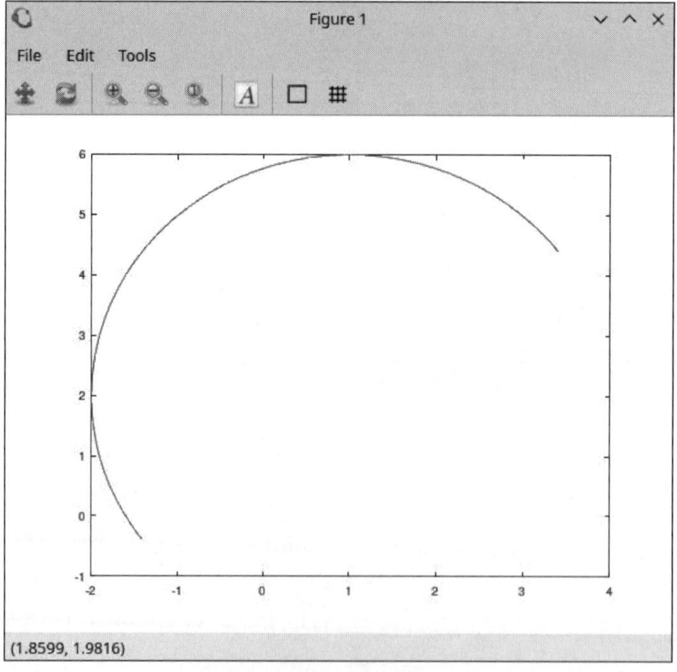

图 2-7 椭圆弧

2.2 定义三维模型

三维模型一般指立体模型。在图像中，三维模型可以由平面和/或曲面描述，而对于简单的立体图形也可以直接由顶点、边和半径等参数描述。

2.2.1 胶囊体

matgeom 工具箱使用胶囊体的圆柱体的起点圆心、终点圆心和半径描述胶囊体。使用 matgeom 工具箱绘制胶囊体的圆柱体的起点圆心为(1,2,3)、胶囊体的圆柱体的终点圆心为(4,5,6)且胶囊体的圆柱体的半径为 7 的胶囊体的代码如下：

```
>> drawCapsule([1, 2, 3, 4, 5, 6, 7])
>> light
```

代码执行的结果如图 2-8 所示。

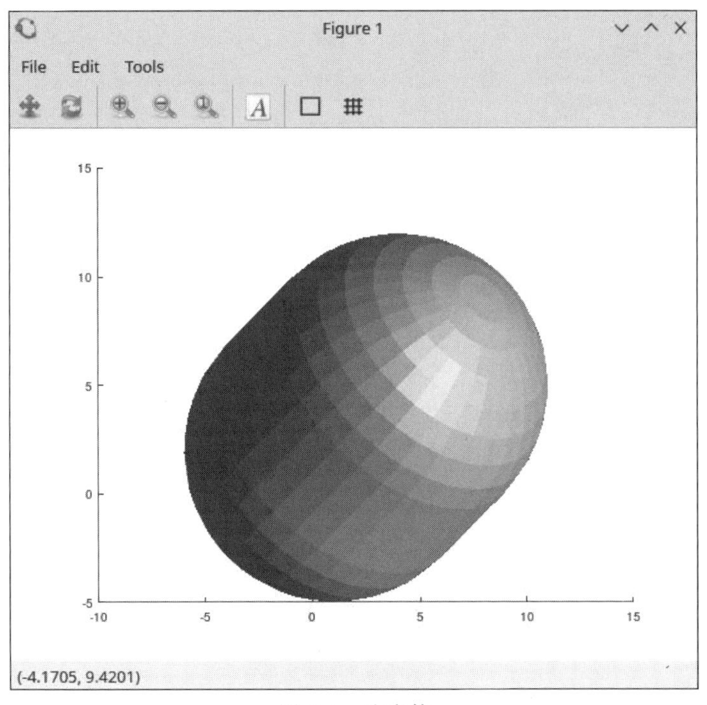

图 2-8 胶囊体

2.2.2 立体圆形

matgeom 工具箱使用原点、半径和旋转角度的方式描述立体圆形。

使用 matgeom 工具箱绘制原点为(1,2,3)、半径为 4、θ 为 5°且 φ 为 6°的立体圆形的代码如下：

```
>> drawCircle3d([1, 2, 3, 4, 5, 6]);
>> light
```

代码执行的结果如图 2-9 所示。

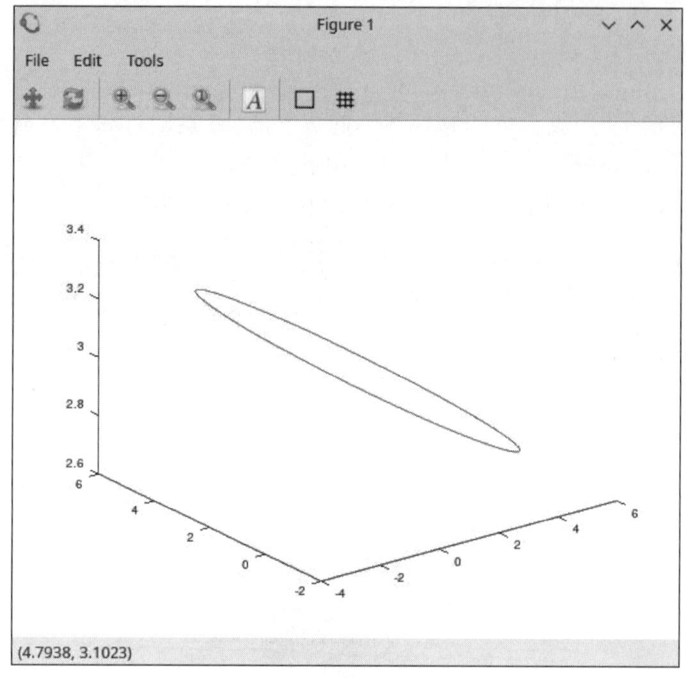

图 2-9　立体圆形

2.2.3 立体圆弧

matgeom 工具箱使用原点、半径、旋转角度、起始角度和绘制角度的方式描述立体圆弧。使用 matgeom 工具箱绘制原点为(1,2,3)、半径为 4、θ 为 5°、φ 为 6°、ψ 为 7°、起始角度为 90°且绘制角度为 180°的立体圆弧的代码如下：

```
>> drawCircleArc3d([1, 2, 3, 4, 5, 6, 7, 90, 180])
>> light
```

代码执行的结果如图 2-10 所示。

2.2.4 圆柱体

matgeom 工具箱使用圆柱体的起点圆心、终点圆心和半径描述圆柱体。使用 matgeom 工具箱绘制圆柱体的起点圆心为(1,2,3)、圆柱体的终点圆心为(4,5,6)且圆柱体的半径为 7 的圆柱体的代码如下：

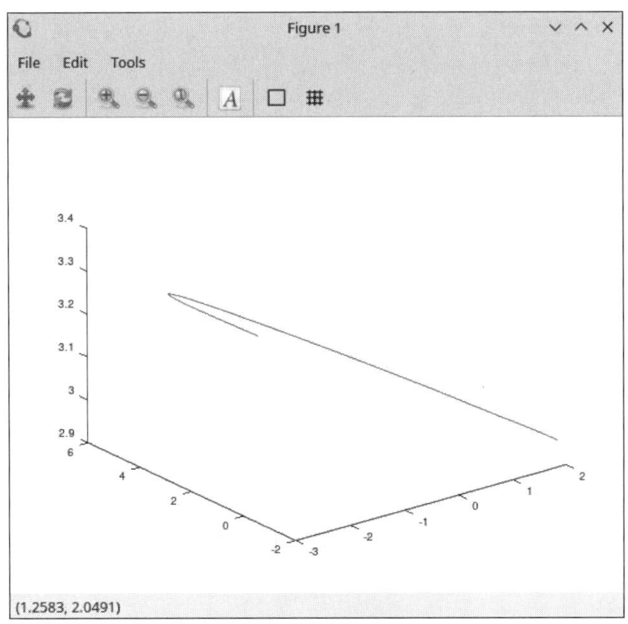

图 2-10　立体圆弧

```
>> drawCylinder([1, 2, 3, 4, 5, 6, 7])
>> light
```

代码执行的结果如图 2-11 所示。

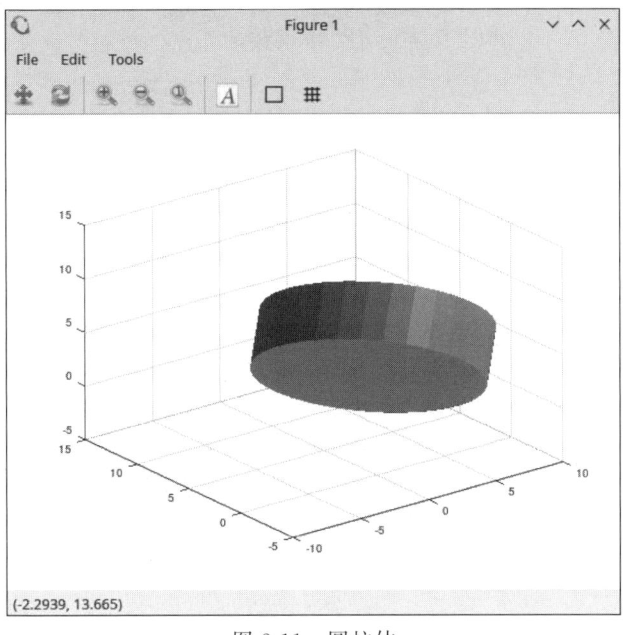

图 2-11　圆柱体

2.2.5 球体

matgeom 工具箱使用球心和半径描述球体。使用 matgeom 工具箱绘制球心为(1,2,3)且半径为 4 的球体的代码如下：

```
>> drawSphere([1, 2, 3, 4])
>> light
```

代码执行的结果如图 2-12 所示。

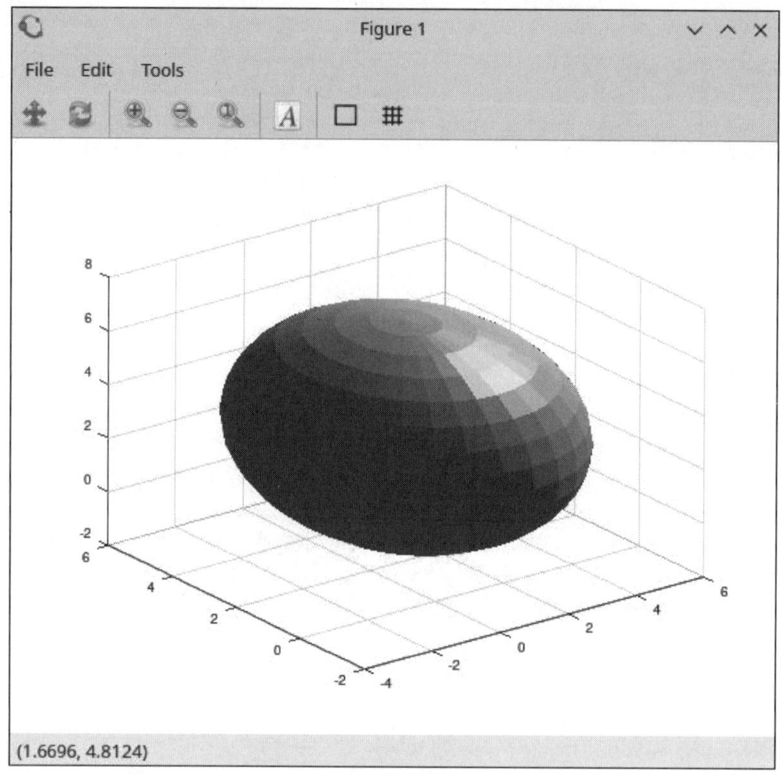

图 2-12　球体

2.2.6 立体椭圆

matgeom 工具箱使用椭圆中心、两个半轴的长度和旋转角度的方式描述立体椭圆。使用 matgeom 工具箱绘制椭圆中心为(1,2,3)、两个半轴的长度为 4 和 5、θ 为 6°且 φ 为 7°的立体椭圆的代码如下：

```
>> drawEllipse3d([1, 2, 3, 4, 5, 6, 7])
>> light
```

代码执行的结果如图 2-13 所示。

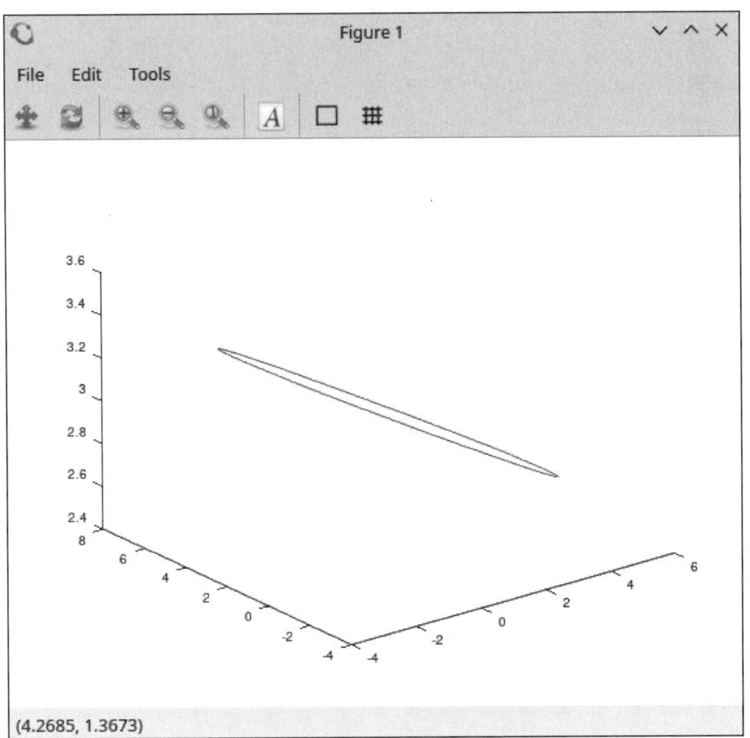

图 2-13　立体椭圆

2.2.7　椭球体

matgeom 工具箱使用球心、3 个半轴的长度和旋转角度的方式描述椭球体。使用 matgeom 工具箱绘制球心为(1,2,3)、3 个半轴的长度为 4、5 和 6、θ 为 7°、φ 为 8°且 ψ 为 9°的椭球体的代码如下：

```
>> drawEllipsoid([1, 2, 3, 4, 5, 6, 7, 8, 9])
>> light
```

代码执行的结果如图 2-14 所示。

2.2.8　圆环面

matgeom 工具箱使用原点、外圆半径、内圆半径和旋转角度描述圆环面。使用 matgeom 工具箱绘制原点为(1,2,3)、外圆半径为 4、内圆半径为 1、θ 为 6°且 φ 为 7°的圆环面的代码如下：

```
>> drawTorus([1, 2, 3, 4, 1, 6, 7])
>> light
```

代码执行的结果如图 2-15 所示。

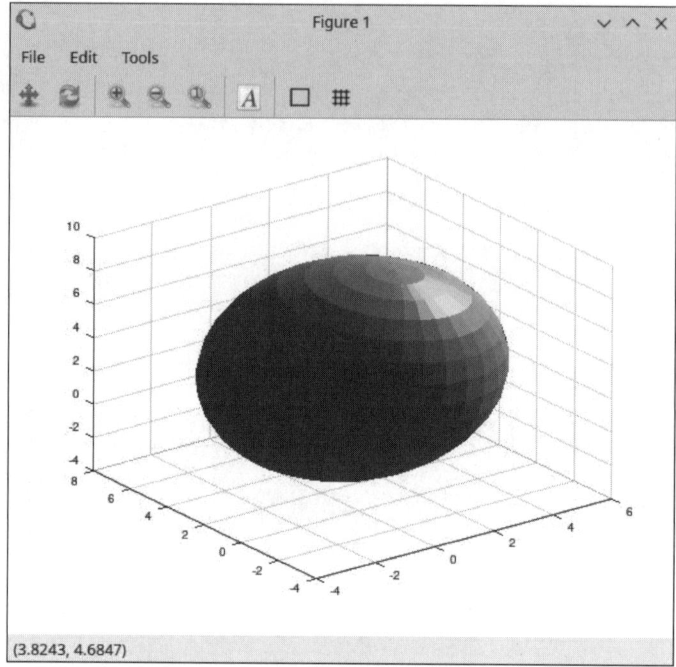

图 2-14　椭球体

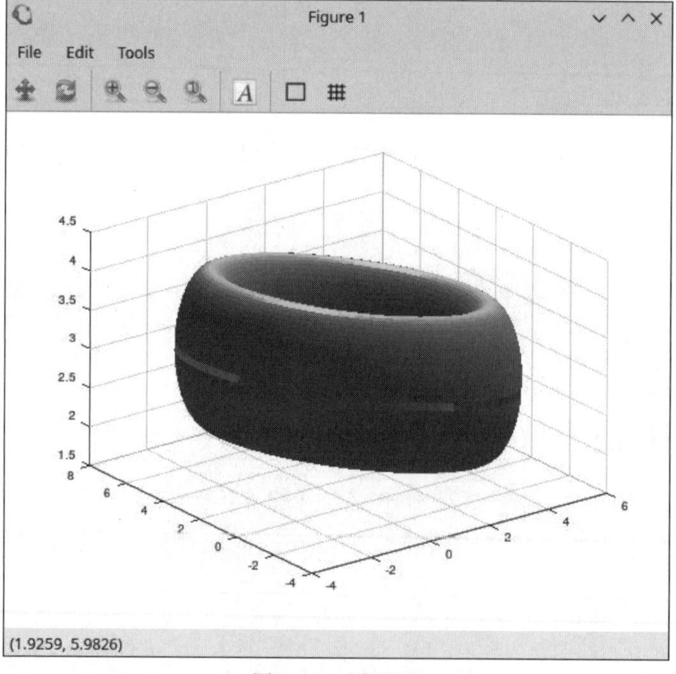

图 2-15　圆环面

2.2.9　圆顶面

matgeom 工具箱使用球心和半径描述圆顶面。使用 matgeom 工具箱绘制球心为(1,2,3)且半径为 4 的圆顶面的代码如下：

```
>> drawDome([1, 2, 3, 4])
>> light
```

代码执行的结果如图 2-16 所示。

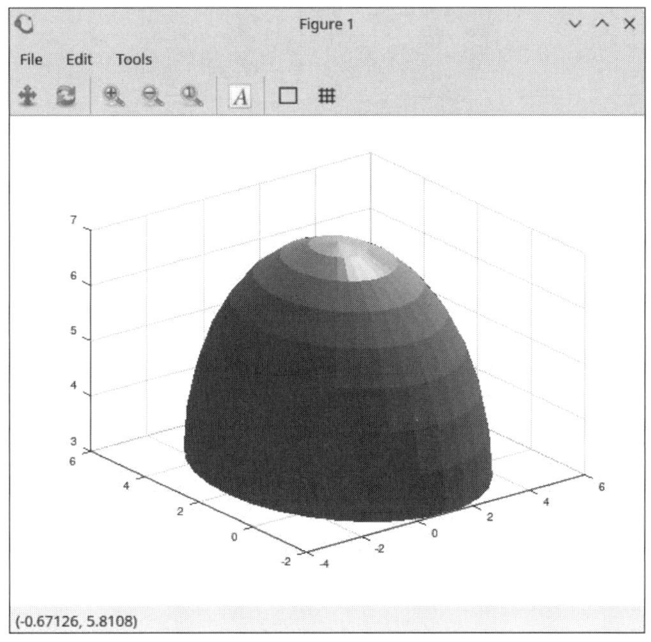

图 2-16　圆顶面

2.2.10　正方体

matgeom 工具箱使用体心、边长和旋转角度描述正方体。使用 matgeom 工具箱绘制体心为(1,2,3)、边长为 4、θ 为 5°、φ 为 6°且 ψ 为 7°的正方体的代码如下：

```
>> drawCube([1, 2, 3, 4, 5, 6, 7])
>> light
```

代码执行的结果如图 2-17 所示。

2.2.11　长方体

matgeom 工具箱使用体心和 3 条边的边长描述长方体。使用 matgeom 工具箱绘制体心为(1,2,3)且 3 条边的边长为 4、5 和 6 的长方体的代码如下：

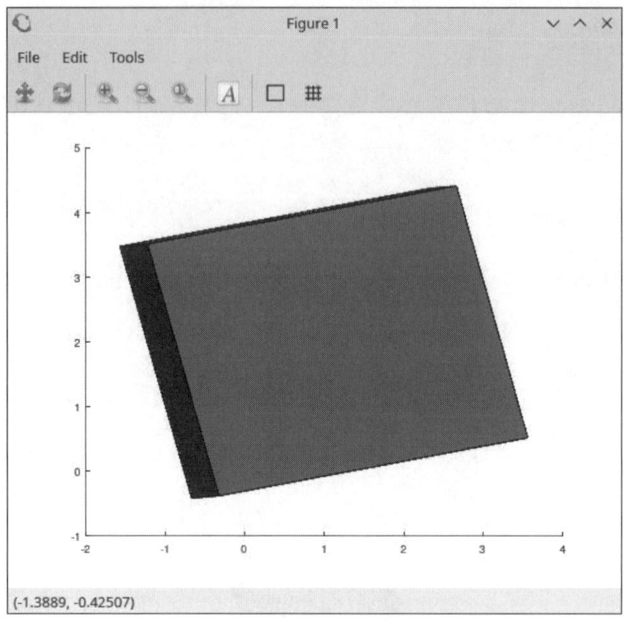

图 2-17 正方体

```
>> drawCuboid([1, 2, 3, 4, 5, 6])
>> light
```

代码执行的结果如图 2-18 所示。

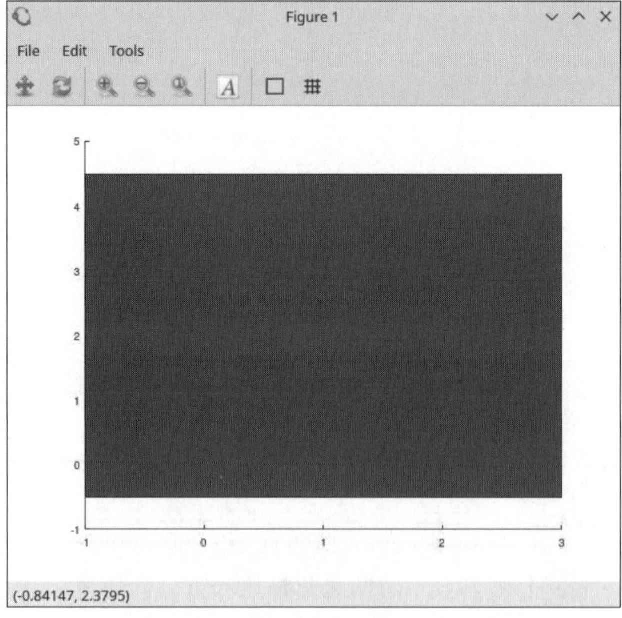

图 2-18 长方体

2.3 盒子模型

在 AR 应用中的模型可以使用盒子模型进行描述。每个模型都可以视为一个盒子模型，它们拥有边界的概念，并且只要确定了盒子模型的边界位置即可使用这个位置描述模型的位置。边界盒就是用于描述模型的边界的盒子模型。

边界盒也被用于标识模型。例如在描述一张图像中的一个机器人时，即可绘制出机器人的边界盒，这样用户就可以直观地通过边界盒找到机器人的位置。

边界盒也被用于判断模型与模型之间的位置关系。例如在判断一张图像中的两个机器人是否发生碰撞时，即可借助于两个机器人的边界盒进行判断，并规定两个机器人的边界盒在发生接触时即视为两个机器人发生碰撞。

matgeom 工具箱可以使用坐标的方式描述盒子模型。使用 matgeom 工具箱绘制起点的 x 坐标为 1、终点的 x 坐标为 2、起点的 y 坐标为 3、终点的 y 坐标为 4 的盒子模型的代码如下：

```
>> drawBox([1, 2, 3, 4])
```

代码执行的结果如图 2-19 所示。

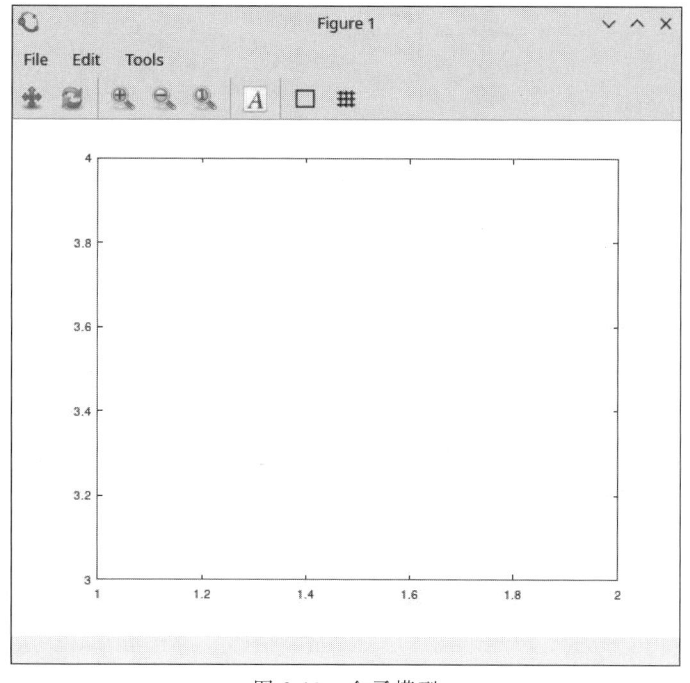

图 2-19　盒子模型

此外，matgeom 工具箱也允许指定盒子模型的旋转角度。使用 matgeom 工具箱绘制起点的 x 坐标为 1、y 坐标为 2、x 轴方向的边长为 3、y 轴方向的边长为 4 且旋转 45°的盒子模型的代码如下：

```
>> drawOrientedBox([1, 2, 3, 4, 45])
```

代码执行的结果如图 2-20 所示。

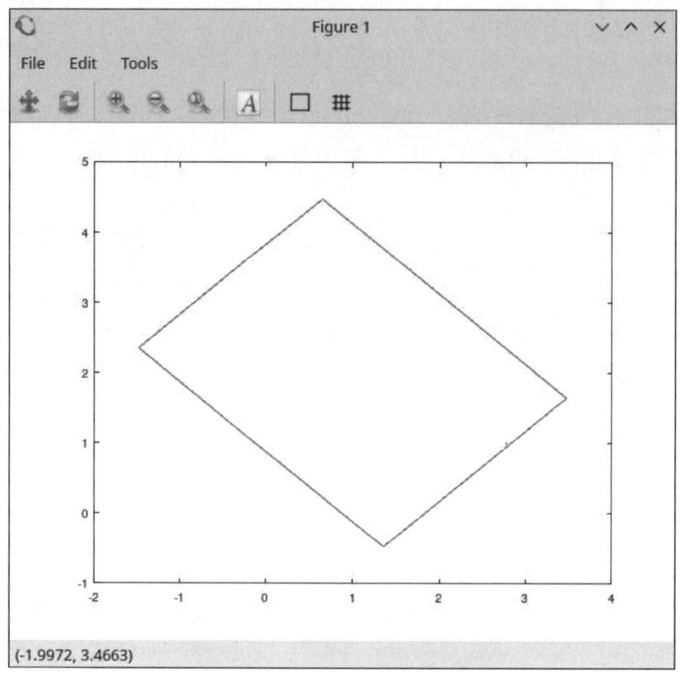

图 2-20　旋转的盒子模型

注意：如果要指定盒子模型的旋转角度，则只有在调用 drawOrientedBox() 函数时盒子模型才会旋转，而在调用 drawBox() 函数时盒子模型不会旋转。

2.4　制作复杂的模型

借助于一种或多种简单的模型可以制作出复杂的模型。以机器人模型为例，机器人模型可以分为二维机器人模型和三维机器人模型。

2.4.1　制作二维机器人模型

二维机器人可以通过矩形、圆形和圆弧制作而成。创建 Droid 类用于描述机器人。Droid 类使用 4 个元素描述一个机器人：起点 x 坐标、起点 y 坐标、机器人的 x 轴方向尺寸和机器人的 y 轴方向尺寸。Droid 类的构造方法的代码如下：

```
#!/usr/bin/octave
#第 2 章/@Droid/Droid.m

function ret = Droid(varargin)
    ##-*- texinfo -*-
    ##@deftypefn {} {} Droid (@var{varargin})
    ##机器人类
    ##
    ##@example
    ##param: varargin
    ##
    ##return: ret
    ##@end example
    ##
    ##@end deftypefn
    starting_point_x = 0;
    #起点 x 坐标 starting_point_x
    starting_point_y = 300;
    #起点 y 坐标 starting_point_y
    droid_size_x = 200;
    #机器人的 x 轴方向尺寸 droid_size_x
    droid_size_y = 300;
    #机器人的 y 轴方向尺寸 droid_size_y
    try
        switch(numel(varargin))
            case 1
                starting_point_x = varargin{1};
            case 2
                starting_point_x = varargin{1};
                starting_point_y = varargin{2};
            case 3
                starting_point_x = varargin{1};
                starting_point_y = varargin{2};
                droid_size_x = varargin{3};
            otherwise
                starting_point_x = varargin{1};
                starting_point_y = varargin{2};
                droid_size_x = varargin{3};
                droid_size_y = varargin{4};
        endswitch
    catch
        warning('use default params: 0, 300, 200, 300')
    end_try_catch

    a = struct(
        'starting_point_x', starting_point_x,...
```

```
        'starting_point_y', starting_point_y,...
        'droid_size_x', droid_size_x,...
        'droid_size_y', droid_size_y...
        );
    ret = class(a, "Droid");
endfunction
```

Droid 类的赋值方法的代码如下：

```
#!/usr/bin/octave
#第 2 章/@Droid/subsasgn.m

function ret = subsasgn(this, x, new_status)
    ##-*- texinfo -*-
    ##@deftypefn {} {} subsasgn (@var{this} @var{x} @var{new_status})
    ##支持圆括号赋值和点号赋值
    ##
    ##@example
    ##param: this, x, new_status
    ##
    ##return: ret
    ##@end example
    ##
    ##@end deftypefn

    #起点 x 坐标 starting_point_x
    #起点 y 坐标 starting_point_y
    #机器人的 x 轴方向尺寸 droid_size_x
    #机器人的 y 轴方向尺寸 droid_size_y
    switch(x.type)
        case "()"
            fld = x.subs{1};
            if(strcmp (fld, "starting_point_x"))
                this.starting_point_x = new_status;
                ret = this;
            elseif(strcmp (fld, "starting_point_y"))
                this.starting_point_y = new_status;
                ret = this;
            elseif(strcmp (fld, "droid_size_x"))
                this.droid_size_x = new_status;
                ret = this;
            elseif(strcmp (fld, "droid_size_y"))
                this.droid_size_y = new_status;
                ret = this;
            endif
        case "."
            fld = x.subs;
```

```
            if(strcmp (fld, "starting_point_x"))
                this.starting_point_x = new_status;
                ret = this;
            elseif(strcmp (fld, "starting_point_y"))
                this.starting_point_y = new_status;
                ret = this;
            elseif(strcmp (fld, "droid_size_x"))
                this.droid_size_x = new_status;
                ret = this;
            elseif(strcmp (fld, "droid_size_y"))
                this.droid_size_y = new_status;
                ret = this;
            endif
        otherwise
            error("@Droid/subsref: invalid assignment type for Droid");
    endswitch
endfunction
```

Droid 类的索引方法的代码如下：

```
#!/usr/bin/octave
#第 2 章/@Droid/subsref.m
function ret = subsref(this, x)
    ##-*- texinfo -*-
    ##@deftypefn {} {} subsref(@var{this} @var{x})
    ##支持圆括号索引、点号索引和花括号索引
    ##
    ##@example
    ##param: this, x
    ##
    ##return: ret
    ##@end example
    ##
    ##@end deftypefn

    #起点 x 坐标 starting_point_x
    #起点 y 坐标 starting_point_y
    #机器人的 x 轴方向尺寸 droid_size_x
    #机器人的 y 轴方向尺寸 droid_size_y
    switch(x.type)
        case "()"
            fld = x.subs{1};
            if(strcmp (fld, "starting_point_x"))
                ret = this.starting_point_x;
            elseif(strcmp (fld, "starting_point_y"))
                ret = this.starting_point_y;
            elseif(strcmp (fld, "droid_size_x"))
                ret = this.droid_size_x;
```

```
            elseif(strcmp (fld, "droid_size_y"))
                ret = this.droid_size_y;
            endif
        case "{}"
            fld = x.subs{1};
            if(strcmp (fld, "starting_point_x"))
                ret = this.starting_point_x;
            elseif(strcmp (fld, "starting_point_y"))
                ret = this.starting_point_y;
            elseif(strcmp (fld, "droid_size_x"))
                ret = this.droid_size_x;
            elseif(strcmp (fld, "droid_size_y"))
                ret = this.droid_size_y;
            endif
        case "."
            fld = x.subs;
            if(strcmp (fld, "starting_point_x"))
                ret = this.starting_point_x;
            elseif(strcmp (fld, "starting_point_y"))
                ret = this.starting_point_y;
            elseif(strcmp (fld, "droid_size_x"))
                ret = this.droid_size_x;
            elseif(strcmp (fld, "droid_size_y"))
                ret = this.droid_size_y;
            endif
        otherwise
            error("@Droid/subsref: invalid subscript type for Droid");
    endswitch
endfunction
```

在初始化一个 Droid 对象之后，即可调用 draw()方法在坐标轴上绘制出这个机器人。Droid 类的绘制方法的代码如下：

```
#!/usr/bin/octave
#第 2 章/@Droid/draw.m

function ret = draw(this)
    ##-*- texinfo -*-
    ##@deftypefn {} {} draw (@var(this))
    ##绘制机器人
    ##
    ##@example
    ##param: -
    ##
    ##return: ret
    ##@end example
    ##
```

```
##@end deftypefn

#起点 x 坐标 starting_point_x
#起点 y 坐标 starting_point_y
#机器人的 x 轴方向尺寸 droid_size_x
#机器人的 y 轴方向尺寸 droid_size_y

pkg load matgeom;

init_axes(this);

starting_point_x = this.starting_point_x;
starting_point_y = this.starting_point_y;
droid_size_x = this.droid_size_x;
droid_size_y = this.droid_size_y;
drawRect([
    starting_point_x, ...
    starting_point_y + floor(droid_size_y * 0.3), ...
    droid_size_x, ...
    floor(droid_size_y * 0.4)...
    ]);
hold on;
drawCircleArc([
    starting_point_x + floor(droid_size_x * 0.5), ...
    starting_point_y + floor(droid_size_y * 0.3), ...
    floor(droid_size_x * 0.5), ...
    180, ...
    180 ...
    ]);
hold on;
drawCircle([
    starting_point_x + floor(droid_size_x * 0.25), ...
    starting_point_y + floor(droid_size_y * 0.5), ...
    floor(droid_size_x * 0.15)...
    ]);
hold on;
drawCircle([
    starting_point_x + floor(droid_size_x * 0.75), ...
    starting_point_y + floor(droid_size_y * 0.5), ...
    floor(droid_size_x * 0.15)...
    ]);
hold on;
drawRect([
    starting_point_x + floor(droid_size_x * 0.25) - floor(droid_size_x *
    0.15 / 2), ...
    starting_point_y + floor(droid_size_y * 0.7), ...
```

```
            floor(droid_size_x * 0.15)...
            floor(droid_size_y * 0.3)...
            ]);
        hold on;
        drawRect([
            starting_point_x + floor(droid_size_x * 0.75) - floor(droid_size_x *
            0.15 / 2), ...
            starting_point_y + floor(droid_size_y * 0.7), ...
            floor(droid_size_x * 0.15)...
            floor(droid_size_y * 0.3)...
            ]);
        hold on;
    endfunction
```

绘制的二维机器人模型如图 2-21 所示。

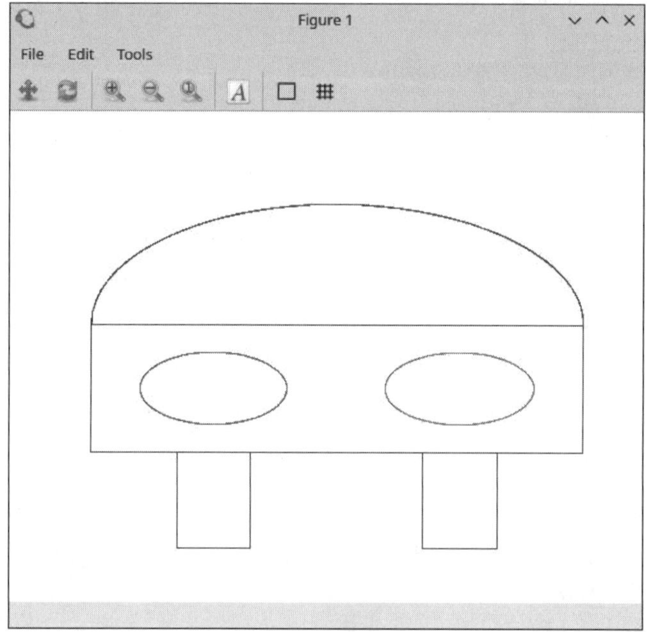

图 2-21　二维机器人模型

其中,Droid 类的绘制方法会自动调用 Droid 类的坐标轴准备方法。Droid 类的坐标轴准备方法的代码如下：

```
    #!/usr/bin/octave
    #第 2 章/@Droid/init_axes.m

    function init_axes(this)
        ##-*- texinfo -*-
        ##@deftypefn {} {} init_axes(@var(this))
```

```
    ##初始化坐标轴
    ##
    ##@example
    ##param: -
    ##
    ##return: -
    ##@end example
    ##
    ##@end deftypefn

    set(gca, 'xdir', 'normal')
    set(gca, 'ydir', 'reverse')
    set(gca, 'visible', 'off')

endfunction
```

不关闭当前图形窗口，然后将二维机器人模型保存为 droid.png 的 PNG 图像的代码如下：

```
>> saveas(gca, 'droid.png')
```

将二维机器人模型保存为 droid.svg 的 SVG 图像的代码如下：

```
>> saveas(gca, 'droid.svg')
```

2.4.2　制作三维机器人模型

三维机器人可以通过圆柱体、圆顶面、球体和长方体制作而成。创建 Droid3d 类用于描述机器人。Droid3d 类使用 6 个元素描述一个机器人：起点 x 坐标、起点 y 坐标、起点 z 坐标、机器人的 x 轴方向尺寸、机器人的 y 轴方向尺寸和机器人的 z 轴方向尺寸。Droid3d 类的构造方法的代码如下：

```
#!/usr/bin/octave
#第 2 章/@Droid3d/Droid3d.m

function ret = Droid3d(varargin)
    ##-*- texinfo -*-
    ##@deftypefn {} {} Droid3d (@var{varargin})
    ##三维机器人类
    ##
    ##@example
    ##param: varargin
    ##
    ##return: ret
    ##@end example
    ##
    ##@end deftypefn
    starting_point_x = 0;
```

```
#起点 x 坐标 starting_point_x
    starting_point_y = 300;
#起点 y 坐标 starting_point_y
    starting_point_z = 0;
#起点 z 坐标 starting_point_z
    droid_size_x = 200;
#机器人的 x 轴方向尺寸 droid_size_x
    droid_size_y = 300;
#机器人的 y 轴方向尺寸 droid_size_y
    droid_size_z = 400;
#机器人的 z 轴方向尺寸 droid_size_z
    try
        switch(numel(varargin))
            case 1
                starting_point_x = varargin{1};
            case 2
                starting_point_x = varargin{1};
                starting_point_y = varargin{2};
            case 3
                starting_point_x = varargin{1};
                starting_point_y = varargin{2};
                starting_point_z = varargin{3};
            case 4
                starting_point_x = varargin{1};
                starting_point_y = varargin{2};
                starting_point_z = varargin{3};
                droid_size_x = varargin{4};
            case 5
                starting_point_x = varargin{1};
                starting_point_y = varargin{2};
                starting_point_z = varargin{3};
                droid_size_x = varargin{4};
                droid_size_y = varargin{5};
            otherwise
                starting_point_x = varargin{1};
                starting_point_y = varargin{2};
                starting_point_z = varargin{3};
                droid_size_x = varargin{4};
                droid_size_y = varargin{5};
                droid_size_z = varargin{6};
        endswitch
    catch
        warning('use default params: 0, 300, 0, 200, 300, 400')
    end_try_catch

    a = struct(
```

```
        'starting_point_x', starting_point_x,...
        'starting_point_y', starting_point_y,...
        'starting_point_z', starting_point_z,...
        'droid_size_x', droid_size_x,...
        'droid_size_y', droid_size_y,...
        'droid_size_z', droid_size_z...
        );
    ret = class(a, "Droid3d");
endfunction
```

Droid 类的赋值方法的代码如下：

```
#!/usr/bin/octave
#第 2 章/@Droid3d/subsasgn.m

function ret = subsasgn(this, x, new_status)
    ##-*- texinfo -*-
    ##@deftypefn {} {} subsasgn (@var{this} @var{x} @var{new_status})
    ##支持圆括号赋值和点号赋值
    ##
    ##@example
    ##param: this, x, new_status
    ##
    ##return: ret
    ##@end example
    ##
    ##@end deftypefn

    #起点 x 坐标 starting_point_x
    #起点 y 坐标 starting_point_y
    #起点 z 坐标 starting_point_z
    #机器人的 x 轴方向尺寸 droid_size_x
    #机器人的 y 轴方向尺寸 droid_size_y
    #机器人的 z 轴方向尺寸 droid_size_z
    switch(x.type)
        case "()"
            fld = x.subs{1};
            if(strcmp (fld, "starting_point_x"))
                this.starting_point_x = new_status;
                ret = this;
            elseif(strcmp (fld, "starting_point_y"))
                this.starting_point_y = new_status;
                ret = this;
            elseif(strcmp (fld, "starting_point_z"))
                this.starting_point_z = new_status;
                ret = this;
```

```
            elseif(strcmp (fld, "droid_size_x"))
                this.droid_size_x = new_status;
                ret = this;
            elseif(strcmp (fld, "droid_size_y"))
                this.droid_size_y = new_status;
                ret = this;
            elseif(strcmp (fld, "droid_size_z"))
                this.droid_size_z = new_status;
                ret = this;
            endif
        case "."
            fld = x.subs;
            if(strcmp (fld, "starting_point_x"))
                this.starting_point_x = new_status;
                ret = this;
            elseif(strcmp (fld, "starting_point_y"))
                this.starting_point_y = new_status;
                ret = this;
            elseif(strcmp (fld, "starting_point_z"))
                this.starting_point_z = new_status;
                ret = this;
            elseif(strcmp (fld, "droid_size_x"))
                this.droid_size_x = new_status;
                ret = this;
            elseif(strcmp (fld, "droid_size_y"))
                this.droid_size_y = new_status;
                ret = this;
            elseif(strcmp (fld, "droid_size_z"))
                this.droid_size_z = new_status;
                ret = this;
            endif
        otherwise
            error("@Droid3d/subsref: invalid assignment type for Droid3d");
    endswitch
endfunction
```

Droid 类的索引方法的代码如下：

```
#!/usr/bin/octave
#第 2 章/@Droid3d/subsref.m
function ret = subsref(this, x)
    ##-*- texinfo -*-
    ##@deftypefn {} {} subsref(@var{this} @var{x})
    ##支持圆括号索引、点号索引和花括号索引
    ##
    ##@example
```

```
##param: this, x
##
##return: ret
##@end example
##
##@end deftypefn

#起点 x 坐标 starting_point_x
#起点 y 坐标 starting_point_y
#起点 z 坐标 starting_point_z
#机器人的 x 轴方向尺寸 droid_size_x
#机器人的 y 轴方向尺寸 droid_size_y
#机器人的 z 轴方向尺寸 droid_size_z
switch(x.type)
   case "()"
      fld = x.subs{1};
      if(strcmp (fld, "starting_point_x"))
         ret = this.starting_point_x;
      elseif(strcmp (fld, "starting_point_y"))
         ret = this.starting_point_y;
      elseif(strcmp (fld, "starting_point_z"))
         ret = this.starting_point_z;
      elseif(strcmp (fld, "droid_size_x"))
         ret = this.droid_size_x;
      elseif(strcmp (fld, "droid_size_y"))
         ret = this.droid_size_y;
      elseif(strcmp (fld, "droid_size_z"))
         ret = this.droid_size_z;
      endif
   case "{}"
      fld = x.subs{1};
      if(strcmp (fld, "starting_point_x"))
         ret = this.starting_point_x;
      elseif(strcmp (fld, "starting_point_y"))
         ret = this.starting_point_y;
      elseif(strcmp (fld, "starting_point_z"))
         ret = this.starting_point_z;
      elseif(strcmp (fld, "droid_size_x"))
         ret = this.droid_size_x;
      elseif(strcmp (fld, "droid_size_y"))
         ret = this.droid_size_y;
      elseif(strcmp (fld, "droid_size_z"))
         ret = this.droid_size_z;
      endif
   case "."
      fld = x.subs;
```

```
            if(strcmp (fld, "starting_point_x"))
                ret = this.starting_point_x;
            elseif(strcmp (fld, "starting_point_y"))
                ret = this.starting_point_y;
            elseif(strcmp (fld, "starting_point_z"))
                ret = this.starting_point_z;
            elseif(strcmp (fld, "droid_size_x"))
                ret = this.droid_size_x;
            elseif(strcmp (fld, "droid_size_y"))
                ret = this.droid_size_y;
            elseif(strcmp (fld, "droid_size_z"))
                ret = this.droid_size_z;
            endif
        otherwise
            error("@Droid3d/subsref: invalid subscript type for Droid3d");
    endswitch
endfunction
```

在初始化一个 Droid 对象之后，即可调用 draw()方法在坐标轴上绘制这个机器人。Droid 类的绘制方法的代码如下：

```
#!/usr/bin/octave
#第 2 章/@Droid3d/draw.m

function ret = draw(this)
    ##-*- texinfo -*-
    ##@deftypefn {} {} draw (@var(this))
    ##绘制三维机器人
    ##
    ##@example
    ##param: -
    ##
    ##return: ret
    ##@end example
    ##
    ##@end deftypefn

    #起点 x 坐标 starting_point_x
    #起点 y 坐标 starting_point_y
    #起点 z 坐标 starting_point_z
    #机器人的 x 轴方向尺寸 droid_size_x
    #机器人的 y 轴方向尺寸 droid_size_y
    #机器人的 z 轴方向尺寸 droid_size_z

    pkg load matgeom;
```

```
init_axes(this);

starting_point_x = this.starting_point_x;
starting_point_y = this.starting_point_y;
starting_point_z = this.starting_point_z;
droid_size_x = this.droid_size_x;
droid_size_y = this.droid_size_y;
droid_size_z = this.droid_size_z;
drawCylinder([
    starting_point_x + floor(droid_size_x * 0.5), ...
    starting_point_y + floor(droid_size_y * 0.5), ...
    starting_point_z + floor(droid_size_z * 0.3), ...
    starting_point_x + floor(droid_size_x * 0.5), ...
    starting_point_y + floor(droid_size_y * 0.5), ...
    starting_point_z + floor(droid_size_z * 0.7), ...
    min([floor(droid_size_x * 0.5), floor(droid_size_y * 0.5)])...
    ]);
hold on;
h = drawDome([
    starting_point_x + floor(droid_size_x * 0.5), ...
    starting_point_y + floor(droid_size_y * 0.5), ...
    starting_point_z + floor(droid_size_z * 0.3), ...
    -(min([floor(droid_size_x * 0.5), floor(droid_size_y * 0.5)]))...
    ], 'nPhi', 180, 'nTheta', 180);
set(h, 'facecolor', 'red')
hold on;
h = drawSphere([
    starting_point_x + floor(droid_size_x * 0.2), ...
    starting_point_y + floor(droid_size_y * 0.4), ...
    starting_point_z + floor(droid_size_z * 0.5), ...
    min([floor(droid_size_x * 0.2), floor(droid_size_y * 0.2)])...
    ]);
set(h, 'facecolor', 'red')
hold on;
h = drawSphere([
    starting_point_x + floor(droid_size_x * 0.2), ...
    starting_point_y + floor(droid_size_y * 0.6), ...
    starting_point_z + floor(droid_size_z * 0.5), ...
    min([floor(droid_size_x * 0.2), floor(droid_size_y * 0.2)])...
    ]);
set(h, 'facecolor', 'red')
hold on;
drawCuboid([
    starting_point_x + floor(droid_size_x * 0.4) - floor(droid_size_x *
    0.15 / 2), ...
```

```
        starting_point_y + floor(droid_size_y * 0.5) + floor(droid_size_y *
        0.3 / 2), ...
        starting_point_z + floor(droid_size_z * 0.7), ...
        floor(droid_size_x * 0.15), ...
        floor(droid_size_y * 0.15), ...
        floor(droid_size_z * 0.3)...
        ]);
    hold on;
    drawCuboid([
        starting_point_x + floor(droid_size_x * 0.4) - floor(droid_size_x *
        0.15 / 2), ...
        starting_point_y + floor(droid_size_y * 0.5) - floor(droid_size_y *
        0.3 / 2), ...
        starting_point_z + floor(droid_size_z * 0.7), ...
        floor(droid_size_x * 0.15), ...
        floor(droid_size_y * 0.15), ...
        floor(droid_size_z * 0.3)...
        ]);
    hold on;
    light('position', [1 1 0]);
    light('position', [1 -1 0]);
    init_axes(this);
endfunction
```

绘制的三维机器人模型如图 2-22 所示。

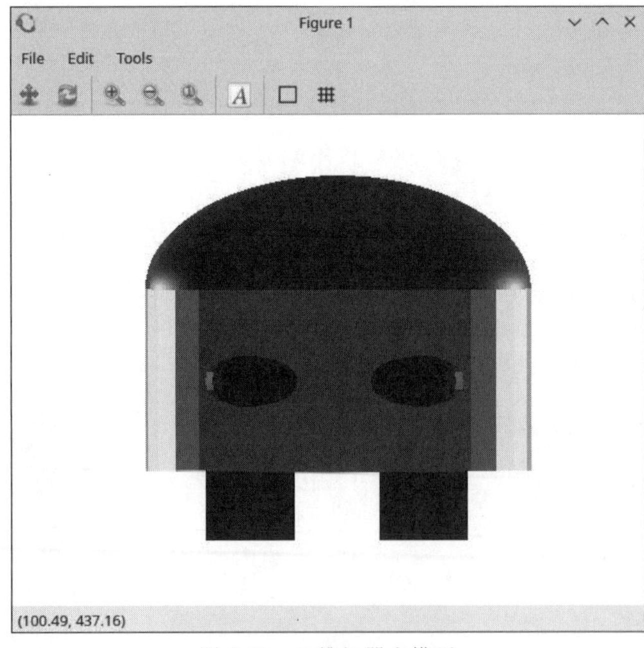

图 2-22 三维机器人模型

其中，Droid3d 类的绘制方法会自动调用 Droid3d 类的坐标轴准备方法。Droid3d 类的坐标轴准备方法的代码如下：

```
#!/usr/bin/octave
#第 2 章/@Droid3d/init_axes.m

function init_axes(this)
    ##-*- texinfo -*-
    ##@deftypefn {} {} init_axes(@var(this))
    ##初始化坐标轴
    ##
    ##@example
    ##param: -
    ##
    ##return: -
    ##@end example
    ##
    ##@end deftypefn

    view(3);
    set(gcf, 'color', 'none')
    set(gca, 'color', 'none')
    set(gca, 'xdir', 'normal')
    set(gca, 'ydir', 'reverse')
    set(gca, 'zdir', 'reverse')
    set(gca, 'visible', 'off')
    set(gca, 'cameraposition', [-2000 500 150])

endfunction
```

不关闭当前图形窗口，然后将三维机器人模型保存为 droid_3d.png 的 PNG 图像的代码如下：

```
>> saveas(gca, 'droid_3d.png')
```

将三维机器人模型保存为 droid_3d.svg 的 SVG 图像的代码如下：

```
>> saveas(gca, 'droid_3d.svg')
```

2.5　以图片格式保存模型

AR 应用的开发者可以借助于 Octave 的绘图功能导出绘制的模型的图片。Octave 导出需要调用 saveas()函数，只要某个画布中存在绘制出来的对象，则无论这个画布的窗口是否处于打开状态，也无论这个画布的窗口是否拥有焦点，saveas()函数都可以按照需要将整个画布中的对象保存为图片。

saveas()函数至少需要传入两个参数，此时第 1 个参数是画布的句柄，第 2 个参数是文件名。将 gca 中的内容保存为 1.png 的代码如下：

```
>> saveas(gca, '1.png')
```

如果在运行上面的代码之前没有轴对象，则上面的代码保存的应该是默认的坐标轴，如图 2-23 所示。

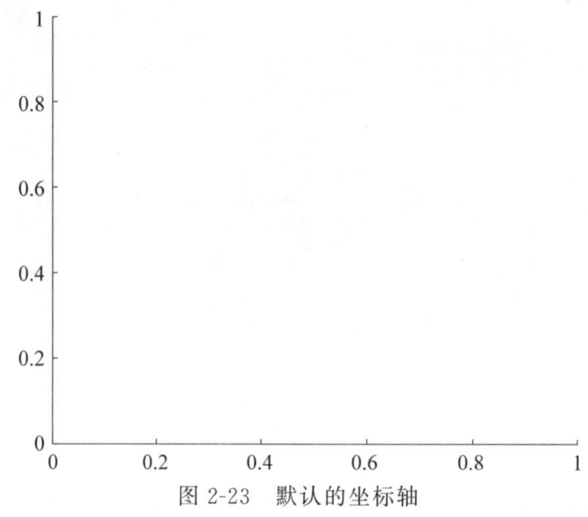

图 2-23　默认的坐标轴

此外，saveas()函数还允许追加传入第 3 个参数，此时第 3 个参数是保存格式。saveas()函数支持的保存格式和含义的对应表如表 2-1 所示。

表 2-1　saveas()函数支持的保存格式和含义的对应表

保存格式	含　义	保存格式	含　义
ps	保存为 PostScript 格式	jpg	保存为 JPEG 格式
eps	保存为封装的 PostScript 格式	png	保存为便携式网络图形格式
pdf	保存为便携式文档格式		

此外，如果在调用 saveas()函数时不指定保存格式，则 saveas()函数将取出文件名的后缀作为保存格式；如果文件名不含有后缀或文件名的后缀不被支持，则 saveas()函数将图片保存为便携式文档格式。

2.6　FFmpeg

FFmpeg 是一套可以用来记录、转换数字声频、视频，并能将其转换为流的开源计算机程序。FFmpeg 采用 LGPL 或 GPL 许可证，提供录制、转换及流化音视频的完整解决方案。FFmpeg 包含了非常先进的声频/视频编解码库 libavcodec，而且为了保证高可移植性和编解码质量，libavcodec 中的很多代码是从头开发的。

FFmpeg 在 Linux 平台下开发，但同样也可以在 Windows 和 Mac OS X 等操作系统中编译运行。此外，FFmpeg 可以使用 GPU 加速。

2.6.1 安装 FFmpeg

通过 DNF 软件源安装 FFmpeg，命令如下：

```
$ sudo dnf install ffmpeg
```

2.6.2 FFmpeg 支持的命令

FFmpeg 支持多个命令，支持的命令和含义对照表如表 2-2 所示。

表 2-2 FFmpeg 支持的命令和含义对照表

命　令	含　义	命　令	含　义
ffmpeg	ffmpeg 工具	ffplay-all	ffplay 工具和 ffmpeg 组件
ffmpeg-all	ffmpeg 工具和 ffmpeg 组件	ffprobe	ffprobe 工具
ffplay	ffplay 工具	ffprobe-all	ffprobe 工具和 ffmpeg 组件

2.7 播放真实的背景画面

通过 FFmpeg 软件的 ffplay 命令可以播放图片或视频格式的背景画面。ffplay 命令的最简单的用法就是直接在 ffplay 之后追加文件名。通过 ffplay 命令播放雨天中的路的图片的代码如下：

```
$ ffplay ../image_rainy_road.jpg
```

播放图片时的效果如图 2-24 所示。

图 2-24 播放图片时的效果

通过 ffplay 命令播放雨天中的地砖的视频的代码如下：

```
$ ffplay ../video_static_rainy_ground_tile.mp4
```

播放视频时的效果如图 2-25 所示。

图 2-25 播放视频时的效果

2.7.1 ffplay 命令的主要选项

ffplay 命令还支持更多选项，这些选项用于配置 ffplay 命令的播放行为。ffplay 命令支持的主要选项和含义对照表如表 2-3 所示。

表 2-3 ffplay 命令支持的主要选项和含义对照表

选　　项	含　　义
-L	显示许可证
-h topic	显示帮助
-? topic	
-help topic	
--help topic	
-version	显示版本
-buildconf	显示构建配置
-formats	显示可用的格式
-muxers	显示可用的多路复用器
-demuxers	显示可用的解复用器
-devices	显示可用的设备

续表

选　项	含　义
-codecs	显示可用的编解码器
-decoders	显示可用的解码器
-encoders	显示可用的编码器
-bsfs	显示可用的比特流过滤器
-protocols	显示可用的协议
-filters	显示可用的过滤器
-pix_fmts	显示可用的像素格式
-layouts	显示标准频道布局
-sample_fmts	显示可用的声频样本格式
-dispositions	显示可用的流配置
-colors	显示可用的颜色名称
-loglevel loglevel	设置日志级别
-v loglevel	设置日志级别
-report	生成报告
-max_alloc bytes	设置单个分配块的最大大小
-sources device	列出输入设备的源
-sinks device	列出输出设备的接收器
-x width	强制设置显示宽度
-y height	强制设置显示高度
-s size	设置帧大小(格式为 W×H 或缩写)
-fs	强制全屏
-an	禁用声频
-vn	禁用视频
-sn	禁用字幕
-ss pos	按秒跳转到对应的视频位置
-t duration	将视频的播放秒数设置为 duration
-Bytes val	按字节跳转到对应的视频位置,其中 0 代表关闭、1 代表打开且－1 代表自动
-seek_interval seconds	设置左/右击跳转视频的间隔(秒)
-nodisp	禁用图形显示
-noborder	无边界窗口
-alwaysontop	窗口始终在顶部
-volume volume	设置刚开始播放视频时的音量,其中 0 代表最小且 100 代表最大

续表

选　　项	含　　义
-f fmt	强制指定播放格式
-window_title window title	设置窗口标题
-af filter_graph	设置声频过滤器
-showmode mode	选择显示模式，其中0代表视频、1代表波形音乐且2代表RDFT
-i input_file	读取指定文件
-codec decoder_name	强制指定解码器
-autorotate	自动旋转视频

2.7.2 ffplay 命令的键盘操作选项

ffplay命令在播放图片或视频时支持键盘操作，用于快速调节播放窗口的播放行为。ffplay命令支持的键盘操作和含义对照表如表2-4所示。

表2-4　ffplay命令支持的键盘操作和含义对照表

键盘操作	含　　义
q、Esc	退出
f	切换全屏
p、空格	暂停
m	切换静音
9、0	减少和增加音量
/、*	减少和增加音量
a	循环当前节目中的声频通道
v	循环视频通道
t	在当前节目中循环字幕频道
c	循环程序
w	循环视频过滤器或显示模式
s	启用帧步进模式
左方向键、右方向键	向后或向前搜索10s； 如果设置了-seek_interval，则播放到指定的时间
下方向键、上方向键	向后或向前搜索1min
PageDown、PageUp	向后或向前搜索10min
右击	播放到宽度对应的时间
左键双击	切换全屏

2.7.3 ffmpeg 命令的用例

ffmpeg 命令可用于修改视频或声频。ffmpeg 命令可配合不同的参数实现不同的转换结果。

转换视频格式而不改变其他信息的代码如下：

```
$ ffmpeg input.mp4 output.avi
```

显示视频信息的代码如下：

```
$ ffmpeg -i input.mp4
```

将带声频的视频转换为声频的代码如下：

```
$ ffmpeg -i input.mp4 -vn output.mp3
```

将带声频的视频转换为不带声频的视频的代码如下：

```
$ ffmpeg -i input.mp4 -an output.mp4
```

将声频音量扩大或缩小为 2 倍或 0.25 倍大小的代码如下：

```
$ ffmpeg -i output.mp3 -af 'volume=2' output.ogg
$ ffmpeg -i output.mp3 -af 'volume=0.25' output.ogg
```

更改视频的分辨率的代码如下：

```
$ ffmpeg -i input.mp4 -s 1280x720 -c:a copy output.mp4
```

从视频中解压出图像的代码如下：

```
$ ffmpeg -i input.mp4 -r 1 -f image2 image-%2d.png
```

将一组图像合成为视频的代码如下：

```
$ ffmpeg -r 1 -i image-%2d.png -c:v libx264 -pix_fmt yuv420p -crf 23 -r 1 -y
output.mp4
```

将视频画面裁剪到一个更小的尺寸的代码如下：

```
$ ffmpeg -i input.mp4 -filter:v "crop=w:h:x:y" output.mp4
```

截取前 10s 的视频的代码如下：

```
$ ffmpeg -i input.mp4 -t 10 output.avi
```

从第 5s 开始截取 10s 的视频的代码如下：

```
$ ffmpeg -i input.mp4 -ss 00:00:05 -t 10 output.avi
```

从第 5s 开始截取到第 20s 结束的视频的代码如下：

```
$ ffmpeg -i input.mp4 -ss 00:00:05 -to 00:00:20 output.avi
```

设置视频画面的尺寸的代码如下：

```
$ ffmpeg -i input.mp4 -aspect 16:9 output.mp4
```

将不带声频的视频和声频合成为带声频的视频的代码如下：

```
$ ffmpeg -i inputvideo.mp4 -i inputaudio.mp3 -c:v copy -c:a aac output.mp4
```

将带声频的视频舍弃原有的声频和声频合成为带声频的视频的代码如下：

```
$ ffmpeg -i inputvideo.mp4 -i inputaudio.mp3 -c:v copy -c:a aac -map 0:v:0 -map
1:a:0 output.mp4
```

将视频播放速度加快或减慢为 2 倍或 0.25 倍大小的代码如下：

```
$ ffmpeg -i input.mp4 -vf "setpts=0.5*PTS" output.mp4
$ ffmpeg -i input.mp4 -vf "setpts=4.0*PTS" output.mp4
```

将声频播放速度加快或减慢为 2 倍或 0.25 倍大小的代码如下：

```
$ ffmpeg -i input.mp4 -filter:a "atempo=2.0" -vn output.mp3
$ ffmpeg -i input.mp4 -filter:a "atempo=0.25" -vn output.mp3
```

2.8 模型图片背景透明化

虽然 saveas()函数可以导出模型图片，但是通过 saveas()函数导出的模型图片包含背景颜色。AR 应用推荐使用带有透明背景的模型图像，这样在将模型放置于真实的背景画面上时不会出现模型的背景覆盖掉真实的背景画面的问题。

如果要通过代码实现模型图片背景透明化，则推荐使用 SVG 格式或 GIF 格式，而不推荐使用其他格式通过 Octave 保存模型图像。使用其他格式保存模型图像会遇到更多问题，例如在试图使用图像处理方式替换背景色的像素时有极大概率出现背景像素的颜色和图像中的某些像素的颜色一致的情况，此时替换像素将导致模型中的对应像素被错误替换的情况。

2.8.1 SVG 格式

SVG 是一种图像文件格式，它的英文全称为 Scalable Vector Graphics，意思为可缩放的向量图形。它是基于 XML（Extensible Markup Language），由 World Wide Web Consortium（W3C）联盟进行开发的。严格地讲，SVG 应该是一种开放标准的向量图形语言，可让用户设计具有复杂效果的、高分辨率的 Web 图形页面。用户既可以直接用代码来描绘图像，又可以用任何文字处理工具打开 SVG 图像，还可以通过改变部分代码来使图像具有交互功能，并可以随时插入 HTML 中通过浏览器来观看。

2.8.2 SVG 格式的不透明度属性

SVG 格式的 opacity 属性定义了一个对象或一组对象的不透明度，换言之，SVG 格式的 opacity 属性定义的是元素后面的背景的透过率。

opacity 属性的用法是在 opacity 之后追加等号(=)和不透明度。不透明度的范围是 0.0～1.0,其中 0.0 代表完全透明,1.0 代表完全不透明,而在 0.0 和 1.0 中间的值代表元素的不透明度在完全透明和完全不透明之间。

此外,任何超过范围 0.0～1.0 的值都会被压回这个范围。

可以使用 opacity 属性的元素如表 2-5 所示。

表 2-5 可以使用 opacity 属性的元素

元 素	元 素
<a>	<pattern>
<defs>	<svg>
<glyph>	<switch>
<g>	<symbol>
<marker>	其他图形元素
<missing-glyph>	—

2.8.3 SVG 格式的点属性

SVG 格式的 points 属性定义了用于画一个<polyline>元素或画一个<polygon>元素的点的数列。每个点用用户坐标系统中的一个 x 坐标和 y 坐标定义。用户既可以用逗号分开每个点的 x 坐标和 y 坐标,又可以用空格分开每个点的 x 坐标和 y 坐标标记,但必须用空格分开每个点的坐标。推荐的写法是用逗号分开每个点的 x 坐标和 y 坐标且用空格分开每个点的坐标,例如 points="100,100 200,300 400,400"。

2.8.4 SVG 格式的 svg 片段元素

SVG 格式的 svg 元素定义了一个 svg 片段。如果 svg 不是根元素,则 svg 元素可以用于在当前文档(例如一个 HTML 文档)内嵌套一个独立的 svg 片段。这个独立片段拥有独立的视口和坐标系统。

2.8.5 SVG 格式的多边形元素

SVG 格式的 polygon 元素定义了一个由一组首尾相连的直线线段构成的闭合多边形形状。最后一点连接到第一点。

2.8.6 SVG 格式的组合对象元素

SVG 格式的 g 元素是用来组合对象的容器。添加到 g 元素上的变换会应用到其所有的子元素上。添加到 g 元素的属性会被其所有的子元素继承。此外,g 元素也可以用来定义复杂的对象，之后可以通过<use>元素来引用它们。

2.8.7 Octave保存的SVG图片的结构

要编写代码以自动化修改模型图片背景的透明度，首先需要研究Octave保存的SVG图片的结构。

以文本格式打开上文中保存的、名为droid_3d.svg的SVG图像可以查看SVG图像的定义如下：

```
<?xml version = '1.0' encoding = 'UTF-8' standalone = 'no'?>
<svg width = "419pt" xmlns:xlink = "http://www.w3.org/1999/xlink" height =
"314pt" xmlns = "http://www.w3.org/2000/svg" viewBox = "0 0 419 314">
 <title>gl2ps_renderer figure</title>
 <desc>
Creator: GL2PS 1.4.2, (C) 1999-2020 C. Geuzaine
For: Octave
CreationDate: Tue Nov  1 00:12:14 2022
</desc>
 <defs/>
 <polygon points = "0,0 419,0 419,314 0,314" fill = "#ffffff"/>
 <g>
  <polygon shape-rendering = "crispEdges" points = "0,314 419,314 419,0 0,0"
fill = "#ffffff"/>
  <clipPath id = "cp00419314">
   <polygon points = "0,314 419,314 419,0 0,0"/>
  </clipPath>
  <g clip-path = "url(#cp00419314)">
   <polygon shape-rendering = "crispEdges" points = "217.874,39.0266 217.946,
39.0268 217.505,39.0254" fill = "#5b0000"/>
   <polygon shape-rendering = "crispEdges" points = "216.138,39.0269 216.209,
39.0267 216.637,39.0253" fill = "#5b0000"/>
   <polygon shape-rendering = "crispEdges" points = "217.946,39.0268 218.016,
39.027 217.54,39.0255" fill = "#5b0000"/>
<!--以下代码省略 -->
  </g>
 </g>
</svg>
```

从上面的定义中可以得到Octave保存的SVG图片的结构如下：

(1) Octave保存的SVG图片有且只有一个svg片段。

(2) Octave保存的SVG图片有多个多边形。

(3) Octave保存的SVG图片可能使用组合元素组合多个多边形。

(4) Octave保存的SVG图片使用多边形描述矩形背景。点属性以0开头的多边形元素就是矩形背景涉及的多边形元素。

2.8.8　通过 Octave 修改 SVG 图片背景的透明度

通过 Octave 保存的 SVG 图片的结构，可以得到通过 Octave 修改模型图片背景的透明度的操作步骤如下：

(1) 以文本格式读入模型图片。

(2) 找到模型图片中的点属性以 0 开头的多边形元素所在的行。

(3) 在模型图片中的点属性以 0 开头的多边形元素所在的行中添加 opacity＝"0"属性，将模型图片的背景变为全透明。

(4) 将替换后的结果保存为新的模型图片或覆盖掉原版的模型图片。

通过 Octave 修改模型图片背景的透明度的代码如下：

```
#!/usr/bin/octave
#第 2 章/lucent_background.m
#透明化背景

function ret = lucent_background(infile_path, outfile_path)
    ##-*- texinfo -*-
    ##@deftypefn {} {} lucent_background (@var{infile_path} @var{outfile_
path})
    ##透明化背景
    ##
    ##@example
    ##param: infile_path, outfile_path
    ##
    ##return: ret
    ##@end example
    ##
    ##@end deftypefn
    temp = {};
    temp_index = 1;
    try
        fp = fopen(infile_path, 'r');
        while 1
            tline = fgetl(fp);
            if ~ ischar(tline)
                break;
            end
            temp{temp_index} = tline;
            temp_index += 1;
        end
        fclose(fp);
    catch
        error('read svg file failed')
    end_try_catch
```

```
    try
        for temp_index = 1 : numel(temp)
            if !isempty(regexp(temp{temp_index}, 'points="0')) && ...
                    !isempty(regexp(temp{temp_index}, '<polygon'))
                temp{temp_index} = strrep(temp{temp_index}, '/>',
                    'opacity="0"/>');
            endif
        endfor
    catch
        error('process svg file failed')
    end_try_catch
    try
        fp = fopen(outfile_path, 'w');
        fprintf(fp, strjoin(temp, '\r\n'));
        fclose(fp);
    catch
        error('write svg file failed')
    end_try_catch

endfunction
```

2.8.9 GIF 格式

GIF(Graphics Interchange Format)的原义是图像互换格式，是 CompuServe 公司在 1987 年开发的图像文件格式。GIF 文件的数据，是一种基于 LZW 算法的连续色调的无损压缩格式。其压缩率一般在 50%左右，压缩率较高。目前绝大多数相关软件支持 GIF 格式，并且在互联网上有大量的软件在使用 GIF 图像文件。GIF 图像文件的数据是经过压缩的，而且支持可变长度压缩等压缩算法。GIF 格式的另一个特点是其在一个 GIF 文件中可以存多幅彩色图像，如果把存于一个 GIF 图像文件中的多幅图像数据逐幅读出并显示到屏幕上，就可构成一种最简单的动画。

GIF 格式自 1987 年由 CompuServe 公司引入后，因其体积小而成像相对清晰，特别适合于初期慢速的互联网，而从此大受欢迎。它采用无损压缩技术，只要图像不多于 256 色，则可既减少文件的大小，又保持成像的质量。此外，GIF 格式也存在一些 hack 技术，可以在一定的条件下克服 256 色的限制，例如真彩色，然而，256 色的限制大大局限了 GIF 文件的应用范围，例如彩色相机基本已经废弃了对 GIF 格式的支持。

然而，GIF 格式虽然在高彩图片上的表现比 JPG 等格式更差，但却在简单的折线上效果更好，因此 GIF 格式普遍适用于图表和按钮等只需少量颜色的图像(如黑白照片)。

2.8.10 GIF 格式的背景透明效果

GIF 格式支持图片背景的透明属性，可以选择背景透明或背景不透明，但是，GIF 格式不支持 alpha 通道，所以只能支持透明的背景效果或不透明的背景效果，却做不到半透明的背景效果。

2.9 ImageMagick

ImageMagick 是一种用于创建、编辑、撰写或转换位图图像的工具。它可以读取和写入各种格式(超过 200 种)的图像,包括 PNG、JPEG、GIF、HEIC、TIFF、DPX、EXR、WebP、PostScript、PDF 和 SVG 等。使用 ImageMagick 可以进行调整图像大小、翻转、镜像、旋转、变形、剪切和变换图像、调整图像颜色、应用各种特殊效果或绘制文本、线条、多边形、椭圆和贝塞尔曲线等操作。

用户可以使用 GUI 模式和 CLI 模式操作 ImageMagick,其中,使用 CLI 模式操作 ImageMagick 需要使用 magick 命令或其他命令。

2.9.1 安装 ImageMagick

通过 DNF 软件源安装 ImageMagick,命令如下:

```
$ sudo dnf install ImageMagick
```

2.9.2 安装 magick

如果通过 DNF 软件源安装的 ImageMagick 不支持 magick 命令,则需要通过 ImageMagick 的官网额外安装 magick 命令行工具,命令如下:

```
##下载 magick 工具包,并假设 magick 工具包的文件名为 magick 且
##magick 工具包的路径为 Download
#cd Download
#cp ./magick /usr/bin
#chmod a+x ./magick
```

下载的 magick 命令行工具是一个 AppImage,它已经被打包好了,因此无须解压,只要将 magick 命令行工具放入/usr/bin 目录下并修改权限后即可使用。

2.9.3 ImageMagick 的用例

在 ImageMagick 7.0 版本之前,需要使用 convert、pnginfo 等多个命令才能完成 ImageMagick 的全部操作。从 ImageMagick 7.0 版本之后,只需使用 magick 命令均可完成 ImageMagick 的全部操作。ImageMagick 的用例如下所示。

(1) 将 SVG 图片生成为缩略图,代码如下:

```
$ mkdir thumbs
$ mogrify -format gif -path thumbs -thumbnail 100x100 *.svg
```

(2) 将 SVG 图片带透明度转换为 GIF 图片,代码如下:

```
$ convert droid_3d_new.svg -resize 100x100 -transparent '#FFFFFF' out.gif
```

(3) 将带透明度的图片放到背景上,代码如下:

```
$ composite -geometry \
+100+550 ./out.gif ../image_rainy_ground_tile.jpg ./composite.png
```

2.9.4 制作透明背景的 GIF 图片

实际上,如果使用 ImageMagick 工具将一个背景全透明的 SVG 格式的图片转换为 GIF 格式的图片,则得到的 GIF 图片的背景也是透明的。利用这个特点可以快速制作透明背景的 GIF 格式的图片。

制作透明背景的 GIF 图片可以借助于 Octave 和 ImageMagick 共同完成,操作步骤如下:

(1) 先通过 Octave 修改 SVG 图片背景的透明度,并且需要得到 opacity=0 的、完全透明背景的图片。

(2) 通过 ImageMagick 的 convert 命令将 SVG 图片带透明度转换为 GIF 格式。

2.10 读取或写入图像

2.10.1 读取图像

调用 imread()函数可以从本地文件或网络资源位置读取图像。imread()函数至少需要传入一个参数,此时这个参数是本地文件的文件名或网络资源的 URL,然后将返回读取的图像矩阵。读取本地文件 1.png 的代码如下:

```
>> imread('1.png');
```

读取网络资源 http://test.net/1.png 的代码如下:

```
>> imread('http://test.net/1.png');
```

此外,imread()函数根据指定的返回参数的数量会返回不同的结果,返回结果的规则如下:

(1) 如果只指定了一个返回参数,则 imread()函数将返回图像矩阵。

(2) 如果指定了两个返回参数,则 imread()函数将返回图像矩阵和颜色表。

(3) 如果指定了 3 个返回参数,则 imread()函数将返回图像矩阵、颜色表和透明度。

此外,对于允许存储多个帧的图像格式,imread()函数允许追加传入一个参数,此时这个参数是读取图像的帧数。读取本地文件 1.gif 的第 2 帧的代码如下:

```
>> imread('1.gif', 2);
```

此外,imread()函数允许以键-值对的方式追加传入参数。imread()函数支持的键-值对参数如表 2-6 所示。

表 2-6 imread()函数支持的键-值对参数

键 参 数	含 义	备 注
Frames 或 Index	指定读取图像的帧数	允许取值为数字或字符串 all
Info	—	—
PixelRegion	指定读取图像的像素范围	取值为元胞格式； 元胞内部为二元矩阵或三元矩阵

2.10.2 写入图像

调用 imwrite()函数可以将图像写入本地文件。imwrite()函数至少需要传入两个参数,此时第 1 个参数是图像矩阵,第 2 个参数是本地文件的文件名。将图像矩阵 a 写入本地文件 1.png 的代码如下：

```
>> imwrite(a, '1.png');
```

此外,imwrite()函数还允许传入 3 个参数,此时第 1 个参数是图像矩阵,第 2 个参数是颜色表且第 3 个参数是本地文件的文件名。将图像矩阵 a 和颜色表 b 写入本地文件 1.gif 的代码如下：

```
>> imwrite(a, b, '1.gif');
```

此外,imwrite()函数允许以键-值对的方式追加传入参数。imwrite()函数支持的键-值对参数如表 2-7 所示。

表 2-7 imwrite()函数支持的键-值对参数

键 参 数	含 义	备 注
Alpha	指定图像的 Alpha 通道	保存的图像中可能含有多个帧。为了防止图像保存出错,规定图像矩阵的第四维度必须匹配为 Alpha 矩阵,并且第三维度必须满足 singleton 条件
Compression	指定图像的压缩格式	取值为 none、bzip、fax3、fax4、jpeg、lzw、rle 或 deflate。默认值为 none
DelayTime	指定图像中相邻两帧的播放间隔时间	按秒取值。取值范围在 0～655.35。默认值为 0.5
DisposalMethod	指定图像在播放下一帧前的动作	取值为 doNotSpecify、leaveInPlace、restoreBG 或 restorePrevious,也允许按照帧的数量分别指定这些行为。默认值为 doNotSpecify
LoopCount	指定图像的循环播放次数	当取值为 0 或 1 时代表只播放一次(循环 0 次)；当取值大于或等于 2 时代表循环指定的那个次数
Quality	指定图像的压缩质量	取值范围在 0～100。默认值为 75
WriteMode	指定在图像文件已经存在的条件下的图像写入方式	取值为 Overwrite 或 Append。默认值为 Overwrite

2.10.3 设置或返回读取图像的路径

调用 IMAGE_PATH()函数可以设置或返回读取图像的路径。IMAGE_PATH()函数允许不传入参数调用，此时将返回当前的读取图像的路径。返回当前的读取图像的路径的代码如下：

```
>> IMAGE_PATH
ans = .:/usr/share/octave/6.4.0/imagelib
```

此外，IMAGE_PATH()函数还允许传入一个参数，此时这个参数是要修改的读取图像的路径。修改读取图像的路径为字符串“.”的代码如下：

```
>> IMAGE_PATH('.')
```

2.10.4 返回图像信息

调用 imfinfo()函数可以返回本地文件或网络资源位置的图像的信息。imfinfo()函数至少需要传入一个参数，此时这个参数是本地文件的文件名或网络资源的 URL。返回本地文件 1.png 的图像信息的代码如下：

```
>> imfinfo('1.png');
```

返回网络资源 http://test.net/1.png 的图像信息的代码如下：

```
>> imfinfo('http://test.net/1.png');
```

imfinfo()函数将以结构体格式返回图像信息。结构体的键-值对如表 2-8 所示。

表 2-8 imfinfo()函数返回的结构体的键-值对

键参数	含义	备注
FileName	文件名	—
FileModDate	文件修改时间	—
FileSize	文件的磁盘存储空间	—
Format	文件扩展名	—
Height	高度(像素)	—
Width	宽度(像素)	—
BitDepth	色深	—
ColorType	颜色类型	取值为 grayscale、indexed、truecolor、CMYK 或 undefined
XResolution	X 分辨率	—
YResolution	Y 分辨率	—
ResolutionUnit	分辨率类型	取值为 Inch、Centimeter 或 undefined
DelayTime	相邻两帧的播放间隔时间	以 1/100s 取值，取值范围是 0～65535

续表

键 参 数	含 义	备 注
LoopCount	循环播放次数	—
ByteOrder	字节序	取值为 little-endian、big-endian 或 undefined
Gamma	Gamma 级别	—
Quality	品质	仅对 JPEG、MIFF 或 PNG 图像有意义； 取值范围是 0～100
DisposalMethod	图像在播放下一帧前的动作	仅对 GIF 图像有意义
Chromaticities	色度	—
Comment	注释	—
Compression	压缩方式	取值为 none、bzip、fax3、fax4、jpeg、lzw、rle、deflate、lzma、jpeg2000、jbig2 或 undefined
Colormap	颜色表	—
Orientation	旋转方向	详见 TIFF 6 规范
Software	拍摄时相机写入的软件信息	—
Make	拍摄设备的厂商	—
Model	拍摄设备的型号	—
DateTime	EXIF 信息中的时间	—
ImageDescription	EXIF 信息中的标题	—
Artist	相机拥有者的名称	—
Copyright	版权	—
DigitalCamera	详细的 EXIF 信息	—
GPSInfo	EXIF 信息中的位置信息	—

2.10.5 管理支持的图像格式

调用 imformats()函数可以管理支持的图像格式。imformats()函数允许不传入参数调用，此时将返回当前支持的图像格式。返回当前支持的图像格式的代码如下：

```
>> imformats;
```

此外，imformats()函数允许追加传入一个参数调用，此时这个参数是要查询的扩展名或图像格式。返回对 jpg 扩展名是否支持的代码如下：

```
>> imformats('jpg');
ans =

  scalar structure containing the fields:
```

```
    coder = JPEG
    ext =
    {
      [1,1] = jpg
      [1,2] = jpeg
    }

    isa =

@(x) isa_magick (coders {fidx, 1}, x)

    info = @__imfinfo__
    read = @__imread__
    write = @__imwrite__
    alpha = 0
    description = Joint Photographic Experts Group JFIF format
    multipage = 0
```

上面的结果显示 Octave 已经记录了 jpg 扩展名属于 JPEG 格式、可调用 imfinfo()函数查询 JPEG 图像信息、可调用 imread()函数读取 JPEG 图像、可调用 imwrite()函数写入 JPEG 图像、不支持透明度、注释为 Joint Photographic Experts Group JFIF format 并且不支持多个帧。可见 jpg 扩展名受到 Octave 的支持。

返回对 TIFF 图像格式是否支持的代码如下：

```
>> imformats('TIFF')
ans =

  scalar structure containing the fields:

    coder = TIFF
    ext =
    {
      [1,1] = tif
      [1,2] = tiff
    }

    isa =

@(x) isa_magick (coders {fidx, 1}, x)

    info = @__imfinfo__
    read = @__imread__
    write = @__imwrite__
    alpha = 1
    description = Tagged Image File Format
    multipage = 1
```

此外，imformats()函数如果传入 factory 参数，则 Octave 会将支持的图像格式重置为默认支持处理的图像格式，代码如下：

```
>> imformats('factory')
```

此外，imformats()函数允许以键-值对的方式追加传入参数。imformats()函数支持的键-值对参数如表 2-9 所示。

表 2-9　imformats()函数支持的键-值对参数

键参数	含　义	备　注
add	增加格式	格式是一种包含 ext、description、isa、write、read、info、alpha 和 multipage 键参数的结构体
remove	删除扩展名	—
update	向格式中增加扩展名	—

2.10.6　Octave 默认支持处理的图像格式

Octave 默认支持处理的图像格式如表 2-10 所示。

表 2-10　Octave 默认支持处理的图像格式

文件扩展名	是否允许获取图像信息	是否允许读取图像	是否允许写入图像	是否支持透明度
bmp	是	是	是	是
cur	是	是	否	是
gif	是	是	是	是
ico	是	是	否	是
jbg	是	是	是	是
jbig	是	是	是	是
jp2、jpx	是	是	是	是
jpg、jpeg	是	是	是	是
pbm	是	是	是	是
pcx	是	是	是	是
pgm	是	是	是	是
png	是	是	是	是
pnm	是	是	是	是
ppm	是	是	是	是
ras	是	是	是	是
tga、tpic	是	是	是	是
tif、tiff	是	是	是	是
xbm	是	是	是	是
xpm	是	是	是	是
xwd	是	是	是	是

2.11 显示图像

2.11.1 以基础方式显示图像

调用 imshow()函数可以从本地文件或图像矩阵显示图像。imshow()函数至少需要传入一个参数,此时这个参数是本地文件或图像矩阵。从本地文件 1.png 显示图像的代码如下:

```
>> imshow('1.png');
```

从图像矩阵 a 显示图像的代码如下:

```
>> imshow(a);
```

此外,imshow()函数允许追加传入一个参数调用,此时这个参数是图像显示的像素范围或颜色表。从本地文件 1.png 显示图像的{[100,200],[300,400]}范围的像素的代码如下:

```
>> imshow('1.png', {[100, 200], [300,400]});
```

按照颜色表 b 从本地文件 1.png 显示图像的代码如下:

```
>> imshow('1.png', b);
```

此外,imshow()函数允许以键-值对的方式追加传入参数。imshow()函数支持的键-值对参数如表 2-11 所示。

图 2-11 imshow()函数支持的键-值对参数

键　参　数	含　　义
displayrange	图像显示的像素范围
colormap	颜色表
xdata	指定图像的第 1 个 x 坐标和最后一个 x 坐标
ydata	指定图像的第 1 个 y 坐标和最后一个 y 坐标

2.11.2 将图像矩阵显示为图像

调用 image()函数可以从图像矩阵显示图像。image()函数至少需要传入一个参数,此时这个参数是图像矩阵。从图像矩阵 a 显示图像的代码如下:

```
>> image(a);
```

2.11.3 以缩放模式显示图像

调用 imagesc()函数可以以缩放模式显示图像。imagesc()函数至少需要传入一个参数，此时这个参数是图像矩阵。从图像矩阵 a 显示图像的代码如下：

```
>> imagesc(a);
```

此外，imagesc()函数允许传入 3 个参数，此时第 1 个参数是 x 坐标的范围，第 2 个参数是 y 坐标的范围，第 3 个参数是图像矩阵。从图像矩阵 a 显示图像，并且 x 坐标的范围是[100,200]、y 坐标的范围是[300,400]的代码如下：

```
>> imagesc([100, 200], [300, 400], a);
```

2.12　转换图像类型

2.12.1　将图像转换为 double 格式

调用 im2double()函数可以将图像矩阵转换为 double 格式。im2double()函数至少需要传入一个参数，此时这个参数是图像矩阵。将图像矩阵 a 转换为 double 格式的代码如下：

```
>> im2double(a);
```

im2double()函数根据传入的图像矩阵的类型进行不同的操作，操作规则如表 2-12 所示。

图 2-12　im2double()函数的操作规则

图像矩阵的类型	规　　则	图像矩阵的类型	规　　则
uint8、uint16 或 int16	将颜色值归一化为[0,1]范围	single	将颜色值转换为 double 类型
logical	将真值设为 1，将假值设为 0	double	将颜色值原样返回

此外，im2double()函数允许额外传入 indexed 参数，此时如果图像矩阵是浮点格式或无符号 int 格式，则这个图像矩阵会被直接按数值转换为 double 格式，而无视上面表格中的规则。将图像矩阵 a 按 indexed 方式转换为 double 格式的代码如下：

```
>> im2double(a, 'indexed');
```

2.12.2　将灰度图像或黑白图像转换为索引图像

调用 gray2ind()函数可以将灰度图像或黑白图像转换为索引图像。gray2ind()函数至少需要传入一个参数，此时这个参数是图像矩阵。将图像矩阵 a 转换为索引图像的代码如下：

```
>> gray2ind(a);
```

此外，gray2ind()函数允许额外传入第 2 个参数，此时这个参数是不同索引的种类。将图像矩阵 a 转换为最多含有 32 种索引的图像的代码如下：

```
>> gray2ind(a, 32);
```

此外,gray2ind()函数根据指定的返回参数的数量会返回不同的结果,返回结果的规则如下:

(1) 如果只指定了一个返回参数,则 gray2ind()函数将返回图像矩阵。

(2) 如果指定了两个返回参数,则 gray2ind()函数将返回图像矩阵和颜色表。

2.12.3 将索引图像转换为灰度图像或黑白图像

调用 ind2gray()函数可以将索引图像转换为灰度图像或黑白图像。ind2gray()函数至少需要传入两个参数,此时第 1 个参数是图像矩阵,第 2 个参数是索引。将图像矩阵 a 和索引 b 转换为 double 格式的代码如下:

```
>> ind2gray(a, b);
```

2.12.4 将 RGB 图像转换为索引图像

调用 rgb2ind()函数可以将 RGB 图像转换为索引图像。rgb2ind()函数至少需要传入一个参数,此时这个参数是图像矩阵。将图像矩阵 a 转换为索引图像的代码如下:

```
>> rgb2ind(a);
```

此外,rgb2ind()函数允许传入 3 个参数,此时第 1 个参数是图像的 R 分量矩阵,第 2 个参数是图像的 G 分量矩阵且第 3 个参数是图像的 B 分量矩阵。将图像的 R 分量矩阵 a、G 分量矩阵 b 和 B 分量矩阵 c 转换为索引图像的代码如下:

```
>> rgb2ind(a, b, c);
```

2.12.5 将索引图像转换为 RGB 图像

调用 ind2rgb()函数可以将索引图像转换为 double 格式。ind2rgb()函数至少需要传入两个参数,此时第 1 个参数是索引图像矩阵,第 2 个参数是索引。将索引图像矩阵 a 和索引 b 转换为 RGB 图像的代码如下:

```
>> ind2rgb(a);
```

此外,ind2rgb()函数根据指定的返回参数的数量会返回不同的结果,返回结果的规则如下:

(1) 如果只指定了一个返回参数,则 ind2rgb()函数将返回三维的 RGB 图像矩阵。

(2) 如果指定了 3 个返回参数,则 ind2rgb()函数将返回 R 分量矩阵、G 分量矩阵和 B 分量矩阵。

2.13 将模型放置于真实的背景画面上

将模型放置于真实的背景画面上可以通过图像组合的方式实现。将图像格式的模型组合到图像格式的背景上,即可通过软件的运算得到新的图像结果,这个结果就是 AR 应用需要显示的 AR 画面。

2.13.1 预览 AR 画面

预览 AR 画面的实现方式如下：

(1) 生成模型和背景的缩略图,或按特定的宽和高改变模型和背景的大小。

(2) 在 AR 画面窗口上绘制模型和背景。

(3) 如果修改了背景或模型,则重新绘制模型和背景。

(4) 允许通过操作 GUI 控件修改背景或模型。

2.13.2 背景画面为视频时的处理方法

相比于背景画面为图片,在背景画面为视频时制作 AR 画面需要更多的处理步骤。视频本身是一种容器,这种容器内部可以包含不同的图片和声频等信息,所以在这种场景下不仅要考虑模型和一帧背景的关系,还要考虑模型和多帧背景的关系及和声频相关的处理。

视频可以通过 ffmpeg 命令解压出不同帧的图片,这些图片配合需要放置的模型分别通过 ImageMagick 工具绘制 AR 画面,然后可以通过 ffmpeg 命令合成为由 AR 画面组成的视频。

视频在声频上可分为带声频的视频和不带声频的视频两种。在处理视频画面前可以先通过 ffmpeg 命令分离视频和声频,然后单独对视频进行处理,最后将声频和处理后的视频合成为带声频的视频。

此外,如果 AR 应用只要求播放 AR 画面而不要求播放声频,则在单独对视频进行处理后也可以直接丢弃声频。

2.13.3 加快视频的处理速度

视频的处理速度和视频的品质等因素有关。如果 AR 应用对视频的品质没有过高的要求,则可以在处理视频时适当降低视频的品质或修改其他属性,因此,在处理视频前,可以先对原视频进行通用方式的修改,以这种方式降低视频的品质或修改其他属性后再制作 AR 画面。

将视频的编码器修改为 libx264 的代码如下：

```
$ ffmpeg -i input.mp4 -c:v libx264 output.mp4
```

将视频的品质修改为 23 的代码如下：

```
$ ffmpeg -i input.mp4 -crf 23 output.mp4
```

将视频的像素格式修改为 yuv420p 的代码如下：

```
$ ffmpeg -i input.mp4 -pix_fmt yuv420p output.mp4
```

将视频的帧率修改为 1 的代码如下：

```
$ ffmpeg -i input.mp4 -r 1 output.mp4
```

在保持宽高比的情况下，将视频的分辨率修改为480p的代码如下：

```
$ ffmpeg -i input.mp4 -vf scale = 480:-1 output.mp4
```

此外，还可以在视频的处理过程中降低视频的品质或修改其他属性，具体的命令和在处理视频前降低视频的品质或修改其他属性的命令相同。

2.14 放置模型应用

采用“将模型放置于真实的背景画面上”应用（简称放置模型应用）作为AR应用的最基础的实现方式。一个AR画面的最基本的要求是既有真实的背景画面又有模型。

2.14.1 放置模型应用原型设计

放置模型应用允许用户选择模型和背景、预览放置后的效果并将放置后的图像结果保存至特定的文件中。以上操作均可在同一个放置界面上完成，所以将放置界面作为放置模型应用的主界面。

在放置界面上应该包含以下元素：

(1) 输出预览画面的区域。

(2) 提示当前模型、当前背景和当前保存文件夹的区域。

(3) 修改当前模型、当前背景和当前保存文件夹的按钮。

(4) 用于更新预览效果的按钮。

(5) 用于保存当前预览效果的按钮。

(6) 用于选择图片预览和保存格式的下拉菜单。

(7) 操作日志区域。

根据以上元素绘制放置界面的原型设计图，如图2-26所示。

2.14.2 放置模型应用视图代码设计

根据放置模型应用的原型设计图来编写视图部分的代码，编写规则如下：

(1) 输出预览画面的区域使用轴对象实现，并且轴对象需要隐藏坐标轴的轴线、刻度和坐标。

(2) 使用“当前模型：”字样提示当前模型，然后在“当前模型：”字样之后放置输入框，用于显示当前模型的文件名。

(3) 使用“当前背景：”字样提示当前背景，然后在“当前背景：”字样之后放置输入框，用于显示当前背景的文件名。

(4) 使用“当前保存文件夹：”字样提示当前保存文件夹，然后在“当前保存文件夹：”字样之后放置输入框，用于显示当前用于保存放置后的图像结果的文件夹。

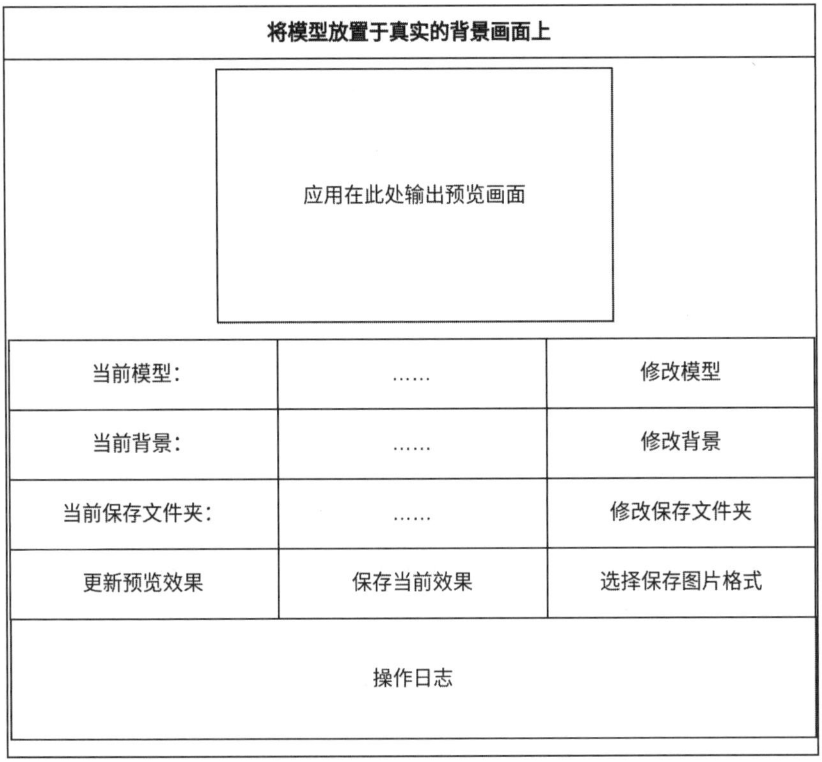

将模型放置于真实的背景画面上		
	应用在此处输出预览画面	
当前模型:	……	修改模型
当前背景:	……	修改背景
当前保存文件夹:	……	修改保存文件夹
更新预览效果	保存当前效果	选择保存图片格式
	操作日志	

图 2-26　放置界面的原型设计图

(5) 放置"修改模型"按钮、"修改背景"按钮和"修改保存文件夹"按钮，用于修改模型、修改背景和修改保存文件夹。

(6) 放置输入框，用于显示操作日志。

根据以上规则编写放置模型应用的视图类代码如下：

```
#!/usr/bin/octave
#第 2 章/@PutModelOnBackground/PutModelOnBackground.m

function ret = PutModelOnBackground()
##-*- texinfo -*-
##@deftypefn {} {} PutModelOnBackground ( @var{})
##将模型放置于真实的背景画面上的主类
##@example
##param: -
##
##return: ret
##@end example
##
##@end deftypefn
    global logger;
```

```
    global field;
    field = PutModelOnBackgroundAttributes;

    toolbox = Toolbox;
    window_width = get_window_width(toolbox);
    window_height = get_window_height(toolbox);
    callback = PutModelOnBackgroundCallbacks;
    SAVE_IMAGE_FORMAT_CELL = get_save_image_format_cell(field);
    key_height = field.key_height;
    key_width = window_width / 3;
    log_inputfield_height = key_height * 3;
    show_object_area_width = field.show_object_area_width;
    show_object_area_height = field.show_object_area_height;
    margin = 0;
    margin_x = 0;
    margin_y = 0;
    x_coordinate = 0;
    y_coordinate = 0;
    width = key_width;
    height = window_height - key_height;
    title_name = '将模型放置于真实的背景画面上';

    f = figure();
    ##基础图形句柄 f
    white_background = imread('./white_background.png');
    img_data = im2double(white_background);
    set_handle('current_name', title_name);

    % set(f, 'closerequestfcn', {@callback_close_edit_window, callback})
    set(f, 'numbertitle', 'off');
    set(f, 'toolbar', 'none');
    set(f, 'menubar', 'none');
    set(f, 'name', title_name);

    ax = axes(f, 'position', [(1 - show_object_area_width) / 2, 0.5 + (0.5 - show_
object_area_height) / 2, show_object_area_width, show_object_area_height]);
    img = image(ax, 'cdata', img_data);
    ##背景图像 img
    set(ax, 'xdir', 'normal')
    set(ax, 'ydir', 'reverse')
    set(ax, 'visible', 'off')
    log_inputfield = uicontrol('visible', 'on', 'style', 'edit', 'min', 0, 'max',
4, 'string', {'操作日志'}, "position", [0, 0, window_width, log_inputfield_
height]);
    update_preview_effect_button = uicontrol('visible', 'on', 'style',
'pushbutton', 'string', '更新预览效果', "position", [0, log_inputfield_height,
key_width, key_height]);
```

```
    save_model_button = uicontrol('visible', 'on', 'style', 'pushbutton', 'string', '保存当前效果', "position", [key_width, log_inputfield_height, key_width, key_height]);
    save_model_extension_popup_menu = uicontrol('visible', 'on', 'style', 'popupmenu', 'string', SAVE_IMAGE_FORMAT_CELL, "position", [key_width * 2, log_inputfield_height, key_width, key_height]);
    current_save_folder_hint = uicontrol('visible', 'on', 'style', 'text', 'string', '当前保存文件夹：', "position", [0, log_inputfield_height + key_height, key_width, key_height]);
    current_save_folder_text = uicontrol('visible', 'on', 'style', 'edit', 'string', '', "position", [key_width, log_inputfield_height + key_height, key_width, key_height]);
    set_save_folder_button = uicontrol('visible', 'on', 'style', 'pushbutton', 'string', '修改保存文件夹', "position", [key_width * 2, log_inputfield_height + key_height, key_width, key_height]);
    current_background_hint = uicontrol('visible', 'on', 'style', 'text', 'string', '当前背景：', "position", [0, log_inputfield_height + key_height * 2, key_width, key_height]);
    current_background_text = uicontrol('visible', 'on', 'style', 'edit', 'string', '', "position", [key_width, log_inputfield_height + key_height * 2, key_width, key_height]);
    set_background_button = uicontrol('visible', 'on', 'style', 'pushbutton', 'string', '修改背景', "position", [key_width * 2, log_inputfield_height + key_height * 2, key_width, key_height]);
    current_model_hint = uicontrol('visible', 'on', 'style', 'text', 'string', '当前模型：', "position", [0, log_inputfield_height + key_height * 3, key_width, key_height]);
    current_model_text = uicontrol('visible', 'on', 'style', 'edit', 'string', '', "position", [key_width, log_inputfield_height + key_height * 3, key_width, key_height]);
    set_model_button = uicontrol('visible', 'on', 'style', 'pushbutton', 'string', '修改模型', "position", [key_width * 2, log_inputfield_height + key_height * 3, key_width, key_height]);

    set(set_save_folder_button, 'callback', {@callback_set_save_folder, callback});
    set(set_background_button, 'callback', {@callback_set_background, callback});
    set(set_model_button, 'callback', {@callback_set_model, callback});
    set(update_preview_effect_button, 'callback', {@callback_update_preview_effect, callback});
    set(save_model_button, 'callback', {@callback_save_model, callback});

    set_handle('current_figure', f);
    set_handle('ax', ax);
    set_handle('img', img);
```

```
    set_handle('update_preview_effect_button', update_preview_effect_button);
    set_handle('save_model_button', save_model_button);
    set_handle('current_background_hint', current_background_hint);
    set_handle('current_background_text', current_background_text);
    set_handle('set_background_button', set_background_button);
    set_handle('current_save_folder_hint', current_save_folder_hint);
    set_handle('current_save_folder_text', current_save_folder_text);
    set_handle('set_save_folder_button', set_save_folder_button);
    set_handle('current_model_hint', current_model_hint);
    set_handle('current_model_text', current_model_text);
    set_handle('set_model_button', set_model_button);
    set_handle('save_model_extension_popup_menu', save_model_extension_popup_
menu);

    % logger = Logger('log_inputfield', true);
    logger = Logger('log_inputfield');
    init(logger, log_inputfield);

endfunction
```

放置模型应用的初始效果如图 2-27 所示。

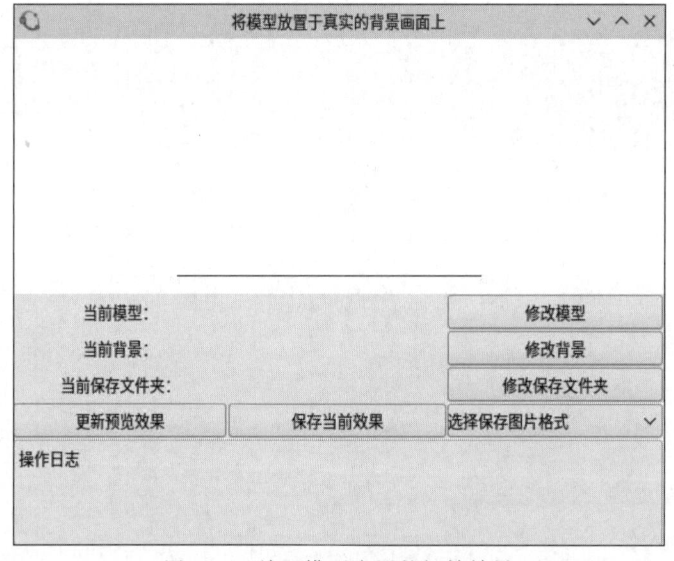

图 2-27　放置模型应用的初始效果

2.14.3　放置模型应用属性代码设计

根据放置模型应用的结构和业务逻辑编写属性部分的代码，编写规则如下：

(1) 在设计 UI 控件时需要一个基础尺寸。设计按键高度属性作为 UI 控件的基础尺寸。

(2) 显示对象的区域通过坐标轴实现，而坐标轴的尺寸需要宽度比例和高度比例才能确定。设计显示对象的区域的宽度属性和显示对象的区域的高度属性。

(3) 显示对象的区域的宽高比需要按照显示的图像自动确定。根据图像的宽高比可以令显示对象的区域的宽度最大或高度最大。设计显示对象的区域的最大宽高比属性作为区分显示对象的区域的宽度最大或高度最大的阈值。

(4) 显示对象的区域不能简单地显示预览图像文件中的内容，而要先确保预览图像文件中的内容就是按当前配置生成的预览图像，然后才能显示预览图像文件中的内容。设计预览画面是否准备好的标志位，用于标记预览图像文件中的内容是不是按当前配置生成的预览图像。

(5) 处理图片和视频的步骤有区别，因此设计背景是否为视频的标志位，用于按照不同的步骤处理图片或视频。

(6) 应用允许通过下拉菜单选择图片的导出格式，因此设计保存格式元胞属性，用于存放下拉菜单选择图片的导出格式。

(7) 应用采用自动判断视频格式的方式处理视频，因此设计视频文件的后缀名属性，用于保存输入视频的后缀名，并将此后缀名用于导出处理后的视频。

(8) 应用需要先将源视频解压为图片才能进行进一步的放置操作，因此设计视频文件解压得到的图片的文件名模板属性，用于在将视频解压为图片时对这些图片取名。

(9) 为了提升应用效率，在显示对象的区域中预览以视频为背景的AR画面时只显示将视频解压得到的某一张图片。设计预览视频文件解压得到的图片的文件名属性，用于决定在显示对象的区域中预览以视频为背景的AR画面时将显示哪一张图片。

(10) 应用为了同时兼容图片和视频格式的背景，在处理以视频格式的背景时将额外记录源视频文件名。设计源视频文件名属性，用于保存源视频文件名。

根据以上规则编写放置模型应用的属性类的代码如下：

```
#!/usr/bin/octave
#第2章/@PutModelOnBackgroundAttributes/PutModelOnBackgroundAttributes.m

function ret = PutModelOnBackgroundAttributes()
    ##-*- texinfo -*-
    ##@deftypefn {} {} PutModelOnBackgroundAttributes()
    ##表盘制作器属性类
    ##
    ##@example
    ##param: -
    ##
    ##return: ret
    ##@end example
    ##
    ##@end deftypefn
```

```
    key_height = 30;
    #按键高度 key_height
    show_object_area_width = 0.5;
    #显示对象的区域的宽度 show_object_area_width
    show_object_area_height = 0.5;
    #显示对象的区域的高度 show_object_area_height
    max_width_height_ratio = 2;
    #显示对象的区域的最大宽高比 max_width_height_ratio
    is_preview_ready = false;
    #预览画面是否准备好的标志位 is_preview_ready
    is_video = false;
    #背景是否为视频的标志位 is_video
    video_extension = 'mp4';
    #视频文件的后缀名 video_extension
    video_image_filename_template = 'image-%3d.png';
    #视频文件解压得到的图片的文件名模板 video_image_filename_template
    video_image_preview_filename = 'new-image-001.png';
    #预览视频文件解压得到的图片的文件名 video_image_preview_filename
    video_name = 'input';
    #源视频文件名 video_name

    a = struct(
        'key_height', key_height,...
        'show_object_area_width', show_object_area_width,...
        'show_object_area_height', show_object_area_height,...
        'max_width_height_ratio', max_width_height_ratio,...
        'is_preview_ready', is_preview_ready,...
        'is_video', is_video,...
        'video_extension', video_extension,...
        'video_image_filename_template', video_image_filename_template,...
        'video_image_preview_filename', video_image_preview_filename,...
        'video_name', video_name...
        );
    ret = class(a, "PutModelOnBackgroundAttributes");
endfunction

#!/usr/bin/octave
#第 2 章/@PutModelOnBackgroundAttributes/subsasgn.m

function ret = subsasgn(this, x, new_status)
    ##-*- texinfo -*-
    ##@deftypefn {} {} subsasgn (@var{this} @var{x} @var{new_status})
    ##支持圆括号赋值和点号赋值
    ##
    ##@example
    ##param: this, x, new_status
```

```
    ##
    ##return: ret
    ##@end example
    ##
    ##@end deftypefn

#按键高度 key_height
#显示对象的区域的宽度 show_object_area_width
#显示对象的区域的高度 show_object_area_height
#显示对象的区域的最大宽高比 max_width_height_ratio
#预览画面是否准备好的标志位 is_preview_ready
#背景是否为视频的标志位 is_video
#视频文件的后缀名 video_extension
#视频文件解压得到的图片的文件名模板 video_image_filename_template
#预览视频文件解压得到的图片的文件名 video_image_preview_filename
#源视频文件名 video_name
    switch(x.type)
        case "()"
            fld = x.subs{1};
            if(strcmp (fld, "key_height"))
                this.key_height = new_status;
                ret = this;
            elseif(strcmp (fld, "show_object_area_width"))
                this.show_object_area_width = new_status;
                ret = this;
            elseif(strcmp (fld, "show_object_area_height"))
                this.show_object_area_height = new_status;
                ret = this;
            elseif(strcmp (fld, "max_width_height_ratio"))
                this.max_width_height_ratio = new_status;
                ret = this;
            elseif(strcmp (fld, "is_preview_ready"))
                this.is_preview_ready = new_status;
                ret = this;
            elseif(strcmp (fld, "is_video"))
                this.is_video = new_status;
                ret = this;
            elseif(strcmp (fld, "video_extension"))
                this.video_extension = new_status;
                ret = this;
            elseif(strcmp (fld, "video_image_filename_template"))
                this.video_image_filename_template = new_status;
                ret = this;
            elseif(strcmp (fld, "video_image_preview_filename"))
                this.video_image_preview_filename = new_status;
                ret = this;
```

```
            elseif(strcmp (fld, "video_name"))
                this.video_name = new_status;
                ret = this;
            endif
        case "."
            fld = x.subs;
            if(strcmp (fld, "key_height"))
                this.key_height = new_status;
                ret = this;
            elseif(strcmp (fld, "show_object_area_width"))
                this.show_object_area_width = new_status;
                ret = this;
            elseif(strcmp (fld, "show_object_area_height"))
                this.show_object_area_height = new_status;
                ret = this;
            elseif(strcmp (fld, "max_width_height_ratio"))
                this.max_width_height_ratio = new_status;
                ret = this;
            elseif(strcmp (fld, "is_preview_ready"))
                this.is_preview_ready = new_status;
                ret = this;
            elseif(strcmp (fld, "is_video"))
                this.is_video = new_status;
                ret = this;
            elseif(strcmp (fld, "video_extension"))
                this.video_extension = new_status;
                ret = this;
            elseif(strcmp (fld, "video_image_filename_template"))
                this.video_image_filename_template = new_status;
                ret = this;
            elseif(strcmp (fld, "video_image_preview_filename"))
                this.video_image_preview_filename = new_status;
                ret = this;
            elseif(strcmp (fld, "video_name"))
                this.video_name = new_status;
                ret = this;
            endif
        otherwise
             error ("@CalendarAttributes/subsref: invalid assignment type for
CalendarAttributes");
    endswitch
endfunction

#!/usr/bin/octave
#第 2 章/@PutModelOnBackgroundAttributes/subsref.m
function ret = subsref(this, x)
```

```
##-*- texinfo -*-
##@deftypefn {} {} subsref(@var{this} @var{x})
##支持圆括号索引、点号索引和花括号索引
##
##@example
##param: this, x
##
##return: ret
##@end example
##
##@end deftypefn

#按键高度 key_height
#显示对象的区域的宽度 show_object_area_width
#显示对象的区域的高度 show_object_area_height
#显示对象的区域的最大宽高比 max_width_height_ratio
#预览画面是否准备好的标志位 is_preview_ready
#背景是否为视频的标志位 is_video
#视频文件的后缀名 video_extension
#视频文件解压得到的图片的文件名模板 video_image_filename_template
#预览视频文件解压得到的图片的文件名 video_image_preview_filename
#源视频文件名 video_name
switch(x.type)
    case "()"
        fld = x.subs{1};
        if(strcmp (fld, "key_height"))
            ret = this.key_height;
        elseif(strcmp (fld, "show_object_area_width"))
            ret = this.show_object_area_width;
        elseif(strcmp (fld, "show_object_area_height"))
            ret = this.show_object_area_height;
        elseif(strcmp (fld, "max_width_height_ratio"))
            ret = this.max_width_height_ratio;
        elseif(strcmp (fld, "is_preview_ready"))
            ret = this.is_preview_ready;
        elseif(strcmp (fld, "is_video"))
            ret = this.is_video;
        elseif(strcmp (fld, "video_extension"))
            ret = this.video_extension;
        elseif(strcmp (fld, "video_image_filename_template"))
            ret = this.video_image_filename_template;
        elseif(strcmp (fld, "video_image_preview_filename"))
            ret = this.video_image_preview_filename;
        elseif(strcmp (fld, "video_name"))
            ret = this.video_name;
        endif
```

```
        case "{}"
            fld = x.subs{1};
            if(strcmp (fld, "key_height"))
                ret = this.key_height;
            elseif(strcmp (fld, "show_object_area_width"))
                ret = this.show_object_area_width;
            elseif(strcmp (fld, "show_object_area_height"))
                ret = this.show_object_area_height;
            elseif(strcmp (fld, "max_width_height_ratio"))
                ret = this.max_width_height_ratio;
            elseif(strcmp (fld, "is_preview_ready"))
                ret = this.is_preview_ready;
            elseif(strcmp (fld, "is_video"))
                ret = this.is_video;
            elseif(strcmp (fld, "video_extension"))
                ret = this.video_extension;
            elseif(strcmp (fld, "video_image_filename_template"))
                ret = this.video_image_filename_template;
            elseif(strcmp (fld, "video_image_preview_filename"))
                ret = this.video_image_preview_filename;
            elseif(strcmp (fld, "video_name"))
                ret = this.video_name;
            endif
        case "."
            fld = x.subs;
            if(strcmp (fld, "key_height"))
                ret = this.key_height;
            elseif(strcmp (fld, "show_object_area_width"))
                ret = this.show_object_area_width;
            elseif(strcmp (fld, "show_object_area_height"))
                ret = this.show_object_area_height;
            elseif(strcmp (fld, "max_width_height_ratio"))
                ret = this.max_width_height_ratio;
            elseif(strcmp (fld, "is_preview_ready"))
                ret = this.is_preview_ready;
            elseif(strcmp (fld, "is_video"))
                ret = this.is_video;
            elseif(strcmp (fld, "video_extension"))
                ret = this.video_extension;
            elseif(strcmp (fld, "video_image_filename_template"))
                ret = this.video_image_filename_template;
            elseif(strcmp (fld, "video_image_preview_filename"))
                ret = this.video_image_preview_filename;
            elseif(strcmp (fld, "video_name"))
                ret = this.video_name;
            endif
```

```
        otherwise
            error("@CalendarAttributes/subsref: invalid subscript type for
CalendarAttributes");
    endswitch
endfunction
```

2.14.4　放置模型应用回调函数代码设计

放置模型应用根据 GUI 控件需要设计回调函数，回调函数适用的场景如下：

（1）当用户单击“修改模型”按钮时，需要回调函数控制如何修改模型。

（2）当用户单击“修改背景”按钮时，需要回调函数控制如何修改背景。

（3）当用户单击“修改保存文件夹”按钮时，需要回调函数控制如何修改默认的 AR 画面的保存文件夹。

（4）当用户单击“更新预览效果”按钮时，需要回调函数控制如何更新 AR 画面的预览效果。

（5）当用户单击“保存当前效果”按钮时，需要回调函数控制如何保存当前的 AR 画面。

控制如何修改模型的回调函数将更新 AR 画面的预览效果，代码如下：

```
#!/usr/bin/octave
#第 2 章/@PutModelOnBackgroundCallbacks/callback_set_model.m

function callback_set_model(h, ~, this)
    ##-*- texinfo -*-
    ##@deftypefn {} {} callback_set_model (@var{h}, @var{~}, @var{this})
    ##设置当前模型回调函数
    ##
    ##@example
    ##param: h, ~, this
    ##
    ##return: -
    ##@end example
    ##
    ##@end deftypefn
    global logger;
    global field;

    current_background_text = get_handle('current_background_text');
    current_model_text = get_handle('current_model_text');
    current_save_folder_text = get_handle('current_save_folder_text');

    log_info(logger, ClientHints.UPDATE_IMAGE_PREVIEW_EFFECT_MODEL);
    update_image_preview_effect(this, current_background_text, current_model_
text, current_save_folder_text, 'model');

endfunction
```

只选择模型而不选择背景时的效果如图 2-28 所示。

图 2-28 只选择模型而不选择背景时的效果

控制如何修改背景的回调函数也将更新 AR 画面的预览效果,代码如下:

```
#!/usr/bin/octave
#第 2 章/@PutModelOnBackgroundCallbacks/callback_set_background.m

function callback_set_background(h, ~, this)
    ##-*- texinfo -*-
    ##@deftypefn {} {} callback_set_background (@var{h}, @var{~}, @var{this})
    ##设置当前背景回调函数
    ##
    ##@example
    ##param: h, ~, this
    ##
    ##return: -
    ##@end example
    ##
    ##@end deftypefn
    global logger;
    global field;

    current_background_text = get_handle('current_background_text');
    current_model_text = get_handle('current_model_text');
    current_save_folder_text = get_handle('current_save_folder_text');

    log_info(logger, ClientHints.UPDATE_IMAGE_PREVIEW_EFFECT_BACKGROUND);
```

```
    update_image_preview_effect(this, current_background_text, current_
model_text, current_save_folder_text, 'background');

endfunction
```

只选择背景而不选择模型时的效果如图 2-29 所示。

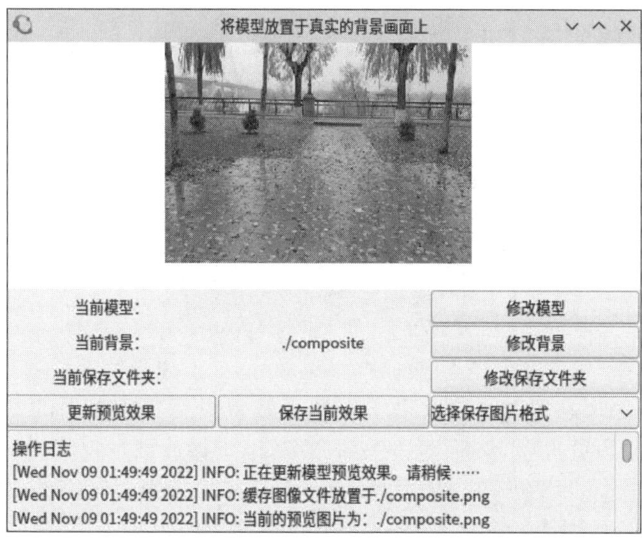

图 2-29 只选择背景而不选择模型时的效果

控制如何修改默认的 AR 画面的保存文件夹的回调函数将打开一个文件夹选择器，用于选择文件夹，如果背景是视频，则还会将视频解压为图片并生成预览图片，代码如下：

```
#!/usr/bin/octave
#第 2 章/@PutModelOnBackgroundCallbacks/callback_set_save_folder.m

function callback_set_save_folder(h, ~, this)
    ##-*- texinfo -*-
    ##@deftypefn {} {} callback_set_save_folder(@var{h}, @var{~}, @var{this})
    ##设置当前保存文件夹回调函数
    ##
    ##@example
    ##param: h, ~, this
    ##
    ##return: -
    ##@end example
    ##
    ##@end deftypefn
    global logger;
    global field;
```

```
    current_background_text = get_handle('current_background_text');
    current_model_text = get_handle('current_model_text');
    current_save_folder_text = get_handle('current_save_folder_text');

    log_info(logger, ClientHints.UPDATE_SAVE_IMAGE_PATH);
    d = uigetdir('*', ClientHints.CHOOSE_SAVE_IMAGE_PATH);
    if !isnumeric(d)
        set(current_save_folder_text, 'string', d);
        log_info(logger, ClientHints.SAVE_SUCCESS);
    else
        log_info(logger, ClientHints.CANCEL_CHANGING_SAVE_FOLDER);
    endif
    if field.is_video
        extract_picture(this);
        gen_preview_picture(this, current_background_text, current_model_text,
current_save_folder_text);
    endif

endfunction
```

控制如何更新AR画面的预览效果的回调函数将更新AR画面的预览效果,如果背景是视频,则还会生成预览视频,然后发送外部命令,用于播放预览视频,代码如下:

```
#!/usr/bin/octave
#第2章/@PutModelOnBackgroundCallbacks/callback_update_preview_effect.m

function callback_update_preview_effect(h, ~, this)
    ##-*- texinfo -*-
    ##@deftypefn {} {} callback_update_preview_effect (@var{h}, @var{~}, @var
{this})
    ##更新预览效果回调函数
    ##
    ##@example
    ##param: h, ~, this
    ##
    ##return: -
    ##@end example
    ##
    ##@end deftypefn
    global logger;
    global field;

    current_background_text = get_handle('current_background_text');
    current_model_text = get_handle('current_model_text');
    current_save_folder_text = get_handle('current_save_folder_text');

    log_info(logger, ClientHints.UPDATE_IMAGE_PREVIEW_EFFECT);
```

```
    update_image_preview_effect(this, current_background_text, current_model_
text, current_save_folder_text, 'update');
    if field.is_video
        merge_picture(this);
        out_folder_name = gen_video_image_out_folder_name(this, current_save_
folder_text);
        out_file_name = [out_folder_name, '/composite.', field.video_
extension];
        play_preview_video_misc = sprintf(
            'ffplay %s',...
            out_file_name...
            );
        log_info(logger, ClientHints.PLAY_PREVIEW_VIDEO);
        log_info(logger, play_preview_video_misc);
        system(play_preview_video_misc);
    endif
endfunction
```

控制如何保存当前的AR画面的回调函数将根据背景是图片或视频进行不同的保存操作,代码如下:

```
#!/usr/bin/octave
#第2章/@PutModelOnBackgroundCallbacks/callback_save_model.m

function callback_save_model(h, ~, this)
    ##-*-texinfo-*-
    ##@deftypefn {} {} callback_save_model (@var{h}, @var{~}, @var{this})
    ##保存当前的放置模型的效果
    ##
    ##@example
    ##param: h, ~, this
    ##
    ##return: -
    ##@end example
    ##
    ##@end deftypefn
    global logger;
    global field;

    save_model_extension_popup_menu = get_handle('save_model_extension_
popup_menu');
    current_save_folder_text = get_handle('current_save_folder_text');
    current_background_text = get_handle('current_background_text');
    current_model_text = get_handle('current_model_text');

    save_model_extension_string = get(save_model_extension_popup_menu,
'string');
```

```
    save_model_extension_index = get(save_model_extension_popup_menu, 'value');
    current_save_model_extension = save_model_extension_string{save_model_
extension_index};

    if !(field.is_video)
        out_file_name = gen_out_file_name(this, current_save_folder_text);
    else
        merge_picture(this);
        out_folder_name = gen_video_image_out_folder_name(this, current_save_
folder_text);
        out_file_name = [out_folder_name, '/composite.', field.video_extension];
    endif
    log_info(logger, ClientHints.SAVING);
    if isfile(out_file_name)
        if is_video
            [fname, fpath, fltidx] = uiputfile(field.video_extension,
            ClientHints.CHOOSE_SAVE_IMAGE, ['composite.', field.video_
            extension]);
        else
            [fname, fpath, fltidx] = uiputfile(current_save_model_extension,
            ClientHints.CHOOSE_SAVE_IMAGE, ['composite.', current_save_model_
            extension]);
        endif
        if fname && fpath
            full_path = [fpath, fname];
            copyfile(out_file_name, full_path);
            log_info(logger, ClientHints.SAVE_SUCCESS);
        else
            log_warning(logger, ClientHints.SAVE_CANCEL);
        endif
    else
        log_error(logger, ClientHints.SAVE_FAILURE);
    endif

endfunction
```

2.14.5 选择图像文件

在放置模型应用中，无论是模型还是背景都允许通过文件选择器进行选择，这个步骤称为选择图像文件。在单击“修改模型”按钮时被调用的回调函数和在单击“修改背景”按钮时被调用的回调函数都涉及此步骤。

此外，放置模型应用允许背景是图片或视频，此时需要在选择视频之后加入额外的解压图片操作，最终用户选择的文件相当于图像文件，所以选择视频操作和选择图像操作可以合并到同一套操作当中。

在选择图像文件时，应用先判断当前读取的是模型还是背景。如果应用判断当前读取的是模型，则选择图像文件的流程如下：

（1）打开一个文件选择器，用于选择一个文件。

（2）在选择文件后判断文件是否可以正常访问。应用将读取用户选择的文件路径和文件名。如果文件路径和文件名有效，则说明文件可以正常访问。如果文件可以正常访问，则将预览画面是否准备好标志位置为 true。

（3）如果文件可以正常访问，则将当前文件的路径写入当前模型的输入框中。此后用户可以在当前模型的输入框中看到路径发生了更新。

（4）通过当前文件的路径生成当前模型的完整路径。

（5）尝试从当前模型的缓存图片路径中以图像格式读取信息。

如果应用判断当前读取的是背景，则选择背景文件的流程如下：

（1）打开一个文件选择器，用于选择一个文件。

（2）在选择文件后判断文件是否是视频。放置模型应用支持 mp4、avi 和 ogg 这 3 种后缀名的视频文件，如果文件的后缀名是这 3 种后缀名中的一种，则将背景是否为视频的标志位置为 true，否则置为 false。

（3）在选择文件后判断文件是否可以正常访问。应用将读取用户选择的文件路径和文件名。如果文件路径和文件名有效，则说明文件可以正常访问。

（4）如果当前背景是图片，则通过当前文件的路径生成当前模型的完整路径。

（5）如果当前背景是视频，则通过当前文件的路径新建当前模型的视频的图片输出文件夹并生成此路径。

（6）如果文件可以正常访问、当前背景是视频且当前正在修改背景，则先创建用于解压图片的文件夹，再将视频解压为图片且解压至视频的图片输出文件夹之内。

（7）如果当前背景是视频且当前正在修改背景，则将预览画面是否准备好标志位置为 true，最后尝试从当前模型的视频的图片输出文件夹中以图像格式读取预览视频文件解压得到的图片的信息。

（8）如果当前背景是图片且当前正在修改背景，或当前背景是视频但当前不在修改背景，或当前背景不是视频且当前不在修改背景，则尝试从当前模型的缓存图片路径中以图像格式读取信息。此后用户可以在当前背景的输入框中看到路径发生了更新。

如果应用判断当前读取的既不是模型也不是背景，而是只需当前预览的图像信息，则选择背景文件的流程如下：

（1）获得当前预览的图像路径。

（2）从路径中获得当前预览的图像信息。

选择图像文件的代码如下：

```
#!/usr/bin/octave
#第 2 章/@PutModelOnBackgroundCallbacks/choose_image_file.m
```

```
function [picture_data, cmap] = choose_image_file(this, image_type)
    ##-*- texinfo -*-
    ##@deftypefn {} {} choose_image_file(@var{this}, @var{image_type})
    ##选择图像文件
    ##
    ##@example
    ##param: this, image_type
    ##
    ##return: [picture_data, cmap]
    ##@end example
    ##
    ##@end deftypefn
    global logger;
    global field;
    current_save_folder_text = get_handle('current_save_folder_text');
    current_model_text = get_handle('current_model_text');
    current_background_text = get_handle('current_background_text');
    if strcmp(image_type, 'model')
        uigetfile_title = ClientHints.CHOOSE_MODEL_IMAGE;
        [fname, fpath, fltidx] = uigetfile('*', uigetfile_title, '');
        full_path = [fpath, fname];
        if fname && fpath
            field.is_preview_ready = true;
        endif
    elseif strcmp(image_type, 'background')
        uigetfile_title = ClientHints.CHOOSE_BACKGROUND_IMAGE;
        [fname, fpath, fltidx] = uigetfile('*', uigetfile_title, '');
        full_path = [fpath, fname];
        if fname && fpath
            field.is_preview_ready = true;
            fname_split = strsplit(fname, '.');
            if numel(fname_split) != 1
                field.video_name = strjoin({fname_split{1: end-1}}, '.');
                field.video_extension = fname_split{end};
            else
                field.video_name = fname;
                field.video_extension = '';
            endif
            if strcmp(field.video_extension, 'mp4') || ...
                    strcmp(field.video_extension, 'avi') || ...
                    strcmp(field.video_extension, 'ogg')
                field.is_video = true;
                log_info(logger, ClientHints.BACKGROUND_IS_VIDEO);
                if strcmp(field.video_extension, 'mp4')
                    field.video_extension = 'mp4';
                    log_info(logger, ClientHints.BACKGROUND_EXTENSION_IS_MP4);
```

```
                elseif strcmp(field.video_extension, 'avi')
                    field.video_extension = 'avi';
                    log_info(logger, ClientHints.BACKGROUND_EXTENSION_IS_AVI);
                elseif strcmp(field.video_extension, 'ogg')
                    field.video_extension = 'ogg';
                    log_info(logger, ClientHints.BACKGROUND_EXTENSION_IS_OGG);
                endif
            else
                field.is_video = false;
                log_info(logger, ClientHints.BACKGROUND_IS_IMAGE);
            endif
        endif
    else
        out_file_name = gen_out_file_name(this, current_save_folder_text);
        full_path = out_file_name;
    endif
    if field.is_video && strcmp(image_type, 'background')
        field.is_video = true;
        out_folder_name = gen_video_image_out_folder_name(this, current_save_
        folder_text);
        out_file_name = [out_folder_name, '/', field.video_image_preview_
        filename];
        full_path = out_folder_name;
        log_info(logger, ClientHints.EXTRACT_IMAGE);
        extract_picture(this);
    endif

    if strcmp(image_type, 'model')
        set(current_model_text, 'string', full_path);
    elseif strcmp(image_type, 'background')
        set(current_background_text, 'string', full_path);
    endif
    try
        if field.is_video && strcmp(image_type, 'background')
            [picture_data, cmap] = imread(out_file_name);
        else
            [picture_data, cmap] = imread(full_path);
        endif
    catch
        picture_data = [];
        cmap = [];
        log_info(logger, ClientHints.GEN_PREVIEW_IMAGE_LATER);
    end_try_catch

endfunction
```

2.14.6 将视频解压为图片

在放置模型应用中，如果背景是视频，则需要先将视频解压为图片再在解压后的图片上放置模型。将视频解压为图片的流程如下：

(1) 获取当前视频用于解压图片的路径。

(2) 发送外部命令将视频解压为图片。

(3) 将预览画面是否准备好标志位置为 true。

将视频解压为图片的代码如下：

```
#!/usr/bin/octave
#第 2 章/@PutModelOnBackgroundCallbacks/extract_picture.m

function extract_picture(this)
    ##-*- texinfo -*-
    ##@deftypefn {} {} extract_picture(@var{this})
    ##将视频解压为图片
    ##
    ##@example
    ##param: this
    ##
    ##return: -
    ##@end example
    ##
    ##@end deftypefn
    global logger;
    global field;
    current_background_text = get_handle('current_background_text');
    current_save_folder_text = get_handle('current_save_folder_text');
    current_background_text = get(current_background_text, 'string');
    current_save_folder_text = get(current_save_folder_text, 'string');
    if strcmp(current_background_text, '')
        log_warning(logger, ClientHints.NEED_TO_CHOOSE_EXTRACT_IMAGE_PATH_
        REPEATEDLY);
    endif

    out_folder_name = gen_video_image_out_folder_name(this, current_save_
folder_text);
    extract_picture_misc = sprintf(
        'ffmpeg -i %s -r 1 -f image2 %s',...
        strrep([current_background_text, '/', field.video_name, '.', field.
        video_extension], [out_folder_name, '/'], ''),...
       [out_folder_name, '/', field.video_image_filename_template]...
        );
    log_info(logger, extract_picture_misc);
```

```
    system(extract_picture_misc);
    field.is_preview_ready = true;

endfunction
```

2.14.7 生成输出文件名或文件夹

生成输出文件名的步骤和背景是与图片有关还是视频有关。如果背景是图片，则当前AR画面的缓存图片路径就是当前的保存文件夹。生成输出文件名的代码如下：

```
#!/usr/bin/octave
#第 2 章/@PutModelOnBackgroundCallbacks/gen_out_file_name.m

function out_file_name = gen_out_file_name(this, current_save_folder_text)
    ##-*- texinfo -*-
    ##@deftypefn {} {} gen_out_file_name(@var{this}, @var{current_save_folder_
text})
    ##生成输出文件名
    ##
    ##@example
    ##param: this, current_save_folder_text
    ##
    ##return: out_file_name
    ##@end example
    ##
    ##@end deftypefn
    global logger;
    global field;
    save_model_extension_popup_menu = get_handle('save_model_extension_popup_menu
');
    current_save_folder_text = get(current_save_folder_text, 'string');
    save_model_extension_string = get(save_model_extension_popup_menu, 'string');
    save_model_extension_index = get(save_model_extension_popup_menu, 'value');
    current_save_model_extension = save_model_extension_string{save_model_
extension_index};
    if isempty(current_save_folder_text)
        current_save_folder_text = '.';
    endif
    if strcmp(current_save_model_extension, ClientHints.CHOOSE_SAVE_IMAGE_
FORMAT)
        current_save_model_extension = 'png';
    endif
    out_file_name = sprintf(
        '%s/composite.%s',...
        current_save_folder_text,...
```

```
        current_save_model_extension...
        );
    log_info(logger, sprintf(ClientHints.TEMP_IMAGE_PATH_IS, out_file_name));

endfunction
```

如果背景是视频，则当前AR画面还涉及生成视频的图片输出文件夹。在这种情况下，要生成输出文件名就需要先生成视频的图片输出文件夹，然后在这个基础上生成输出文件名。生成视频的图片输出文件夹的代码如下：

```
#!/usr/bin/octave
#第2章/@PutModelOnBackgroundCallbacks/gen_video_image_out_folder_name.m

function out_folder_name = gen_video_image_out_folder_name(this, current_save_
folder_text)
    ##-*- texinfo -*-
    ##@deftypefn {} {} gen_video_image_out_folder_name(@var{this}, @var
{current_save_folder_text})
    ##生成视频的图片输出文件夹
    ##
    ##@example
    ##param: this, current_save_folder_text
    ##
    ##return: out_folder_name
    ##@end example
    ##
    ##@end deftypefn
    global logger;
    global field;
    save_model_extension_popup_menu = get_handle('save_model_extension_popup_
menu');
    current_save_folder_text = get_handle('current_save_folder_text');
    current_save_folder_text = get(current_save_folder_text, 'string');
    save_model_extension_string = get(save_model_extension_popup_menu, 'string');
    save_model_extension_index = get(save_model_extension_popup_menu, 'value');
    current_save_model_extension = save_model_extension_string{save_model_
extension_index};
    if isempty(current_save_folder_text)
        current_save_folder_text = '.';
    endif
    if strcmp(current_save_model_extension, ClientHints.CHOOSE_SAVE_IMAGE_
FORMAT)
        current_save_model_extension = 'png';
    endif
    out_folder_name = sprintf(
```

```
        '%s/composite',...
        current_save_folder_text...
        );
    if !isfolder(out_folder_name)
        log_info(logger, ClientHints.AUTO_GEN_VIDEO_IMAGE_OUT_FOLDER);
        try
            mkdir(out_folder_name);
            log_info(logger, ClientHints.AUTO_GEN_VIDEO_IMAGE_OUT_FOLDER_
            SUCCESS);
        catch
            log_error(logger, ClientHints.AUTO_GEN_VIDEO_IMAGE_OUT_FOLDER_
            FAILED);
        end_try_catch
    endif
    log_info(logger, sprintf(ClientHints.TEMP_IMAGE_PATH_IS, out_folder_name));

endfunction
```

2.14.8　初始化轴对象

输出预览画面的区域通过轴对象实现，而轴对象默认的属性不能满足放置模型应用的需要，因此需要初始化轴对象，从而改变轴对象的某些属性。初始化轴对象的流程如下：

（1）将 x 坐标轴方向设置为标准方向。

（2）将 y 坐标轴方向设置为反转方向。

（3）将坐标轴设置为隐藏。

初始化轴对象的代码如下：

```
#!/usr/bin/octave
#第 2 章/@PutModelOnBackgroundCallbacks/init_axis.m

function init_axis()
    ##-*-texinfo-*-
    ##@deftypefn {} {} init_axis()
    ##初始化轴对象
    ##
    ##@example
    ##param: -
    ##
    ##return: -
    ##@end example
    ##
    ##@end deftypefn
    global field;

    ax = get_handle('ax');
```

```
    set(ax, 'xdir', 'normal')
    set(ax, 'ydir', 'reverse')
    set(ax, 'visible', 'off')

endfunction
```

2.14.9 设置轴对象的宽高比

Octave 的轴对象的尺寸和显示在轴对象中的图像的尺寸是独立的两组参数，并且 Octave 默认在改变显示在轴对象中的图片的尺寸发生变化时保持轴对象的尺寸不变。然而，AR 画面在预览时需要预览画面和实际的 AR 画面的显示效果不产生较大差异，因此放置模型应用还需要保持轴对象中的图片和实际的 AR 画面的宽高比相同。初始化轴对象的流程如下：

（1）确定放置模型应用可用于轴对象显示的区域的最大宽度为 1 倍图形窗口的宽度，最大高度为 0.5 倍图形窗口的高度。

（2）在最大宽度和最大高度的基础上算得可用于显示对象的区域的最大宽高比为 1∶0.5，即 2。

（3）如果实际的 AR 画面的宽高比大于可用于显示对象的区域的最大宽高比，则将可用于显示对象的区域的宽度更改为 1 倍图形窗口的宽度，并按比例更改可用于显示对象的区域的高度。

（4）如果实际的 AR 画面的宽高比小于或等于可用于显示对象的区域的最大宽高比，则将可用于显示对象的区域的高度更改为 0.5 倍图形窗口的高度，并按比例更改可用于显示对象的区域的宽度。

（5）初始化轴对象。

设置轴对象的宽高比的代码如下：

```
#!/usr/bin/octave
#第 2 章/@PutModelOnBackgroundCallbacks/set_axis_width_height_ratio.m

function set_axis_width_height_ratio(this, width, height)
    ##-*- texinfo -*-
    ##@deftypefn {} {} set_axis_width_height_ratio(@var{this}, @var{width}, @
var{height})
    ##设置轴对象的宽高比
    ##
    ##@example
    ##param: this, width, height
    ##
    ##return: -
    ##@end example
    ##
```

```
    ##@end deftypefn
    global logger;
    global field;
    callback = PutModelOnBackgroundCallbacks;

    log_info(logger, ClientHints.SET_AXIS_WIDTH_HEIGHT_RATIO);
    f = get_handle('current_figure');
    ax = get_handle('ax');
    max_width_height_ratio = field.max_width_height_ratio;
    width_height_ratio = width / height;
    height_width_ratio = height / width;
    if width_height_ratio > max_width_height_ratio
        ax = axes(f, 'position', [0, 0.5 + (0.5 - height_width_ratio) / 2, 1,
        height_width_ratio]);
    else
        ax = axes(f, 'position', [(1 - width_height_ratio * 0.5) / 2, 0.5, width_
        height_ratio * 0.5, 0.5]);
    endif
    set(ax, 'xdir', 'normal')
    set(ax, 'ydir', 'reverse')
    set(ax, 'visible', 'off')
    log_info(logger, ClientHints.SET_AXIS_WIDTH_HEIGHT_RATIO_COMPLETE);

endfunction
```

2.14.10 生成预览图片或视频

在放置模型应用中，如果背景是图片，则直接在当前文件的路径生成预览图片；如果背景是视频，则先在解压后的图片上放置模型，然后将处理后的图片合成为处理后的视频，并将其中的某一张图片作为预览图片。

在生成预览图片时，应用先判断当前处理的是单独的模型、单独的背景还是背景加模型。如果应用判断当前处理的是背景加模型，则生成预览图片的流程如下：

(1) 获取当前 AR 画面的缓存图片路径。

(2) 判断图片的输出格式。

(3) 如果背景是图片，则发送外部命令将模型放置于真实的背景画面上。

(4) 如果背景是视频，则遍历视频的图片输出文件夹中的所有图片文件，对每一张图片都发送外部命令将模型放置于真实的背景画面上。

(5) 将预览画面是否准备好的标志位置为 true。

如果应用判断当前处理的是单独的模型，则生成预览图片的流程如下：

(1) 获取当前 AR 画面的缓存图片路径。

(2) 判断图片的输出格式。

(3) 发送外部命令将当前模型转换为缓存文件。

(4) 将预览画面是否准备好的标志位置为 true。

如果应用判断当前处理的是单独的背景,则生成预览图片的流程如下:

(1) 获取当前 AR 画面的缓存图片路径。

(2) 判断图片的输出格式。

(3) 如果背景是图片,则发送外部命令将当前背景转换为缓存文件。

(4) 如果背景是视频,则发送外部命令将预览视频文件解压得到的图片转换为缓存文件。

(5) 将预览画面是否准备好的标志位置为 true。

此外,如果应用判断当前既没有处理模型也没有处理背景,则将不处理图像并将预览画面是否准备好的标志位置为 false。

生成预览图片的代码如下:

```
#!/usr/bin/octave
#第 2 章/@PutModelOnBackgroundCallbacks/gen_preview_picture.m

function gen_preview_picture(this, current_background_text, current_model_text, current_save_folder_text)
    ##-*-texinfo-*-
    ##@deftypefn {} {} gen_preview_picture(@var{this}, @var{current_background_text}, @var{current_model_text}, @var{current_save_folder_text})
    ##生成预览图片
    ##
    ##@example
    ##param: this, current_background_text, current_model_text, current_save_folder_text
    ##
    ##return: -
    ##@end example
    ##
    ##@end deftypefn
    global logger;
    global field;
    current_background_text = get(current_background_text, 'string');
    current_model_text = get(current_model_text, 'string');
    current_save_folder_text = get(current_save_folder_text, 'string');
    save_model_extension_popup_menu = get_handle('save_model_extension_popup_menu');
    save_model_extension_string = get(save_model_extension_popup_menu, 'string');
    save_model_extension_index = get(save_model_extension_popup_menu, 'value');

    if !(field.is_video)
        out_file_name = gen_out_file_name(this, current_save_folder_text);
```

```
        current_save_model_extension = save_model_extension_string{save_model_
        extension_index};
    else
        current_save_model_extension = 'png';
        out_folder_name = gen_video_image_out_folder_name(this, current_save_
        folder_text);
        out_pictures = dir(out_folder_name);
        out_pictures_cell = {out_pictures.name};
        out_file_name = [out_folder_name, '/*.', current_save_model_
        extension];
        for out_pictures_cell_index = 1 : numel(out_pictures_cell)
            if !strcmp(out_pictures_cell{out_pictures_cell_index}, '.') || ...
                    !strcmp(out_pictures_cell{out_pictures_cell_index}, '..')
                new_out_file_name = [out_folder_name, '/new-', out_pictures_
                cell{out_pictures_cell_index}];
                if isfile(new_out_file_name)
                    delete(new_out_file_name);
                endif
            endif
        endfor
        out_pictures = dir(out_folder_name);
        out_pictures_cell = {out_pictures.name};
        current_background_text = out_file_name;
    endif
    if !isempty(current_background_text) && !isempty(current_model_text)
        if !(field.is_video)
            if strcmp(current_save_model_extension, ClientHints.AUTO) || ...
                    strcmp(current_save_model_extension, ClientHints.CHOOSE_
                    SAVE_IMAGE_FORMAT)
                gen_preview_picture_misc = sprintf(
                    'composite -geometry +100+100 %s %s %s',...
                    current_model_text,...
                    current_background_text,...
                    out_file_name...
                    );
            else
                gen_preview_picture_misc = sprintf(
                    'composite -geometry +100+100 %s %s %s:%s',...
                    current_model_text,...
                    current_background_text,...
                    current_save_model_extension,...
                    out_file_name...
                    );
            endif
            log_info(logger, gen_preview_picture_misc);
            system(gen_preview_picture_misc);
```

```
            field.is_preview_ready = true;
        else
            for out_pictures_cell_index = 1 : numel(out_pictures_cell)
                if !strcmp(out_pictures_cell{out_pictures_cell_index}, '.') || ...
                        !strcmp(out_pictures_cell{out_pictures_cell_index}, '..')
                    out_file_name = [out_folder_name, '/new-', out_pictures_
                    cell{out_pictures_cell_index}];
                    if isfile(out_file_name)
                        delete(out_file_name);
                    endif
                       current_background_text = [out_folder_name, '/', out_
                       pictures_cell{out_pictures_cell_index}];
                    if strcmp(current_save_model_extension, ClientHints.AUTO) || ...
                            strcmp(current_save_model_extension, ClientHints.
                            CHOOSE_SAVE_IMAGE_FORMAT)
                        gen_preview_picture_misc = sprintf(
                            'composite -geometry +100+100 %s %s %s',...
                            current_model_text,...
                            current_background_text,...
                            out_file_name...
                            );
                        log_info(logger, gen_preview_picture_misc);
                        system(gen_preview_picture_misc);
                    else
                        gen_preview_picture_misc = sprintf(
                            'composite -geometry +100+100 %s %s %s:%s',...
                            current_model_text,...
                            current_background_text,...
                            current_save_model_extension,...
                            out_file_name...
                            );
                        log_info(logger, gen_preview_picture_misc);
                        system(gen_preview_picture_misc);
                    endif
                    field.is_preview_ready = true;
                endif
            endfor
        endif
    elseif isempty(current_background_text)
        if !(field.is_video)
            if strcmp(current_save_model_extension, ClientHints.AUTO) || ...
                    strcmp(current_save_model_extension, ClientHints.CHOOSE_
                    SAVE_IMAGE_FORMAT)
                gen_preview_picture_misc = sprintf(
                    'convert %s %s',...
```

```
                current_model_text,...
                out_file_name...
                );
        else
            gen_preview_picture_misc = sprintf(
                'convert %s %s:%s',...
                current_model_text,...
                current_save_model_extension,...
                out_file_name...
                );
        endif
        log_info(logger, gen_preview_picture_misc);
        system(gen_preview_picture_misc);
        field.is_preview_ready = true;
    else
        for out_pictures_cell_index = 1 : numel(out_pictures_cell)
            if !strcmp(out_pictures_cell{out_pictures_cell_index}, '.') || ...
                    !strcmp(out_pictures_cell{out_pictures_cell_index}, '..')
                out_file_name = [out_folder_name, '/new-', out_pictures_
                cell{out_pictures_cell_index}];
                if isfile(out_file_name)
                    delete(out_file_name);
                endif
                current_background_text = [out_folder_name, '/', out_
                pictures_cell{out_pictures_cell_index}];
                if strcmp(current_save_model_extension, ClientHints.AUTO) || ...
                    strcmp(current_save_model_extension, ClientHints.CHOOSE
                    _SAVE_IMAGE_FORMAT)
                    gen_preview_picture_misc = sprintf(
                        'convert %s %s',...
                        current_model_text,...
                        out_file_name...
                        );
                    log_info(logger, gen_preview_picture_misc);
                    system(gen_preview_picture_misc);
                else
                    gen_preview_picture_misc = sprintf(
                        'convert %s %s:%s',...
                        current_model_text,...
                        current_save_model_extension,...
                        out_file_name...
                        );
                    log_info(logger, gen_preview_picture_misc);
                    system(gen_preview_picture_misc);
                endif
                field.is_preview_ready = true;
```

```
                endif
            endfor
        endif
    elseif isempty(current_model_text)
        if !(field.is_video)
            if strcmp(current_save_model_extension, ClientHints.AUTO) || ...
                    strcmp(current_save_model_extension, ClientHints.CHOOSE_
                    SAVE_IMAGE_FORMAT)
                gen_preview_picture_misc = sprintf(
                    'convert %s %s',...
                    current_background_text,...
                    out_file_name...
                    );
            else
                gen_preview_picture_misc = sprintf(
                    'convert %s %s:%s',...
                    current_background_text,...
                    current_save_model_extension,...
                    out_file_name...
                    );
            endif
            log_info(logger, gen_preview_picture_misc);
            system(gen_preview_picture_misc);
            field.is_preview_ready = true;
        else
            for out_pictures_cell_index = 1 : numel(out_pictures_cell)
                if !strcmp(out_pictures_cell{out_pictures_cell_index}, '.') || ...
                        !strcmp(out_pictures_cell{out_pictures_cell_index}, '..')
                    out_file_name = [out_folder_name, '/new-', out_pictures_
                    cell{out_pictures_cell_index}];
                    if isfile(out_file_name)
                        delete(out_file_name);
                    endif
                    current_background_text = [out_folder_name, '/', out_
                    pictures_cell{out_pictures_cell_index}];
                    if strcmp(current_save_model_extension, ClientHints.AUTO) || ...
                        strcmp(current_save_model_extension, ClientHints.CHOOSE
                        _SAVE_IMAGE_FORMAT)
                        gen_preview_picture_misc = sprintf(
                            'convert %s %s',...
                            current_background_text,...
                            out_file_name...
                            );
                        log_info(logger, gen_preview_picture_misc);
                        system(gen_preview_picture_misc);
                    else
```

```
                        gen_preview_picture_misc = sprintf(
                            'convert %s %s:%s',...
                            current_background_text,...
                            current_save_model_extension,...
                            out_file_name...
                            );
                        log_info(logger, gen_preview_picture_misc);
                        system(gen_preview_picture_misc);
                    endif
                    field.is_preview_ready = true;
                endif
            endfor
        endif
    else
        log_error(logger, ClientHints.BOTH_BACKGROUND_PATH_AND_MODEL_PATH_ARE_
        EMPTY);
        field.is_preview_ready = false;
    endif

endfunction
```

如果背景是视频，则还涉及生成预览视频的步骤，流程如下：

(1) 获取当前 AR 画面的缓存图片路径。

(2) 发送外部命令将图片合成为视频。

(3) 将预览画面是否准备好的标志位置为 true。

生成预览视频的代码如下：

```
#!/usr/bin/octave
#第 2 章/@PutModelOnBackgroundCallbacks/merge_picture.m

function merge_picture(this)
    ##-*- texinfo -*-
    ##@deftypefn {} {} merge_picture(@var{h}, @var{~}, @var{this})
    ##将图片合并为视频
    ##
    ##@example
    ##param: h, ~, this
    ##
    ##return: -
    ##@end example
    ##
    ##@end deftypefn
    global logger;
    global field;
    current_background_text = get_handle('current_background_text');
```

```
    current_save_folder_text = get_handle('current_save_folder_text');
    current_background_text = get(current_background_text, 'string');
    current_save_folder_text = get(current_save_folder_text, 'string');

    out_folder_name = gen_video_image_out_folder_name(this, current_save_folder_text);
    merge_picture_misc = sprintf(
        'ffmpeg -r 1 -i %s -c:v libx264 -pix_fmt yuv420p -crf 23 -r 1 -y %s',...
        [out_folder_name, '/new-', field.video_image_filename_template],...
        [out_folder_name, '/composite.', field.video_extension]...
        );
    log_info(logger, ClientHints.MERGE_IMAGE);
    log_info(logger, merge_picture_misc);
    system(merge_picture_misc);
    field.is_preview_ready = true;

endfunction
```

2.14.11 更新AR画面的预览效果

放置模型应用设计了输出预览画面的区域，这个区域显示的内容是缓存文件中的内容。要更新AR画面的预览效果，就要更新输出预览画面的区域显示的内容。更新AR画面的预览效果的流程如下：

(1) 获取当前模型的输入框和当前背景的输入框中的内容。

(2) 选择图像文件。

(3) 如果图像文件的格式为GIF或TIFF，则调用ind2rgb()函数读取图像。

(4) 如果选择的保存图片格式为默认或自动，则使用默认方式读取图像。

(5) 如果图像文件的格式为GIF或TIFF，并且选择的保存图片格式不是默认或自动，则调用im2double()函数读取图像。

(6) 设置轴对象的宽高比。

更新AR画面的预览效果的代码如下：

```
#!/usr/bin/octave
#第2章/@PutModelOnBackgroundCallbacks/update_image_preview_effect.m

function update_image_preview_effect(this, current_background_text, current_model_text, current_save_folder_text, image_type)
    ##-*- texinfo -*-
    ##@deftypefn {} {} update_image_preview_effect (@var{this}, @var{current_background_text}, @var{current_model_text}, @var{current_save_folder_text}, @var{image_type})
    ##更新AR画面的预览效果
    ##
```

```
    ##@example
    ##param: this, current_background_text, current_model_text, current_save_
folder_text
    ##@end example
    ##
    ##@end deftypefn
    global logger;
    global field;
    if !(field.is_video)
        out_file_name = gen_out_file_name(this, current_save_folder_text);
    else
        out_folder_name = gen_video_image_out_folder_name(this, current_
        save_folder_text);
        out_file_name = [out_folder_name, '/', field.video_image_preview_
        filename];
    endif
    log_info(logger, sprintf(ClientHints.PREVIEW_OUT_FILE_NAME_IS, out_file_
name));
    img = get_handle('img');
    ax = get_handle('ax');
    save_model_extension_popup_menu = get_handle('save_model_extension_popup_
menu');
    current_model_text = get_handle('current_model_text');
    current_save_folder_text = get_handle('current_save_folder_text');

    save_model_extension_string = get(save_model_extension_popup_menu, 'string
');
    save_model_extension_index = get(save_model_extension_popup_menu, 'value');
    if isempty(get(current_background_text, 'string')) && isempty(get(current_
model_text, 'string'))
        log_warning(logger, ClientHints.BOTH_BACKGROUND_PATH_AND_MODEL_PATH_
        ARE_EMPTY);
    endif
    [picture_data, cmap] = choose_image_file(this, image_type);

    current_save_model_extension = save_model_extension_string{save_model_
extension_index};
    gen_preview_picture(this, current_background_text, current_model_text,
current_save_folder_text);
    out_file_info = imfinfo(out_file_name);
    if strcmp(out_file_info.Format, 'GIF') || ...
            strcmp(out_file_info.Format, 'TIFF')
        log_info(logger, ClientHints.USE_IND2RGB);
        [preview_picture_data, preview_cmap] = imread(out_file_name);
        img_data = ind2rgb(preview_picture_data, preview_cmap);
    elseif strcmp(current_save_model_extension, ClientHints.AUTO) || ...
```

```
            strcmp(current_save_model_extension, ClientHints.CHOOSE_
            SAVE_IMAGE_FORMAT)
        log_info(logger, ClientHints.USE_AUTO_MODE_TO_SHOW_IMAGE);
        [preview_picture_data, preview_cmap] = imread(out_file_name);
        img_data = preview_picture_data;
    else
        log_info(logger, ClientHints.USE_IM2DOUBLE_TO_SHOW_IMAGE);
        [preview_picture_data, preview_cmap] = imread(out_file_name);
        img_data = im2double(preview_picture_data);
    endif
    set(img, 'cdata', img_data);
    img_data_size = size(img_data);
    height = img_data_size(1);
    width = img_data_size(2);
    set_axis_width_height_ratio(this, width, height);

endfunction
```

当背景是图片时的预览效果如图 2-30 所示。

图 2-30　当背景是图片时的预览效果

当背景是视频时的预览效果如图 2-31 所示。

2.14.12 实际采用的视频预处理方式和处理方式

在本书包含放置模型应用的所有 AR 应用中采用的视频预处理方式如下：

（1）在保持宽高比的情况下将视频的分辨率修改为 480p。

（2）将视频的品质修改为 10。

图 2-31 当背景是视频时的预览效果

(3) 将视频的帧率修改为 1。

按照实际的视频预处理方式转换一个视频的代码如下：

```
$ ffmpeg -i ../video_static_rainy_ground_tile.mp4 -vf scale=480:-1 -crf 10 -r 1
output.mp4
```

本书包含放置模型应用的所有 AR 应用中采用的视频处理方式如下：

(1) 以 1 帧率将视频解压为图片并生成预览视频。

(2) 以 image2 格式将视频解压为图片。

(3) 以 libx264 编码器生成预览视频。

(4) 以 yuv420p 像素格式生成预览视频。

(5) 以 23 品质生成预览视频。

按照实际的视频处理方式将视频解压为图片的代码如下：

```
#!/usr/bin/octave
#第 2 章/@PutModelOnBackgroundCallbacks/extract_picture.m
extract_picture_misc = sprintf(
        'ffmpeg -i %s -r 1 -f image2 %s',...
        strrep([current_background_text, '/', field.video_name, '.', field.
video_extension], [out_folder_name, '/'], ''),...
       [out_folder_name, '/', field.video_image_filename_template]...
       );
    log_info(logger, extract_picture_misc);
    system(extract_picture_misc);
```

按照实际的视频处理方式生成预览视频的代码如下：

```
#!/usr/bin/octave
#第 2 章/@PutModelOnBackgroundCallbacks/merge_picture.m
```

```
    merge_picture_misc = sprintf(
          'ffmpeg -r 1 -i %s -c:v libx264 -pix_fmt yuv420p -crf 23 -r 1 -y %s',...
          [out_folder_name, '/new-', field.video_image_filename_template],...
          [out_folder_name, '/composite.', field.video_extension]...
          );
    log_info(logger, ClientHints.MERGE_IMAGE);
    log_info(logger, merge_picture_misc);
    system(merge_picture_misc);
```

2.15 日志功能

Octave 没有提供内置的日志功能，而客户端却可能涉及复杂的操作，并且每步操作之间又有紧密的联系，因此需要日志的配合才能令用户快速定位问题。此外，客户端有时会进行某些耗时的操作，如果没有日志提醒用户客户端当前的工作状态，则可能使用户误以为客户端挂死，从而在客户端还在工作的情况下就着急地重启客户端。在这些前提下，就需要编写日志类实现日志功能。

2.15.1 日志的原理

日志表示了客户端的工作状态。每条日志都使用字符串格式存储。在显示时，如果客户端是 CLI 应用，则可以将日志打印到输出终端中；如果客户端是 GUI 应用，则推荐在 GUI 界面中设计一个专门用于打印日志的区域，然后将日志打印到这个区域当中。

此外，GUI 应用也可以在启动状态下额外启动一个终端应用的实例，然后将日志打印到这个终端中，但这种用法会额外开启一个终端窗口，存在不美观的缺点，因此不推荐这种用法。

2.15.2 日志级别

设计 3 种日志级别：LogLevel.INFO、LogLevel.WARNING 和 LogLevel.ERROR，用法如下：

(1) 在客户端进行关键的操作前后打印 LogLevel.INFO 级别的日志。

(2) 在客户端进行耗时的操作前打印 LogLevel.INFO 级别的日志。

(3) 在客户端进行需要格外注意的操作前打印 LogLevel.INFO 级别的日志。

(4) 在客户端更新数据后打印 LogLevel.INFO 级别的日志。

(5) 在客户端执行系统命令前打印 LogLevel.INFO 级别的日志。

(6) 在客户端发生符合业务逻辑的错误后打印 LogLevel.WARNING 级别的日志。

(7) 在客户端发生不符合业务逻辑的错误后打印 LogLevel.ERROR 级别的日志。

编写日志级别的代码如下：

```
#!/usr/bin/octave
#第 2 章/LogLevel.m
classdef LogLevel
    ##-*- texinfo -*-
    ##@deftypefn {} {} LogLevel (@var{})
    ##log 级别
    ##
    ##@example
    ##param: -
    ##
    ##return: ret
    ##@end example
    ##
    ##@end deftypefn
    properties(Constant=true)
        INFO = 'INFO';
        WARNING = 'WARNING';
        ERROR = 'ERROR';
    endproperties
endclassdef
```

2.15.3 日志格式

日志字符串推荐包含事件的发生时间、日志级别和日志内容这 3 种元素。一种推荐的日志效果如下：

```
#第 2 章/log.txt
操作日志
[Sat Nov 05 18:20:35 2022] INFO: 正在更新模型预览效果。请稍候……
[Sat Nov 05 18:20:35 2022] INFO: 缓存图像文件放置于./composite.png
[Sat Nov 05 18:20:35 2022] WARNING: 背景和模型的路径均为空，无法展示预览效果或保存图像。
[Sat Nov 05 18:20:39 2022] INFO: 缓存图像文件放置于./composite.png
[Sat Nov 05 18:20:39 2022] INFO: convert Octave_AR 应用实战/程序/第 2 章/aaa.gif ./composite.png
[Sat Nov 05 18:20:39 2022] INFO: 正在按照默认方式显示图像。请稍候……
[Sat Nov 05 18:20:39 2022] INFO: 正在更新坐标轴的宽高比。请稍候……
[Sat Nov 05 18:20:39 2022] INFO: 坐标轴的宽高比更新完成。
[Sat Nov 05 18:20:42 2022] INFO: 正在更新背景预览效果。请稍候……
[Sat Nov 05 18:20:42 2022] INFO: 缓存图像文件放置于./composite.png
[Sat Nov 05 18:20:44 2022] INFO: 缓存图像文件放置于./composite.png
[Sat Nov 05 18:20:44 2022] INFO: composite -geometry +100+550 Octave_AR 应用实战/程序/第 2 章/aaa.gif Octave_AR 应用实战/程序/第 2 章/aaa.gif ./composite.png
[Sat Nov 05 18:20:44 2022] INFO: 正在按照默认方式显示图像。请稍候……
[Sat Nov 05 18:20:44 2022] INFO: 正在更新坐标轴的宽高比。请稍候……
[Sat Nov 05 18:20:44 2022] INFO: 坐标轴的宽高比更新完成。
```

```
[Sat Nov 05 18:20:55 2022] INFO: 缓存图像文件放置于./composite.png
[Sat Nov 05 18:20:55 2022] INFO: 正在保存。请稍候……
[Sat Nov 05 18:20:58 2022] INFO: 保存成功。
[Sat Nov 05 18:22:21 2022] INFO: 缓存图像文件放置于./composite.pdf
[Sat Nov 05 18:22:21 2022] INFO: 正在保存。请稍候……
[Sat Nov 05 18:22:21 2022] ERROR: 只有重新单击更新预览效果按钮,才能生成预览图片并保存。
[Sat Nov 05 18:22:25 2022] INFO: 正在更新图像预览效果。请稍候……
[Sat Nov 05 18:22:25 2022] INFO: 缓存图像文件放置于./composite.pdf
[Sat Nov 05 18:22:25 2022] INFO: 缓存图像文件放置于./composite.pdf
[Sat Nov 05 18:22:25 2022] INFO: 稍后将重新生成预览图片。
[Sat Nov 05 18:22:25 2022] INFO: 缓存图像文件放置于./composite.pdf
[Sat Nov 05 18:22:25 2022] INFO: composite -geometry +100+550 Octave_AR应用实战/程序/第 2 章/aaa.gif Octave_AR应用实战/程序/第 2 章/aaa.gif pdf:./composite.pdf
[Sat Nov 05 18:22:25 2022] INFO: 正在调用 im2double()函数显示图像。请稍候……
[Sat Nov 05 18:22:25 2022] INFO: 正在更新坐标轴的宽高比。请稍候……
[Sat Nov 05 18:22:25 2022] INFO: 坐标轴的宽高比更新完成。
[Sat Nov 05 18:22:28 2022] INFO: 缓存图像文件放置于./composite.pdf
[Sat Nov 05 18:22:28 2022] INFO: 正在保存。请稍候……
[Sat Nov 05 18:22:32 2022] INFO: 保存成功。
```

2.15.4 日志持久化

日志可以保存到外部的文本文档中,这个过程被称为日志持久化。日志持久化的优点是用户可以在退出应用后也能通过外部的文本文档查看客户端运行时的日志,还可以通过外部的文本文档中的日志反复定位问题;缺点是日志持久化涉及文件读写,而文件读写会在一定程度上降低应用的效率,因此,在实现日志持久化时需要设计额外的方式令用户自主选择是否启用日志持久化。

2.15.5 实例化日志对象

日志类的构造方法至少需要传入一个参数,此时这个参数是 GUI 应用中专门用于打印日志的区域的句柄变量名。传入一个参数实例化日志对象的代码如下:

```
>> logger = Logger(log_handle_name)
```

注意:Octave 中的 log()函数用于计算数学中的对数,它和日志的 log 重名,因此建议将日志类的类名取为 Logger 且对象名取为 logger,而不取为 log。

此外,日志类的构造方法允许传入两个参数,此时第 1 个参数是 GUI 应用中专门用于打印日志的区域的句柄变量名,第 2 个参数为是否启用日志持久化的标志位。如果第 2 个参数是真值,则当前日志对象将启用日志持久化,否则当前日志对象将禁用日志持久化。传入两个参数实例化日志对象的代码如下:

```
>> logger = Logger(log_handle_name, true)
```

此外，日志类的构造方法允许传入 3 个参数，此时第 1 个参数是 GUI 应用中专门用于打印日志的区域的句柄变量名，第 2 个参数为是否启用日志持久化的标志位，第 3 个参数是日志文本文档的保存路径。传入 3 个参数实例化日志对象的代码如下：

```
>> logger = Logger(log_handle_name, true, './log/log.txt')
```

注意：如果不指定第 3 个参数，则日志文本文档的保存路径将采用默认值./log.txt。

2.15.6　日志类

日志类的构造方法的代码如下：

```
#!/usr/bin/octave
#第 2 章/@Logger/Logger.m

function ret = Logger(log_handle_name, varargin)
    ##-*- texinfo -*-
    ##@deftypefn {} {} Logger(@var{log_handle_name})
    ##日志类
    ##
    ##@example
    ##param: log_handle_name
    ##
    ##return: ret
    ##@end example
    ##
    ##@end deftypefn

    persistence = false;
    log_file_name = './log.txt';
    if !isempty(varargin)
        if varargin{1}
            persistence = true;
        endif
        if numel(varargin) >= 2
            log_file_name = varargin{2};
        endif
    endif
    if !ischar(log_handle_name) || strcmp(log_handle_name, '')
        error('log handle name shoule be a not-empty string')
    else
        a = struct(
            'log_handle_name', log_handle_name,...
```

```
            'persistence', persistence,...
            'log_file_name', log_file_name...
            );
        ret = class(a, "Logger");
    endif
endfunction
```

日志类的初始化方法用于将日志按照 GUI 应用中专门用于打印日志的区域的句柄绑定到当前图形对象上，代码如下：

```
#!/usr/bin/octave
#第 2 章/@Logger/init.m

function init(this, log_handle)
    ##-*-texinfo-*-
    ##@deftypefn {} {} init (@var{this})
    ##初始化方法
    ##
    ##@example
    ##param: this
    ##
    ##return: -
    ##@end example
    ##
    ##@end deftypefn

    log_handle_name = this.log_handle_name;
    set_handle(sprintf("%s", log_handle_name), log_handle);
endfunction
```

日志类提供 3 个简易的用于打印日志的方法：log_info()方法、log_warning()方法和 log_error()方法，分别用于快速打印 LogLevel.INFO、LogLevel.WARNING 和 LogLevel.ERROR 级别的日志，代码如下：

```
#!/usr/bin/octave
#第 2 章/@Logger/log_info.m

function log_info(this, log_string)
    ##-*-texinfo-*-
    ##@deftypefn {} {} log_info(@var{this} @var{log_string})
    ##INFO 级别的 log
    ##
    ##@example
    ##param: this, log_string
    ##
    ##return: -
    ##@end example
```

```
    ##
    ##@end deftypefn

    log(this, LogLevel.INFO, log_string);
endfunction

#!/usr/bin/octave
#第 2 章/@Logger/log_warning.m

function log_warning(this, log_string)
    ##-*- texinfo -*-
    ##@deftypefn {} {} log_warning (@var{this} @var{log_string})
    ##WARNING 级别的 log
    ##
    ##@example
    ##param: this, log_string
    ##
    ##return: -
    ##@end example
    ##
    ##@end deftypefn

    log(this, LogLevel.WARNING, log_string);
endfunction

#!/usr/bin/octave
#第 2 章/@Logger/log_error.m

function log_error(this, log_string)
    ##-*- texinfo -*-
    ##@deftypefn {} {} log_error(@var{this} @var{log_string})
    ##ERROR 级别的 log
    ##
    ##@example
    ##param: this, log_string
    ##
    ##return: -
    ##@end example
    ##
    ##@end deftypefn

    log(this, LogLevel.ERROR, log_string);
endfunction
```

日志类提供基本的用于打印日志的方法：log()方法，代码如下：

```
#!/usr/bin/octave
#第 2 章/@Logger/log.m

function log(this, log_level, log_string)
    ##-*- texinfo -*-
    ##@deftypefn {} {} log (@var{this} @var{log_string})
    ##log 写入方法
    ##
    ##@example
    ##param: this, log_string
    ##
    ##return: -
    ##@end example
    ##
    ##@end deftypefn

    persistence = this.persistence;
    time_string = strrep(ctime(time), "\n", '');
    if strcmp(log_level, LogLevel.INFO)
        log_string_prefix = [sprintf("[%s] ", time_string), LogLevel.INFO, ": "];
    elseif strcmp(log_level, LogLevel.WARNING)
        log_string_prefix = [sprintf("[%s] ", time_string), LogLevel.WARNING,
        ": "];
    elseif strcmp(log_level, LogLevel.ERROR)
        log_string_prefix = [sprintf("[%s] ", time_string), LogLevel.ERROR,
        ": "];
    else
        log_string_prefix = [sprintf("[%s] ", time_string), ": "];
    endif

    log_handle = get_handle(this.log_handle_name);
    current_log = get(log_handle, 'string');
    current_log{end + 1} = [log_string_prefix, log_string];
    set(log_handle, 'string', current_log);
    log_persistence(this, current_log);

endfunction
```

注意：这里的log()方法虽然会在Logger类的作用域内覆盖掉Octave中的log()函数，但不会导致代码出现歧义。这是因为笔者在编写Logger类的代码时确定不会用到Octave中的log()函数。

日志类提供日志持久化方法，代码如下：

```
#!/usr/bin/octave
#第 2 章/@Logger/log_persistence.m

function log_persistence(this, persistence_string)
    ##-*- texinfo -*-
    ##@deftypefn {} {} log_persistence(@var{this} @var{log_string})
    ##log 持久化方法
    ##
    ##@example
    ##param: this, log_string
    ##
    ##return: -
    ##@end example
    ##
    ##@end deftypefn

    persistence = this.persistence;
    if persistence
        log_file_name = this.log_file_name;
        fp = fopen(log_file_name, 'w');
        if iscell(persistence_string)
            fprintf(fp, strjoin(persistence_string, '\r\n'));
        elseif ischar(persistence_string)
            fprintf(fp, persistence_string);
        endif
        fclose(fp);
    endif

endfunction
```

2.15.7　在放置模型应用中使用日志类

在放置模型应用的视图代码中初始化日志对象。不开启日志持久化的代码如下：

```
#!/usr/bin/octave
#第 2 章/@PutModelOnBackground/PutModelOnBackground.m
    logger = Logger('log_inputfield');
```

开启日志持久化的代码如下：

```
#!/usr/bin/octave
#第 2 章/@PutModelOnBackground/PutModelOnBackground.m
    logger = Logger('log_inputfield', true);
```

调用日志类的初始化方法，代码如下：

```
#!/usr/bin/octave
#第 2 章/@PutModelOnBackground/PutModelOnBackground.m
    init(logger, log_inputfield);
```

在需要打印日志的代码的位置打印日志,代码如下:

```
#!/usr/bin/octave
#第 2 章/@PutModelOnBackgroundCallbacks/gen_out_file_name.m
    log_info(logger, sprintf(ClientHints.TEMP_IMAGE_PATH_IS, out_file_name));
```

第3章 位　　姿

位姿即位置与姿态。一个模型在空间中具有不同的位姿，在背景画面中改变模型的位姿就可以实现模型移动和旋转等效果。

3.1 位姿在不同坐标系下的数学表述

3.1.1 球面角

球面角用于描述物体在三维空间中的旋转角度。在 xOz 球面坐标系中，球面角描述物体的旋转角度的规则如下：

(1) 物体相对于 Oz 轴的旋转角为 colatitude 角或 elevation 角，旋转角度为 θ，范围是 $[0,\pi]$。

(2) 物体相对于 Ox 轴的旋转角为 azimuth 角(也叫 longitude 角)，旋转角度为 φ，范围是 $[0,2\pi)$。

由这两个相对的旋转角度组成的角 (θ,φ) 即为球面角。例如，球面角 $(\pi,1.5\pi)$ 可以表示物体沿 Oz 轴旋转 π 弧度并且沿 Ox 轴旋转 1.5π 弧度。

注意：colatitude 角和 elevation 角互为余角，二者不是同一个概念。

3.1.2 球面坐标

球面坐标在球面角的基础上增加了距离的概念。物体到球面坐标系原点的距离为 ρ，由球面角的两个相对的旋转角度和物体到原点的距离组成的坐标 (θ,φ,ρ) 即为球面坐标。例如，球面坐标 $(\pi,1.5\pi,1)$ 可以表示物体沿 Oz 轴旋转 π 弧度、沿 Ox 轴旋转 1.5π 弧度并且到球面坐标系原点的距离是 1。

3.1.3 欧拉角

欧拉角用于描述物体在三维空间中的旋转角度。在 XYZ 三维坐标系中，欧拉角描述物体的旋转角度的规则如下：

(1) 物体相对于 x 轴的旋转角为 roll 角,旋转角度为 ψ,范围是[-180,180]。

(2) 物体相对于 y 轴的旋转角为 pitch 角,旋转角度为 θ,范围是[-90,90]。

(3) 物体相对于 z 轴的旋转角为 yaw 角,旋转角度为 φ,范围是[-180,180]。

由这 3 个相对的旋转角度组成的角(φ,θ,ψ)(或采用(ψ,θ,φ)等格式)即为欧拉角,其中前者是在几何学中更为常见的格式,而后者是计算机代码支持的其他格式。根据欧拉角的格式不同,欧拉角(10,20,30) 可以表示物体沿 x 轴旋转 30°、沿 y 轴旋转 20°并且沿 z 轴旋转 10°,也可以表示物体沿 x 轴旋转 10°、沿 y 轴旋转 20°并且沿 z 轴旋转 30°等。

3.1.4 RPY 角

RPY 角是一种欧拉角的表述,专指(ψ,θ,φ)格式的欧拉角。RPY 角在计算机中是最常用的欧拉角。

3.2 计算几何相关知识

3.2.1 两点求角度

已知一条直线上的两个点可以求出这条直线的方位角,即这条直线和水平线的夹角。求得角度的范围是[0,2π)。

3.2.2 三点求角度

已知两条直线上的不重合的两个点和重合的第 3 个点可以求出这两条直线的夹角。求得角度的范围是[0,2π)。

3.3 力学相关知识

3.3.1 质点

物体可以被视为由质点代替而成。质点是有一定质量的一个点。当只考虑模型的位置而不考虑模型的姿态时推荐使用质点模型代替物体。

3.3.2 质点系

物体可以被视为由质点系代替而成。许多质点的集合称为质点系。在所讨论的实际问题中,当一个质量连续分布的物体不能被视为质点时,可以将它划为许多微小部分,认为每个微小部分中粒子的运动情况完全相同,从而可以将每个微小部分简化为一个质点,而整个物体可被视为许多质点的集合,所以,质量连续分布的物体也可以被视为质点系。

3.3.3 质心

质心是质量的中心。根据质点系中的每个质点的质量和位置,可以算得质心的质量和位置。

3.3.4 质心运动定理

质点系的质心运动和一个位于质心的质点的运动相同，该质点的质量等于质点系的总质量，而该质点上的作用力则等于作用于质点系上的所有外力平行地移到这一点上。根据这个定理可得到推论如下：

(1) 质点系的内力不能影响它的质心的运动。例如跳水运动员自跳板起跳后，不论他在空中做何种动作或采取何种姿势，由于外力(重力)并未改变，所以运动员的质心在入水前仍沿抛物线轨迹运动。

(2) 如果作用于质点系上外力的主矢始终为0，则质点系的质心进行匀速直线运动或保持静止。

(3) 若作用于质点系上外力的主矢在某轴上的投影始终为0，则质点系的质心在该轴上的坐标匀速变化或保持不变。

3.3.5 刚体

刚体指的是在运动中和受力作用后，形状和大小不变，而且内部各点的相对位置不变的物体。

绝对刚体实际上是不存在的，只是一种理想模型，因为任何物体在受力作用后都或多或少地变形，如果变形的程度相对于物体本身几何尺寸来讲极为微小，在研究物体运动时变形就可以忽略不计。

把许多固体视为刚体，所得到的结果在工程上一般已有足够的准确度，但要研究应力和应变，则必须考虑变形。由于变形一般总是微小的，所以可先将物体当作刚体，用理论力学的方法求得加给它的各未知力，然后用变形体力学，包括材料力学、弹性力学、塑性力学等的理论和方法进行研究。

注意：有些物体不能视为刚体，例如地球。

3.4 旋转矩阵

3.4.1 旋转矩阵的用法

旋转矩阵用于求得一个点从一个坐标系转换到另一个坐标系后的坐标。将一个模型看作一组点，然后将旋转矩阵左乘这一组点中的每个点即可得到旋转后的点的位置，旋转后的点即可描述旋转后的模型。将点(x,y)旋转到$(2x+3y,4x+5y)$的位置上，旋转矩阵为

$$\begin{bmatrix} 2 & 3 \\ 4 & 5 \end{bmatrix}$$

将点(x,y,z)旋转到$(2x+3y+4z,5x+6y+7z,8x+9y+10z)$的位置上，旋转矩阵为

$$\begin{bmatrix}2 & 3 & 4\\5 & 6 & 7\\8 & 9 & 10\end{bmatrix}$$

三维空间内的旋转矩阵至少需要3个自由度，而拥有3个自由度的旋转矩阵的尺寸是3×3。将3×3的旋转矩阵写为齐次矩阵后，其尺寸变为4×4。齐次旋转矩阵用于在齐次方程中进行旋转变换，在齐次方程中进行旋转变换可便于求解。

将三维旋转矩阵[2 3 4;5 6 7;8 9 10]和平移向量[11;12;13]写作齐次旋转矩阵为

$$\begin{bmatrix}2 & 3 & 4 & 11\\5 & 6 & 7 & 12\\8 & 9 & 10 & 13\\0 & 0 & 0 & 1\end{bmatrix}$$

可以看出，齐次矩阵不仅可以表示旋转关系，还可以表示平移关系。如果一个齐次旋转矩阵只表示旋转，则平移向量为0向量。将三维旋转矩阵[2 3 4;5 6 7;8 9 10]和平移向量[0;0;0]写作齐次旋转矩阵为

$$\begin{bmatrix}2 & 3 & 4 & 0\\5 & 6 & 7 & 0\\8 & 9 & 10 & 0\\0 & 0 & 0 & 1\end{bmatrix}$$

3.4.2 欧拉角与旋转矩阵的变换

调用eulerAnglesToRotation3d()函数可以将RPY角转换为齐次旋转矩阵。

eulerAnglesToRotation3d()函数需要传入3个参数，此时这3个参数是RPY角的3个分量，然后将返回齐次旋转矩阵。将RPY角(10,20,30)转换为齐次旋转矩阵的代码如下：

```
>> eulerAnglesToRotation3d(10, 20, 30)
ans =

   0.9254   0.0180   0.3785        0
   0.1632   0.8826  -0.4410        0
  -0.3420   0.4698   0.8138        0
        0        0        0   1.0000
```

此外，调用eulerAnglesToRotation3d()函数还可以将其他格式的欧拉角转换为齐次旋转矩阵。例如，指定欧拉角的格式为YZX并将欧拉角(10,20,30)转换为齐次旋转矩阵的代码如下：

```
>> eulerAnglesToRotation3d(10, 20, 30, 'YZX')
ans =
```

```
   0.9254  -0.2049   0.3188        0
   0.3420   0.8138  -0.4698        0
  -0.1632   0.5438   0.8232        0
        0        0        0   1.0000
```

此外，调用 rotation3dToEulerAngles()函数还可以将齐次旋转矩阵或非齐次旋转矩阵转换为欧拉角。例如，指定欧拉角的格式为 YZX 并将齐次旋转矩阵[0.1 0.2 0.3 0;0.4 0.5 0.6 0;0.7 0.8 0.9 0;0 0 0 1]转换为欧拉角的代码如下：

```
>> [y, z, x] = rotation3dToEulerAngles([0.1 0.2 0.3 0; 0.4 0.5 0.6 0; 0.7 0.8 0.9 0;
0 0 0 1], 'YZX')
```

3.4.3 根据旋转角度创建旋转矩阵

调用 createRotation3dLineAngle()函数可以在点沿着一个转轴旋转的场景下创建旋转矩阵。createRotation3dLineAngle()函数允许传入两个参数，此时第 1 个参数是转轴的 x 坐标和 y 坐标，第 2 个参数是点沿着转轴旋转的角度，然后将返回齐次旋转矩阵。例如将点沿着转轴的 x 坐标为[1 2 3]且 y 坐标为[4 5 6]并旋转 0.5π 弧度，转换为欧拉角的代码如下：

```
>> createRotation3dLineAngle([[1 2 3], [4 5 6]], 0.5*pi)
ans =

   0.2078  -0.4240   0.8815  -1.0042
   0.9435   0.3247  -0.0662   0.6058
  -0.2581   0.8455   0.4675   0.1646
        0        0        0   1.0000
```

3.4.4 根据旋转矩阵计算转轴或旋转角度

调用 rotation3dAxisAndAngle()函数可以通过齐次旋转矩阵计算转轴或旋转角度。rotation3dAxisAndAngle()函数允许传入一个参数，此时这个参数是齐次旋转矩阵，然后将返回转轴。通过齐次旋转矩阵[0.2078 −0.4240 0.8815 −1.0042; 0.9435 0.3247 −0.0662 0.6058; −0.2581 0.8455 0.4675 0.1646; 0 0 0 1.0000]计算转轴的代码如下：

```
>> rot_matrix = [0.2078 -0.4240 0.8815 -1.0042; 0.9435 0.3247 -0.0662 0.6058;
                 -0.2581 0.8455 0.4675 0.1646; 0 0 0 1.0000];
>> rotation3dAxisAndAngle(rot_matrix)
ans =

   0.7380   1.6725   2.6070   0.4558   0.5698   0.6838
```

此外，如果指定了两个返回参数，则 rotation3dAxisAndAngle()函数将同时计算转轴和旋转角度。通过齐次旋转矩阵[0.2078 −0.4240 0.8815 −1.0042;0.9435 0.3247 −0.0662 0.6058;−0.2581 0.8455 0.4675 0.1646; 0 0 0 1.0000]计算转轴和旋转角度的代码如下：

```
>> rot_matrix = [0.2078 -0.4240 0.8815 -1.0042; 0.9435 0.3247 -0.0662 0.6058; -0.
2581 0.8455 0.4675 0.1646; 0 0 0 1.0000];
>> [rot_axis, angle] = rotation3dAxisAndAngle(rot_matrix)
rot_axis =

   0.7380   1.6725   2.6070   0.4558   0.5698   0.6838

angle = 1.5708
```

3.5 仿射变换

仿射变换也称仿射投影。对一个向量空间进行线性变换并接上一个平移变换，最终变换为另一个向量空间的变换即为仿射变换，所以仿射变换其实也就是如何进行两个向量空间的变换。

仿射变换也需要构造对应的变换矩阵，并且变换矩阵的维数和模型的维数有关。如果对二维模型进行仿射变换，则需要构造一个 3×3 的变换矩阵；如果对三维模型进行仿射变换，则需要构造一个 4×4 的变换矩阵。

对一个模型进行仿射变换的本质是对模型中的所有点均进行仿射变换，进行仿射变换之后的点的集合即为模型进行仿射变换之后的结果。

3.5.1 平移变换

将点(x,y)平移到$(x+\mathrm{tx},y+\mathrm{ty})$的位置上，变换矩阵为

$$\begin{bmatrix} 1 & 0 & \mathrm{tx} \\ 0 & 1 & \mathrm{ty} \\ 0 & 0 & 1 \end{bmatrix}$$

3.5.2 缩放变换

将点(x,y)缩放为(sx,sy)，变换矩阵为

$$\begin{bmatrix} \mathrm{sx} & 0 & 0 \\ 0 & \mathrm{sy} & 0 \\ 0 & 0 & 1 \end{bmatrix}$$

当 sx 等于 sy 时，缩放变换也称为尺度缩放；当 sx 不等于 sy 时，缩放变换也称为拉伸变换。

3.5.3 剪切变换

剪切变换也称为错切变换。一个正方形可以通过剪切变换变换为平行四边形或菱形。其余的几何形状可以用正方形进行参考。

将点(x,y)剪切为(shx,y)，横向剪切变换的变换矩阵为

$$\begin{bmatrix} 1 & \text{shx} & 0 \\ 0 & 1 & 0 \\ 0 & 0 & 1 \end{bmatrix}$$

将点(x,y)剪切为(x,shy)，纵向剪切变换的变换矩阵为

$$\begin{bmatrix} 1 & 0 & 0 \\ \text{shy} & 1 & 0 \\ 0 & 0 & 1 \end{bmatrix}$$

将点(x,y)剪切为(shx,shy)，相当于一个横向剪切与一个纵向剪切的复合，变换矩阵为

$$\begin{bmatrix} 1 & \text{shx} & 0 \\ \text{shy} & 1 & 0 \\ 0 & 0 & 1 \end{bmatrix}$$

3.5.4 旋转变换

将点围绕原点逆时针旋转θ弧度，变换矩阵为

$$\begin{bmatrix} \cos\theta & -\sin\theta & 0 \\ \sin\theta & \cos\theta & 0 \\ 0 & 0 & 1 \end{bmatrix}$$

将点围绕轴心(x,y)逆时针旋转θ弧度，变换矩阵为

$$\begin{bmatrix} \cos\theta & -\sin\theta & x - x\cos\theta + y\sin\theta \\ \sin\theta & \cos\theta & y - x\sin\theta - y\cos\theta \\ 0 & 0 & 1 \end{bmatrix}$$

3.5.5 仿射变换矩阵的尺寸描述

仿射变换矩阵在描述尺寸时有额外的规则。虽然仿射矩阵在数学意义上都是$(m+1)\times(n+1)$的矩阵，但为了更直观地描述仿射变换矩阵的变换因子，在描述仿射变换矩阵的尺寸时可能采用不同于数学意义的描述。

下面的仿射变换矩阵被称为2×2的仿射变换矩阵。

$$\begin{bmatrix} 1 & 2 & 0 \\ 0 & 3 & 0 \\ 0 & 0 & 1 \end{bmatrix}$$

这是因为该矩阵的变换因子是一个2×2的矩阵。该矩阵的变换因子如下：

$$\begin{bmatrix} 1 & 2 \\ 0 & 3 \end{bmatrix}$$

下面的仿射变换矩阵被称为2×3的仿射变换矩阵。

$$\begin{bmatrix} 1 & 2 & 3 \\ 4 & 5 & 6 \\ 0 & 0 & 1 \end{bmatrix}$$

这是因为该矩阵的变换因子是一个 2×3 的矩阵。该矩阵的变换因子如下：

$$\begin{bmatrix} 1 & 2 & 3 \\ 4 & 5 & 6 \end{bmatrix}$$

3.6 Octave 的空间变换函数

空间变换函数包括仿射变换和图像裁剪等函数，常用于更改模型的效果。Octave 的大部分空间变换函数包含在 image 工具箱中，所以如果要使用 Octave 的空间变换函数，则推荐先安装 image 工具箱。

3.6.1 安装 image 工具箱

安装 image 工具箱的命令如下：

```
>> pkg install -forge image
```

3.6.2 实例化仿射变换对象

调用 affine2d()函数可以实例化二维仿射变换对象。调用 affine3d()函数可以实例化三维仿射变换对象。二者需要传入一个参数，此时这个参数是仿射变换的变换矩阵，然后将返回仿射变换对象。以仿射矩阵[1 0 0;0 1 0;0 0 1]实例化二维仿射变换对象的代码如下：

```
>> affine2d([1 0 0; 0 1 0; 0 0 1])
ans =

  affine2d with properties:

               T: [3x3 double]
  Dimensionality: 2
```

以仿射矩阵[1 0 0 0;0 1 0 0;0 0 1 0;0 0 0 1]实例化三维仿射变换对象的代码如下：

```
>> affine3d([1 0 0 0; 0 1 0 0; 0 0 1 0; 0 0 0 1])
ans =

  affine3d with properties:

               T: [4x4 double]
  Dimensionality: 3
```

仿射变换对象提供了多个仿射变换方法。二维仿射变换对象提供的仿射变换方法如

表 3-1 所示。

表 3-1　二维仿射变换对象提供的仿射变换方法

方　法　名	用　　法	含　　义
invert	invert(tform)	进行 affine2d()函数的逆变换
isRigid	isRigid(tform)	检查当前仿射变换是否只代表旋转或平移
isSimilarity	isSimilarity(tform)	检查当前仿射变换是否只代表均匀缩放、旋转、反射或平移
isTranslation	isTranslation(tform)	检查当前仿射变换是否只代表平移
outputLimits	outputLimits(tform,xlims,ylims)	给定以 xlims 和 ylims 代表的边界坐标(左上、右下),然后在仿射变换后返回新的边界坐标
transformPointsForward	transformPointsForward(tform,u,v); transformPointsForward(tform,U)	在 uv 点集($1\times n$ 矩阵)上进行仿射变换; 在 U 点集($2\times n$ 矩阵)上进行仿射变换
transformPointsInverse	transformPointsInverse(tform,u,v); transformPointsInverse(tform,U)	在 uv 点集($1\times n$ 矩阵)上进行仿射变换的逆变换; 在 U 点集($2\times n$ 矩阵)上进行仿射变换的逆变换

三维仿射变换对象提供的仿射变换方法如表 3-2 所示。

表 3-2　三维仿射变换对象提供的仿射变换方法

方　法　名	用　　法	含　　义
invert	invert(tform)	进行 affine3d()函数的逆变换
isRigid	isRigid(tform)	检查当前仿射变换是否只代表旋转或平移
isSimilarity	isSimilarity(tform)	检查当前仿射变换是否只代表均匀缩放、旋转、反射或平移
isTranslation	isTranslation(tform)	检查当前仿射变换是否只代表平移
outputLimits	outputLimits(tform,xlims,ylims,zlims)	给定以 xlims、ylims 和 zlims 代表的边界坐标(左上前部、右下后部),然后在仿射变换后返回新的边界坐标
transformPointsForward	transformPointsForward(tform,u,v,w); transformPointsForward(tform,U)	在 uvw 点集($1\times n$ 矩阵)上进行仿射变换; 在 U 点集($3\times n$ 矩阵)上进行仿射变换
transformPointsInverse	transformPointsInverse(tform,u,v,w); transformPointsInverse(tform,U)	在 uvw 点集($1\times n$ 矩阵)上进行仿射变换的逆变换; 在 U 点集($3\times n$ 矩阵)上进行仿射变换的逆变换

3.6.3 根据仿射变换对象进行仿射变换

调用 tformfwd()函数可以根据仿射变换对象进行仿射变换。tformfwd()函数允许传入两个参数调用，此时第 1 个参数是仿射变换对象，第 2 个参数是 $n\times1$ 的 x 坐标和 $n\times1$ 的 y 坐标合并而成的 $n\times2$ 的矩阵。

此外，tformfwd()函数允许传入 3 个参数调用，此时第 1 个参数是仿射变换对象，第 2 个参数是 $n\times1$ 的 x 坐标，第 3 个参数是 $n\times1$ 的 y 坐标。

3.6.4 根据仿射变换对象进行仿射变换的逆变换

调用 tforminv()函数可以根据仿射变换对象进行仿射变换的逆变换。tforminv()函数的用法和 tformfwd()函数的用法类似，因此不再赘述。

3.6.5 推断仿射变换矩阵

调用 cp2tform()函数可以根据两个点集推断出仿射变换矩阵。cp2tform()函数需要传入 3 个参数，此时第 1 个参数是仿射变换前的点集，第 2 个参数是仿射变换后的点集，第 3 个参数是转换参数，然后将返回仿射变换矩阵。cp2tform()函数返回的仿射变换矩阵是推断出的仿射变换矩阵，用这个对象可以按照相同的仿射变换方式进行其他点集的仿射变换。

注意：cp2tform()函数只能用于二维仿射变换矩阵的推断。

---

cp2tform()函数支持多种转换参数，用于返回不同类型的仿射变换矩阵。cp2tform()函数支持的转换参数如表 3-3 所示。

表 3-3 cp2tform()函数支持的转换参数

转换参数	含　义	在指定此转换参数后返回的仿射变换矩阵的用法	在指定此转换参数后返回的仿射变换矩阵的用途
affine	返回仿射变换矩阵和仿射变换的逆变换矩阵(T.tdata.T 和 T.tdata.Tinv)； 变换系数是 3×2 矩阵	IN_CP=[OUT_CP ones(rows(out_cp),1)] * T.tdata.Tinv; OUT_CP=[IN_CP ones(rows(in_cp),1)] * T.tdata.T	适用于当一个空间中的平行线在另一个空间(例如剪切、平移等)中仍然平行时的仿射变换
nonreflective similarity	T 和 Tinv 具有 Tcoefs=[a −b; b a; c d]的形式，其他和 affine 转换参数相同	IN_CP=[OUT_CP ones(rows(out_cp),1)] * T.tdata.Tinv; OUT_CP=[IN_CP ones(rows(in_cp),1)] * T.tdata.T	适用于旋转、缩放和平移； 不适用于反射
similarity	T 和 Tinv 不仅具有 Tcoefs=[a −b;b a;c d]的形式，还具有 Tcoefs=[a b; b −a; c d]的形式，其他和 nonreflective similarity 转换参数相同	IN_CP=[OUT_CP ones(rows(out_cp),1)] * T.tdata.Tinv; OUT_CP=[IN_CP ones(rows(in_cp),1)] * T.tdata.T	适用于反射、旋转、缩放和平移；如果在指定 nonreflective similarity 转换参数后返回的仿射变换矩阵拟合更好，则会输出警告

续表

转换参数	含　义	在指定此转换参数后返回的仿射变换矩阵的用法	在指定此转换参数后返回的仿射变换矩阵的用途
projective	返回仿射变换矩阵和仿射变换的逆变换矩阵(T.tdata.T和T.tdata.Tinv);变换系数是3×3矩阵	[u v w]=[OUT_CP ones(rows(out_cp),1)] * T.tdata.Tinv; IN_CP=[u./w,v./w]; [x y z]=[IN_CP ones(rows(in_cp),1)] * T.tdata.T; OUT_CP=[x./z y./z];	适用于当一个空间中的平行线都向另一个空间的消失点收敛时的仿射变换
polynomial	追加OPT参数作为拟合的阶数; OPT必须为2、3或4,对应的输入控制点数至少为6、10或15; 结构体T中仅包含逆变换(输出空间到输入空间)得到的对应的输入点集; x和y为输出点集,u、v为输入点集	2阶: [u v]=[1 x y x * y x^2 y^2] * T.tdata.Tinv; 3阶: [u v]=[1 x y x * y x^2 y^2 y * x^2 x * y^2 x^3 y^3] * T.tdata.Tinv; 4阶: [u v]=[1 x y x * y x^2 y^2 y * x^2 x * y^2 x^3 y^3 x^3 * y x^2 * y^2 x * y^3 x^4 y^4] * T.tdata.Tinv	适用于求逆变换后得到的点集

以仿射变换前的点集[1 2;10 10]、仿射变换后的点集[2 4;15 15]、转换参数为projective,推断仿射变换矩阵的代码如下:

```
>> cp2tform([1 2; 10 10], [2 4; 15 15], 'projective')
ans =

  scalar structure containing the fields:

    ndims_in = 2
    ndims_out = 2
    forward_fcn = @fwd_projective
    inverse_fcn = @inv_projective
    tdata =

      scalar structure containing the fields:

        T =

           0.192926  -0.017632   0.608814
           0.149892   0.327611  -0.686089
          -0.019438   0.308955   1.000000
```

```
Tinv =

   3.8937   1.4846  -1.3520
  -0.9854   1.4776   1.6137
   0.3801  -0.4276   0.4752
```

3.6.6 裁剪图像函数

调用 imcrop() 函数可以裁剪二维图像。imcrop() 函数允许不传入参数调用，此时 imcrop() 函数使用交互模式裁剪图像。如果不传入参数调用 imcrop() 函数，则 Octave 必须先打开一个包含图像对象的窗口，否则 imcrop() 函数将报错如下：

```
>> imcrop(image)
error: get: unknown image property currentaxes
error: called from
    imcrop at line 150 column 9
```

此外，imcrop() 函数允许传入一个参数，此时 imcrop() 函数使用交互模式裁剪图像，这个参数是图像矩阵或图像对象的句柄。

此外，imcrop() 函数允许传入两个参数，此时 imcrop() 函数使用交互模式裁剪图像，第 1 个参数是索引图像矩阵，第 2 个参数是索引。

在交互模式下，用户需要进入图像所在的画布，单击画布中的一点作为裁剪区域的起点，拖动鼠标以选定裁剪区域，然后松开鼠标以完成图像裁剪操作。

如果已知需要裁剪的区域的具体坐标范围，则可以指定需要裁剪的区域作为参数。imcrop() 函数允许追加传入坐标范围参数，此时 imcrop() 函数使用非交互模式裁剪图像。指定坐标范围为[1 1 100 100]并裁剪图片的代码如下：

```
>> imcrop(img, [1 1 100 100])
```

在非交互模式下，用户无须用鼠标选定裁剪位置，这是更加精确的裁剪模式。

3.6.7 缩放图像函数

调用 imresize() 函数可以缩放图像。imresize() 函数至少需要传入两个参数调用，此时第 1 个参数是图像矩阵，第 2 个参数是缩放倍数。当指定缩放的倍数是 1.5 时，表示图像的宽度和高度同时变为原值的 1.5 倍并缩放图像的代码如下：

```
>> imresize(img, 1.5)
```

此外，第 2 个参数还可以是缩放的宽度和高度组成的矩阵。指定缩放的宽度是 100 且高度为 200 并缩放图像的代码如下：

```
>> imresize(img, [100 200])
```

imresize() 函数还允许追加传入第 3 个参数，此时这个参数是插值方式。imresize() 函数支持的插值方式如表 3-4 所示。

表 3-4 imresize()函数支持的插值方式

插值方式	含义
nearest	最近邻插值
box	
linear	线性插值
bilinear	双线性插值
triangle	三角插值
cubic	三次插值
bicubic	双三次插值

此外，在 imresize()函数中，bicubic 插值方式实际上等效于 cubic 插值方式，而 linear 插值方式和 triangle 插值方式实际上等效于 bilinear 插值方式。

此外，imresize()函数默认采用 bilinear 插值方式。

imresize()函数还允许追加传入键-值对形式的参数。imresize()函数支持的键-值对形式的参数如表 3-5 所示。

表 3-5 imresize()函数支持的键-值对形式的参数

键参数	默认值	含义
Antialiasing	当插值方式不为 nearest 和 box 时，默认值为 true；否则默认值为 false	如果值为 true，并且图像的宽高比小于 1，则在该方向上启用抗锯齿； 此时插值核被扩展到 1/＜值＞以减少导致混叠效应的频率分量，因此启用抗锯齿将需要使用更多的邻点； 例如以缩放倍数为 0.5、启用双线性插值＋抗锯齿的参数缩放图像就要用到 16 个邻点
Method	—	插值方式； 可以是字符串或插值核
OutputSize	—	表示输出图像的宽度和高度
Scale	—	缩放倍数或缩放因子； 可以是数字或数字矩阵

3.6.8 旋转图像函数

调用 imrotate()函数可以按照给定角度旋转一个二维图像。imrotate()函数需要传入 5 个参数调用，第 1 个参数是黑白图像或灰阶图像的图像矩阵，第 2 个参数是旋转角度，第 3 个参数是插值方式，第 4 个参数是图像结果的裁剪方式，第 5 个参数是变换后的图像的其他部分的值。

imrotate()函数支持的插值方式如表 3-6 所示。

表 3-6 imrotate()函数支持的插值方式

插值方式	含　义	插值方式	含　义
nearest	最近邻插值	pchip	分段三次 Hermite 插值
linear	线性插值	cubic	三次插值
bilinear	双线性插值	bicubic	双三次插值
triangle	三角插值	fourier	傅里叶插值

此外，在 imrotate()函数中，bicubic 插值方式实际上等效于 cubic 插值方式，而 bilinear 插值方式和 triangle 插值方式实际上等效于 linear 插值方式。

此外，imrotate()函数默认采用 nearest 插值方式。

此外，生成的图像在默认情况下包含整个旋转变换后的图像。修改图像结果的裁剪方式可以令生成的图像在裁剪后只包含一部分旋转变换后的图像。imrotate()函数支持的裁剪方式如表 3-7 所示。

表 3-7 imrotate()函数支持的裁剪方式

裁剪方式	含　义
loose	生成的图像包含整个旋转变换后的图像
crop	生成的图像只包含旋转变换后的图像的中心部分

此外，imrotate()函数默认采用 loose 裁剪方式。

此外，第 5 个参数默认为 0；如果使用了 fourier 插值方式，则将忽略第 5 个参数。

3.6.9 快速旋转和缩放图像函数

调用 rotate_scale()函数可以对黑白图像或灰阶图像通过快速双线性插值方式进行快速旋转和缩放。rotate_scale()函数需要传入 4 个参数调用，第 1 个参数是图像矩阵，第 2 个参数是快速旋转和缩放前的特征点，第 3 个参数是快速旋转和缩放后的特征点，第 4 个参数是输出图像矩阵的尺寸。特征点参数是 2×2 的矩阵，其中第 1 行包含特征点的 x 坐标且第 2 行包含特征点的 y 坐标。

3.6.10 透视变换函数

调用 imperspectivewarp()函数可以对二维图像进行透视变换。imperspectivewarp()函数需要传入 5 个参数调用，第 1 个参数是图像矩阵，第 2 个参数是变换矩阵，第 3 个参数是插值方式，第 4 个参数是图像结果的裁剪方式，第 5 个参数是变换后的图像的其他部分的值。变换矩阵 $\boldsymbol{P}$ 必须是 3×3 齐次矩阵、2×2 仿射变换矩阵或 2×3 仿射变换矩阵。

imperspectivewarp()函数支持的插值方式如表 3-8 所示。

此外，在 imperspectivewarp()函数中，bicubic 插值方式实际上等效于 cubic 插值方式，而 bilinear 插值方式和 triangle 插值方式实际上等效于 linear 插值方式。

表 3-8 imperspectivewarp()函数支持的插值方式

插值方式	含 义	插值方式	含 义
nearest	最近邻插值	pchip	分段三次 Hermite 插值
linear	线性插值	cubic	三次插值
bilinear	双线性插值	bicubic	双三次插值
triangle	三角插值	spline	样条插值

此外,imperspectivewarp()函数默认采用 linear 插值方式。

此外,生成的图像在默认情况下包含整个透视变换后的图像。修改图像结果的裁剪方式可以令生成的图像在裁剪后只包含一部分透视变换后的图像。imperspectivewarp()函数支持的裁剪方式如表 3-9 所示。

表 3-9 imperspectivewarp()函数支持的裁剪方式

裁剪方式	含 义
loose	生成的图像包含整个透视变换后的图像
crop	生成的图像只包含透视变换后的图像的中心部分
same	生成的图像只包含原来的坐标轴范围内的图像,并且不在变换后更改坐标轴的参数

此外,imperspectivewarp()函数默认采用 loose 裁剪方式。

3.6.11 高斯金字塔函数

调用 impyramid()函数可以绘制图像上一级或下一级的高斯金字塔。impyramid()函数需要传入两个参数调用,第 1 个参数是图像矩阵,第 2 个参数是变换方向。变换方向必须是 reduce 或 expand,其中 reduce 代表向下采样,用于绘制下一级的高斯金字塔;expand 代表向上采样,用于绘制上一级的高斯金字塔。

注意: 如果图像的维数超过 2,则只有图像的前二维会改变尺寸。

绘制图像上一级的高斯金字塔的代码如下:

```
>> impyramid(img, 'expand')
```

3.6.12 重新映射图像函数

调用 imremap()函数可以对二维图像进行透视变换。imremap()函数允许传入 3 个参数调用,第 1 个参数是可以返回图像矩阵的函数 IM(),第 2 个参数是 x 轴方向的映射函数 XI(),第 3 个参数是 y 轴方向的映射函数 YI(),然后 imremap()函数将采用 IM(YI(y,x),XI(y,x))方式重新映射并返回新的图像矩阵。

此外,imremap()函数允许追加传入第 4 个参数,此时这个参数是插值方式。插值方式默认为 linear。

此外，imremap()函数允许追加传入第 5 个参数，此时这个参数是变换后的图像的其他部分的值。这个值默认为 0。

此外，在 imremap()函数中，bicubic 插值方式实际上等效于 cubic 插值方式，而 bilinear 插值方式和 triangle 插值方式实际上等效于 linear 插值方式。

此外，如果在调用 imremap()函数时指定了 bicubic 插值方式，并且追加传入了第 5 个参数，则此时这个参数是填充方式。imremap()函数支持的填充方式如表 3-10 所示。

表 3-10　imremap()函数支持的填充方式

填充方式	含　义
circular	以圆形区域进行填充
replicate	以复制边界值的方式进行填充
symmetric	以镜面反射的效果进行填充
reflect	和 symmetric 类似，但不使用边界进行填充，因此这种填充方式不适合在 $n\times1$ 图像尺寸场景下的填充

3.6.13　剪切变换函数

调用 imshear()函数可以对二维图像进行剪切变换。imshear()函数需要传入 4 个参数调用，第 1 个参数是图像矩阵或图像对象的句柄，第 2 个参数是剪切方向，第 3 个参数是剪切的坡度，第 4 个参数是图像结果的裁剪方式。剪切方向必须定义为 x 或 y。当剪切方向是 x 时，图像将沿 x 轴方向剪切坡度像素；当剪切方向是 y 时，图像将沿 y 轴方向剪切坡度像素。

注意：剪切的坡度允许不是整数。

此外，生成的图像在默认情况下包含整个剪切变换后的图像。修改图像结果的裁剪方式可以令生成的图像在裁剪后只包含一部分剪切变换后的图像。imshear()函数支持的裁剪方式如表 3-11 所示。

表 3-11　imshear()函数支持的裁剪方式

裁剪方式	含　义
loose	生成的图像包含整个剪切变换后的图像
crop	生成的图像只包含剪切变换后的图像的中心部分
wrap	生成的图像保持原有尺寸不变，但不裁剪坐标轴之外的图像部分，而是将这部分图像包裹回图像中

此外，imshear()函数默认采用 loose 裁剪方式。

3.6.14 平移变换函数

调用 imtranslate()函数可以对二维图像通过快速傅里叶插值方式进行平移变换。

imtranslate()函数需要传入 4 个参数调用,第 1 个参数是图像矩阵,第 2 个参数是沿 x 轴方向的平移量,第 3 个参数是沿 y 轴方向的平移量,第 4 个参数是图像结果的裁剪方式。当第 2 个参数是 1 时,图像将沿 x 轴方向平移 1 像素;当第 3 个参数是 −2 时,图像将沿 y 轴方向平移 −2 像素,即沿 y 轴反方向平移 2 像素。

此外,生成的图像在默认情况下包含整个平移变换后的图像。修改图像结果的裁剪方式可以令生成的图像在裁剪后只包含一部分平移变换后的图像。imtranslate()函数支持的裁剪方式如表 3-12 所示。

表 3-12 imtranslate()函数支持的裁剪方式

裁剪方式	含　义
crop	生成的图像只包含平移变换后的图像的中心部分
wrap	生成的图像保持原有尺寸不变,但不裁剪坐标轴之外的图像部分,而是将这部分图像包裹回图像中

此外,imtranslate()函数默认采用 wrap 裁剪方式。

3.7 ImageMagick 的空间变换命令

3.7.1 -resize 参数

在 convert 命令中指定-resize 参数可以缩放图像。

1. 保持宽高比

将三维机器人模型图片 out.gif 缩放到 64×64 大小并生成新的图片 new_out.gif 的命令如下:

```
$ convert out.gif -resize 64x64 new_out.gif
```

此时,如果模型图片的宽高比不等于指定的宽高比 64∶64,则图片不会被拉伸,而只是将长边缩放到 64 像素并将短边按比例缩放,以保持图片原有的宽高比。

2. 将图片拉伸到指定的大小

将三维机器人模型图片 out.gif 缩放到 64×64 大小,拉伸并生成新的图片 new_out.gif 的命令如下:

```
$ convert out.gif -resize 64x64\! new_out.gif
```

此时,如果模型图片的宽高比不等于指定的宽高比 64∶64,则图片会被缩放到 64×64 大小,改变了图片原有的宽高比。

3. 仅缩小大尺寸的图片

将三维机器人模型图片 out.gif 缩放到 64×64 大小，仅缩小大尺寸的图片并生成新的图片 new_out.gif 的命令如下：

```
$ convert out.gif -resize 64x64\> new_out.gif
```

此时，如果模型图片的宽或高大于 64 像素，则图片会被缩放到 64×64 大小，否则不缩放图片。

4. 仅扩大小尺寸的图片

将三维机器人模型图片 out.gif 缩放到 64×64 大小，仅扩大小尺寸的图片并生成新的图片 new_out.gif 的命令如下：

```
$ convert out.gif -resize 64x64\< new_out.gif
```

此时，如果模型图片的宽或高小于 64 像素，则图片会被缩放到 64×64 大小，否则不缩放图片。

5. 填充整像素区域

将三维机器人模型图片 out.gif 缩放到 64×64 大小，填充整像素区域并生成新的图片 new_out.gif 的命令如下：

```
$ convert out.gif -resize 64×64^ new_out.gif
```

此时，如果模型图片的宽高比不等于指定的宽高比 64∶64，则图片不会被拉伸，而只是将短边缩放到 64 像素并将长边按比例缩放，以填充整像素区域。此时允许配合其他参数裁剪掉像素区域之外的像素，而只保留 64×64 像素区域内的像素。

6. 按比例缩放

将三维机器人模型图片 out.gif 缩放 50%并生成新的图片 new_out.gif 的命令如下：

```
$ convert out.gif -resize 50% new_out.gif
```

此时，模型图片的宽度和高度将同时变为 50%并生成新的图片。

7. 限制像素数量

将三维机器人模型图片 out.gif 限制像素数量为 4096 缩放并生成新的图片 new_out.gif 的命令如下：

```
$ convert out.gif -resize 4096@ new_out.gif
```

此时，模型图片将被缩放为至多包含 4096 像素的大小。

8. 在读取图片时缩放

将三维机器人模型图片 out.gif 在读取图片时缩放到 64×64 大小并生成新的图片 new_out.gif 的命令如下：

```
$ convert out.gif '[64x64]' new_out.gif
```

3.7.2 -geometry 参数

在 display 命令中指定-geometry 参数可以控制图像的显示位置和大小。

在 montage 命令中指定-geometry 参数可以作为全局设置，用于控制图块的大小和位置。

1. 控制总图块的大小和位置

将三维机器人模型图片 out.gif 作为图块，从坐标(10,20)处的像素开始放置图块，共放置 3×4 个图块，图块的大小为 50×60，并生成新的图片 new_out.gif 的命令如下：

```
$ montage out.gif -tile 3x4 -geometry 50x60+10+20 new_out.gif
```

此时，模型图片将先缩放为 50×60 的大小，再从坐标(10,20)处的像素开始横向放置 3 次且纵向放置 4 次，最终的图片中含有 12 个图块。

此外，图块的大小允许缺省，此时不会缩放模型图片。将三维机器人模型图片 out.gif 作为图块，从坐标(10,20)处的像素开始放置图块，共放置 3×4 个图块并生成新的图片 new_out.gif 的命令如下：

```
$ montage out.gif -tile 3x4 -geometry 10+20 new_out.gif
```

2. 控制用于覆盖在背景上的图像的大小和位置

在 composite 命令中指定-geometry 参数可以作为全局设置，用于控制覆盖在背景上的图像的大小和位置。

将三维机器人模型图片 out.gif 从坐标(10,20)处的像素开始覆盖在背景上，图像的大小为 50×60，并生成新的图片 new_out.gif 的命令如下：

```
$ composite out.gif -geometry 50x60+10+20 new_out.gif
```

此时，模型图片将先缩放为 50×60 的大小，再从坐标(10,20)处的像素开始覆盖在背景上。

此外，图像的大小允许缺省，此时不会缩放模型图片。将三维机器人模型图片 out.gif 从坐标(10,20)处的像素开始覆盖在背景上，并生成新的图片 new_out.gif 的命令如下：

```
$ composite out.gif -geometry +10+20 new_out.gif
```

3.7.3 -thumbnail 参数

1. 生成缩略图并指定缩略图的大小

在 convert 命令中指定-thumbnail 参数可以生成缩略图并指定缩略图的大小。

将三维机器人模型图片 out.gif 缩放到 64×64 大小并生成缩略图 new_out.gif 的命令如下：

```
$ convert out.gif -thumbnail 64x64 new_out.gif
```

2. 指定缩略图的大小并将原图修改为缩略图

在 mogrify 命令中指定-thumbnail 参数可以指定缩略图的大小并将原图修改为缩略图。

直接将三维机器人模型图片 out.gif 缩放到 64×64 大小的命令如下：

```
$ mogrify -thumbnail 64x64 out.gif
```

注意：mogrify 命令可能损坏原图。

3. 生成缩略图作为图块并控制大小

在 montage 命令中指定-thumbnail 参数可以作为全局设置，用于生成缩略图作为图块并控制图块的大小。

将三维机器人模型图片 out.gif 作为图块，缩放到 64×64 大小并生成缩略图 new_out.gif 的命令如下：

```
$ montage out.gif -tile 3x4 -thumbnail 64x64\> -geometry 64x64\> new_out.gif
```

3.7.4 -sample 参数

在 convert 命令中指定-sample 参数可以指定图片的采样像素。

将三维机器人模型图片 out.gif 的采样像素指定为 64×64 大小并生成缩略图 new_out.gif 的命令如下：

```
$ convert out.gif -sample 64x64 new_out.gif
```

3.7.5 -scale 参数

在 convert 命令中指定-scale 参数相当于指定-resize 参数并使用 box 插值方式。

将三维机器人模型图片 out.gif 指定-scale 参数缩放到 64×64 大小并生成缩略图 new_out.gif 的命令如下：

```
$ convert out.gif -scale 64x64 new_out.gif
$ convert out.gif -scale 50% new_out.gif
```

3.7.6 -filter 参数

在 convert 命令中指定-filter 参数可以指定图片的滤波器。

将三维机器人模型图片 out.gif 指定 box 滤波器缩放到 64×64 大小并生成缩略图 new_out.gif 的命令如下：

```
$ convert out.gif -filter box -resize 64x64 new_out.gif
```

ImageMagick 支持 box、hermite、triangle、gaussian、quadratic、spline、lanczos、hamming、blackman、lagrange、catrom 和 mitchell 滤波器用于插值。

3.7.7 -magnify 参数

在 convert 命令中指定-magnify 参数可以使图像的长度和宽度扩大为原来的 2 倍。

将三维机器人模型图片 out.gif 扩大为原来的 8 倍并生成缩略图 new_out.gif 的命令如下：

```
$ convert out.gif -magnify -magnify -magnify new_out.gif
```

3.7.8 -adaptive-resize 参数

在 convert 命令中指定-adaptive-resize 参数相当于一种特别的-resize 参数，但会得到锐度更高的图片。

将三维机器人模型图片 out.gif 指定-adaptive-resize 参数缩放到 64×64 大小并生成缩略图 new_out.gif 的命令如下：

```
$ convert out.gif -adaptive-resize 64x64 new_out.gif
```

3.7.9 -interpolate 参数

在 convert 命令中指定-interpolate 参数可以指定图片的插值方式。

将红色像素、蓝色像素、黄色像素和青色像素指定最近邻插值方式并生成缩略图 new_out.gif 的命令如下：

```
$ convert \( xc:red xc:blue +append \) \
\( xc:yellow xc:cyan +append \) -append \
          -bordercolor black -border 1 \
          -filter point -interpolate nearest new_out.gif
```

ImageMagick 支持 average、average4、average9、average16、background、bilinear、blend、catrom、integer、mesh、nearest-neighbor 和 spline 插值方式。

3.7.10 -interpolative-resize 参数

在 convert 命令中指定-interpolative-resize 参数相当于一种特别的-adaptive-resize 参数，但允许额外指定插值方式。

将三维机器人模型图片 out.gif 指定-interpolative-resize 参数缩放到 64×64 大小并生成缩略图 new_out.gif 的命令如下：

```
$ convert out.gif -interpolative-resize 64x64 new_out.gif
```

3.7.11 -distort 参数

1. SRT 扭曲

在 convert 命令中指定-distort 参数可以扭曲图片。

ImageMagick 将平移、旋转和缩放简称为 SRT，因此在进行平移、旋转和缩放扭曲时需要在-distort 参数后加上 SRT 作为值的一部分。将图片原样输出的命令如下：

```
$ convert out.gif -distort SRT 0 new_out.gif
```

其中的 0 属于一种 SRT 参数。SRT 参数由 4 部分组成，最多含有 7 个值，部分用法如表 3-13 所示。

表 3-13　SRT 参数的部分用法

第一部分	第二部分	第三部分	第四部分	含　义
—	—	Angle	—	绕中心旋转
—	Scale	Angle	—	绕中心旋转并缩放
X,Y	—	Angle	—	绕点(X,Y)旋转
X,Y	Scale	Angle	—	绕点(X,Y)旋转并缩放
X,Y	ScaleX,ScaleY	Angle	—	绕点(X,Y)旋转并缩放，并且分别指定 x 轴方向和 y 轴方向的缩放分量
X,Y	Scale	Angle	NewX,NewY	绕点(X,Y)旋转并缩放，并将点(X,Y)平移到(NewX,NewY)
X,Y	ScaleX,ScaleY	Angle	NewX,NewY	绕点(X,Y)旋转并缩放，并且分别指定 x 轴方向和 y 轴方向的缩放分量，并将点(X,Y)平移到(NewX,NewY)

可以将 SRT 变换按 SRT 参数的顺序理解为先缩放，再旋转，最后平移。

如果 SRT 参数只含有一个值，则这个值是旋转角度。将图片旋转－90°的命令如下：

```
$ convert out.gif -distort SRT -90 new_out.gif
```

如果 SRT 参数只含有两个值，则第 1 个值是缩放倍数且第 2 个值是旋转角度。将图片缩放为 0.9 倍并旋转－90°的命令如下：

```
$ convert out.gif -distort SRT '0.9, -90' new_out.gif
```

2. 仿射扭曲

在进行仿射扭曲时需要在-distort 参数后加上 Affine 作为值的一部分。将图片中的点(10,20)变换到(30,40)的命令如下：

```
$ convert out.gif -distort Affine '10,20 30,40' new_out.gif
```

3. 仿射＋投影扭曲

在进行仿射＋投影扭曲时需要在-distort 参数后加上 AffineProjection 作为值的一部分。将图片中的点(10,20)变换到(30,40)，将点(50,60)变换到(70,80)，将点(90,100)变换到(110,120)的命令如下：

```
$ convert out.gif -distort AffineProjection '10,20 30,40 50,60 70,80 90,100 110,
120' new_out.gif
```

4. 缩放扭曲

在进行缩放扭曲时需要在-distort 参数后加上 Resize 作为值的一部分，类似于-resize 参数，但处理时间较长且缩放效果更好。将图片缩放扭曲至 2 倍的命令如下：

```
$ convert out.gif -distort Resize 200x new_out.gif
```

5. 四点投影扭曲

在进行四点投影扭曲时需要在-distort 参数后加上 Perspective 作为值的一部分。将图片中的点(10,20)变换到(11,21)，将点(10,70)变换到(11,71)，将点(30,40)变换到(31,41)且将点(50,60)变换到(51,61)的命令如下：

```
$ convert out.gif -matte -virtual-pixel transparent -distort Perspective '10,
20 11,21 10,70 11,71 30,40 31,41 50,60 51,61' new_out.gif
```

6. 透视＋投影扭曲

在进行透视＋投影扭曲时需要在-distort 参数后加上 Perspective-Projection 作为值的一部分。前 6 个值的含义和仿射＋投影扭曲相同，第 7 个值是 x 轴方向的缩放分量，第 8 个值是 y 轴方向的缩放分量。将参数指定为 1、2、3、4、5、6、7 和 8 并进行透视＋投影扭曲的命令如下：

```
$ convert out.gif -distort Perspective-Projection '1, 2, 3, 4, 5, 6, 7, 8' new_
out.gif
```

7. 双线性采样的四点投影扭曲

在使用双线性采样的四点投影扭曲时需要在-distort 参数后加上 BilinearForward 作为值的一部分。将图片中的点(10,20)变换到(11,21)，将点(10,70)变换到(11,71)，将点(30,40)变换到(31,41)且将点(50,60)变换到(51,61)并使用双线性采样的命令如下：

```
$ convert out.gif -matte -virtual-pixel transparent -distort BilinearForward
'10,20 11,21 10,70 11,71 30,40 31,41 50,60 51,61' new_out.gif
```

8. 反向双线性采样的四点投影扭曲

在使用反向双线性采样的四点投影扭曲时需要在-distort 参数后加上 BilinearReverse 作为值的一部分。将图片中的点(10,20)变换到(11,21)，将点(10,70)变换到(11,71)，将点(30,40)变换到(31,41)且将点(50,60)变换到(51,61)并使用反向双线性采样的命令如下：

```
$ convert out.gif -matte -virtual-pixel transparent -distort BilinearReverse
'10,20 11,21 10,70 11,71 30,40 31,41 50,60 51,61' new_out.gif
```

9. 多项式采样的投影扭曲

在使用多项式采样的投影扭曲时需要在-distort 参数后加上 Polynomial 作为值的一部分。Polynomial 参数由 Order、X_1、Y_1、I_1、J_1、X_2、Y_2、I_2 和 J_2 等组成，其中 Order 代表多项式分解的顺序，$X_1,Y_1,X_2,Y_2,\cdots$代表坐标按多项式分解的自变量且 $I_1,J_1,I_2,J_2,\cdots$代表对应自变量的系数。将参数指定为 1、2、3、4、5、6、7、8、9、10、11、12、13、14、15、16、17 并使用多项式采样的命令如下：

```
$ convert out.gif -matte -virtual-pixel transparent -distort Polynomial '1 2,3 4,5 6,7 8,9 10,11 12,13 14,15 16,17' new_out.gif
```

此外,如果 Order 的取值为 1.5,则使用多项式采样的投影扭曲将等效于使用反向双线性采样的四点投影扭曲。

此外,如果 Order 的取值为 2,则至少需要提供 6 对坐标;如果 Order 的取值为 3,则至少需要提供 10 对坐标;如果 Order 的取值为 4,则至少需要提供 15 对坐标。

10. 弧形扭曲

在进行弧形扭曲时需要在-distort 参数后加上 Arc 作为值的一部分,此时一个矩形的图像将扭曲为一个扇形的图像,类似于从圆环上沿圆环的半径切下一部分。将弧角指定为60°并将图片进行弧形扭曲的命令如下:

```
$ convert out.gif -virtual-pixel transparent -distort Arc 60 new_out.gif
```

11. 弧形+旋转扭曲

将弧角指定为 60°、对图片进行弧形扭曲并旋转 90°的命令如下:

```
$ convert out.gif -virtual-pixel transparent -distort Arc '60,90' new_out.gif
```

12. 360°全景图片扭曲

在弧形扭曲时,如果将弧角指定为 360°,则图片将变为 360°全景图片。将图片变为360°全景图片的命令如下:

```
$ convert out.gif -virtual-pixel transparent -distort Arc 360 new_out.gif
```

13. 圆环形扭曲

在弧形扭曲时,如果将弧角指定为 360°并增加图片背景,则图片将变为圆环形。将图片变为圆环形的命令如下:

```
$ convert out.gif -virtual-pixel Background -background SkyBlue -distort Arc 360 new_out.gif
```

14. 使用放射状的图块填满图片扭曲

在弧形扭曲时,如果将弧角指定为 360°并指定图块,则图片将使用放射状的图块填满图片。将图片使用图块填满圆环的命令如下:

```
$ convert out.gif -virtual-pixel Tile -background SkyBlue -distort Arc 360 new_out.gif
```

15. 指定圆环的半径的弧形扭曲

弧形扭曲也支持指定圆环的大圆半径。将弧角指定为 60°、将大圆半径指定为 70、对图片进行弧形扭曲并旋转 90°的命令如下:

```
$ convert out.gif -virtual-pixel transparent -distort Arc '60,90,70' new_out.gif
```

弧形扭曲也支持指定圆环的小圆半径。将弧角指定为 60°、将大圆半径指定为 70、将小圆半径指定为10、对图片进行弧形扭曲并旋转90°的命令如下：

```
$ convert out.gif -virtual-pixel transparent -distort Arc '60,90,70,10' new_
out.gif
```

16. 极坐标扭曲

在进行极坐标扭曲时需要在-distort参数后加上Polar作为值的一部分，此时一个矩形的图像将映射到极坐标上。对图片进行极坐标扭曲的命令如下：

```
$ convert out.gif -virtual-pixel transparent -distort Polar 0 new_out.gif
```

此外，增大Polar参数可以增大图像的可视范围。将Polar参数指定为80并对图片进行极坐标扭曲的命令如下：

```
$ convert out.gif -virtual-pixel transparent -distort Polar 80 +repage new_
out.gif
```

17. 反向极坐标扭曲

在进行反向极坐标扭曲变换时需要在-distort参数后加上DePolar作为值的一部分，此时一个极坐标上的图像将被映射为矩形的图像。对图片进行反向极坐标扭曲的命令如下：

```
$ convert out.gif -virtual-pixel transparent -distort DePolar 0 new_out.gif
```

18. 桶形扭曲

在进行桶形扭曲时需要在-distort参数后加上Barrel作为值的一部分。Barrel参数和图片的EXIF参数有关，因此建议在修正图像前先读取图片的EXIF信息。

EXIF参数可能包含的信息如表3-14所示。

表3-14 EXIF参数可能包含的信息

信　息	含　义	备　注
ImageDescription	图像描述、来源	指生成图像的工具
Artist	作者	有些相机可以输入使用者的名字
Make	生产者	指产品生产厂家
Model	型号	指设备型号
Orientation	方向	有的相机支持，有的相机不支持
XResolution/YResolution	X/Y方向分辨率	—
ResolutionUnit	分辨率单位	一般为PPI
Software	软件	显示固件Firmware版本
Date	Time	日期和时间
YCbCrPositioning	色相定位	—
ExifOffset	EXIF信息位置	定义EXIF在信息文件中的写入；有些软件不显示

续表

信　息	含　义	备　注
ExposureTime	曝光时间	即快门速度
F	光圈系数	—
ExposureProgram	曝光程序	指程序式自动曝光的设置； 各相机不同，可能是 ShutterPriority（快门优先，TV）、AperturePriority（光圈优先，AV）等
ISOSpeedRatings	感光度	—
ExifVersion	EXIF 版本	—
DateTimeOriginal	创建时间	—
DateTimeDigitized	数字化时间	—
ComponentsConfiguration	图像构造	多指色彩组合方案
CompressedBitsPerPixel（BPP）	压缩时每个像素的色彩位	指压缩程度
ExposureBiasValue	曝光补偿	—
MaxApertureValue	最大光圈	—
MeteringMode	测光方式	常见平均式测光、中央重点测光、点测光等
LightSource	光源	指白平衡设置
Flash	是否使用闪光灯	—
FocalLength	焦距	一般显示镜头物理焦距； 有些软件可以定义一个系数，从而显示相当于 35mm 相机的焦距
MakerNote（UserComment）	作者标记、说明、记录	—
FlashPixVersion	FlashPix 版本	仅个别机型支持
ColorSpace	色域、色彩空间	—
ExifImageWidth（PixelXDimension）	图像宽度	指横向像素数
ExifImageLength（PixelYDimension）	图像高度	指纵向像素数
InteroperabilityIFD	通用性扩展项定义指针	和 TIFF 文件相关，具体含义不详
FileSource	源文件	—
Compression	压缩比	—

通过 identify 命令可以导出图像的 EXIF 信息，代码如下：

```
$ identify -format "%[EXIF:*]" image_rainy_ground_tile.jpg |\
  sed 's/\(.\{46\}\).*/\1/' | column -c 110
```

一种导出的 EXIF 信息的结果如下：

```
exif:ColorSpace = 1
exif:MakerNote = SONY MOBILE.... ..........$ ..`
exif:ComponentsConfiguration = ....
exif:MeteringMode = 5
exif:CustomRendered = 0
exif:Model = XQ-AT72
exif:DateTime = 2022:10:31 11:32:59
exif:OffsetTime = +08:00
exif:DateTimeDigitized = 2022:10:31 11:32:59
exif:OffsetTimeDigitized = +08:00
exif:DateTimeOriginal = 2022:10:31 11:32:59
exif:OffsetTimeOriginal = +08:00
exif:DigitalZoomRatio = 100/100
exif:Orientation = 1
exif:ExifOffset = 214
exif:PhotographicSensitivity = 64
exif:ExifVersion = 0231
exif:PixelXDimension = 4032
exif:ExposureBiasValue = 0/3
exif:PixelYDimension = 3024
exif:ExposureMode = 0
exif:ResolutionUnit = 2
exif:ExposureTime = 10/5000
exif:SceneCaptureType = 0
exif:Flash = 16
exif:ShutterSpeedValue = 896/100
exif:FlashPixVersion = 0100
exif:Software = 58.2.A.10.44_0_0
exif:FNumber = 17/10
exif:SubjectDistanceRange = 0
exif:FocalLength = 511/100
exif:SubSecTime = 079826
exif:GPSAltitude = 0/0
exif:SubSecTimeDigitized = 079826
exif:GPSAltitudeRef = .
exif:SubSecTimeOriginal = 079826
exif:GPSDateStamp =
exif:thumbnail:Compression = 6
exif:GPSInfo = 35898
exif:thumbnail:InteroperabilityIndex = R98
exif:GPSLatitude = 0/0, 0/0, 0/0
exif:thumbnail:InteroperabilityVersion = 0100
exif:GPSLatitudeRef =
exif:thumbnail:JPEGInterchangeFormat = 36266
exif:GPSLongitude = 0/0, 0/0, 0/0
exif:thumbnail:JPEGInterchangeFormatLength = 893
```

```
exif:GPSLongitudeRef =
exif:thumbnail:Orientation = 1
exif:GPSMapDatum =
exif:thumbnail:ResolutionUnit = 2
exif:GPSProcessingMethod = ...........
exif:thumbnail:XResolution = 72/1
exif:GPSStatus =
exif:thumbnail:YResolution = 72/1
exif:GPSTimeStamp = 0/0, 0/0, 0/0
exif:WhiteBalance = 0
exif:GPSVersionID = ....
exif:XResolution = 72/1
exif:InteroperabilityOffset = 35868
exif:YCbCrPositioning = 1
exif:LightSource = 0
exif:YResolution = 72/1
exif:Make = Sony
```

Barrel 参数由 A、B、C 和 D 组成，这 4 个值满足 $R_{src}=r\times(A\times r^3+B\times r^2+C\times r+D)$的关系，其中 r 代表目标像素的桶形扭曲半径且 R_{src}代表源图像中的像素。如果只指定 3 个参数，则这 3 个参数是 A、B 和 C 且此时 D 默认为 1.0；如果额外指定两个参数，则这两个参数是桶形扭曲的中心坐标。对图片进行桶形扭曲的命令如下：

```
$ convert out.gif -virtual-pixel transparent -distort Barrel "0.2 0.0 0.0 1.0"
new_out.gif
```

19. 桶形扭曲的逆变换

如果 Barrel 参数的 A、B 和 C 分量取负，则将进行桶形扭曲的逆变换。将图片进行桶形扭曲的命令如下：

```
$ convert out.gif -virtual-pixel transparent -distort Barrel "-0.2 0.0 0.0 1.0"
new_out.gif
```

此外，还可以指定两套 Barrel 参数实现沿 x 轴方向和 y 轴方向不同的桶形扭曲效果。对图片进行沿 x 轴方向和 y 轴方向不同的桶形扭曲的命令如下：

```
$ convert out.gif -virtual-pixel transparent -distort Barrel "0.2 0.0 0.0 1.0
-0.2 0.0 0.0 1.5" new_out.gif
```

20. 反向桶形扭曲

在进行反向桶形扭曲时需要在-distort 参数后加上 BarrelInverse 作为值的一部分，BarrelInverse 参数由 A、B、C 和 D 组成，这 4 个值满足 $R_{src}=r/(A\times r^3+B\times r^2+C\times r+D)$的关系。

注意：使用同一套参数进行反向桶形扭曲和桶形扭曲的逆变换会得到不同的结果。

对图片进行反向桶形扭曲的命令如下：

```
$ convert out.gif -virtual-pixel transparent -distort BarrelInverse "0.2 0.0 0.0
1.0" new_out.gif
```

21. 从柱面向平面扭曲

在进行从柱面向平面扭曲时需要在-distort 参数后加上 Cylinder2Plane 作为值的一部分。对占据柱面 180°的图片进行从柱面向平面扭曲的命令如下：

```
$ convert out.gif -virtual-pixel transparent -distort Cylinder2Plane 180 new_
out.gif
```

22. 从平面向柱面扭曲

在进行从平面向柱面扭曲时需要在-distort 参数后加上 Plane2Cylinder 作为值的一部分。对平面图片进行从平面向柱面扭曲，变换为占据柱面 180°的图片的命令如下：

```
$ convert out.gif -virtual-pixel transparent -distort Plane2Cylinder 180 new_
out.gif
```

23. Shepard's 扭曲

在进行 Shepard's 扭曲时需要在-distort 参数后加上 Shepards 作为值的一部分。Shepard's 扭曲将使用给定控制点的移动来扭曲图像的"局部"效果，可以把它想象成一个代表源图像的太妃糖块，把大头针插进去，然后大头针四处移动。

注意： 虽然 Shepard's Distortion 应该被翻译为 Shepard 扭曲，但笔者为了避免 Shepard 扭曲和 Shepards 参数（后者多了一个 s）的歧义，也出于对业界的叫法（"Shepard '兹'扭曲"）的尊重，所以将其翻译为 Shepard's 扭曲。

如果只指定一个控制点，则 Shepard's 扭曲等效于仿射扭曲。对平面图片只指定一个控制点(1,2) 进行 Shepard's 扭曲变换到(3,4)的命令如下：

```
$ convert out.gif -virtual-pixel transparent -distort Shepards '1,2 3,4' new_
out.gif
```

对平面图片指定两个控制点(1,2)和(5,6)进行 Shepard's 扭曲到(3,4)和(7,8)的命令如下：

```
$ convert out.gif -virtual-pixel transparent -distort Shepards '1,2 3,4 5,6 7,8'
new_out.gif
```

3.7.12 +distort 参数

在 convert 命令中指定+distort 参数也可以扭曲图片。

1. 增强的 SRT 扭曲

+distort 参数支持 SRT 扭曲。相比于-distort 参数而言，+distort 参数会保持最终的图像和偏移量在虚拟画布上不变。将图片缩放为0.9倍且将图片旋转-90°的命令如下：

```
$ convert out.gif +distort SRT '0.9, -90' new_out.gif
```

2. 增强的仿射+投影扭曲

+distort参数支持仿射+投影扭曲。相比于-distort参数而言，+distort参数相当于-affine参数和-transform或-draw参数连用。随着ImageMagick软件版本的演进，+distort参数相比于-affine参数和-transform或-draw参数连用更为常用。将图片中的点(10,20)变换到(30,40)，将点(50,60)变换到(70,80)且将点(90,100)变换到(110,120)的命令如下：

```
$ convert out.gif +distort AffineProjection '10,20 30,40 50,60 70,80 90,100 110,
120' new_out.gif
```

3. 增强的反向极坐标扭曲

+distort参数支持反向极坐标扭曲。相比于-distort参数而言，+distort参数会在保持Radius_Max不变的情况下将宽度设置为Radius_Max和Radius_Min之间的值。这种方式可以更好地保存矩形图像的长宽比，但矩形图像会比预期长度更大且会比预期宽度更小。对图片进行反向极坐标扭曲的命令如下：

```
$ convert out.gif -virtual-pixel transparent +distort DePolar 0 new_out.gif
```

3.8 通过GUI控制模型的位姿

当模型的图片已经确定后，可以进一步通过GUI控制放置模型的位姿。在使用ImageMagick合成模型的图片和背景的图片时，合成命令可以指定某些参数控制部分位姿的参数。可以在合成命令中指定模型图片的起始位置和大小，从而实现不同的合成效果。

3.8.1 控制模型的位姿应用原型设计

控制模型的位姿应用不仅允许用户放置模型应用中的所有操作，还允许用户自主调节位姿参数。设计选择模型和背景界面，以及修改位姿界面，并将选择模型和背景界面作为控制模型的位姿应用的主界面，此界面允许用户选择模型和背景并预览放置后的效果。

在选择模型和背景界面上应该包含以下元素：

(1) 输出预览画面的区域。

(2) 提示当前模型、当前背景和当前保存文件夹的区域。

(3) 修改当前模型、当前背景和当前保存文件夹的按钮。

(4) 用于更新预览效果的按钮。

(5) 用于切换到修改位姿界面的按钮。

(6) 操作日志区域。

根据以上元素绘制选择模型和背景界面的原型设计图，如图 3-1 所示。

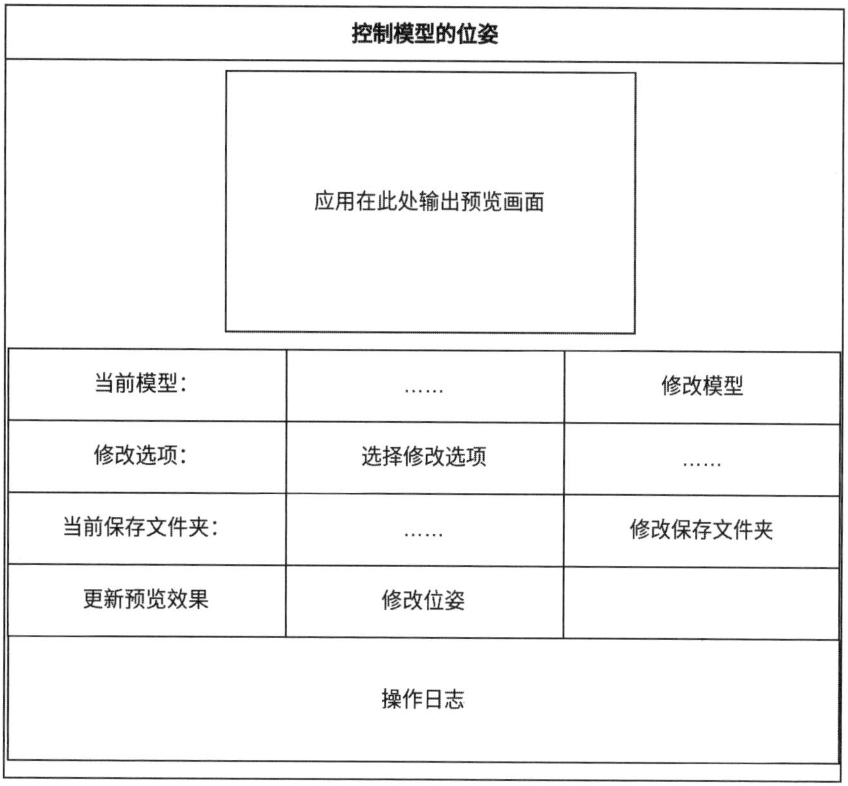

控制模型的位姿		
	应用在此处输出预览画面	
当前模型：	……	修改模型
修改选项：	选择修改选项	……
当前保存文件夹：	……	修改保存文件夹
更新预览效果	修改位姿	
操作日志		

图 3-1　选择模型和背景界面的原型设计图

修改位姿界面允许用户修改位姿参数并保存预览图片。在修改位姿界面上应该包含以下元素：

(1) 输出预览画面的区域。

(2) 提示模型的起始位置和模型大小的区域。

(3) 输入模型的起始位置和模型大小的输入框。

(4) 用于保存当前预览效果的按钮。

(5) 用于选择图片预览和保存格式的下拉菜单。

(6) 操作日志区域。

(7) 返回按钮。

根据以上元素绘制修改位姿界面的原型设计图，如图 3-2 所示。

3.8.2 控制模型的位姿应用视图代码设计

选择模型和背景界面的默认效果如图 3-3 所示。

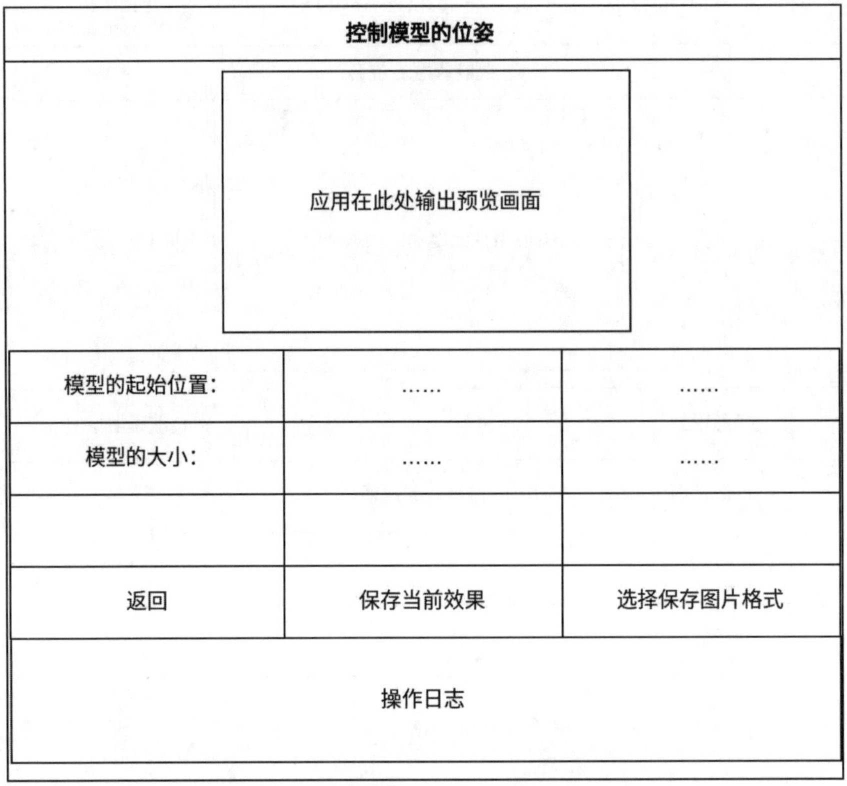

控制模型的位姿

应用在此处输出预览画面

模型的起始位置：	……	……
模型的大小：	……	……
返回	保存当前效果	选择保存图片格式

操作日志

图 3-2 位姿界面的原型设计图

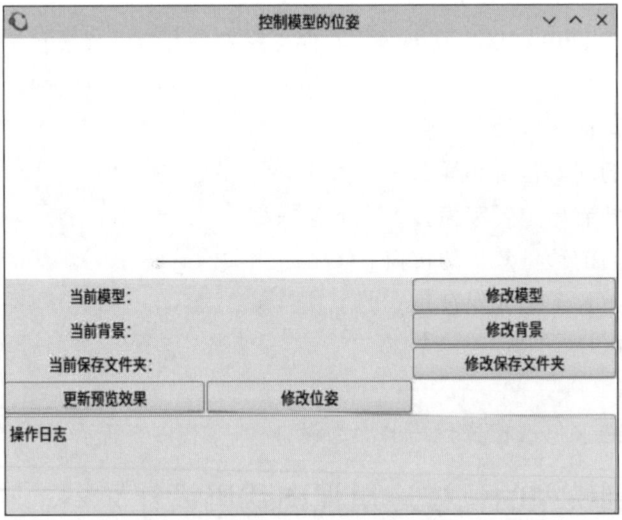

控制模型的位姿

当前模型：

修改模型

当前背景：

修改背景

当前保存文件夹：

修改保存文件夹

更新预览效果

修改位姿

操作日志

图 3-3 选择模型和背景界面的默认效果

在选择模型和背景界面上单击"修改位姿"按钮即可切换到修改位姿界面。修改位姿界面的默认效果如图 3-4 所示。

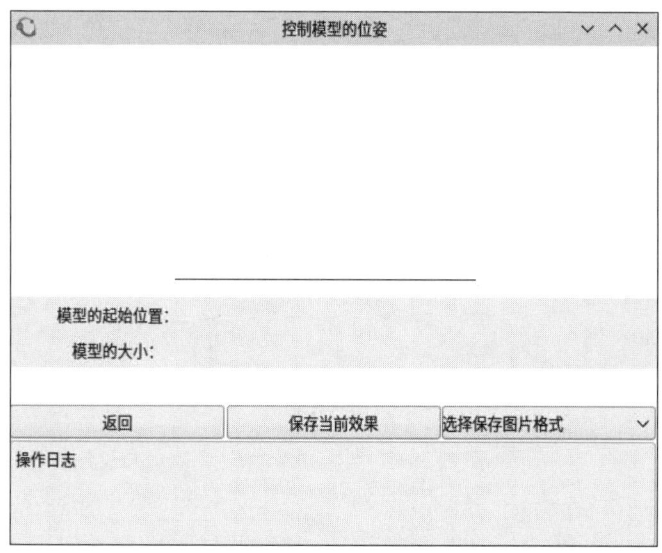

图 3-4　修改位姿界面的默认效果

在修改位姿界面上单击"返回"按钮即可切换回选择模型和背景界面。

编写控制模型的位姿应用的视图类,代码如下:

```
#!/usr/bin/octave
#第 3 章/@ModifyPositionAndOrientation/ModifyPositionAndOrientation.m

function ret = ModifyPositionAndOrientation()
##-*- texinfo -*-
##@deftypefn {} {} ModifyPositionAndOrientation (@var{})
##控制模型的位姿应用主类
##@example
##param: -
##
##return: ret
##@end example
##
##@end deftypefn
    global logger;
    global field;
    field = ModifyPositionAndOrientationAttributes;

    toolbox = Toolbox;
    window_width = get_window_width(toolbox);
```

```
    window_height = get_window_height(toolbox);
    callback = ModifyPositionAndOrientationCallbacks;
    SAVE_IMAGE_FORMAT_CELL = get_save_image_format_cell(field);
    key_height = field.key_height;
    key_width = window_width / 3;
    log_inputfield_height = key_height * 3;
    show_object_area_width = field.show_object_area_width;
    show_object_area_height = field.show_object_area_height;
    margin = 0;
    margin_x = 0;
    margin_y = 0;
    x_coordinate = 0;
    y_coordinate = 0;
    width = key_width;
    height = window_height - key_height;
    title_name = '控制模型的位姿';

    f = figure();
    ##基础图形句柄 f
    white_background = imread('./white_background.png');
    img_data = im2double(white_background);
    set_handle('current_name', title_name);

    % set(f, 'closerequestfcn', {@callback_close_edit_window, callback})
    set(f, 'numbertitle', 'off');
    set(f, 'toolbar', 'none');
    set(f, 'menubar', 'none');
    set(f, 'name', title_name);

    ax = axes(f, 'position', [(1 - show_object_area_width) / 2, 0.5 + (0.5 - show_
object_area_height) / 2, show_object_area_width, show_object_area_height]);
    img = image(ax, 'cdata', img_data);
    ##背景图像 img
    set(ax, 'xdir', 'normal')
    set(ax, 'ydir', 'reverse')
    set(ax, 'visible', 'off')
    log_inputfield = uicontrol('visible', 'on', 'style', 'edit', 'min', 0, 'max',
4, 'string', {'操作日志'}, "position", [0, 0, window_width, log_inputfield_
height]);
    update_preview_effect_button = uicontrol('visible', 'on', 'style',
'pushbutton', 'string', '更新预览效果', "position", [0, log_inputfield_height,
key_width, key_height]);
    return_choose_model_and_background_button = uicontrol('visible', 'off',
'style', 'pushbutton', 'string', '返回', "position", [0, log_inputfield_height,
key_width, key_height]);
```

```
    save_model_button = uicontrol('visible', 'off', 'style', 'pushbutton',
'string', '保存当前效果', "position", [key_width, log_inputfield_height, key_
width, key_height]);
    save_model_extension_popup_menu = uicontrol('visible', 'off', 'style',
'popupmenu', 'string', SAVE_IMAGE_FORMAT_CELL, "position", [key_width * 2, log_
inputfield_height, key_width, key_height]);
    change_position_and_orientation_button = uicontrol('visible', 'on', },
'pushbutton', 'string', '修改位姿', "position", [key_width, log_inputfield_
height, key_width, key_height]);
    current_save_folder_hint = uicontrol('visible', 'on', 'style', 'text',
'string', '当前保存文件夹: ', "position", [0, log_inputfield_height + key_height,
key_width, key_height]);
    current_save_folder_text = uicontrol('visible', 'on', 'style', 'edit',
'string', '', "position", [key_width, log_inputfield_height + key_height, key_
width, key_height]);
    set_save_folder_button = uicontrol('visible', 'on', 'style', 'pushbutton',
'string', '修改保存文件夹', "position", [key_width * 2, log_inputfield_height +
key_height, key_width, key_height]);
    current_background_hint = uicontrol('visible', 'on', 'style', 'text',
'string', '当前背景: ', "position", [0, log_inputfield_height + key_height * 2,
key_width, key_height]);
    current_background_text = uicontrol('visible', 'on', 'style', 'edit',
'string', '', "position", [key_width, log_inputfield_height + key_height * 2,
key_width, key_height]);
    set_background_button = uicontrol('visible', 'on', 'style', 'pushbutton',
'string', '修改背景', "position", [key_width * 2, log_inputfield_height + key_
height * 2, key_width, key_height]);
    current_model_hint = uicontrol('visible', 'on', 'style', 'text', 'string',
'当前模型: ', "position", [0, log_inputfield_height + key_height * 3, key_width,
key_height]);
    current_model_text = uicontrol('visible', 'on', 'style', 'edit', 'string',
'', "position", [key_width, log_inputfield_height + key_height * 3, key_width,
key_height]);
    set_model_button = uicontrol('visible', 'on', 'style', 'pushbutton',
'string', '修改模型', "position", [key_width * 2, log_inputfield_height + key_
height * 3, key_width, key_height]);
    model_size_hint = uicontrol('visible', 'off', 'style', 'text', 'string', '模
型的大小: ', "position", [0, log_inputfield_height + key_height * 2, key_width,
key_height]);
    model_size_x_inputfield = uicontrol('visible', 'off', 'style', 'edit',
'string', '', "position", [key_width, log_inputfield_height + key_height * 2,
key_width, key_height]);
    model_size_y_inputfield = uicontrol('visible', 'off', 'style', 'edit',
'string', '', "position", [key_width * 2, log_inputfield_height + key_height *
2, key_width, key_height]);
```

```
    model_start_position_hint = uicontrol('visible', 'off', 'style', 'text', 
'string', '模型的起始位置: ', "position", [0, log_inputfield_height + key_height 
* 3, key_width, key_height]);
    model_start_position_x_inputfield = uicontrol('visible', 'off', 'style', 
'edit', 'string', '', "position", [key_width, log_inputfield_height + key_
height * 3, key_width, key_height]);
    model_start_position_y_inputfield = uicontrol('visible', 'off', 'style', 
'edit', 'string', '', "position", [key_width * 2, log_inputfield_height + key_
height * 3, key_width, key_height]);

    set(set_save_folder_button, 'callback', {@callback_set_save_folder, 
callback});
    set(set_background_button, 'callback', {@callback_set_background, 
callback});
    set(set_model_button, 'callback', {@callback_set_model, callback});
    set(update_preview_effect_button, 'callback', {@callback_update_preview_
effect, callback});
    set(save_model_button, 'callback', {@callback_save_model, callback});
    set(change_position_and_orientation_button, 'callback', {@callback_change
_to_change_position_and_orientation_page, callback});
    set(return_choose_model_and_background_button, 'callback', {@callback_
choose_model_and_background_page, callback});

    set_handle('current_figure', f);
    set_handle('ax', ax);
    set_handle('img', img);
    set_handle('update_preview_effect_button', update_preview_effect_button);
    set_handle('return_choose_model_and_background_button', return_choose_
model_and_background_button);
    set_handle('save_model_button', save_model_button);
    set_handle('current_background_hint', current_background_hint);
    set_handle('current_background_text', current_background_text);
    set_handle('set_background_button', set_background_button);
    set_handle('current_save_folder_hint', current_save_folder_hint);
    set_handle('current_save_folder_text', current_save_folder_text);
    set_handle('set_save_folder_button', set_save_folder_button);
    set_handle('current_model_hint', current_model_hint);
    set_handle('current_model_text', current_model_text);
    set_handle('set_model_button', set_model_button);
    set_handle('save_model_extension_popup_menu', save_model_extension_popup_
menu);
    set_handle('change_position_and_orientation_button', change_position_and_
orientation_button);
```

```
    set_handle('model_size_hint', model_size_hint);
    set_handle('model_size_x_inputfield', model_size_x_inputfield);
    set_handle('model_size_y_inputfield', model_size_y_inputfield);
    set_handle('model_start_position_hint', model_start_position_hint);
    set_handle('model_start_position_x_inputfield', model_start_position_x_
inputfield);
    set_handle('model_start_position_y_inputfield', model_start_position_y_
inputfield);

    % logger = Logger('log_inputfield', true);
    logger = Logger('log_inputfield');
    init(logger, log_inputfield);

endfunction
```

3.8.3 控制模型的位姿应用回调函数代码设计

控制模型的位姿应用根据 GUI 控件需要设计回调函数，回调函数适用的场景如下：

(1) 当用户单击“修改位姿”按钮时，需要回调函数将选择模型和背景界面切换到修改位姿界面。

(2) 当用户单击“返回”按钮时，需要回调函数将修改位姿界面切换到选择模型和背景界面。

控制模型的位姿应用中的其他回调函数和放置模型应用中的回调函数类似，不再展示。

将选择模型和背景界面切换到修改位姿界面的回调函数的代码如下：

```
#!/usr/bin/octave
#第 3 章/@ModifyPositionAndOrientationCallbacks/callback_change_to_change_
position_and_orientation_page.m

function callback_change_to_change_position_and_orientation_page(h, ~, this)
    ##-*- texinfo -*-
    ##@deftypefn {} {} callback_change_to_change_position_and_orientation_page
(@var{h}, @var{~}, @var{this})
    ##将当前界面改为修改位姿界面
    ##
    ##@example
    ##param: h, ~, this
    ##
    ##return: -
    ##@end example
    ##
    ##@end deftypefn
    global logger;
```

```
    global field;

    update_preview_effect_button = get_handle('update_preview_effect_button');
    return_choose_model_and_background_button = get_handle('return_choose_
model_and_background_button');
    save_model_button = get_handle('save_model_button');
    save_model_extension_popup_menu = get_handle('save_model_extension_popup_
menu');
    change_position_and_orientation_button = get_handle('change_position_and_
orientation_button');
    current_save_folder_hint = get_handle('current_save_folder_hint');
    current_save_folder_text = get_handle('current_save_folder_text');
    set_save_folder_button = get_handle('set_save_folder_button');
    current_background_hint = get_handle('current_background_hint');
    current_background_text = get_handle('current_background_text');
    set_background_button = get_handle('set_background_button');
    current_model_hint = get_handle('current_model_hint');
    current_model_text = get_handle('current_model_text');
    set_model_button = get_handle('set_model_button');
    model_size_hint = get_handle('model_size_hint');
    model_size_x_inputfield = get_handle('model_size_x_inputfield');
    model_size_y_inputfield = get_handle('model_size_y_inputfield');
    model_start_position_hint = get_handle('model_start_position_hint');
    model_start_position_x_inputfield = get_handle('model_start_position_x_
inputfield');
    model_start_position_y_inputfield = get_handle('model_start_position_y_
inputfield');

    hide_all(h, [], this);
    set(return_choose_model_and_background_button, 'visible', 'on');
    set(save_model_button, 'visible', 'on');
    set(save_model_extension_popup_menu, 'visible', 'on');
    set(model_size_hint, 'visible', 'on');
    set(model_size_x_inputfield, 'visible', 'on');
    set(model_size_y_inputfield, 'visible', 'on');
    set(model_start_position_hint, 'visible', 'on');
    set(model_start_position_x_inputfield, 'visible', 'on');
    set(model_start_position_y_inputfield, 'visible', 'on');

endfunction
```

将修改位姿界面切换到选择模型和背景界面的回调函数的代码如下：

```
#!/usr/bin/octave
#第 3 章/@ModifyPositionAndOrientationCallbacks/callback_choose_model_and_
background_page.m

function callback_choose_model_and_background_page(h, ~, this)
    ##-*- texinfo -*-
    ##@deftypefn {} {} callback_choose_model_and_background_page(@var{h}, @var
{~}, @var{this})
    ##将当前界面改为选择模型和背景界面
    ##
    ##@example
    ##param: h, ~, this
    ##
    ##return: -
    ##@end example
    ##
    ##@end deftypefn
    global logger;
    global field;

    update_preview_effect_button = get_handle('update_preview_effect_button');
    return_choose_model_and_background_button = get_handle('return_choose_
model_and_background_button');
    save_model_button = get_handle('save_model_button');
    save_model_extension_popup_menu = get_handle('save_model_extension_popup_
menu');
    change_position_and_orientation_button = get_handle('change_position_and_
orientation_button');
    current_save_folder_hint = get_handle('current_save_folder_hint');
    current_save_folder_text = get_handle('current_save_folder_text');
    set_save_folder_button = get_handle('set_save_folder_button');
    current_background_hint = get_handle('current_background_hint');
    current_background_text = get_handle('current_background_text');
    set_background_button = get_handle('set_background_button');
    current_model_hint = get_handle('current_model_hint');
    current_model_text = get_handle('current_model_text');
    set_model_button = get_handle('set_model_button');
    model_size_hint = get_handle('model_size_hint');
    model_size_x_inputfield = get_handle('model_size_x_inputfield');
    model_size_y_inputfield = get_handle('model_size_y_inputfield');
    model_start_position_hint = get_handle('model_start_position_hint');
    model_start_position_x_inputfield = get_handle('model_start_position_x_
inputfield');
```

```
    model_start_position_y_inputfield = get_handle('model_start_position_y_
inputfield');

    hide_all(h, [], this);
    set(update_preview_effect_button, 'visible', 'on');
    set(change_position_and_orientation_button, 'visible', 'on');
    set(current_save_folder_hint, 'visible', 'on');
    set(current_save_folder_text, 'visible', 'on');
    set(set_save_folder_button, 'visible', 'on');
    set(current_background_hint, 'visible', 'on');
    set(current_background_text, 'visible', 'on');
    set(set_background_button, 'visible', 'on');
    set(current_model_hint, 'visible', 'on');
    set(current_model_text, 'visible', 'on');
    set(set_model_button, 'visible', 'on');

endfunction
```

3.8.4 位姿的默认值

虽然位姿参数允许用户自行指定，但在控制模型的位姿应用中依然需要设计位姿的默认值。控制模型的位姿应用将在参数不能被正确读取的情况下使用默认值进行图片的预览和生成。

位姿参数的默认值如表 3-15 所示。

表 3-15 位姿参数的默认值

位姿参数	默认值	位姿参数	默认值
模型初始位置的 x 轴分量	100	模型大小的 x 轴分量	—
模型初始位置的 y 轴分量	100	模型大小的 y 轴分量	—

位姿的处理步骤如下：

(1) 如果模型初始位置的 x 轴分量或 y 轴分量为空，则将采用默认值。

(2) 如果模型初始位置的 x 轴分量或 y 轴分量是元胞，则将取值为元胞的第 1 个分量。

(3) 如果模型初始位置的 x 轴分量或 y 轴分量不能解析为数字，则将采用默认值。

(4) 如果模型大小的 x 轴分量或 y 轴分量为空，则将不指定模型大小。

(5) 如果模型大小的 x 轴分量或 y 轴分量是元胞，则将取值为元胞的第 1 个分量。

(6) 如果模型大小的 x 轴分量或 y 轴分量不能解析为数字，则将不指定模型大小。

(7) 用处理后的模型初始位置和模型大小生成位姿并进行后续步骤。

不同的位姿的处理步骤可以对应不同的用户输入行为和生成预览图片的行为。不填写模型初始位置的 x 轴分量和 y 轴分量以及模型大小的 x 轴分量和 y 轴分量并更新 AR 画面的预览效果，如图 3-5 所示。

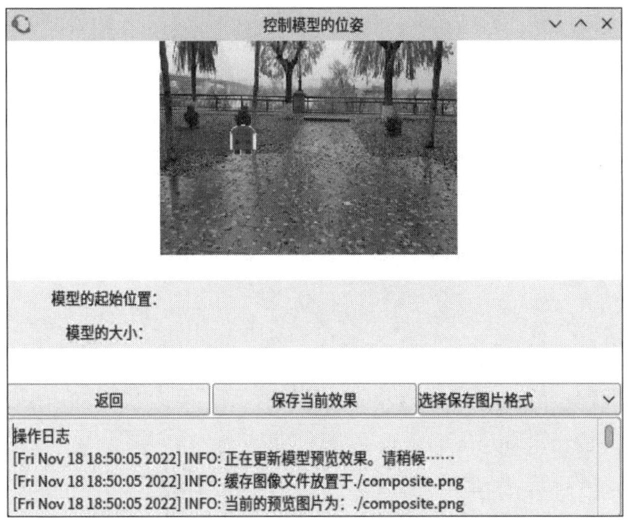

图 3-5 一种位姿改变的 AR 画面的预览效果

只将模型大小的 x 轴分量填写为 100 和将 y 轴分量填写为 200，并更新 AR 画面的预览效果，如图 3-6 所示。

图 3-6 另一种位姿改变的 AR 画面的预览效果

第 4 章 投 影

模型需要通过投影才能确定渲染之后的效果。如果一个模型的位姿没有改变而投影改变了，则这个模型渲染之后的效果依然会改变。

投影对三维模型尤其重要，一个三维模型在投影成为二维模型时可能会因为遮挡和阴影等原因导致不能呈现所有的顶点、边或面，这代表着三维模型在投影时往往会丢失模型的信息。

本章对模型的投影方式进行讲解。投影概念和平行线密切相关，因此为了便于更好地研究模型的投影方式，本章还将讲解如何在模型的基础上绘制边界盒。在模型的基础上额外绘制边界盒可以使研究过程更轻松且更方便。此外，本章还将讲解更快速的、可避免图像处理步骤的边界判定方法，适合在实际的 AR 应用中使用。

4.1 平行投影和透视投影

平行投影的主要特点是平行线在变换之后仍保持平行。平行投影的效果如图 4-1 所示。

图 4-1 中，三角形 ABC 是模型，三角形 $A'B'C'$ 是三角形 ABC 的平行投影且虚线 AA'、BB' 和 CC' 是投影线。根据平行投影的性质，AB 平行于 $A'B'$，BC 平行于 $B'C'$，AC 平行于 $A'C'$，AA' 平行于 BB' 平行于 CC'，AB 的长度等于 $A'B'$ 的长度，BC 的长度等于 $B'C'$ 的长度且 AC 的长度等于 $A'C'$ 的长度。

透视投影的主要特点是近大远小，物体距离相机越远，投影越小。透视投影与人眼观察物体的方式非常相似，也是一般情况下所采用的投影方式。透视投影的效果如图 4-2 所示。

图 4-2 中，三角形 ABC 是模型，三角形 $A'B'C'$ 是三角形 ABC 的透视投影且虚线 AA'、BB' 和 CC' 是投影线。根据透视投影的性质，AB 不一定平行于 $A'B'$，BC 不一定平行于 $B'C'$，AC 不一定平行于 $A'C'$，AA' 不一定平行于 BB'，AA' 不一定平行于 CC'，BB' 不一定平行于 CC'，AB 的长度不一定等于 $A'B'$ 的长度，BC 的长度不一定等于 $B'C'$ 的长度且 AC 的长度不一定等于 $A'C'$ 的长度。

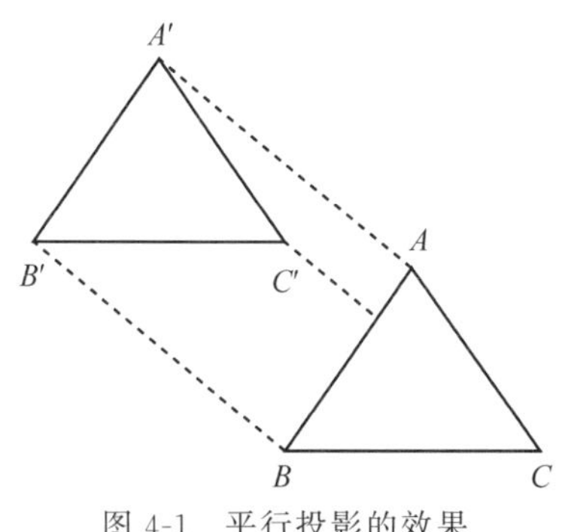

图 4-1 平行投影的效果

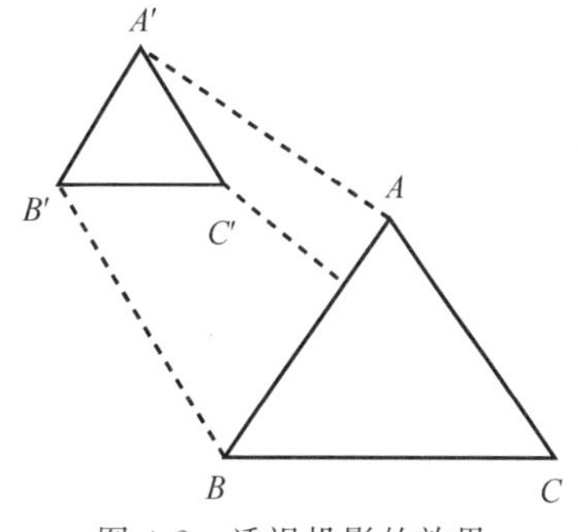

图 4-2 透视投影的效果

4.2 建立模型的边界盒

4.2.1 判断边界

模型的边界格式和模型本身的格式有关。二维模型的边界是一组二维坐标，而三维模型的边界是一组三维坐标。

边界可以使用边界坐标进行描述。二维模型的边界可以使用矩形的 4 个顶点进行描述，如图 4-3 所示。

三维模型的边界可以使用立方体的 8 个顶点进行描述(某些顶点可能不可见)，如图 4-4 所示。

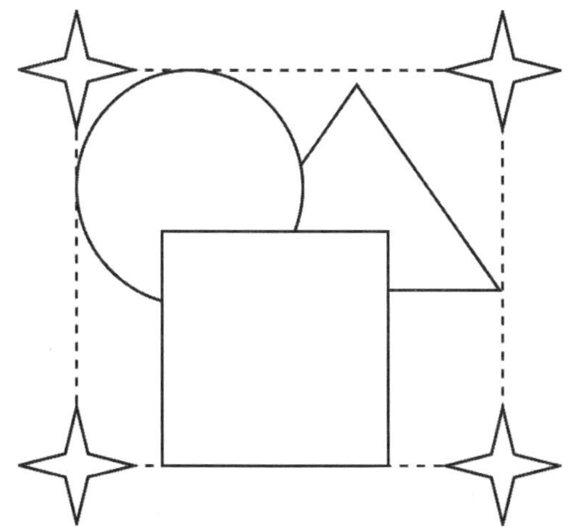
图 4-3 使用 4 个顶点描述二维模型的边界

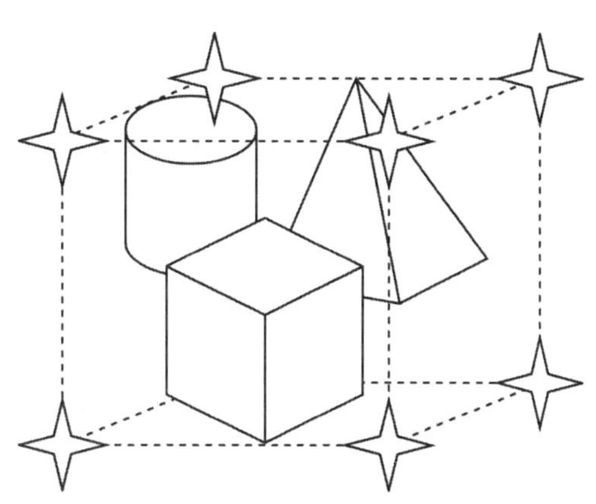
图 4-4 使用 8 个顶点描述三维模型的边界

可以使用点的颜色判断边界。边界的特点如下：

(1) 一张图片在边界外的点均为同一种颜色。

(2) 一张图片在边界内的点的颜色存在差异。

根据边界的特点可以在图片内找到边界坐标。在图片内找到边界坐标的步骤如下：

（1）将图片的左上角点设为背景颜色。

（2）筛选出图片内的、所有和背景颜色不同的点或可以定位的点。

（3）将筛选出来的点的最小横坐标记为左边界坐标，将最大横坐标记为右边界坐标，将最小纵坐标记为前边界坐标，将最大纵坐标记为后边界坐标，将最大竖坐标记为上边界坐标，将最小竖坐标记为下边界坐标。

（4）算得二维模型的边界由[左边界坐标，前边界坐标]、[左边界坐标，后边界坐标]、[右边界坐标，前边界坐标]和[右边界坐标，后边界坐标]，共4个二维坐标组成。

（5）算得三维模型的边界由[左边界坐标，前边界坐标，下边界坐标]、[左边界坐标，后边界坐标，下边界坐标]、[右边界坐标，前边界坐标，下边界坐标]、[右边界坐标，后边界坐标，下边界坐标]、[左边界坐标，前边界坐标，上边界坐标]、[左边界坐标，后边界坐标，上边界坐标]、[右边界坐标，前边界坐标，上边界坐标]和[右边界坐标，后边界坐标，上边界坐标]，共8个三维坐标组成。

此外，如果模型是使用Octave的图形对象绘制的，则可以不使用点的颜色判断边界。边界的特点如下：

（1）一张图片在边界外的点不含有绘制的点。

（2）一张图片在边界内的点含有绘制的点。

在图片内找到使用Octave的图形对象绘制的模型的边界坐标的步骤如下：

（1）遍历取出图形对象的xdata、ydata和zdata属性并合并为最终的横坐标矩阵、纵坐标矩阵和竖坐标矩阵。

（2）将横坐标矩阵的最小横坐标记为左边界坐标，将最大横坐标记为右边界坐标，将纵坐标矩阵的最小纵坐标记为前边界坐标，将最大纵坐标记为后边界坐标，将竖坐标矩阵的最大竖坐标记为上边界坐标，将最小竖坐标记为下边界坐标。

（3）算得二维模型的边界由4个二维坐标组成。

（4）算得三维模型的边界由8个三维坐标组成。

4.2.2 hggroup

Octave使用hggroup对象存放以轴对象为父对象的图形对象。一个轴对象可能同时管理多个图形对象，而使用hggroup对象可以将多个图形对象作为一组同时进行管理。在一个轴对象上绘制两条直线，代码如下：

```
#!/usr/bin/octave
#第4章/draw_two_lines.m
function draw_two_lines()
    ##-*- texinfo -*-
    ##@deftypefn {} {} draw_two_lines(@var{})
    ##绘制两条直线
```

```
    ##
    ##@example
    ##param: -
    ##
    ##return: -
    ##@end example
    ##
    ##@end deftypefn

    x_1 = [1,2];
    y_1 = [3,4];
    x_2 = [5,6];
    y_2 = [7,8];
    line_1 = plot(x_1, y_1);
    hold on;
    line_2 = plot(x_2, y_2);

    set(line_1, "color", "red");
    set(line_2, "color", "red");

endfunction
```

此时,可以在创建线对象时将它们的父对象设置为 hggroup 对象,此时可以通过控制 hggroup 对象属性的方式统一控制对象的属性。在一个轴对象上绘制两条直线,代码如下:

```
#!/usr/bin/octave
#第 4 章/draw_two_lines_with_hggroup.m
function draw_two_lines_with_hggroup()
    ##-*- texinfo -*-
    ##@deftypefn {} {} draw_two_lines_with_hggroup (@var{})
    ##调用 hggroup()函数绘制两条直线
    ##
    ##@example
    ##param: -
    ##
    ##return: -
    ##@end example
    ##
    ##@end deftypefn

    x_1 = [1,2];
    y_1 = [3,4];
    x_2 = [5,6];
    y_2 = [7,8];
    hg = hggroup();
    line_1 = plot(x_1, y_1, "parent", hg);
```

```
    hold on;
    line_2 = plot(x_2, y_2, "parent", hg);

    set(hg, "color", "red");

endfunction
```

此外，某些图形对象的很多属性有重合的特点，例如，patch 对象和 surface 对象的点的坐标在绘制立体图形时通常是一致的，此时就可以把要统一控制的图形对象通过 hggroup 对象进行管理。

4.2.3 图形对象定位

Octave 的线对象、补丁对象和面对象使用 xdata、ydata 和 zdata 属性存放绘制的点的坐标，利用坐标可以定位出绘制的对象。3 种对象的定位方式类似，这里以二维线对象和三维线对象进行举例。定位二维线对象和三维线对象的代码如下：

```
#!/usr/bin/octave
#第 4 章/two_dimensional_line_locate.m
function two_dimensional_line_locate()
    ##-*-texinfo-*-
    ##@deftypefn {} {} two_dimensional_line_locate(@var{})
    ##定位 Octave 的二维线对象
    ##
    ##@example
    ##param: -
    ##
    ##return: -
    ##@end example
    ##
    ##@end deftypefn

    a = [1, 2];
    b = [3, 4];
    line_a_b = line(a,b);
    x_coordinate = get(line_a_b, 'xdata')
    y_coordinate = get(line_a_b, 'ydata')
    z_coordinate = get(line_a_b, 'zdata')
endfunction

#!/usr/bin/octave
#第 4 章/three_dimensional_line_locate.m
function three_dimensional_line_locate()
    ##-*-texinfo-*-
    ##@deftypefn {} {} three_dimensional_line_locate(@var{})
```

```
    ##定位 Octave 的三维线对象
    ##
    ##@example
    ##param: -
    ##
    ##return: -
    ##@end example
    ##
    ##@end deftypefn

    a = [1, 2];
    b = [3, 4];
    c = [5, 6];
    line_a_b_c = line(a, b, c);
    x_coordinate = get(line_a_b_c, 'xdata')
    y_coordinate = get(line_a_b_c, 'ydata')
    z_coordinate = get(line_a_b_c, 'zdata')
endfunction
```

代码运行的结果如下：

```
>> two_dimensional_line_locate
x_coordinate =

   1   2

y_coordinate =

   3   4

z_coordinate = [](0x0)

>> three_dimensional_line_locate
x_coordinate =

   1   2

y_coordinate =

   3   4

z_coordinate =

   5   6
```

上面的结果显示的点的坐标如下：

(1) 在二维线对象中含有两个坐标(1,3)和(2,4)。

(2) 在三维线对象中含有两个坐标(1,3,5)和(2,4,6)。

根据上面的结果可以无须判断每个点的颜色即可定位点的位置。此方法避免了耗时更长的图像处理步骤,在实际的 AR 应用中使用此方法可增强用户体验。

4.2.4 根据边界点的位置绘制边界盒

边界盒可以使用连接边界点的方式进行绘制。二维模型只需连接 4 个边界点,得到的矩形就是边界盒;三维模型只需连接 8 个边界点,得到的正方体或长方体就是边界盒。

然而,通过三维模型的 8 个边界点绘制边界盒时不需要两两连接这 8 个边界点,所以另一种常用的绘制方法是绘制正方体或长方体的 6 个面,用这种方法也可以绘制边界盒。

4.2.5 自动确定模型的边界

在 AR 应用中可以编写代码用于自动确定模型的边界。边界采用面向对象的方法进行描述。设计一个边界盒类,这个类至少需要记录左边界坐标、右边界坐标、前边界坐标、后边界坐标、上边界坐标和下边界坐标共 6 个属性。考虑到代码的扩展性,还可以设计背景颜色属性,以供基于背景颜色的边界判断方法使用。

边界盒类的构造方法的代码如下:

```
#!/usr/bin/octave
#第 4 章/@BoundingBox/BoundingBox.m

function ret = BoundingBox()
    ##-*- texinfo -*-
    ##@deftypefn {} {} BoundingBox (@var{})
    ##边界盒类
    ##
    ##@example
    ##param: varargin
    ##
    ##return: ret
    ##@end example
    ##
    ##@end deftypefn
    left_coordinate = [];
    #左边界坐标 left_coordinate
    right_coordinate = [];
    #右边界坐标 right_coordinate
    front_coordinate = [];
    #前边界坐标 front_coordinate
    back_coordinate = [];
    #后边界坐标 back_coordinate
    up_coordinate = [];
    #上边界坐标 up_coordinate
```

```
    down_coordinate = [];
    #下边界坐标 down_coordinate
    background_color = [255, 255, 255];
    #背景颜色 background_color

    a = struct(
        'left_coordinate', left_coordinate,...
        'right_coordinate', right_coordinate,...
        'front_coordinate', front_coordinate,...
        'back_coordinate', back_coordinate,...
        'up_coordinate', up_coordinate,...
        'down_coordinate', down_coordinate,...
        'background_color', background_color...
        );
    ret = class(a, "BoundingBox");
endfunction
```

在绘制模型的过程中，可能遇到 hggroup 属性的对象，而 hggroup 属性的对象不存储 xdata、ydata 和 zdata 属性，而是存储其他对象直到图形对象为止。对于这种情况，必须在边界盒类当中增加遍历逻辑，确保最终绘制的边界盒不会漏掉模型中的点。

递归获得坐标矩阵的方法的代码如下：

```
#!/usr/bin/octave
#第 4 章/@BoundingBox/get_coordinate_matrices_recursively.m

function [x_matrix, y_matrix, z_matrix] = get_coordinate_matrices_recursively
(this, point, x_matrix, y_matrix, z_matrix)
    ##-*- texinfo -*-
    ##@deftypefn {} {} get_coordinate_matrices_recursively (@var(this))
    ##递归获得坐标矩阵
    ##
    ##@example
    ##param: this, point, x_matrix, y_matrix, z_matrix
    ##
    ##return: [x_matrix, y_matrix, z_matrix]
    ##@end example
    ##
    ##@end deftypefn

    #左边界坐标 left_coordinate
    #右边界坐标 right_coordinate
    #前边界坐标 front_coordinate
    #后边界坐标 back_coordinate
    #上边界坐标 up_coordinate
    #下边界坐标 down_coordinate
    #点元胞 point_cell
```

```
    #背景颜色 background_color
    if strcmp(get(point, 'type'), 'hggroup')
        point_cell = allchild(point);
        if !isempty(point_cell)
            for sub_point_index = 1:numel(point_cell)
                [x_matrix, y_matrix, z_matrix] = get_coordinate_matrices_
                recursively(this, point_cell(sub_point_index), x_matrix, y_
                matrix, z_matrix);
            endfor
        endif
    elseif strcmp(get(point, 'type'), 'patch') || strcmp(get(point, 'type'),
'surface') || strcmp(get(point, 'type'), 'line')
        x_matrix = reshape(x_matrix, 1, numel(x_matrix));
        new_x_matrix = get(point, 'xdata');
        x_matrix = [x_matrix, reshape(new_x_matrix, 1, numel(new_x_matrix))];
        y_matrix = reshape(y_matrix, 1, numel(y_matrix));
        new_y_matrix = get(point, 'ydata');
        y_matrix = [y_matrix, reshape(new_y_matrix, 1, numel(new_y_matrix))];
        z_matrix = reshape(z_matrix, 1, numel(z_matrix));
        new_z_matrix = get(point, 'zdata');
        z_matrix = [z_matrix, reshape(new_z_matrix, 1, numel(new_z_matrix))];
    endif

endfunction
```

绘制边界盒需要分别考虑二维边界盒和三维边界盒的情况。绘制边界盒的步骤如下：

(1) 传入模型中的所有图形对象或 hggroup 对象作为参数。

(2) 递归获得坐标矩阵。

(3) 将新的坐标矩阵和原有的坐标矩阵对比，得到左边界坐标、右边界坐标、前边界坐标、后边界坐标、上边界坐标和下边界坐标结果。

(4) 如果新的坐标矩阵含有 z 轴坐标，则绘制三维边界盒。

(5) 如果新的坐标矩阵不含 z 轴坐标，则绘制二维边界盒。

(6) 如果绘制三维边界盒，则先绘制线对象，以此连接两个平行面上的 8 个顶点，再适当补线。

(7) 如果绘制二维边界盒，则直接绘制线对象，以此连接 4 个顶点，共 4 条线。

绘制边界盒的方法的代码如下：

```
#!/usr/bin/octave
#第 4 章/@BoundingBox/draw.m

function this = draw(this, varargin)
    ##-*- texinfo -*-
    ##@deftypefn {} {} draw (@var(this))
    ##绘制边界盒
```

```
##
##@example
##param: -
##
##return: this
##@end example
##
##@end deftypefn

#左边界坐标 left_coordinate
#右边界坐标 right_coordinate
#前边界坐标 front_coordinate
#后边界坐标 back_coordinate
#上边界坐标 up_coordinate
#下边界坐标 down_coordinate
#点元胞 point_cell
#背景颜色 background_color

try
    switch(numel(varargin))
        case 1
            current_axes = gca;
            point_cell = varargin{1};
        otherwise
            current_axes = varargin{1};
            point_cell = varargin{2};
    endswitch
catch
    warning('must use point cell to draw bounding box')
end_try_catch

x_coordinate_matrix = [];
y_coordinate_matrix = [];
z_coordinate_matrix = [];
for points_index = 1:numel(point_cell)
    point = point_cell{points_index};
    [x_coordinate_matrix, y_coordinate_matrix, z_coordinate_matrix] = get_
    coordinate_matrices_recursively(this, point, x_coordinate_matrix, y_
    coordinate_matrix, z_coordinate_matrix);
    if !isempty(this.left_coordinate)
        x_coordinate_matrix = [x_coordinate_matrix, [this.left_coordinate]];
    endif
    this.left_coordinate = min(x_coordinate_matrix);
    if !isempty(this.right_coordinate)
        x_coordinate_matrix = [x_coordinate_matrix, [this.right_coordinate]];
    endif
```

```
        this.right_coordinate = max(x_coordinate_matrix);
        if !isempty(this.front_coordinate)
            y_coordinate_matrix = [y_coordinate_matrix, [this.front_coordinate]];
        endif
        this.front_coordinate = min(y_coordinate_matrix);
        if !isempty(this.back_coordinate)
            y_coordinate_matrix = [y_coordinate_matrix, [this.back_coordinate]];
        endif
        this.back_coordinate = max(y_coordinate_matrix);
        if !isempty(this.up_coordinate) && !isempty(z_coordinate_matrix)
            z_coordinate_matrix = [z_coordinate_matrix, [this.up_coordinate]];
        endif
        this.up_coordinate = max(z_coordinate_matrix);
        if !isempty(this.down_coordinate) && !isempty(z_coordinate_matrix)
            z_coordinate_matrix = [z_coordinate_matrix, [this.down_coordinate]];
        endif
        this.down_coordinate = min(z_coordinate_matrix);
    endfor

    if isempty(z_coordinate_matrix)
        bounding_box_x_coordinate_matrix = [
            this.left_coordinate, ...
            this.left_coordinate, ...
            this.right_coordinate, ...
            this.right_coordinate ...
            ];
        bounding_box_y_coordinate_matrix = [
            this.front_coordinate, ...
            this.back_coordinate, ...
            this.back_coordinate, ...
            this.front_coordinate ...
            ];
        for draw_index = 1:numel(bounding_box_x_coordinate_matrix)
            endpoint_index = mod(draw_index + 1, numel(bounding_box_x_coordinate_
            matrix));
            if !endpoint_index
                endpoint_index = numel(bounding_box_x_coordinate_matrix);
            endif
            line([
                bounding_box_x_coordinate_matrix(draw_index), ...
                bounding_box_x_coordinate_matrix(endpoint_index) ...
            ], ...
            [
                bounding_box_y_coordinate_matrix(draw_index), ...
                bounding_box_y_coordinate_matrix(endpoint_index) ...
            ]);
```

```
            hold on;
        endfor
    else
        bounding_box_x_coordinate_matrix = [
            this.left_coordinate, ...
            this.left_coordinate, ...
            this.right_coordinate, ...
            this.right_coordinate, ...
            this.right_coordinate, ...
            this.right_coordinate, ...
            this.left_coordinate, ...
            this.left_coordinate ...
            ];
        bounding_box_y_coordinate_matrix = [
            this.front_coordinate, ...
            this.back_coordinate, ...
            this.back_coordinate, ...
            this.front_coordinate, ...
            this.front_coordinate, ...
            this.back_coordinate, ...
            this.back_coordinate, ...
            this.front_coordinate ...
            ];
        bounding_box_z_coordinate_matrix = [
            this.down_coordinate, ...
            this.down_coordinate, ...
            this.down_coordinate, ...
            this.down_coordinate, ...
            this.up_coordinate, ...
            this.up_coordinate, ...
            this.up_coordinate, ...
            this.up_coordinate ...
            ];
        for draw_index = 1:numel(bounding_box_x_coordinate_matrix)
            endpoint_index = mod(draw_index + 1, numel(bounding_box_x_coordinate_
            matrix));
            if !endpoint_index
                endpoint_index = numel(bounding_box_x_coordinate_matrix);
            endif
            line([
                bounding_box_x_coordinate_matrix(draw_index), ...
                bounding_box_x_coordinate_matrix(endpoint_index) ...
            ], ...
            [
                bounding_box_y_coordinate_matrix(draw_index), ...
                bounding_box_y_coordinate_matrix(endpoint_index) ...
```

```
        ], ...
        [
            bounding_box_z_coordinate_matrix(draw_index), ...
            bounding_box_z_coordinate_matrix(endpoint_index) ...
        ]);
        hold on;
    endfor
    line(
        [this.left_coordinate, this.right_coordinate], ...
        [this.front_coordinate, this.back_coordinate], ...
        [this.up_coordinate, this.up_coordinate]...
    );
    hold on;
    line(
        [this.left_coordinate, this.right_coordinate], ...
        [this.back_coordinate, this.front_coordinate], ...
        [this.up_coordinate, this.up_coordinate]...
    );
    hold on;
    line(
        [this.left_coordinate, this.right_coordinate], ...
        [this.front_coordinate, this.back_coordinate], ...
        [this.down_coordinate, this.down_coordinate]...
    );
    hold on;
    line(
        [this.left_coordinate, this.right_coordinate], ...
        [this.back_coordinate, this.front_coordinate], ...
        [this.down_coordinate, this.down_coordinate]...
    );
    hold on;
    line(
        [this.left_coordinate, this.left_coordinate], ...
        [this.back_coordinate, this.front_coordinate], ...
        [this.up_coordinate, this.down_coordinate]...
    );
    hold on;
    line(
        [this.left_coordinate, this.left_coordinate], ...
        [this.front_coordinate, this.back_coordinate], ...
        [this.up_coordinate, this.down_coordinate]...
    );
    hold on;
    line(
        [this.right_coordinate, this.right_coordinate], ...
        [this.back_coordinate, this.front_coordinate], ...
```

```
            [this.up_coordinate, this.down_coordinate]...
        );
        hold on;
        line(
            [this.right_coordinate, this.right_coordinate], ...
            [this.front_coordinate, this.back_coordinate], ...
            [this.up_coordinate, this.down_coordinate]...
        );
        hold on;
        line(
            [this.left_coordinate, this.right_coordinate], ...
            [this.back_coordinate, this.back_coordinate], ...
            [this.up_coordinate, this.down_coordinate]...
        );
        hold on;
        line(
            [this.right_coordinate, this.left_coordinate], ...
            [this.back_coordinate, this.back_coordinate], ...
            [this.up_coordinate, this.down_coordinate]...
        );
        hold on;
        line(
            [this.left_coordinate, this.right_coordinate], ...
            [this.front_coordinate, this.front_coordinate], ...
            [this.up_coordinate, this.down_coordinate]...
        );
        hold on;
        line(
            [this.right_coordinate, this.left_coordinate], ...
            [this.front_coordinate, this.front_coordinate], ...
            [this.up_coordinate, this.down_coordinate]...
        );
        hold on;
    endif

endfunction
```

4.2.6　在模型类中添加绘制边界盒功能

在模型类中添加绘制边界盒功能的步骤如下：

(1) 每个模型有且只有自身独特的边界盒,因此需要在机器人模型的代码中添加边界盒属性,用边界盒属性记录自身的边界盒数据。

(2) 在模型的绘制方法中记录每个模型的句柄。

(3) 在模型的绘制方法中调用绘制边界盒的方法。

在机器人模型的代码中添加边界盒属性的代码如下：

```
#!/usr/bin/octave
#第 4 章/@Droid/Droid.m
    bounding_box = BoundingBox;
    #边界盒 bounding_box
    a = struct(
        'starting_point_x', starting_point_x,...
        'starting_point_y', starting_point_y,...
        'droid_size_x', droid_size_x,...
        'droid_size_y', droid_size_y,...
        'bounding_box', bounding_box...
        );

#!/usr/bin/octave
#第 4 章/@Droid3d/Droid3d.m
    bounding_box = BoundingBox;
    #边界盒 bounding_box
    a = struct(
        'starting_point_x', starting_point_x,...
        'starting_point_y', starting_point_y,...
        'starting_point_z', starting_point_z,...
        'droid_size_x', droid_size_x,...
        'droid_size_y', droid_size_y,...
        'droid_size_z', droid_size_z,...
        'bounding_box', bounding_box...
        );
```

记录模型的句柄的代码如下：

```
#!/usr/bin/octave
#第 4 章/@Droid/draw.m
    point_cell = {};
    point_cell{end+1} = point;
#!/usr/bin/octave
#第 4 章/@Droid3d/draw.m
    point_cell = {};
    point_cell{end+1} = point;
```

调用绘制边界盒的方法的代码如下：

```
#!/usr/bin/octave
#第 4 章/@Droid/draw.m
    draw(this.bounding_box, point_cell);
#!/usr/bin/octave
#第 4 章/@Droid3d/draw.m
    draw(this.bounding_box, point_cell);
```

在二维机器人模型的基础上额外绘制边界盒的效果如图 4-5 所示。

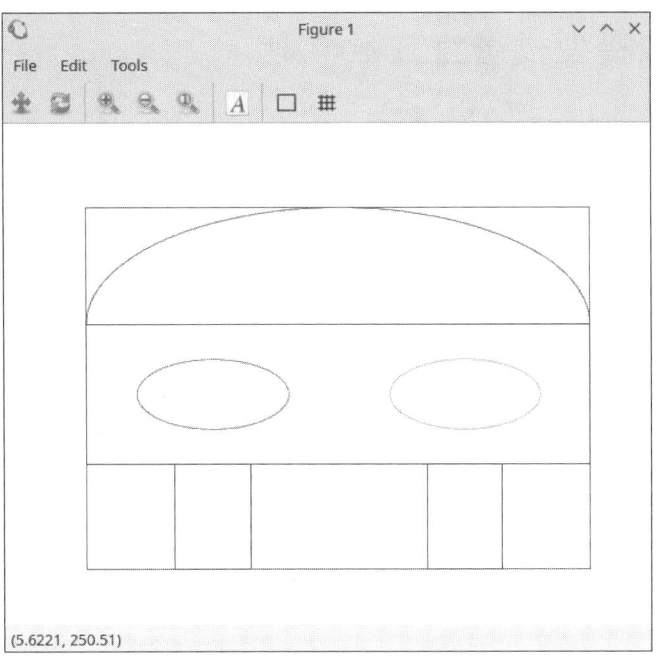

图 4-5　在二维机器人模型的基础上额外绘制边界盒的效果

在三维机器人模型的基础上额外绘制边界盒的效果如图 4-6 所示。

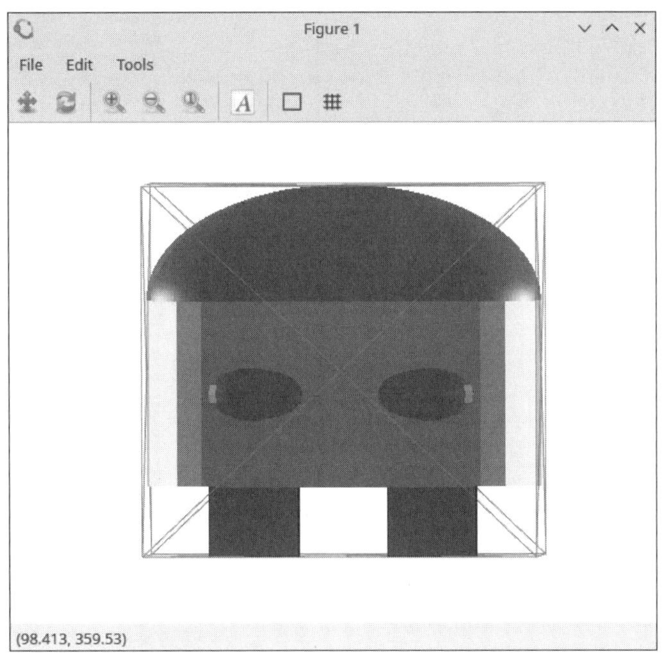

图 4-6　在三维机器人模型的基础上额外绘制边界盒的效果

4.3 将二维模型投影为三维模型

在平行投影的场景下，只需将大小相同、姿态相同但位置不同的两个二维模型绘制在同一个轴对象中，然后连接两个模型的对应的边界坐标。

如果要绘制边界坐标连线，则边界盒类需要提供获取边界坐标的代码。获取边界坐标的代码如下：

```
#!/usr/bin/octave
#第 2 章/@Droid/draw.m
    bounding_coordinates_cell = {
        this.bounding_box.left_coordinate,...
        this.bounding_box.right_coordinate,...
        this.bounding_box.front_coordinate,...
        this.bounding_box.back_coordinate,...
        this.bounding_box.up_coordinate,...
        this.bounding_box.down_coordinate,...
    };
```

然后分别从两个模型中获取边界坐标，并绘制边界坐标连线。绘制边界坐标连线的代码如下：

```
#!/usr/bin/octave
#第 4 章/draw_connection_line.m
function draw_connection_line(bounding_coordinates_1, bounding_coordinates_2)
    ##-*- texinfo -*-
    ##@deftypefn {} {} draw_connection_line(@var{})
    ##绘制连线效果
    ##
    ##@example
    ##param: -
    ##
    ##return: -
    ##@end example
    ##
    ##@end deftypefn

    #左边界坐标 left_coordinate
    #右边界坐标 right_coordinate
    #前边界坐标 front_coordinate
    #后边界坐标 back_coordinate
    #上边界坐标 up_coordinate
    #下边界坐标 down_coordinate

    if isempty(bounding_coordinates_1{5}) || ...
```

```
            isempty(bounding_coordinates_2{5}) || ...
            isempty(bounding_coordinates_1{5}) || ...
            isempty(bounding_coordinates_2{5})
        line(
            [bounding_coordinates_1{1}, bounding_coordinates_2{1}],...
            [bounding_coordinates_1{3}, bounding_coordinates_2{3}]...
            )
        hold on;
        line(
            [bounding_coordinates_1{1}, bounding_coordinates_2{1}],...
            [bounding_coordinates_1{4}, bounding_coordinates_2{4}]...
            );
        hold on;
        line(
            [bounding_coordinates_1{2}, bounding_coordinates_2{2}],...
            [bounding_coordinates_1{3}, bounding_coordinates_2{3}]...
            );
        hold on;
        line(
            [bounding_coordinates_1{2}, bounding_coordinates_2{2}],...
            [bounding_coordinates_1{4}, bounding_coordinates_2{4}]...
            );
        hold on;
    else
        line(
            [bounding_coordinates_1{1}, bounding_coordinates_2{1}],...
            [bounding_coordinates_1{3}, bounding_coordinates_2{3}],...
            [bounding_coordinates_1{5}, bounding_coordinates_2{5}]...
            );
        hold on;
        line(
            [bounding_coordinates_1{1}, bounding_coordinates_2{1}],...
            [bounding_coordinates_1{4}, bounding_coordinates_2{4}],...
            [bounding_coordinates_1{5}, bounding_coordinates_2{5}]...
            );
        hold on;
        line(
            [bounding_coordinates_1{2}, bounding_coordinates_2{2}],...
            [bounding_coordinates_1{3}, bounding_coordinates_2{3}],...
            [bounding_coordinates_1{5}, bounding_coordinates_2{5}]...
            );
        hold on;
        line(
            [bounding_coordinates_1{2}, bounding_coordinates_2{2}],...
            [bounding_coordinates_1{4}, bounding_coordinates_2{4}],...
            [bounding_coordinates_1{5}, bounding_coordinates_2{5}]...
```

```
        );
        hold on;
        line(
            [bounding_coordinates_1{1}, bounding_coordinates_2{1}],...
            [bounding_coordinates_1{3}, bounding_coordinates_2{3}],...
            [bounding_coordinates_1{6}, bounding_coordinates_2{6}]...
            );
        hold on;
        line(
            [bounding_coordinates_1{1}, bounding_coordinates_2{1}],...
            [bounding_coordinates_1{4}, bounding_coordinates_2{4}],...
            [bounding_coordinates_1{6}, bounding_coordinates_2{6}]...
            );
        hold on;
        line(
            [bounding_coordinates_1{2}, bounding_coordinates_2{2}],...
            [bounding_coordinates_1{3}, bounding_coordinates_2{3}],...
            [bounding_coordinates_1{6}, bounding_coordinates_2{6}]...
            );
        hold on;
        line(
            [bounding_coordinates_1{2}, bounding_coordinates_2{2}],...
            [bounding_coordinates_1{4}, bounding_coordinates_2{4}],...
            [bounding_coordinates_1{6}, bounding_coordinates_2{6}]...
            );
        hold on;
    endif

endfunction
```

最后编写控制函数,用于绘制从模型到连线的效果,代码如下:

```
#!/usr/bin/octave
#第 4 章/draw_two_2d_models_and_connection_line.m
function draw_two_2d_models_and_connection_line(bounding_box_1, bounding_box_2)
    ##-*-texinfo-*-
    ##@deftypefn {} {} draw_two_2d_models_and_connection_line(@var{})
    ##绘制从模型到连线的效果
    ##
    ##@example
    ##param: -
    ##
    ##return: -
    ##@end example
    ##
    ##@end deftypefn
```

```
    #左边界坐标 left_coordinate
    #右边界坐标 right_coordinate
    #前边界坐标 front_coordinate
    #后边界坐标 back_coordinate
    #上边界坐标 up_coordinate
    #下边界坐标 down_coordinate

    d_1 = Droid(10, 20, 30, 40);
    d_2 = Droid(70, 80, 30, 40);
    bounding_coordinates_1 = draw(d_1);
    hold on;
    bounding_coordinates_2 = draw(d_2);
    hold on;
    disp(bounding_coordinates_2)
    draw_connection_line(bounding_coordinates_1, bounding_coordinates_2);

endfunction
```

在平行投影的场景下将二维模型投影为三维模型的效果如图 4-7 所示。

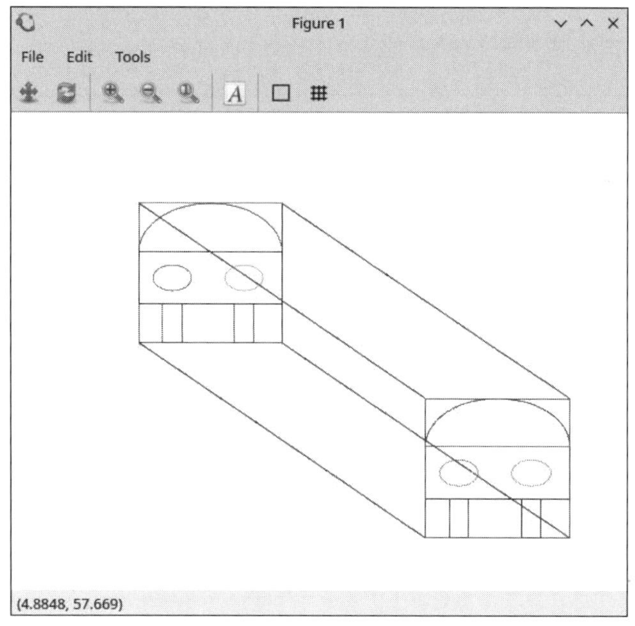

图 4-7 在平行投影的场景下将二维模型投影为三维模型的效果

在透视投影的场景下，需要将大小不同、姿态相同但位置不同的两个二维模型绘制在同一个轴对象中，然后连接两个模型对应的边界坐标。

在透视投影的场景下将二维模型投影为三维模型的效果如图 4-8 所示。

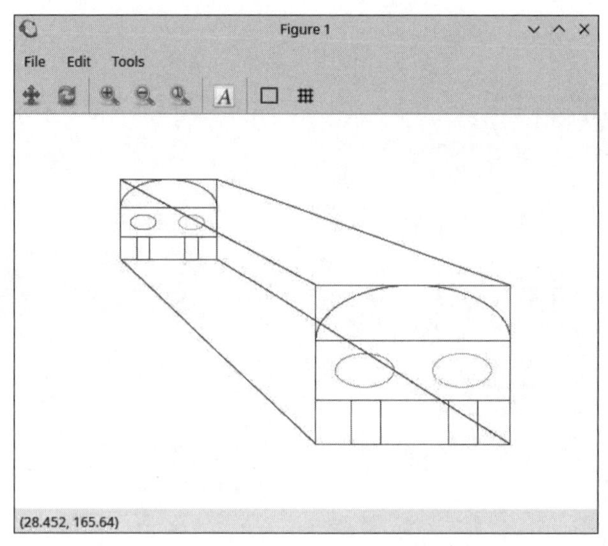

图 4-8 在透视投影的场景下将二维模型投影为三维模型的效果

4.4 Octave 的相机概念

Octave 用相机概念描述一个轴对象中的内容应该如何显示。

注意：这里的相机指的不是硬件意义上的相机，它是一个虚拟的概念。

将轴对象想象为一个三维物体，此时的相机相当于拍摄这个物体的相机，相机拍摄到的内容就是人眼可见的内容，也就是轴对象显示的内容。相机可以摆放到不同的位置，可以对准不同的目标且可以具有不同的视角。所有的这些变量都可以改变轴对象显示的内容。

轴对象、相机和轴对象显示的内容之间的关系的示意图如图 4-9 所示。

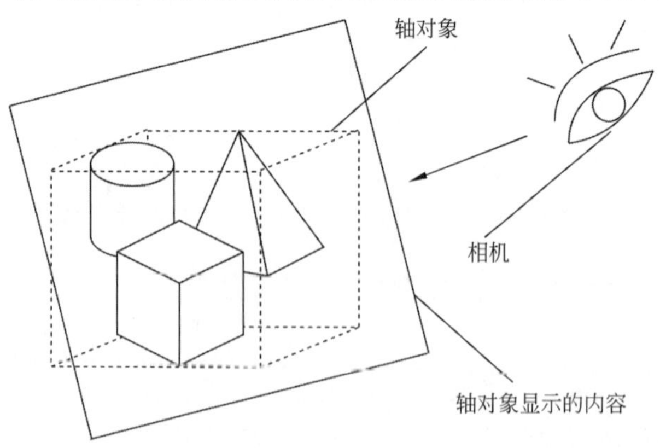

图 4-9 轴对象、相机和轴对象显示的内容之间的关系的示意图

4.4.1　相机位置

更改轴对象的 cameraposition 属性可以调节相机位置。

轴对象的 cameraposition 属性是一个三元矩阵。如果需要沿 x 轴方向调节相机位置，则需要修改矩阵的第 1 个分量;如果需要沿 y 轴方向调节相机位置,则需要修改矩阵的第 2 个分量;如果需要沿 z 轴方向调节相机位置,则只需修改矩阵的第 3 个分量。

调节相机位置的示意图如图 4-10 所示。图 4-10 中,P 是更改位置前的相机位置,P' 是更改位置后的相机位置。

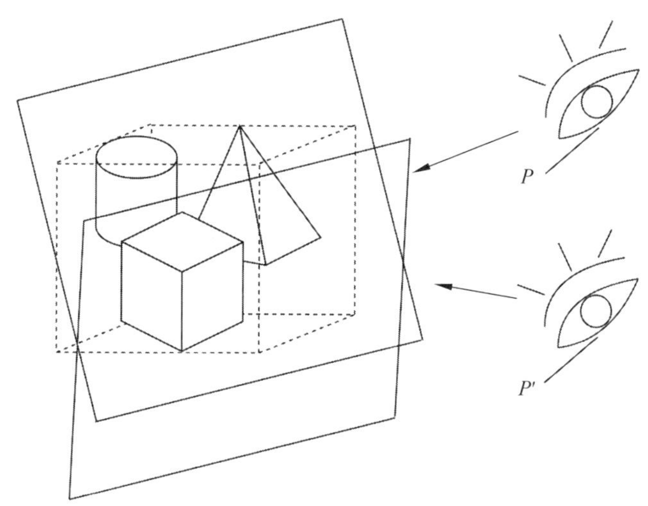

图 4-10　调节相机位置的示意图

4.4.2　相机目标

更改轴对象的 cameratarget 属性可以调节相机目标。

相机目标对应的是相机对准轴对象的某一点的坐标,也就是轴对象显示的中心点的坐标。轴对象的 cameratarget 属性是一个三元矩阵。如果需要沿 x 轴方向调节相机目标,则需要修改矩阵的第 1 个分量;如果需要沿 y 轴方向调节相机目标,则需要修改矩阵的第 2 个分量;如果需要沿 z 轴方向调节相机目标,则只需修改矩阵的第 3 个分量。

调节相机目标的示意图如图 4-11 所示。图 4-11 中,Q 是更改位置前的相机目标,Q' 是更改位置后的相机目标。

4.4.3　相机视角

更改轴对象的 cameraviewangle 属性可以调节相机视角。

调节相机视角的示意图如图 4-12 所示。图 4-12 中,θ 是调节前的相机视角,θ'是调节后的相机视角。

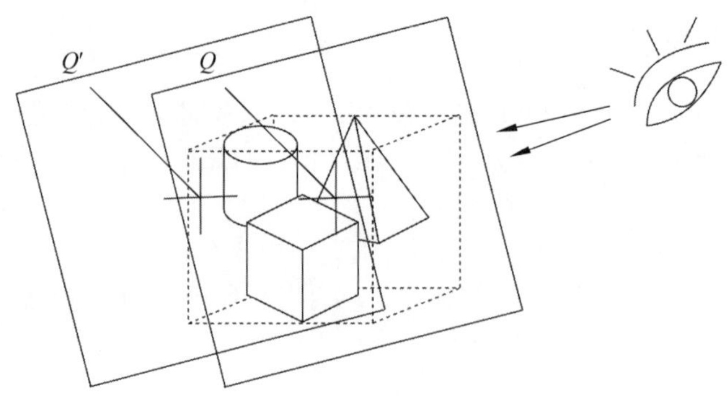

图 4-11　调节相机目标的示意图

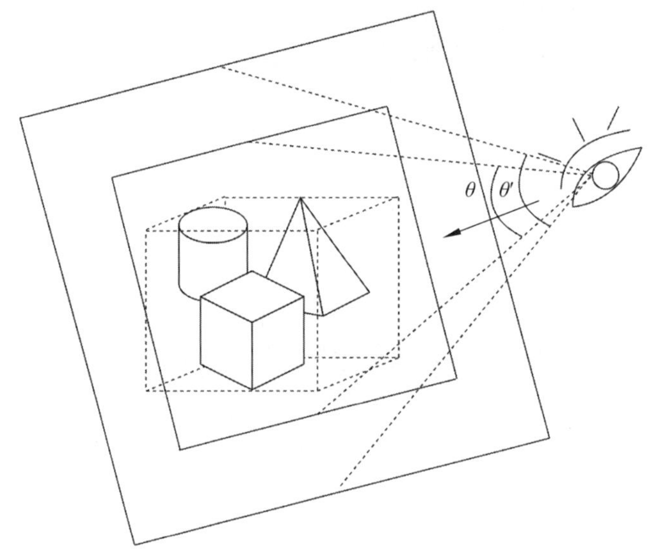

图 4-12　调节相机视角的示意图

相机视角的取值范围如果在 0°～180°，则可以认为是相机沿垂直方向的可视角度。

注意： 相机视角可以取不在 0°～180°范围的值，但此时的相机视角没有明确的意义。

4.4.4　轴对象的方向

更改轴对象的 cameraupvector 属性可以调节轴对象的方向。

轴对象的方向用于描述当前轴对象的哪一个方向是向上的。如果 cameraupvector 属性为[1 0 0]，则代表 x 轴方向是向上的。此时当前轴对象将对应 Y-x 坐标系或 Y-Z-x 坐标系；如果 cameraupvector 属性为[0 1 0]，则代表 y 轴方向是向上的。此时当前轴对象将对应 X-y 坐标系或 X-Z-y 坐标系；如果 cameraupvector 属性为[0 0 1]，则代表 z 轴方向是向上的。此时当前轴对象将对应 X-Y-z 坐标系、X-y 坐标系、X-z 坐标系、Y-x 坐标系、Y-z 坐标系、Z-x 坐标系或 Z-y 坐标系。

此外，将分量 1 改为分量 −1，即表示方向是向下的。此时所有坐标轴将反向。

轴对象的方向的示意图如图 4-13 所示。图 4-13 中的轴对象相对于相机是 z 轴向上，因此 cameraupvector 属性为[0 0 1]。

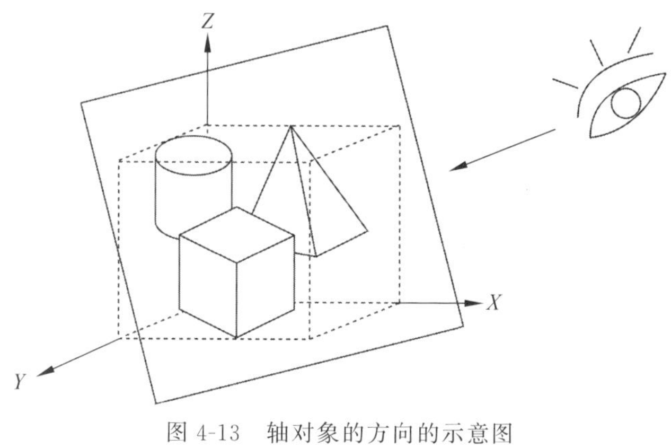

图 4-13　轴对象的方向的示意图

4.5　更改三维模型的投影效果

4.5.1　视点变换

视点相当于相机的位置。在 Octave 中进行视点变换相当于修改相机位置、相机视角和/或轴对象的方向。

4.5.2　观察点变换

观察点相当于相机的焦点，可以理解成人眼聚焦的位置。在 Octave 中进行观察点变换相当于修改相机目标。

4.6　通过 GUI 控制模型的投影效果

采用"控制模型的投影效果"应用（简称控制投影效果应用）作为更改三维模型的投影效果的实现方式。三维模型可以通过此应用调节投影效果，最后生成所需要的模型图片，用于将模型放置于背景上。

注意： Octave 对二维模型只能修改轴对象的特定分量，否则会出现意想不到的显示效果。

4.6.1 控制投影效果应用原型设计

控制投影效果应用允许用户选择模型和背景、预览放置后的效果并将放置后的图像结果保存至特定的文件中。以上操作均可在同一个控制投影效果界面上完成，所以将控制投影效果作为控制投影效果应用的主界面。

在控制投影效果界面上应该包含以下元素：

(1) 输出预览画面的区域。

(2) 用于视点变换和观察点变换的控件。

(3) 修改当前模型和当前保存文件夹的按钮。

(4) 操作日志区域。

根据以上元素绘制控制投影效果界面的原型设计图，如图 4-14 所示。

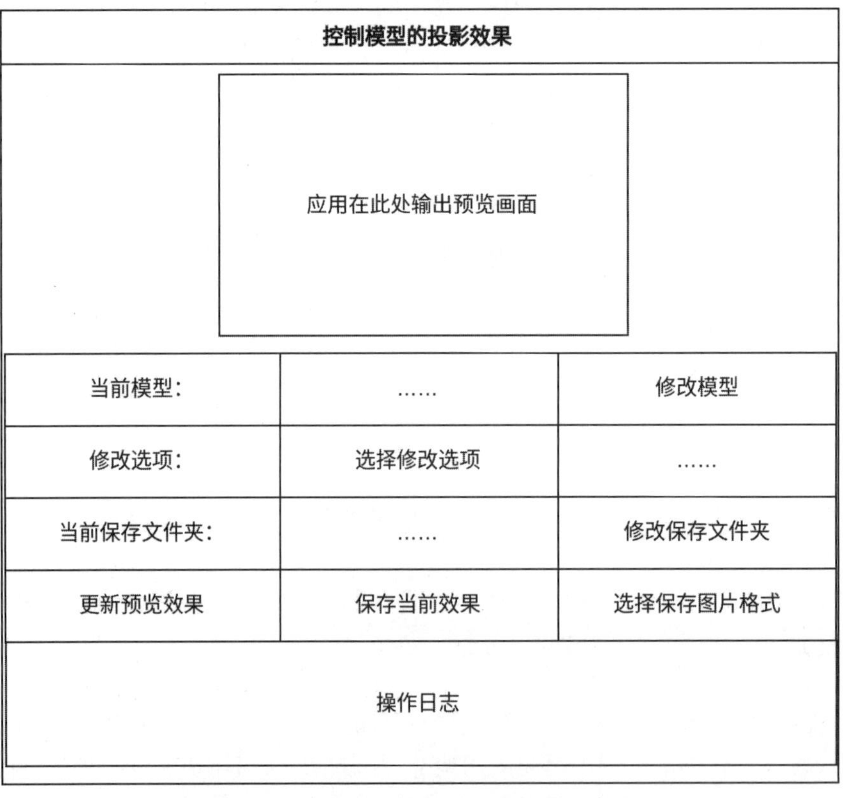

图 4-14 控制投影效果界面的原型设计图

4.6.2 控制投影效果应用视图代码设计

根据控制投影效果应用的原型设计图编写视图部分的代码，编写规则如下：

(1) 使用“修改选项：”字样提示修改选项。

（2）使用“选择修改选项”下拉菜单选择需要修改的相机选项并提示当前正在修改的相机选项。

（3）使用“选择修改选项”下拉菜单之后的选项输入框显示当前的对应选项值或将当前选项修改为新的值。

（4）其余规则可参考“放置模型应用视图代码设计”。

根据以上规则编写控制投影效果应用的视图类，代码如下：

```
#!/usr/bin/octave
#第 4 章/@ControlProjectEffect/ControlProjectEffect.m

function ret = ControlProjectEffect()
##-*- texinfo -*-
##@deftypefn {} {} ControlProjectEffect ( @var{})
##控制投影效果应用主类
##@example
##param: -
##
##return: ret
##@end example
##
##@end deftypefn
    global logger;
    global field;
    field = ControlProjectEffectAttributes;

    toolbox = Toolbox;
    window_width = get_window_width(toolbox);
    window_height = get_window_height(toolbox);
    callback = ControlProjectEffectCallbacks;
    SAVE_IMAGE_FORMAT_CELL = get_save_image_format_cell(field);
    MODEL_OPTION_CELL = get_model_option_cell(field);
    key_height = field.key_height;
    key_width = window_width / 3;
    log_inputfield_height = key_height * 3;
    show_object_area_width = field.show_object_area_width;
    show_object_area_height = field.show_object_area_height;
    margin = 0;
    margin_x = 0;
    margin_y = 0;
    x_coordinate = 0;
    y_coordinate = 0;
    width = key_width;
    height = window_height - key_height;
    title_name = '控制模型的投影效果';
```

```
    f = figure();
    ##基础图形句柄 f
    white_background = imread('./white_background.png');
    img_data = im2double(white_background);
    set_handle('current_name', title_name);

    % set(f, 'closerequestfcn', {@callback_close_edit_window, callback})
    set(f, 'numbertitle', 'off');
    set(f, 'toolbar', 'none');
    set(f, 'menubar', 'none');
    set(f, 'name', title_name);

    ax = axes(f, 'position', [(1 - show_object_area_width) / 2, 0.5 + (0.5 - show_
object_area_height) / 2, show_object_area_width, show_object_area_height]);
    img = image(ax, 'cdata', img_data);
    ##模型图像 img
    set(ax, 'xdir', 'normal')
    set(ax, 'ydir', 'reverse')
    set(ax, 'visible', 'off')
    log_inputfield = uicontrol('visible', 'on', 'style', 'edit', 'min', 0, 'max', 4,
'string', {'操作日志'}, "position", [0, 0, window_width, log_inputfield_
height]);
    update_preview_effect_button = uicontrol('visible', 'on', 'style',
'pushbutton', 'string', '更新预览效果', "position", [0, log_inputfield_height,
key_width, key_height]);
    save_model_button = uicontrol('visible', 'on', 'style', 'pushbutton',
'string', '保存当前效果', "position", [key_width, log_inputfield_height, key_
width, key_height]);
    save_model_extension_popup_menu = uicontrol('visible', 'on', 'style',
'popupmenu', 'string', SAVE_IMAGE_FORMAT_CELL, "position", [key_width * 2, log_
inputfield_height, key_width, key_height]);
    current_save_folder_hint = uicontrol('visible', 'on', 'style', 'text',
'string', '当前保存文件夹: ', "position", [0, log_inputfield_height + key_height,
key_width, key_height]);
    current_save_folder_text = uicontrol('visible', 'on', 'style', 'edit',
'string', '', "position", [key_width, log_inputfield_height + key_height, key_
width, key_height]);
    set_save_folder_button = uicontrol('visible', 'on', 'style', 'pushbutton',
'string', '修改保存文件夹', "position", [key_width * 2, log_inputfield_height +
key_height, key_width, key_height]);
    current_model_hint = uicontrol('visible', 'on', 'style', 'text', 'string',
'当前模型: ', "position", [0, log_inputfield_height + key_height * 3, key_width,
key_height]);
```

```
    current_model_text = uicontrol('visible', 'on', 'style', 'edit', 'string',
'', "position", [key_width, log_inputfield_height + key_height * 3, key_width,
key_height]);
    set_model_button = uicontrol('visible', 'on', 'style', 'pushbutton',
'string', '修改模型', "position", [key_width * 2, log_inputfield_height + key_
height * 3, key_width, key_height]);
    choose_option_text = uicontrol('visible', 'on', 'style', 'text', 'string',
'修改选项: ', "position", [0, log_inputfield_height + key_height * 2, key_width,
key_height]);
    choose_option_popup_menu = uicontrol('visible', 'on', 'style', 'popupmenu',
'string', MODEL_OPTION_CELL, "position", [key_width, log_inputfield_height +
key_height * 2, key_width, key_height]);
    change_option_inputfield = uicontrol('visible', 'on', 'style', 'edit',
'string', {}, "position", [key_width * 2, log_inputfield_height + key_height *
2, key_width, key_height]);

    set(set_save_folder_button, 'callback', {@callback_set_save_folder,
callback});
    set(set_model_button, 'callback', {@callback_set_model, callback});
    set(update_preview_effect_button, 'callback', {@callback_update_preview_
effect, callback});
    set(save_model_button, 'callback', {@callback_save_model, callback});
    addlistener(
        choose_option_popup_menu, ...
        'value', {@on_model_option_key_changed, callback}...
        );
    addlistener(
        change_option_inputfield, ...
        'value', {@on_model_option_value_changed, callback}...
        );

    set_handle('current_figure', f);
    set_handle('ax', ax);
    set_handle('img', img);
    set_handle('update_preview_effect_button', update_preview_effect_button);
    set_handle('save_model_button', save_model_button);
    set_handle('current_save_folder_hint', current_save_folder_hint);
    set_handle('current_save_folder_text', current_save_folder_text);
    set_handle('set_save_folder_button', set_save_folder_button);
    set_handle('current_model_hint', current_model_hint);
    set_handle('current_model_text', current_model_text);
    set_handle('set_model_button', set_model_button);
```

```
    set_handle('save_model_extension_popup_menu', save_model_extension_popup_
menu);
    set_handle('choose_option_text', choose_option_text);
    set_handle('choose_option_popup_menu', choose_option_popup_menu);
    set_handle('change_option_inputfield', change_option_inputfield);

    % logger = Logger('log_inputfield', true);
    logger = Logger('log_inputfield');
    init(logger, log_inputfield);

endfunction
```

控制投影效果应用的初始效果如图 4-15 所示。

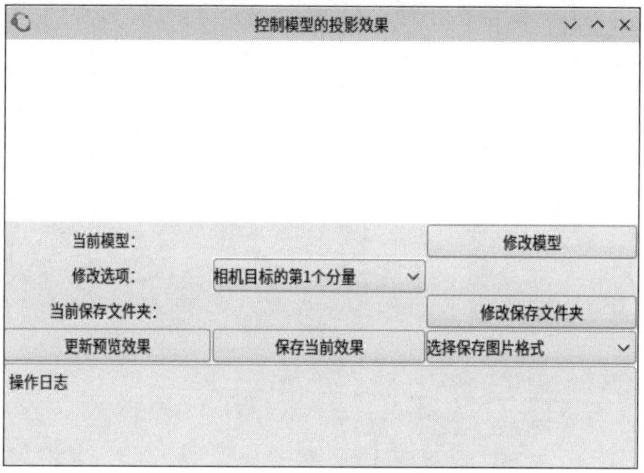

图 4-15　控制投影效果应用的初始效果

4.6.3　更新模型文件的预览效果

与图片或视频格式的模型不同，要控制投影效果，就必须使用基于 Octave 的轴对象绘制的模型。

此外，在选择模型文件时也不再调用 imread()等函数读取和处理图片，而是直接执行一个用于绘制模型的脚本并直接将脚本中的模型绘制在控制投影效果应用的、输出预览画面的区域中。

此外，模型的绘制效果应该完全被脚本控制，而不应该在控制投影效果应用中添加额外的控制步骤。例如，二维机器人模型和三维机器人模型都允许追加绘制其他图形对象，此时控制投影效果应用也应该按照模型的设计而允许追加绘制其他图形对象，而不应该在用户修改模型的过程中添加“清除当前模型”等步骤，这样才能允许用户实现预期中的追加绘制其他图形对象的效果。

此外，预览模型文件也不再需要用于预览的图片。在模型是脚本的场景下，脚本的绘制效果就是预览效果，无须生成并读取用于预览的图片即可确定预览效果。

设计更新模型文件的预览效果的回调函数，当用户单击“修改模型”按钮并选择某个文件后，回调函数就将这个文件视为 Octave 脚本并按此文件绘制模型，代码如下：

```
#!/usr/bin/octave
#第 4 章/@ControlProjectEffectCallbacks/update_image_preview_effect.m

function update_image_preview_effect(this, current_model_text, current_save_
folder_text, image_type)
    ##-*- texinfo -*-
    ##@deftypefn {} {} update_image_preview_effect (@var{this}, @var{current_
model_text}, @var{current_save_folder_text}, @var{image_type})
    ##更新模型文件的预览效果
    ##
    ##@example
    ##param: this, current_model_text, current_save_folder_text
    ##@end example
    ##
    ##@end deftypefn
    global logger;
    global field;
    choose_image_file(this, image_type);
    ax = get_handle('ax');

    save_model_extension_popup_menu = get_handle('save_model_extension_popup_
menu');
    current_model_text = get_handle('current_model_text');
    current_save_folder_text = get_handle('current_save_folder_text');

    save_model_extension_string = get(save_model_extension_popup_menu, 'string');
    save_model_extension_index = get(save_model_extension_popup_menu, 'value');
    if isempty(get(current_model_text, 'string'))
        log_warning(logger, ClientHints.MODEL_PATH_IS_EMPTY);
    else
        if strcmp(image_type, 'model')
            source(get(current_model_text, 'string'));
        endif
    endif

endfunction
```

选择脚本 draw_droid_3d_with_bounding_box.m，用于绘制带边界盒的三维机器人模型，效果如图 4-16 所示。

其中，脚本 draw_droid_3d_with_bounding_box.m 的代码如下：

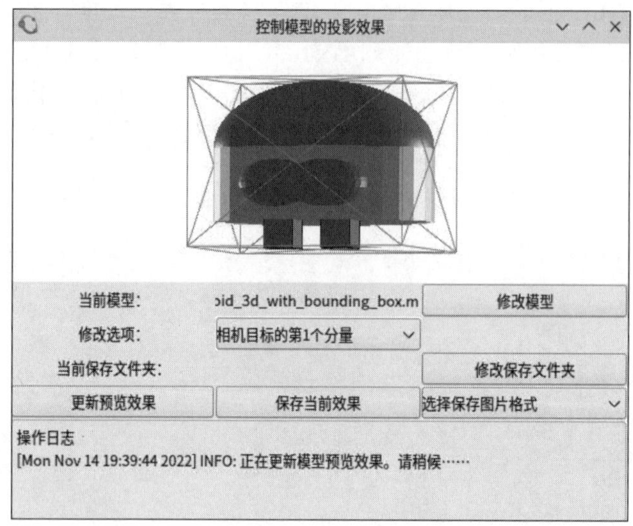

图 4-16　将模型修改为带边界盒的三维机器人模型的脚本的效果

```
#!/usr/bin/octave
#第 4 章/draw_droid_3d_with_bounding_box.m
function draw_droid_3d_with_bounding_box()
    ##-*-texinfo-*-
    ##@deftypefn {} {} draw_droid_3d_with_bounding_box ()
    ##绘制带边界盒的三维机器人模型
    ##
    ##@example
    ##param: -
    ##
    ##return: -
    ##@end example
    ##
    ##@end deftypefn

    d_1 = Droid3d(10, 20, 30, 40, 30, 40);
    bounding_coordinates_1 = draw(d_1);
    hold on;

endfunction
```

4.6.4 显示当前的选项值

在"选择修改选项"下拉菜单之后的选项输入框需要显示当前的选项值。设计"选择修改选项"下拉菜单的并和当前选中的值相关的监听器，当当前选中的值发生变化时，即选项键发生变化时会触发监听器，然后监听器会自动将这个输入框中的内容替换为对应的新的选项值。替换规则如下：

(1) 相机位置、相机目标和轴对象的方向是三元矩阵，在显示这类选项值时只将对应的某个分量取出。

(2) 相机视角是一个数字，在显示这类选项值时直接将这个数字取出。

(3) 如果选项值在取出时是数字，则先对数字以"{num2str(数字)}"数据格式进行转换再将选项输入框中的内容替换为这个选项值。

(4) 如果选项值在取出时是字符串，则直接将选项输入框中的内容替换为这个选项值。

"选择修改选项"下拉菜单的并和当前选中的值相关的监听器，代码如下：

```
#!/usr/bin/octave
#第 4 章/@ControlProjectEffectCallbacks/on_model_option_key_changed.m

function on_model_option_key_changed(this)
    ##-*- texinfo -*-
    ##@deftypefn {} {} on_model_option_key_changed (@var{this})
    ##"选择修改选项"下拉菜单的并和当前选中的值相关的监听器
    ##
    ##@example
    ##param: this
    ##
    ##return: -
    ##@end example
    ##
    ##@end deftypefn
    global logger;
    global field;
    ax = get_handle('ax');
    choose_option_popup_menu = get_handle('choose_option_popup_menu');
    change_option_inputfield = get_handle('change_option_inputfield');
    choose_option_matrix = get(choose_option_popup_menu, 'value');
    choose_option = choose_option_matrix(1);
    switch choose_option
        case 1
            cameratarget = get(ax, 'cameratarget');
             set(change_option_inputfield, 'string', {num2str(cameratarget
             (1))});
        case 2
            cameratarget = get(ax, 'cameratarget');
             set(change_option_inputfield, 'string', {num2str(cameratarget
             (2))});
        case 3
            cameratarget = get(ax, 'cameratarget');
             set(change_option_inputfield, 'string', {num2str(cameratarget
             (3))});
        case 4
            cameraposition = get(ax, 'cameraposition');
```

```
            set(change_option_inputfield, 'string', {num2str(cameraposition
            (1))});
        case 5
            cameraposition = get(ax, 'cameraposition');
            set(change_option_inputfield, 'string', {num2str(cameraposition
            (2))});
        case 6
            cameraposition = get(ax, 'cameraposition');
            set(change_option_inputfield, 'string', {num2str(cameraposition
            (3))});
        case 7
            cameraviewangle = get(ax, 'cameraviewangle');
            set(change_option_inputfield, 'string', {num2str(cameraviewangle)});
        case 8
            cameraupvector = get(ax, 'cameraupvector');
            set(change_option_inputfield, 'string', {num2str(cameraupvector
            (1))});
        case 9
            cameraupvector = get(ax, 'cameraupvector');
            set(change_option_inputfield, 'string', {num2str(cameraupvector
            (2))});
        case 10
            cameraupvector = get(ax, 'cameraupvector');
            set(change_option_inputfield, 'string', {num2str(cameraupvector
            (3))});
        otherwise
            log_error(logger, ClientHints.EXCHANGE_CAMERA_VALUE_FAILED);
            error(ClientHints.EXCHANGE_CAMERA_VALUE_FAILED);
    endswitch

endfunction
```

4.6.5 修改当前的选项值

在“选择修改选项”下拉菜单之后的选项输入框也起到输入的作用，用于修改当前的选项值。设计选项值发生变化的回调函数。当单击“更新预览效果”按钮时会触发回调函数，自动将选项输入框中的内容修改为轴对象的对应值。

注意：即便在输入框上绑定了和显示的字符串相关的监听器，Octave也不会调用这种监听器，所以要修改当前的选项值就必须设计回调函数。

修改规则如下：

(1) 如果要手动修改当前的选项值，则必须先将轴对象的camerapositionmode、

cameratargetmode、cameraupvectormode 和 cameraviewanglemode 属性修改为 manual，然后对当前的选项值手动修改才能生效。

(2) 如果"选择修改选项"下拉菜单之后的选项输入框中的内容是字符串，则先对内容以"内容{1}"数据格式进行转换，再执行其他的数据处理步骤。

(3) 相机位置、相机目标和轴对象的方向是三元矩阵，在修改这类选项值时先将原变量取出，再对"选择修改选项"下拉菜单之后的选项输入框中的内容以"str2num(内容)"数据格式进行转换以得到用于修改的数据，再将用于修改的数据按下标替换掉原变量对应的分量以得到新变量，最后将新变量设置为对应的属性值。

(4) 相机视角是一个数字，在修改这类选项值时先对"选择修改选项"下拉菜单之后的选项输入框中的内容以"str2num(内容)"数据格式进行转换以得到用于修改的数据，再将用于修改的数据设置为对应的属性值。

选项值发生变化的回调函数的代码如下：

```
#!/usr/bin/octave
#第 4 章/@ControlProjectEffectCallbacks/on_model_option_value_changed.m

function on_model_option_value_changed(this)
    ##-*- texinfo -*-
    ##@deftypefn {} {} on_model_option_value_changed (@var{this})
    ##模型选项值发生变化的回调函数
    ##
    ##@example
    ##param: this
    ##
    ##return: -
    ##@end example
    ##
    ##@end deftypefn
    global logger;
    global field;
    ax = get_handle('ax');
    set(ax, 'camerapositionmode', 'manual');
    set(ax, 'cameratargetmode', 'manual');
    set(ax, 'cameraupvectormode', 'manual');
    set(ax, 'cameraviewanglemode', 'manual');
    choose_option_popup_menu = get_handle('choose_option_popup_menu');
    change_option_inputfield = get_handle('change_option_inputfield');
    choose_option_matrix = get(choose_option_popup_menu, 'value');
    choose_option = choose_option_matrix(1);
    change_option = get(change_option_inputfield, 'string');
    % set_camera_to_manual_mode(this);
    check_param(this);
    if !isempty(change_option)
```

```
if iscell(change_option)
    change_option = change_option{1};
endif
switch choose_option
    case 1
        cameratarget = get(ax, 'cameratarget');
          cameratarget = [str2num(change_option), cameratarget(2),
          cameratarget(3)];
        set(ax, 'cameratarget', cameratarget);
        log_info(logger, sprintf(ClientHints.CHANGE_CAMERA_TARGET_TO,
        mat2str(cameratarget)));
    case 2
        cameratarget = get(ax, 'cameratarget');
          cameratarget = [cameratarget(1), str2num(change_option),
          cameratarget(3)];
        set(ax, 'cameratarget', cameratarget);
        log_info(logger, sprintf(ClientHints.CHANGE_CAMERA_TARGET_TO,
        mat2str(cameratarget)));
    case 3
        cameratarget = get(ax, 'cameratarget');
          cameratarget = [cameratarget(1), cameratarget(2), str2num
          (change_option)];
        set(ax, 'cameratarget', cameratarget);
        log_info(logger, sprintf(ClientHints.CHANGE_CAMERA_TARGET_TO,
        mat2str(cameratarget)));
    case 4
        cameraposition = get(ax, 'cameraposition');
         cameraposition = [str2num(change_option), cameraposition(2),
         cameraposition(3)];
        set(ax, 'cameraposition', cameraposition);
         log_info(logger, sprintf(ClientHints.CHANGE_CAMERA_POSITION_
         TO, mat2str(cameraposition)));
    case 5
        cameraposition = get(ax, 'cameraposition');
         cameraposition = [cameraposition(1), str2num(change_option),
         cameraposition(3)];
        set(ax, 'cameraposition', cameraposition);
         log_info(logger, sprintf(ClientHints.CHANGE_CAMERA_POSITION_
         TO, mat2str(cameraposition)));
    case 6
        cameraposition = get(ax, 'cameraposition');
        cameraposition = [cameraposition(1), cameraposition(2), str2num
        (change_option)];
        set(ax, 'cameraposition', cameraposition);
         log_info(logger, sprintf(ClientHints.CHANGE_CAMERA_POSITION_
         TO, mat2str(cameraposition)));
```

```
            case 7
                set(ax, 'cameraviewangle', str2num(change_option));
                log_info(logger, sprintf(ClientHints.CHANGE_CAMERA_ANGLE_TO,
                change_option));
            case 8
                cameraupvector = get(ax, 'cameraupvector');
                cameraupvector = [str2num(change_option), cameraupvector(2),
                cameraupvector(3)];
                set(ax, 'cameraupvector', cameraupvector);
                log_info(logger, sprintf(ClientHints.CHANGE_CAMERA_AXES_
                POSITION_TO, mat2str(cameraupvector)));
            case 9
                cameraupvector = get(ax, 'cameraupvector');
                cameraupvector = [cameraupvector(1), str2num(change_option),
                cameraupvector(3)];
                set(ax, 'cameraupvector', cameraupvector);
                log_info(logger, sprintf(ClientHints.CHANGE_CAMERA_AXES_
                POSITION_TO, mat2str(cameraupvector)));
            case 10
                cameraupvector = get(ax, 'cameraupvector');
                cameraupvector = [cameraupvector(1), cameraupvector(2), str2num
                (change_option)];
                set(ax, 'cameraupvector', cameraupvector);
                log_info(logger, sprintf(ClientHints.CHANGE_CAMERA_AXES_
                POSITION_TO, mat2str(cameraupvector)));
            otherwise
                log_error(logger, ClientHints.CHANGE_CAMERA_FAILED);
                error(ClientHints.CHANGE_CAMERA_FAILED);
        endswitch
    endif

endfunction
```

4.6.6 保存模型文件的预览效果

由于预览模型文件不再需要用于预览的图片，因此保存模型文件的预览效果也不再按照重新生成预览图片并保存预览图片的步骤，而是调用 saveas()函数将输出预览画面的区域中的所有图形对象导出为图片文件。

此外，在新的保存步骤中也同样支持选择图片的输出格式。

设计保存模型文件的预览效果的回调函数，当用户单击“保存当前效果”按钮、选择了保存的路径并指定了保存文件名后，回调函数将当前的模型效果保存为图片，代码如下：

```
#!/usr/bin/octave
#第 4 章/@ControlProjectEffectCallbacks/callback_save_model.m
```

```
function callback_save_model(h, ~, this)
    ##-*- texinfo -*-
    ##@deftypefn {} {} callback_save_model (@var{h}, @var{~}, @var{this})
    ##保存当前的模型效果
    ##
    ##@example
    ##param: h, ~, this
    ##
    ##return: -
    ##@end example
    ##
    ##@end deftypefn
    global logger;
    global field;

    save_model_extension_popup_menu = get_handle('save_model_extension_popup_
menu');
    current_save_folder_text = get_handle('current_save_folder_text');
    current_model_text = get_handle('current_model_text');
    ax = get_handle('ax');

    save_model_extension_string = get(save_model_extension_popup_menu, 'string');
    save_model_extension_index = get(save_model_extension_popup_menu, 'value');
    current_save_model_extension = save_model_extension_string{save_model_
extension_index};
    if save_model_extension_index == 0 || save_model_extension_index == 1
        current_save_model_extension = 'png';
        log_info(logger, ClientHints.SAVE_IMAGE_USING_DAFAULT_EXTENSION);
    endif

    out_file_name = gen_out_file_name(this, current_save_folder_text);

    log_info(logger, ClientHints.SAVING);
    if isfile(out_file_name)
        [fname, fpath, fltidx] = uiputfile(current_save_model_extension,
        ClientHints.CHOOSE_SAVE_IMAGE, ['composite.', current_save_model_
        extension]);
        if fname && fpath
            full_path = [fpath, fname];
            if isfile(full_path)
                delete(full_path);
            endif
            saveas(ax, full_path);
            log_info(logger, ClientHints.SAVE_SUCCESS);
        else
```

```
            log_warning(logger, ClientHints.SAVE_CANCEL);
        endif
    else
        log_error(logger, ClientHints.SAVE_FAILURE);
    endif

endfunction
```

将带边界盒的三维机器人模型的相机目标改为[27.5 50 45]、将相机位置改为[－2000 800 150]、将相机视角改为1.5且将轴对象的方向改为[0 0 －1]的效果如图4-17所示。

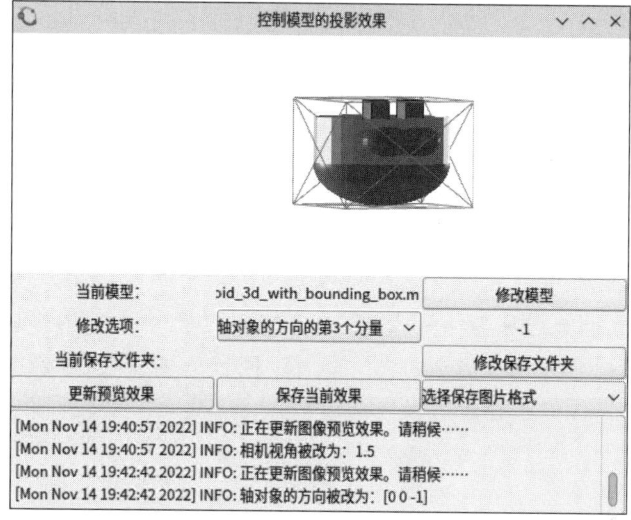

图4-17 修改相机目标、相机位置、相机视角和轴对象的方向的效果

第 5 章

畸　　变

通过现实中的相机拍摄的照片会不可避免地产生畸变。畸变由相机、透镜形状和变焦程度等因素共同决定。

5.1　图像畸变

5.1.1　径向畸变

由透镜形状引起的畸变称为径向畸变。相机的镜头由多个透镜组成,而透镜的成像原理涉及弯曲光线,所以经过相机镜头的光线会有不同程度的弯曲,这就会造成图像的失真。在相机拍摄到图像时,图像越靠近边缘失真越大。

由于透镜往往是中心对称的,在形状上接近于理想的透镜,因此不必考虑透镜的中心位置,并且畸变以径向畸变为主。径向畸变的特点是:光线在远离透镜中心的地方比靠近中心的地方更加弯曲。径向畸变分为两大类,即桶形畸变和枕形畸变。

5.1.2　桶形畸变和枕形畸变

桶形畸变的特点是:图像的像素向图像中心发散。以网格图片为例,发生桶形畸变的网格图片的效果如图 5-1 所示。

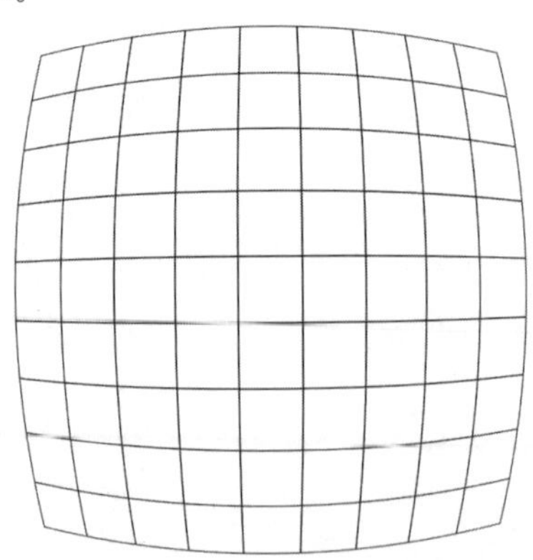

图 5-1　发生桶形畸变的网格图片的效果

枕形畸变的特点是：图像的像素向图像中心聚拢。以网格图片为例，发生枕形畸变的网格图片的效果如图 5-2 所示。

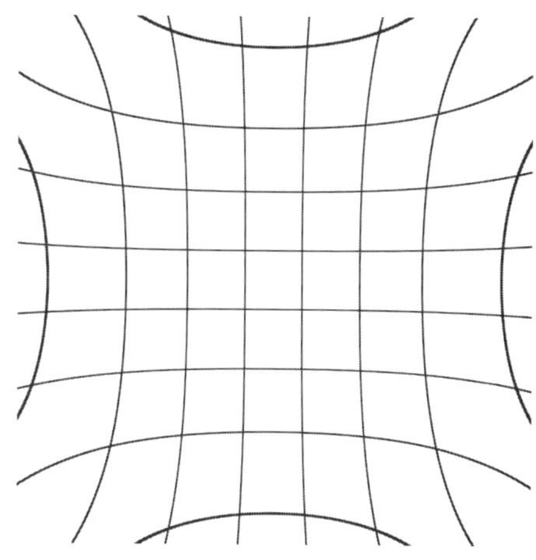

图 5-2　发生枕形畸变的网格图片的效果

5.1.3　切向畸变

切向畸变的特点是：透镜不完全平行于图像平面，即相机传感器在装配时与镜头间的角度不准。

5.2　Hugin

Hugin 是一种易用的跨平台的全景成像工具链，基于 Panorama 工具编写。Hugin 可以将一组马赛克照片组合成一个完整的身临其境的全景图，以及可以缝合任何一系列重叠的照片等。

Hugin 的功能很多，可以覆盖和处理与拍摄影像相关的大多数前期处理工作。本章侧重于 Hugin 的镜头校准功能。

5.2.1　安装 Hugin

通过 DNF 软件源安装 Hugin，命令如下：

```
$ sudo dnf install hugin
```

然后在应用菜单中可以看到安装后的 3 个选项，如图 5-3 所示。

图 5-3　Hugin 在安装后的 3 个选项

其中，Hugin Calibrate Lens（Hugin 镜头校准）就是在校准时需要使用的选项。

5.2.2 Hugin 镜头校准的默认状态

Hugin 镜头校准的 GUI 的默认状态如图 5-4 所示。

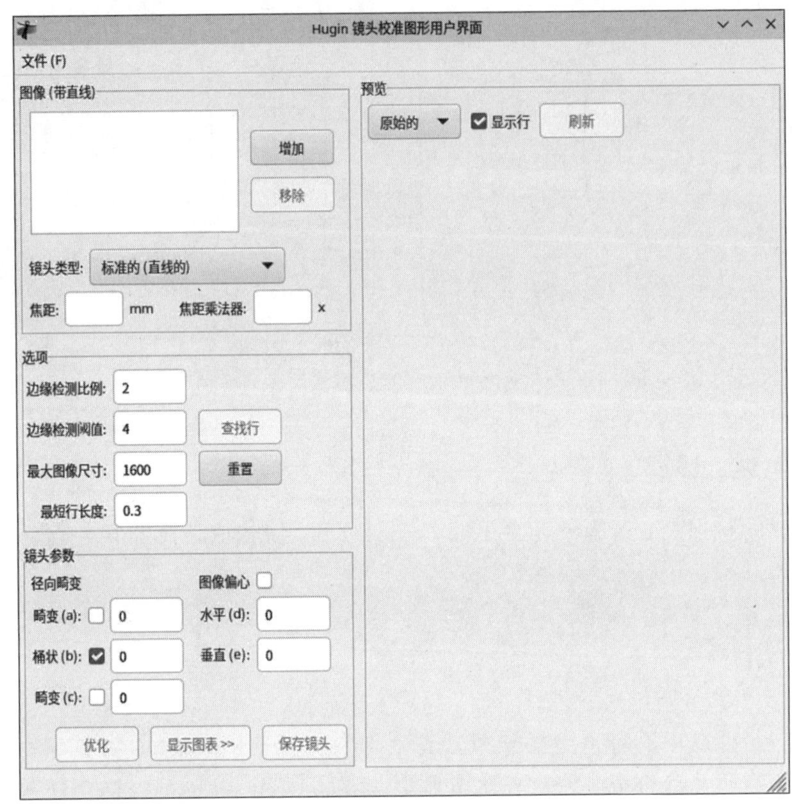

图 5-4 Hugin 镜头校准的 GUI 的默认状态

Hugin 镜头校准选项的默认值如表 5-1 所示。

表 5-1 Hugin 镜头校准选项的默认值

选　项	默认值	选　项	默认值
边缘检测比例	2	最大图像尺寸	1600
边缘检测阈值	4	最短行长度	0.3

此外，单击“优化”按钮即可重置“边缘检测比例”输入框、“边缘检测阈值”输入框、“最大图像尺寸”输入框和“最短行长度”输入框中的内容，然后这些输入框中的内容将变为默认值。

5.2.3 Hugin 镜头校准的镜头类型

Hugin 镜头校准支持的镜头类型包括标准的（直线的）、全景的（圆柱的）、圆形鱼眼、全帧鱼眼、等矩形的、正投影、立体图像、Equisolid 及鱼眼 Thoby。不同的镜头类型可能会导致算得的校准参数不同。

5.2.4 Hugin 镜头校准的图片要求

Hugin 在校准时需要事先用需要校准的相机或镜头拍摄一张带有直线的照片。一般而言，拍摄一张现代建筑的照片或以平行线组成的照片即可满足 Hugin 的校准需求。

5.2.5 Hugin 镜头校准的必选参数

在选择至少一张图片后，Hugin 还需要用户选择正确的镜头类型并至少填写焦距和焦距乘法器，然后单击“优化”按钮即可得到校准参数。

5.2.6 Hugin 镜头校准的可选参数

Hugin 默认只校准径向畸变。在勾选“图像偏心”复选框后，Hugin 将同时校准径向畸变和切向畸变。

此外，Hugin 默认只校准 b 参数。在勾选“畸变(a)”复选框后，Hugin 将同时校准 a 参数；在勾选“桶状(b)”复选框后，Hugin 将同时校准 b 参数；在勾选“畸变(c)”复选框后，Hugin 将同时校准 c 参数。

注意：在摄影技术中，如果只是校准桶形畸变或枕形畸变，则只应该校准 b 参数。在 AR 技术中目前没有这种要求。

5.2.7 Hugin 镜头校准的常见错误

Hugin 在校准时将试图自动查找图中的直线。如果 Hugin 没有找到直线，则在单击“优化”按钮后弹出错误对话框，如图 5-5 所示。

如果出现这种和检测行相关的错误，此时则可以适度修改“边缘检测比例”输入框、“边缘检测阈值”输入框、“最大图像尺寸”输入框和“最短行长度”输入框中的内容，然后单击“查找行”按钮，最后单击“优化”按钮重新查找直线。在使用直线效果不够标准的图片校准时往往要重复多次类似的修改参数的操作。

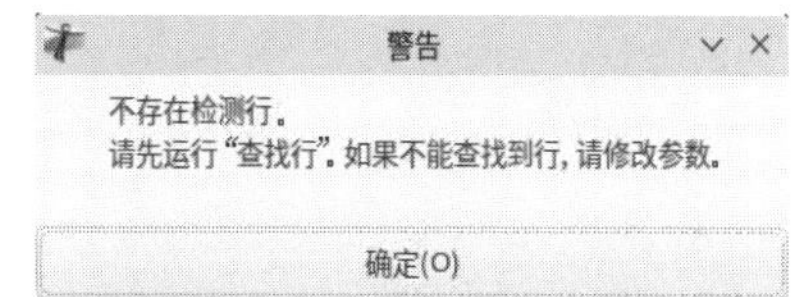

图 5-5 在单击“优化”按钮后弹出错误对话框

5.2.8 Hugin 镜头校准的预览功能

Hugin 在 GUI 的右半部分设计了预览区域，允许用户查看原始的图片、边缘检测结果及已经校正的结果。

预览功能的常见用法如下：

（1）用户可以核对当前文件名对应的原始的图片是否对应了想要用于校准的图片。如果用户发现当前文件名对应的图片不是想要用于校准的图片，则可及时单击“移除”按钮并更换正确的图片。

（2）如果出现和检测行相关的错误，则用户可以通过图片的边缘检测结果调整选项，从而提高调整参数的成功率。

（3）用户可以查看已经校正的结果，确认参数的有效性。如果用户对已经校正的结果不满意，则可以手动微调镜头参数，然后单击“刷新”按钮并查看新的已经校正的结果。

图 5-6 在单击“保存镜头”按钮后弹出的对话框

5.2.9 Hugin 保存镜头

此外，Hugin 还允许保存镜头。在 Hugin 成功校准并得到镜头的优化参数后，可以单击“保存镜头”按钮，弹出对话框如图 5-6 所示。

如果选择“保存镜头参数到 ini 文件”选项并单击“确定”按钮，则 Hugin 将打开文件保存器，用户可以先选择文件夹，然后保存 ini 文件。保存的 ini 文件如下：

```
#第 5 章/XT-AQ72-linux.ini
[Lens]
image_width = 4032
image_height = 3024
type = 0
hfov = 70.9788
hfov_link = 0
crop = 4.75
a = 0
a_link = 0
b = 0.0006
b_link = 0
c = 0
c_link = 0
d = 0
d_link = 0
e = 0
e_link = 0
g = 0
g_link = 0
t = 0
t_link = 0
Va = 1
Va_link = 0
Vb = 0
Vb_link = 0
Vc = 0
```

```
Vc_link = 0
Vd = 0
Vd_link = 0
Vx = 0
Vx_link = 0
Vy = 0
Vy_link = 0
Ra = 0
Ra_link = 0
Rb = 0
Rb_link = 0
Rc = 0
Rc_link = 0
Rd = 0
Rd_link = 0
Re = 0
Re_link = 0
[Lens/crop]
enabled = 0
autoCenter = 1
left = 0
top = 0
right = 4032
bottom = 3024
[EXIF]
CameraMake = Sony
CameraModel = XQ-AT72
FocalLength = 5.11
Aperture = 1.7
ISO = 100
CropFactor = 4.75
Distance = 0
```

如果选择 Save lens parameters to lens database 选项并单击“确定”按钮，则 Hugin 将打开“保存镜头到数据库”对话框，如图 5-7 所示。

图 5-7 “保存镜头到数据库”对话框

在勾选了至少1个应该保存的参数后，“保存镜头到数据库”对话框将允许单击“确定”按钮，然后单击“确定”按钮即可将当前的镜头保存到远程数据库，此后理论上其他人也可以在互联网上搜索到这个新的镜头参数。

注意：实际上，笔者没能在互联网上搜索到自己上传的新的镜头参数。

5.3 kalibr

kalibr是一种适用于特定场景的校准工具，可以进行多相机校准、相机-IMU校准、多IMU校准和滚动快门相机校准。

5.3.1 kalibr在Docker之下安装并校准相机

获取kalibr的源码，命令如下：

```
$ git clone https://github.com/ethz-asl/kalibr.git
```

进入kalibr文件夹，命令如下：

```
$ cd kalibr
```

使用kalibr的源码编译Docker容器，命令如下：

```
$ docker build -t kalibr -f Dockerfile_ros1_20_04
```

创建共享文件夹，命令如下：

```
$ mkdir /home/linux/kalibr_share_folder
```

编写kalibr的启动脚本，代码如下：

```
#第5章/run_kalibr.sh
FOLDER=/home/linux/kalibr_share_folder
xhost +
docker run -it -e "DISPLAY" -e "QT_X11_NO_MITSHM=1" \
    -v "/tmp/.X11-UNIX:/tmp/.X11-UNIX:rw" \
    -v "$FOLDER:/data" kalibr
```

添加run_kalibr.sh文件的可执行权限，命令如下：

```
$ sudo chmod +x run_kalibr.sh
```

启动kalibr容器，命令如下：

```
$ sudo ./run_kalibr.sh
```

在kalibr的容器的内部执行校准相机的命令如下：

```
#source devel/setup.bash
#rosrun kalibr kalibr_calibrate_cameras \
    --bag /data/cam_april.bag --target /data/april_6x6.yaml \
    --models pinhole-radtan pinhole-radtan \
    --topics /cam0/image_raw /cam1/image_raw
```

5.3.2　kalibr 源码安装并校准相机

首先安装 kalibr 的依赖。

kalibr 在编译前需要安装 ROS 1。详见 5.3.3 节中的内容。

首先安装 kalibr 相关的依赖。安装 Eigen 的头文件，命令如下：

```
$ sudo dnf install eigen3-devel
```

安装 git，命令如下：

```
$ sudo dnf install git
```

安装 wget，命令如下：

```
$ sudo dnf install wget
```

安装 autoconf，命令如下：

```
$ sudo dnf install autoconf
```

安装 automake，命令如下：

```
$ sudo dnf install automake
```

安装 nano，命令如下：

```
$ sudo dnf install nano
```

安装 Boost 的头文件，命令如下：

```
$ sudo dnf install boost-devel
```

安装 SuiteSparse，命令如下：

```
$ sudo dnf install suitesparse
```

安装 doxygen，命令如下：

```
$ sudo dnf install doxygen
```

安装 OpenCV 的头文件，命令如下：

```
$ sudo dnf install opencv-devel
```

安装 poco 的头文件，命令如下：

```
$ sudo dnf install poco-devel
```

安装 TBB 的头文件，命令如下：

```
$ sudo dnf install tbb-devel
```

安装 BLAS 的头文件，命令如下：

```
$ sudo dnf install blas-devel
```

安装 LAPACK 的头文件，命令如下：

```
$ sudo dnf install lapack-devel
```

安装 V4L 的头文件，命令如下：

```
$ sudo dnf install v4l-utils-devel-tools
```

初始化 catkin 工作空间，命令如下：

```
$ cd ~/kalibr_workspace/src
```

将 kalibr 的源码复制到 catkin 工作空间下，命令如下：

```
$ git clone https://github.com/ethz-asl/kalibr.git
```

编译 kalibr，命令如下：

```
$ cd ~/kalibr_workspace/
$ catkin build -DCMAKE_BUILD_TYPE = Release -j4
```

在 catkin 工作空间下执行校准相机的命令，命令如下：

```
$ source ~/kalibr_workspace/devel/setup.bash
$ rosrun kalibr <command_you_want_to_run_here>
```

5.3.3 kalibr 以 ROS 包的格式收集数据

kalibr 提供了 bagcreater 命令，用于将图像数据和 IMU 数据收集到同一个 ROS 包中，其中图像数据为一幅或多幅图片，IMU 数据为 CSV 文件。

将图像数据和 IMU 数据收集到同一个 ROS 包中的命令如下：

```
$ kalibr_bagcreater --folder dataset-dir/. --output-bag awsome.bag
```

解压 ROS 包中的数据的命令如下：

```
$ kalibr_bagextractor --image-topics /cam0/image_raw /cam1/image_raw --imu-
topics /imu0 --output-folder dataset-dir --bag awsome.bag
```

在收集数据时需要保持校准目标固定，并且将相机-IMU 系统移动到目标前面，以激发所有 IMU 轴。此外，还要确保校准目标的良好和均匀照明，并保持较短的相机快门时间，以避免过度的运动模糊。kalibr 建议用于校准的相机在 20Hz 且 IMU 在 200Hz。

5.3.4 kalibr 校准多个相机

kalibr 的多摄像机校准工具用于估计多摄像机系统的内参和外参，要求相邻摄像机具有重叠的视场。

图像数据需要作为 ROS 包提供,其中包含所有摄像机的图像流。校准流程将遍历所有图像,并根据信息论测量并选取图像,以获得系统参数的良好估计。

在校准时允许投影和失真模型的任意组合。

kalibr 在校准多个相机时必须通过命令传入的参数如下:

(1) --bag filename.bag。此参数代表用于校准的图像数据。

(2) --topics TOPIC_0 ... TOPIC_N。此参数代表所有相机的 topic 的列表,并且列表的顺序必须和--models 参数一一对应。

(3) --models MODEL_0 ... MODEL_N。此参数代表相机模型和/或畸变模型的列表。

(4) --target target.yaml。此参数代表输出校准文件的文件名。

使用 kalibr 校准多个相机的代码如下:

```
kalibr_calibrate_cameras --bag [filename.bag] --topics [TOPIC_0 ... TOPIC_N]
--models [MODEL_0 ... MODEL_N] --target [target.yaml]
```

查看 kalibr 校准多个相机的用法的代码如下:

```
kalibr_calibrate_cameras --h
```

5.3.5 kalibr 校准带 IMU 的相机

相机 IMU 校准工具估计相机系统相对于固有校准 IMU 的空间和时间参数。图像数据和 IMU 数据需要作为 ROS 包提供。相机 IMU 校准工具使用样条曲线对系统姿态进行建模并在批处理理优化中估计校准参数。

IMU 的固有参数(例如刻度、轴不重合度、非线性度等)需要预先校准,并将其校正应用于原始测量。将校准参数写入 IMU 配置文件中,并采用 YAML 格式编写,其中包含加速度计和陀螺仪的噪声密度和偏差的随机扰动。

IMU 配置文件的文件名为 camchain.yaml,用于整个相机系统的校准。每个相机的校准参数如下:

(1) camera_model 代表相机的投影模型,可选 pinhole 或 omni。

(2) intrinsics 代表相机内参向量。如果相机模型是 pinhole,则参数值的格式为[fu fv pu pv];如果相机模型是 omni,则参数值的格式为[xi fu fv pu pv];如果相机模型是 ds,则参数值的格式为[xi alpha fu fv pu pv];如果相机模型是 eucm,则参数值的格式为[alpha beta fu fv pu pv]。详见 kalibr 支持的相机模型。

(3) distortion_model 代表镜头畸变模型,可选 radtan 或 equidistant。

(4) distortion_coeffs 代表镜头畸变模型的参数向量。详见 kalibr 支持的畸变模型。

(5) T_cn_cnm1 代表相机外参的变换矩阵,总和批处理过程中的最后一个摄像头有关。例如,T_cn_cnm1=T_c1_c0 变换将点从相机 c0 的坐标系变换到相机 c1 的坐标系。

(6) T_cam_imu 代表 IMU 外参的变换矩阵,用于将点从 IMU 坐标系变换到相机的坐标系。

(7) timeshift_cam_imu 代表相机和 IMU 之间的时移，其中 t_imu=t_cam+shift。

(8) rostopic 代表 ROS 中的相机图像的 topic。

(9) resolution 代表图像的分辨率，格式为[width，height]。

示例配置文件 chain.yaml 的代码如下：

```
#第 5 章/chain.yaml
cam0:
  camera_model: pinhole
  intrinsics: [461.629, 460.152, 362.680, 246.049]
  distortion_model: radtan
  distortion_coeffs: [-0.27695497, 0.06712482, 0.00087538, 0.00011556]
  T_cam_imu:
  - [0.01779318, 0.99967549,-0.01822936, 0.07008565]
  - [-0.9998017, 0.01795239, 0.00860714,-0.01771023]
  - [0.00893160, 0.01807260, 0.99979678, 0.00399246]
  - [0.0, 0.0, 0.0, 1.0]
  timeshift_cam_imu: -8.121e-05
  rostopic: /cam0/image_raw
  resolution: [752, 480]
cam1:
  camera_model: omni
  intrinsics: [0.80065662, 833.006, 830.345, 373.850, 253.749]
  distortion_model: radtan
  distortion_coeffs: [-0.33518750, 0.13211436, 0.00055967, 0.00057686]
  T_cn_cnm1:
  - [ 0.99998854, 0.00216014, 0.00427195,-0.11003785]
  - [-0.00221074, 0.99992702, 0.01187697, 0.00045792]
  - [-0.00424598,-0.01188627, 0.99992034,-0.00064487]
  - [0.0, 0.0, 0.0, 1.0]
  T_cam_imu:
  - [ 0.01567142, 0.99978002,-0.01393948,-0.03997419]
  - [-0.99966203, 0.01595569, 0.02052137,-0.01735854]
  - [ 0.02073927, 0.01361317, 0.99969223, 0.00326019]
  - [0.0, 0.0, 0.0, 1.0]
  timeshift_cam_imu: -8.681e-05
  rostopic: /cam1/image_raw
  resolution: [752, 480]
```

示例配置文件 imu.yaml 的代码如下：

```
#第 5 章/imu.yaml
#Accelerometers
accelerometer_noise_density: 1.86e-03   #Noise density (continuous-time)
```

```
accelerometer_random_walk: 4.33e-04   #Bias random walk

#Gyroscopes
gyroscope_noise_density:   1.87e-04   #Noise density (continuous-time)
gyroscope_random_walk:     2.66e-05   #Bias random walk

rostopic:                  /imu0      #the IMU ROS topic
update_rate:               200.0     #Hz(for discretization of the values above)
```

kalibr 校准带 IMU 的相机的代码如下：

```
$ kalibr_calibrate_imu_camera --bag [filename.bag] --cam [camchain.yaml] --imu
[imu.yaml] --target [target.yaml]
```

kalibr 显示校准带 IMU 的相机的帮助的代码如下：

```
$ kalibr_calibrate_imu_camera --h
```

校准后输出的文件如下：

（1）report-imucam-%BAGNAME%.pdf 代表 PDF 格式的校准报告，包含全部的校准点。

（2）results-imucam-%BAGNAME%.txt 代表缩略的文本格式的校准结果。

（3）camchain-imucam-%BAGNAME%.yaml 代表 YAML 格式的校准结果。

5.3.6 kalibr 校准多个 IMU

kalibr 除了可以像校准多个相机一样校准多个 IMU，还允许根据 x 轴方向的加速度计估计 IMU 内参、y 轴方向的加速度计和 z 轴方向的加速度计。

kalibr 校准多个 IMU 的配置文件和校准带 IMU 的相机的配置文件写法类似，校准数据的收集步骤类似且校准后输出的文件也类似。

kalibr 校准多个 IMU 的命令如下：

```
$ kalibr_calibrate_imu_camera --bag [filename.bag] --imu IMU_YAMLS [IMU_YAMLS
...] --imu-models IMU_MODELS [IMU_MODELS ...] --target [target.yaml]
```

其中，--imu 参数允许指定一个或多个配置文件，每个配置文件对应一个 IMU 的配置。第 1 个 IMU 是参考 IMU；--imu-models 参数允许指定一个或多个配置文件，每个配置文件对应一个 IMU 的模型。支持的 IMU 的模型包括 calibrated、scale-misalignment 和 scale-misalignment-size-effect，并且默认为 calibrated。

此外，kalibr_calibrate_imu_camera 命令还允许追加--imu-delay-by-correlation、--reprojection-sigma、--recompute-camera-chain-extrinsics、--timeoffset-padding 和--perform-synchronization 可选参数，参数的含义如下：

（1）--imu-delay-by-correlation 表示指定一个 IMU 之间隐含的同步偏差。

(2) --reprojection-sigma 表示校准目标在重新投影到校准后的图像上的比例。

(3) --recompute-camera-chain-extrinsics 表示带 IMU 的相机在校准时会将相机的外参一并加入计算,以消除相机和 IMU 之间不平衡的影响。

(4) --timeoffset-padding 需要和--time-calibration 连用,表示在校准时追加一定长度的时间偏移量。

(5) --perform-synchronization 表示启用同步优化,用于优化在设备时钟内部的抖动和偏差。指定此参数后将修改计时的结果,因此只推荐在设计合适的系统时指定此参数。

5.3.7 kalibr 校准滚动快门相机

kalibr 可以完全校准滚动快门相机的内参,包括投影、畸变和快门参数。

kalib 校准滚动快门相机的校准数据的收集步骤和校准带 IMU 的相机类似。

kalibr 校准滚动快门相机的命令如下:

```
$ rosrun kalibr kalibr_calibrate_rs_cameras \
    --bag MYROSBAG.bag --model pinhole-radtan-rs --target aprilgrid.yaml
    --topic /cam0/image_raw --inverse-feature-variance 1 --frame-rate 30
```

kalibr 支持的滚动快门相机的模型包括 pinhole-radtan-rs、pinhole-equi-rs 和 omni-radtan-rs,共 3 个模型。

kalibr 在校准后会把参数输出到终端中。

5.3.8 kalibr 对优化校准结果的改进建议

kalibr 对优化校准结果的改进建议如下:

(1) 用平移加旋转的移动方式尝试激发所有的 IMU 轴。

(2) 避免震动相机或 IMU。在拿起或放下相机或 IMU 时要尤其注意。

(3) 尽量降低运动模糊。可适当降低快门时间或增加补光。

此外,如果要使用具有对称性的校准目标(例如棋盘格、圆形等),则必须避免可能导致目标姿态估计翻转的移动。建议使用校准目标 Aprilgrid 以完全避免此问题。

5.3.9 kalibr 使用数据集校准

kalibr 使用数据集校准的命令如下:

```
$ kalibr_calibrate_imu_camera --target april_6x6.yaml --cam camchain.yaml
--imu imu_adis16448.yaml --bag dynamic.bag --bag-from-to 5 45
```

5.3.10 kalibr 支持的相机模型

kalibr 支持的相机模型如表 5-2 所示。

表 5-2 kalibr 支持的相机模型

相机模型	参数键	参数值的格式
针孔相机模型	pinhole	[fu fv pu pv]
全向相机模型	omni	[xi fu fv pu pv]
双球面相机模型	ds	[xi alpha fu fv pu pv]
扩展通用型相机模型	eucm	[alpha beta fu fv pu pv]

其中,fu 和 fv 代表焦距;pu 和 pv 代表主点;xi 代表镜像参数(仅适用于全向相机模型);xi 和 alpha 代表双球面模型参数(仅适用于双球面相机模型); alpha 和 beta 代表扩展通用型模型参数(仅适用于扩展通用型相机模型)。

5.3.11 kalibr 支持的畸变模型

kalibr 支持的畸变模型如表 5-3 所示。

表 5-3 kalibr 支持的畸变模型

畸变模型	参数键	参数值的格式
径向和切向畸变	radtan	[k1 k2 r1 r2]
等距畸变	equi	[k1 k2 k3 k4]
fov 畸变	fov	[w]
无畸变	none	[ ]

5.3.12 kalibr 支持的校准目标

kalibr 支持 Aprilgrid、棋盘格和圆形,共 3 种校准目标,其中 kalibr 推荐使用 Aprilgrid。示例配置文件 aprilgrid.yaml 的代码如下:

```
#第 5 章/kalibr/aprilgrid.yaml
target_type: 'aprilgrid' #gridtype
tagCols: 6                  #number of apriltags
tagRows: 6                  #number of apriltags
tagSize: 0.088              #size of apriltag, edge to edge [m]
tagSpacing: 0.3             #ratio of space between tags to tagSize
                            #example: tagSize = 2m, spacing = 0.5m --> tagSpacing =
                            #0.25[-]
```

示例配置文件 checkerboard.yaml 的代码如下:

```
#第 5 章/kalibr/checkerboard.yaml
target_type: 'checkerboard' #gridtype
```

```
targetCols: 6                 #number of internal chessboard corners
targetRows: 7                 #number of internal chessboard corners
rowSpacingMeters: 0.06        #size of one chessboard square [m]
colSpacingMeters: 0.06        #size of one chessboard square [m]
```

示例配置文件 circlegrid.yaml 的代码如下：

```
#第 5 章/kalibr/circlegrid.yaml
target_type: 'circlegrid'  #gridtype
targetCols: 6               #number of circles(cols)
targetRows: 7               #number of circles(rows)
spacingMeters: 0.02         #distance between circles [m]
asymmetricGrid: False       #use asymmetric grid (opencv) [bool]
```

kalibr 下载对应的校准目标作为 PDF 的命令如下：

```
$ kalibr_create_target_pdf --type apriltag --nx [NUM_COLS] --ny [NUM_ROWS] --
tsize [TAG_WIDTH_M] --tspace [TAG_SPACING_PERCENT]
```

此外，kalibr_create_target_pdf 还可以追加--show-extraction 参数，用于可视化校准目标的解压过程。通过可视化操作，可以在手动修改配置文件时更容易查找问题。

使用校准目标的要点如下：

(1) 确保校准目标尽可能平整，建议将校准目标贴到刚体平面上，例如铝板和亚克力板。

(2) 打印机可能会在打印时缩放 PDF 文件，此时就需要将校准目标预先缩放到另一个尺寸，然后打印机即可将校准目标缩放到合理的尺寸。

(3) 在校准目标四周预留至少 1 个网格的尺寸宽度的白色边框，用于排除由于光照因素导致的目标检测失败。

5.3.13 kalibr 设置相机焦点

kalibr 允许设置相机焦点以便于校准的结果可复现。这个功能将订阅图像的 topic 并且显示实时图像和焦点的测量结果。

将相机的镜头对准高密度的校准目标，然后调节焦点即可极大程度地减小后续的计算量。kalibr 在设置相机焦点前要求用这种方式采集校准数据。

kalibr 设置相机焦点的代码如下：

```
kalibr_camera_focus --topic [IMAGE_TOPIC]
```

注意：kalibr 当且仅当在配合 ROS 使用时才允许设置相机焦点。

5.3.14 kalibr 校准验证器

kalibr 校准验证器允许从 ROS 流中取出校准目标，并显示与提取的角的重投影之后的重叠图像。此外，kalibr 校准验证器还会计算并显示单目镜头和相机间重投影误差的统计信息。

运行 kalibr 校准验证器的代码如下：

```
kalibr_camera_validator --cam camchain.yaml --target target.yaml
```

注意： 当且仅当在配合 ROS 使用时才允许运行 kalibr 校准验证器。

5.3.15 kalibr 配合 ROS 2 使用

kalibr 默认只支持 ROS 1。此时，如果当前的环境只有 ROS 2 而不便于安装 ROS 1，则需要额外的兼容性操作。

和 kalibr_bagcreater 不同，在 ROS 2 下将图像数据和 IMU 数据收集到同一个 ROS 包中的命令如下：

```
$ pip3 install rosbags>=0.9.12 #might need -U
$ rosbags-convert <ros2_bag_folder> --dst calib_01.bag --Excelude-topic <non_
img_and_imu_topics>
```

启动 kalibr 容器，命令如下：

```
$ sudo ./run_kalibr.sh
```

然后即可正常运行校准代码。

和 kalibr_bagextractor 不同，在 ROS 2 下解压 ROS 包中的校准数据的命令如下：

```
$ pip3 install rosbags>=0.9.11
$ rosbags-convert calib_01.bag --dst <ros2_bag_folder>
```

5.4 畸变的校准

畸变的校准主要涉及 a、b 和 c 共 3 个参数。用这 3 个参数即可校准镜头在某个焦距之下拍摄的所有照片的畸变。

5.4.1 用现成的参数校准畸变

先从图片中获取 EXIF 信息，用于确定相机型号或镜头型号。照片的 EXIF 信息中会体现对应的相机型号或镜头型号。具体的 EXIF 信息可能如下：

```
exif:Model = Coolpix995
exif:Make = Nikon
```

以上的 EXIF 信息提示当前照片是用尼康 Coolpix 995 相机或镜头拍摄的。查询尼康官网后可知 Coolpix 995 是一款相机的型号，因此可知这张照片是用尼康 Coolpix 995 相机拍摄的。

在互联网上可以找到 PTLens 等用于校准畸变的工具，然而，PTLens 的镜头数据库是加密的，它只能由 PTLens 软件读取。直到 2006 年 2 月，PTLens 的数据库才以 XML 格式编码。这个 2006 版的 PTLens XML 数据库仍然可以合法地在 Hugin 的 SourceForge 网站上获得，并提供许多旧型号相机的数据。

当 PTLens 的数据库被加密时，Hugin 的作者试图建立一个免费的 XML 编码镜头数据库作为替代方案。这个数据库叫作 LensFun。这种数据库提供了现成的校准参数，用户可以根据对应的相机型号或镜头型号直接将参数代入公式计算，以便校准结果。

在 LensFun 中的适用于尼康 Coolpix 995 相机的校准参数 XML 文件如下：

```
<!--第 5 章/Coolpix995.xml-->
  <lens>
    <maker>Nikon</maker>
    <model>Standard</model>
    <mount>nikon995</mount>
    <cropfactor>4.843</cropfactor>
    <calibration>
      <distortion model = "ptlens" focal = "8.2" a = "0" b = "-0.019966" c = "0" />
      <distortion model = "ptlens" focal = "10.1" a = "0" b = "-0.010931" c = "0" />
      <distortion model = "ptlens" focal = "13.6" a = "0" b = "-0.002049" c = "0" />
      <distortion model = "ptlens" focal = "18.4" a = "0" b = "0.003845" c = "0" />
      <distortion model = "ptlens" focal = "23.4" a = "0" b = "0.006884" c = "0" />
      <distortion model = "ptlens" focal = "28.3" a = "0" b = "0.008666" c = "0" />
      <distortion model = "ptlens" focal = "31" a = "0" b = "0.009298" c = "0" />
    </calibration>
  </lens>
```

尼康 Coolpix 995 的变焦范围为 8.2～31.0mm，对应于 35mm 相机的 38～152mm。算得焦距乘法器为 152/31≈4.90，大致对应于校准参数 XML 文件中的 4.843。

此外，校准参数 XML 文件中还存在不同焦距下的校准参数。如果照片是使用尼康 Coolpix 995 在最短的焦距之下拍摄的，则此时的校准参数就是 $a=0$、$b=-0.019966$ 且 $c=0$。

5.4.2 用 Hugin 校准畸变

以索尼 XQ-AT72 手机为例，用 Hugin 校准此手机的摄像头的畸变。首先查看相机或镜头的焦距和变焦范围。索尼 XQ-AT72 手机是一款安卓手机，因此可以安装 DevInfo 软件用于查看相机信息。

DevInfo 软件可以显示摄像头的最大自动对焦范围，对应于变焦范围的最大值。索尼

XQ-AT72 手机有多个摄像头，这里以主摄像头为例使用 DevInfo 软件查看摄像头的部分信息。DevInfo 软件显示的摄像头的最大自动对焦范围的截图如图 5-8 所示。

DevInfo 软件显示的摄像头的焦距截图如图 5-9 所示。

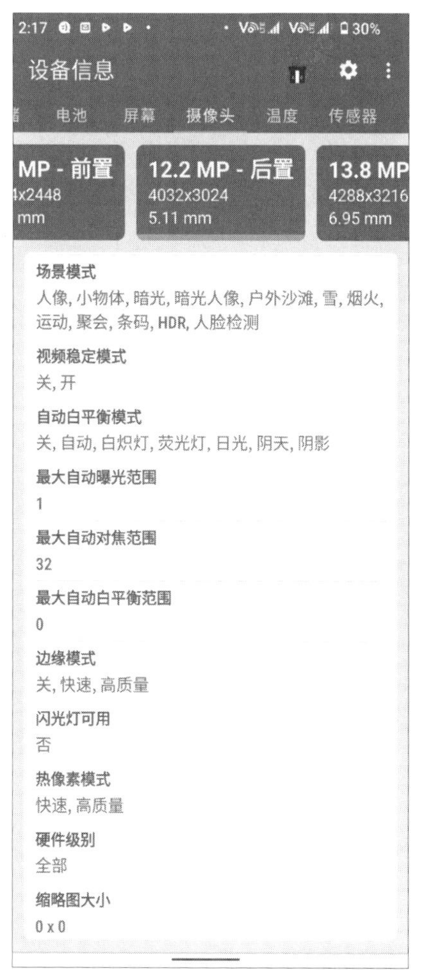

图 5-8　摄像头的最大自动对焦范围的截图

图 5-9　摄像头的焦距截图

从 DevInfo 软件中得知索尼 XQ-AT72 手机的最大自动对焦范围是 32 且焦距是 5.11mm，然后算得索尼 XQ-AT72 手机的焦距乘法器为 152/32=4.75。

最后即可计算索尼 XQ-AT72 手机在不同焦距下的校准参数。使用 5.11mm 焦距拍摄一张图片并放入 Hugin 进行校准，得到此时的校准参数是 a=0、b=0.0006 且 c=0，如图 5-10 所示。

然后使用其他焦距拍摄图片并放入 Hugin 进行校准即可得到索尼 XQ-AT72 手机在不同焦距下的校准参数。

图 5-10 Hugin 校准得到校准参数截图

5.5 畸变的矫正

5.5.1 用校准参数矫正畸变

用 ImageMagick 的桶形扭曲命令、桶形扭曲的逆变换命令和反向桶形扭曲命令即可矫正图像。

准备一个未矫正的网格图片作为示例模板，如图 5-11 所示。

将 a 参数指定为 0.2，将 b 参数指定为 0 且将 c 参数指定为 0 并对网格图片进行桶形扭曲，如图 5-1 所示，命令如下：

```
$ convert net_figure.png -virtual-pixel transparent -distort Barrel "0.2 0.0
0.0 1.0" new_net_figure.png
```

将 a 参数指定为−0.2，将 b 参数指定为 0 且将 c 参数指定为 0 并对网格图片进行桶形扭曲的逆变换，如图 5-2 所示，命令如下：

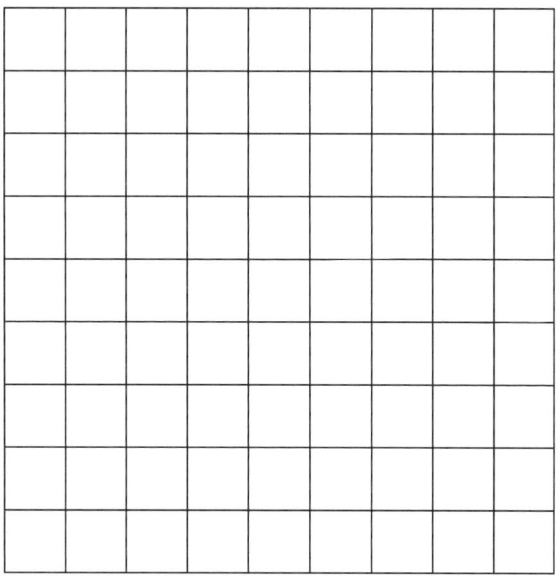

图 5-11 未矫正的网格图片

```
$ convert net_figure.png -virtual-pixel transparent -distort Barrel "-0.2 0.0
0.0 1.0" new_net_figure.png
```

将 a 参数指定为 0.2,将 b 参数指定为 0 且将 c 参数指定为 0 并对网格图片进行反向桶形扭曲,如图 5-12 所示。

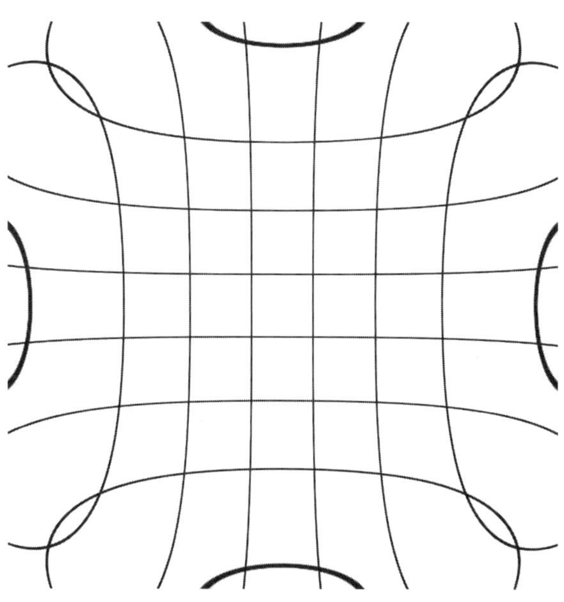

图 5-12 反向桶形扭曲的网格图片

反向桶形扭曲的命令如下：

```
$ convert net_figure.png -virtual-pixel transparent -distort BarrelInverse
"0.2 0.0 0.0 1.0" new_net_figure_inverse.png
```

由图 5-2 和图 5-12 对比可知，桶形扭曲的逆变换和反向桶形扭曲的结果有细微的不同，并且不同之处可以通过对比两幅图片的方式得到直观的感受。

5.5.2 用坐标映射矫正畸变

如果不便于运算或无法得到校准参数，则可以用坐标映射的方式矫正畸变。这种方式虽然拥有更大的运算难度，但拥有更广的适用范围。

径向畸变的数学模型可表示为

$$x_{\text{corrected}} = x(1 + k_1 r^2 + k_2 r^4 + k_3 r^6) \tag{5-1}$$

$$y_{\text{corrected}} = y(1 + k_1 r^2 + k_2 r^4 + k_3 r^6) \tag{5-2}$$

其中，$[x, y]^{\mathrm{T}}$ 是矫正前的点坐标，$[x_{\text{corrected}}, y_{\text{corrected}}]^{\mathrm{T}}$ 是矫正后的点坐标。如果矫正前的点是在三维空间中的点，则要先进行归一化处理，把所有点投影到二维坐标系上之后才能将坐标转换为$[x, y]^{\mathrm{T}}$。此数学模型涉及 k_1、k_2 和 k_3，共 3 个参数。

切向畸变的数学模型可表示为

$$x_{\text{corrected}} = x + 2p_1 xy + p_2(r^2 + 2x^2) \tag{5-3}$$

$$y_{\text{corrected}} = y + p_1(r^2 + 2y^2) + 2p_2 xy \tag{5-4}$$

此数学模型涉及 p_1 和 p_2，共两个参数。

综合径向畸变和切向畸变的数学模型可以得到坐标映射的数学模型如下：

$$x_{\text{corrected}} = x(1 + k_1 r^2 + k_2 r^4 + k_3 r^6) + 2p_1 xy + p_2(r^2 + 2x^2) \tag{5-5}$$

$$y_{\text{corrected}} = y(1 + k_1 r^2 + k_2 r^4 + k_3 r^6) + p_1(r^2 + 2y^2) + 2p_2 xy \tag{5-6}$$

将三维空间点投影到归一化图像平面，并将归一化坐标设为$[x, y]^{\mathrm{T}}$，然后将归一化坐标代入坐标映射的数学模型即可得到图像在相机坐标系内的矫正结果。

然后将相机坐标系内的矫正结果通过内参矩阵变换到图像坐标系内，变换方法如下：

$$\begin{bmatrix} u \\ v \\ 1 \end{bmatrix} = \boldsymbol{A} \begin{bmatrix} x_c \\ y_c \\ z_c \end{bmatrix} \tag{5-7}$$

其中，$\boldsymbol{A}$ 为内参矩阵，$[x, y, z]^{\mathrm{T}}$ 是相机坐标系内的点的坐标，$[u, v, 1]^{\mathrm{T}}$ 是相机坐标系内的点的坐标。变换到图像坐标系内的坐标就是最终显示的处理后的图像坐标。

编写用坐标映射矫正畸变的代码如下：

```
#第 5 章/coordination_remap.m
function coordination_remap(k_1, k_2, k_3, p_1, p_2)
    ##-*- texinfo -*-
    ##@deftypefn {} {} coordination_remap (@var{k_1}, @var{k_2}, @var{k_3},
@var{p_1}, @var{p_2})
    ##用坐标映射矫正畸变
```

```
    ##
    ##@example
    ##param: k_1, k_2, k_3, p_1, p_2
    ##
    ##return: -
    ##@end example
    ##
    ##@end deftypefn
    uigetfile_title = '选择矫正的图片';
    [fname, fpath, fltidx] = uigetfile('*', uigetfile_title, '');
    full_path = [fpath, fname];
    if fname && fpath
        source_img = imread(full_path);
    else
        error('选择图片失败,或取消选择图片。')
    endif
    A = [500 0 400;
        0 500 300;
        0 0 1];
    fx = A(1, 1);
    fy = A(2, 2);
    cx = A(1, 3);
    cy = A(2, 3);
    source_img = im2double(source_img);
    source_img = rgb2gray(source_img);
    [source_img_y_coordination source_img_x_coordination] = find(~isnan(source
_img));
    target_img_xyz_coordination = inv(A) * [
        source_img_x_coordination,...
        source_img_y_coordination,...
        ones(numel(source_img_x_coordination), 1)...
        ]';
    r_2 = target_img_xyz_coordination(1, :).^2 + target_img_xyz_coordination(2,
:).^2;
    target_img_x_coordination = target_img_xyz_coordination(1, :);
    target_img_y_coordination = target_img_xyz_coordination(2, :);

    target_img_x_coordination = target_img_x_coordination .* ...
                          (1 + k_1 * (target_img_xyz_coordination(1, :).^2 + ...
                          target_img_xyz_coordination(2, :).^2) + ...
                          k_2 * (target_img_xyz_coordination(1, :).^2 + ...
                          target_img_xyz_coordination(2, :).^2).^2 + ...
                          k_3 * (target_img_xyz_coordination(1, :).^2 + ...
                          target_img_xyz_coordination(2, :).^2).^3) + ...
                          2 * p_1 .* target_img_x_coordination .* target_img_y_
                          coordination + ...
                          p_2 * ((target_img_xyz_coordination(1, :).^2 + ...
                          target_img_xyz_coordination(2, :).^2) + 2 * target_
                          img_x_coordination.^2);
```

```
    target_img_y_coordination = target_img_y_coordination .* ...
                        (1 + k_1 * (target_img_xyz_coordination(1, :).^2 + ...
                        target_img_xyz_coordination(2, :).^2) + ...
                        k_2 * (target_img_xyz_coordination(1, :).^2 + ...
                        target_img_xyz_coordination(2, :).^2).^2 + ...
                        k_3 * (target_img_xyz_coordination(1, :).^2 + ...
                        target_img_xyz_coordination(2, :).^2).^3) + ...
                        2 * p_2 .* target_img_x_coordination .* target_img_y_
                        coordination + ...
                        p_1 * ((target_img_xyz_coordination(1, :).^2 + ...
                        target_img_xyz_coordination(2, :).^2) + 2 * target_
                        img_y_coordination.^2);
    output_img_x_coordination = reshape(fx * target_img_x_coordination + cx,
size(source_img));
    output_img_y_coordination = reshape(fy * target_img_y_coordination + cy,
size(source_img));
    output_img = interp2(source_img, output_img_x_coordination, output_img_y_
coordination);

    imshow(output_img);
endfunction
```

代码中使用的内参矩阵为[500 0 400;0 500 300;0 0 1],在实际运算时可以根据相机的内参调整此矩阵。以网格图片为例,使用参数 $k_1=0.1$、$k_2=0.2$、$k_3=0.3$、$p_1=0.4$ 和 $p_2=0.5$,调用矫正畸变的函数的代码如下:

```
>> coordination_remap(0.1,0.2,0.3,0.4,0.5)
```

算得最终的矫正结果如图 5-13 所示。

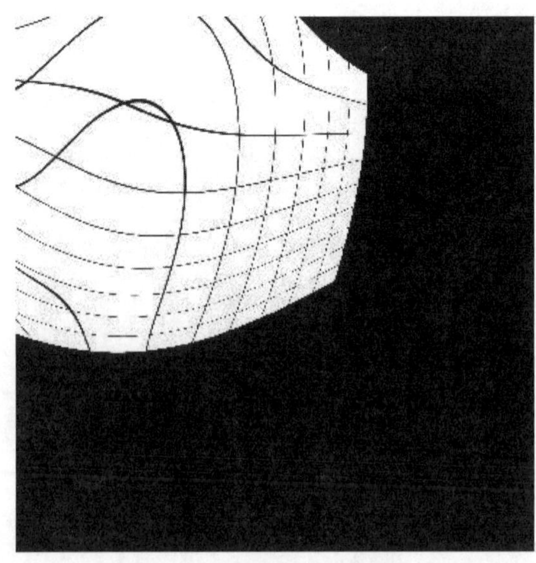

图 5-13 最终的矫正结果

5.6 通过 GUI 控制矫正效果

当模型的图片已经确定后，可以进一步通过 GUI 控制背景的矫正效果。在使用 ImageMagick 合成模型的图片和背景的图片之前可以先矫正背景，然后使用矫正后的背景合成模型。可以在矫正命令中指定 a、b 和 c 参数，从而实现不同的合成效果。

5.6.1 控制矫正效果应用原型设计

控制矫正效果应用不仅允许用户进行放置模型应用中的所有操作，还允许用户自主调节矫正参数。设计选择模型和背景界面，以及修改校准参数界面，并将选择模型和背景界面作为控制矫正效果应用的主界面，此界面允许用户选择模型和背景并预览放置后的效果。

在选择模型和背景界面上应该包含以下元素：

(1) 输出预览画面的区域。

(2) 提示当前模型、当前背景和当前保存文件夹的区域。

(3) 修改当前模型、当前背景和当前保存文件夹的按钮。

(4) 用于更新预览效果的按钮。

(5) 用于切换到修改校准参数界面的按钮。

(6) 操作日志区域。

根据以上元素绘制控制矫正效果界面的原型设计图，如图 5-14 所示。

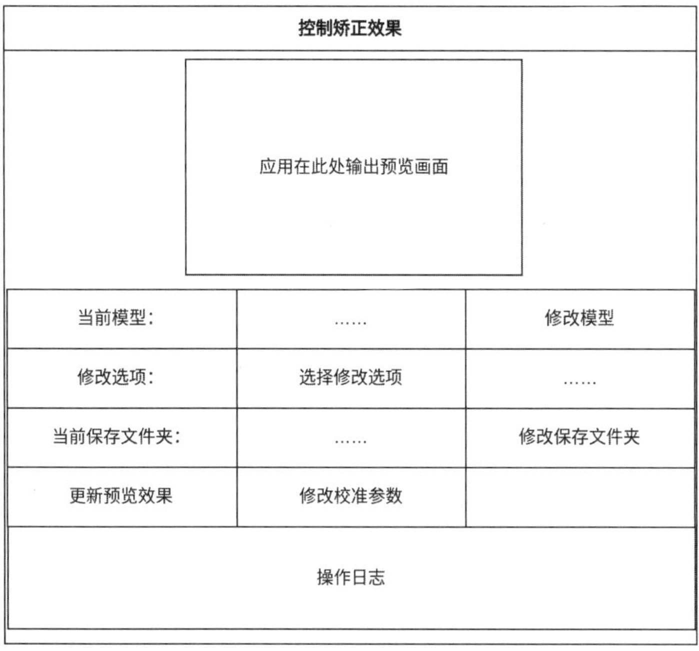

图 5-14 控制矫正效果界面的原型设计图

修改校准参数界面允许用户修改校准参数并保存预览图片。在修改校准参数界面上应该包含以下元素：

(1) 输出预览画面的区域。

(2) 提示校准参数的区域。

(3) 输入校准参数的输入框。

(4) 用于保存当前预览效果的按钮。

(5) 用于选择图片预览和保存格式的下拉菜单。

(6) 操作日志区域。

根据以上元素绘制修改校准参数界面的原型设计图，如图 5-15 所示。

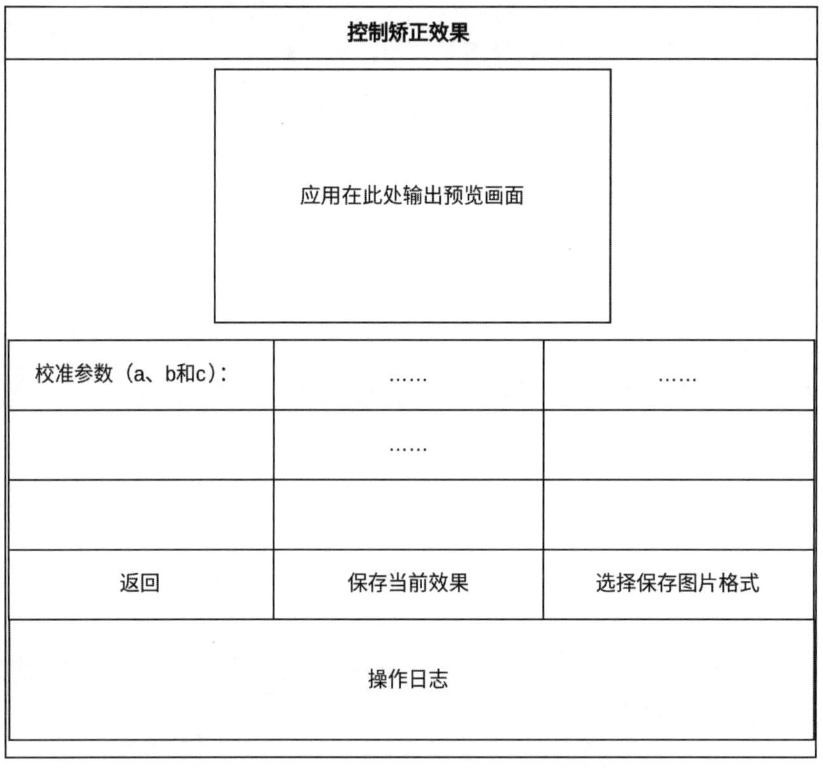

图 5-15 修改校准参数界面的原型设计图

5.6.2 控制矫正效果应用视图代码设计

控制矫正效果界面的默认效果如图 5-16 所示。

在选择模型和背景界面上单击“修改校准参数”按钮即可切换到修改校准参数界面。修改校准参数界面的默认效果如图 5-17 所示。

在修改校准参数界面上单击“返回”按钮即可切换回选择模型和背景界面。

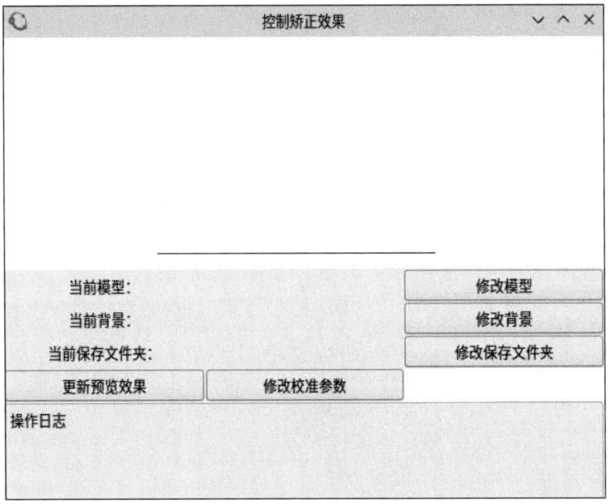

图 5-16 控制矫正效果界面的默认效果

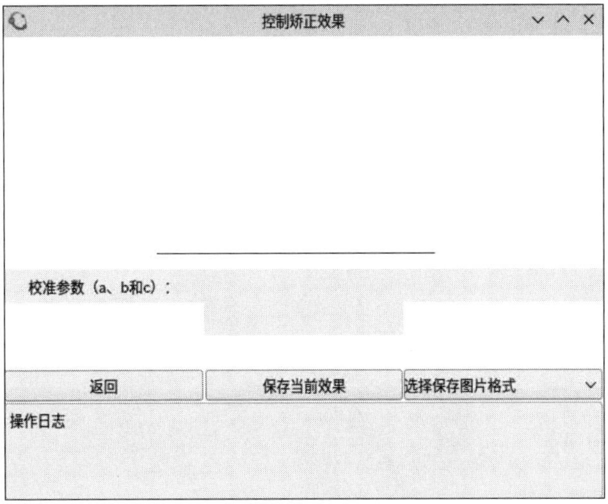

图 5-17 修改校准参数界面的默认效果

编写控制矫正效果应用的视图类，代码如下：

```
#!/usr/bin/octave
#第 5 章/@DistortCorrection/DistortCorrection.m

function ret = DistortCorrection()
##-*- texinfo -*-
##@deftypefn {} {} DistortCorrection ( @var{})
##控制矫正效果应用主类
##@example
##param: -
```

```
##
##return: ret
##@end example
##
##@end deftypefn
    global logger;
    global field;
    field = DistortCorrectionAttributes;

    toolbox = Toolbox;
    window_width = get_window_width(toolbox);
    window_height = get_window_height(toolbox);
    callback = DistortCorrectionCallbacks;
    SAVE_IMAGE_FORMAT_CELL = get_save_image_format_cell(field);
    key_height = field.key_height;
    key_width = window_width / 3;
    log_inputfield_height = key_height * 3;
    show_object_area_width = field.show_object_area_width;
    show_object_area_height = field.show_object_area_height;
    margin = 0;
    margin_x = 0;
    margin_y = 0;
    x_coordinate = 0;
    y_coordinate = 0;
    width = key_width;
    height = window_height - key_height;
    title_name = '控制矫正效果';

    f = figure();
    ##基础图形句柄 f
    white_background = imread('./white_background.png');
    img_data = im2double(white_background);
    set_handle('current_name', title_name);

    % set(f, 'closerequestfcn', {@callback_close_edit_window, callback})
    set(f, 'numbertitle', 'off');
    set(f, 'toolbar', 'none');
    set(f, 'menubar', 'none');
    set(f, 'name', title_name);

    ax = axes(f, 'position', [(1 - show_object_area_width) / 2, 0.5 + (0.5 - show_
object_area_height) / 2, show_object_area_width, show_object_area_height]);
    img = image(ax, 'cdata', img_data);
    ##背景图像 img
    set(ax, 'xdir', 'normal')
    set(ax, 'ydir', 'reverse')
```

```
    set(ax, 'visible', 'off')
    log_inputfield = uicontrol('visible', 'on', 'style', 'edit', 'min', 0, 'max', 4, 'string', {'操作日志'}, "position", [0, 0, window_width, log_inputfield_height]);
    update_preview_effect_button = uicontrol('visible', 'on', 'style', 'pushbutton', 'string', '更新预览效果', "position", [0, log_inputfield_height, key_width, key_height]);
    return_choose_model_and_background_button = uicontrol('visible', 'off', 'style', 'pushbutton', 'string', '返回', "position", [0, log_inputfield_height, key_width, key_height]);
    save_model_button = uicontrol('visible', 'off', 'style', 'pushbutton', 'string', '保存当前效果', "position", [key_width, log_inputfield_height, key_width, key_height]);
    save_model_extension_popup_menu = uicontrol('visible', 'off', 'style', 'popupmenu', 'string', SAVE_IMAGE_FORMAT_CELL, "position", [key_width * 2, log_inputfield_height, key_width, key_height]);
    change_distort_correction_parameters_button = uicontrol('visible', 'on', 'style', 'pushbutton', 'string', '修改校准参数', "position", [key_width, log_inputfield_height, key_width, key_height]);
    current_save_folder_hint = uicontrol('visible', 'on', 'style', 'text', 'string', '当前保存文件夹: ', "position", [0, log_inputfield_height + key_height, key_width, key_height]);
    current_save_folder_text = uicontrol('visible', 'on', 'style', 'edit', 'string', '', "position", [key_width, log_inputfield_height + key_height, key_width, key_height]);
    set_save_folder_button = uicontrol('visible', 'on', 'style', 'pushbutton', 'string', '修改保存文件夹', "position", [key_width * 2, log_inputfield_height + key_height, key_width, key_height]);
    current_background_hint = uicontrol('visible', 'on', 'style', 'text', 'string', '当前背景: ', "position", [0, log_inputfield_height + key_height * 2, key_width, key_height]);
    current_background_text = uicontrol('visible', 'on', 'style', 'edit', 'string', '', "position", [key_width, log_inputfield_height + key_height * 2, key_width, key_height]);
    set_background_button = uicontrol('visible', 'on', 'style', 'pushbutton', 'string', '修改背景', "position", [key_width * 2, log_inputfield_height + key_height * 2, key_width, key_height]);
    current_model_hint = uicontrol('visible', 'on', 'style', 'text', 'string', '当前模型: ', "position", [0, log_inputfield_height + key_height * 3, key_width, key_height]);
    current_model_text = uicontrol('visible', 'on', 'style', 'edit', 'string', '', "position", [key_width, log_inputfield_height + key_height * 3, key_width, key_height]);
    set_model_button = uicontrol('visible', 'on', 'style', 'pushbutton', 'string', '修改模型', "position", [key_width * 2, log_inputfield_height + key_height * 3, key_width, key_height]);
```

```
    distort_correction_parameters_hint = uicontrol('visible', 'off', 'style',
'text', 'string', '校准参数(a、b和c): ', "position", [0, log_inputfield_height +
key_height * 3, key_width, key_height]);
    distort_correction_parameter_a_inputfield = uicontrol('visible', 'off',
'style', 'edit', 'string', '', "position", [key_width, log_inputfield_height +
key_height * 3, key_width, key_height]);
    distort_correction_parameter_b_inputfield = uicontrol('visible', 'off',
'style', 'edit', 'string', '', "position", [key_width * 2, log_inputfield_height
+ key_height * 3, key_width, key_height]);
    distort_correction_parameter_c_inputfield = uicontrol('visible', 'off',
'style', 'edit', 'string', '', "position", [key_width, log_inputfield_height +
key_height * 2, key_width, key_height]);

    set(set_save_folder_button, 'callback', {@callback_set_save_folder,
callback});
    set(set_background_button, 'callback', {@callback_set_background,
callback});
    set(set_model_button, 'callback', {@callback_set_model, callback});
    set(update_preview_effect_button, 'callback', {@callback_update_preview_
effect, callback});
    set(save_model_button, 'callback', {@callback_save_model, callback});
    set(change_distort_correction_parameters_button, 'callback', {@callback_
change_to_change_distort_correction_parameters_page, callback});
    set(return_choose_model_and_background_button, 'callback', {@callback_
choose_model_and_background_page, callback});

    set_handle('current_figure', f);
    set_handle('ax', ax);
    set_handle('img', img);
    set_handle('update_preview_effect_button', update_preview_effect_button);
    set_handle('return_choose_model_and_background_button', return_choose_
model_and_background_button);
    set_handle('save_model_button', save_model_button);
    set_handle('current_background_hint', current_background_hint);
    set_handle('current_background_text', current_background_text);
    set_handle('set_background_button', set_background_button);
    set_handle('current_save_folder_hint', current_save_folder_hint);
    set_handle('current_save_folder_text', current_save_folder_text);
    set_handle('set_save_folder_button', set_save_folder_button);
    set_handle('current_model_hint', current_model_hint);
    set_handle('current_model_text', current_model_text);
    set_handle('set_model_button', set_model_button);
    set_handle('save_model_extension_popup_menu', save_model_extension_popup_
menu);
```

```
    set_handle('change_distort_correction_parameters_button', change_distort_
correction_parameters_button);
    set_handle('distort_correction_parameters_hint', distort_correction_
parameters_hint);
    set_handle('distort_correction_parameter_a_inputfield', distort_
correction_parameter_a_inputfield);
    set_handle('distort_correction_parameter_b_inputfield', distort_
correction_parameter_b_inputfield);
    set_handle('distort_correction_parameter_c_inputfield', distort_
correction_parameter_c_inputfield);

    % logger = Logger('log_inputfield', true);
    logger = Logger('log_inputfield');
    init(logger, log_inputfield);

endfunction
```

5.6.3 控制矫正效果应用回调函数代码设计

控制矫正效果应用根据 GUI 控件需要设计回调函数,回调函数适用的场景如下:

(1) 当用户单击“修改校准参数”按钮时,需要回调函数将选择模型和背景界面切换到修改校准参数界面。

(2) 当用户单击“返回”按钮时,需要回调函数将修改位姿界面切换到选择模型和背景界面。

控制矫正效果应用中的其他回调函数和放置模型应用中的回调函数类似,不再展示。

将选择模型和背景界面切换到修改校准参数界面的回调函数的代码如下:

```
#!/usr/bin/octave
#第 5 章/@DistortCorrectionCallbacks/callback_change_to_change_distort_
correction_parameters_page.m

function callback_change_to_change_distort_correction_parameters_page(h, ~,
this)
    ##-*- texinfo -*-
    ##@deftypefn {} {} callback_change_to_change_distort_correction_
parameters_page(@var{h}, @var{~}, @var{this})
    ##将当前界面改为修改校准参数界面
    ##
    ##@example
    ##param: h, ~, this
    ##
    ##return: -
    ##@end example
    ##
```

```
    ##@end deftypefn
    global logger;
    global field;

    update_preview_effect_button = get_handle('update_preview_effect_button');
    return_choose_model_and_background_button = get_handle('return_choose_
model_and_background_button');
    save_model_button = get_handle('save_model_button');
    save_model_extension_popup_menu = get_handle('save_model_extension_popup_
menu');
    change_distort_correction_parameters_button = get_handle('change_distort_
correction_parameters_button');
    current_save_folder_hint = get_handle('current_save_folder_hint');
    current_save_folder_text = get_handle('current_save_folder_text');
    set_save_folder_button = get_handle('set_save_folder_button');
    current_background_hint = get_handle('current_background_hint');
    current_background_text = get_handle('current_background_text');
    set_background_button = get_handle('set_background_button');
    current_model_hint = get_handle('current_model_hint');
    current_model_text = get_handle('current_model_text');
    set_model_button = get_handle('set_model_button');
    distort_correction_parameters_hint = get_handle('distort_correction_
parameters_hint');
    distort_correction_parameter_a_inputfield = get_handle('distort_
correction_parameter_a_inputfield');
    distort_correction_parameter_b_inputfield = get_handle('distort_
correction_parameter_b_inputfield');
    distort_correction_parameter_c_inputfield = get_handle('distort_
correction_parameter_c_inputfield');

    hide_all(h, [], this);
    set(return_choose_model_and_background_button, 'visible', 'on');
    set(save_model_button, 'visible', 'on');
    set(save_model_extension_popup_menu, 'visible', 'on');
    set(distort_correction_parameters_hint, 'visible', 'on');
    set(distort_correction_parameter_a_inputfield, 'visible', 'on');
    set(distort_correction_parameter_b_inputfield, 'visible', 'on');
    set(distort_correction_parameter_c_inputfield, 'visible', 'on');

endfunction
```

将修改校准参数界面切换到选择模型和背景界面的回调函数的代码如下：

```
#!/usr/bin/octave
#第 5 章/@DistortCorrectionCallbacks/callback_choose_model_and_background_
page.m
```

```
function callback_choose_model_and_background_page(h, ~, this)
    ##-*- texinfo -*-
    ##@deftypefn {} {} callback_choose_model_and_background_page(@var{h}, @var
{~}, @var{this})
    ##将当前界面改为选择模型和背景界面
    ##
    ##@example
    ##param: h, ~, this
    ##
    ##return: -
    ##@end example
    ##
    ##@end deftypefn
    global logger;
    global field;

    update_preview_effect_button = get_handle('update_preview_effect_button');
    return_choose_model_and_background_button = get_handle('return_choose_
model_and_background_button');
    save_model_button = get_handle('save_model_button');
    save_model_extension_popup_menu = get_handle('save_model_extension_popup_
menu');
    change_distort_correction_parameters_button = get_handle('change_distort_
correction_parameters_button');
    current_save_folder_hint = get_handle('current_save_folder_hint');
    current_save_folder_text = get_handle('current_save_folder_text');
    set_save_folder_button = get_handle('set_save_folder_button');
    current_background_hint = get_handle('current_background_hint');
    current_background_text = get_handle('current_background_text');
    set_background_button = get_handle('set_background_button');
    current_model_hint = get_handle('current_model_hint');
    current_model_text = get_handle('current_model_text');
    set_model_button = get_handle('set_model_button');
    distort_correction_parameters_hint = get_handle('distort_correction_
parameters_hint');
    distort_correction_parameter_a_inputfield = get_handle('distort_
correction_parameter_a_inputfield');
    distort_correction_parameter_b_inputfield = get_handle('distort_
correction_parameter_b_inputfield');
    distort_correction_parameter_c_inputfield = get_handle('distort_
correction_parameter_c_inputfield');

    hide_all(h, [], this);
    set(update_preview_effect_button, 'visible', 'on');
    set(change_distort_correction_parameters_button, 'visible', 'on');
    set(current_save_folder_hint, 'visible', 'on');
```

```
    set(current_save_folder_text, 'visible', 'on');
    set(set_save_folder_button, 'visible', 'on');
    set(current_background_hint, 'visible', 'on');
    set(current_background_text, 'visible', 'on');
    set(set_background_button, 'visible', 'on');
    set(current_model_hint, 'visible', 'on');
    set(current_model_text, 'visible', 'on');
    set(set_model_button, 'visible', 'on');

endfunction
```

5.6.4 校准参数的默认值

虽然校准参数允许用户自行指定，但在控制矫正效果应用中依然需要设计校准参数的默认值。矫正效果应用将在参数不能被正确读取的情况下使用默认值进行背景的畸变校准，以及图片的预览和生成。

表 5-4 校准参数的默认值

校准参数	默认值
校准参数的 a 分量	0
校准参数的 b 分量	0
校准参数的 c 分量	0

校准参数的默认值如表 5-4 所示。

校准参数的处理步骤如下：

（1）如果校准参数的任一分量为空，则将采用默认值。

（2）如果校准参数的任一分量是元胞，则将取值为元胞的第 1 个分量。

（3）如果校准参数的任一分量不能解析为数字，则将采用默认值。

不同的位姿的处理步骤可以对应不同的用户输入行为和生成预览图片的行为。不填写校准参数的 a、b 和 c 分量并更新 AR 画面的预览效果如图 5-18 所示。

图 5-18 一种矫正的 AR 画面的预览效果

只填写校准参数的 a、b 分量并更新 AR 画面的预览效果如图 5-19 所示。

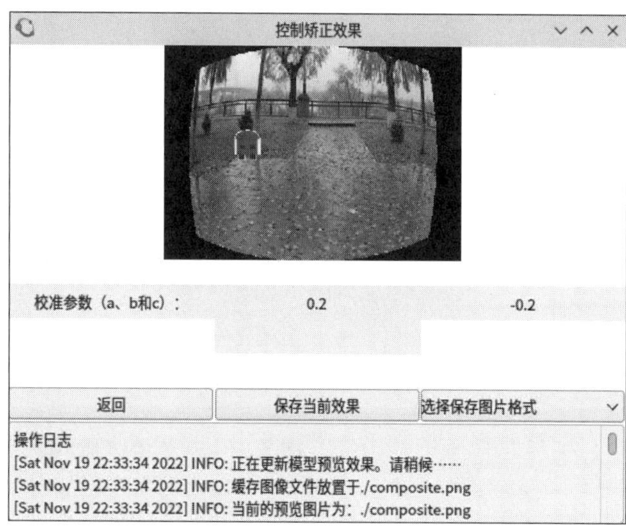

图 5-19 另一种矫正的 AR 画面的预览效果

第 6 章

计算机视觉

6.1 Canny 边缘检测

Canny 边缘检测是一种非常流行的边缘检测算法，由多个步骤构成，步骤如下：

(1) 图像降噪。

(2) 计算图像梯度。

(3) 非极大值抑制。

(4) 阈值筛选。

1. 图像降噪

在图像降噪时，通常会使用高斯滤波器对二值化的图像进行滤波处理。

大小为 3×3、σ 为 1.3 的高斯卷积核如下：

$$\boldsymbol{H}=\begin{bmatrix}0.089412 & 0.120194 & 0.089412\\ 0.120194 & 0.161575 & 0.120194\\ 0.089412 & 0.120194 & 0.089412\end{bmatrix} \tag{6-1}$$

2. 计算图像梯度

在计算图像梯度时，需要挑选一种合适的算子。常用的算子有 Sobel 算子、Roberts 算子和 Prewitt 算子等。

幅度 G 为

$$G=\sqrt{(G_x^2+G_y^2)} \tag{6-2}$$

方向 θ 为

$$\theta=\text{atan2}(G_y, G_x) \tag{6-3}$$

atan2()表示具有两个参数的 arctan()函数。

梯度的方向总是与边缘垂直的，通常就近取值为水平(左、右)、垂直(上、下)、对角线(右上、左上、左下、右下)等 8 个不同的方向。

以 3×3 的 Sobel 算子为例，x 方向的 Sobel 算子如下：

$$\boldsymbol{S}_x=\begin{bmatrix}-1 & 0 & 1\\ -2 & 0 & 2\\ -1 & 0 & 1\end{bmatrix} \tag{6-4}$$

y 方向的 Sobel 算子如下：

$$\boldsymbol{S}_y=\begin{bmatrix}1 & 2 & 1\\ 0 & 0 & 0\\ -1 & -2 & -1\end{bmatrix} \tag{6-5}$$

当前的窗口如下：

$$\boldsymbol{A}=\begin{bmatrix}a & b & c\\ d & e & f\\ g & h & k\end{bmatrix} \tag{6-6}$$

对两个 Sobel 算子 S_x 和 S_y 分别和当前的窗口进行卷积运算，计算当前像素在 x 和 y 方向的梯度值 G_x 和 G_y 分别为

$$\boldsymbol{G}_x=\boldsymbol{S}_x\boldsymbol{A}=\begin{bmatrix}-1 & 0 & 1\\ -2 & 0 & 2\\ -1 & 0 & 1\end{bmatrix}\begin{bmatrix}a & b & c\\ d & e & f\\ g & h & k\end{bmatrix}=\sum\left(\begin{bmatrix}-a & 0 & c\\ -2d & 0 & 2f\\ -g & 0 & k\end{bmatrix}\right) \tag{6-7}$$

$$\boldsymbol{G}_y=\boldsymbol{S}_y\boldsymbol{A}=\begin{bmatrix}1 & 2 & 1\\ 0 & 0 & 0\\ -1 & -2 & -1\end{bmatrix}\begin{bmatrix}a & b & c\\ d & e & f\\ g & h & k\end{bmatrix}=\sum\left(\begin{bmatrix}a & 2b & c\\ 0 & 0 & 0\\ -g & -2h & -k\end{bmatrix}\right) \tag{6-8}$$

根据梯度值 G_x 和 G_y 即可算得幅度 G 和方向 θ。

3. 非极大值抑制

非极大值抑制的作用在于“瘦边”，即将通过梯度运算得到的有较多冗余点的边缘减少，旨在得到清晰的边缘。非极大值抑制的步骤如下：

（1）将当前像素的梯度幅度与沿正负梯度方向上的两像素进行比较。

（2）如果当前像素的梯度幅度相比之下最大，则该像素保留为边缘点，否则该像素将被抑制。

（3）如果要比较的两个相邻像素跨越梯度方向，则先使用线性插值方式算出用于比较的梯度，再进行比较。

4. 阈值筛选

阈值筛选可以解决由噪声和颜色变化等因素造成的杂散响应。阈值筛选的步骤如下：

（1）设计高阈值和低阈值。

（2）如果边缘像素的梯度幅度高于高阈值，则将其标记为强边缘像素。

（3）如果边缘像素的梯度幅度小于高阈值并且大于低阈值，则将其标记为弱边缘像素。

（4）如果边缘像素的梯度幅度小于低阈值，则会被抑制。

6.2 Hough 直线检测

Hough 直线检测主要涉及霍夫变换。

一条直线可以用如下的方程来表示：$y=kx+b$，其中 k 是直线的斜率且 b 是截距。

Hough 变换将 $y=kx+b$ 变换为 $b=-kx+y$，因此 x-y 空间中的点经过空间变换后可以看作 k-b 空间中的点。

在空间变换后，在 x-y 图像空间中的一个点变为 k-b 参数空间中的一条直线，而 x-y 空间中的两点连成的直线变为 k-b 参数空间中的一个交点。此外，如果在 x-y 空间中有很多点在 k-b 空间中相交于一点，则这个交点就是 Hough 直线检测的直线。

此外，k-b 空间中的点还可以用极坐标表示。此时点(x,y)与距离及角度的关系变为 $\rho=x\cos\theta+y\sin\theta$。在 ρ-θ 空间中，图像中的一个点变为一条正弦曲线，而不是 k-b 空间中的直线。这些正弦曲线的交点也是 Hough 直线检测的直线。

6.3 自适应局部图像阈值处理

将一幅灰度图像转换为只包含黑白两色的二值图像称为图像的阈值处理。这种处理有多种方式，最简单的方式是设定一个静态的阈值，并且规定颜色浅于该阈值的像素为白，否则为黑色，但这种简单的方法并不可以得到很好的效果，而更好的方式是使用自适应局部图像阈值处理。

该方法的思想是首先将图像分为一定大小的区块，例如 3×3 或 5×5 的区块。在分割好这些区块之后计算中心像素的、邻域的、和灰度值相关的某种统计信息，例如灰度均值、灰度中间值或最大灰度与最小灰度之间的均值作为中间像素的阈值。如果中心像素的灰度大于该阈值，则中间像素被转换为白色点；反之，则转换为黑色点。

6.4 SIFT 算法

SIFT 即尺度不变特征变换。使用 SIFT 算法查找特征点无须考虑图像在缩放尺度或旋转角度等因素上的差异，可加快图像识别的速度。

6.4.1 高斯金字塔

高斯金字塔是根据一张图片向上或向下采样得到的一组图片的集合。图像经过向上采样后，其宽度和高度将同时增大到原来的 2 倍；反之将同时减小到原来的 1/2。

注意：图像的宽度和高度必须是整数，因此在图像向下采样时需要宽度和高度的取整步骤。

高斯金字塔中的图像首先需要使用高斯滤波器滤波，然后进行采样。高斯金字塔通常采用大小为 5×5、σ 为 1.6 的高斯卷积核。

$$
\boldsymbol{H}=\begin{bmatrix}
0.016532 & 0.029702 & 0.036108 & 0.029702 & 0.016532\\
0.029702 & 0.053365 & 0.064875 & 0.053365 & 0.029702\\
0.036108 & 0.064875 & 0.078868 & 0.064875 & 0.036108\\
0.029702 & 0.053365 & 0.064875 & 0.053365 & 0.029702\\
0.016532 & 0.029702 & 0.036108 & 0.029702 & 0.016532
\end{bmatrix} \tag{6-9}
$$

6.4.2　高斯尺度空间

在高斯金字塔中，每向上或向下采样一次就会增加一组图片，每组图片中又包含若干层。高斯金字塔的示意图如图 6-1 所示。

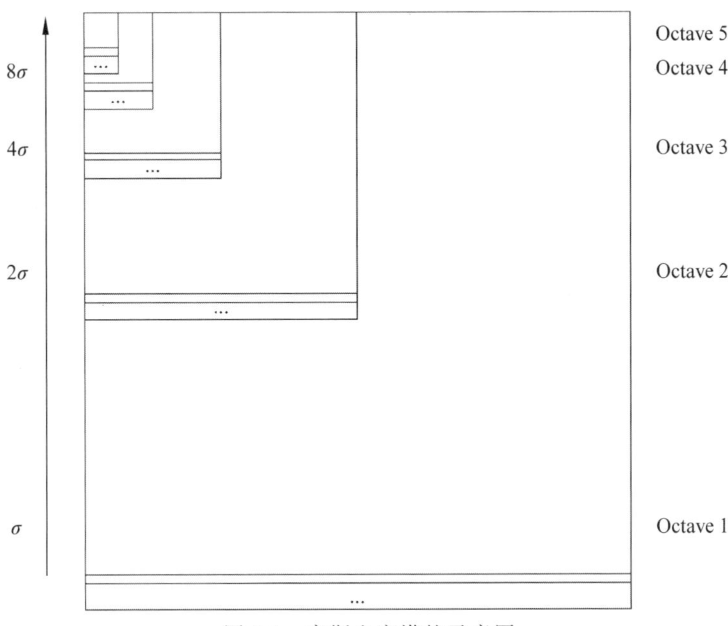

图 6-1　高斯金字塔的示意图

在高斯尺度空间中，σ 称为尺度参数。高斯尺度空间的尺度参数满足规则如下：

(1) 第 1 组第 1 层的尺度参数为 σ，通常取 $\sigma=1.6$。

(2) 组间尺度关系倍数为 2，如第 2 组的尺度为 2σ。

6.4.3　DoG 空间

在 SIFT 中需要构建向下采样的高斯金字塔。将相邻的两个高斯空间的图像相减就得到了 DoG 的响应图像。DoG 空间即为差分高斯金字塔空间。通过高斯金字塔可以构建 DoG 金字塔。

在 DoG 空间中的组内尺度参数是不同的，并且有比例关系 $\sigma_n=(k_n-1)\sigma_1$，其中 σ_1 指的是该组的第 1 层的尺度，k 称为比例系数。这个关系适用于高斯金字塔的所有层。以此类推，可以生成每个高斯金字塔中的差分图像，然后将所有差分图像构成差分金字塔。

6.4.4 SIFT 特征点定位

特征点是由 DoG 空间的局部极值点组成的。极值点在二维空间表示比左右两边的函数值都大的极点，在图像中表示的是该点空间上的邻域内最大的点，该点周围有 26 个邻域像素。极值点和邻域像素的示意图如图 6-2 所示，其中 * 代表极值点，· 代表邻域像素。

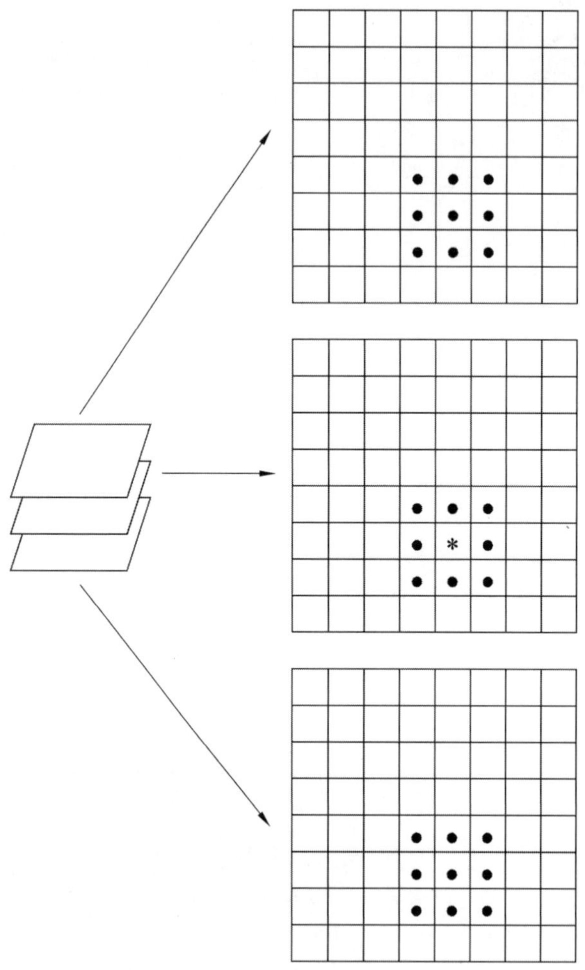

图 6-2 极值点和邻域像素的示意图

从示意图中可知，每组图像的第 1 层和最后一层无法进行比较取得极值。为了满足尺度变换的连续性，在每一组图像的顶层继续使用高斯模糊生成 3 幅图像，最终的高斯金字塔每组有 $S+3$ 层图像，DoG 金字塔的每组有 $S+2$ 组图像。

6.4.5 SIFT 特征点方向

为了实现图像旋转不变性，就需要给特征点的方向进行赋值。利用特征点邻域像素的梯度分布特性来确定其方向参数，再利用图像的梯度直方图求取关键点局部结构的稳定方向。

以关键点为原点并以邻域像素确定关键点方向。在完成关键点的梯度计算后，使用直方图统计邻域内像素的梯度和方向。梯度直方图将 0°～360°的方向范围分为 36 个柱，其中每柱的范围是 10°。直方图的峰值方向代表了关键点的主方向，方向直方图的峰值则代表了该特征点处邻域梯度的方向，以直方图中的最大值作为该关键点的主方向。为了增强匹配的稳健性，只保留峰值大于主方向峰值 80％的方向作为该关键点的辅方向。

一般而言，描述子采用 4×4×8＝128 维 SIFT 向量表征，可以达到最优的综合效果（不变性与独特性）。

6.4.6　SIFT 特征匹配

分别对模板图和实时图建立关键点描述子集合。目标的识别是通过两点集内关键点描述子的比对来完成的。具有 128 维的关键点描述子的相似性度量采用欧氏距离。

匹配可采取穷举法完成，但所花费的时间较长，所以一般采用 k-d 树的数据结构来完成搜索。搜索的内容是以目标图像的关键点为基准，搜索与目标图像的特征点最邻近的原图像特征点和次邻近的原图像特征点。

k-d 树是一种平衡二叉树。以点(1,2)、(2,4)、(5,7)、(6,5)、(7,3)、(9,6)为例，构造 k-d 树的步骤如下：

(1) 按 x 坐标排序，选出中间的点(6,5)作为根节点。

(2) 将 x 坐标较小的点按 y 坐标排序，选出中间的点(2,4)作为左子节点。

(3) 以此类推，将所有点构造为二叉树。

点(1,2)、(2,4)、(5,7)、(6,5)、(7,3)、(9,6)构造的 k-d 树如图 6-3 所示。

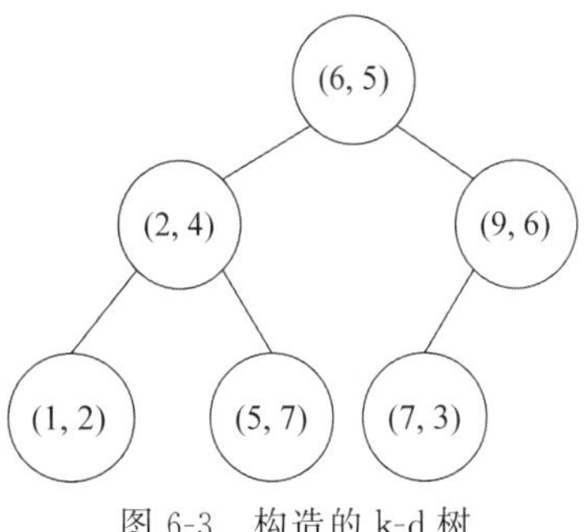

图 6-3　构造的 k-d 树

6.5　SURF 算法

SURF(Speeded Up Robust Features)是对 SIFT 的一种改进。SURF 算法进行图像识别的速度要快于 SIFT 算法。

6.5.1　SURF 算法和 SIFT 算法的区别

SURF 算法和 SIFT 算法的区别如下：

(1) SIFT 在构造 DoG 金字塔及求 DoG 局部空间极值时比较耗时，SURF 的改进使用的是 Hessian 矩阵变换图像，极值的检测只需计算 Hessian 矩阵行列式或近似值，并使用盒子滤波器求高斯模糊近似值。

(2) SURF 不使用降采样。SURF 在采样时保持图像大小不变而改变盒子滤波器的大小,从而构建高斯金字塔。

(3) SURF 不使用直方图统计,而是在统计特征点方向时使用哈尔小波转换。SIFT 的 KPD 达到 128 维,在实际运算时较为耗时;SURF 使用哈尔小波转换得到的方向,让 SURF 的 KPD 降到 64 维,因此 SURF 可以提高运算速度。

6.5.2 积分图像

SURF 算法中要用到积分图像的概念。借助积分图像,将图像与高斯二阶微分模板的滤波转换为对积分图像的加减运算。

积分图像中任意一点(i,j)的值 $\mathrm{ii}(i,j)$,为原图像左上角到点(i,j)相应的对角线区域灰度值的总和。按照图像的宽度和高度遍历像素之后即可求得积分图像。在积分图像中,计算图像内任何矩形区域的像素值的和只需三个加法。积分为 $A+B-C-D$ 的积分图像如图 6-4 所示。

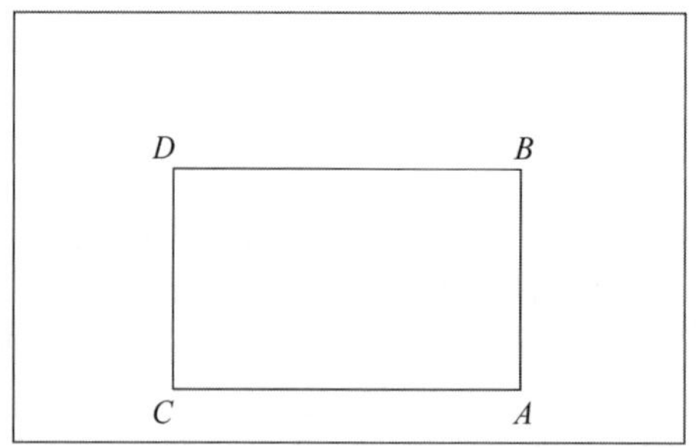

图 6-4 积分为 $A+B-C-D$ 的积分图像

6.5.3 构造 Hessian 矩阵

Hessian 矩阵是 SURF 算法的核心,构建 Hessian 矩阵的目的是生成图像稳定的边缘点(突变点)。图像中的每个像素都可以求得对应的 Hessian 矩阵。

在高斯滤波时,选用二阶标准高斯函数

$$L(x,t)=G(t)I(x,t)$$

作为滤波器。通过特定核间的卷积计算二阶偏导数,这样便能计算出 $\boldsymbol{H}$ 矩阵的 3 个矩阵元素 L_{xx}、L_{xy} 和 L_{yy} 从而计算出 $\boldsymbol{H}$ 矩阵。在点 x 处,尺度为 σ 的 Hessian 矩阵 $\boldsymbol{H}(x,\sigma)$ 定义如下:

$$\boldsymbol{H}(x,\sigma)=\begin{bmatrix} L_{xx} & L_{xy} \\ L_{xy} & L_{yy} \end{bmatrix}$$

算得每个像素的 Hessian 矩阵行列式的判别式近似值为

$$\det(\boldsymbol{H})=L_{xx}L_{yy}-(L_{xy})^2$$

判别式近似值为

$$\det(\boldsymbol{H})=D_{xx}D_{yy}-(0.9D_{xy})^2$$

在 L_{xy} 上乘以近似的加权系数 0.9，将部分数据以取近似值的方式进一步简化判别式的运算。

6.5.4 用盒子滤波器代替高斯滤波器

由于高斯卷积核服从正态分布，因此在使用高斯滤波器对图像进行卷积运算时运算量较大。为了提高运算速度，SURF 使用了盒子滤波器来近似替代高斯滤波器，以此提高运算速度。

对高斯二阶微分模板进行简化，使简化后的模板只由几个矩形区域组成，并且在矩形区域内填充同一值。

在 SURF 中生成高斯金字塔时保持图像的尺寸不变，不同组间使用的盒子滤波器的模板尺寸逐渐增大，同一组间不同层间使用相同尺寸的滤波器且滤波器的模糊系数逐渐增大。

6.5.5 SURF 特征点定位

SURF 的特征点的定位原理和 SIFT 类似。将经过 Hessian 矩阵处理的每个像素与二维图像空间和尺度空间邻域内的 26 个点进行比较，初步定位出关键点，再经过滤除能量比较弱的关键点及错误定位的关键点，筛选出最终的稳定的特征点。

6.5.6 SURF 特征点方向分配

SURF 为了保证特征向量具有旋转不变性，因此也需要和 SIFT 一样对每个特征点分配一个主方向。以特征点为中心，以 $6s(s=1.2L/9)$ 尺度为半径的圆形区域，对图像进行哈尔小波响应运算。它等效于利用积分图像对图像进行梯度运算，进一步提高图像梯度的计算效率。在 SIFT 特征描述子中以特征点为中心，以 4.5σ 为半径的邻域内计算梯度方向直方图。事实上，两种方法在求取特征点主方向时，考虑到哈尔小波的模板带宽，实际计算梯度的图像区域是相同的。用于计算梯度的哈尔小波的尺度为 $4s$。

计算出图像在哈尔小波的 X 和 Y 方向上的响应值之后，对两个值进行因子为 $2s$ 的高斯加权，加权后的值分别表示在水平和垂直方向上的方向分量。

如果哈尔特征值反映了图像灰度变化的情况，则这个主方向就是描述那些灰度变化特别剧烈的区域方向。

接着，以特征点为中心，以张角为 $\pi/3$ 的扇形滑动，计算窗口内的哈尔小波响应值 $\mathrm{d}x$、$\mathrm{d}y$ 的累加：

$$m_w=\sum\nolimits_w \mathrm{d}x+\sum\nolimits_w \mathrm{d}y \tag{6-10}$$

$$\theta_w=\arctan\left(\frac{\sum_w \mathrm{d}x}{\sum_w \mathrm{d}y}\right) \tag{6-11}$$

通过 i 和 j 来控制以特征点为中心的 6×6 的范围，如果 $i^2+j^2<36$，则筛选落在以特征点为中心、以半径为 $6s$ 的圆形区域内的点，然后计算哈尔 X 与哈尔 Y 并通过事先计算好的高斯滤波计算出每个点的角度。最后将最大值的扇形的方向作为该特征点的主方向。

以特征点为中心，沿主方向将 $20s\times20s$ 的图像划分为 4×4 个子块，每个子块用尺寸 $2s$ 的哈尔模板进行响应值计算，并统计每个子块中 $\Sigma\mathrm{d}x$、$\Sigma|\mathrm{d}x|$、$\Sigma\mathrm{d}y$ 和 $\Sigma|\mathrm{d}y|$ 作为特征向量，得到 4×4×4=64 维的特征数据。

在计算一个矩形区域时先计算出每个点的哈尔响应值 $\mathrm{d}x$ 和 $\mathrm{d}y$ 并经过高斯加权处理后再进行旋转变换，计算

$$\mathrm{d}x'=w(-\mathrm{d}x\times\sin(\theta)+\mathrm{d}y\times\cos(\theta)) \tag{6-12}$$

$$\mathrm{d}y'=w(\mathrm{d}x\times\cos(\theta)+\mathrm{d}y\times\sin(\theta)) \tag{6-13}$$

即可得到旋转后的 $\mathrm{d}x'$ 和 $\mathrm{d}y'$。

6.5.7 SURF 特征匹配

根据特征点的响应值符号，将特征点分成两组，一组是具有拉普拉斯正响应的特征点，另一组是具有拉普拉斯负响应的特征点。规定只有在符号相同的组中的特征点才能进行相互匹配，进一步节省特征点匹配的时间。

6.6 生成图像处理时需要的特殊矩阵

调用 fspecial()函数可以生成图像处理时需要的一些特殊矩阵。fspecial()函数仅凭少量的参数即可直接计算出需要的矩阵，从而降低计算机视觉应用的开发难度。fspecial()函数至少需要一个参数，此时这个参数是矩阵的类型。fspecial()函数支持的矩阵的类型如表 6-1 所示。

表 6-1 fspecial()函数支持的矩阵的类型

矩阵的类型	含　义	矩阵的类型	含　义
average	均值滤波器	unsharp	锐化算子
disk	圆形区域均值滤波器	motion	运动模糊算子
gaussian	高斯滤波器	sobel	Sobel 算子
log	高斯-拉普拉斯算子	prewitt	Prewitt 算子
laplacian	3×3 的拉普拉斯算子	kirsch	Kirsch 算子

6.6.1 生成均值滤波器

调用 fspecial()函数生成均值滤波器的代码如下：

```
>> fspecial('average')
ans =

   0.1111   0.1111   0.1111
   0.1111   0.1111   0.1111
   0.1111   0.1111   0.1111
```

此外，fspecial()函数在生成均值滤波器时允许追加传入一个参数，此时这个参数是均值滤波器的长度。调用 fspecial()函数生成长度为 5 的均值滤波器的代码如下：

```
>> fspecial('average', 5)
ans =

   0.040000   0.040000   0.040000   0.040000   0.040000
   0.040000   0.040000   0.040000   0.040000   0.040000
   0.040000   0.040000   0.040000   0.040000   0.040000
   0.040000   0.040000   0.040000   0.040000   0.040000
   0.040000   0.040000   0.040000   0.040000   0.040000
```

6.6.2　生成圆形区域均值滤波器

调用 fspecial()函数生成圆形区域均值滤波器的代码如下：

```
>> fspecial('disk')
ans =

Columns 1 through 8:

       0          0          0   0.001250   0.004967   0.006260   0.004967   0.001250
       0   0.000032   0.006157   0.012396   0.012732   0.012732   0.012732   0.012396
       0   0.006157   0.012732   0.012732   0.012732   0.012732   0.012732   0.012732
0.001250   0.012396   0.012732   0.012732   0.012732   0.012732   0.012732   0.012732
0.004967   0.012732   0.012732   0.012732   0.012732   0.012732   0.012732   0.012732
0.006260   0.012732   0.012732   0.012732   0.012732   0.012732   0.012732   0.012732
0.004967   0.012732   0.012732   0.012732   0.012732   0.012732   0.012732   0.012732
0.001250   0.012396   0.012732   0.012732   0.012732   0.012732   0.012732   0.012732
       0   0.006157   0.012732   0.012732   0.012732   0.012732   0.012732   0.012732
       0   0.000032   0.006157   0.012396   0.012732   0.012732   0.012732   0.012396
       0          0          0   0.001250   0.004967   0.006260   0.004967   0.001250
Columns 9 through 11:

       0          0          0
0.006157   0.000032          0
0.012732   0.006157          0
0.012732   0.012396   0.001250
0.012732   0.012732   0.004967
0.012732   0.012732   0.006260
0.012732   0.012732   0.004967
0.012732   0.012396   0.001250
0.012732   0.006157          0
0.006157   0.000032          0
       0          0          0
```

此外，fspecial()函数在生成圆形区域均值滤波器时允许追加传入一个参数，此时这个参数是圆形区域均值滤波器的半径。调用 fspecial()函数生成半径为 4 的圆形区域均值滤波器的代码如下：

```
>> fspecial('disk', 4)
ans =

Columns 1 through 8:

       0         0  0.000950  0.007191  0.009739  0.007191  0.000950         0
       0  0.004138  0.017908  0.019894  0.019894  0.019894  0.017908  0.004138
0.000950  0.017908  0.019894  0.019894  0.019894  0.019894  0.019894  0.017908
0.007191  0.019894  0.019894  0.019894  0.019894  0.019894  0.019894  0.019894
0.009739  0.019894  0.019894  0.019894  0.019894  0.019894  0.019894  0.019894
0.007191  0.019894  0.019894  0.019894  0.019894  0.019894  0.019894  0.019894
0.000950  0.017908  0.019894  0.019894  0.019894  0.019894  0.019894  0.017908
       0  0.004138  0.017908  0.019894  0.019894  0.019894  0.017908  0.004138
       0         0  0.000950  0.007191  0.009739  0.007191  0.000950         0

Column 9:

       0
       0
0.000950
0.007191
0.009739
0.007191
0.000950
       0
       0
```

6.6.3 生成高斯滤波器

调用 fspecial()函数生成高斯滤波器的代码如下：

```
>> fspecial('gaussian')
ans =

   0.011344   0.083820   0.011344
   0.083820   0.619347   0.083820
   0.011344   0.083820   0.011344
```

此外，fspecial()函数在生成高斯滤波器时允许追加传入一个参数，此时这个参数是高斯滤波器的长度。调用 fspecial()函数生成长度为 5 的高斯滤波器的代码如下：

```
>> fspecial('gaussian', 5)
ans =

   6.9625e-08   2.8089e-05   2.0755e-04   2.8089e-05   6.9625e-08
   2.8089e-05   1.1332e-02   8.3731e-02   1.1332e-02   2.8089e-05
   2.0755e-04   8.3731e-02   6.1869e-01   8.3731e-02   2.0755e-04
   2.8089e-05   1.1332e-02   8.3731e-02   1.1332e-02   2.8089e-05
   6.9625e-08   2.8089e-05   2.0755e-04   2.8089e-05   6.9625e-08
```

此外，fspecial()函数在生成高斯滤波器时允许再追加传入一个参数，此时这个参数是高斯滤波器的σ。调用 fspecial()函数生成长度为 5、σ 为 1.3 的高斯滤波器的代码如下：

```
>> fspecial('gaussian', 5, 1.3)
ans =

   9.7565e-03   2.3701e-02   3.1860e-02   2.3701e-02   9.7565e-03
   2.3701e-02   5.7575e-02   7.7396e-02   5.7575e-02   2.3701e-02
   3.1860e-02   7.7396e-02   1.0404e-01   7.7396e-02   3.1860e-02
   2.3701e-02   5.7575e-02   7.7396e-02   5.7575e-02   2.3701e-02
   9.7565e-03   2.3701e-02   3.1860e-02   2.3701e-02   9.7565e-03
```

6.6.4 生成高斯-拉普拉斯算子

调用 fspecial()函数生成高斯-拉普拉斯算子(LoG)的代码如下：

```
>> fspecial('log')
ans =

   5.3189e-06   1.2875e-03   7.3993e-03   1.2875e-03   5.3189e-06
   1.2875e-03   1.7314e-01   4.2644e-01   1.7314e-01   1.2875e-03
   7.3993e-03   4.2644e-01  -3.1510e+00   4.2644e-01   7.3993e-03
   1.2875e-03   1.7314e-01   4.2644e-01   1.7314e-01   1.2875e-03
   5.3189e-06   1.2875e-03   7.3993e-03   1.2875e-03   5.3189e-06
```

此外，fspecial()函数在生成高斯-拉普拉斯算子时允许追加传入一个参数，此时这个参数是高斯-拉普拉斯算子的长度。调用 fspecial()函数生成长度为 5 的高斯-拉普拉斯算子的代码如下：

```
>> fspecial('log', 4)
ans =

   0.003295   0.089955   0.089955   0.003295
   0.089955          0          0   0.089955
   0.089955          0          0   0.089955
   0.003295   0.089955   0.089955   0.003295
```

此外，fspecial()函数在生成高斯-拉普拉斯算子时允许再追加传入一个参数，此时这个参数是高斯-拉普拉斯算子的标准差。调用 fspecial()函数生成长度为 5 且标准差为 0.8 的高斯-拉普拉斯算子的代码如下：

```
>> fspecial('log', 4, 0.8)
ans =

0.014676   0.026528   0.026528  0.014676
0.026528  -0.080914  -0.080914  0.026528
0.026528  -0.080914  -0.080914  0.026528
0.014676   0.026528   0.026528  0.014676
```

6.6.5 生成拉普拉斯算子

调用 fspecial()函数生成拉普拉斯算子的代码如下：

```
>> fspecial('laplacian')
ans =

0.1667   0.6667  0.1667
0.6667  -3.3333  0.6667
0.1667   0.6667  0.1667
```

此外，fspecial()函数在生成拉普拉斯算子时允许追加传入一个参数，此时这个参数是拉普拉斯算子的透明度。调用 fspecial()函数生成透明度为 0 的拉普拉斯算子的代码如下：

```
>> fspecial('laplacian', 0)
ans =

0   1  0
1  -4  1
0   1  0
```

6.6.6 生成锐化算子

调用 fspecial()函数生成锐化算子的代码如下：

```
>> fspecial('unsharp')
ans =

-0.1667  -0.6667  -0.1667
-0.6667   4.3333  -0.6667
-0.1667  -0.6667  -0.1667
```

此外，fspecial()函数在生成锐化算子时允许追加传入一个参数，此时这个参数是锐化算子的透明度。调用 fspecial()函数生成透明度为 0 的锐化算子的代码如下：

```
>> fspecial('unsharp', 0)
ans =

 0  -1   0
-1   5  -1
 0  -1   0
```

6.6.7 生成运动模糊算子

调用 fspecial()函数生成运动模糊算子的代码如下：

```
>> fspecial('motion')
ans =

     0        0        0        0        0        0        0        0        0
     0        0        0        0        0        0        0        0        0
     0        0        0        0        0        0        0        0        0
     0        0        0        0        0        0        0        0        0
0.1111   0.1111   0.1111   0.1111   0.1111   0.1111   0.1111   0.1111   0.1111
     0        0        0        0        0        0        0        0        0
     0        0        0        0        0        0        0        0        0
     0        0        0        0        0        0        0        0        0
     0        0        0        0        0        0        0        0        0
```

此外，fspecial()函数在生成运动模糊算子时允许追加传入一个参数，此时这个参数是运动模糊算子的长度。调用 fspecial()函数生成长度为 5 的运动模糊算子的代码如下：

```
>> fspecial('motion', 5)
ans =

     0        0        0        0        0
     0        0        0        0        0
0.2000   0.2000   0.2000   0.2000   0.2000
     0        0        0        0        0
     0        0        0        0        0
```

此外，fspecial()函数在生成运动模糊算子时允许再追加传入一个参数，此时这个参数是运动模糊算子的角度。调用 fspecial()函数生成长度为 5 且角度为 45°的运动模糊算子的代码如下：

```
>> fspecial('motion', 5, 45)
ans =

0  0       0       0       0  0  0
0  0       0       0       0  0  0
0  0       0  0.0702  0.2397  0  0
0  0  0.0702  0.2397  0.0702  0  0
0  0  0.2397  0.0702       0  0  0
0  0       0       0       0  0  0
0  0       0       0       0  0  0
```

6.6.8 生成 Sobel 算子

调用 fspecial()函数生成 Sobel 算子的代码如下：

```
>> fspecial('sobel')
ans =

 1   2   1
 0   0   0
-1  -2  -1
```

6.6.9 生成 Prewitt 算子

调用 fspecial()函数生成 Prewitt 算子的代码如下：

```
>> fspecial('prewitt')
ans =

 1   1   1
 0   0   0
-1  -1  -1
```

6.6.10 生成 Kirsch 算子

调用 fspecial()函数生成 Kirsch 算子的代码如下：

```
>> fspecial('kirsch')
ans =

 3   3   3
 3   0   3
-5  -5  -5
```

6.7 ImageMagick 的计算机视觉变换命令

6.7.1 -edge 参数

在 convert 命令中指定-edge 参数可以生成图像的描边图像。

-edge 参数是一种适用于黑白或灰阶图像的操作符。如果图像拥有 3 个色彩通道，则描边操作会在 3 个色彩通道上各进行一次操作。

将三维机器人模型图片 out.gif 生成描边图像 new_out.gif 的命令如下：

```
$ convert out.gif -edge 2 new_out.gif
```

此外，-edge 参数的值越大，则向内描边越粗。如果要生成彩色图像的描边图像，则需要先转换色彩空间。

将三维机器人模型图片 out.gif 先转换为灰阶色彩空间再生成描边图像 new_out.gif 的命令如下：

```
$ convert out.gif -colorspace Gray -edge 2 -negate new_out.gif
```

6.7.2 -canny 参数

在 convert 命令中指定-canny 参数可以生成图像的边缘。

将三维机器人模型图片 out.gif 生成图像的边缘 new_out.gif 的命令如下：

```
$ convert out.gif -canny 0x1+10%+30% new_out.gif
```

6.7.3 -hough-lines 参数

在 convert 命令中指定-hough-lines 参数可以生成 Hough 直线的图像。

将三维机器人模型图片 out.gif 生成 Hough 直线的图像 new_out.gif 的命令如下：

```
$ convert out.gif -hough-lines 5x5+20 new_out.gif
```

6.7.4 -lat 参数

在 convert 命令中指定-lat 参数可以对图像进行自适应局部图像阈值处理。

-lat 参数假定在小窗口中的像素具有大致相同的背景颜色和大致相同的前景颜色。

1. 简易指定宽和高

将三维机器人模型图片 out.gif 的窗口大小指定为 10×10 像素，进行自适应局部图像阈值处理并生成图像 new_out.gif 的命令如下：

```
$ convert out.gif -lat 10 new_out.gif
```

此时，-lat 参数将指定一个 10×10 像素的窗口，用于确定图像每个点的平均颜色。如果其他像素比这个平均颜色暗，则那些像素会变为黑色，反之则会变为白色。

2. 分别指定宽和高

-lat 参数允许分别指定窗口的宽和高。将三维机器人模型图片 out.gif 的窗口大小指定为 10×20 像素，进行自适应局部图像阈值处理并生成图像 new_out.gif 的命令如下：

```
$ convert out.gif -lat 10x20 new_out.gif
```

3. 指定用于计算平均颜色的阈值

-lat 参数允许指定用于计算平均颜色的阈值。在指定阈值后可以减轻图片的噪声影响。将三维机器人模型图片 out.gif 的窗口大小指定为 10×20 像素，将阈值指定为 10%，进行自适应局部图像阈值处理并生成图像 new_out.gif 的命令如下：

```
$ convert out.gif -lat 10x20+10% new_out.gif
```

6.8 文件扩展名为 oct 的程序

Octave 允许使用 C++ 语言进行程序的编写。使用这种方式编写的程序在编译之后会生成若干扩展名为 oct 的程序。每个 oct 程序都可以调用 Octave 的 API，并且作为动态链接对象加载到 Octave 当中。

6.8.1 编译 oct 程序

oct 程序的源码实际上是 C 语言源码、C++ 语言源码和/或 Fortran 语言源码。调用 mkoctfile 函数可以编译 oct 程序。mkoctfile 函数至少需要一个参数，此时这个参数是源码名。

调用 mkoctfile 函数时，最简单的方式是在 mkoctfile 后面直接追加文件名，代码如下：

```
>> mkoctfile test_pcl.cc
```

然后在 test_pcl.cc 文件所在的目录下可能生成一个名为 test_pcl.oct 的文件；如果名为 test_pcl.oct 的文件之前已经存在，则这个文件会被重建，这个文件就是 oct 程序。

oct 程序拥有调用入口，可以在 Octave 中直接调用。调用 test_pcl.oct 程序的代码如下：

```
>> test_pcl
>> test_pcl.oct
```

如果 test_pcl.oct 程序被设计为一个函数，则调用的代码如下：

```
>> test_pcl([1 2 3])
>> test_pcl(1, 2, 3)
```

6.8.2 编译 oct 程序时支持的可选参数

在调用 mkoctfile 函数时允许追加更多参数来决定编译时的行为。追加的参数由参数选项和参数内容共同组成。mkoctfile 函数支持的附加参数如表 6-2 所示。

表 6-2 mkoctfile 函数支持的附加参数

参数选项	含义
-I	指定 C++ 语言中的 include 部分所在的文件夹
-D	指定 C++ 语言中的 define 部分所在的文件夹
-l	指定 C++ 编译器的链接库
-L	指定 C++ 编译器的链接库部分所在的文件夹
-M	生成.d 文件
--depend	
-R	指定 C++ 连接器的查找路径
-Wl	指定额外配置参数并传送到连接器
-W	指定额外配置参数并传送到组合程序
-c	额外编译选项：编译但不链接
-g	额外编译选项：编译时启用调试功能

续表

参数选项	含义
-o	额外编译选项：指定输出可执行文件的名称
--output	额外编译选项：指定输出可执行文件的名称
-p	额外编译选项：打印配置参数
--print	
--link-stand-alone	连接一个可执行文件
--mex	编译生成.mex 文件
-s	脱掉输出文件
--strip	
-v	显示编译时的输出内容
--verbose	
*.c	C 语言源码
*.cc	C++ 语言源码
*.cp	C++ 语言源码
*.cpp	C++ 语言源码
*.CPP	C++ 语言源码
*.cxx	C++ 语言源码
*.c++	C++ 语言源码
*.C	C 语言源码
*.f	Fortran 语言源码
*.F	Fortran 语言源码
*.f90	Fortran 语言源码
*.F90	Fortran 语言源码
*.o	对象文件
*.a	库文件

此外，mkoctfile 函数可用并且生效的配置参数如表 6-3 所示。

表 6-3 mkoctfile 函数可用并且生效的配置参数

ALL_CFLAGS	LAPACK_LIBS
ALL_CXXFLAGS	LDFLAGS
ALL_FFLAGS	LD_CXX
ALL_LDFLAGS	LD_STATIC_FLAG
BLAS_LIBS	LFLAGS
CC	LIBDIR

续表

CFLAGS	LIBOCTAVE
CPICFLAG	LIBOCTINTERP
CPPFLAGS	OCTAVE_LINK_OPTS
CXX	OCTINCLUDEDIR
CXXFLAGS	OCTAVE_LIBS
CXXPICFLAG	OCTAVE_LINK_DEPS
DL_LD	OCTLIBDIR
DL_LDFLAGS	OCT_LINK_DEPS
F77	OCT_LINK_OPTS
F77_INTEGER8_FLAG	RDYNAMIC_FLAG
FFLAGS	SPECIAL_MATH_LIB
FPICFLAG	XTRA_CFLAGS
INCFLAGS	XTRA_CXXFLAGS
INCLUDEDIR	

此外,mkoctfile 函数可用但不生效的配置参数如表 6-4 所示。

表 6-4　mkoctfile 函数可用但不生效的配置参数

AR	FFTW3_LIBS
DEPEND_EXTRA_SED_PATTERN	FFTW_LIBS
DEPEND_FLAGS	FLIBS
FFTW3F_LDFLAGS	LIBS
FFTW3F_LIBS	RANLIB
FFTW3_LDFLAGS	READLINE_LIBS

6.8.3　编译 oct 程序时支持的环境变量

在调用 mkoctfile 函数时,允许在编译时支持以键-值对形式设置环境变量。mkoctfile 函数支持的环境变量名如表 6-5 所示。

表 6-5　mkoctfile 函数支持的环境变量名

API_VERSION	LOCALFCNFILEDIR
ARCHLIBDIR	LOCALOCTFILEDIR
BINDIR	LOCALSTARTUPFILEDIR
CANONICAL_HOST_TYPE	LOCALVERARCHLIBDIR
DATADIR	LOCALVERFCNFILEDIR

续表

DATAROOTDIR	LOCALVEROCTFILEDIR
DEFAULT_PAGER	MAN1DIR
EXEC_PREFIX	MAN1EXT
EXEEXT	MANDIR
FCNFILEDIR	OCTAVE_EXEC_HOME
IMAGEDIR	OCTAVE_HOME
INFODIR	OCTAVE_VERSION
INFOFILE	OCTDATADIR
LIBEXECDIR	OCTDOCDIR
LOCALAPIARCHLIBDIR	OCTFILEDIR
LOCALAPIFCNFILEDIR	OCTFONTSDIR
LOCALAPIOCTFILEDIR	STARTUPFILEDIR
LOCALARCHLIBDIR	

6.9 PCL 库

6.9.1 安装 PCL 库

通过 DNF 软件源安装 PCL 库，命令如下：

```
$ sudo dnf install pcl
```

通过 DNF 软件源安装 PCL 库的头文件，命令如下：

```
$ sudo dnf install pcl-devel
```

其中，PCL 库和 PCL 库的头文件可以二选一安装，安装规则如下：

(1) 如果只需以动态链接库的方式调用 PCL 库函数，则只需安装 PCL 库。

(2) 如果只需以引用头文件的方式调用 PCL 库函数，则只需安装 PCL 库的头文件。

(3) 只在同时需要以动态链接库和引用头文件的方式调用 PCL 库函数的场景下，才需要同时安装 PCL 库和 PCL 库的头文件。

PCL 库的安装位置如表 6-6 所示。

表 6-6　PCL 库的安装位置

安装位置	备　　注
/usr/lib	32 位库的安装位置； 以 libpcl 开头的库文件对应的是 PCL 库的库文件
/usr/lib64	64 位库的安装位置； 以 libpcl 开头的库文件对应的是 PCL 库的库文件

续表

安装位置	备　注
/usr/include/pcl-1.12	头文件的安装位置； 在 pcl-后面的数字对应的是 PCL 库的版本
/usr/share	文档及 license 等文件

以 Acer Nitro 计算机为例，此计算机的系统信息如下：

```
$ uname -a
<用户名> <主机名> 6.0.8-200.fc36.x86_64 #1 SMP PREEMPT_DYNAMIC Fri Nov 11 15:03:
58 UTC 2022 x86_64 x86_64 x86_64 GNU/LINUX
```

系统信息显示此计算机正在运行一个 64 位的 Fedora 36 版本的操作系统，因此在这台计算机上安装的 PCL 库默认为 64 位库。

6.9.2　PCL 库的点的类型

PCL 库用于描述 RGB 色彩空间中的点的类型如下：

(1) pcl::PointXYZRGBA。

(2) pcl::PointXYZRGB。

(3) pcl::PointXYZRGBL。

(4) pcl::PointXYZRGBNormal。

(5) pcl::PointSurfel。

PCL 库用于描述 XYZ 三维空间中的点的类型如下：

(1) pcl::PointXYZ。

(2) pcl::PointXYZI。

(3) pcl::PointXYZL。

(4) pcl::PointXYZRGBA。

(5) pcl::PointXYZRGB。

(6) pcl::PointXYZRGBL。

(7) pcl::PointXYZLAB。

(8) pcl::PointXYZHSV。

(9) pcl::InterestPoint。

(10) pcl::PointNormal。

(11) pcl::PointXYZRGBNormal。

(12) pcl::PointXYZINormal。

(13) pcl::PointXYZLNormal。

(14) pcl::PointWithRange。

(15) pcl::PointWithViewpoint。

(16) pcl::PointWithScale。

(17) pcl::PointSurfel。

(18) pcl::PointDEM。

PCL 库用于描述 XYZ 三维空间中带强度 L 概念的点的类型如下：

(1) pcl::PointXYZL。

(2) pcl::PointXYZRGBL。

(3) pcl::PointXYZLNormal。

PCL 库用于描述涉及范数的点的类型如下：

(1) pcl::Normal。

(2) pcl::PointNormal。

(3) pcl::PointXYZRGBNormal。

(4) pcl::PointXYZINormal。

(5) pcl::PointXYZLNormal。

(6) pcl::PointSurfel。

PCL 库的特征点的类型如下：

(1) pcl::PFHSignature125。

(2) pcl::PFHRGBSignature250。

(3) pcl::PPFSignature。

(4) pcl::CPPFSignature。

(5) pcl::PPFRGBSignature。

(6) pcl::NormalBasedSignature12。

(7) pcl::FPFHSignature33。

(8) pcl::VFHSignature308。

(9) pcl::GASDSignature512。

(10) pcl::GASDSignature984。

(11) pcl::GASDSignature7992。

(12) pcl::GRSDSignature21。

(13) pcl::ESFSignature640。

(14) pcl::BRISKSignature512。

(15) pcl::Narf36。

PCL 库用于描述特征点的点的类型如下：

(1) pcl::PFHSignature125。

(2) pcl::PFHRGBSignature250。

(3) pcl::FPFHSignature33。

(4) pcl::VFHSignature308。

(5) pcl::GASDSignature512。

(6) pcl::GASDSignature984。

(7) pcl::GASDSignature7992。

(8) pcl::GRSDSignature21。

(9) pcl::ESFSignature640。

(10) pcl::BRISKSignature512。

(11) pcl::Narf36。

这些点的类型可以配合 PCD 模型使用。在 PCD 模型文件中按需标记每个数据维度的数据名,然后使用对应的数据初始化点对象即可。

6.9.3 在 Octave 中使用 PCL 库

要在 Octave 中使用 PCL 库,首先要保证代码满足 Octave 的宏定义要求,然后按照需要在 C++ 源码中导入相应的头文件即可调用 PCL 库的库函数。在 Octave 中使用 PCL 库编写一段测试代码,代码如下:

```
//第 6 章/test_pcl.cc
#include <octave/oct.h>
#include <pcl/point_types.h>
#include <pcl/common/point_tests.h>//for pcl::isFinite

DEFUN_DLD (test_pcl, args, nargout,
           "Test PCL head file.")
{
  pcl::PointXYZ p_valid;
  p_valid.x = 1;
  p_valid.y = 2;
  p_valid.z = 3;
  octave_stdout << "Is p_valid valid? " << pcl::isFinite(p_valid) << std::endl;

  pcl::PointXYZ p_invalid;
  p_invalid.x = std::numeric_limits<float>::quiet_NaN();
  p_invalid.y = std::numeric_limits<float>::quiet_NaN();
  p_invalid.z = std::numeric_limits<float>::quiet_NaN();
  octave_stdout << "Is p_invalid valid? " << pcl::isFinite(p_invalid) << std::
endl;

  octave_value_list retval (nargout);
  retval = octave_value(Matrix ());
  return retval;
}
//>> mkoctfile -o test_pcl test_pcl.cc -I/usr/include/pcl-1.12 -I/usr/include/
eigen3
```

编译命令如下:

```
>> mkoctfile -o test_pcl test_pcl.cc -I/usr/include/pcl-1.12 -I/usr/include/
eigen3
```

这段代码经过编译和运行步骤后将输出点(1,2,3)和(NaN,NaN,NaN)是否有效的结果,然后返回一个空矩阵。

6.10　点云模型

6.10.1　点云模型的概念

点云模型用几个点来描述一个物体。在点云模型理论中,点云模型和连续图像是两个相对的概念。一般而言,点云模型只有在需要可视化时才会考虑渲染为连续图像。

6.10.2　点云模型的存储格式

PCL 库推荐使用的点云模型的存储格式是 PCD 格式,它在研发时综合了其他格式的特性并融入了 PCL 库自身的特性。在使用 PCL 库时建议使用 PCD 格式的点云模型,这可以在调用 PCL 库的 API 时拥有更好的体验,也将省去更多的模型上的适配工作。

PCD 格式的点云模型可能拥有不同版本。从 0.7 版本开始,PCD 格式的点云模型被官方认为在 PCL 库中可用。

PCD 格式的点云模型拥有模型头,并且模型头中的文本必须采用 ASCII 编码。模型头的组成部分如表 6-7 所示。

表 6-7　模型头的组成部分

模型头的字段	含　　义	用　　例
VERSION	PCD 文件的版本	VERSION .7
FIELDS	每个数据维度的数据名; FIELDS x y z 代表 xyz 坐标; FIELDS x y z rgb 代表 xyz 坐标和颜色; FIELDS x y z normal_x normal_y normal_z 代表 xyz 和 xyz 范数; FIELDS j1 j2 j3 代表不变矩	FIELDS x y z rgb
SIZE	每个数据维度的数据大小; char 或无符号 char 为 1; short 或无符号 short 为 2; int、无符号 int 或 float 为 2; double 为 8	SIZE 4 4 4 4
TYPE	每个数据维度的数据类型; I 代表 int8(char)、int16(short)或 int32(int); U 代表 uint8(unsigned char)、uint16(unsigned short)或 uint32(unsigned int); F 代表 float 或 double	TYPE F F F F

续表

模型头的字段	含　义	用　例
COUNT	每个数据维度的数据元素个数； 如果不指定 COUNT，则 COUNT 视为 1	COUNT 1 1 1 1
WIDTH	点云模型数据集的宽度	WIDTH 3
HEIGHT	点云模型数据集的高度	HEIGHT 1
VIEWPOINT	点云模型数据集的视点	VIEWPOINT 0 0 0 1 0 0 0
POINTS	点云模型数据集的点的总数	POINTS 3
DATA	指定储存点云模型的数据类型，例如 ascii、binary、binary_compressed 等	DATA ascii

一个点云模型可能由一个或多个点组成。

以 xyz 坐标的点云模型为例，由 3 个坐标分量组成，坐标分量分别对应 x 坐标、y 坐标和 z 坐标。一个 xyz 坐标的且包含点(10.111,20.111,30.111)、点(20.111,10.111,30.111)、点(30.111,20.111,10.111)的点云模型文件如下：

```
#第 6 章/poinx_xyz.pcd
VERSION .7
FIELDS x y z
SIZE 4 4 4
TYPE F F F
COUNT 1 1 1
WIDTH 3
HEIGHT 1
VIEWPOINT 0 0 0 1 0 0 0
POINTS 3
DATA ascii
10.111    20.111    30.111
20.111    10.111    30.111
30.111    20.111    10.111
```

6.10.3 读取 PCD 模型

指定 PCD 模型的文件名是 test_pcd.pcd，并读取 PCD 模型的代码如下：

```
//第 6 章/read_pcd.cc
#include <octave/oct.h>
#include <pcl/io/pcd_io.h>
DEFUN_DLD(read_pcd, args, nargout,
          "Read PCD.")
{
  octave_value_list retval(nargout);
  retval = octave_value(Matrix());
```

```
  std::string file_name = "test_pcd.pcd";
  pcl:: PointCloud < pcl::`PointXYZ >:: Ptr cloud (new pcl:: PointCloud < pcl::
PointXYZ>);
  if(pcl::io::loadPCDFile<pcl::PointXYZ> (file_name, * cloud) == -1)
  {
    error("Couldn't read file test_pcd.pcd \n");
    return retval;
  }
  for(const auto& point: * cloud)
    octave_stdout << "read pcd successful" << std::endl;
    //point.x, point.y, point.z
  return retval;
}
//>> mkoctfile -o read_pcd read_pcd.cc -I/usr/include/pcl-1.12 -I/usr/include/
eigen3
```

编译命令如下：

```
>> mkoctfile -o read_pcd read_pcd.cc -I/usr/include/pcl-1.12 -I/usr/include/
eigen3
```

源码的关键函数和方法如下：

```
inline int pcl::io::loadPCDFile<pcl::PointXYZ>(const std::string &file_name,
pcl::PointCloud<pcl::PointXYZ> &cloud)
```

其中,loadPCDFile()函数用于读取 PCD 文件并按照 PCD 文件中的文件头初始化点云数据。如果要调用 loadPCDFile()函数,则需要在源码中导入 pcd_io.h 头文件,代码如下：

```
#include <pcl/io/pcd_io.h>
```

loadPCDFile()函数至少需要两个参数,此时第 1 个参数是 PCD 文件名,第 2 个参数是点云模型指针。以 pcl::PointXYZ 类型的点为例,首先需要初始化 pcl::PointCloud<pcl::PointXYZ>::Ptr 类型的指针,然后将 PCD 文件名和指针传入 loadPCDFile()函数,即可按照 PCD 文件的描述将点云模型读取到内存中。对于 pcl::PointXYZ 类型的点而言,读入的点将按照 point.x、point.y 和 point.z 的成员变量格式存储。

6.10.4 写入 PCD 模型

将 PCD 模型的文件名指定为 test_pcd.pcd,并向文件中写入 PCD 模型的代码如下：

```
//第 6 章/write_pcd.cc
#include <octave/oct.h>
#include <pcl/io/pcd_io.h>
DEFUN_DLD(write_pcd, args, nargout,
          "Write PCD.")
{
  octave_value_list retval(nargout);
```

```
  retval = octave_value(Matrix());
  std::string file_name = "test_pcd.pcd";
  pcl::PointCloud<pcl::PointXYZ> cloud;
  cloud.width = 5;
  cloud.height = 1;
  cloud.is_dense = false;
  cloud.resize(cloud.width * cloud.height);
  for(auto &point : cloud)
  {
    point.x = 1024 * rand() / (RAND_MAX + 1.0f);
    point.y = 1024 * rand() / (RAND_MAX + 1.0f);
    point.z = 1024 * rand() / (RAND_MAX + 1.0f);
  }
  pcl::io::savePCDFileASCII(file_name, cloud);
  for(const auto &point : cloud)
    octave_stdout << "write pcd successful" << std::endl;
    //point.x, point.y, point.z
  return retval;
}
//>> mkoctfile - o write _pcd write _pcd. cc - I/usr/include/pcl - 1. 12 - I/usr/
include/eigen3
```

编译命令如下：

```
>> mkoctfile -o write_pcd write_pcd.cc -I/usr/include/pcl-1.12 -I/usr/include/
eigen3
```

源码的关键函数和方法如下：

```
inline int pcl::io::savePCDFileASCII<pcl::PointXYZ>(const std::string &file_
name, const pcl::PointCloud<pcl::PointXYZ> &cloud)
```

其中，pcl::io::savePCDFileASCII<pcl::PointXYZ>()方法用于将点云模型对象中的点写入 PCD 文件。如果要调用 pcl::io::savePCDFileASCII<pcl::PointXYZ>()方法，则需要在源码中导入 pcd_io.h 头文件，代码如下：

```
#include <pcl/io/pcd_io.h>
```

pcl::io::savePCDFileASCII<pcl::PointXYZ>()方法至少需要两个参数，此时第 1 个参数是 PCD 文件名，第 2 个参数是点云模型对象。以 pcl::PointXYZ 类型的点为例，首先需要初始化 pcl::PointCloud<pcl::PointXYZ>类型的对象，然后将 PCD 文件名和对象传入 pcl::io::savePCDFileASCII<pcl::PointXYZ>()方法，即可将点云模型对象中的点写入 PCD 文件。

6.10.5 PCD 模型可视化

将 PCD 模型的文件名指定为 test_pcd.pcd，并进行 PCD 模型可视化的代码如下：

```
//第 6 章/visualize_pcd_v2.cc
#include <octave/oct.h>
#include <pcl/range_image/range_image.h>
#include <pcl/io/pcd_io.h>
#include <pcl/visualization/range_image_visualizer.h>
#include <pcl/visualization/pcl_visualizer.h>
#include <pcl/console/parse.h>
#include <pcl/point_types.h>
#include <boost/thread.hpp>
DEFUN_DLD(visualize_pcd_v2, args, nargout,
          "Visualize PCD V2.")
{
  octave_value_list retval(nargout);
  retval = octave_value(Matrix());
  std::string file_name = "test_pcd.pcd";
  pcl::visualization::PCLVisualizer viewer("Visualize PCD V2");
  pcl::PointCloud<pcl::PointXYZ>::Ptr point_cloud_ptr(new pcl::PointCloud
<pcl::PointXYZ>);
  pcl::PointCloud<pcl::PointXYZ> &point_cloud = *point_cloud_ptr;
  Eigen::Affine3f scene_sensor_pose(Eigen::Affine3f::Identity());
  if(pcl::io::loadPCDFile(file_name, point_cloud) == -1)
  {
    octave_stdout << "cannot open file" << std::endl;
    return retval;
  }
  scene_sensor_pose = Eigen::Affine3f(Eigen::Translation3f(point_cloud.sensor
_origin_[0],point_cloud.sensor_origin_[1],point_cloud.sensor_origin_[2])) *
                      Eigen::Affine3f(point_cloud.sensor_orientation_);
  pcl::RangeImage::Ptr range_image_ptr(new pcl::RangeImage);
  pcl::RangeImage::CoordinateFrame coordinate_frame = pcl::RangeImage::LASER_
FRAME;
  pcl::RangeImage &range_image = *range_image_ptr;
  range_image.createFromPointCloud(point_cloud, pcl::deg2rad(90.0f), pcl::
deg2rad(45.0f),
                              pcl::deg2rad(0.0f), pcl::deg2rad(0.0f),
                              scene_sensor_pose, coordinate_frame, 0.0f, 0.0f, 1);
  pcl::visualization::PointCloudColorHandlerCustom<pcl::PointWithRange>
range_image_color_handler(range_image_ptr, 0, 0, 0);
  viewer.addPointCloud(range_image_ptr, range_image_color_handler, "range
image");
  viewer.initCameraParameters();
  pcl::visualization::RangeImageVisualizer range_image_widget("range image");
  range_image_widget.showRangeImage(range_image);
```

```
  while(!viewer.wasStopped())
  {
    boost::this_thread::sleep(boost::posix_time::seconds(1));
  }
  return retval;
}
//>> mkoctfile -o visualize_pcd_v2 visualize_pcd_v2.cc -I/usr/include/pcl-1.12
-I/usr/include/eigen3 -I/usr/include/vtk -L/usr/bin64/vtk
```

编译命令如下：

```
>> mkoctfile -o visualize_pcd_v2 visualize_pcd_v2.cc -I/usr/include/pcl-1.12
-I/usr/include/eigen3 -I/usr/include/vtk -L/usr/bin64/vtk
```

源码的关键函数和方法如下：

```
inline explicit Eigen::Affine3f::Transform(const Eigen::Translation3f &t)
inline Eigen:: Translation3f:: Translation (const float &sx, const float &sy,
const float &sz)
inline explicit Eigen::Affine3f::Transform<Eigen::Quaternionf>(const Eigen::
RotationBase<Eigen::Quaternionf, 3> &r)
void pcl::RangeImage::createFromPointCloud<...>(const pcl::PointCloud<...>
&point_cloud, float angular_resolution_x, float angular_resolution_y, float max
_angle_width, float max_angle_height, const Eigen::Affine3f &sensor_pose, pcl::
RangeImage::CoordinateFrame coordinate_frame, float noise_level, float min_
range, int border_size)
bool pcl::visualization::PCLVisualizer::addPointCloud<...>(const std::shared
_ptr<...> &cloud, const pcl:: visualization:: PointCloudColorHandler<...>
&color_handler, const std::string &id, int viewport = 0)
void pcl::visualization::PCLVisualizer::initCameraParameters()
void pcl:: visualization:: RangeImageVisualizer:: showRangeImage (const pcl::
RangeImage &range_image, float min_value = - std:: numeric_limits<float>::
infinity(), float max_value = (+InfinityF), bool grayscale = false)
void boost:: this_thread:: sleep<boost:: posix_time:: seconds>(const boost::
posix_time::seconds &rel_time)
```

1. Eigen::Affine3f::Transform()

Eigen::Affine3f::Transform()方法用于构造并初始化一个三维仿射对象，代码如下：

```
Eigen::Affine3f(
Eigen::Translation3f(point_cloud.sensor_origin_[0],
point_cloud.sensor_origin_[1],
point_cloud.sensor_origin_[2])
)
```

2. Eigen::Translation3f::Translation()

Eigen::Translation3f::Translation()方法用于将坐标翻译为某种三维变换，代码如下：

```
Eigen::Translation3f(point_cloud.sensor_origin_[0],
point_cloud.sensor_origin_[1],
point_cloud.sensor_origin_[2])
```

Eigen::Translation3f::Translation()方法需要 3 个参数，此时第 1 个参数是 x 坐标，第 2 个参数是 y 坐标，第 3 个参数是 z 坐标。

此外，如果将 Mode 指定为 Affine 或 Isometry，则翻译后的变换最后一定是[0 ... 0 1]向量。

3. Eigen::Translation3f::Translation<Eigen::Quaternionf>()

Eigen::Translation3f::Translation<Eigen::Quaternionf>()方法用于将四元数翻译为某种三维变换，代码如下：

```
Eigen::Affine3f(point_cloud.sensor_orientation_)
```

Eigen::Translation3f::Translation<Eigen::Quaternionf>()方法需要一个参数，此时这个参数是四元数。

4. PCL 库支持的连续图像

PCL 库支持的连续图像可以是摄像头拍摄的帧，也可以是激光雷达扫描的帧。

pcl::RangeImage 命名空间不但定义了 LASER_FRAME 类型的连续图像，还定义了 CAMERA_FRAME 类型的连续图像，代码如下：

```
pcl::RangeImage::CoordinateFrame coordinate_frame = pcl::RangeImage::LASER_
FRAME;
```

5. pcl::RangeImage::createFromPointCloud<...>()

pcl::RangeImage::createFromPointCloud<...>()方法用于从点云创建连续图像，如果要调用 pcl::RangeImage::createFromPointCloud<...>()方法，则需要在源码中导入 range_image.h 头文件，代码如下：

```
#include <pcl/range_image/range_image.h>
```

pcl::RangeImage::createFromPointCloud<...>()方法需要 10 个参数，此时第 1 个参数是点云对象指针，第 2 个参数是 x 方向的角分辨率，第 3 个参数是 y 方向的角分辨率，第 4 个参数是最大角度的宽度，第 5 个参数是最大角度的高度，第 6 个参数是摄像头姿势指针，第 7 个参数是连续图像，第 8 个参数是噪声级别，第 9 个参数是最小范围，第 10 个参数是边框尺寸，代码如下：

```
range_image.createFromPointCloud(point_cloud, pcl::deg2rad(90.0f), pcl::
deg2rad(45.0f),
pcl::deg2rad(0.0f), pcl::deg2rad(0.0f),
scene_sensor_pose, coordinate_frame, 0.0f, 0.0f, 1);
```

6. pcl::visualization::PCLVisualizer::addPointCloud<...>()

pcl::visualization::PCLVisualizer::addPointCloud<...>()方法用于添加点云。如果

要调用 pcl::visualization::PCLVisualizer::addPointCloud< ...>()方法,则需要在源码中导入 pcl_visualizer.h 头文件,代码如下:

```
#include <pcl/visualization/pcl_visualizer.h>
```

pcl::visualization::PCLVisualizer::addPointCloud<...>()方法至少需要 3 个参数,此时第 1 个参数是点云模型指针,第 2 个参数是连续图像的颜色处理程序指针,第 3 个参数是点云在添加后的 ID,代码如下:

```
viewer.addPointCloud(range_image_ptr, range_image_color_handler, "range image");
```

注意: pcl::visualization::PCLVisualizer::addPointCloud<...>()方法只是将处理程序放入队列。如果遇到和队列相关的 Bug,则可以追加入队检查等步骤。此方法的目标是将点云转换为 VTK 的多边形。

---

7. pcl::visualization::PCLVisualizer::initCameraParameters()

pcl::visualization::PCLVisualizer::initCameraParameters()方法用于初始化摄像头参数。如果要调用 pcl::visualization::PCLVisualizer:: initCameraParameters<...>()方法,则需要在源码中导入 pcl_visualizer.h 头文件,代码如下:

```
#include <pcl/visualization/pcl_visualizer.h>
```

pcl::visualization::PCLVisualizer::initCameraParameters()方法无须传入参数即可调用,代码如下:

```
viewer.initCameraParameters();
```

此外,pcl::visualization::PCLVisualizer::initCameraParameters()方法在初始化摄像头参数时会搜索命令行中的输入参数,然后将这些参数预先设为内部参数。

8. pcl::visualization::RangeImageVisualizer::showRangeImage()

pcl::visualization::RangeImageVisualizer::showRangeImage()方法用于显示连续图像。如果要调用 pcl::visualization:: RangeImageVisualizer::showRangeImage()方法,则需要在源码中导入 range_image_visualizer.h 头文件,代码如下:

```
#include <pcl/visualization/range_image_visualizer.h>
```

pcl::visualization::RangeImageVisualizer::showRangeImage()方法至少需要一个参数,此时这个参数是连续图像,代码如下:

```
range_image_widget.showRangeImage(range_image);
```

9. boost::this_thread::sleep<boost::posix_time::seconds>()

boost::this_thread::sleep<boost::posix_time::seconds>()方法用于挂起线程,从而在一帧连续图像显示结束后先睡眠一段时间再显示下一帧图像,代码如下:

```
boost::this_thread::sleep(boost::posix_time::seconds(1));
```

boost::this_thread::sleep<boost::posix_time::seconds>()方法至少需要一个参数，此时这个参数是睡眠时间。如果要调用 boost::this_thread::sleep<boost::posix_time::seconds>()方法，则需要在源码中导入 thread.hpp 头文件，代码如下：

```
#include <boost/thread.hpp>
```

6.10.6 OpenNI 点云捕捉

使用随机生成的 PCD 模型，并通过 OpenNI 进行点云捕捉的代码如下：

```
//第 6 章/openni_pcd.cc
#include <octave/oct.h>
#include <pcl/io/openni_grabber.h>
#include <pcl/visualization/cloud_viewer.h>
#include <boost/thread.hpp>
DEFUN_DLD(openni_pcd, args, nargout,
          "Grab PCD with OpenNI.")
{
  octave_value_list retval(nargout);
  retval = octave_value(Matrix());
  pcl::visualization::CloudViewer viewer("Grab PCD with OpenNI");

  pcl::Grabber * interface = new pcl::OpenNIGrabber();
  pcl::PointCloud<pcl::PointXYZ> cloud = new pcl::PointCloud<pcl::PointXYZ>;
  pcl::PointCloud<pcl::PointXYZ>::Ptr point_cloud_ptr(cloud);
  for(auto &point : cloud)
  {
    point.x = 1024 * rand() / (RAND_MAX + 1.0f);
    point.y = 1024 * rand() / (RAND_MAX + 1.0f);
    point.z = 1024 * rand() / (RAND_MAX + 1.0f);
  }

  interface->start();

  while(!viewer.wasStopped())
  {
    viewer.showCloud(point_cloud_ptr);
    boost::this_thread::sleep(boost::posix_time::seconds(1));
  }

  interface->stop();
  return retval;
}
//>> mkoctfile -o openni_pcd openni_pcd.cc -I/usr/include/pcl-1.12 -I/usr/include/eigen3 -I/usr/include/vtk -L/usr/bin64/vtk -I/usr/include/ni
```

编译命令如下：

```
>> mkoctfile -o visualize_pcd visualize_pcd.cc -I/usr/include/pcl-1.12 -I/usr/include/eigen3 -I/usr/include/vtk -L/usr/bin64/vtk
```

源码的关键函数和方法如下：

```
virtual void pcl::Grabber::start()
void pcl::visualization::CloudViewer::showCloud(const std::shared_ptr< const pcl::visualization::CloudViewer::MonochromeCloud> &cloud, const std::string &cloudname = "cloud")
virtual void pcl::Grabber::stop()
```

1. pcl::Grabber::start()

pcl::Grabber::start()方法用于启动点云捕捉。如果要调用 pcl::Grabber::start()方法，则需要在源码中导入 openni_grabber.h 头文件，代码如下：

```
#include <pcl/io/openni_grabber.h>
```

pcl::Grabber::start()方法无须传入参数即可调用，代码如下：

```
interface->start();
```

2. pcl::visualization::CloudViewer::showCloud()

pcl::visualization::CloudViewer::showCloud()方法用于直接显示点云。如果要调用 pcl::visualization::CloudViewer::showCloud()方法，则需要在源码中导入 cloud_viewer.h 头文件，代码如下：

```
#include <pcl/visualization/cloud_viewer.h>
```

pcl::visualization::CloudViewer::showCloud()方法至少需要一个参数，此时这个参数是点云模型指针，然后 pcl::visualization::CloudViewer::showCloud()方法将按照点云模型指针指向的点云模型对象将点绘制在屏幕上，代码如下：

```
viewer.showCloud(point_cloud_ptr);
```

3. pcl::Grabber::stop()

pcl::Grabber::stop()方法用于停止点云捕捉。如果要调用 pcl::Grabber::stop()方法，则需要在源码中导入 openni_grabber.h 头文件，代码如下：

```
#include <pcl/io/openni_grabber.h>
```

pcl::Grabber::stop()方法无须传入参数即可调用，代码如下：

```
interface->stop();
```

6.10.7 点云分割

使用随机生成的 PCD 模型，并进行点云分割的代码如下：

```
//第 6 章/planar_segmentation.cc
#include <octave/oct.h>
#include <pcl/ModelCoefficients.h>
#include <pcl/io/pcd_io.h>
#include <pcl/point_types.h>
#include <pcl/sample_consensus/method_types.h>
#include <pcl/sample_consensus/model_types.h>
#include <pcl/segmentation/sac_segmentation.h>
DEFUN_DLD(planar_segmentation, args, nargout,
          "Planar Segmentation.")
{
  octave_value_list retval(nargout);
  retval = octave_value(Matrix());
  pcl::PointCloud<pcl::PointXYZ>::Ptr cloud(new pcl::PointCloud<pcl::
PointXYZ>);

  cloud->width = 10;
  cloud->height = 1;
  cloud->points.resize(cloud->width * cloud->height);

  for(auto &point : *cloud)
  {
    point.x = 1024 * rand() / (RAND_MAX + 1.0f);
    point.y = 1024 * rand() / (RAND_MAX + 1.0f);
    point.z = 0;
  }

  (*cloud)[0].z = 1.0;
  (*cloud)[3].z = -2.0;
  (*cloud)[6].z = 3.0;

  for(const auto &point : *cloud)
    octave_stdout << "generate cloud successful" << std::endl;
//point.x, point.y, point.z

  pcl::ModelCoefficients::Ptr coefficients(new pcl::ModelCoefficients);
  pcl::PointIndices::Ptr inliers(new pcl::PointIndices);
  pcl::SACSegmentation<pcl::PointXYZ> seg;
  seg.setOptimizeCoefficients(true);
  seg.setModelType(pcl::SACMODEL_PLANE);
  seg.setMethodType(pcl::SAC_RANSAC);
  seg.setDistanceThreshold(0.1);
  seg.setInputCloud(cloud);
  seg.segment(*inliers, *coefficients);

  if(inliers->indices.size() == 0)
```

```
  {
    octave_stdout << "empty model" << std::endl;
    return retval;
  }

  octave_stdout << "Model coefficients: "
                << coefficients->values[0] << " "
                << coefficients->values[1] << " "
                << coefficients->values[2] << " "
                << coefficients->values[3] << std::endl;

  octave_stdout << "Model inliers: " << inliers->indices.size() << std::endl;
  for(const auto &idx : inliers->indices)
    octave_stdout << idx << ": "
                  << cloud->points[idx].x << " "
                  << cloud->points[idx].y << " "
                  << cloud->points[idx].z << std::endl;
  return retval;
}
//>> mkoctfile -o planar_segmentation planar_segmentation.cc -I/usr/include/
pcl-1.12 -I/usr/include/eigen3 -I/usr/include/vtk -L/usr/lib64/vtk
```

编译命令如下：

```
>> mkoctfile -o planar_segmentation planar_segmentation.cc -I/usr/include/pcl
-1.12 -I/usr/include/eigen3 -I/usr/include/vtk -L/usr/lib64/vtk
```

源码的关键函数和方法如下：

```
inline void pcl::SACSegmentation<pcl::PointXYZ>::setOptimizeCoefficients
(bool optimize)
inline void pcl::SACSegmentation<pcl::PointXYZ>::setModelType(int model)
inline void pcl::SACSegmentation<pcl::PointXYZ>::setMethodType(int method)
inline void pcl::SACSegmentation<pcl::PointXYZ>::setDistanceThreshold(double
threshold)
virtual void pcl::PCLBase<pcl::PointXYZ>::setInputCloud(const std::shared_
ptr<const pcl::PointCloud<pcl::PointXYZ>> &cloud)
virtual void pcl::SACSegmentation<pcl::PointXYZ>::segment(pcl::PointIndices
&inliers, pcl::ModelCoefficients &model_coefficients)
```

1. pcl::SACSegmentation<pcl::PointXYZ>::setOptimizeCoefficients()

pcl::SACSegmentation<pcl::PointXYZ>::setOptimizeCoefficients()方法用于配置是否在点云分割时启用参数优化。如果要调用 pcl::SACSegmentation<pcl::PointXYZ>::setOptimizeCoefficients()方法，则需要在源码中导入 sac_segmentation.h 头文件，代码如下：

```
#include <pcl/segmentation/sac_segmentation.h>
```

pcl::SACSegmentation<pcl::PointXYZ>::setOptimizeCoefficients()方法需要一个参数，如果这个参数是真值，则将在点云分割时启用参数优化，否则不启用参数优化，代码如下：

```
seg.setOptimizeCoefficients(true);
```

2. pcl::SACSegmentation<pcl::PointXYZ>::setModelType()

pcl::SACSegmentation<pcl::PointXYZ>::setModelType()方法用于配置点云分割的模型类型。如果要调用 pcl::SACSegmentation<pcl::PointXYZ>::setModelType()方法，则需要在源码中导入 sac_segmentation.h 头文件，代码如下：

```
#include <pcl/segmentation/sac_segmentation.h>
```

pcl::SACSegmentation<pcl::PointXYZ>::setModelType()方法需要一个参数，这个参数是模型类型，代码如下：

```
seg.setModelType(pcl::SACMODEL_PLANE);
```

3. pcl::SACSegmentation<pcl::PointXYZ>::setMethodType()

pcl::SACSegmentation<pcl::PointXYZ>::setMethodType()方法用于配置点云分割的分割方法。如果要调用 pcl::SACSegmentation<pcl::PointXYZ>::setMethodType()方法，则需要在源码中导入 sac_segmentation.h 头文件，代码如下：

```
#include <pcl/segmentation/sac_segmentation.h>
```

pcl::SACSegmentation<pcl::PointXYZ>::setMethodType()方法需要一个参数，这个参数是分割方法，代码如下：

```
seg.setMethodType(pcl::SAC_RANSAC);
```

4. pcl::SACSegmentation<pcl::PointXYZ>::setDistanceThreshold()

pcl::SACSegmentation<pcl::PointXYZ>::setDistanceThreshold()方法用于配置点云分割的内点到模型的最大距离。如果要调用 pcl::SACSegmentation<pcl::PointXYZ>::setDistanceThreshold()方法，则需要在源码中导入 sac_segmentation.h 头文件，代码如下：

```
#include <pcl/segmentation/sac_segmentation.h>
```

pcl::SACSegmentation<pcl::PointXYZ>::setDistanceThreshold()方法需要一个参数，这个参数是内点到模型的最大距离，代码如下：

```
seg.setDistanceThreshold(0.1);
```

5. pcl::PCLBase<pcl::PointXYZ>::setInputCloud()

pcl::PCLBase<pcl::PointXYZ>::setInputCloud()方法用于配置点云分割的点云模型对象。如果要调用 pcl::PCLBase<pcl::PointXYZ>::setInputCloud()方法，则需要在源码中导入 sac_segmentation.h 头文件，代码如下：

```
#include <pcl/segmentation/sac_segmentation.h>
```

pcl::PCLBase<pcl::PointXYZ>::setInputCloud()方法需要一个参数，这个参数是点云模型对象，代码如下：

```
seg.setInputCloud(cloud);
```

6. pcl::SACSegmentation<pcl::PointXYZ>::segment()

pcl::SACSegmentation<pcl::PointXYZ>::segment()方法用于进行点云分割。如果要调用 pcl::SACSegmentation<pcl::PointXYZ>::segment()方法，则需要在源码中导入 sac_segmentation.h 头文件，代码如下：

```
#include <pcl/segmentation/sac_segmentation.h>
```

pcl::SACSegmentation<pcl::PointXYZ>::segment()方法需要两个参数，此时第 1 个参数是分割使用的索引，第 2 个参数是分割使用的参数，代码如下：

```
seg.segment(*inliers, *coefficients);
```

6.11 通过 GUI 控制计算机视觉变换效果

计算机往往不直接处理真彩色图像，而是需要预先对真彩色图像进行一系列计算机视觉变换之后才能调用更加复杂的算法。在使用 ImageMagick 合成模型的图片和背景的图片之后可以对真彩色的预览图片进行计算机视觉变换，然后微调参数以达到灰化、降噪和滤波等效果。

6.11.1 控制计算机视觉变换效果应用原型设计

控制计算机视觉变换效果应用不仅允许用户执行模型应用中的所有操作，还允许用户自主矫正参数。设计选择模型和背景界面，以及修改校准参数界面，并将选择模型和背景界面作为控制矫正效果应用的主界面，此界面允许用户选择模型和背景并预览放置后的效果。

在选择模型和背景界面上应该包含以下元素：

(1) 输出预览画面的区域。

(2) 提示当前模型、当前背景和当前保存文件夹的区域。

(3) 修改当前模型、当前背景和当前保存文件夹的按钮。

(4) 用于更新预览效果的按钮。

(5) 用于切换到其他界面的按钮。

(6) 操作日志区域。

根据以上元素绘制控制计算机视觉变换效果界面的原型设计图，如图 6-5 所示。

控制计算机视觉变换效果应用提供 Canny 边缘检测的控制界面、Hough 直线检测的控制界面和自适应局部图像阈值处理的控制界面。

在 Canny 边缘检测的控制界面上应该包含以下元素：

(1) 输出预览画面的区域。

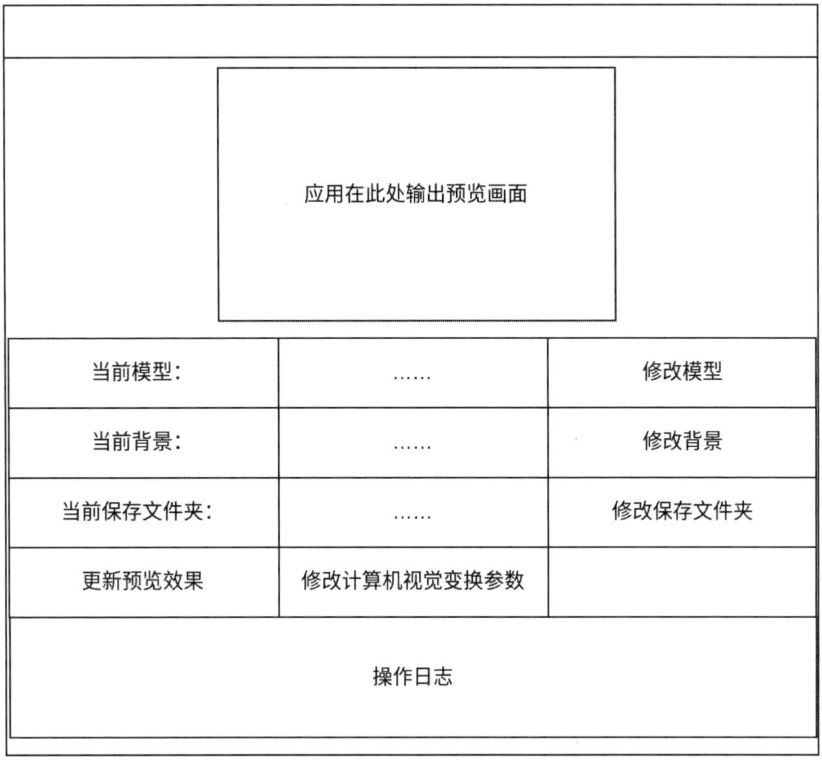

应用在此处输出预览画面

当前模型:	……	修改模型
当前背景:	……	修改背景
当前保存文件夹:	……	修改保存文件夹
更新预览效果	修改计算机视觉变换参数	

操作日志

图 6-5 控制计算机视觉变换效果界面的原型设计图

(2) 提示当前修改的参数的区域。

(3) 用于选择当前修改的参数的下拉菜单。

(4) 用于填写 Canny 边缘检测参数的输入框。

(5) 用于选择是否启用 Canny 边缘检测的复选框。

(6) 用于保存当前预览效果的按钮。

(7) 用于选择图片预览和保存格式的下拉菜单。

(8) 操作日志区域。

(9) 返回按钮。

根据以上元素绘制 Canny 边缘检测的控制界面的原型设计图,如图 6-6 所示。

在 Hough 直线检测的控制界面上应该包含以下元素:

(1) 输出预览画面的区域。

(2) 提示当前修改的参数的区域。

(3) 用于选择当前修改的参数的下拉菜单。

(4) 用于填写 Hough 直线检测参数的输入框。

(5) 用于选择是否启用 Hough 直线检测的复选框。

(6) 用于保存当前预览效果的按钮。

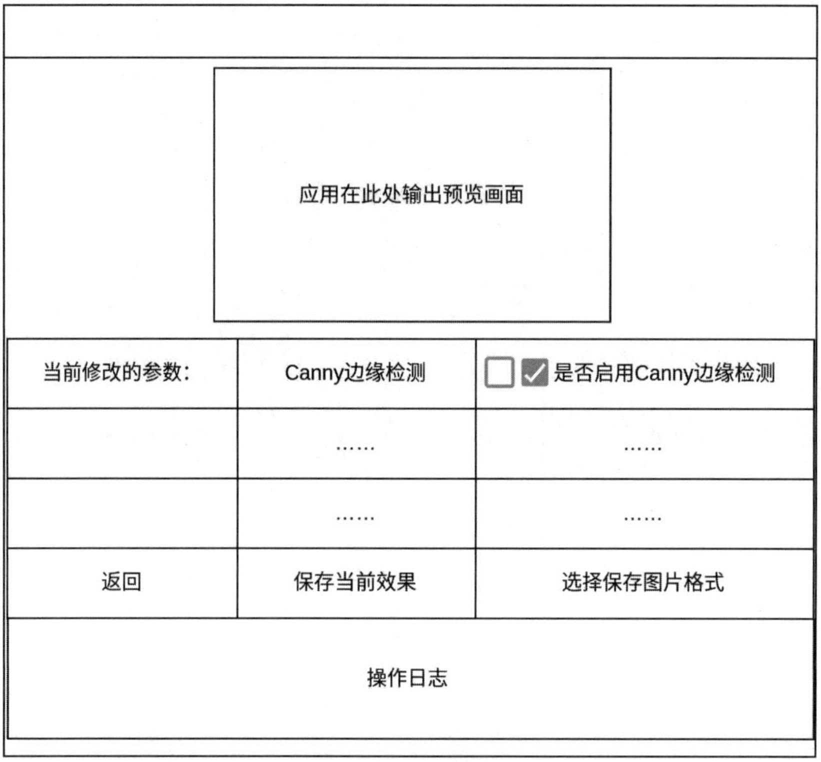

应用在此处输出预览画面

当前修改的参数:	Canny边缘检测	☐ ☑ 是否启用Canny边缘检测
	……	……
	……	……
返回	保存当前效果	选择保存图片格式

操作日志

图 6-6　Canny 边缘检测的控制界面的原型设计图

(7) 用于选择图片预览和保存格式的下拉菜单。
(8) 操作日志区域。
(9) 返回按钮。

根据以上元素绘制 Hough 直线检测的控制界面的原型设计图，如图 6-7 所示。

在自适应局部图像阈值处理的控制界面上应该包含以下元素：

(1) 输出预览画面的区域。
(2) 提示当前修改的参数的区域。
(3) 用于选择当前修改的参数的下拉菜单。
(4) 用于填写自适应局部图像阈值处理参数的输入框。
(5) 用于选择是否启用自适应局部图像阈值处理的复选框。
(6) 用于保存当前预览效果的按钮。
(7) 用于选择图片预览和保存格式的下拉菜单。
(8) 操作日志区域。
(9) 返回按钮。

根据以上元素绘制自适应局部图像阈值处理的控制界面的原型设计图，如图 6-8 所示。

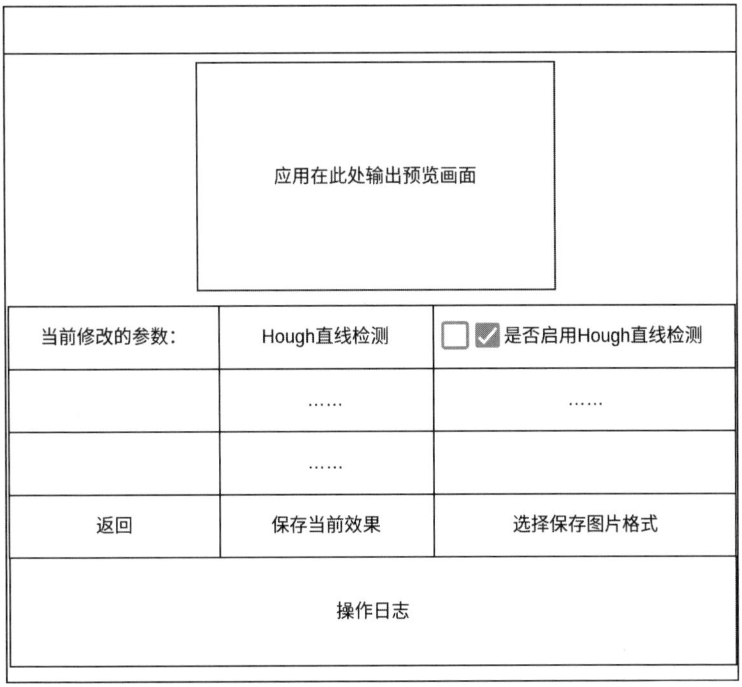

	应用在此处输出预览画面	
当前修改的参数:	Hough直线检测	☐ ☑ 是否启用Hough直线检测
	……	……
	……	
返回	保存当前效果	选择保存图片格式
操作日志		

图 6-7　Hough 直线检测的控制界面的原型设计图

	应用在此处输出预览画面	
当前修改的参数:	自适应局部图像阈值处理	☐ ☑ 是否启用自适应局部图像 ……
	……	
返回	保存当前效果	选择保存图片格式
操作日志		

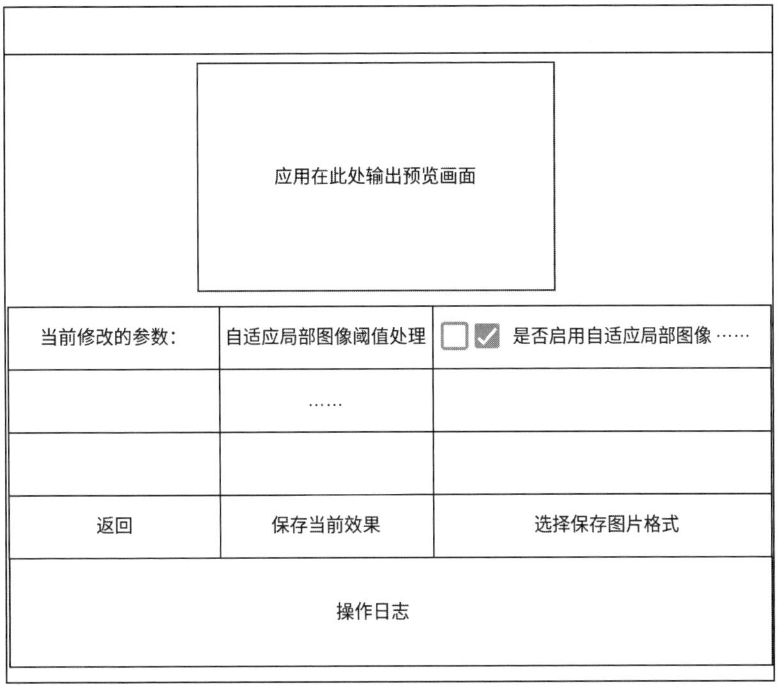

图 6-8　自适应局部图像阈值处理的控制界面的原型设计图

6.11.2 控制计算机视觉变换效果应用视图代码设计

控制计算机视觉变换效果界面的默认效果如图 6-9 所示。

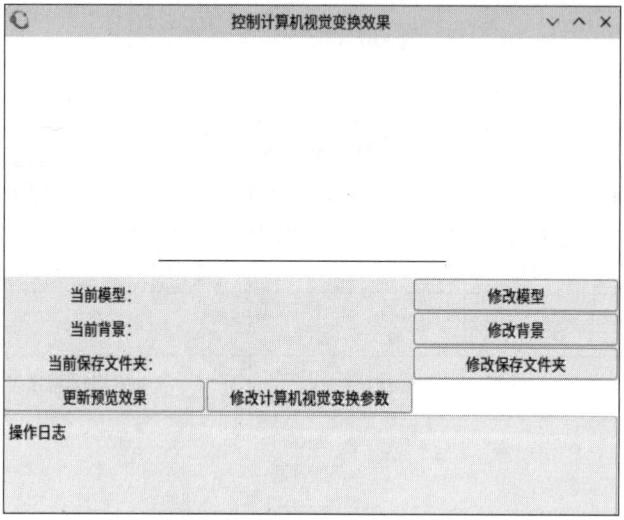

图 6-9 控制计算机视觉变换效果界面的默认效果

在选择模型和背景界面上单击“修改计算机视觉变换参数”按钮即可切换到 Canny 边缘检测的控制界面、Hough 直线检测的控制界面或自适应局部图像阈值处理的控制界面。Canny 边缘检测的控制界面的默认效果如图 6-10 所示。

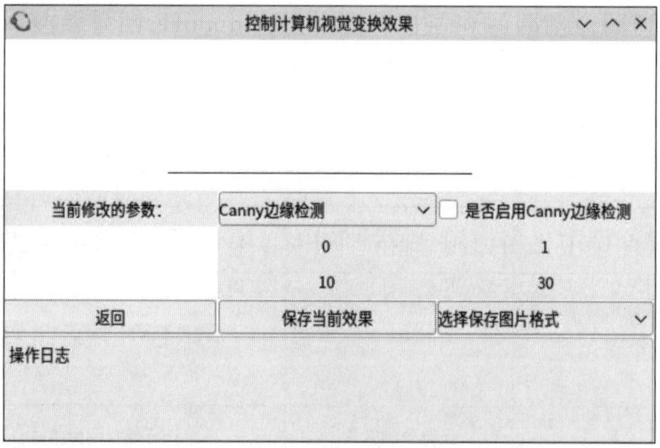

图 6-10 Canny 边缘检测的控制界面的默认效果

Hough 直线检测的控制界面的默认效果如图 6-11 所示。

自适应局部图像阈值处理的控制界面的默认效果如图 6-12 所示。

在 Canny 边缘检测的控制界面、Hough 直线检测的控制界面或自适应局部图像阈值处理的控制界面上单击计算机视觉变换参数下拉菜单中的界面选项即可在三者之间切换。在

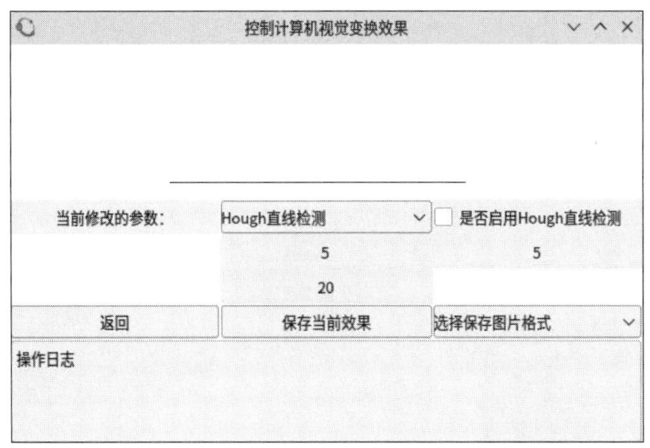

图 6-11 Hough 直线检测的控制界面的默认效果

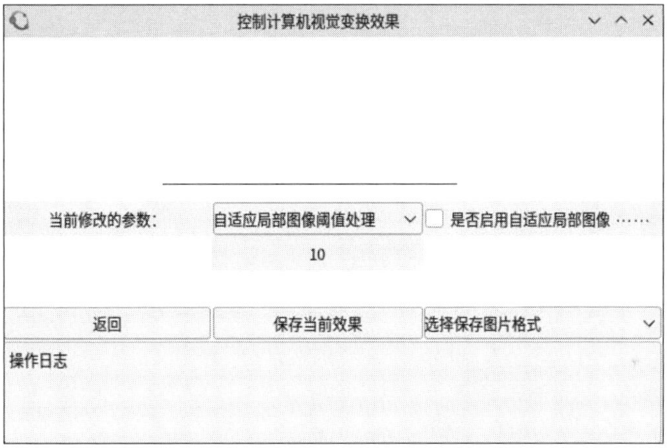

图 6-12 自适应局部图像阈值处理的控制界面的默认效果

Canny 边缘检测的控制界面、Hough 直线检测的控制界面或自适应局部图像阈值处理的控制界面上单击“返回”按钮即可切换回选择模型和背景界面。

编写控制计算机视觉变换效果应用的视图类,代码如下:

```
#!/usr/bin/octave
#第 6 章/@ComputerVisionTransformEffect/ComputerVisionTransformEffect.m

function ret = ComputerVisionTransformEffect()
##-*- texinfo -*-
##@deftypefn {} {} ComputerVisionTransformEffect (@var{})
##控制计算机视觉变换效果主类
##@example
##param: -
##
```

```
##return: ret
##@end example
##
##@end deftypefn
    global logger;
    global field;
    field = ComputerVisionTransformEffectAttributes;

    toolbox = Toolbox;
    window_width = get_window_width(toolbox);
    window_height = get_window_height(toolbox);
    callback = ComputerVisionTransformEffectCallbacks;
    SAVE_IMAGE_FORMAT_CELL = get_save_image_format_cell(field);
    COMPUTER_VISION_TRANSFORM_PARAMETER_CELL = get_computer_vision_transform_
parameter_cell(field);
    key_height = field.key_height;
    key_width = window_width / 3;
    log_inputfield_height = key_height * 3;
    show_object_area_width = field.show_object_area_width;
    show_object_area_height = field.show_object_area_height;
    margin = 0;
    margin_x = 0;
    margin_y = 0;
    x_coordinate = 0;
    y_coordinate = 0;
    width = key_width;
    height = window_height - key_height;
    title_name = '控制计算机视觉变换效果';

    f = figure();
    ##基础图形句柄 f
    white_background = imread('./white_background.png');
    img_data = im2double(white_background);
    set_handle('current_name', title_name);

    % set(f, 'closerequestfcn', {@callback_close_edit_window, callback})
    set(f, 'numbertitle', 'off');
    set(f, 'toolbar', 'none');
    set(f, 'menubar', 'none');
    set(f, 'name', title_name);

    ax = axes(f, 'position', [(1 - show_object_area_width) / 2, 0.5 + (0.5 - show_
object_area_height) / 2, show_object_area_width, show_object_area_height]);
    img = image(ax, 'cdata', img_data);
    ##背景图像 img
    set(ax, 'xdir', 'normal')
```

```
    set(ax, 'ydir', 'reverse')
    set(ax, 'visible', 'off')
    log_inputfield = uicontrol('visible', 'on', 'style', 'edit', 'min', 0, 'max', 4,
'string', {'操作日志'}, "position", [0, 0, window_width, log_inputfield_
height]);
    update_preview_effect_button = uicontrol('visible', 'on', 'style', 'pushbutton',
'string', '更新预览效果', "position", [0, log_inputfield_height, key_width, key_
height]);
    return_choose_model_and_background_button = uicontrol('visible', 'off',
'style', 'pushbutton', 'string', '返回', "position", [0, log_inputfield_height,
key_width, key_height]);
    save_model_button = uicontrol('visible', 'off', 'style', 'pushbutton',
'string', '保存当前效果', "position", [key_width, log_inputfield_height, key_
width, key_height]);
    save_model_extension_popup_menu = uicontrol('visible', 'off', 'style',
'popupmenu', 'string', SAVE_IMAGE_FORMAT_CELL, "position", [key_width * 2, log_
inputfield_height, key_width, key_height]);
    change_computer_vision_transform_effect_parameters_button = uicontrol
('visible', 'on', 'style', 'pushbutton', 'string', '修改计算机视觉变换参数',
"position", [key_width, log_inputfield_height, key_width, key_height]);
    current_save_folder_hint = uicontrol('visible', 'on', 'style', 'text',
'string', '当前保存文件夹：', "position", [0, log_inputfield_height + key_height,
key_width, key_height]);
    current_save_folder_text = uicontrol('visible', 'on', 'style', 'edit', 'string',
'', "position", [key_width, log_inputfield_height + key_height, key_width, key_
height]);
    set_save_folder_button = uicontrol('visible', 'on', 'style', 'pushbutton',
'string', '修改保存文件夹', "position", [key_width * 2, log_inputfield_height +
key_height, key_width, key_height]);
    current_background_hint = uicontrol('visible', 'on', 'style', 'text', 'string',
'当前背景：', "position", [0, log_inputfield_height + key_height * 2, key_width,
key_height]);
    current_background_text = uicontrol('visible', 'on', 'style', 'edit', 'string',
'', "position", [key_width, log_inputfield_height + key_height * 2, key_width,
key_height]);
    set_background_button = uicontrol('visible', 'on', 'style', 'pushbutton',
'string', '修改背景', "position", [key_width * 2, log_inputfield_height + key_
height * 2, key_width, key_height]);
    current_model_hint = uicontrol('visible', 'on', 'style', 'text', 'string',
'当前模型：', "position", [0, log_inputfield_height + key_height * 3, key_width,
key_height]);
    current_model_text = uicontrol('visible', 'on', 'style', 'edit', 'string', '',
"position", [key_width, log_inputfield_height + key_height * 3, key_width, key_
height]);
    set_model_button = uicontrol('visible', 'on', 'style', 'pushbutton',
'string', '修改模型', "position", [key_width * 2, log_inputfield_height + key_
height * 3, key_width, key_height]);
```

```
    current_parameter_hint = uicontrol('visible', 'off', 'style', 'text',
'string', '当前修改的参数: ', "position", [0, log_inputfield_height + key_height
* 3, key_width, key_height]);
    current_parameter_popup_menu = uicontrol('visible', 'off', 'style',
'popupmenu', 'string', COMPUTER_VISION_TRANSFORM_PARAMETER_CELL, "position",
[key_width, log_inputfield_height + key_height * 3, key_width, key_height]);
    canny_a_inputfield = uicontrol('visible', 'off', 'style', 'edit', 'string',
{'0'}, "position", [key_width, log_inputfield_height + key_height * 2, key_
width, key_height]);
    canny_b_inputfield = uicontrol('visible', 'off', 'style', 'edit', 'string',
{'1'}, "position", [key_width * 2, log_inputfield_height + key_height * 2, key_
width, key_height]);
    canny_c_inputfield = uicontrol('visible', 'off', 'style', 'edit', 'string',
{'10'}, "position", [key_width, log_inputfield_height + key_height, key_width,
key_height]);
    canny_d_inputfield = uicontrol('visible', 'off', 'style', 'edit', 'string',
{'30'}, "position", [key_width * 2, log_inputfield_height + key_height, key_
width, key_height]);
    hough_a_inputfield = uicontrol('visible', 'off', 'style', 'edit', 'string',
{'5'}, "position", [key_width, log_inputfield_height + key_height * 2, key_
width, key_height]);
    hough_b_inputfield = uicontrol('visible', 'off', 'style', 'edit', 'string',
{'5'}, "position", [key_width * 2, log_inputfield_height + key_height * 2, key_
width, key_height]);
    hough_c_inputfield = uicontrol('visible', 'off', 'style', 'edit', 'string',
{'20'}, "position", [key_width, log_inputfield_height + key_height, key_width,
key_height]);
    lat_a_inputfield = uicontrol('visible', 'off', 'style', 'edit', 'string', {'
10'}, "position", [key_width, log_inputfield_height + key_height * 2, key_
width, key_height]);
    canny_checkbox = uicontrol('visible', 'off', 'style', 'checkbox', 'string',
sprintf('是否启用%s', ClientHints.CANNY), "position", [key_width * 2, log_
inputfield_height + key_height * 3, key_width, key_height]);
    hough_checkbox = uicontrol('visible', 'off', 'style', 'checkbox', 'string',
sprintf('是否启用%s', ClientHints.HOUGH), "position", [key_width * 2, log_
inputfield_height + key_height * 3, key_width, key_height]);
    lat_checkbox = uicontrol('visible', 'off', 'style', 'checkbox', 'string',
sprintf('是否启用%s', ClientHints.LAT), "position", [key_width * 2, log_
inputfield_height + key_height * 3, key_width, key_height]);

    set(set_save_folder_button, 'callback', {@callback_set_save_folder,
callback});
    set(set_background_button, 'callback', {@callback_set_background,
callback});
    set(set_model_button, 'callback', {@callback_set_model, callback});
```

```
    set(update_preview_effect_button, 'callback', {@callback_update_preview_
effect, callback});
    set(save_model_button, 'callback', {@callback_save_model, callback});
    set(change_computer_vision_transform_effect_parameters_button, 'callback',
{@ callback _ change _ to _ change _ computer _ vision _ transform _ effect _ page,
callback});
    set(return_choose_model_and_background_button, 'callback', {@callback_
choose_model_and_background_page, callback});
    addlistener(
        current_parameter_popup_menu, ...
        'value', {@on_current_parameter_popup_menu_changed, callback}...
        );
    addlistener(
        canny_checkbox, ...
        'value', {@on_canny_checkbox_changed, callback}...
        );
    addlistener(
        hough_checkbox, ...
        'value', {@on_hough_checkbox_changed, callback}...
        );
    addlistener(
        lat_checkbox, ...
        'value', {@on_lat_checkbox_changed, callback}...
        );
    set_handle('current_figure', f);
    set_handle('ax', ax);
    set_handle('img', img);
    set_handle('update_preview_effect_button', update_preview_effect_button);
    set_handle('return_choose_model_and_background_button', return_choose_
model_and_background_button);
    set_handle('save_model_button', save_model_button);
    set_handle('current_background_hint', current_background_hint);
    set_handle('current_background_text', current_background_text);
    set_handle('set_background_button', set_background_button);
    set_handle('current_save_folder_hint', current_save_folder_hint);
    set_handle('current_save_folder_text', current_save_folder_text);
    set_handle('set_save_folder_button', set_save_folder_button);
    set_handle('current_model_hint', current_model_hint);
    set_handle('current_model_text', current_model_text);
    set_handle('set_model_button', set_model_button);
    set_handle('save_model_extension_popup_menu', save_model_extension_popup_
menu);
    set_handle('change_computer_vision_transform_effect_parameters_button',
change_computer_vision_transform_effect_parameters_button);
    set_handle('current_parameter_hint', current_parameter_hint);
```

```
    set_handle('current_parameter_popup_menu', current_parameter_popup_menu);
    set_handle('canny_a_inputfield', canny_a_inputfield);
    set_handle('canny_b_inputfield', canny_b_inputfield);
    set_handle('canny_c_inputfield', canny_c_inputfield);
    set_handle('canny_d_inputfield', canny_d_inputfield);
    set_handle('hough_a_inputfield', hough_a_inputfield);
    set_handle('hough_b_inputfield', hough_b_inputfield);
    set_handle('hough_c_inputfield', hough_c_inputfield);
    set_handle('lat_a_inputfield', lat_a_inputfield);
    set_handle('canny_checkbox', canny_checkbox);
    set_handle('hough_checkbox', hough_checkbox);
    set_handle('lat_checkbox', lat_checkbox);

    % logger = Logger('log_inputfield', true);
    logger = Logger('log_inputfield');
    init(logger, log_inputfield);

endfunction
```

6.11.3 控制计算机视觉变换效果应用回调函数代码设计

控制计算机视觉变换效果应用根据GUI控件需要设计回调函数，回调函数适用的场景如下：

(1) 当用户单击“修改计算机视觉变换参数”按钮时，需要回调函数将选择模型和背景界面切换到Canny边缘检测的控制界面、Hough直线检测的控制界面或自适应局部图像阈值处理的控制界面。

(2) 当用户单击“返回”按钮时，需要回调函数将Canny边缘检测的控制界面、Hough直线检测的控制界面或自适应局部图像阈值处理的控制界面切换到选择模型和背景界面。

控制计算机视觉变换应用中的其他回调函数和放置模型应用中的回调函数类似，不再展示。

将选择模型和背景界面切换到Canny边缘检测的控制界面、Hough直线检测的控制界面或自适应局部图像阈值处理的控制界面的回调函数的代码如下：

```
#!/usr/bin/octave
#第 6 章/@ComputerVisionTransformEffectCallbacks/callback_change_to_change_
computer_vision_transform_effect_page.m

function callback_change_to_change_computer_vision_transform_effect_page(h,
~, this)
    ##-*- texinfo -*-
    ##@deftypefn {} {} callback_change_to_change_computer_vision_transform_
effect_page(@var{h}, @var{~}, @var{this})
```

```
    ##将当前界面改为修改计算机视觉变换参数界面
    ##
    ##@example
    ##param: h, ~, this
    ##
    ##return: -
    ##@end example
    ##
    ##@end deftypefn
    global logger;
    global field;

    update_preview_effect_button = get_handle('update_preview_effect_button');
    return_choose_model_and_background_button = get_handle('return_choose_
model_and_background_button');
    save_model_button = get_handle('save_model_button');
    save_model_extension_popup_menu = get_handle('save_model_extension_popup_
menu');
    change_computer_vision_transform_effect_parameters_button = get_handle('
change_computer_vision_transform_effect_parameters_button');
    current_save_folder_hint = get_handle('current_save_folder_hint');
    current_save_folder_text = get_handle('current_save_folder_text');
    set_save_folder_button = get_handle('set_save_folder_button');
    current_background_hint = get_handle('current_background_hint');
    current_background_text = get_handle('current_background_text');
    set_background_button = get_handle('set_background_button');
    current_model_hint = get_handle('current_model_hint');
    current_model_text = get_handle('current_model_text');
    set_model_button = get_handle('set_model_button');
    current_parameter_hint = get_handle('current_parameter_hint');
    current_parameter_popup_menu = get_handle('current_parameter_popup_menu');
    canny_a_inputfield = get_handle('canny_a_inputfield');
    canny_b_inputfield = get_handle('canny_b_inputfield');
    canny_c_inputfield = get_handle('canny_c_inputfield');
    canny_d_inputfield = get_handle('canny_d_inputfield');
    hough_a_inputfield = get_handle('hough_a_inputfield');
    hough_b_inputfield = get_handle('hough_b_inputfield');
    hough_c_inputfield = get_handle('hough_c_inputfield');
    lat_a_inputfield = get_handle('lat_a_inputfield');
    canny_checkbox = get_handle('canny_checkbox');
    hough_checkbox = get_handle('hough_checkbox');
    lat_checkbox = get_handle('lat_checkbox');

    hide_all(h, [], this);
```

```
    set(return_choose_model_and_background_button, 'visible', 'on');
    set(save_model_button, 'visible', 'on');
    set(save_model_extension_popup_menu, 'visible', 'on');
    set(current_parameter_hint, 'visible', 'on');
    set(current_parameter_popup_menu, 'visible', 'on');

    current_parameter_string = get(current_parameter_popup_menu, 'string');
    current_parameter_index = get(current_parameter_popup_menu, 'value');
    current_parameter = current_parameter_string{current_parameter_index};

    switch current_parameter
        case ClientHints.CANNY
            set(canny_a_inputfield, 'visible', 'on');
            set(canny_b_inputfield, 'visible', 'on');
            set(canny_c_inputfield, 'visible', 'on');
            set(canny_d_inputfield, 'visible', 'on');
            set(hough_a_inputfield, 'visible', 'off');
            set(hough_b_inputfield, 'visible', 'off');
            set(hough_c_inputfield, 'visible', 'off');
            set(lat_a_inputfield, 'visible', 'off');
            set(canny_checkbox, 'visible', 'on');
            set(hough_checkbox, 'visible', 'off');
            set(lat_checkbox, 'visible', 'off');
        case ClientHints.HOUGH
            set(canny_a_inputfield, 'visible', 'off');
            set(canny_b_inputfield, 'visible', 'off');
            set(canny_c_inputfield, 'visible', 'off');
            set(canny_d_inputfield, 'visible', 'off');
            set(hough_a_inputfield, 'visible', 'on');
            set(hough_b_inputfield, 'visible', 'on');
            set(hough_c_inputfield, 'visible', 'on');
            set(lat_a_inputfield, 'visible', 'off');
            set(canny_checkbox, 'visible', 'off');
            set(hough_checkbox, 'visible', 'on');
            set(lat_checkbox, 'visible', 'off');
        case ClientHints.LAT
            set(canny_a_inputfield, 'visible', 'off');
            set(canny_b_inputfield, 'visible', 'off');
            set(canny_c_inputfield, 'visible', 'off');
            set(canny_d_inputfield, 'visible', 'off');
            set(hough_a_inputfield, 'visible', 'off');
            set(hough_b_inputfield, 'visible', 'off');
            set(hough_c_inputfield, 'visible', 'off');
            set(lat_a_inputfield, 'visible', 'on');
            set(canny_checkbox, 'visible', 'off');
            set(hough_checkbox, 'visible', 'off');
```

```
            set(lat_checkbox, 'visible', 'on');
        otherwise
            log_warning(logger, ClientHints.UNSUPPORTED_CURRENT_CHANGING_
            PARAMETER);
    endswitch

endfunction
```

将 Canny 边缘检测的控制界面、Hough 直线检测的控制界面或自适应局部图像阈值处理的控制界面切换到选择模型和背景界面的回调函数的代码如下：

```
#!/usr/bin/octave
#第 6 章/@ComputerVisionTransformEffectCallbacks/callback_choose_model_and_
background_page.m

function callback_choose_model_and_background_page(h, ~, this)
    ##-*- texinfo -*-
    ##@deftypefn {} {} callback_choose_model_and_background_page(@var{h}, @var
{~}, @var{this})
    ##将当前界面改为选择模型和背景界面
    ##
    ##@example
    ##param: h, ~, this
    ##
    ##return: -
    ##@end example
    ##
    ##@end deftypefn
    global logger;
    global field;

    update_preview_effect_button = get_handle('update_preview_effect_button');
    return_choose_model_and_background_button = get_handle('return_choose_
model_and_background_button');
    save_model_button = get_handle('save_model_button');
    save_model_extension_popup_menu = get_handle('save_model_extension_popup_
menu');
    change_computer_vision_transform_effect_parameters_button = get_handle('
change_computer_vision_transform_effect_parameters_button');
    current_save_folder_hint = get_handle('current_save_folder_hint');
    current_save_folder_text = get_handle('current_save_folder_text');
    set_save_folder_button = get_handle('set_save_folder_button');
    current_background_hint = get_handle('current_background_hint');
    current_background_text = get_handle('current_background_text');
    set_background_button = get_handle('set_background_button');
    current_model_hint = get_handle('current_model_hint');
```

```
        current_model_text = get_handle('current_model_text');
        set_model_button = get_handle('set_model_button');
        current_parameter_hint = get_handle('current_parameter_hint');
        current_parameter_popup_menu = get_handle('current_parameter_popup_menu');
        canny_a_inputfield = get_handle('canny_a_inputfield');
        canny_b_inputfield = get_handle('canny_b_inputfield');
        canny_c_inputfield = get_handle('canny_c_inputfield');
        canny_d_inputfield = get_handle('canny_d_inputfield');
        hough_a_inputfield = get_handle('hough_a_inputfield');
        hough_b_inputfield = get_handle('hough_b_inputfield');
        hough_c_inputfield = get_handle('hough_c_inputfield');
        lat_a_inputfield = get_handle('lat_a_inputfield');
        canny_checkbox = get_handle('canny_checkbox');
        hough_checkbox = get_handle('hough_checkbox');
        lat_checkbox = get_handle('lat_checkbox');

        hide_all(h, [], this);
        set(update_preview_effect_button, 'visible', 'on');
        set(change_computer_vision_transform_effect_parameters_button, 'visible',
        'on');
        set(current_save_folder_hint, 'visible', 'on');
        set(current_save_folder_text, 'visible', 'on');
        set(set_save_folder_button, 'visible', 'on');
        set(current_background_hint, 'visible', 'on');
        set(current_background_text, 'visible', 'on');
        set(set_background_button, 'visible', 'on');
        set(current_model_hint, 'visible', 'on');
        set(current_model_text, 'visible', 'on');
        set(set_model_button, 'visible', 'on');

    endfunction
```

6.11.4 计算机视觉变换参数的默认值

虽然计算机视觉变换参数允许用户自行指定，但在控制计算机视觉变换应用中依然需要设计计算机视觉变换参数的默认值。控制计算机视觉变换应用将在参数不能被正确读取的情况下使用默认值进行 AR 画面的计算机视觉变换，以及进行图片的预览和生成。

Canny 边缘检测参数的默认值如表 6-8 所示。

表 6-8 Canny 边缘检测参数的默认值

Canny 边缘检测参数	默认值	Canny 边缘检测参数	默认值
Canny 边缘检测参数的 a 分量	0	Canny 边缘检测参数的 c 分量	10
Canny 边缘检测参数的 b 分量	1	Canny 边缘检测参数的 d 分量	30

Hough 直线检测参数的默认值如表 6-9 所示。

表 6-9 Hough 直线检测参数的默认值

Hough 直线检测参数	默认值	Hough 直线检测参数	默认值
Hough 直线检测参数的 a 分量	5	Hough 直线检测参数的 c 分量	20
Hough 直线检测参数的 b 分量	5		

自适应局部图像阈值处理参数的默认值如表 6-10 所示。

表 6-10 自适应局部图像阈值处理参数的默认值

自适应局部图像阈值处理参数	默认值
自适应局部图像阈值处理参数的 a 分量	10

6.11.5 显示当前修改的参数

在"当前修改的参数"的下拉菜单中需要显示当前修改的参数。设计"当前修改的参数"下拉菜单的并和当前选中的值相关的监听器,当当前选中的值发生变化时,即选项键发生变化时会触发监听器,然后监听器自动将当前修改的参数的内容替换为对应的新的选项值。替换规则如下:

(1) 选项值显示在输入框中。每个选项值都有对应的输入框。

(2) 当选中"Canny 边缘检测"选项时,显示 Canny 边缘检测的选项值,隐藏 Hough 直线检测的选项并隐藏自适应局部图像阈值处理的选项。

(3) 当选中"Hough 直线检测"选项时,隐藏 Canny 边缘检测的选项值,显示 Hough 直线检测的选项并隐藏自适应局部图像阈值处理的选项。

(4) 当选中"自适应局部图像阈值处理"选项时,隐藏 Canny 边缘检测的选项值,隐藏 Hough 直线检测的选项并显示自适应局部图像阈值处理的选项。

"当前修改的参数"下拉菜单的并和当前选中的值相关的监听器的代码如下:

```
#!/usr/bin/octave
#第 6 章/@ComputerVisionTransformEffectCallbacks/on_current_parameter_popup_
menu_changed.m

function on_current_parameter_popup_menu_changed(this)
    ##-*- texinfo -*-
    ##@deftypefn {} {} on_current_parameter_popup_menu_changed (@var{this})
    ##"当前修改的参数"下拉菜单的并和当前选中的值相关的回调函数
    ##
    ##@example
    ##param: this
    ##
    ##return: -
```

```
    ##@end example
    ##
    ##@end deftypefn
    global logger;
    global field;

    update_preview_effect_button = get_handle('update_preview_effect_button');
    return_choose_model_and_background_button = get_handle('return_choose_
model_and_background_button');
    save_model_button = get_handle('save_model_button');
    save_model_extension_popup_menu = get_handle('save_model_extension_popup_
menu');
    change_computer_vision_transform_effect_parameters_button = get_handle('
change_computer_vision_transform_effect_parameters_button');
    current_save_folder_hint = get_handle('current_save_folder_hint');
    current_save_folder_text = get_handle('current_save_folder_text');
    set_save_folder_button = get_handle('set_save_folder_button');
    current_background_hint = get_handle('current_background_hint');
    current_background_text = get_handle('current_background_text');
    set_background_button = get_handle('set_background_button');
    current_model_hint = get_handle('current_model_hint');
    current_model_text = get_handle('current_model_text');
    set_model_button = get_handle('set_model_button');
    current_parameter_hint = get_handle('current_parameter_hint');
    current_parameter_popup_menu = get_handle('current_parameter_popup_menu');
    canny_a_inputfield = get_handle('canny_a_inputfield');
    canny_b_inputfield = get_handle('canny_b_inputfield');
    canny_c_inputfield = get_handle('canny_c_inputfield');
    canny_d_inputfield = get_handle('canny_d_inputfield');
    hough_a_inputfield = get_handle('hough_a_inputfield');
    hough_b_inputfield = get_handle('hough_b_inputfield');
    hough_c_inputfield = get_handle('hough_c_inputfield');
    lat_a_inputfield = get_handle('lat_a_inputfield');
    canny_checkbox = get_handle('canny_checkbox');
    hough_checkbox = get_handle('hough_checkbox');
    lat_checkbox = get_handle('lat_checkbox');

    current_parameter_string = get(current_parameter_popup_menu, 'string');
    current_parameter_index = get(current_parameter_popup_menu, 'value');
    current_parameter = current_parameter_string{current_parameter_index};

    if strcmp(get(update_preview_effect_button, 'visible'), 'off')
        switch current_parameter
            case ClientHints.CANNY
                set(canny_a_inputfield, 'visible', 'on');
                set(canny_b_inputfield, 'visible', 'on');
```

```
            set(canny_c_inputfield, 'visible', 'on');
            set(canny_d_inputfield, 'visible', 'on');
            set(hough_a_inputfield, 'visible', 'off');
            set(hough_b_inputfield, 'visible', 'off');
            set(hough_c_inputfield, 'visible', 'off');
            set(lat_a_inputfield, 'visible', 'off');
            set(canny_checkbox, 'visible', 'on');
            set(hough_checkbox, 'visible', 'off');
            set(lat_checkbox, 'visible', 'off');
        case ClientHints.HOUGH
            set(canny_a_inputfield, 'visible', 'off');
            set(canny_b_inputfield, 'visible', 'off');
            set(canny_c_inputfield, 'visible', 'off');
            set(canny_d_inputfield, 'visible', 'off');
            set(hough_a_inputfield, 'visible', 'on');
            set(hough_b_inputfield, 'visible', 'on');
            set(hough_c_inputfield, 'visible', 'on');
            set(lat_a_inputfield, 'visible', 'off');
            set(canny_checkbox, 'visible', 'off');
            set(hough_checkbox, 'visible', 'on');
            set(lat_checkbox, 'visible', 'off');
        case ClientHints.LAT
            set(canny_a_inputfield, 'visible', 'off');
            set(canny_b_inputfield, 'visible', 'off');
            set(canny_c_inputfield, 'visible', 'off');
            set(canny_d_inputfield, 'visible', 'off');
            set(hough_a_inputfield, 'visible', 'off');
            set(hough_b_inputfield, 'visible', 'off');
            set(hough_c_inputfield, 'visible', 'off');
            set(lat_a_inputfield, 'visible', 'on');
            set(canny_checkbox, 'visible', 'off');
            set(hough_checkbox, 'visible', 'off');
            set(lat_checkbox, 'visible', 'on');
        otherwise
            log_warning(logger, ClientHints.UNSUPPORTED_CURRENT_CHANGING_
            PARAMETER);
    endswitch
  endif

endfunction
```

6.11.6 计算机视觉变换的关联关系

Canny 边缘检测、Hough 直线检测或自适应局部图像阈值处理这 3 种计算机视觉变换拥有关联关系，而并非独立。三者的关联关系如下：

(1) 如果启用 Canny 边缘检测,则自动禁用自适应局部图像阈值处理。

(2) 如果启用 Hough 直线检测,则自动启用 Canny 边缘检测并自动禁用自适应局部图像阈值处理。

(3) 如果启用自适应局部图像阈值处理,则自动禁用 Canny 边缘检测和 Hough 直线检测。

在控制计算机视觉变换应用中设计"是否启用 Canny 边缘检测"复选框、"是否启用 Hough 直线检测"复选框和"是否启用自适应局部图像阈值处理"复选框的并和当前选中的值相关的回调函数。当复选框的当前选中的值发生改变时即启用或禁用其他复选框,达到自动控制计算机视觉变换的关联关系的目标。

计算机视觉变换的关联关系的回调函数的代码如下:

```
#!/usr/bin/octave
#第 6 章/@ComputerVisionTransformEffectCallbacks/on_canny_checkbox_changed.m

function on_canny_checkbox_changed(this)
    ##-*- texinfo -*-
    ##@deftypefn {} {} on_canny_checkbox_changed (@var{this})
    ##Canny 边缘检测复选框的值改变时的回调函数
    ##
    ##@example
    ##param: this
    ##
    ##return: -
    ##@end example
    ##
    ##@end deftypefn
    global logger;
    global field;

    canny_checkbox = get_handle('canny_checkbox');
    hough_checkbox = get_handle('hough_checkbox');
    lat_checkbox = get_handle('lat_checkbox');

    if get(canny_checkbox, 'value') == 1
        field.is_preview_ready = false;
        set(lat_checkbox, 'value', 0);
    endif

endfunction

#!/usr/bin/octave
#第 6 章/@ComputerVisionTransformEffectCallbacks/on_hough_checkbox_changed.m

function on_hough_checkbox_changed(this)
```

```
    ##-*-texinfo-*-
    ##@deftypefn {} {} on_hough_checkbox_changed (@var{this})
    ##Hough 直线检测复选框的值改变时的回调函数
    ##
    ##@example
    ##param: this
    ##
    ##return: -
    ##@end example
    ##
    ##@end deftypefn
    global logger;
    global field;

    canny_checkbox = get_handle('canny_checkbox');
    hough_checkbox = get_handle('hough_checkbox');
    lat_checkbox = get_handle('lat_checkbox');

    if get(hough_checkbox, 'value') == 1
        field.is_preview_ready = false;
        set(lat_checkbox, 'value', 0);
        set(canny_checkbox, 'value', 1);
    endif

endfunction

#!/usr/bin/octave
#第 6 章/@ComputerVisionTransformEffectCallbacks/on_lat_checkbox_changed.m

function on_lat_checkbox_changed(this)
    ##-*-texinfo-*-
    ##@deftypefn {} {} on_lat_checkbox_changed (@var{this})
    ##自适应局部图像阈值处理复选框的值改变时的回调函数
    ##
    ##@example
    ##param: this
    ##
    ##return: -
    ##@end example
    ##
    ##@end deftypefn
    global logger;
    global field;

    canny_checkbox = get_handle('canny_checkbox');
    hough_checkbox = get_handle('hough_checkbox');
```

```
    lat_checkbox = get_handle('lat_checkbox');

    if get(lat_checkbox, 'value') == 1
        field.is_preview_ready = false;
        set(canny_checkbox, 'value', 0);
        set(hough_checkbox, 'value', 0);
    endif

endfunction
```

此外，单击“是否启用Canny边缘检测”复选框、“是否启用Hough直线检测”复选框和“是否启用自适应局部图像阈值处理”复选框中的任意一个复选框时都会将预览画面是否准备好的标志位置为false。这样可以确保每次进行计算机视觉变换都从原图重新开始变换，而不从预览图的基础上继续变换。

6.11.7 计算机视觉变换的流程

在进行Canny边缘检测、Hough直线检测或自适应局部图像阈值处理这3种计算机视觉变换的流程如下：

(1) 在进行计算机视觉变换前对计算机视觉变换参数进行处理。

(2) 在进行计算机视觉变换前对图像进行灰化处理。

(3) 得到灰化后的图像后，判断用户是否启用了Canny边缘检测、Hough直线检测和自适应局部图像阈值处理。每启用一种计算机视觉变换就进行一次对应的计算机视觉变换。

(4) 按照Canny边缘检测、Hough直线检测和自适应局部图像阈值处理的顺序依次进行计算机视觉变换。

计算机视觉变换参数包括Canny边缘检测参数、Hough直线检测参数或自适应局部图像阈值处理参数，处理步骤如下：

(1) 如果计算机视觉变换参数的任一分量为空，则将采用默认值。

(2) 如果计算机视觉变换参数的任一分量是元胞，则取值为元胞的第1个分量。

(3) 如果计算机视觉变换参数的任一分量不能解析为数字，则将采用默认值。

计算机视觉变换的流程代码如下：

```
#!/usr/bin/octave
#第6章/@ComputerVisionTransformEffectCallbacks/run_computer_vision_transform_
process.m

function run_computer_vision_transform_process(this, out_file_name)
    ##-*- texinfo -*-
    ##@deftypefn {} {} run_computer_vision_transform_process(@var{this}, @var
{out_file_name})
```

```
##计算机视觉变换
##
##@example
##param: this, out_file_name
##
##return: -
##@end example
##
##@end deftypefn
global logger;
global field;
canny_a_inputfield = get_handle('canny_a_inputfield');
canny_b_inputfield = get_handle('canny_b_inputfield');
canny_c_inputfield = get_handle('canny_c_inputfield');
canny_d_inputfield = get_handle('canny_d_inputfield');
hough_a_inputfield = get_handle('hough_a_inputfield');
hough_b_inputfield = get_handle('hough_b_inputfield');
hough_c_inputfield = get_handle('hough_c_inputfield');
lat_a_inputfield = get_handle('lat_a_inputfield');
canny_checkbox = get_handle('canny_checkbox');
hough_checkbox = get_handle('hough_checkbox');
lat_checkbox = get_handle('lat_checkbox');

canny_a_inputfield = get(canny_a_inputfield, 'string');
canny_b_inputfield = get(canny_b_inputfield, 'string');
canny_c_inputfield = get(canny_c_inputfield, 'string');
canny_d_inputfield = get(canny_d_inputfield, 'string');
hough_a_inputfield = get(hough_a_inputfield, 'string');
hough_b_inputfield = get(hough_b_inputfield, 'string');
hough_c_inputfield = get(hough_c_inputfield, 'string');
lat_a_inputfield = get(lat_a_inputfield, 'string');
canny_checkbox = get(canny_checkbox, 'value');
hough_checkbox = get(hough_checkbox, 'value');
lat_checkbox = get(lat_checkbox, 'value');

default_canny_a_inputfield = '0';
default_canny_b_inputfield = '1';
default_canny_c_inputfield = '10';
default_canny_d_inputfield = '30';
default_hough_a_inputfield = '5';
default_hough_b_inputfield = '5';
default_hough_c_inputfield = '20';
default_lat_a_inputfield = '10';
if isempty(canny_a_inputfield)
    canny_a_inputfield = default_canny_a_inputfield;
endif
```

```
if iscell(canny_a_inputfield)
    canny_a_inputfield = canny_a_inputfield{1};
endif
if isempty(str2num(canny_a_inputfield))
    log_error(logger, canny_a_inputfield);
    log_error(logger, sprintf(USE_DEFAULT_CANNY_PARAMETER_A_IS, default_
    canny_a_inputfield));
    canny_a_inputfield = default_canny_a_inputfield;
endif
if isempty(canny_b_inputfield)
    canny_b_inputfield = default_canny_b_inputfield;
endif
if iscell(canny_b_inputfield)
    canny_b_inputfield = canny_b_inputfield{1};
endif
if isempty(str2num(canny_b_inputfield))
    log_error(logger, canny_b_inputfield);
    log_error(logger, sprintf(USE_DEFAULT_CANNY_PARAMETER_B_IS, default_
    canny_b_inputfield));
    canny_b_inputfield = default_canny_b_inputfield;
endif
if isempty(canny_c_inputfield)
    canny_c_inputfield = default_canny_c_inputfield;
endif
if iscell(canny_c_inputfield)
    canny_c_inputfield = canny_c_inputfield{1};
endif
if isempty(str2num(canny_c_inputfield))
    log_error(logger, canny_c_inputfield);
    log_error(logger, sprintf(USE_DEFAULT_CANNY_PARAMETER_C_IS, default_
    canny_c_inputfield));
    canny_c_inputfield = default_canny_c_inputfield;
endif
if isempty(canny_d_inputfield)
    canny_d_inputfield = default_canny_d_inputfield;
endif
if iscell(canny_d_inputfield)
    canny_d_inputfield = canny_d_inputfield{1};
endif
if isempty(str2num(canny_d_inputfield))
    log_error(logger, canny_d_inputfield);
    log_error(logger, sprintf(USE_DEFAULT_CANNY_PARAMETER_D_IS, default_
    canny_d_inputfield));
    canny_d_inputfield = default_canny_d_inputfield;
endif
```

```
canny_parameter = sprintf('%sx%s+%s%%+%s%%', ...
                            canny_a_inputfield, ...
                            canny_b_inputfield, ...
                            canny_c_inputfield, ...
                            canny_d_inputfield...
                            );
if isempty(hough_a_inputfield)
    hough_a_inputfield = default_hough_a_inputfield;
endif
if iscell(hough_a_inputfield)
    hough_a_inputfield = hough_a_inputfield{1};
endif
if isempty(str2num(hough_a_inputfield))
    log_error(logger, hough_a_inputfield);
    log_error(logger, sprintf(USE_DEFAULT_HOUGH_PARAMETER_A_IS, default_
    hough_a_inputfield));
    hough_a_inputfield = default_hough_a_inputfield;
endif
if isempty(hough_b_inputfield)
    hough_b_inputfield = default_hough_b_inputfield;
endif
if iscell(hough_b_inputfield)
    hough_b_inputfield = hough_b_inputfield{1};
endif
if isempty(str2num(hough_b_inputfield))
    log_error(logger, hough_b_inputfield);
    log_error(logger, sprintf(USE_DEFAULT_HOUGH_PARAMETER_B_IS, default_
    hough_b_inputfield));
    hough_b_inputfield = default_hough_b_inputfield;
endif
if isempty(hough_c_inputfield)
    hough_c_inputfield = default_hough_c_inputfield;
endif
if iscell(hough_c_inputfield)
    hough_c_inputfield = hough_c_inputfield{1};
endif
if isempty(str2num(hough_c_inputfield))
    log_error(logger, hough_c_inputfield);
    log_error(logger, sprintf(USE_DEFAULT_HOUGH_PARAMETER_C_IS, default_
    hough_c_inputfield));
    hough_c_inputfield = default_hough_c_inputfield;
endif
hough_parameter = sprintf('%sx%s+%s', ...
                            hough_a_inputfield, ...
```

```
                                   hough_b_inputfield, ...
                                   hough_c_inputfield...
                                   );
if isempty(lat_a_inputfield)
    lat_a_inputfield = default_lat_a_inputfield;
endif
if iscell(lat_a_inputfield)
    lat_a_inputfield = lat_a_inputfield{1};
endif
if isempty(str2num(lat_a_inputfield))
    log_error(logger, lat_a_inputfield);
    log_error(logger, sprintf(USE_DEFAULT_LAT_PARAMETER_A_IS, default_
    lat_a_inputfield));
    lat_a_inputfield = default_lat_a_inputfield;
endif
lat_parameter = lat_a_inputfield;

colorspace_gray_misc = sprintf(
    'convert %s -colorspace Gray -edge 2 -negate %s',...
    out_file_name,...
    out_file_name...
    );
canny_misc = sprintf(
    'convert %s -canny %s %s',...
    out_file_name,...
    canny_parameter,...
    out_file_name...
    );
hough_misc = sprintf(
    'convert %s -hough-lines %s %s',...
    out_file_name,...
    hough_parameter,...
    out_file_name...
    );
lat_misc = sprintf(
    'convert %s -lat %s %s',...
    out_file_name,...
    lat_parameter,...
    out_file_name...
    );
log_info(logger, colorspace_gray_misc);
system(colorspace_gray_misc);
checkbox_matrix = [canny_checkbox, hough_checkbox, lat_checkbox];
misc_matrix = {canny_misc, hough_misc, lat_misc};
for checkbox_matrix_index = 1 : numel(checkbox_matrix)
    if checkbox_matrix(checkbox_matrix_index)
```

```
            log_info(logger, misc_matrix{checkbox_matrix_index});
            system(misc_matrix{checkbox_matrix_index});
        endif
    endfor

endfunction
```

不填写 Canny 边缘检测参数的 a、b、c 和 d 分量并更新 AR 画面的预览效果如图 6-13 所示。

图 6-13 一种 Canny 边缘检测的预览效果

只填写 Canny 边缘检测参数的 a 和 d 分量并更新 AR 画面的预览效果如图 6-14 所示。

图 6-14 另一种 Canny 边缘检测的预览效果

不填写 Hough 直线检测参数的 a、b、和 c 分量并更新 AR 画面的预览效果如图 6-15 所示。

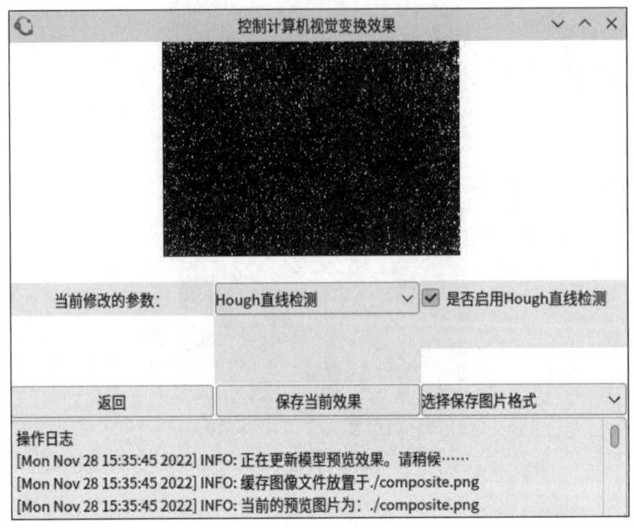

图 6-15　一种 Hough 直线检测的预览效果

只填写 Hough 直线检测参数的 a 和 c 分量并更新 AR 画面的预览效果如图 6-16 所示。

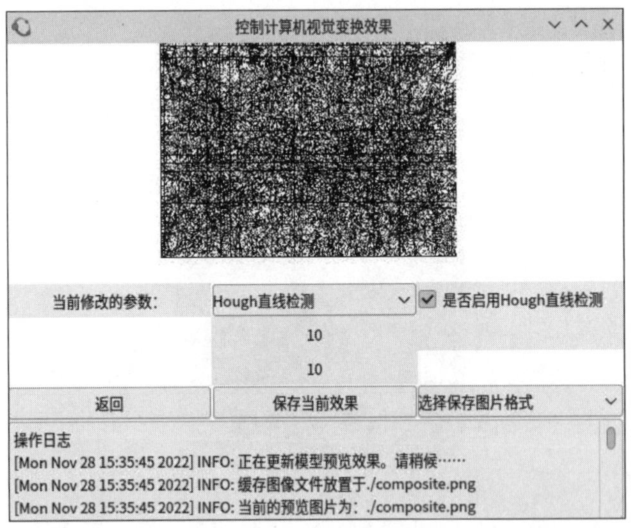

图 6-16　另一种 Hough 直线检测的预览效果

不填写自适应局部图像阈值处理参数的 a 分量并更新 AR 画面的预览效果如图 6-17 所示。

只填写自适应局部图像阈值处理参数的 a 分量并更新 AR 画面的预览效果如图 6-18 所示。

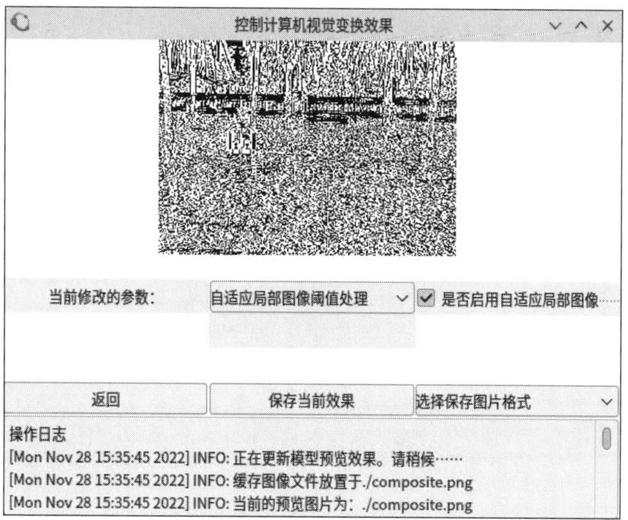

图 6-17 一种自适应局部图像阈值处理的预览效果

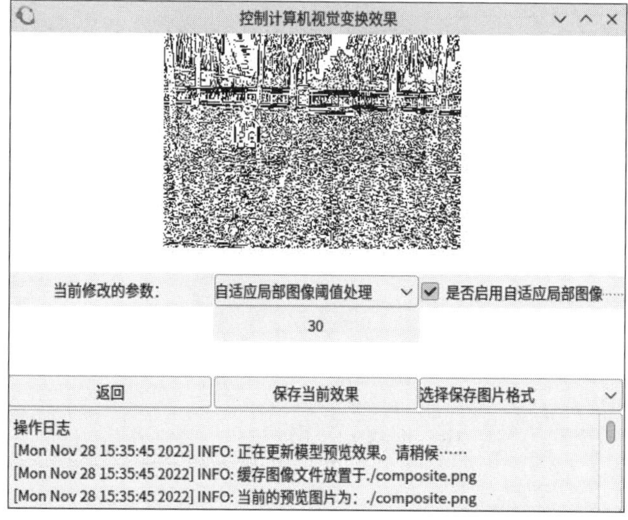

图 6-18 另一种自适应局部图像阈值处理的预览效果

6.12 OctoMap

OctoMap 是一种基于八叉树的高效的概率三维映射框架，其包含主 octomap 库、查看器 octovis 和 dynamicEDT3D。

目前在 ROS 中已经包含了 octomap 和 octovis，共两个 ROS 包，因此除源码安装外，用户还可以直接通过 ROS 中的 octomap 和 octovis 来使用 OctoMap 的功能。

6.12.1 OctoMap 源码安装

获取 OctoMap 的源码,命令如下:

```
$ git clone https://github.com/OctoMap/octomap.git octomap
```

1. 只编译 OctoMap 的一部分库

OctoMap 允许只编译一部分库,而不编译所有库。以 octomap 库为例,编译代码如下。

进入 octomap 文件夹,命令如下:

```
$ cd octomap
```

新建 build 文件夹,命令如下:

```
$ mkdir build
```

进入 build 文件夹,命令如下:

```
$ cd build
```

编译 OctoMap,命令如下:

```
$ cmake ..
$ make
```

2. 编译 OctoMap 的所有库

进入 build 文件夹,命令如下:

```
$ cd build
```

编译 OctoMap,命令如下:

```
$ cmake ..
$ make
```

6.12.2 OctoMap 通过 vcpkg 安装

获取 vcpkg 的源码,命令如下:

```
$ git clone https://github.com/Microsoft/vcpkg.git
```

进入 vcpkg 文件夹,命令如下:

```
$ cd vcpkg
```

启动 vcpkg,命令如下:

```
$ ./Bootstrap-vcpkg.sh
```

安装 vcpkg,命令如下:

```
$ ./vcpkg integrate install
```

通过 vcpkg 安装 OctoMap，命令如下：

```
$ ./vcpkg install octomap
```

6.12.3 octomap ROS 包的用法

如果要在其他 ROS 包中使用 octomap ROS 包，就需要在 CMakeLists.txt 文件中添加 octomap ROS 包作为依赖，配置如下：

```
find_package(octomap REQUIRED)
include_directories(${OCTOMAP_INCLUDE_DIRS})
target_link_libraries(${OCTOMAP_LIBRARIES})
```

6.12.4 octomap_rviz_plugins

octomap_rviz_plugins 是一种用于显示八叉树的 rviz 插件。启用此插件后可在 rviz 中可视化显示八叉树。

获取 octomap_rviz_plugins ROS 包的源码，命令如下：

```
$ git clone https://github.com/OctoMap/octomap_rviz_plugins.git
```

事实上，这个插件需要通过 octomap_server 才能起作用。使用时需要先启动 octomap_server，代码如下：

```
$ roslaunch octomap_server octomap_server.launch
```

然后通过 rosrun、roslaunch 等命令调起 rviz 时即可在 Add 选项下选到 octomap_rviz_plugins 插件。

6.13 Caffe

Caffe 是一种深度学习框架，在涉及语义处理的计算机视觉应用中较为常用。

6.13.1 Caffe 源码安装

首先安装 Caffe 的依赖。安装 protobuf 的头文件，命令如下：

```
$ sudo dnf install protobuf-devel
```

安装 leveldb 的头文件，命令如下：

```
$ sudo dnf install leveldb-devel
```

安装 snappy 的头文件，命令如下：

```
$ sudo dnf install snappy-devel
```

安装 OpenCV 的头文件，命令如下：

```
$ sudo dnf install opencv-devel
```

安装 Boost 的头文件，命令如下：

```
$ sudo dnf install boost-devel
```

安装 HDF5 的头文件，命令如下：

```
$ sudo dnf install hdf5-devel
```

安装 gflags 的头文件，命令如下：

```
$ sudo dnf install gflags-devel
```

安装 glog 的头文件，命令如下：

```
$ sudo dnf install glog-devel
```

安装 lmdb 的头文件，命令如下：

```
$ sudo dnf install lmdb-devel
```

安装 CUDA。CUDA 只支持 NVIDIA 显卡，并和显卡版本有关，因此可能遇到较多问题，因此不在这里介绍安装方式。

安装 ATLAS 的头文件，命令如下：

```
$ sudo dnf install atlas-devel
```

可选安装 BLAS 的头文件，命令如下：

```
$ sudo dnf install blas-devel
```

可选安装 OpenBLAS 的头文件，命令如下：

```
$ sudo dnf install openblas-devel
```

可选安装 Python 的头文件，命令如下：

```
$ sudo dnf install python-devel
```

获取 Caffe 的源码，命令如下：

```
$ git clone https://github.com/BVLC/caffe.git
```

进入 caffe 文件夹，命令如下：

```
$ cd caffe
```

将 Makefile.config.example 复制为 Makefile.config，命令如下：

```
$ cp Makefile.config.example Makefile.config
```

如果只编译和 CPU、GPU 相关的 Caffe，则无须修改 Makefile.config 文件。

如果只编译和 NVIDIA 的 cuDNN 加速相关的 Caffe，则需要解除 Makefile.config 文件中的 USE_CUDNN：=1 这一行前面的注释。

如果只编译和CPU相关的Caffe,则需要解除Makefile.config文件中的CPU_ONLY:=1这一行前面的注释。

编译Caffe,命令如下:

```
$ make all
$ make test
$ make runtest
```

编译Caffe的Python包装应用,命令如下:

```
$ make pycaffe
```

编译Caffe的MATLAB包装应用,命令如下:

```
$ make matcaffe
```

编译Caffe用于发布的头文件,命令如下:

```
$ make distribute
```

提高编译Caffe的速度,命令如下:

```
$ make all -j8
```

6.13.2　Caffe使用Docker安装

在Docker之下安装Caffe的命令如下:

```
$ docker pull bvlc/caffe:cpu caffe
```

在Docker之下运行Caffe的命令如下:

```
$ docker run -ti bvlc/caffe:cpu caffe --version
```

在Docker之下运行Caffe并支持GPU的命令如下:

```
$ nvidia-docker run -ti bvlc/caffe:gpu caffe --version
```

在Docker之下以Ipython运行Caffe的命令如下:

```
$ docker run -ti bvlc/caffe:cpu ipython
$ import caffe
...
```

6.13.3　Caffe训练MNIST模型

首先将Caffe安装的文件夹设为CAFFE_ROOT环境变量。

进入Caffe安装的文件夹,命令如下:

```
$ cd $CAFFE_ROOT
```

1. 准备MNIST数据集

下载原版MNIST数据集,命令如下:

```
$ ./data/mnist/get_mnist.sh
```

将原版 MNIST 数据集转换为 Caffe 需要的格式，命令如下：

```
$ ./examples/mnist/create_mnist.sh
```

2. 编写 MNIST 的 protobuf 文件

LeNet 的训练层的 protobuf 文件的位置如下：

```
$CAFFE_ROOT/examples/mnist/LeNet_train_test.prototxt
```

Caffe 的 protobuf 文件的路径如下：

```
$CAFFE_ROOT/src/caffe/proto/caffe.proto
```

编写数据层的 protobuf 文件的配置如下：

```
layer {
  name: "mnist"
  type: "Data"
  transform_param {
    scale: 0.00390625
  }
  data_param {
    source: "mnist_train_lmdb"
    backend: LMDB
    batch_size: 64
  }
  top: "data"
  top: "label"
}
```

编写卷积层的 protobuf 文件的配置如下：

```
layer {
  name: "conv1"
  type: "Convolution"
  param { lr_mult: 1 }
  param { lr_mult: 2 }
  convolution_param {
    num_output: 20
    kernel_size: 5
    stride: 1
    weight_filler {
      type: "xavier"
    }
    bias_filler {
      type: "constant"
    }
```

```
  }
  bottom: "data"
  top: "conv1"
}
```

编写池化层的 protobuf 文件的配置如下：

```
layer {
  name: "pool1"
  type: "Pooling"
  pooling_param {
  kernel_size: 2
    stride: 2
    pool: MAX
  }
  bottom: "conv1"
  top: "pool1"
}
```

编写全连接层的 protobuf 文件的配置如下：

```
layer {
  name: "ip1"
  type: "InnerProduct"
  param { lr_mult: 1 }
  param { lr_mult: 2 }
  inner_product_param {
    num_output: 500
    weight_filler {
      type: "xavier"
    }
    bias_filler {
      type: "constant"
    }
  }
  bottom: "pool2"
  top: "ip1"
}
```

编写 ReLU 层的 protobuf 文件的配置如下：

```
layer {
  name: "ReLU1"
  type: "ReLU"
  bottom: "ip1"
  top: "ip1"
}
```

编写内积层的 protobuf 文件的配置如下：

```
layer {
  name: "ip2"
  type: "InnerProduct"
  param { lr_mult: 1 }
  param { lr_mult: 2 }
  inner_product_param {
    num_output: 10
    weight_filler {
      type: "xavier"
    }
    bias_filler {
      type: "constant"
    }
  }
  bottom: "ip1"
  top: "ip2"
}
```

编写损失层的 protobuf 文件的配置如下：

```
layer {
  name: "loss"
  type: "SoftmaxWithLoss"
  bottom: "ip2"
  bottom: "label"
}
```

编写层规则的 protobuf 文件的模板配置如下：

```
layer {
//...layer definition...
  include: { phase: TRAIN }
}
```

其中，phase 代表当前的层位于 TRAIN 阶段。

MNIST 解算器的 protobuf 文件的路径如下：

```
$CAFFE_ROOT/examples/mnist/LeNet_solver.prototxt
```

3. 训练并测试 MNIST 模型

训练 MNIST 模型的命令如下：

```
$ cd $CAFFE_ROOT
$./examples/mnist/train_LeNet.sh
```

MNIST 模型的训练过程需要几分钟，最终的训练结果被保存在 LeNet_iter_10000 中。

4. 切换训练模式

如果要使用 CPU 训练，则需要修改 LeNet_solver.prototxt 文件的配置，代码如下：

```
solver_mode: CPU
```

如果要使用 GPU 训练，则需要修改 LeNet_solver.prototxt 文件的配置，代码如下：

```
solver_mode: GPU
```

6.13.4 Caffe 训练 ImageNet 模型

下载 ImageNet 的训练数据和验证数据，二者解压后的位置需要满足示例要求，路径如下：

```
/path/to/ImageNet/train/n01440764/n01440764_10026.JPEG
/path/to/ImageNet/val/ILSVRC2012_val_00000001.JPEG
```

1. 准备 ImageNet 数据集

下载 ImageNet 的辅助数据集，命令如下：

```
$ ./data/ilsvrc12/get_ilsvrc_aux.sh
```

批量缩放 ImageNet 的辅助数据集中的图片，代码如下：

```
for name in /path/to/ImageNet/val/ * .JPEG; do
    convert -resize 256x256\! $name $name
done
```

计算图像均值，命令如下：

```
$ ./examples/ImageNet/make_ImageNet_mean.sh
```

2. 编写 ImageNet 的 protobuf 文件

Caffe 训练 ImageNet 模型也需要编写 protobuf 文件。编写 protobuf 文件的细节和 Caffe 训练 MNIST 模型的编写 protobuf 文件的细节类似，不再赘述。

ImageNet 的训练数据和验证数据在编写 protobuf 文件时的区别如下：

(1) ImageNet 的训练数据的输入层的 data 层意为向此文件夹中写入数据，然后随机对输入图像进行镜像变换。

(2) ImageNet 的验证数据的输入层的 data 层意为从此文件夹中取出数据，但不随机对输入图像进行镜像变换。

(3) ImageNet 的训练数据的输出层的 Softmax_loss 层意为计算损失函数以用于初始化反向传播。

(4) ImageNet 的验证数据的输出层的 Softmax_loss 层意为计算损失函数，但只是用于发送报告。

(5) ImageNet 的验证数据有额外的输出层。

(6) ImageNet 的验证数据的输出层的 accuracy 层用于计算测试数据集的准确度并发送报告，其中，类似于 Test score #0：xxx 的报告代表准确的数据，而类似于 Test score #1：xxx 的报告代表损失的数据。

3. 训练 ImageNet 模型

训练 ImageNet 模型的命令如下：

```
$ ./build/tools/caffe train \
--solver = models/bvlc_reference_caffenet/solver.prototxt
```

此外，Caffe 还允许用户精细地分析训练模型的时间，命令如下：

```
$ ./build/tools/caffe time \
--model = models/bvlc_reference_caffenet/train_val.prototxt
```

此外，Caffe 还允许用户从上次中断训练的位置恢复训练，命令如下：

```
$ ./build/tools/caffe train \
--solver = models/bvlc_reference_caffenet/solver.prototxt \
--snapshot = models/bvlc_reference_caffenet/\
caffenet_train_iter_10000.solverstate
```

6.14 SOLD2

SOLD2 即自监督、有遮挡地检测和描述线段，是一个用于检测特征线段的框架。检测特征线段比检测特征点要困难，因此 SOLD2 可以认为是计算机视觉上的一大突破。

6.14.1 SOLD2 源码安装

获取 SOLD2 的源码，命令如下：

```
$ git clone https://github.com/cvg/SOLD2.git
```

安装 SOLD2 的依赖，命令如下：

```
$ pip install -r requirements.txt
```

将 SOLD2 的源码安装为 Python 模块，命令如下：

```
$ pip install -e.
```

6.14.2 SOLD2 使用 pip 安装

从 kornia 库的 0.6.7 版本开始，SOLD2 就已经包含在这个库当中了。安装 kornia 库的 0.6.7 版本的命令如下：

```
$ pip install kornia == 0.6.7
```

6.14.3 SOLD2 训练模型

训练参数位于 config 文件夹下。根据要训练的模型大小的不同，训练模型的耗时也不同，甚至可能耗时数天。训练模型的步骤如下。

（1）在合成数据集上训练模型，命令如下：

```
$ python -m sold2.experiment \
--mode train \
--dataset_config sold2/config/synthetic_dataset.yaml \
--model_config sold2/config/train_detector.yaml \
--exp_name sold2_synth
```

（2）在线框图数据集上导出具有同形自适应特性的原始伪地面真值，命令如下：

```
$ python -m sold2.experiment --exp_name wireframe_train \
--mode export \
--resume_path <path to your previously trained sold2_synth> \
--model_config sold2/config/train_detector.yaml \
--dataset_config sold2/config/wireframe_dataset.yaml \
--checkpoint_name <name of the best checkpoint> \
--export_dataset_mode train \
--export_batch_size 4
```

（3）从原始数据中计算地面真实线段，命令如下：

```
$ python -m sold2.postprocess.convert_homography_results <name of the previously exported file(e.g. "wireframe_train.h5")> <name of the new data with extracted line segments(e.g. "wireframe_train_gt.h5")> sold2/config/export_line_features.yaml
```

（4）在线框数据集上训练检测器，命令如下：

```
$ python -m sold2.experiment \
--mode train \
--dataset_config sold2/config/wireframe_dataset.yaml \
--model_config sold2/config/train_detector.yaml \
--exp_name sold2_wireframe
```

（5）在线框数据集上对整个流程进行训练，命令如下：

```
$ python -m sold2.experiment \
--mode train \
--dataset_config sold2/config/wireframe_dataset.yaml \
--model_config sold2/config/train_full_pipeline.yaml \
--exp_name sold2_full_wireframe \
--pretrained \
--pretrained_path <path ot the pre-trained sold2_wireframe> \
--checkpoint_name <name of the best checkpoint>
```

6.14.4　SOLD2 使用模型

SOLD2 使用模型的示例命令如下：

```
$ python -m sold2.experiment \
--mode train \
```

```
--dataset_config sold2/config/wireframe_dataset.yaml \
--model_config sold2/config/train_full_pipeline.yaml \
--exp_name sold2_full_wireframe \
--pretrained \
--pretrained_path <path ot the pre-trained sold2_wireframe> \
--checkpoint_name <name of the best checkpoint>
```

6.15 YOLOv5

YOLOv5 是一种计算机视觉 AI。它提供了对未来视觉人工智能方法的开源研究并结合了在数千小时的研究和开发中获得的经验教训和最佳实践。

6.15.1 YOLOv5 源码安装

获取 YOLOv5 的源码，命令如下：

```
$ git clone https://github.com/ultralytics/yolov5
```

进入 yolov5 文件夹，命令如下：

```
$ cd yolov5
```

然后需要安装 YOLOv5 的依赖，命令如下：

```
$ pip install -r requirements.txt
```

在安装好依赖后，YOLOv5 即可配合 PyTorch 使用。

6.15.2 YOLOv5 推断

YOLOv5 使用 PyTouch Hub 进行推断，示例如下。

导入 PyTorch，代码如下：

```
import torch
```

载入模型，代码如下：

```
model = torch.hub.load('ultralytics/yolov5', 'yolov5s')
```

载入图像、数据集路径、PIL、OpenCV、NumPy 或 Python 的 list，代码如下：

```
img = 'https://ultralytics.com/images/zidane.jpg'
```

进行推断，代码如下：

```
results = model(img)
```

打印推断结果，代码如下：

```
results.print()
```

显示推断结果，代码如下：

```
results.show()
```

保存推断结果，代码如下：

```
results.save()
```

裁剪推断结果，代码如下：

```
results.crop()
```

将推断结果转换为 Pandas 格式，代码如下：

```
results.pandas()
```

6.15.3 YOLOv5 使用 detect.py 推断

YOLOv5 使用 detect.py 文件进行推断，允许基于大量数据源，然后自动从 YOLOv5 的发行版中下载模型并保存在 runs/detect 文件夹下。YOLOv5 使用 detect.py 进行推断，示例命令如下：

```
$ python detect.py --source 0
                            img.jpg
                            vid.mp4
                            screen
                            path/
                            'path/*.jpg'
                            'https://youtu.be/Zgi9g1ksQHc'
                            'rtsp://example.com/media.mp4'
```

其中，--source 参数后面的参数为一个或多个数据源，每个数据源之间用空格隔开。0 代表网络摄像头，.jpg 等代表图片文件，.mp4 等代表视频文件，screen 代表屏幕截图，path/等含有正斜杠的参数代表图像文件，'path/*.jpg'等含有星号的参数代表 glob 路径，'https://youtu.be/Zgi9g1ksQHc'等含有 http://的参数代表视频网址，'rtsp://example.com/media.mp4'等含有 rtsp://的参数代表直播视频流的网址。

6.15.4 在其他应用中使用 YOLOv5

通过 Roboflow 应用可以将用户数据直接标识并导出为 YOLOv5 格式，然后交给 Roboflow 流水线进行进一步处理。

通过 ClearML 应用可以自动化跟踪、可视化并远程训练 YOLOv5 格式的模型。

通过 Comet 应用可以保存 YOLOv5 格式的模型，暂停或恢复训练模型并且提供交互式的可视化和预测调试功能。

通过 Deci 应用可以一键自动编译和量化 YOLOv5 格式的模型，以获得更好的推断性能。

6.15.5 YOLOv5 数据集训练

YOLOv5 的分类训练支持用--data 参数自动下载 MNIST、Fashion-MNIST、CIFAR10、CIFAR100、ImageNette、Imagewoof 和 ImageNet 数据集，单 GPU 的示例命令如下：

```
$ python classify/train.py --model yolov5s-cls.pt --dataCIFAR100 --epochs 5 --img 224 --batch 128
```

多 GPUDDP 的示例命令如下：

```
$ python -m torch.distributed.run --nproc_per_node 4 --master_port 1 classify/train.py --model yolov5s-cls.pt --dataImageNet --epochs 5 --img 224 --device 0,1,2,3
```

验证 YOLOv5m-cls 在 ImageNet-1k 数据集之下的准确性的示例命令如下：

```
$ bash data/scripts/get_ImageNet.sh --val
$ python classify/val.py --weights yolov5m-cls.pt --data ../datasets/ImageNet --img 224
```

使用预训练的 YOLOv5s-cls.pt 模型预测 bus.jpg 的示例命令如下：

```
$ python classify/predict.py --weights yolov5s-cls.pt --data data/images/bus.jpg
model = torch.hub.load('ultralytics/yolov5', 'custom', 'yolov5s-cls.pt') #load from PyTorch Hub
```

将 YOLOv5s-cls、ResNet 和 EfficientNet models 导出为 ONNX 和 TensorRT 格式的模型的示例命令如下：

```
$ python export.py --weights yolov5s-cls.ptResNet50.pt efficientnet_b0.pt --include onnx engine --img 224
```

6.16 YOLOv8

与 YOLO 的其他版本相比，YOLOv8 和 YOLOv5 均由 Ultralytics 公司开发，并且二者在代码的实现上最为相近，因此二者具有相似的部署、维护和二次开发的方式。

YOLOv8 是 YOLO 的最新改进版本，其率先采用无锚(Anchor-Free)检测方式，直接预测对象的中心，而不根据已知锚框的偏移量进行预测。因为无锚检测方式减少了盒子模型的预测数量，所以为了加快算法的速度，YOLOv8 加速了非极大值抑制(NMS)步骤。

6.16.1 YOLOv8 源码安装

获取 YOLOv8 的源码，命令如下：

```
$ git clone https://github.com/ultralytics/ultralytics.git
```

进入 ultralytics 文件夹，命令如下：

```
$ cd ultralytics
```

然后需要安装 YOLOv8 的依赖，命令如下：

```
$ pip install -r requirements.txt
```

安装好依赖后，YOLOv8 即可在 CLI 模式下运行。

6.16.2　YOLOv8 的模式

YOLOv8 支持训练、验证、预测和导出，共 4 种模式，每种模式的用途如下：

（1）训练模式在 COCO128 数据集上训练一个新的 YOLOv8n 模型，进行若干 epoch 的训练且输出统一大小的图像。

（2）验证模式在 COCO128 数据集上验证一个训练过的 YOLOv8n 模型。

（3）预测模式在一个训练过的 YOLOv8n 模型上进行图像的预测。

（4）导出模式将一个训练过的 YOLOv8n 模型导出为其他格式，例如 ONNX、CoreML 和 TorchScript 等。

YOLOv8 支持的导出格式如表 6-11 所示。

表 6-11　YOLOv8 支持的导出格式

格　　式	值　参　数	导出的文件
PyTorch	—	yolov8n.pt
TorchScript	torchscript	yolov8n.torchscript
ONNX	onnx	yolov8n.onnx
OpenVINO	openvino	yolov8n_openvino_model/
TensorRT	engine	yolov8n.engine
CoreML	coreml	yolov8n.mlmodel
TensorFlow SavedModel	saved_model	yolov8n_saved_model/
TensorFlow GraphDef	pb	yolov8n.pb
TensorFlow Lite	tflite	yolov8n.tflite
TensorFlow Edge TPU	edgetpu	yolov8n_edgetpu.tflite
Tensorflow.js	tfjs	yolov8n_web_model/
PaddlePaddle	paddle	yolov8n_paddle_model/

6.16.3　YOLOv8 的 CLI 模式

YOLOv8 提供 yolo 命令，用于在 CLI 模式下运行。

yolo 命令的示例如下：

```
$ yolo TASK MODE ARGS
```

yolo 命令的参数含义如表 6-12 所示。

表 6-12 yolo 命令的参数含义

参数	必选参数/可选参数	取值范围	含义
TASK	可选参数	detect/segment/classify	表示 YOLOv8 的任务，可能是目标检测(detect)、实例分割(segment)或图像分类(classify)； 如果不显示指定 TASK，则 YOLOv8 将从模型类型中自动猜测 TASK 应该是什么
MODE	必选参数	train/val/predict/export	表示 YOLOv8 的模式，可能是训练(train)、验证(val)、预测(predict)和导出(export)
ARGS	可选参数	—	表示 YOLOv8 的扩展参数，由一对或多对键-值对组成，例如 imgsz=600

YOLOv8 的全局可选参数如表 6-13 所示。

表 6-13 YOLOv8 的全局可选参数

键参数	默认值参数	含义
task	detect	YOLOv8 的任务
mode	train	YOLOv8 的模式
resume	False	是否继续上一次进度执行任务
model	—	模型的路径
data	—	数据的路径

YOLOv8 在训练时生效的可选参数如表 6-14 所示。

表 6-14 YOLOv8 在训练时生效的可选参数

键参数	默认值参数	含义
model	—	模型的路径
data	—	数据的路径
epochs	100	训练的 epoch 数
patience	50	等待没有明显改善的 epoch 数，以便尽早停止训练
batch	16	每批图像素； −1 代表自动批处理
imgsz	640	图像的大小； 可以使用 1 个整数同时指定宽和高； 可以使用 w,h 格式，用两个整数分别指定宽和高

续表

键 参 数	默认值参数	含 义
save	True	保存训练检查点并预测结果
cache	False	可选 True、ram、disk 或 False。 True 或 ram 代表使用内存缓存数据；disk 代表使用磁盘缓存数据；False 代表不缓存数据
device	—	加速运行的设备。 如果使用 CUDA 加速，则设备号通常为 0、1、2、3…… 如果使用 CPU 加速，则设备号应该标记为 cpu
workers	8	用于数据加载的工作线程数； 如果是 DDP 环境，则代表每个 RANK 中的线程数
project	null	项目名称
name	null	实验名称
exist_ok	False	是否覆盖现有实验
pretrained	False	是否使用预训练模型
optimizer	SGD	要使用的优化器： 可选 SGD、Adam、AdamW 或 RMSProp
verbose	False	详细输出
seed	0	指定随机种子以便于复现
deterministic	True	是否启用确定性模式
single_cls	False	是否将多个类别的数据训练为单个类别
image_weights	False	是否使用加权图像选择进行训练
rect	False	是否支持矩形训练方式
cos_lr	False	是否使用余弦学习速率调度器
close_mosaic	10	禁用最后若干个 epoch 的马赛克增强
resume	False	是否继续上一次进度执行任务
lr0	0.01	初始学习率。 SGD 为 1E-2； Adam 为 1E-3
lrf	0.01	最终学习率，即 lr0 * lrf
momentum	0.937	SGD 中的 momentum 参数或 Adam 中的 beta1 参数
weight_decay	0.0005	优化器的权重衰减
warmup_epochs	3	热身的 epoch 数； 允许指定小数
warmup_momentum	0.8	热身初始 momentum
warmup_bias_lr	0.1	热身初始偏差 lr
box	7.5	箱损增益

续表

键　参　数	默认值参数	含　　义
cls	0.5	cls 损失增益； 按像素缩放
dfl	1.5	dfl 损失增益
fl_gamma	0	焦点损失 gamma； efficientDet 的默认 gamma 为 1.5
label_smoothing	0	标签平滑； 允许指定小数
nbs	64	标称批量大小
overlap_mask	True	训练期间的 mask 是否重叠； 仅用于实例分割的训练
mask_ratio	4	mask 的下采样率； 仅用于实例分割的训练
DropOut	0	使用丢弃正则化； 仅用于图像分类的训练

YOLOv8 在预测时生效的可选参数如表 6-15 所示。

表 6-15　YOLOv8 在预测时生效的可选参数

键　参　数	默认值参数	含　　义
source	"ultralytics/assets"	图像或视频的源目录
show	False	是否显示结果
save_txt	False	是否将结果保存为.txt 文件
save_conf	False	是否使用置信度分数保存结果
save_crop	False	是否将裁剪的图像与结果一起保存
hide_labels	False	是否隐藏标签
hide_conf	False	是否隐藏置信分数
vid_stride	False	是否显示视频帧速率步长
line_thickness	3	边界框厚度(像素)
visualize	False	是否可视化模型特征
augment	False	是否增强预测源
agnostic_nms	False	是否启用与分类无关的 NMS
retina_masks	False	是否使用高分辨率分割 mask
classes	—	允许按分类筛选结果，例如 class=0 或 class=[0,2,3]

YOLOv8 在验证时生效的可选参数如表 6-16 所示。

表 6-16 YOLOv8 在验证时生效的可选参数

键 参 数	默认值参数	含 义
val	True	是否在训练期间进行验证或测试
save_json	False	是否将结果保存到 JSON 文件中
save_hybrid	False	是否保存标签的混合版本，即标签＋其他预测
conf	0.001	用于检测的对象的置信阈值 在预测时的默认值为 0.25 在验证时的默认值为 0.001
iou	0.6	NMS 的联合交叉(IoU)阈值
max_det	300	每个图像的最大检测数
half	True	是否使用半精度(FP16)
dnn	False	是否使用 OpenCV DNN 进行 ONNX 推断
plots	False	是否在训练期间绘图并显示

YOLOv8 的增强可选参数如表 6-17 所示。

表 6-17 YOLOv8 的增强可选参数

键 参 数	默认值参数	含 义
hsv_h	0.015	图像 HSV——色调增强； 允许指定小数
hsv_s	0.7	图像 HSV——饱和度增强； 允许指定小数
hsv_v	0.4	图像 HSV——明度增强； 允许指定小数； 允许指定正数、负数或 0
degrees	0	图像旋转(角度)； 允许指定小数； 允许指定正数、负数或 0
translate	0.1	图像平移； 允许指定小数； 允许指定正数、负数或 0
scale	0.5	图像缩放； 允许指定小数； 允许指定正数、负数或 0
shear	0	图像剪切(角度)； 允许指定小数； 允许指定正数、负数或 0

续表

键　参　数	默认值参数	含　　义
perspective	0	图像透视； 允许指定小数； 允许指定正数、负数或 0； 范围是 0～0.001
flipud	0	图像上下翻转(概率)
fliplr	0.5	图像左右翻转(概率)
mosaic	1	图像马赛克(概率)
mixup	0	图像混合(概率)
copy_paste	0	复制粘贴段(概率)

YOLOv8 的其他可选参数如表 6-18 所示。

表 6-18　YOLOv8 的其他可选参数

键　参　数	默认值参数	含　　义
project	runs	项目名称
name	exp	实验名称； 如果不指定实验名称，则 exp 将自动递增，例如 exp、exp2……
exist_ok	False	是否覆盖现有实验
plots	False	是否在训练期间保存绘图或验证结果
save	False	是否保存训练的检查点并预测结果

6.16.4　YOLOv8 的 Python 模式

YOLOv8 可以在 Python 模式下运行。要在 Python 模式下运行 YOLOv8，首先要安装 ultralytics Python 依赖，命令如下：

```
$ pip install "ultralytics<9,>=8"
```

注意：在安装 ultralytics Python 依赖时必须安装 8.x 版本(小于 9 且大于或等于 8 的版本)才能在 Python 模式下运行 YOLOv8。

在安装依赖后，只需按照必要步骤编写 Python 脚本便可使用 YOLOv8。导入 YOLO 类的代码如下：

```
#第 6 章/use_yolo_v8.py
from ultralytics import YOLO
```

使用预训练模型初始化 YOLO 类的代码如下：

```
#第 6 章/use_yolo_v8.py
model = YOLO("yolov8n.pt")
```

使用训练过的模型初始化 YOLO 类的代码如下：

```
#第 6 章/use_yolo_v8.py
model = YOLO("yolov8n.yaml")
```

使用 100 个 epoch 训练模型的代码如下：

```
#第 6 章/use_yolo_v8.py
model.train(epochs = 100)
```

预测网络摄像头的图片流的代码如下：

```
#第 6 章/use_yolo_v8.py
model.predict(source = "0")
```

预测文件夹中的图片的代码如下：

```
#第 6 章/use_yolo_v8.py
model.predict(source = "folder", show=True)
```

预测 PIL 读取的图片的代码如下：

```
#第 6 章/use_yolo_v8.py
from PIL import Image
img = Image.open("yolov8n.jpg")
results = model.predict(source=img, save=True)
```

预测 OpenCV 读取的图片的代码如下：

```
#第 6 章/use_yolo_v8.py
import cv2
img = cv2.imread("yolov8n.jpg")
results = model.predict(source=img, save=True, save_txt=True)
```

预测多幅读取的图片的代码如下：

```
#第 6 章/use_yolo_v8.py
results = model.predict(source=[img1, img2])
```

将模型导出为 PyTorch 格式的代码如下：

```
#第 6 章/use_yolo_v8.py
model.fuse()
model.info(verbose=True)
model.export(format="torchscript")
model.val()
```

融合模型的代码如下：

```
#第 6 章/use_yolo_v8.py
model.fuse()
```

输出模型信息的代码如下：

```
#第 6 章/use_yolo_v8.py
model.info(verbose = True)
```

验证预训练模型的代码如下：

```
#第 6 章/use_yolo_v8.py
model.val()
```

6.16.5 YOLOv8 的三大组件

YOLOv8 的主要算法由训练器、验证器和预测器这三大组件实现。YOLOv8 在 Python 模式下可以指定其他的训练器、验证器和预测器以满足更复杂的算法需求。

注意：YOLOv8 的训练器必须继承 BaseTrainer 类，验证器必须继承 BaseValidator 类，预测器必须继承 BasePredictor 类。

---

1. 用于图像分类的三大组件示例代码

用于图像分类的三大组件默认使用 ClassificationPredictor、ClassificationTrainer 和 ClassificationValidator，共 3 个类。导入用于图像分类的三大组件的代码如下：

```
#第 6 章/yolo_v8_use_trainer.py
from ultralytics.yolo import v8
from ultralytics.yolo.v8.classify import ClassificationPredictor,
ClassificationTrainer, ClassificationValidator
```

用于图像分类的训练器进行训练的代码如下：

```
#第 6 章/yolo_v8_use_trainer.py
trainer = ClassificationTrainer(overrides={})
trainer.train()
trained_model = trainer.best
```

用于图像分类的验证器进行验证的代码如下：

```
#第 6 章/yolo_v8_use_trainer.py
val = ClassificationValidator(args=...)
val(model = trained_model)
```

用于图像分类的预测器进行预测的代码如下：

```
#第 6 章/yolo_v8_use_trainer.py
pred = ClassificationPredictor(overrides={})
pred(source="./", model=trained_model)
```

用于图像分类的训练器恢复中断的训练过程的代码如下：

```
#第 6 章/yolo_v8_use_trainer.py
override_dict = {}
```

```
override_dict["resume"] = trainer.last
trainer = ClassificationTrainer(overrides=override_dict)
```

2. 用于目标检测的三大组件示例代码

用于目标检测的三大组件默认使用 DetectionPredictor、DetectionTrainer 和 DetectionValidator,共 3 个类。导入用于目标检测的三大组件的代码如下:

```
#第 6 章/yolo_v8_use_trainer.py
from ultralytics.yolo import v8
from ultralytics.yolo.v8.detect import DetectionPredictor, DetectionTrainer,
DetectionValidator
```

用于目标检测的训练器进行训练的代码如下:

```
#第 6 章/yolo_v8_use_trainer.py
trainer = DetectionTrainer(overrides={})
trainer.train()
trained_model = trainer.best
```

用于目标检测的验证器进行验证的代码如下:

```
#第 6 章/yolo_v8_use_trainer.py
val = DetectionValidator(args=...)
val(model = trained_model)
```

用于目标检测的预测器进行预测的代码如下:

```
#第 6 章/yolo_v8_use_trainer.py
pred = DetectionPredictor(overrides={})
pred(source = "./", model=trained_model)
```

用于图像分类的训练器恢复中断的训练过程的代码如下:

```
#第 6 章/yolo_v8_use_trainer.py
override_dict = {}
override_dict["resume"] = trainer.last
trainer = DetectionTrainer(overrides=override_dict)
```

3. 用于实例分割的三大组件示例代码

用于实例分割的三大组件默认使用 SegmentationPredictor、SegmentationTrainer 和 SegmentationValidator,共 3 个类。导入用于实例分割的三大组件的代码如下:

```
#第 6 章/yolo_v8_use_trainer.py
from ultralytics.yolo import v8
from ultralytics.yolo.v8.segment import SegmentationPredictor,
SegmentationTrainer, SegmentationValidator
```

用于实例分割的训练器进行训练的代码如下:

```
#第 6 章/yolo_v8_use_trainer.py
trainer = SegmentationTrainer(overrides={})
```

```
trainer.train()
trained_model = trainer.best
```

用于实例分割的验证器进行验证的代码如下：

```
#第 6 章/yolo_v8_use_trainer.py
val = SegmentationValidator(args=...)
val(model = trained_model)
```

用于实例分割的预测器进行预测的代码如下：

```
#第 6 章/yolo_v8_use_trainer.py
pred = SegmentationPredictor(overrides = {})
pred(source = "./", model=trained_model)
```

用于实例分割的训练器恢复中断的训练过程的代码如下：

```
#第 6 章/yolo_v8_use_trainer.py
override_dict = {}
override_dict["resume"] = trainer.last
trainer = SegmentationTrainer(overrides = override_dict)
```

4. 设计训练器

设计 MyTrainer 训练器并重写__init__()、train()和 save_model()方法的代码如下：

```
#第 6 章/yolo_v8_design_trainer.py

from ultralytics.yolo.engine.trainer import BaseTrainer
from ultralytics.yolo.utils import DEFAULT_CFG

class MyTrainer(BaseTrainer):
    def __init__(self, cfg = DEFAULT_CFG, overrides = None):
        super().__init__(cfg, overrides)

    def train(self):
        super().train()

    def save_model(self):
        super().save_model()
```

5. 设计验证器

设计 MyValidator 验证器并重写__init__()、setup_source()、setup_model()、save_preds()和 run_callbacks()方法的代码如下：

```
#第 6 章/yolo_v8_design_trainer.py

from ultralytics.yolo.engine.predictor import BasePredictor
from ultralytics.yolo.utils import DEFAULT_CFG

class MyPredictor(BasePredictor):
```

```
    def __init__(self, cfg=DEFAULT_CFG, overrides=None):
        super().__init__(cfg, overrides)

    def setup_source(self, source):
        super().setup_source(source)

    def setup_model(self, model):
        super().setup_model(model)

    def save_preds(self, vid_cap, idx, save_path):
        super().save_preds(vid_cap, idx, save_path)

    def run_callbacks(self, event: str):
        super().run_callbacks(event)
```

6. 设计预测器

设计 MyPredictor 预测器并重写__init__()和__call__()方法的代码如下：

```
#第 6 章/yolo_v8_design_trainer.py

from ultralytics.yolo.engine.validator import BaseValidator
from ultralytics.yolo.utils import DEFAULT_CFG

class MyValidator(BaseValidator):
    def __init__(self, dataloader = None, save_dir = None, pbar = None, logger =
None, args = None):
        super().__init__(dataloader, save_dir, pbar, logger, args)

    def __call__(self, trainer = None, model = None):
        super().__call__(trainer, model)
```

6.17 Fast R-CNN

Fast R-CNN 是一种 R-CNN 算法的实现，其基于深度卷积网络，用于配合语义完成目标识别。

Fast R-CNN 的优点如下：

(1) 在训练最先进的模型(例如 VGG-16) 时比传统 R-CNN 快 9 倍，并且比 SPPnet 快 3 倍。

(2) 在测试场景下比传统 R-CNN 快 200 倍，并且比 SPPnet 快 10 倍。

(3) 在 PASCAL VOC 上的 mAP 明显高于 R-CNN 和 SPPnet。

(4) 在 Python、C++ 和 Caffe 上均编写了对应的代码。

6.17.1 Fast R-CNN 源码安装

注意：Fast R-CNN 推荐使用 Titan、K20 和 K40 等顶级显卡，因此如果显卡的性能不满足要求，则不建议继续安装 Fast R-CNN。

Fast R-CNN 在编译前需要安装 Caffe 和 pycaffe 的依赖，而使用内置的 Caffe 和 pycaffe 版本。详见 6.13 节。

安装 Cython、python-opencv 和 easydict。

可选安装 MATLAB。

获取 Fast R-CNN 的源码，命令如下：

```
$ git clone --recursive https://github.com/rbgirshick/fast-R-CNN.git
$ git submodule update --init --recursive
```

进入 $FRCN_ROOT/lib 文件夹，命令如下：

```
$ cd $FRCN_ROOT/lib
```

编译 Fast R-CNN 的 Cython 模块，命令如下：

```
$ make
```

编译 Caffe 和 pycaffe，命令如下：

```
$ cd $FRCN_ROOT/caffe-fast-R-CNN
$ make -j8 && make pycaffe
```

进入 $FRCN_ROOT 文件夹，命令如下：

```
$ cd $FRCN_ROOT
```

下载预计算的 Fast R-CNN 检测器，命令如下：

```
$ ./data/scripts/fetch_fast_R-CNN_models.sh
```

下载好的 Fast R-CNN 检测器将位于 $FRCN_ROOT/data/fast_R-CNN_models 文件夹下。

6.17.2 Fast R-CNN 运行用例

进入 $FRCN_ROOT 文件夹，命令如下：

```
$ cd $FRCN_ROOT
```

Fast R-CNN 运行用例的命令如下：

```
$ ./tools/demo.py
```

此外，Fast R-CNN 允许指定最大 GPU 内存占用并运行用例，命令如下：

```
$ ./tools/demo.py --net caffenet
```

另一种命令如下：

```
$ ./tools/demo.py --net vgg_cnn_m_1024
```

此外，Fast R-CNN 允许指定 CPU 运算并运行用例，命令如下：

```
$ ./tools/demo.py --cpu
```

此外，Fast R-CNN 查看用例的帮助信息的命令如下：

```
$ ./tools/demo.py -h
```

此外，Fast R-CNN 允许在 MATLAB 中运行用例，但相比于在 Python 中运行用例会缺少某些次要的提示信息。

进入 $FRCN_ROOT/MATLAB 文件夹，命令如下：

```
$ cd $FRCN_ROOT/MATLAB
```

启动 MATLAB，命令如下：

```
$ matlab
```

Fast R-CNN 运行 MATLAB 版本的用例的命令如下：

```
>> fast_R-CNN_demo
```

第 7 章

硬件选型与 AR 算法

一个 AR 应用往往涉及多个 AR 算法，这些算法被用于解决实际遇到的问题。AR 系统的硬件选型不同，实际遇到的问题也会不同，选用的 AR 算法就会不同，所以，要想理解 AR 算法，最好的办法是通过硬件对 AR 算法进行归类，这样可以令 AR 应用的开发者快速形成自己的知识脉络，从而达到融会贯通的效果。

有些 AR 算法，如 SIFT 特征识别、畸变矫正和仿射变换等算法与硬件选型无关，这些内容可以认为是通用的 AR 算法且不在本章中体现。

本章从实际的应用场景出发，分类讲解 AR 应用的硬件选型要点，并引出对应的 AR 算法，最后对 AR 算法进行原理上的讲解。

7.1 相机选型

7.1.1 单目相机和双目相机

AR 相机按照镜头的个数可以分为单目相机和双目相机。单目相机只包含一个镜头，而双目相机包含两个镜头。

目前，双目相机由于镜头数量较多和对镜头要求较低的优势，在 AR 场景中的应用相对于单目相机而言更为普遍。双目相机在拍摄 AR 画面时将两个镜头事先按照一定的角度摆放在稳定的状态下，使两个镜头的取景包含一部分互相重叠的像素，这些像素也就是前方立体交会的像素。

单目相机相对于双目相机而言，在图像数据上缺少了前方立体交会的像素，因此在判断深度信息时不能使用前方立体交会的做法，而只能使用单个镜头拍摄的 RGB 像素信息猜测所有像素在三维空间中的一种大概的位置关系。

此外，有些双目相机支持机内实时拼接和编码，即在输出图像前就按相机内部的算法直接对两个镜头拍摄的图像进行实时拼接和编码处理。

注意： 由于历史原因，有些 AR 算法也将单个景深相机称为单目相机。

为了提升 AR 画面的拍摄效果，双目相机通常选用两个规格完全相同的镜头，并在拍摄前按照一定的步骤确保镜头同步。

事实上，双目相机也有选用不同规格的两个镜头的场景，此时通常将成像效果好的镜头作为主镜头，而将成像效果差的镜头作为从镜头。在这种场景下，主镜头和从镜头的规格有差距，这导致两个镜头拍摄的图像拼接效果较差或前方立体交会的像素难以判断，从而只能使用从镜头进行辅助对焦等较为宽松的操作。

7.1.2 景深相机

AR 领域常用的景深相机是 RGB-D 相机，这种相机除了可以输出 R、G 和 B 共 3 种颜色通道外，还支持输出 D 深度通道。

景深相机不但会输出 RGB 颜色的图片，还会输出对应的景深数据文件，并且景深数据文件中包含和图片中的每个像素一一对应的景深数据，因此景深相机无须其他硬件的辅助即可独立确定图片的像素级的景深。

景深相机分为通过红外结构光测量像素距离的景深相机和通过飞行时间法测量像素距离的景深相机，共两种景深镜头。景深相机在拍摄时需要向拍摄目标发射一束光线，通过红外结构光测量像素距离的景深相机将根据结构光图案计算每个像素的距离，而通过飞行时间法测量像素距离的景深相机将采用激光扫描每个像素的对应位置的方式计算每个像素的距离。

景深相机在导出图像时可能导出一张图像的彩色图和深度图，然后根据每个像素的颜色和深度又可以将连续图像保存为点云模型。

7.1.3 全景相机

（狭义的）全景相机通常由两个或两个以上的鱼眼镜头组成。由于单个鱼眼镜头的视角可以轻松达到 180°，所以两个以上的鱼眼镜头即可达到 360°的视角并拍摄全景图片。能达到 360°的视角的全景相机也叫 360°全景相机，属于中高端的全景相机。

注意：广义的全景相机包括柱面全景相机。

全景相机在输出全景图片时，需要先拼合所有镜头拍摄的图像，然后按照一定角度进行弧形扭曲或 360°全景图片扭曲。有些高端的全景相机支持机内合并，这种全景相机直接将多个镜头的图像在相机内部拼接为全景图片。支持机内合并的全景相机将免去一部分图像处理步骤。

全景相机输出的全景图片可以认为是在极坐标系下，因此在坐标转换时通常需要先将全景相机拍摄的图片中的像素由 xOz 极坐标系变换到 XYZ 三维坐标系中，再进行其他的变换操作。

图像在极坐标系下判断地标时的运算量可能低于图像在三维坐标系下判断地标时的运算量，而某些 AR 算法也有基于极坐标系的算法优化，因此在某些 AR 算法中更适合使用全景相机拍摄的图像。

7.1.4 柱面全景相机

柱面全景相机通常由4个或4个以上的广角镜头组成。以4个广角镜头组成的柱面全景相机为例，每个镜头负责拍摄前、后、左或右方位的图像，然后将这4个方位的图像拼接后即可达到360°的视角。

柱面全景相机在输出全景图片时，需要先拼合所有镜头拍摄的图像，然后按照一定角度从柱面向平面扭曲或从平面向柱面扭曲。有些高端的全景相机支持机内合并，这种全景相机直接将多个镜头的图像在相机内部合并为全景图片，这个功能将免去一部分图像处理步骤。

7.1.5 网络摄像头

网络摄像头是一种结合传统相机与网络技术所产生的新一代相机，被设计用于实时拍摄并通过网络传输图像。网络摄像头拥有驱动方便，以及传输图像速度快、体积小和易于使用等优点，因此便携式AR设备大量选用网络摄像头。

基本的网络摄像头只用于拍摄图像。将网络摄像头通过USB等接口连接到计算机、手机或其他控制设备上，在万能驱动程序的作用下即可直接拍摄图像。

有些网络摄像头还内置网络传输功能，可以直接通过网络传输拍摄的图像。网络传输功能也叫推流功能，即将图像通过网络流式传输到其他设备上。内置了网络传输功能的网络摄像头无须在每次使用时都连接控制设备，只需在初次配置和修改配置时连接控制设备以确保网络摄像头可以正确联网并推流。配置正常的网络摄像头无须连接控制设备即可推流。

有些网络摄像头支持远程管理。支持远程管理的网络摄像头支持开放远程管理端口，允许用户在线访问管理端口以维护摄像头的配置，便于在AR设备部署有大量网络摄像头的场景下进行管理。

7.2 镜头选型

7.2.1 变焦镜头和定焦镜头

镜头按焦距是否可变可以分为变焦镜头和定焦镜头。

变焦镜头是在一定范围内可以变换焦距，从而得到不同宽窄的视场角，以及不同大小的影像和不同景物范围的相机镜头。变焦镜头在不改变拍摄位置的情况下，可以改变自身的焦距来改变拍摄范围。在AR算法中，使用变焦镜头可以满足多种焦段的拍摄需求，节省了更换镜头的时间。

定焦镜头是指只有一个固定焦距的镜头或一个固定焦段的镜头。定焦镜头在拍摄时无须考虑来自镜头的焦距变化，因此对拍摄距离的控制要求较高，但可以免去AR算法对焦距变化情况的运算步骤。

7.2.2 正圆镜头和椭圆镜头

镜头按椭圆度可以分为正圆镜头和椭圆镜头。

和正圆镜头不同,椭圆镜头将拍摄的画面变形,一般会拉宽画幅,因此椭圆镜头也叫变形镜头。

一个形象的例子是把人眼类比为椭圆镜头。人眼在横向睁开的距离较大而在纵向睁开的距离较小,因此在观察景物且不转动眼球时,横向视角较大而纵向视角较小。

7.2.3 不同焦段的镜头

标准镜头的焦距含有 45mm、50mm、55mm 和 58mm 等多种规格。

普通广角镜头的焦距一般大于 25mm。

超广角镜头的焦距一般为 16～25mm。

鱼眼镜头的焦距一般小于 16mm。

长焦镜头含有 135mm、150mm、200mm、250mm、300mm、500mm 和 1000mm 等多种规格。

中长焦镜头的焦距一般小于 150mm。

长焦镜头的焦距一般在 150～300mm。

超长焦镜头的焦距一般大于 300mm。

7.2.4 不同视角的镜头

标准镜头的视角在 40°～55°。

普通广角镜头的视角在 90°之内。

超广角镜头的视角在 90°～180°。

鱼眼镜头的视角超过 180°。

中长焦镜头的视角在 20°左右。

长焦镜头的视角在 10°左右。

超长焦镜头的视角在 8°之内。

7.2.5 标准镜头

焦距长度与底片对角线长度基本相等的镜头称为标准镜头。

7.2.6 广角镜头

焦距长度小于底片对角线长度的镜头称为广角镜头。

广角镜头种类繁多,根据不同的焦段和视角可进一步分为普通广角镜头、超广角镜头和鱼眼镜头。

7.2.7 长焦镜头

长焦镜头也称为远摄镜头。长焦镜头的焦距较长，远大于底片的对角线，并且可以把远处的景物拍得较大，因此称为长焦镜头。

长焦镜头的焦距相差悬殊，根据不同的焦段和视角可进一步分为中长焦镜头、长焦镜头和超长焦镜头。

7.2.8 鱼眼镜头

鱼眼镜头是一种极端的广角镜头，具有非常大的视角。鱼眼镜头的前镜片直径很短且呈抛物线状向镜头前部凸出，形状像鱼的眼睛，“鱼眼镜头”因此而得名。

7.2.9 微距镜头

微距镜头是一种用作微距摄影的特殊镜头，主要用于拍摄十分细微的物体，如花卉及昆虫等。为了对距离极近的被摄物也能正确对焦，微距镜头通常被设计为能够拉伸得更长，以使光学中心尽可能远离感光元件，同时在镜片组的设计上，也必须注重于近距离下的变形与色差等的控制。大多数微距镜头的焦长大于标准镜头，因此并非完全适用于一般的摄影。

7.2.10 移轴镜头

移轴镜头是一种可以调整图像偏心效果的镜头。移轴镜头允许将透镜向径向和切向平移，从而在不改变观察点的情况下改变视点，因此不需要更换更广角的镜头用于获得更大的视角。

相机在正对着建筑物拍摄时，镜头可能视角不足，而将视点移到建筑物的中心并拍摄时，建筑物又出现上大下小的透视效果。解决这种拍摄问题的方案如下：

(1) 更换更广角的镜头，然后在拍摄后裁剪掉大部分像素。

(2) 更换移轴镜头并调整透镜的平移距离，这样一般在拍摄后不需要裁剪像素。

7.2.11 折返镜头

折返镜头也叫反射式镜头。这类镜头一般焦距很长，光线在进入镜头后会经过一次或多次反射，然后到达感光器。

折返镜头的镜头长度可能很小，但仍然可以确保焦距为超长焦距。

折返镜头仅有一档光圈，而且是较小的光圈，例如 f/8 等光圈。较小的光圈可减小镜头体积，但同时使取景系统的照度较低，因此只能用改变曝光时间或加用中性灰镜的办法控制曝光，不能使用相机的程序式曝光和快门优先式自动曝光，也无法对景深进行有效控制。显然，仅有一档光圈是折返镜头的一大不足。

景深外的高光点在使用标准镜头时将成像为光斑，而在使用折返镜头时将成像为一个或多个小圆圈，这种小圆圈称为环状散焦。

折返镜头的拍摄景深小,因此在镜头对焦时难度较大,往往需要反复多次对焦才能达到预期的拍摄效果。在折返镜头对焦时,一般需要用三脚架等稳定装置支稳相机以避免相机晃动,并反复尝试多次以确定镜头焦距。

折返镜头可使景深之外的图像呈现独特的朦胧效果,因此 AR 算法可以利用对模糊图像的优化算法节省一部分图像处理的时间,从而提高 AR 算法的总体效率。

折返镜头在拍摄图片时被认为不产生色差。

7.3 IMU 选型

IMU 即惯性测量单元,用于定位 AR 硬件系统。IMU 的测量速度快,因此非常适合测量 AR 硬件系统的姿态。在选用了相机的 AR 硬件系统中,相机拍摄速度较慢,因此根据图像和图像之间的像素关系判断姿态时速度较慢,此时可以考虑在 AR 硬件系统中增加 IMU 以加快运算速度。

IMU 中的关键元件是陀螺仪、加速度计和/或磁力计。

IMU 允许通过 I^2C 和 SPI 等通信协议和其他硬件进行数据交互。在 AR 算法中可以考虑将相机和 IMU 搭配使用,此时可以将 IMU 和相机以串口方式连接在计算机上,即可通过计算机同时采集来自 IMU 和相机的数据。

IMU 适合计算短时间的快速的运动。在 AR 场景中,AR 应用需要快速得到短时间内的物体的运动信息,因此 IMU 非常适合用在 AR 硬件系统中。

IMU 的优点如下:

(1) 响应速度快。

(2) 不受成像质量影响。

(3) 角速度普遍比较准确。

(4) 可估计绝对尺度。

IMU 的缺点如下:

(1) 存在零偏。

(2) 低精度 IMU 积分位姿发散。

(3) 高精度 IMU 价格昂贵。

7.3.1 3 轴 IMU

3 轴 IMU 即只有 3 轴陀螺仪的 IMU。3 轴 IMU 因为只有 3 轴陀螺仪,所以只能感知 3 个自由度的姿态信息。

7.3.2 6 轴 IMU

6 轴 IMU 即有 3 轴陀螺仪和 3 轴加速度计的 IMU,可以感知 3 个自由度的姿态信息和加速度信息。

7.3.3 9轴 IMU

9 轴 IMU 即有 3 轴陀螺仪、3 轴加速度计和 3 轴磁力计的 IMU，可以感知全部姿态信息。

7.3.4 不同精度的 IMU

IMU 的动态航向角含有 0.05°、0.1°、0.15°、0.2°和 0.3°等多种规格。

IMU 的静态 Pitch/Roll 角含有 0.01°和 0.05°等多种规格。

IMU 的动态 Pitch/Roll 角含有 0.015°和 0.03°等多种规格。

IMU 的陀螺仪运行误差含有 1°/hr、3°～5°/hr 和 5°～7°/hr 等多种规格。

IMU 的加速度计运行误差含有 0.04mg 和 10μg 等多种规格。

IMU 的位置误差含有±8mm 和±15mm 等多种规格。

7.3.5 不同封装的 IMU

IMU 可将分离的陀螺仪等芯片共同安装在机壳内，这种多芯片封装的 IMU 相当于同时用多个芯片采集信号，并且由于多个芯片的工作环境等参数存在差异，最后采集信号的效果往往不尽如人意。

有些集成电路厂商将 IMU 的所有关键元件统一封装为单芯片，这种单芯片封装的 IMU 较为高端，目前只有意法半导体等厂商才出品过这种 IMU 芯片。单芯片的 IMU 体积较小，质量较轻，也可以用更小的机壳进行安装。

7.4 激光雷达选型

激光雷达用于探测周围的物体并估计与物体之间的距离。激光雷达传感器由两部分组成：激光发射(顶部)和激光接收(底部)。发射系统的工作原理是利用多层激光束，层数越多，激光雷达就越精确。

激光雷达在扫描时需要向周围发射一束光线。激光在遇到物体时发生反射，然后激光雷达测量每束激光反射回来所需的时间。

激光雷达在扫描时可输出点云数据，数据属性可能会根据数据的收集和处理方式而有所不同。激光雷达在保存点云数据时，通常会在文件头写入元数据，用于确定每个激光雷达点的可用属性。在读取激光雷达保存的点云数据时，可以根据元数据的格式分别将需要的数据分量读入内存中。

所有激光雷达的数据点都具有相关的 X、Y 位置和 Z(高程)值。此外，大多数激光雷达的数据点还附带一个强度值，代表传感器记录的光能量。其他属性的数据也可以用类似的方式进行分析。

7.4.1　不同线数的激光雷达

激光雷达按线数可以分为单线激光雷达和多线激光雷达。

相比于单线激光雷达，多线激光雷达拥有多个激光发射器，这些激光发射器循环发射激光，在 1 个轮询周期内可以得到 1 帧的激光点云数据。4 条点云数据可以组成面状信息，而 16 线、32 线和 64 线等多线激光雷达甚至可以测量三维点云数据。

7.4.2　不同记录光能方式的激光雷达

激光雷达按记录光能的方式可以分为离散回波激光雷达和全波形激光雷达。

离散回波激光雷达记录波形曲线中峰值的单个离散点。离散回波激光雷达识别峰值并记录波形曲线中每个峰值位置的一个点，这些离散或单独的点称为返回。离散回波激光雷达可以记录每个激光脉冲的一次或多次返回。

全波形激光雷达系统记录光能的返回分布。相比于离散回波激光雷达，全波形激光雷达数据的处理更为复杂，但与离散回波激光雷达系统相比通常可以捕获更多信息。

7.4.3　不同工作条件的激光雷达

激光雷达按工作条件可以分为地面激光雷达和非地面激光雷达。

地面激光雷达在工作时放置于地面上，无须借助卫星定位或 IMU 即可获取位姿参考信息。地面激光雷达可以通过传统的测量学技术获取自身的位置，并通过三脚架的对中整平来控制姿态。地面激光雷达允许在安装时“离开地面”，如在车载等场合下也可以使用地面激光雷达。

非地面激光雷达也叫机载激光雷达，在工作时放置于飞机或无人机上。非地面激光雷达只用于扫描点云，而在计算位姿时需要配合其他硬件采集数据。非地面激光雷达被设计为具有更高的精度，因此价格远高于规格相近的地面激光雷达。

7.5　声呐选型

声呐用于声学探测，通常用于水下探测、海底测绘和鱼群定位等场景。在深海作业时会出现复杂情况，因为海水温度随深度而变化，从而导致超声波反射。

由于水下环境不利于光线传播，因此 AR 硬件系统在需要水下探测时通常采用声呐进行探测。

7.5.1　不同频率的声呐

声呐按频率可以分为低频声呐、中频声呐和高频声呐。

低频声呐的频率通常为 100～500Hz，通常用于远距离探测，但因为波长较长而准确性不好。

中频声呐的频率通常为1～10kHz,通常用于中距离探测或辅助探测。

高频声呐的频率通常大于10kHz,通常用于近距离探测,并且准确性较好。

7.5.2 不同记录声波方式的声呐

声呐按记录声波的方式可以分为主动声呐和被动声呐。主动声呐的优点是可以探测到静止目标且可以测距,而缺点是探测波短且容易暴露位置。被动声呐的优点是探测波长、识别目标能力强且隐蔽性强,而缺点是不能探测静止目标。

主动声呐主动发射声波"照射"目标,而后接收水中目标反射的回波,采集回波时间等参数并测定目标。主动声呐可用于探测水下目标,并测定其距离、方位、航速、航向等运动要素。

主动声呐可通过回波信号与发射信号间的时延推知目标的距离、方向和径向速度,由回波的幅度、相位及变化规律可以识别出目标的外形、大小、性质和运动状态。

主动声呐由换能器基阵、发射机、定时中心、接收机、显示器和控制器等关键元件组成。主动声呐大多数采用脉冲体制,也可以采用连续波体制,适用于探测冰山、暗礁、沉船、海深、鱼群、水雷和隐蔽的潜艇(发动机关闭)等。

被动声呐被动接收舰船等水中目标产生的辐射噪声和水声设备发射的信号,然后根据信号测定目标的方位和距离。

被动声呐收听目标发出的噪声,判断出目标的位置和某些特性,特别适用于不能发声暴露自己而又要探测敌舰活动的潜艇。由于被动声呐本身不发射信号,所以目标将不会觉察声呐的存在及其意图。

被动声呐一般工作于低信噪比情况下,否则探测效果会大打折扣。例如探测目标为潜艇,则目标自身发出的噪声包括螺旋桨转动噪声、艇体与水流摩擦产生的动水噪声,以及各种发动机的机械振动引起的辐射噪声等。在被动声呐探测时就需要尽可能多地处理这些噪声。此外,目标的声音在经过远距离传播后将变得十分微弱,因此也要考虑声波的衰减因素。

7.5.3 不同扫描方式的声呐

声呐按扫描方式可以分为探照灯声呐(机械声呐)和扫描声呐(电子声呐)。

探照灯声呐改变发声方向,用于覆盖宽广的扫描区域,并在旋转时重复发射超声波束。探照灯声呐在船体快速移动时往往不能覆盖所有的区域,因此AR硬件系统一般不选用探照灯声呐。

AR硬件系统一般选用扫描声呐。扫描声呐可以在同一时刻进行360°扫描,因此不会产生盲区。扫描声呐的扫描范围分为全周型360°同时搜索和半周型180°搜索和扇形扫描,扇形扫描又分为90°扫描范围和45°扫描范围。

7.5.4 数字成像声呐

数字成像声呐在记录声波的基础上进一步生成数字图像,可满足实时的可视化需求。高端的数字成像声呐使用 Imagenex 等公司开发的成像算法和以太网等通信协议,直接将生成的数字图像传输到其他设备上,可达到每秒几帧的速度。

7.5.5 数字剖面声呐

数字剖面声呐在生成数字图像的基础上进一步生成分层的数字图像,可满足生成三维模型的需求,是最先进的数字声呐。

7.6 机器人选型

AR 硬件系统可选用机器人,用于协助 AR 算法,协助的方式包括搭载相机等传感器、按照命令运动及自动化调节运动状态等。

AR 硬件系统选用机器人有节省成本和控制方便的优点。以地面建图为例,可选用智能小车代替驾驶员和客车的组合搭载传感器并完成数据的采集,并且在采集过程中,数据采集人员可以坐在实验室中而不是坐在车上采集数据。

7.6.1 常用的机器人

常用的机器人包括仿生机器人、智能小车和无人机等。

仿生机器人被设计有类似动物的运动机构,在控制其运动时按照关节和约束等要素考虑其运动行为。仿生机器人的控制难度较大,因此某些制造商将仿生机器人制成机械臂的形态,以废除一部分运动能力的方式换取更精细的控制能力。在 AR 硬件系统中选用仿生机器人通常是为了提供高自由度的人机交互功能且用于需要即时演算的 AR 场景当中,而对于低自由度的人机交互功能或非即时演算的 AR 场景而言,可选用成本更低或更容易控制的机器人代替仿生机器人,然后通过更复杂的算法弥补用户使用体验的不足。

智能小车拥有远程控制器,可选用有线或无线方式对智能小车进行平移和旋转控制。智能小车一般行驶在路面或墙面上,在 AR 硬件系统中通常用于地面建图。

无人机也拥有远程控制器,但通常选用无线方式对无人机进行平移和旋转控制。无人机拥有飞行控制能力,在 AR 硬件系统中通常用于航空摄影或需要高程信息的建图。

7.6.2 不同连接方式的机器人

机器人按连接方式可以分为串联机器人、并联机器人和混联机器人。

串联机器人是一个开放的运动链,主要以开环机构作为机器人机构的原型。串联机器人的每个组件都拥有较大的运动范围、操作灵活且控制系统和结构设计较简单,因此适用于高自由度的 AR 场景。

并联机器人是一个封闭的运动链，主要以闭环机构作为机器人机构的原型，并且闭环机构之间相互关联，并联机器人的运动稳定性高、结构紧凑稳定、承载能力强且不易产生动态误差和累计误差，因此适用于高精度的AR场景。

混联机器人兼具串联机器人和并联机器人的优点，同时具备开环机构和闭环机构，适用于通用的AR场景。

7.6.3 不同移动性的机器人

机器人按移动性可以分为固定式机器人、自动导向机器人、服务机器人、社交机器人和现场机器人。

固定式机器人被安装在固定的底座上，只能移动内部的机构，而不能整体移动，例如机械臂。

自动导向机器人主要用于向室内或室外移动材料，例如运送废料的自动导向机器人。

服务机器人主要用于像人类一样提供服务，例如分拣机器人和医疗机器人。

社交机器人主要用于和人类互动，例如机器人导盲犬。

现场机器人主要用于在户外场景环境中移动并工作，例如采摘机器人。

7.6.4 不同控制方式的机器人

机器人按控制方式可以分为伺服控制机器人和非伺服机器人。

伺服控制机器人拥有反馈传感器，用于激发机器人的驱动装置，进而带动机器人调节运动方式、到达规定的位置或到达预定的速度等。伺服控制机器人又分为点位伺服控制机器人和连续路径伺服控制机器人。

非伺服机器人的工作方式比较简单，通常涉及“终点”“抓放”或“开关”等。非伺服机器人安装预先编写的程序完成既定的运动。

7.6.5 不同几何结构的机器人

机器人按几何结构可以使用不同的坐标特性来描述，如笛卡儿坐标、柱坐标、极坐标、球坐标和关节坐标等。

7.6.6 不同智能程度的机器人

机器人按智能程度可以分为一般机器人和智能机器人。

一般机器人不具备智能，而只具备按照既定程序操作的能力。

智能机器人具备智能，可以自主控制部分或全部操作。智能机器人又根据智能程度分为传感器机器人、交互型机器人和自立性机器人。

7.6.7 不同用途的机器人

机器人按用途可以分为工业机器人、产业机器人、探索机器人、服务机器人和军事机器人，分别用于工业、产业、探索、服务和军事领域。

7.7　AR 算法中的景深

AR 算法中的景深分为真景深和假景深。真景深和假景深的区别如下：

(1) 真景深即三维景深信息，一般通过景深相机直接采集得到。

(2) 假景深即 2.5 维景深，一般通过算法从拍摄的图片中间接得到。

7.8　点云处理算法

使用传感器拍摄的点云在未经处理时，往往受到反光面和噪点的影响，最终建模的效果往往不理想，因此在使用传感器拍摄点云后需要一个或多个点云处理算法来优化点云。

7.8.1　点云反射

点云反射算法用于估计地表反射率。点云反射算法通过颜色和深度信息获取点云数据，并使用标准点反射率等技术来估计物体的反射率。

点云反射算法可用于构建三维地图，步骤如下：

(1) 通过激光雷达或声呐等传感器获取要建图的点云数据。

(2) 根据三维点云重建算法配合点云数据初步构建三维地图。

(3) 通过点云反射算法估计每个点的反射率。

(4) 将估计出的反射率配合点云数据构建反射率地图。

(5) 根据反射率地图进行地面分类。地面分类的原理和地面反射率有关：由于地面反射率较低，而障碍物的反射率较高，因此可以根据反射率地图的颜色分布来区分地面和障碍物。

7.8.2　点云降噪

点云降噪用于去除点云中的噪点，从而提高点云的质量。

在 AR 应用中，常用的点云降噪算法如下。

1. 半球面滤波法

半球面滤波法利用点云的几何信息进行降噪。半球面滤波法计算每个点周围的法向量：如果一个点的周围邻域内的点的法向量不稳定，就说明这个点的周围邻域内的点分布不规则，或分布稀疏，从而被认为是噪点。在实际的算法当中，如果一个点的法向量和这个点的周围邻域内的点的法向量之间的夹角超过一个阈值，就被认为是噪点。

2. 高斯滤波法

高斯滤波法适合处理较为规则的点云。高斯滤波法在处理较为规则的点云时，将每个点的周围邻域内的点按照距离和权重加权平均，即可得到一个平滑的点云。此外，在处理不规则的点云时，如果想使用高斯滤波法，就要逐点计算每个点的周围邻域内的点的均值或中位数,然后以这种估计出来的值作为新坐标值再进行滤波。

3. 法向量滤波法

法向量滤波法计算每个点的周围邻域内的点的法向量。如果一个点的周围邻域内的点的法向量的标准差小于一定阈值,则表明这个点的法向量比较稳定,从而不被认为是噪点,否则就被认为是噪点。

4. 曲面拟合法

曲面拟合法在点云中建立一个曲面模型,然后用得到的曲面模型拟合点云数据,从而降噪。曲面拟合法可以利用局部数据构建出更加平滑的表面,但曲面拟合法也存在缺点:曲面拟合法会引入一定程度的形变,因此只适用于多边形的曲面。

5. 统计滤波法

统计滤波法是一种基于统计学原理的算法。统计滤波法先计算每个点的周围邻域内的点的距离,然后计算出这些距离的平均值和标准差,最后判定哪些点为噪点。统计滤波法在判断一个点是否为噪点时,先将其周围的距离小于一个阈值的点作为一个邻域,然后计算这个邻域内的点的平均距离和标准差。

7.8.3 点云分类

点云分类是一种额外的处理步骤,用于简单地表示点云代表的物体类型。例如,树形的点云可以被归类为"植被",而通过地面反射出去的点云可以被归类为"地面"。

在 AR 应用中,常用的点云分类算法如下。

1. 基于特征的分类算法

基于特征的分类算法从点云数据中提取出一些固有的特征,如曲率、法向量等,然后将其作为特征向量进行分类。

2. 基于深度学习的分类算法

基于深度学习的分类算法直接处理点云数据并进行分类。基于深度学习的分类算法先利用深度学习算法训练一个分类模型,然后利用该模型对新的点云数据进行分类。

3. 基于机器学习的分类算法

基于机器学习的分类算法使用决策树、随机森林、支持向量机等算法进行分类。基于机器学习的分类算法需要先收集标注数据,然后进行特征提取和模型训练。

4. 基于几何信息的分类算法

基于几何信息的分类算法利用空间数据在不同类别之间的差异性对点云进行分类,适用于简单的场景和物体分类。

7.8.4 体素滤波器

体素滤波器是一种基于体素的滤波算法,用于对点云数据进行降噪和下采样操作。体素滤波器将点云数据放置在一个三维立方体网格中,并在每个体素中计算点云密度和平均高度,以获得一个更加平滑的、密度更均匀的点云结果。

体素滤波器滤波的步骤如下。

(1) 将点云数据划分为三维网格,每个体素对应一个网格单元。

(2) 对于每个体素,计算其中所有点的平均位置,然后将平均位置作为体素的中心坐标。

(3) 对于每个体素,计算其中所有点的密度和平均高度,然后衡量点云的稠密程度和平滑程度。

(4) 根据预设的密度和高度阈值确定哪些体素需要保留,哪些体素需要删除。

(5) 将保留的体素中的每个点的坐标作为输出的点云数据。

7.9 里程计算法

里程计算法是基于里程计传感器且用于测量移动机器人运动的算法。里程计算法和里程计传感器均可简称为里程计。本节中的“里程计”均指里程计算法。

7.9.1 不同传感器的里程计

里程计根据所使用的传感器分类如下。

1. 基于轮式里程计传感器的里程计

基于轮式里程计传感器的里程计使用编码器或电机驱动测量车轮转速和移动距离,进而算出车轮的旋转信息,最后计算机器人的位姿。基于轮式里程计传感器的里程计在使用时需要进行机械校准和误差校正,并且只在测量平面运动时效果较好。

2. 基于 IMU 的里程计

基于 IMU 的里程计使用一体的 IMU 或分体的陀螺仪+加速度计测量机器人在三维空间中的运动,然后积分获得机器人的位姿变化信息。由于 IMU 的测量结果容易受到噪声和漂移的影响,因此在里程计中需要设计额外的校准和滤波处理算法,并经常调用这种额外的算法以提高测量精度和稳定性。

3. 基于视觉传感器的里程计

基于视觉传感器的里程计使用相机或激光雷达等视觉传感器测量机器人在环境中的运动,然后通过后续的图像处理和位姿估计算法计算机器人的位姿变化。基于视觉传感器的里程计需要视觉图像处理算法和传感器模型分析算法,测量精度和稳健性高,但要求视觉图像处理算法快速且复杂度低,否则视觉图像处理算法将极大地影响里程计的实时性。

4. 基于激光雷达的里程计

基于激光雷达的里程计通过激光雷达扫描环境中的点云数据,然后通过点云数据计算机器人在两次扫描之间的位姿变化,利用位姿变化信息更新机器人当前的位姿估计值。基于激光雷达的里程计需要利用额外的算法消除传感器的误差和噪声,如卡尔曼滤波或 EKF 等算法。

7.9.2 不同参考图像或参考点的里程计

里程计根据参考图像或参考点的集合的分类如下。

1. 基于初始图像的里程计

基于初始图像的里程计使用单张图像作为输入，先对图像进行特征提取，再对图像进行特征匹配，然后对图像进行三角化计算，最后得到相邻两帧图像之间的运动估计，实现相机运动的跟踪和位姿估计。基于初始图像的里程计的优点是精度高，可以避免累计误差；缺点是单张图像容易受到光照变化、遮挡等因素的影响，导致里程计的稳定性较差。

2. 基于上一帧图像的里程计（光流法）

基于上一帧图像的里程计使用相邻两帧图像作为输入，对图像进行光流计算，最后得到相机的运动估计。基于上一帧图像的里程计算法的优点是计算速度快、精度高、稳健性好，适用于高速移动的场景并且实时性好，缺点是相邻两帧图像之间的像素信息必须相似，并且不能处理大位移，而且还要考虑光流计算的稳定性和噪声对里程计的稳定性影响。

7.9.3 里程计的传感器融合

先进的 AR 算法会考虑融合使用视觉里程计和激光里程计。一种融合方式的里程计的计算流程如下：

（1）先开始跟踪一个关键帧。

（2）采集激光点云或相机图像，用于深度估计。

（3）采集 IMU 信息以直接得到姿态，或进一步使用深度估计的信息估计姿态。

（4）如果进一步使用深度估计信息估计的姿态不能满足需求，则重新执行步骤(2)、(3)。

（5）如果得到的姿态满足需求，则关键帧跟踪完成。

使用这种融合方式的里程计可以达到 50Hz 的关键帧计算频率，速度较快且具有实时性。

融合的里程计可降低对传感器的限制。例如在夜晚等场景中，视觉里程计通常会失效，此时可以跨过相机图像，并使用 IMU 和激光点云继续执行里程计的计算流程；而在狭长的隧道等场景中，激光里程计通常会失效，此时可以跨过 IMU 和激光点云，并使用相机图像继续执行里程计的计算流程。

7.10 建图算法

7.10.1 状态估计

状态估计是指对于一个系统，先通过观察其输入和输出，然后通过一些数学模型和算法来估计系统内部的状态量的过程。状态估计在建图算法中用于估计机器人或相机的位姿，然后将位姿用于其他的建图步骤。

在 AR 应用中，常用的状态估计算法如下。

1. 扩展卡尔曼滤波(EKF)

扩展卡尔曼滤波基于线性化和高斯假设,对 IMU 和其他传感器的数据进行处理。

2. 无迹卡尔曼滤波

无迹卡尔曼滤波采用无序的马尔可夫链算法,可对非线性 IMU 和其他传感器数据进行处理。

3. 粒子滤波

粒子滤波将状态估计问题转换为采样和权重更新问题,能够高效地解决非线性和非高斯的状态估计问题。

7.10.2 回环检测

回环检测用于建立地图,本质上是识别机器人经过的路径是否与之前经过的路径重合,从而能够修正建图算法中未处理或处理不完全的部分,提高地图的精度和一致性。

回环检测的步骤如下。

(1) 通过传感器获取图形数据。

(2) 利用图形数据进行特征提取和描述子生成。

(3) 通过局部地图匹配算法,计算当前时刻的地图与历史地图中某些时刻的局部区域的相似度,从而得到候选回环。

(4) 通过最大后验概率估计或深度学习等算法,对候选回环进行筛选,确定最佳回环位置。

(5) 合并最佳回环位置与之前的建图,完成回环校正并更新地图。

7.10.3 在线建图

在线建图即在机器人系统中实时地根据传感器采集的数据建立和更新地图。在线建图需要较高的实时性和准确性,因此通常需要使用高频率的传感器数据和快速的算法进行处理。

在 AR 应用中,常用的在线建图算法如下。

1. 基于概率模型的在线建图算法

基于概率模型的在线建图算法通常使用贝叶斯滤波算法,包括卡尔曼滤波、扩展卡尔曼滤波和无迹卡尔曼滤波等。

2. 基于滤波的在线建图算法

基于滤波的在线建图算法通常使用 GRID 地图或八叉树地图,通过高斯滤波等算法在线更新地图,并可以实现地图的细节增强。

3. 基于机器学习的在线建图算法

基于机器学习的在线建图算法通常用于处理图像和语义地图等高维数据,因此适合用于识别环境中的障碍物。

7.10.4 离线建图

离线建图先使用机器人系统采集传感器数据，然后离线处理传感器数据并建立地图。离线建图通常用于实验室研究、地图更新等场景中，不需要实时的地图更新，因此允许耗时长且较为复杂的建图算法。

在 AR 应用中，常用的离线建图算法如下。

1. 基于图优化的离线建图算法

基于图优化的离线建图算法将地图建立为一张图，图节点代表地图中的位置和特征，边代表位置之间的连接关系和特征之间的相互作用关系。基于图优化的离线建图算法通过最小化损失函数优化地图。

2. 基于序列优化的离线建图算法

基于序列优化的离线建图算法先将地图建立为一种状态序列，再优化序列中的状态，从而优化地图。

7.11 路径规划算法

路径规划算法用于在给定起点和终点的情况下寻找到达终点的最优路径。机器人可以根据路径规划算法调整运动路径。

在 AR 应用中，常用的路径规划算法如下。

7.11.1 A* 算法

A* 算法是一种基于图搜索的启发式算法，先估计当前节点到目标节点的距离，再选择距离最短的节点作为下一步的选择。A* 算法速度快，内存占用较小，适合用于静态地图的路径规划，但需要预先对状态空间进行编码。

7.11.2 Dijkstra 算法

Dijkstra 算法是一种广度优先算法，先遍历图中所有的节点，再选择路径上最短的节点作为下一步的选择。Dijkstra 算法类似于 A* 算法，但不使用启发式函数，适合用于没有障碍物并且地图变化不频繁的场景。

7.11.3 RRT 算法

RRT 算法是一种采用树形数据结构的随机算法。RRT 算法从起始节点向目标节点不断生成随机节点，并同时对树进行修剪和重构，从而找到最优路径。RRT 算法适合用于动态和未知环境下的路径规划。

7.11.4 D* 算法

D* 算法是一种增量搜索算法。D* 算法跟踪图中的变化，从而能够动态地更新路径规划。

第 8 章

倾斜摄影

倾斜摄影是一种高新技术，在测绘领域中应用广泛，在 AR 领域中也有应用。正射影像受到拍摄角度的限制，往往不能较好地描述一个地标。使用正射影像描述的地标也会缺少地标高度和立面等有用的信息。倾斜摄影在同一个飞行平台上搭载多台传感器，同时从一个垂直、多个倾斜的角度采集影像，将用户引入符合人眼视觉的真实直观世界。

倾斜摄影技术不使用第 7 章中讲解的相机，而使用特制的多镜头相机。在倾斜摄影技术使用的相机当中，多个镜头共同被装配到同一个相机，所有镜头可以被视为一个整体，这点和第 7 章中的双目相机不同。此外，在倾斜摄影技术使用的相机当中，不但需要垂直相机，而且还需要倾斜相机，这点又和第 7 章中的全景相机不同。由于倾斜摄影技术使用的相机较为特殊，因此将这种相机从第 7 章中独立出来并放到本章进行讲解。

本章讲解倾斜摄影的技术原理、图像特点、分类方式、遮挡关系、市售的倾斜摄影相机和相机的选型方法。

注意：图 8-6、图 8-7(a)、图 8-7(b)、图 8-7(c)和图 8-8 来源于 SWDC 数字航空摄影仪宣传册(2020 版)。这个宣传册是公开的资源，读者可以从互联网上获取此宣传册以查看其中的内容。

8.1 倾斜摄影技术的特点

倾斜摄影技术的特点如下：

(1) 反映地物周边真实情况。相对于正射影像，倾斜影像能让用户从多个角度观察地物，更加真实地反映地物的实际情况，极大地弥补了基于正射影像应用的不足。

(2) 倾斜影像可实现单张影像量测。通过配套软件的应用，可直接基于成果影像进行包括高度、长度、面积、角度、坡度等的量测，扩展了倾斜摄影技术在行业中的应用。

(3) 建筑物侧面纹理可采集。针对各种三维数字城市应用，利用航空摄影大规模成图的特点，加上从倾斜影像批量提取及贴纹理的方式，能够有效地降低城市三维建模成本。

(4) 数据量小，易于网络发布。相较于三维 GIS 技术应用庞大的三维数据，应用倾斜摄影技术获取的影像的数据量要小得多，其影像的数据格式可采用成熟的技术快速进行网络发布，实现共享应用。

8.2 倾斜摄影的图像特点

倾斜摄影可以拍摄下视影像和倾斜影像，其中，下视影像可以很好地观测到地面和屋顶特征，整幅影像具有固定的比例尺；倾斜影像可以观测到建筑物侧面的纹理，但是具有更多遮挡，影像不同地方的比例尺也不一致。以1个垂直相机和4个倾斜相机组成的相机为例，下视影像和倾斜影像的拍摄效果如图8-1所示，其中，A、B、C和D代表倾斜影像，E代表下视影像。

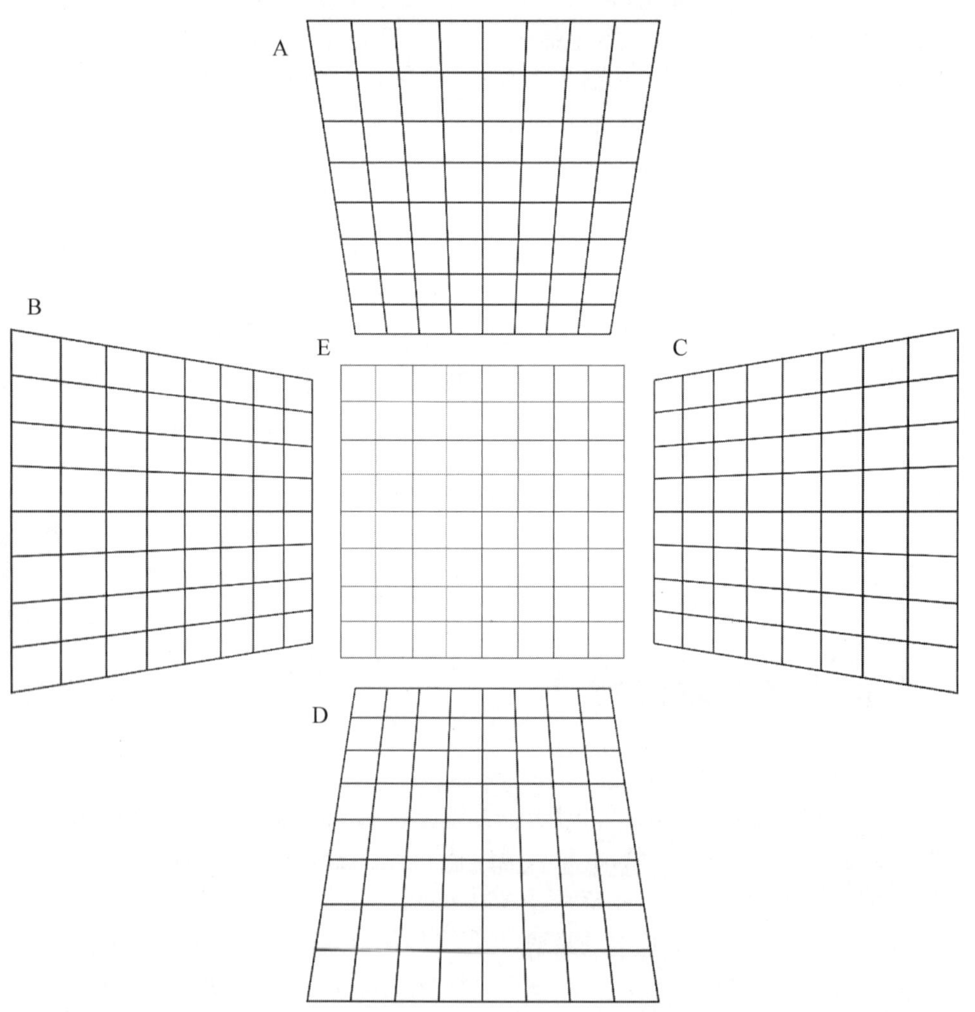

图8-1 下视影像和倾斜影像的拍摄效果

8.3　倾斜摄影方式

倾斜摄影为相机主光轴在有一定的倾斜角时拍摄的影像。倾斜摄影的相机视角如图 8-2 所示。

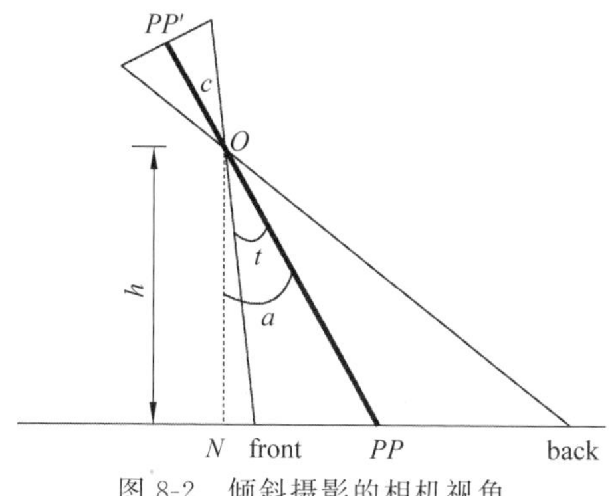

图 8-2　倾斜摄影的相机视角

按主光轴倾斜角 t 和主光轴与铅垂线的夹角 a 可以将倾斜摄影分类为以下方式：

(1) 当 $t<5°$时，拍摄的影像为垂直影像。

(2) 当 $5°<t<30°$时，拍摄的影像为轻度倾斜影像。

(3) 当 $t>30°$时，拍摄的影像为高度倾斜影像。

(4) 当 $t+a>90°$时，拍摄的影像为水平视角影像。

注意：不允许把上面分类中的 $>$ 符号记作 $\geqslant$ 符号或把这组公式中的 $<$ 符号记作 $\leqslant$ 符号。

按主光轴与铅垂线的关系可以将垂直摄影和倾斜摄影分类如下：

(1) 在垂直摄影时，$a\leqslant 3°$。

(2) 在倾斜摄影时，$a>3°$。

8.4　倾斜摄影的遮挡关系

倾斜摄影存在自遮挡和被其他物体遮挡 2 种遮挡关系。自遮挡示意图如图 8-3 所示，其中 v 代表可见的部分，x 代表不可见的部分。

被其他物体遮挡示意图如图 8-4 所示，其中 v 代表可见的部分，x 代表不可见的部分。

在实际观测过程中可以使用多视角观测的方式缓解遮挡问题。多视角观测示意图如图 8-5 所示，其中 v 代表可见的部分，x 代表不可见的部分，u 代表可能可见也可能不可见的部分。

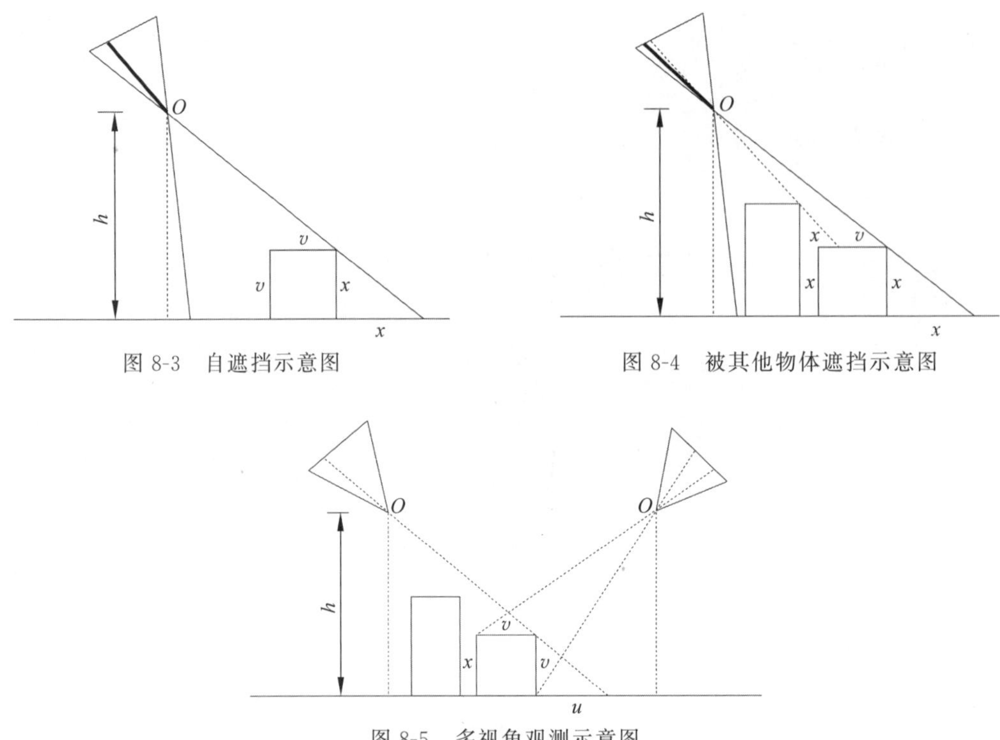

图 8-3 自遮挡示意图

图 8-4 被其他物体遮挡示意图

图 8-5 多视角观测示意图

8.5 倾斜摄影的相机

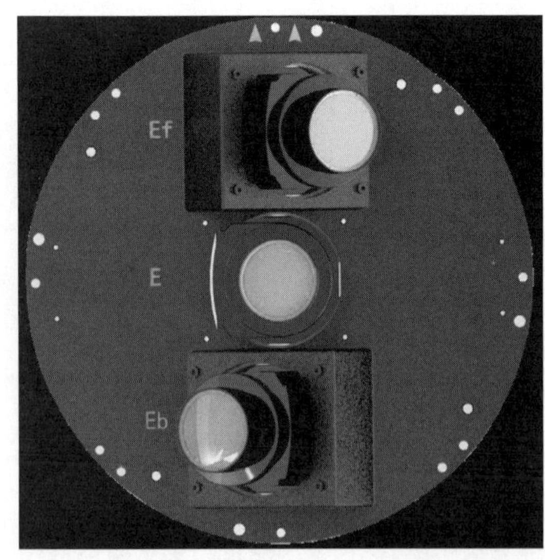

图 8-6 SWDC-Max3 航摄仪

倾斜摄影的相机由垂直相机和倾斜相机共同组成。由于应用场景不同,倾斜摄影的相机有时也被称为航空摄影仪或航摄仪等。

SWDC-Max3 航摄仪如图 8-6 所示,其中,Ef 表示用于前摄的倾斜相机,E 表示垂直相机,Eb 表示用于后摄的倾斜相机。

带有前摄和后摄功能的相机一般可用于图像拼合。SWDC-Max3 航摄仪的图像拼合效果如图 8-7 所示,包括单张幅面、双拼幅面和三拼幅面。

(a) 单张幅面(14 204×10 652)

(b) 双拼幅面(28 000×10 000)

图 8-7 SWDC-Max3 航摄仪的图像拼合效果

(c) 三拼幅面(34 000×14 000)

图 8-7 （续）

SWDC-Max6 航摄仪如图 8-8 所示，其中，Ef 表示用于前摄的倾斜相机，Eb 表示用于后摄的倾斜相机，A、B、C 和 D 表示可切换为倾斜相机和垂直相机的两用相机。

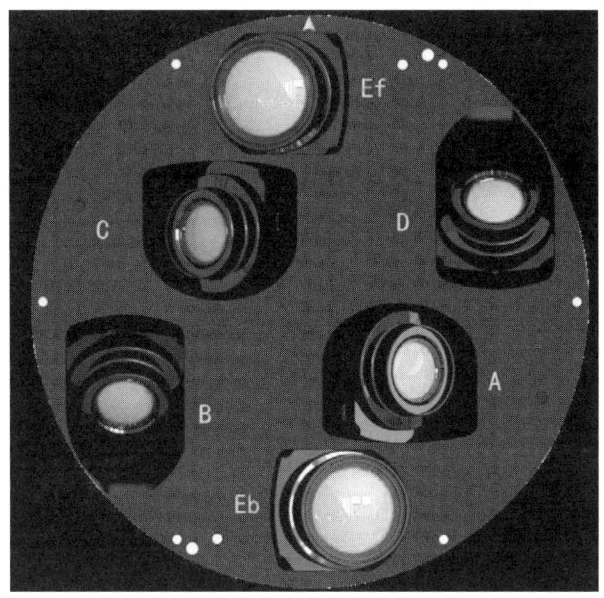

图 8-8　SWDC-Max6 航摄仪

两用相机扩展了整套相机的用途，因此能根据用户需求灵活定制。

8.6　倾斜摄影的相机选型

倾斜摄影的相机在选型时的要点如下。

(1) 关注镜头数。倾斜摄影在拼合图像时，在排除像素重叠的因素后，镜头数越多则得到的不重叠的像素就越多，从而拼合而成的图像的像素可能就越多。

(2) 关注质量。飞机或无人机能携带的相机质量要经过严密计算，因此需要根据允许的相机质量的范围选择适当质量的相机。

(3) 关注焦距。飞机或无人机需要飞在焦距范围内才能拍摄出理想的图片，因此需要根据飞行高度选择适当焦距的相机。

(4) 关注畸变差。畸变差被用于镜头校准。需要根据实际场景选择适当畸变差的相机。

(5) 关注像元尺寸。像元尺寸越小，则影响分辨率越高，信息量越大。需要根据实际场景选择适当感光度的相机。

(6) 关注影像幅面。影像幅面包括倾斜幅面和下视幅面，如果幅面过大，则需要后期裁剪掉一部分像素，如果幅面过小，则不能满足拍摄需求。

(7) 关注辐射分辨率。辐射分辨率包括色深和颜色通道，低端的相机只能输出 8 位的灰度图像,而高端的相机能输出16位的RGB真彩色图像。

(8)关注曝光同步。多个镜头之间一定存在同步问题,同步时间越低,多个镜头之间的同步性能越好,拍摄的效果也越好。

(9)关注倾斜角度。倾斜角度越大,则缺点是畸变修正时对像素的影响也越大,但优点是拍摄到的建筑物侧面的纹理更精细,因此需要按照应用场景进行合理选择。

(10)关注存储格式。后期处理的软件支持的格式和相机的存储格式需要配套,因此需要根据二者共同选择相机。

(11)关注最短曝光间隔。最短曝光间隔越小,则拍摄时的容错率越高。此外,在恶劣的天气中,飞机或无人机往往会剧烈抖动,为了降低因抖动造成的影响,就需要选择最短曝光间隔较小的相机。

(12)关注快门。快门包括快门结构和快门时间。在快门结构上,中心镜间快门的相机的拍摄效果较好,而卷帘快门的相机的拍摄效果较差。快门时间越短则拍摄效果越好。

(13)关注动态范围。需要根据实际场景选择适当动态范围的相机。

(14)关注感光度。感光度也叫ISO。需要根据实际场景选择适当感光度的相机。

(15)关注POS支持。POS也叫惯导系统或定位定向系统。在POS的支持下,倾斜摄影能更好地用于测绘行业,在这种场景下,POS和相机需要配套。需要根据实际使用的POS选择适当POS支持的相机。

(16)关注支持的稳定平台。需要根据实际的稳定平台选择适当稳定平台支持的相机。

第 9 章

SLAM 算法入门

SLAM 即机器人同时定位与建图，是一种 AR 领域内的前沿算法。SLAM 算法的研究历史已有 20 余年，组成部分复杂，内部算法环环相扣，因此需要开发者有足够的入门知识。本章从 SLAM 算法的流程、传感器和算法的分类入手，帮助开发者熟悉 SLAM 算法的组成部分，最后在 SLAM 算法实战一节中从头实现一套 SLAM 算法。

9.1 SLAM 算法的流程

SLAM 算法的流程如下。

1. 传感器数据采集

SLAM 算法需要使用传感器设备拍摄周围环境的图像或点云。在拍摄后，SLAM 算法可以读取磁盘内已经存储好的数据，也可以直接从外部设备的连接当中读取数据。

2. 特征提取

SLAM 算法对拍摄的图像或点云进行特征提取，提取出来用于描绘环境的地标，如墙角、门窗和走廊等。

3. 自我定位

SLAM 算法使用特征提取得到的数据来确定机器人在地图上的位置，即自我定位。

4. 建图

SLAM 算法使用特征点数据来建图，并在地图上标注出地标和机器人自身等关键点的位置，从而构建出二维或三维环境地图。

5. 微调

SLAM 算法在建图后需要对地图进行微调以减少误差。

6. 后端优化

SLAM 算法的后端优化步骤用于进一步提高地图的精度。

9.2 instrument-control

使用 Octave 的 instrument-control 工具箱可以在 Octave 程序中控制外部设备的连接。instrument-control 工具箱支持串口、SPI 和 TCP 等多种协议，使 Octave 程序不但可以操作本机上的数据，还能操作来自外部设备的数据。

使用 instrument-control 工具箱前必须加载 instrument-control 工具箱。加载 instrument-control 工具箱的代码如下：

```
>> pkg load instrument-control
```

9.2.1 常用函数

instrument-control 工具箱提供常用函数，这些函数同时支持多种设备。

1. 刷新输入缓冲区

调用 flushinput()函数以刷新输入缓冲区。

flushinput()函数需要传入 1 个参数，这个参数是设备对象。

flushinput()函数无返回值。

刷新输入缓冲区的代码如下：

```
>> flushinput(obj)
```

2. 刷新输出缓冲区

调用 flushoutput()函数以刷新输出缓冲区。

flushoutput()函数需要传入 1 个参数，这个参数是设备对象。

flushoutput()函数无返回值。

刷新输出缓冲区的代码如下：

```
>> flushoutput(obj)
```

3. 从设备接收二进制块数据

调用 readbinblock()函数从设备接收二进制块数据。

readbinblock()函数至少需要传入 1 个参数，这个参数是设备对象。

此外，readbinblock()方法允许追加传入第 2 个参数，第 2 个参数是数据类型，默认为 uint8。

readbinblock()函数用于返回接收的二进制块数据。

从设备接收二进制块数据的代码如下：

```
>> result = readbinblock(obj)
```

4. 从设备接收一行字符串

调用 readline()函数从设备接收一行字符串，接收到终止符且最终的字符串中不包含终止符。

readline()函数至少需要传入 1 个参数,这个参数是设备对象。

readline()函数用于返回接收的字符串的 ASCII 码。

从设备接收一行字符串的代码如下:

```
>> result = readline(obj)
```

5. 向设备发送 IEEE 488.2 二进制块数据

调用 writebinblock()函数向设备发送 IEEE 488.2 二进制块数据。

writebinblock()函数需要传入 3 个参数,第 1 个参数是设备对象,第 2 个参数是二进制块数据,第 3 个参数是数据类型。

二进制块数据的定义为#<A><B><C>。

(1) <A>代表二进制块长度的 ASCII 数字。

(2) <B>代表二进制块大小的 ASCII 数字。

(3) <C>代表二进制块数据。

writebinblock()函数无返回值。

向设备发送 IEEE 488.2 二进制块数据的代码如下:

```
>> writebinblock(obj)
```

6. 向设备发送一行字符串

调用 writeline()函数向设备发送一行字符串,发送到终止符且最终的字符串中包含终止符。

writeline()函数需要传入两个参数,第 1 个参数是设备对象,第 2 个参数是数据。

writeline()函数无返回值。

向设备发送一行字符串 123 的代码如下:

```
>> writeline(obj, "123")
```

7. 向设备发送 ASCII 命令并接收设备返回的数据

调用 writeread()函数以向设备发送 ASCII 命令并接收设备返回的数据。

writeread()函数需要传入两个参数,第 1 个参数是设备对象,第 2 个参数是 ASCII 命令。

writeread()函数用于返回接收的 ASCII 数据。

向设备发送 ESC 命令(对应的 ASCII 码值为 27,其作用是清除终端屏幕上的内容)并接收设备返回的数据的代码如下:

```
>> result = writeread(obj, 27)
```

在 ASCII 码表中可以查到 ASCII 命令对应的 ASCII 码值。ASCII 码表如表 9-1 所示。

表 9-1 ASCII 码表

ASCII 码值	字符命令	ASCII 码值	字符命令	ASCII 码值	字符命令	ASCII 码值	字符命令
0	NUL	32	(space)	64	@	96	`
1	SOH	33	!	65	A	97	a
2	STX	34	"	66	B	98	b
3	ETX	35	#	67	C	99	c
4	EOT	36	$	68	D	100	d
5	ENQ	37	%	69	E	101	e
6	ACK	38	&	70	F	102	f
7	BEL	39	'	71	G	103	g
8	BS	40	(	72	H	104	h
9	TAB	41	)	73	I	105	i
10	LF	42	*	74	J	106	j
11	VT	43	+	75	K	107	k
12	FF	44	,	76	L	108	l
13	CR	45	—	77	M	109	m
14	SO	46	.	78	N	110	n
15	SI	47	/	79	O	111	o
16	DLE	48	0	80	P	112	p
17	DC1	49	1	81	Q	113	q
18	DC2	50	2	82	R	114	r
19	DC3	51	3	83	S	115	s
20	DC4	52	4	84	T	116	t
21	NAK	53	5	85	U	117	u
22	SYN	54	6	86	V	118	v
23	ETB	55	7	87	W	119	w
24	CAN	56	8	88	X	120	x
25	EM	57	9	89	Y	121	y
26	SUB	58	:	90	Z	122	z
27	ESC	59	;	91	[	123	{
28	FS	60	<	92	\	124	|
29	GS	61	=	93	]	125	}
30	RS	62	>	94	^	126	~
31	US	63	?	95	_	127	DEL

9.2.2 通用函数

instrument-control 工具箱提供通用函数，这些函数与具体的设备类型无关，并在具体的设备方法中被调用。

1. 显示设备的帮助信息

调用 instrhelp()函数以显示设备的帮助信息。

instrhelp()函数允许不传入参数调用，此时 instrhelp()函数输出当前工具箱的帮助信息。

此外，instrhelp()函数允许传入函数名，此时 instrhelp()函数输出对应函数的帮助信息。

此外，instrhelp()函数允许传入设备对象，此时 instrhelp()函数输出对应设备的帮助信息。

显示设备帮助信息的代码如下：

```
>> instrhelp()
```

2. 显示支持的设备

调用 instrhwinfo()函数以显示支持的设备。

instrhwinfo()函数允许不传入参数调用，此时 instrhwinfo()函数显示支持的设备。

此外，instrhwinfo()函数还允许传入设备名，此时 instrhwinfo()函数显示对应的设备信息。

显示支持的设备的代码如下：

```
>> instrhwinfo()
```

3. 将网络主机名或地址解析为网络名称和地址

调用 resolvehost()函数以将网络主机名或地址解析为网络名称和地址。

resolvehost()函数至少需要传入 1 个参数，这个参数是需要解析的网络主机名或地址。

此外，resolvehost()函数允许追加传入第 2 个参数，此时第 2 个参数是返回类型。

如果不指定第 2 个参数，则第 1 个返回值为解析后的网络名称，第 2 个返回值为解析后的地址。如果第 2 个参数为 name，则返回值为解析后的网络名称；如果第 2 个参数为 address，则返回值为解析后的地址。

将 www.abc.com 解析为网络名称和地址的代码如下：

```
>> [name, address] = resolvehost("www.abc.com")
```

9.2.3 GPIB

instrument-control 工具箱可以控制 GPIB 连接。

1. 建立 GPIB 连接

调用 gpib()方法以建立 GPIB 连接。

gpib()方法至少需要传入 1 个参数，这个参数是 GPIB 接口的 ID。

此外，gpib()方法允许追加传入第 2 个参数，此时第 2 个参数是超时时间；如果不指定第 2 个参数，则默认不使用超时时间。

gpib()方法返回 gpib 对象，用于之后的读写和断开操作。

建立 ID 为 10 的 GPIB 连接的代码如下：

```
>> gpib_connection = gpib(10)
```

2. 从 GPIB 连接中接收数据

调用 gpib_read()方法从 GPIB 连接中接收数据。

gpib_read()方法需要传入两个参数，第 1 个参数是 gpib 对象，第 2 个参数是本次尝试接收的字节数。

gpib_read()方法用于返回本次接收的数据、本次接收的字节数和本次接收是否完成。

从 GPIB 连接中接收 100 字节的数据，并返回本次接收的数据、本次接收的字节数和本次接收是否完成的代码如下：

```
>> [data, data_size, is_finished] = gpib_read(gpib_connection, 100)
```

3. 向 GPIB 连接中发送数据

调用 gpib_write()方法向 GPIB 连接中发送数据。

gpib_write()方法需要传入两个参数，第 1 个参数是 gpib 对象，第 2 个参数是发送的数据。

gpib_write()方法用于返回本次发送的字节数。

向 GPIB 连接中发送字符串 123，并返回本次接收的数据、本次接收的字节数和本次接收是否完成的代码如下：

```
>> [data, data_size, is_finished] = gpib_read(gpib_connection, "123")
```

4. 查询或设置 GPIB 连接的超时时间

调用 gpib_timeout()方法以查询或设置 GPIB 连接的超时时间。超时时间允许指定为 0～17，0 代表禁用超时，11 代表 1s，17 代表 1000s。

gpib_timeout()方法至少需要传入 1 个参数，这个参数是 gpib 对象，此时 gpib_timeout()方法将查询 GPIB 连接的超时时间并返回。

此外，gpib_timeout()方法允许追加传入第 2 个参数，此时第 2 个参数是超时时间，此时 gpib_timeout()方法将设置 GPIB 连接的超时时间且无返回值。

查询 GPIB 连接的超时时间的代码如下：

```
>> result = gpib_timeout(gpib_connection)
```

设置 GPIB 连接的超时时间为 1000s(17 代表 1000s)的代码如下：

```
>> gpib_timeout(gpib_connection, 17)
```

5. 清空 GPIB 设备

调用 clrdevice()方法清空 GPIB 设备。

clrdevice()方法需要传入 1 个参数,这个参数是 gpib 对象。

clrdevice()方法发出命令以清空 GPIB 设备,无返回值。

清空 GPIB 设备的代码如下:

```
>> clrdevice(gpib_connection)
```

6. 串行拉取 GPIB 设备

调用 spoll()方法串行拉取 GPIB 设备。

spoll()方法需要传入 1 个参数,这个参数是 gpib 对象或由 gpib 对象组成的元胞。

spoll()方法用于返回 gpib 对象是否准备好发送的状态字节。

串行拉取 GPIB 设备的代码如下:

```
>> spoll(gpib_connection)
```

7. 触发 GPIB 设备

调用 trigger()方法触发 GPIB 设备。

trigger()方法需要传入 1 个参数,这个参数是 gpib 对象。

trigger()方法无返回值。

触发 GPIB 设备的代码如下:

```
>> trigger(gpib_connection)
```

8. 断开 GPIB 设备

调用 gpib_close()方法以断开 GPIB 连接。

gpib_close()方法需要传入 1 个参数,这个参数是 gpib 对象。

断开 GPIB 设备的代码如下:

```
>> gpib_close(gpib_connection)
```

9. 断开 GPIB 设备的另一种方式

调用@octave_gpib/fclose()方法以断开 GPIB 连接。

@octave_gpib/fclose()方法需要传入 1 个参数,这个参数是 gpib 对象。

@octave_gpib/fclose()方法用于返回断开的结果。

断开 GPIB 设备的代码如下:

```
>> fclose(gpib_connection)
```

10. 建立 GPIB 连接的另一种方式

调用@octave_gpib/fopen()方法以建立 GPIB 连接。

@octave_gpib/fopen()方法需要传入 1 个参数,这个参数是 gpib 对象。

@octave_gpib/fopen()方法用于返回建立的结果。

建立 GPIB 连接的代码如下:

```
>> fopen(gpib_connection)
```

11. 向GPIB连接中发送字符串

调用@octave_gpib/fprintf()方法以向GPIB连接中发送字符串。

@octave_gpib/fprintf()方法至少需要传入两个参数,第1个参数是gpib对象,第2个参数是发送的字符串、格式或模式。

此外,@octave_gpib/fprintf()方法还允许自由排列组合字符串、格式或模式,格式是字符串的编码格式,模式是同步模式。

@octave_gpib/fprintf()方法用于返回发送的结果。

向GPIB连接中发送字符串123的代码如下:

```
>> result = fprintf(gpib_connection, '123')
```

12. 从GPIB连接中接收数据的另一种方式

调用@octave_gpib/fread()方法以从GPIB连接中接收数据。

@octave_gpib/fread()方法至少需要传入1个参数,这个参数是gpib对象。

此外,@octave_gpib/fread()方法还允许追加传入大小和精度,大小是尝试接收的大小,精度是数据的精度。

@octave_gpib/fread()方法用于返回接收的结果,并允许额外返回接收的大小和错误码。

从GPIB连接中接收数据的代码如下:

```
>> result = fread(gpib_connection)
```

13. 从GPIB连接中接收字符串

调用@octave_gpib/fscanf()方法以从GPIB连接中接收字符串。

@octave_gpib/fscanf()方法至少需要传入1个参数,这个参数是gpib对象。

此外,@octave_gpib/fscanf()方法还允许追加传入格式和大小,格式是字符串的编码格式,大小是尝试接收字符串的大小。

@octave_gpib/fscanf()方法用于返回接收的结果,并允许额外返回接收的大小和错误码。

从GPIB连接中接收字符串的代码如下:

```
>> result = fscanf(gpib_connection)
```

14. 向GPIB连接中发送数据的另一种方式

调用@octave_gpib/fwrite()方法以向GPIB连接中发送数据。

@octave_gpib/fwrite()方法至少需要传入两个参数,第1个参数是gpib对象,第2个参数是发送的数据、格式或模式。

此外,@octave_gpib/fprintf()方法还允许自由排列组合数据、格式或模式,精度是数据的精度,模式是同步模式。

@octave_gpib/fwrite()方法无返回值。

向 GPIB 连接中发送数据的代码如下：

```
>> fwrite(gpib_connection)
```

9.2.4　I²C

instrument-control 工具箱可以控制 I²C 连接。

i2c 对象的属性如表 9-2 所示。

表 9-2　i2c 对象的属性

键参数	含义	值参数
NAME	对象名称	没有特殊规定
REMOTEADDRESS	I²C 连接的远端连接 socket 地址	没有特殊规定

1. 建立 I²C 连接

调用 i2c()方法以建立 I²C 连接。

i2c()方法至少需要传入 1 个参数，这个参数是 I²C 接口在操作系统下挂载的路径，例如/dev/i2c-0。

此外，i2c()方法允许追加传入第 2 个参数，此时第 2 个参数是 I²C 地址；如果不指定第 2 个参数，则 I²C 连接必须在手动调用 i2c_addr()方法设置 I²C 地址后才能建立成功。

i2c()方法用于返回 i2c 对象，并且用于之后的读写和断开操作。

建立/dev/i2c-0 设备的 I²C 连接的代码如下：

```
>> i2c_connection = i2c("/dev/i2c-0")
```

2. 从 I²C 连接中接收数据

调用 i2c_read()方法从 I²C 连接中接收数据。

i2c_read()方法需要传入两个参数，第 1 个参数是 i2c 对象，第 2 个参数是本次尝试接收的字节数。

i2c_read()方法用于返回本次接收的数据和本次接收的字节数。

从 I²C 连接中接收数据的代码如下：

```
>> result = i2c_read(i2c_connection)
```

3. 向 I²C 连接中发送数据

调用 i2c_write()方法向 I²C 连接中发送数据。

i2c_write()方法需要传入两个参数，第 1 个参数是 i2c 对象，第 2 个参数是发送的数据。

i2c_write()方法用于返回本次发送的字节数。

向 I²C 连接中发送数据的代码如下：

```
>> result = i2c_write(i2c_connection)
```

4. 设置 I²C 地址

调用 i2c_addr()方法以设置 I²C 地址。

i2c_addr()方法至少需要传入 1 个参数,这个参数是 i2c 对象,此时 i2c_addr()方法用于返回当前 I²C 连接的 slave 地址。

此外,i2c_addr()方法允许追加传入第 2 个参数,此时第 2 个参数是 I²C 地址,此时 i2c_addr()方法将设置 I²C 连接的 slave 地址且无返回值。

实际的 i2c 地址取 I²C 地址参数的后 7 位或后 10 位。

返回当前 I²C 连接的 slave 地址的代码如下:

```
>> result = i2c_addr(i2c_connection)
```

将 I²C 地址设置为 0000000 的代码如下:

```
>> i2c_addr(i2c_connection, "0000000")
```

5. 断开 I²C 连接

调用 i2c_close()方法以断开 I²C 连接。

i2c_close()方法需要传入 1 个参数,这个参数是 i2c 对象。

断开 I²C 连接的代码如下:

```
>> i2c_close(i2c_connection)
```

6. 断开 I²C 连接的另一种方式

调用@octave_i2c/fclose()方法以断开 I²C 连接。

@octave_i2c/fclose()方法需要传入 1 个参数,这个参数是 i2c 对象。

@octave_i2c/fclose()方法用于返回断开的结果。

断开 I²C 连接的代码如下:

```
>> fclose(i2c_connection)
```

7. 建立 I²C 连接的另一种方式

调用@octave_i2c/fopen()方法以建立 I²C 连接。

@octave_i2c/fopen()方法需要传入 1 个参数,这个参数是 i2c 对象。

@octave_i2c/fopen()方法用于返回建立的结果。

建立 I²C 连接的代码如下:

```
>> fopen(i2c_connection)
```

8. 从 I²C 连接中接收数据的另一种方式

调用@octave_i2c/fread()方法以从 I²C 连接中接收数据。

@octave_i2c/fread()方法至少需要传入 1 个参数,这个参数是 i2c 对象。

此外,@octave_i2c/fread()方法还允许追加传入大小和精度,大小是尝试接收的大小,精度是数据的精度。

@octave_i2c/fread()方法用于返回接收的结果,并允许额外返回接收数据的大小和错误码。

从 I^2C 连接中接收数据的代码如下：

```
>> fread(i2c_connection)
```

9. 向 I^2C 连接中发送数据的另一种方式

调用@octave_i2c/fwrite()方法以向 I^2C 连接中发送数据。

@octave_i2c/fwrite()方法至少需要传入两个参数，第 1 个参数是 i2c 对象，第 2 个参数是发送的数据。

此外，@octave_i2c/fwrite()方法还允许追加传入精度，精度是数据的精度。

@octave_i2c/fwrite()方法用于返回发送数据的大小。

向 I^2C 连接中发送数据的代码如下：

```
>> fwrite(i2c_connection)
```

10. 获取 i2c 对象的属性

调用@octave_i2c/get()方法以获取 i2c 对象的属性。

@octave_i2c/get()方法至少需要传入 1 个参数，这个参数是 i2c 对象，此时@octave_i2c/get()方法用于返回全部属性组成的结构体。

此外，@octave_i2c/get()方法还允许追加传入键参数，此时@octave_i2c/get()方法用于返回对应的值参数。

获取 i2c 对象的属性的代码如下：

```
>> result = get(i2c_connection)
```

11. 设置 i2c 对象的属性

调用@octave_i2c/set()方法以设置 i2c 对象的属性。

@octave_i2c/set()方法至少需要传入 i2c 对象和 1 对键-值对参数，无返回值。

将 i2c 对象的名称设置为 123 的代码如下：

```
>> fwrite(i2c_connection, "NAME", "123")
```

9.2.5 MODBUS

instrument-control 工具箱可以控制 MODBUS 连接。

modbus 对象的属性如表 9-3 所示。

表 9-3 modbus 对象的属性

键参数	含义	值参数	键参数	含义	值参数
NAME	对象名称	没有特殊规定	BYTEORDER	字节顺序	没有特殊规定
TIMEOUT	超时时间	没有特殊规定	WORDORDER	字顺序	没有特殊规定
NUMRETRIES	重试次数	没有特殊规定	USERDATA	用户数据	没有特殊规定

1. 建立 MODBUS 连接

调用 modbus()方法以建立 MODBUS 连接。

modbus()方法至少需要传入两个参数，此时第 1 个参数是 MODBUS 连接类型。如果 MODBUS 连接类型是 tcpip，则第 2 个参数是 MODBUS 地址，第 3 个参数是对端端口或 name(寄存器或者输入/输出的名称)，第 4 个参数是 value(寄存器或者输入输出的值)；如果 MODBUS 连接类型是 serialrtu，则第 2 个参数是串口 ID，第 3 个参数是 name(寄存器或者输入/输出的名称)，第 4 个参数是 value(寄存器或者输入/输出的值)。

modbus()方法用于返回 modbus 对象，并且用于之后的读写操作。

建立 MODBUS TCP 连接，MODBUS 的地址为 192.168.56.1，对端端口为 502 且寄存器为 1 的代码如下：

```
>> modbus_connection = modbus("tcpip", "192.168.56.1", "502", "1")
```

2. 获取 modbus 对象的属性

调用@octave_modbus/get()方法以获取 modbus 对象的属性。

@octave_modbus/get()方法至少需要传入 1 个参数，这个参数是 modbus 对象，此时@octave_modbus/get()方法用于返回全部属性组成的结构体。

此外，@octave_modbus/get()方法还允许追加传入键参数，此时@octave_modbus/get()方法用于返回对应的值参数。

获取 modbus 对象的属性的代码如下：

```
>> result = get(modbus_connection)
```

3. maskWrite()

调用@octave_modbus/maskWrite()方法以从 MODBUS 设备接收保持寄存器的地址，应用屏蔽并发送更改数据。

@octave_modbus/maskWrite()方法至少需要传入 4 个参数，第 1 个参数是 modbus 对象，第 2 个参数是 MODBUS 地址，第 3 个参数是与掩模，第 4 个参数是或掩模。

此外，@octave_modbus/maskWrite()方法允许追加传入第 5 个参数，这个参数是 MODBUS 服务器的 ID。

算得写寄存器的值为(读寄存器值 AND 与掩模)OR(或掩模 AND(NOT 与掩模))。

@octave_modbus/maskWrite()方法用于返回本次接收的数据。

调用@octave_modbus/maskWrite()方法，MODBUS 的地址为 192.168.56.1，与掩模为 0xFF00 且或掩模为 0x00FF 的代码如下：

```
>> result = maskWrite(modbus_connection, "192.168.56.1", "0xFF00", "0x00FF")
```

4. 从 MODBUS 连接中接收数据

调用@octave_modbus/read()方法从 MODBUS 连接中接收数据。

@octave_modbus/read()方法至少需要传入 3 个参数，第 1 个参数是 modbus 对象，第 2 个参数是接收类型，第 3 个参数是 MODBUS 地址。接收类型可以是 coils、inputs、 inputsregs 或 holdingregs，其中 coils 代表线圈，inputs 代表输入，inputsregs 代表输入寄存器，holdingregs 代表保持寄存器。

此外，@octave_modbus/read()方法允许追加传入第 4 个参数，第 4 个参数是本次尝试接收的字节数。

此外，@octave_modbus/read()方法允许追加传入第 5 个和第 6 个参数，第 5 个参数是 MODBUS 服务器的 ID，第 6 个参数是精度。精度可以是 uint16、int16、uint32、int32、uint64、uint64、single 或 double 类型，默认为 uint16。

@octave_modbus/read()方法用于返回本次接收的数据。

从 MODBUS 连接中接收数据，接收类型为线圈且 MODBUS 的地址为 192.168.56.1 的代码如下：

```
>> result = get(modbus_connection, "coils", "192.168.56.1")
```

5. 设置 modbus 对象的属性

调用@octave_modbus/set()方法以设置 modbus 对象的属性。

@octave_modbus/set()方法至少需要传入 modbus 对象和 1 对键-值对参数，无返回值。

将 modbus 对象的重试次数设置为 1 的代码如下：

```
>> set(modbus_connection, "TIMEOUT", 1)
```

6. 向 MODBUS 连接中发送数据

调用@octave_modbus/write()方法向 MODBUS 连接中发送数据。

@octave_modbus/write()方法至少需要传入 4 个参数，第 1 个参数是 modbus 对象，第 2 个参数是发送类型，第 3 个参数是 MODBUS 地址，第 4 个参数是本次尝试发送的数据。发送类型可以是 coils 或 holdingregs，其中 coils 代表线圈，holdingregs 代表保持寄存器。

此外，@octave_modbus/write()方法允许追加传入第 5 个和第 6 个参数，第 5 个参数是 MODBUS 服务器的 ID，第 6 个参数是精度。

@octave_modbus/write()方法无返回值。

向 MODBUS 连接中发送数据 123，发送类型为线圈且 MODBUS 的地址为 192.168.56.1 的代码如下：

```
>> write(modbus_connection, "coils", "192.168.56.1", "123")
```

7. 向 MODBUS 连接中收发数据

调用@octave_modbus/writeRead()方法向 MODBUS 连接中收发数据。

@octave_modbus/writeRead()方法至少需要传入 5 个参数，此时第 1 个参数是 modbus 对象，第 2 个参数是发送的 MODBUS 地址，第 3 个参数是本次尝试发送的数据，第 4 个参数是接收的 MODBUS 地址，第 5 个参数是本次尝试接收的字节数。

@octave_modbus/write()方法允许追加传入第 6 个参数，此时这个参数是 MODBUS 服务器的 ID。

此外，@octave_modbus/write()方法允许追加传入第 6 个和第 7 个参数，此时第 1 个参数是 modbus 对象，第 2 个参数是发送的 MODBUS 地址，第 3 个参数是本次尝试发送的数据，第 4 个参数是发送精度，第 5 个参数是接收的 MODBUS 地址，第 6 个参数是本次尝试接收的字节数，第 7 个参数是接收精度。

@octave_modbus/writeRead()方法用于返回本次接收的数据。

向 MODBUS 连接中收发数据 123，发送的 MODBUS 的地址为 192.168.56.1，接收的 MODBUS 的地址为 192.168.56.2 且接收 5 字节的数据的代码如下：

```
>> writeRead(modbus_connection, "192.168.56.1", "123", "192.168.56.2", 5)
```

9.2.6 并口

instrument-control 工具箱可以控制并口连接。

1. 建立并口连接

调用 parallel()方法以建立并口连接。

parallel()方法至少需要传入 1 个参数，这个参数是并口在操作系统下挂载的路径，例如/dev/parport0。

此外，parallel()方法允许追加传入第 2 个参数，此时第 2 个参数是并口驱动的传输方向。如果不指定第 2 个参数，则默认为 1。

parallel()方法用于返回 parallel 对象，并且用于之后的读写和断开操作。

建立/dev/parport0 设备的并口连接的代码如下：

```
>> parallel_connection = parallel("/dev/parport0")
```

2. 从并口连接中接收或向并口连接中发送数据

调用 pp_data()方法从并口连接中接收或向并口连接中发送数据。

pp_data()方法至少需要传入 1 个参数，这个参数是 parallel 对象，此时 pp_data()方法将接收数据，并返回本次接收的数据。

此外，pp_data()方法允许追加传入第 2 个参数，此时第 2 个参数是发送的数据，pp_data()方法无返回值。

从并口连接中接收数据的代码如下：

```
>> result = pp_data(parallel_connection)
```

向并口连接中发送数据 123 的代码如下：

```
>> pp_data(parallel_connection, "123")
```

3. 查询或修改并口控制线的工作方式

调用 pp_ctrl()方法以查询或修改并口控制线的工作方式。

pp_ctrl()方法至少需要传入 1 个参数，这个参数是 parallel 对象，此时 pp_ctrl()方法用于返回当前并口控制线的工作方式。

此外，pp_ctrl()方法允许追加传入第 2 个参数，此时第 2 个参数是并口控制线的工作方式，此时 pp_ctrl()方法将设置并口控制线的工作方式，并且无返回值。

查询并口控制线的工作方式的代码如下：

```
>> result = pp_ctrl(parallel_connection)
```

将并口控制线的工作方式修改为 0 的代码如下：

```
>> pp_data(parallel_connection, "0")
```

4. 查询或修改并口数据线的传输方向

调用 pp_datadir()方法以查询或修改并口数据线的传输方向。

pp_datadir()方法至少需要传入 1 个参数，这个参数是 parallel 对象，此时 pp_datadir()方法用于返回当前并口数据线的传输方向。

此外，pp_datadir()方法允许追加传入第 2 个参数，此时第 2 个参数是并口数据线的传输方向(0 代表输出方向或 Forawrd 方向，1 代表输入方向或 Reverse 方向)，此时 pp_datadir()方法将设置并口数据线的传输方向，并且无返回值。

查询并口数据线的传输方向的代码如下：

```
>> result = pp_datadir(parallel_connection)
```

将并口数据线的传输方向修改为输入方向的代码如下：

```
>> pp_datadir(parallel_connection, 1)
```

5. 接收并口状态线的数据

调用 pp_stat()方法以接收并口状态线的数据。

pp_stat()方法需要传入 1 个参数，这个参数是 parallel 对象，并返回并口状态线的数据。

接收并口状态线的数据的代码如下：

```
>> result = pp_stat(parallel_connection)
```

6. 断开并口连接

调用 pp_close()方法以断开并口连接。

pp_close()方法需要传入 1 个参数，这个参数是 parallel 对象。

断开并口连接的代码如下：

```
>> pp_close(parallel_connection)
```

7. 断开并口连接的另一种方式

调用@octave_parallel/fclose()方法以断开并口连接。

@octave_parallel/fclose()方法需要传入 1 个参数，这个参数是并口对象。

@octave_parallel/fclose()方法用于返回断开的结果。

断开并口连接的代码如下：

```
>> result = fclose(parallel_connection)
```

8. 建立并口连接的另一种方式

调用@octave_parallel/fopen()方法以建立并口连接。

@octave_parallel/fopen()方法需要传入 1 个参数,这个参数是并口对象。

@octave_parallel/fopen()方法用于返回建立的结果。

建立并口连接的代码如下:

```
>> result = fopen(parallel_connection)
```

9. 从并口连接中接收数据

调用@octave_parallel/fread()方法以从并口连接中接收数据。

@octave_parallel/fread()方法至少需要传入 1 个参数,这个参数是 parallel 对象。

此外,@octave_parallel/fread()方法还允许追加传入大小和精度,大小是尝试接收的大小,精度是数据的精度。

@octave_parallel/fread()方法用于返回接收的结果,并允许额外返回接收的大小和错误码。

从并口连接中接收数据的代码如下:

```
>> result = fread(parallel_connection)
```

10. 向并口连接中发送数据

调用@octave_parallel/fwrite()方法以向并口连接中发送数据。

@octave_parallel/fwrite()方法至少需要传入两个参数,第 1 个参数是 parallel 对象,第 2 个参数是发送的数据。

此外,@octave_parallel/fwrite()方法还允许追加传入精度,精度是数据的精度。

@octave_parallel/fwrite()方法用于返回发送数据的大小。

向并口连接中发送数据 123 的代码如下:

```
>> result = fwrite(parallel_connection, "123")
```

9.2.7 串口

instrument-control 工具箱可以控制串口连接。

串口对象的属性如表 9-4 所示。

表 9-4 串口对象的属性

键 参 数	含 义	值 参 数
BAUDRATE	波特率	可以是 0、50、75、110、134、150、200、300、600、1200、1800、2400、4800、9600、19 200、38 400、57 600、115 200 或 230 400
BYTESIZE	字节大小	可以是 5、6、7 或 8

续表

键参数	含义	值参数
NAME	对象名称	没有特殊规定
PARITY	奇偶校验	可以是 Even、Odd 或 None； Even 代表偶校验； Odd 代表奇校验； None 代表不校验
TIMEOUT	超时时间	可以是 0～255，此时超时时间是这个数字乘以 0.1s，例如 255 代表 25.5s； 可以是－1，此时代表永不超时
REQUESTTOSEND	设置 RTS 线	—
DATATERMINALREADY	设置 DTR 线	—

1. 建立串口连接

调用 serial()方法以建立串口连接。

serial()方法至少需要传入 1 个参数，这个参数是串口在操作系统下挂载的路径，例如/dev/tty0。

此外，serial()方法允许追加传入第 2 个参数，此时第 2 个参数是波特率。如果不指定第 2 个参数，则默认为 115 200。

此外，serial()方法允许追加传入第 3 个参数，此时第 3 个参数是超时时间。如果不指定第 3 个参数，则默认不使用超时时间。

serial()方法用于返回串口对象，并且用于之后的读写操作。

建立/dev/tty0 设备的串口连接的代码如下：

```
>> serial_connection = serial("/dev/tty0")
```

2. 检测全部串口设备

调用 seriallist()方法检测全部串口设备。

seriallist()方法无须传入参数，用于返回从操作系统中检测的由全部串口设备的名称组成的字符串元胞。

检测全部串口设备的代码如下：

```
>> result = seriallist()
```

3. 从串口连接中接收数据

调用 srl_read()方法从串口连接中接收数据。

srl_read()方法需要传入两个参数，第 1 个参数是串口对象，第 2 个参数是本次尝试接收的字节数。

srl_read()方法用于返回本次接收的数据和本次接收的字节数。

从串口连接中接收 5 字节的数据的代码如下：

```
>> result = srl_read(serial_connection, 5)
```

4. 向串口连接中发送数据

调用 srl_write()方法向串口连接中发送数据。

srl_write()方法需要传入两个参数，第 1 个参数是串口对象，第 2 个参数是发送的数据。

srl_write()方法用于返回本次发送的字节数。

向串口连接中发送数据 123 的代码如下：

```
>> result = srl_write(serial_connection, "123")
```

5. 建立串口连接的另一种方式

调用@octave_serial/fopen()方法以建立串口连接。

@octave_serial/fopen()方法需要传入 1 个参数，这个参数是串口对象。

@octave_serial/fopen()方法用于返回建立的结果。

建立串口连接的代码如下：

```
>> result = fopen(serial_connection)
```

6. 断开串口连接

调用@octave_serial/fclose()方法以断开串口连接。

@octave_serial/fclose()方法需要传入 1 个参数，这个参数是串口对象。

@octave_serial/fclose()方法用于返回断开的结果。

断开串口连接的代码如下：

```
>> result = fclose(serial_connection)
```

7. 刷新串口连接的输入缓冲区

调用@octave_udp/flushinput()方法以刷新串口连接的输入缓冲区并将串口对象的 BytesAvailable 属性置 0。

@octave_udp/flushinput()方法需要传入 1 个参数，这个参数是串口对象。

@octave_udp/flushinput()方法无返回值。

刷新串口连接的输入缓冲区的代码如下：

```
>> flushinput(serial_connection)
```

8. 刷新串口连接的输出缓冲区

调用@octave_udp/flushoutput()方法以刷新串口连接的输出缓冲区。

@octave_udp/flushoutput()方法需要传入 1 个参数，这个参数是串口对象。

@octave_udp/flushoutput()方法无返回值。

刷新串口连接的输出缓冲区的代码如下：

```
>> flushoutput(serial_connection)
```

9. 向串口连接中发送字符串

调用@octave_serial/fprintf()方法以向串口连接中发送字符串。

@octave_serial/fprintf()方法至少需要传入两个参数，第1个参数是串口对象，第2个参数是发送的字符串。

@octave_serial/fprintf()方法用于返回发送的结果。

向串口连接中发送字符串123的代码如下：

```
>> result = fprintf(serial_connection, "123")
```

10. 从串口连接中接收数据的另一种方式

调用@octave_serial/fread()方法以从串口连接中接收数据。

@octave_serial/fread()方法至少需要传入1个参数，这个参数是串口对象。

此外，@octave_serial/fread()方法还允许追加传入大小和精度，大小是尝试接收的大小，精度是数据的精度。

@octave_serial/fread()方法用于返回接收的结果，并允许额外返回接收的大小和错误码。

从串口连接中接收数据的代码如下：

```
>> result = fread(serial_connection)
```

11. 向串口连接中发送数据的另一种方式

调用@octave_serial/fwrite()方法以向串口连接中发送数据。

@octave_serial/fwrite()方法至少需要传入两个参数，第1个参数是串口对象，第2个参数是发送的数据。

此外，@octave_serial/fwrite()方法还允许追加传入精度和模式，精度是数据的精度，模式是同步模式。

@octave_serial/fwrite()方法无返回值。

向串口连接中发送数据123的代码如下：

```
>> result = fwrite(serial_connection, "123")
```

12. 获取串口对象的属性

调用@octave_serial/get()方法以获取串口对象的属性。

@octave_serial/get()方法至少需要传入1个参数，这个参数是串口对象，此时@octave_serial/get()方法用于返回全部属性组成的结构体。

此外，@octave_serial/get()方法还允许追加传入键参数，此时@octave_serial/get()方法用于返回对应的值参数。

获取串口对象的全部属性的代码如下：

```
>> result = get(serial_connection)
```

13. 中断串口连接

调用@octave_serial/serialbreak()方法以中断串口连接。

@octave_serial/serialbreak()方法至少需要传入 1 个参数,这个参数是串口对象。

此外,@octave_serial/serialbreak()方法还允许追加传入中断时间。如果不指定中断时间,则默认中断时间为 10ms。

中断串口连接的代码如下:

```
>> serialbreak(serial_connection)
```

14. 设置串口对象的属性

调用@octave_serial/set()方法以设置串口对象的属性。

@octave_serial/set()方法至少需要传入串口对象和 1 对键-值对参数,无返回值。

将串口对象的名称设置为 123 的代码如下:

```
>> set(serial_connection, "NAME", "123")
```

15. 查询或设置波特率

调用@octave_serial/srl_baudrate()方法以查询或设置波特率。

@octave_serial/srl_baudrate()方法至少需要传入 1 个参数,这个参数是串口对象,此时@octave_serial/srl_baudrate()方法将查询波特率并返回。

此外,@octave_serial/srl_baudrate()方法允许追加传入第 2 个参数,此时第 2 个参数是波特率,此时@octave_serial/srl_baudrate()方法将设置波特率且无返回值。

查询波特率的代码如下:

```
>> result = srl_baudrate(serial_connection)
```

将波特率设置为 115 200 的代码如下:

```
>> srl_baudrate(serial_connection, 115200)
```

16. 查询或设置字长

调用@octave_serial/srl_Bytesize()方法以查询或设置字长。

@octave_serial/srl_Bytesize()方法至少需要传入 1 个参数,这个参数是串口对象,此时@octave_serial/srl_Bytesize()方法将查询字长并返回。

此外,@octave_serial/srl_Bytesize()方法允许追加传入第 2 个参数,此时第 2 个参数是字长,此时@octave_serial/srl_Bytesize()方法将设置字长且无返回值。

查询字长的代码如下:

```
>> result = srl_Bytesize(serial_connection)
```

将字长设置为 5 的代码如下:

```
>> srl_Bytesize(serial_connection, 5)
```

17. 断开串口连接的另一种方式

调用@octave_serial/fclose()方法以断开串口连接。

断开串口连接的代码如下:

```
>> srl_close(serial_connection)
```

18. 刷新串口连接的缓冲区

调用@octave_serial/srl_flush()方法以刷新串口连接的缓冲区。

@octave_serial/srl_flush()方法至少需要传入 1 个参数，这个参数是串口对象。

此外，@octave_serial/srl_flush()方法允许追加传入第 2 个参数，此时第 2 个参数是刷新选项。

刷新选项的取值如下：

(1) 0 代表刷新未传输输出。

(2) 1 代表刷新挂起输入。

(3) 2 代表既刷新未传输输出又刷新挂起输入。

如果不指定第 2 个参数，则既刷新未传输输出又刷新挂起输入。

@octave_serial/srl_flush()方法无返回值。

刷新串口连接的缓冲区的代码如下：

```
>> srl_flush(serial_connection)
```

19. 查询或设置奇偶校验

调用@octave_serial/srl_parity()方法以查询或设置奇偶校验。

@octave_serial/srl_parity()方法至少需要传入 1 个参数，这个参数是串口对象，此时@octave_serial/srl_parity()方法将查询奇偶校验并返回。

此外，@octave_serial/srl_parity()方法允许追加传入第 2 个参数，此时第 2 个参数是奇偶校验方式，此时@octave_serial/srl_parity()方法将设置奇偶校验且无返回值。奇偶校验方式支持设置 Even、Odd、None 或三者的首字母 E、O、N。

查询奇偶校验的代码如下：

```
>> result = srl_parity(serial_connection)
```

将奇偶校验设置为奇校验的代码如下：

```
>> srl_parity(serial_connection, "Odd")
```

20. 查询或设置停止位

调用@octave_serial/srl_stopbits()方法以查询或设置停止位。

@octave_serial/srl_stopbits()方法至少需要传入 1 个参数，这个参数是串口对象，此时@octave_serial/srl_stopbits()方法将查询停止位并返回。

此外，@octave_serial/srl_stopbits()方法允许追加传入第 2 个参数，此时第 2 个参数是停止位，此时@octave_serial/srl_stopbits()方法将设置停止位且无返回值。停止位支持 1 或 2。

查询停止位的代码如下：

```
>> result = srl_stopbits(serial_connection)
```

将停止位设置为 1 的代码如下：

```
>> srl_stopbits(serial_connection, 1)
```

21. 查询或设置超时时间

调用@octave_serial/srl_timeout()方法以查询或设置超时时间。

@octave_serial/srl_timeout()方法至少需要传入 1 个参数，这个参数是串口对象，此时@octave_serial/srl_timeout()方法将查询超时时间并返回。

此外，@octave_serial/srl_timeout()方法允许追加传入第 2 个参数，此时第 2 个参数是超时时间，此时@octave_serial/srl_timeout()方法将设置超时时间且无返回值。超时时间支持 0～255 的时间数字；如果指定为－1，则代表禁用超时。

查询超时时间的代码如下：

```
>> result = srl_timeout(serial_connection)
```

将超时时间设置为 10s(100×0.1s)的代码如下：

```
>> srl_timeout(serial_connection, 100)
```

9.2.8 新版串口

instrument-control 工具箱提供了一套新版的用于控制串口连接的函数。

新版串口对象可以配置的属性如表 9-5 所示。

表 9-5 新版串口对象可以配置的属性

键 参 数	含 义	值 参 数
BAUDRATE	波特率	可以是 0、50、75、110、134、150、200、300、600、1200、1800、2400、4800、9600、19 200、38 400、57 600、115 200 或 230 400
TIMEOUT	超时时间	可以是 0～255，此时超时时间是这个数字乘以 0.1s，例如 255 代表 25.5s； 可以是－1，此时代表永不超时
STOPBITS	停止位	没有特殊规定
PARITY	奇偶校验	可以是 Even、Odd 或 None； Even 代表偶校验； Odd 代表奇校验； None 代表不校验
DATABITS	数据位	可以是 5、6、7 或 8
FLOWCONTROL	流控	可以是 none、hardware 或 software； none 代表不流控； hardware 代表硬件流控； software 代表软件流控

1. 建立串口连接

调用 serialport()方法以建立串口连接。

serialport()方法至少需要传入 1 个参数，这个参数是串口在操作系统下挂载的路径，例如/dev/tty0。

此外，serialport()方法允许追加传入第 2 个参数，此时第 2 个参数是波特率或键参数。如果不指定波特率，则默认为 115 200。

此外，serialport()方法允许追加传入第 3 个参数，此时第 3 个参数是值参数。

serialport()方法用于返回串口对象，并且用于之后的读写操作。

建立/dev/tty0 设备的串口连接的代码如下：

```
>> serial_connection = serialport("/dev/tty0")
```

2. 检测全部串口设备

调用 serialportlist()方法检测全部串口设备。

serialportlist()方法无须传入参数，此时返回从操作系统中检测的由全部串口设备的名称组成的字符串元胞。

此外，serialportlist()方法允许追加传入第 1 个参数：

(1) 如果第 1 个参数是 all，则此时返回从操作系统中检测的由全部串口设备的名称组成的字符串元胞。

(2) 如果第 1 个参数是 available，则此时返回从操作系统中检测的由可用串口设备的名称组成的字符串元胞。

检测全部串口设备的代码如下：

```
>> result = serialportlist()
```

检测可用串口设备的代码如下：

```
>> result = serialportlist("available")
```

3. 设置串口连接的终止符

调用@octave_serialport/configureTerminator()方法以设置串口连接的终止符。

@octave_serialport/configureTerminator()方法至少需要传入两个参数，此时第 1 个参数是串口对象，第 2 个参数是终止符。

此外，@octave_serialport/configureTerminator()方法还允许传入第 3 个参数，此时第 1 个参数是串口对象，第 2 个参数是读终止符，第 3 个参数是写终止符；终止符允许是 cr、lf、lf/cr 或 0～255 的整数，默认为 lf。

@octave_serialport/configureTerminator()方法无返回值。

将串口连接的终止符设置为 CR/LF 的代码如下：

```
>> configureTerminator(serial_connection, "lf/cr")
```

将串口连接的读终止符设置为 CR/LF 且将写终止符设置为 LF 的代码如下：

```
>> configureTerminator(serial_connection, "lf/cr", "lf")
```

4. 刷新串口

调用@octave_serialport/flush()方法以刷新串口。

@octave_serialport/flush()方法至少需要传入1个参数，这个参数是串口对象。

此外，@octave_serialport/flush()方法允许追加传入第2个参数，此时第2个参数是刷新选项，input代表刷新输入缓冲区，output代表刷新输出缓冲区；如果不指定第2个参数，则既刷新输入缓冲区又刷新输出缓冲区。

@octave_serialport/flush()方法无返回值。

刷新串口的代码如下：

```
>> flush(serial_connection)
```

刷新串口的输入缓冲区的代码如下：

```
>> flush(serial_connection, "input")
```

5. 向串口连接中发送字符串

调用@octave_serialport/fprintf()方法以向串口连接中发送字符串。

@octave_serialport/fprintf()方法至少需要传入两个参数，第1个参数是串口对象，第2个参数是发送的字符串。

此外，@octave_serialport/fprintf()方法还允许追加传入格式和模式，格式是字符串的编码格式，模式是同步模式。

@octave_serialport/fprintf()方法用于返回发送的结果。

向串口连接中发送字符串123的代码如下：

```
>> result = fprintf(serial_connection, "123")
```

6. 从串口连接中接收数据

调用@octave_serialport/fread()方法以从串口连接中接收数据。

@octave_serialport/fread()方法至少需要传入1个参数，这个参数是串口对象。

此外，@octave_serialport/fread()方法还允许追加传入大小和精度，大小是尝试接收数据的大小，精度是数据的精度。

@octave_serialport/fread()方法用于返回接收的结果，并允许额外返回接收的大小和错误码。

从串口连接中接收数据的代码如下：

```
>> result = fprintf(serial_connection)
```

7. 向串口连接中发送数据

调用@octave_serialport/fwrite()方法以向串口连接中发送数据。

@octave_serialport/fwrite()方法至少需要传入两个参数，第1个参数是串口对象，第2个参数是发送的数据。

此外，@octave_serialport/fwrite()方法还允许追加传入精度和模式，精度是数据的精度，模式是同步模式。

@octave_serialport/fwrite()方法无返回值。

向串口连接中发送数据 123 的代码如下：

```
>> result = fwrite(serial_connection, "123")
```

8. 从串口连接中接收数据的另一种方式

调用@octave_serialport/read()方法以从串口连接中接收数据。

@octave_serialport/read()方法至少需要传入 1 个参数，这个参数是串口对象。

此外，@octave_serialport/read()方法还允许追加传入大小和精度，大小是尝试接收数据的大小，精度是数据的精度。

@octave_serialport/read()方法用于返回接收的结果，并允许额外返回接收的大小和错误码。

从串口连接中接收数据的代码如下：

```
>> result = read(serial_connection)
```

9. 获取串口对象的属性

调用@octave_serialport/get()方法以获取串口对象的属性。

@octave_serialport/get()方法至少需要传入 1 个参数，这个参数是串口对象，此时@octave_serialport/get()方法用于返回全部属性组成的结构体。

此外，@octave_serialport/get()方法还允许追加传入键参数，此时@octave_serialport/get()方法用于返回对应的值参数。

获取串口对象的全部属性的代码如下：

```
>> result = get(serial_connection)
```

10. 获取串口针脚的状态

调用@octave_serialport/getpinstatus()方法以获取串口针脚的状态。

@octave_serialport/getpinstatus()方法需要传入 1 个参数，这个参数是串口对象。

@octave_serialport/getpinstatus()方法用于返回由 ClearToSend、DataSetReady、CarrierDetect 和 RingIndicator 键参数组成的结构体。

获取串口针脚的状态的代码如下：

```
>> result = getpinstatus(serial_connection)
```

11. 中断串口连接

调用@octave_serialport/serialbreak()方法以中断串口连接。

@octave_serialport/serialbreak()方法至少需要传入 1 个参数，这个参数是串口对象。

此外，@octave_serialport/serialbreak()方法还允许追加传入中断时间。如果不指定中断时间，则默认中断时间为 10ms。

中断串口连接的代码如下：

```
>> result = serialbreak(serial_connection)
```

12. 设置串口对象的属性

调用@octave_serialport/set()方法以设置串口对象的属性。

@octave_serialport/set()方法至少需要传入串口对象和1对键-值对参数，无返回值。

@octave_serialport/set()方法允许配置的属性如表9-6所示。

表 9-6 @octave_serialport/set()方法允许配置的属性

键参数	含义	值参数
BAUDRATE	波特率	可以是0、50、75、110、134、150、200、300、600、1200、1800、2400、4800、9600、19 200、38 400、57 600、115 200或230 400
BYTESIZE	字节大小	可以是5、6、7或8
NAME	对象名称	没有特殊规定
PARITY	奇偶校验	可以是Even、Odd或None； Even代表偶校验； Odd代表奇校验； None代表不校验
STOPBITS	停止位	可以是1或2
TIMEOUT	超时时间	可以是0～255，此时超时时间是这个数字乘以0.1s，例如255代表25.5s； 可以是−1，此时代表永不超时
REQUESTTOSEND	设置RTS线	可以是true或false； true代表启用； false代表停用
DATATERMINALREADY	设置DTR线	可以是true或false； true代表启用； false代表停用

将串口对象的名称设置为123的代码如下：

```
>> result = set(serial_connection, "NAME", "123")
```

13. 设置DTR线的状态

调用@octave_serialport/setDTR()方法以设置DTR线的状态。

@octave_serialport/setDTR()方法需要传入串口对象和true(启用)或false(停用)，无返回值。

将DTR线的状态设置为启用的代码如下：

```
>> result = set(serial_connection, "true")
```

14. 设置 RTS 线的状态

调用@octave_serialport/setRTS()方法以设置 RTS 线的状态。

@octave_serialport/setRTS()方法需要传入串口对象和 true(启用)或 false(停用),无返回值。

将 RTS 线的状态设置为启用的代码如下:

```
>> result = set(serial_connection, "true")
```

15. 向串口连接中发送数据的另一种方式

调用@octave_serialport/write()方法以向串口连接中发送数据。

@octave_serialport/write()方法至少需要传入两个参数,第 1 个参数是串口对象,第 2 个参数是发送的数据。

此外,@octave_serialport/write()方法还允许追加传入精度,精度是数据的精度。

@octave_serialport/write()方法用于返回发送数据的大小。

向串口连接中发送数据 123 的代码如下:

```
>> result = write(serial_connection, "123")
```

9.2.9 SPI

instrument-control 工具箱可以控制 SPI 连接。

spi 对象的属性如表 9-7 所示。

表 9-7　spi 对象的属性

键　参　数	含　　义	值　参　数
name	对象名称	没有特殊规定
bitrate	比特率	没有特殊规定
clockpolarity	时钟极性	可以是 idlelow 或 idlehigh; idlelow 表示时钟信号在空闲状态下保持低电平; idlehigh 表示时钟信号在空闲状态下保持高电平
clockphase	时钟相位	可以是 firstedge 或 secondedge; firstedge 表示数据采样发生在时钟信号的第 1 个跳变沿之后; secondedge 表示数据采样发生在时钟信号的第 2 个跳变沿之前

1. 建立 SPI 连接

调用 spi()方法以建立 SPI 连接。

spi()方法至少需要传入 1 个参数,这个参数是 SPI 接口在操作系统下挂载的路径,例如/dev/spidev0。

此外,spi()方法允许追加传入第 2 个和第 3 个参数,此时第 2 个参数是键参数,第 3 个参数是值参数。

spi()方法用于返回 spi 对象,并且用于之后的读写和断开操作。

建立/dev/spidev0 设备的 SPI 连接的代码如下：

```
>> spi_connection = spi("/dev/spidev0")
```

2. 断开 SPI 连接

调用 spi_close()方法以断开 SPI 连接。

spi_close()方法需要传入 1 个参数，这个参数是 spi 对象。

断开 SPI 连接的代码如下：

```
>> spi_close(spi_connection)
```

3. 断开 SPI 连接的另一种方式

调用@octave_spi/fclose()方法以断开 SPI 连接。

@octave_spi/fclose()方法需要传入 1 个参数，这个参数是 spi 对象。

@octave_spi/fclose()方法用于返回断开的结果。

断开 SPI 连接的代码如下：

```
>> result = spi_close(spi_connection)
```

4. 建立 SPI 连接的另一种方式

调用@octave_spi/fopen()方法以建立 SPI 连接。

@octave_spi/fopen()方法需要传入 1 个参数，这个参数是 spi 对象。

@octave_spi/fopen()方法用于返回建立的结果。

建立 SPI 连接的代码如下：

```
>> result = fopen(spi_connection)
```

5. 从 SPI 连接中接收数据

调用@octave_spi/fread()方法以从 SPI 连接中接收数据。

@octave_spi/fread()方法至少需要传入 1 个参数，这个参数是 spi 对象。

此外，@octave_spi/fread()方法还允许追加传入大小和精度，大小是尝试接收数据的大小，精度是数据的精度。

@octave_spi/fread()方法用于返回接收的结果，并允许额外返回接收的大小和错误码。

从 SPI 连接中接收数据的代码如下：

```
>> result = fread(spi_connection)
```

6. 向 SPI 连接中发送数据

调用@octave_spi/fwrite()方法以向 SPI 连接中发送数据。

@octave_spi/fwrite()方法至少需要传入两个参数，第 1 个参数是 spi 对象，第 2 个参数是发送的数据。

此外，@octave_spi/fwrite()方法还允许追加传入精度，精度是数据的精度。

@octave_spi/fwrite()方法用于返回发送数据的大小。

向 SPI 连接中发送数据 123 的代码如下：

```
>> result = fwrite(spi_connection, "123")
```

7. 获取 spi 对象的属性

调用@octave_spi/get()方法以获取 spi 对象的属性。

@octave_spi/get()方法至少需要传入 1 个参数，这个参数是 spi 对象，此时@octave_spi/get()方法用于返回全部属性组成的结构体。

此外，@octave_spi/get()方法还允许追加传入键参数，此时@octave_spi/get()方法用于返回对应的值参数。

获取 spi 对象的全部属性的代码如下：

```
>> result = get(spi_connection)
```

8. 从 SPI 连接中接收数据的另一种方式

调用@octave_spi/spi_read()方法从 SPI 连接中接收数据。

@octave_spi/spi_read()方法需要传入两个参数，第 1 个参数是 spi 对象，第 2 个参数是本次尝试接收的字节数。

@octave_spi/spi_read()方法用于返回本次接收的数据和本次接收的字节数。

从 SPI 连接中接收 10 字节数据的代码如下：

```
>> [result, counts] = spi_read(spi_connection, 10)
```

9. 向 SPI 连接中发送数据的另一种方式

调用@octave_spi/spi_write()方法向 SPI 连接中发送数据。

@octave_spi/spi_write()方法需要传入两个参数，第 1 个参数是 spi 对象，第 2 个参数是发送的数据。

@octave_spi/spi_write()方法用于返回本次发送的字节数。

向 SPI 连接中发送数据 123 的代码如下：

```
>> result = spi_write(spi_connection, uint8(123))
```

10. 设置 spi 对象的属性

调用@octave_spi/set()方法以设置 spi 对象的属性。

@octave_spi/set()方法至少需要传入 spi 对象和 1 对键-值对参数，无返回值。

将 spi 对象的名称设置为 123 的代码如下：

```
>> set(spi_connection, "name", "123")
```

11. 向 SPI 连接中收发数据

调用@octave_spi/spi_writeAndRead()方法向 SPI 连接中收发数据。

@octave_spi/spi_writeAndRead()方法需要传入两个参数，第 1 个参数是 spi 对象，第 2 个参数是读写的数据。

@octave_spi/spi_writeAndRead()方法用于返回本次接收的字节数。

向 SPI 连接中收发数据 123 的代码如下：

```
>> result = spi_writeAndRead(spi_connection, uint8(123))
```

9.2.10 TCP

instrument-control 工具箱可以控制 TCP 连接。

tcp 对象的属性如表 9-8 所示。

表 9-8 tcp 对象的属性

键 参 数	含 义	值 参 数
name	对象名称	没有特殊规定
timeout	超时时间	可以是以秒为单位的数字； 可以是－1，此时代表永不超时

1. 建立 TCP 连接

调用 tcp()方法以建立 TCP 连接。

tcp()方法允许不传入参数调用。

此外，tcp()方法允许追加传入第 1 个参数，这个参数是 IP。如果不指定第 1 个参数，则默认 IP 为 127.0.0.1。

此外，tcp()方法允许追加传入第 2 个参数，这个参数是端口或键参数。如果不指定第 2 个参数，则默认端口为 23。

此外，tcp()方法允许追加传入第 3 个参数，这个参数是超时时间、键参数或值参数。

此外，tcp()方法允许追加传入第 4 个参数，这个参数是值参数。

tcp()方法用于返回 tcp 对象，并且用于之后的读写和断开操作。

建立 IP 为 192.168.56.1 的 TCP 连接的代码如下：

```
>> tcp_connection = tcp("192.168.56.1")
```

2. 从 TCP 连接中接收数据

调用 tcp_read()方法从 TCP 连接中接收数据。

tcp_read()方法需要传入 3 个参数，第 1 个参数是 tcp 对象，第 2 个参数是本次尝试接收的字节数，第 3 个参数是超时时间。

tcp_read()方法用于返回本次接收的数据和本次接收的字节数。

从 TCP 连接中接收 102 字节数据，超时时间为 10s 的代码如下：

```
>> [result, counts] = tcp_read(tcp_connection, 102, 10)
```

3. 向 TCP 连接中发送数据

调用 tcp_write()方法向 TCP 连接中发送数据。

tcp_write()方法需要传入两个参数，第 1 个参数是 tcp 对象，第 2 个参数是发送的数据。

tcp_write()方法用于返回本次发送的字节数。

向 TCP 连接中发送数据的代码如下：

```
>> result = tcp_write(tcp_connection, "123")
```

4. 查询或设置 TCP 连接的超时时间

调用 tcp_timeout()方法以查询或设置 TCP 连接的超时时间。

tcp_timeout()方法至少需要传入 1 个参数，这个参数是 tcp 对象，此时 tcp_timeout()方法将查询 TCP 连接的超时时间并返回。

此外，tcp_timeout()方法允许追加传入第 2 个参数，此时第 2 个参数是超时时间，此时 tcp_timeout()方法将设置 TCP 连接的超时时间且无返回值。

查询 TCP 连接的超时时间的代码如下：

```
>> result = tcp_timeout(tcp_connection)
```

将 TCP 连接的超时时间设置为 10s 的代码如下：

```
>> tcp_timeout(tcp_connection, 10)
```

5. 断开 TCP 连接

调用 tcp_close()方法以断开 TCP 连接。

tcp_close()方法需要传入 1 个参数，这个参数是 tcp 对象。

断开 TCP 连接的代码如下：

```
>> tcp_close(tcp_connection)
```

6. 断开 TCP 连接的另一种方式

调用@octave_tcp/fclose()方法以断开 TCP 连接。

@octave_tcp/fclose()方法需要传入 1 个参数，这个参数是 tcp 对象。

@octave_tcp/fclose()方法用于返回断开的结果。

断开 TCP 连接的代码如下：

```
>> result = fclose(tcp_connection)
```

7. 刷新 TCP 连接

调用@octave_tcp/flush()方法以刷新 TCP 连接。

@octave_tcp/flush()方法至少需要传入 1 个参数，这个参数是 tcp 对象。

此外，@octave_tcp/flush()方法允许追加传入第 2 个参数，此时第 2 个参数是刷新选项，input 代表刷新输入缓冲区，output 代表刷新输出缓冲区。如果不指定第 2 个参数，则既刷新输入缓冲区又刷新输出缓冲区。

@octave_tcp/flush()方法无返回值。

刷新 TCP 连接的代码如下：

```
>> flush(tcp_connection)
```

8. 刷新 TCP 连接的输入缓冲区

调用@octave_tcp/flushinput()方法以刷新 TCP 连接的输入缓冲区并将 tcp 对象的 BytesAvailable 属性置 0。

@octave_tcp/flushinput()方法需要传入 1 个参数,这个参数是 tcp 对象。

@octave_tcp/flushinput()方法无返回值。

刷新 TCP 连接的输入缓冲区的代码如下:

```
>> flushinput(tcp_connection)
```

9. 刷新 TCP 连接的输出缓冲区

调用@octave_tcp/flushoutput()方法以刷新 TCP 连接的输出缓冲区。

@octave_tcp/flushoutput()方法需要传入 1 个参数,这个参数是 tcp 对象。

@octave_tcp/flushoutput()方法无返回值。

刷新 TCP 连接的输出缓冲区的代码如下:

```
>> flushoutput(tcp_connection)
```

10. 建立 TCP 连接的另一种方式

调用@octave_tcp/fopen()方法以建立 TCP 连接。

@octave_tcp/fopen()方法需要传入 1 个参数,这个参数是 tcp 对象。

@octave_tcp/fopen()方法用于返回建立的结果。

建立 TCP 连接的代码如下:

```
>> result = fopen(tcp_connection)
```

11. 向 TCP 连接中发送字符串

调用@octave_serial/fprintf()方法以向 TCP 连接中发送字符串。

@octave_serial/fprintf()方法至少需要传入两个参数,第 1 个参数是 tcp 对象,第 2 个参数是发送的字符串。

@octave_serial/fprintf()方法用于返回发送的结果。

向 TCP 连接中发送字符串 123 的代码如下:

```
>> result = fprintf(tcp_connection, "123")
```

12. 从 TCP 连接中接收数据的另一种方式

调用@octave_tcp/fread()方法以从 TCP 连接中接收数据。

@octave_tcp/fread()方法至少需要传入 1 个参数,这个参数是 tcp 对象。

此外,@octave_tcp/fread()方法还允许追加传入大小和精度,大小是尝试接收数据的大小,精度是数据的精度。

@octave_tcp/fread()方法用于返回接收的结果,并允许额外返回接收的大小和错误码。

从 TCP 连接中接收数据的代码如下：

```
>> result = fread(tcp_connection)
```

13. 向 TCP 连接中发送数据的另一种方式

调用@octave_tcp/fwrite()方法以向 TCP 连接中发送数据。

@octave_tcp/fwrite()方法至少需要传入两个参数，第 1 个参数是 tcp 对象，第 2 个参数是发送的数据。

此外，@octave_tcp/fwrite()方法还允许追加传入精度，精度是数据的精度。

@octave_tcp/fwrite()方法用于返回发送数据的大小。

向 TCP 连接中发送数据 123 的代码如下：

```
>> result = fread(tcp_connection, "123")
```

14. 获取 tcp 对象的属性

调用@octave_tcp/get()方法以获取 tcp 对象的属性。

@octave_tcp/get()方法至少需要传入 1 个参数，这个参数是 tcp 对象，此时@octave_tcp/get()方法用于返回全部属性组成的结构体。

此外，@octave_tcp/get()方法还允许追加传入键参数，此时@octave_tcp/get()方法用于返回对应的值参数。

获取 tcp 对象的属性的代码如下：

```
>> result = fread(tcp_connection, "123")
```

15. 设置 tcp 对象的属性

调用@octave_tcp/set()方法以设置 tcp 对象的属性。

@octave_tcp/set()方法至少需要传入 tcp 对象和 1 对键-值对参数，无返回值。

将 tcp 对象的名称设置为 123 的代码如下：

```
>> result = fread(tcp_connection, "name", "123")
```

9.2.11 TCP 客户端

instrument-control 工具箱可以控制 TCP 客户端。

TCP 客户端的属性如表 9-9 所示。

表 9-9 TCP 客户端的属性

键 参 数	含 义	值 参 数
NAME	对象名称	没有特殊规定
TIMEOUT	超时时间	可以是以秒为单位的数字； 可以是－1，此时代表永不超时
USERDATA	用户数据	没有特殊规定

1. 启动 TCP 客户端

调用 tcpclient()方法以启动 TCP 客户端。

tcpclient()方法至少需要传入两个参数,第 1 个参数是 IP,第 2 个参数是端口。

此外,tcpclient()方法允许追加传入第 3 个和第 4 个参数,第 3 个参数是键参数,第 4 个参数是值参数。

tcpclient()方法用于返回 TCP 客户端,并且用于之后的读写操作。

启动 IP 为 192.168.56.1 的 TCP 客户端的代码如下:

```
>> tcpclient_connection = tcpclient("192.168.56.1")
```

2. 设置 TCP 客户端的终止符

调用@octave_tcpclient/configureTerminator()方法以设置 TCP 客户端的终止符。

@octave_tcpclient/configureTerminator()方法至少需要传入两个参数,此时第 1 个参数是 TCP 客户端,第 2 个参数是终止符。

此外,@octave_tcpclient/configureTerminator()方法还允许传入第 3 个参数,此时第 1 个参数是 TCP 客户端,第 2 个参数是读终止符,第 3 个参数是写终止符。

终止符允许是 cr、lf(默认)、lf/cr 或 0～255 的整数。

@octave_tcpclient/configureTerminator()方法无返回值。

将 TCP 客户端的读终止符设置为 CR/LF 且将写终止符设置为 LF 的代码如下:

```
>> configureTerminator(tcpclient_connection, "lf/cr", "lf")
```

3. 刷新 TCP 连接

调用@octave_tcpclient/flush()方法以刷新 TCP 连接。

@octave_tcpclient/flush()方法至少需要传入 1 个参数,这个参数是 TCP 客户端。

此外,@octave_tcpclient/flush()方法允许追加传入第 2 个参数,此时第 2 个参数是刷新选项,input 代表刷新输入缓冲区,output 代表刷新输出缓冲区。如果不指定第 2 个参数,则既刷新输入缓冲区又刷新输出缓冲区。

@octave_tcpclient/flush()方法无返回值。

刷新 TCP 连接的代码如下:

```
>> flush(tcpclient_connection)
```

4. 获取 TCP 客户端的属性

调用@octave_tcpclient/get()方法以获取 TCP 客户端的属性。

@octave_tcpclient/get()方法至少需要传入 1 个参数,这个参数是 TCP 客户端,此时@octave_tcpclient/get()方法用于返回全部属性组成的结构体。

此外,@octave_tcpclient/get()方法还允许追加传入键参数,此时@octave_tcpclient/get()方法用于返回对应的值参数。

获取 TCP 客户端的全部属性的代码如下:

```
>> result = get(tcpclient_connection)
```

5. 从 TCP 连接中接收数据

调用@octave_tcpclient/read()方法以从 TCP 连接中接收数据。

@octave_tcpclient/read()方法至少需要传入 1 个参数,这个参数是 TCP 客户端。

此外,@octave_tcpclient/read()方法还允许追加传入大小和精度,大小是尝试接收数据的大小,精度是数据的精度。

@octave_tcpclient/read()方法用于返回接收的结果,并允许额外返回接收的大小和错误码。

从 TCP 连接中接收数据的代码如下:

```
>> result = read(tcpclient_connection)
```

6. 设置 TCP 客户端的属性

调用@octave_tcpclient/set()方法以设置 TCP 客户端的属性。

@octave_tcpclient/set()方法至少需要传入 TCP 客户端和 1 对键-值对参数,无返回值。

将 TCP 客户端的名称设置为 123 的代码如下:

```
>> set(tcpclient_connection, "Name", "123")
```

7. 向 TCP 连接中发送数据

调用@octave_tcpclient/write()方法以向 TCP 连接中发送数据。

@octave_tcpclient/write()方法至少需要传入两个参数,第 1 个参数是 TCP 客户端,第 2 个参数是发送的数据。

此外,@octave_tcpclient/write()方法还允许追加传入精度,精度是数据的精度。

@octave_tcpclient/write()方法用于返回发送数据的大小。

向 TCP 连接中发送数据 123 的代码如下:

```
>> result = write(tcpclient_connection, "123")
```

9.2.12 TCP 服务器端

instrument-control 工具箱可以控制 TCP 服务器端。

TCP 服务器端的属性如表 9-10 所示。

表 9-10 TCP 服务器端的属性

键 参 数	含 义	值 参 数
Name	对象名称	没有特殊规定
Timeout	超时时间	可以是以秒为单位的数字; 可以是－1,此时代表永不超时
UserData	用户数据	没有特殊规定

1. 启动 TCP 服务器端

调用 tcpserver()方法以启动 TCP 服务器端。

tcpserver()方法至少需要传入 1 个参数，此时第 1 个参数是端口。

此外，tcpserver()方法允许追加传入第 2 个参数，此时第 1 个参数是 IP，第 2 个参数是端口。

此外，tcpserver()方法允许追加传入第 3 个和第 4 个参数，第 3 个参数是键参数，第 4 个参数是值参数。

tcpserver()方法用于返回 TCP 服务器端，并且用于之后的读写操作。

启动 IP 为 192.168.56.1 的 TCP 服务器端的代码如下：

```
>> tcpserver_connection = tcpserver("192.168.56.1")
```

2. 设置 TCP 服务器端的终止符

调用@octave_tcpserver/configureTerminator()方法以设置 TCP 服务器端的终止符。

@octave_tcpserver/configureTerminator()方法至少需要传入两个参数，此时第 1 个参数是 TCP 服务器端，第 2 个参数是终止符。

此外，@octave_tcpserver/configureTerminator()方法还允许传入第 3 个参数，此时第 1 个参数是 TCP 服务器端，第 2 个参数是读终止符，第 3 个参数是写终止符；终止符允许是 cr、lf(默认)、lf/cr 或 0～255 的整数。

@octave_tcpserver/configureTerminator()方法无返回值。

将 TCP 服务器端的读终止符设置为 CR/LF 且将写终止符设置为 LF 的代码如下：

```
>> configureTerminator(tcpserver_connection, "lf/cr", "lf")
```

3. 刷新 TCP 连接

调用@octave_tcpserver/flush()方法以刷新 TCP 连接。

@octave_tcpserver/flush()方法至少需要传入 1 个参数，这个参数是 TCP 服务器端。

此外，@octave_tcpserver/flush()方法允许追加传入第 2 个参数，此时第 2 个参数是刷新选项，input 代表刷新输入缓冲区，output 代表刷新输出缓冲区。如果不指定第 2 个参数，则既刷新输入缓冲区又刷新输出缓冲区。

@octave_tcpserver/flush()方法无返回值。

刷新 TCP 连接的代码如下：

```
>> flush(tcpserver_connection)
```

4. 获取 TCP 服务器端的属性

调用@octave_tcpserver/get()方法以获取 TCP 服务器端的属性。

@octave_tcpserver/get()方法至少需要传入 1 个参数，这个参数是 TCP 服务器端，此时@octave_tcpserver/get()方法用于返回全部属性组成的结构体。

此外，@octave_tcpserver/get()方法还允许追加传入键参数，此时@octave_tcpserver/get()方法用于返回对应的值参数。

获取 TCP 服务器端的属性的代码如下：

```
>> result = get(tcpserver_connection)
```

5. 从 TCP 连接中接收数据

调用@octave_tcpserver/read()方法以从 TCP 连接中接收数据。

@octave_tcpserver/read()方法至少需要传入 1 个参数，这个参数是 TCP 服务器端。

此外，@octave_tcpserver/read()方法还允许追加传入大小和精度，大小是尝试接收数据的大小，精度是数据的精度。

@octave_tcpserver/read()方法用于返回接收的结果，并允许额外返回接收的大小和错误码。

从 TCP 连接中接收数据的代码如下：

```
>> result = read(tcpserver_connection)
```

6. 设置 TCP 服务器端的属性

调用@octave_tcpserver/set()方法以设置 TCP 服务器端的属性。

@octave_tcpserver/set()方法至少需要传入 TCP 服务器端和 1 对键-值对参数，无返回值。

将 TCP 服务器端的名称设置为 123 的代码如下：

```
>> set(tcpserver_connection, "Name", "123")
```

7. 向 TCP 连接中发送数据

调用@octave_tcpserver/write()方法以向 TCP 连接中发送数据。

@octave_tcpserver/write()方法至少需要传入两个参数，第 1 个参数是 TCP 服务器端，第 2 个参数是发送的数据。

此外，@octave_tcpserver/write()方法还允许追加传入精度，精度是数据的精度。

@octave_tcpserver/write()方法用于返回发送数据的大小。

向 TCP 连接中发送数据 123 的代码如下：

```
>> write(tcpserver_connection, "123")
```

9.2.13 UDP

instrument-control 工具箱可以控制 UDP 连接。

udp 对象的属性如表 9-11 所示。

表 9-11 udp 对象的属性

键 参 数	含 义	值 参 数
name	对象名称	没有特殊规定
remoteport	远程端口	没有特殊规定
remotehost	远程主机	可以是主机名或 IP
timeout	超时时间	可以是以秒为单位的数字； 可以是－1，此时代表永不超时

1. 建立 UDP 连接

调用 udp()方法以建立 UDP 连接。

udp()方法允许不传入参数调用。

此外,udp()方法允许追加传入第 1 个和第 2 个参数,第 1 个参数是 IP,第 2 个参数是端口。如果不指定第 1 个参数,则默认 IP 为 127.0.0.1。如果不指定第 2 个参数,则默认端口为 23。

此外,udp()方法允许追加传入第 3 个和第 4 个参数,第 3 个参数是键参数,第 4 个参数是值参数。

udp()方法用于返回 udp 对象,并且用于之后的读写和断开操作。

启动 IP 为 192.168.56.1 的 UDP 的代码如下:

```
>> udp_connection = udp("192.168.56.1")
```

2. 从 UDP 连接中接收数据

调用 udp_read()方法从 UDP 连接中接收数据。

udp_read()方法需要传入 3 个参数,第 1 个参数是 udp 对象,第 2 个参数是本次尝试接收的字节数,第 3 个参数是超时时间。

udp_read()方法用于返回本次接收的数据和本次接收的字节数。

从 UDP 连接中接收 5 字节的数据,超时时间 15s 的代码如下:

```
>> result = udp(udp_connection, 5, 15)
```

3. 向 UDP 连接中发送数据

调用 udp_write()方法向 UDP 连接中发送数据。

udp_write()方法需要传入两个参数,第 1 个参数是 udp 对象,第 2 个参数是发送的数据。

udp_write()方法用于返回本次发送的字节数。

向 UDP 连接中发送数据 123 的代码如下:

```
>> result = udp_write(udp_connection, "123")
```

4. 查询或设置 UDP 连接的超时时间

调用 udp_timeout()方法以查询或设置 UDP 连接的超时时间。

udp_timeout()方法至少需要传入 1 个参数,这个参数是 udp 对象,此时 udp_timeout()方法将查询 UDP 连接的超时时间并返回。

此外,udp_timeout()方法允许追加传入第 2 个参数,此时第 2 个参数是超时时间,此时 udp_timeout()方法将设置 UDP 连接的超时时间且无返回值。

查询 UDP 连接的超时时间的代码如下:

```
>> result = udp_timeout(udp_connection)
```

将 UDP 连接的超时时间设置为 5s 的代码如下:

```
>> udp_timeout(udp_connection, 5)
```

5. 断开 UDP 连接

调用 udp_close()方法以断开 UDP 连接。

udp_close()方法需要传入 1 个参数,这个参数是 udp 对象。

断开 UDP 连接的代码如下:

```
>> udp_close(udp_connection)
```

6. 断开 UDP 连接的另一种方式

调用@octave_udp/fclose()方法以断开 UDP 连接。

@octave_udp/fclose()方法需要传入 1 个参数,这个参数是 udp 对象。

@octave_udp/fclose()方法用于返回断开的结果。

断开 UDP 连接的代码如下:

```
>> fclose(udp_connection)
```

7. 刷新 UDP 连接

调用@octave_udp/flush()方法以刷新 UDP 连接。

@octave_udp/flush()方法至少需要传入 1 个参数,这个参数是 serialport 对象。

此外,@octave_udp/flush()方法允许追加传入第 2 个参数,此时第 2 个参数是刷新选项,input 代表刷新输入缓冲区,output 代表刷新输出缓冲区。如果不指定第 2 个参数,则既刷新输入缓冲区又刷新输出缓冲区。

@octave_udp/flush()方法无返回值。

刷新 UDP 连接的代码如下:

```
>> fclose(udp_connection)
```

8. 刷新 UDP 连接的输入缓冲区

调用@octave_udp/flushinput()方法以刷新 UDP 连接的输入缓冲区。

@octave_udp/flushinput()方法需要传入 1 个参数,这个参数是 udp 对象。

@octave_udp/flushinput()方法无返回值。

刷新 UDP 连接的输入缓冲区的代码如下:

```
>> flushinput(udp_connection)
```

9. 刷新 UDP 连接的输出缓冲区

调用@octave_udp/flushoutput()方法以刷新 UDP 连接的输出缓冲区。

@octave_udp/flushoutput()方法需要传入 1 个参数,这个参数是 udp 对象。

@octave_udp/flushoutput()方法无返回值。

刷新 UDP 连接的输出缓冲区的代码如下:

```
>> flushoutput(udp_connection)
```

10. 建立 UDP 连接的另一种方式

调用@octave_udp/fopen()方法以建立 UDP 连接。

@octave_udp/fopen()方法需要传入 1 个参数,这个参数是 udp 对象。

@octave_udp/fopen()方法用于返回建立的结果。

建立 UDP 连接的代码如下:

```
>> result = fopen(udp_connection)
```

11. 向 UDP 连接中发送字符串

调用@octave_udp/fprintf()方法以向 UDP 连接中发送字符串。

@octave_udp/fprintf()方法至少需要传入两个参数,第 1 个参数是 udp 对象,第 2 个参数是发送的字符串。

此外,@octave_udp/fprintf()方法还允许追加传入格式和模式,格式是字符串的编码格式,模式是同步模式。

@octave_udp/fprintf()方法用于返回发送的结果。

向 UDP 连接中发送字符串 123 的代码如下:

```
>> result = fprintf(udp_connection, "123")
```

12. 从 UDP 连接中接收数据的另一种方式

调用@octave_udp/fread()方法以从 UDP 连接中接收数据。

@octave_udp/fread()方法至少需要传入 1 个参数,这个参数是 udp 对象。

此外,@octave_udp/fread()方法还允许追加传入大小和精度,大小是尝试接收数据的大小,精度是数据的精度。

@octave_udp/fread()方法用于返回接收的结果,并允许额外返回接收的大小和错误码。

从 UDP 连接中接收数据的代码如下:

```
>> result = fread(udp_connection)
```

13. 向 UDP 连接中发送数据的另一种方式

调用@octave_udp/fwrite()方法以向 UDP 连接中发送数据。

@octave_udp/fwrite()方法至少需要传入两个参数,第 1 个参数是 udp 对象,第 2 个参数是发送的数据。

此外,@octave_udp/fwrite()方法还允许追加传入精度,精度是数据的精度。

@octave_udp/fwrite()方法用于返回发送数据的大小。

向 UDP 连接中发送数据 123 的代码如下:

```
>> result = fwrite(udp_connection, "123")
```

14. 获取 udp 对象的属性

调用@octave_udp/get()方法以获取 udp 对象的属性。

@octave_udp/get()方法至少需要传入 1 个参数,这个参数是 udp 对象,此时@octave_udp/get()方法用于返回全部属性组成的结构体。

此外,@octave_udp/get()方法还允许追加传入键参数,此时@octave_udp/get()方法用于返回对应的值参数。

获取 udp 对象的全部属性的代码如下:

```
>> result = get(udp_connection)
```

15. 从 UDP 连接中接收数据的第 3 种方式

调用@octave_udp/read()方法以从 UDP 连接中接收数据。

@octave_udp/read()方法至少需要传入 1 个参数,这个参数是 udp 对象。

此外,@octave_udp/read()方法还允许追加传入大小和精度,大小是尝试接收数据的大小,精度是数据的精度。

@octave_udp/read()方法用于返回接收的结果,并允许额外返回接收数据的大小和错误码。

从 UDP 连接中接收数据的代码如下:

```
>> result = read(udp_connection)
```

16. 设置 udp 对象的属性

调用@octave_udp/set()方法以设置 udp 对象的属性。

@octave_udp/set()方法至少需要传入 udp 对象和 1 对键-值对参数,无返回值。

将 udp 对象的名称设置为 123 的代码如下:

```
>> set(udp_connection, "name", "123")
```

17. 向 UDP 连接中发送数据的第 3 种方式

调用@octave_udp/write()方法以向 UDP 连接中发送数据。

@octave_udp/write()方法至少需要传入两个参数,第 1 个参数是 udp 对象,第 2 个参数是发送的数据。

此外,@octave_udp/write()方法还允许追加传入精度,精度是数据的精度。

@octave_udp/write()方法用于返回发送数据的大小。

向 UDP 连接中发送数据 123 的代码如下:

```
>> result = write(udp_connection, "123")
```

9.2.14 UDP 端口

instrument-control 工具箱可以控制 UDP 端口。

UDP 端口的属性如表 9-12 所示。

1. 打开 UDP 端口

调用 udpport()方法以打开 UDP 端口。

表 9-12 UDP 端口的属性

键 参 数	含 义	值 参 数
Name	对象名称	没有特殊规定
LocalPort	本地端口	没有特殊规定
LocalHost	本机	可以是主机名或 IP
Timeout	超时时间	可以是以秒为单位的数字； 可以是－1，此时代表永不超时

udpport()方法允许不传入参数调用，此时默认 IP 为 127.0.0.1，默认端口为 23。

此外，udpport()方法允许追加传入第 1 个和第 2 个参数，第 1 个参数是键参数，第 2 个参数是值参数。

udpport()方法用于返回 UDP 端口，并且用于之后的读写操作。

启动 IP 为 192.168.56.1 的 UDP 端口的代码如下：

```
>> udpport_connection = udpport("192.168.56.1")
```

2. 从 UDP 端口接收数据

调用 udpport_read()方法从 UDP 端口接收数据。

udpport_read()方法需要传入 3 个参数，第 1 个参数是 UDP 端口，第 2 个参数是本次尝试接收的字节数，第 3 个参数是超时时间。

udpport_read()方法用于返回本次接收的数据和本次接收的字节数。

此外，如果指定了第 4 个和第 5 个参数，则还会返回目标主机的 IP 和目标主机的端口。

从 UDP 端口接收 5 字节数据，超时时间 10s 的代码如下：

```
>> result = udpport_read(udpport_connection, 5, 10)
```

3. 向 UDP 端口发送数据

调用 udpport_write()方法向 UDP 端口发送数据。

udpport_write()方法至少需要传入两个参数，第 1 个参数是 UDP 端口，第 2 个参数是发送的数据。

此外，udpport_write()方法允许追加传入第 3 个和第 4 个参数，第 3 个参数是目标主机的 IP，第 4 个参数是目标主机的端口。

udpport_write()方法用于返回本次发送的字节数。

向 UDP 端口发送数据的代码如下：

```
>> result = udpport_write(udpport_connection, "123")
```

4. 设置 UDP 端口是否启用广播模式

调用@octave_udpport/configureMulticast()方法以设置 UDP 端口是否启用广播模式。

@octave_udpport/configureMulticast()方法至少需要传入两个参数，第 1 个参数是

UDP 端口，第 2 个参数是广播地址。此外，如果第 2 个参数是 OFF，则禁用广播。

@octave_udpport/configureMulticast()方法无返回值。

设置 UDP 端口启用广播模式，并且将广播地址设置为 192.168.56.255 的代码如下：

```
>> configureMulticast(udpport_connection, "192.168.56.255")
```

设置 UDP 端口禁用广播模式的代码如下：

```
>> configureMulticast(udpport_connection, "OFF")
```

5. 设置 UDP 端口的终止符

调用@octave_udpport/configureTerminator()方法以设置 UDP 端口的终止符。

@octave_udpport/configureTerminator()方法至少需要传入两个参数，此时第 1 个参数是 UDP 端口，第 2 个参数是终止符。

此外，@octave_udpport/configureTerminator()方法还允许传入第 3 个参数，此时第 1 个参数是 UDP 端口，第 2 个参数是读终止符，第 3 个参数是写终止符；终止符允许是 cr、lf（默认）、lf/cr 或 0～255 的整数。

@octave_udpport/configureTerminator()方法无返回值。

将 UDP 端口的读终止符设置为 CR/LF 且将写终止符设置为 LF 的代码如下：

```
>> configureTerminator(udpport_connection, "lf/cr", "lf")
```

6. 刷新 UDP 连接

调用@octave_udpport/flush()方法以刷新 UDP 连接。

@octave_udpport/flush()方法至少需要传入 1 个参数，这个参数是 serialport 对象。

此外，@octave_udpport/flush()方法允许追加传入第 2 个参数，此时第 2 个参数是刷新选项，input 代表刷新输入缓冲区，output 代表刷新输出缓冲区。如果不指定第 2 个参数，则既刷新输入缓冲区又刷新输出缓冲区。

@octave_udpport/flush()方法无返回值。

刷新 UDP 连接的代码如下：

```
>> flush(udpport_connection)
```

7. 从 UDP 端口接收数据的另一种方式

调用@octave_udpport/fread()方法以从 UDP 端口接收数据。

@octave_udpport/fread()方法至少需要传入 1 个参数，这个参数是 UDP 端口。

此外，@octave_udpport/fread()方法还允许追加传入大小和精度，大小是尝试接收数据的大小，精度是数据的精度。

@octave_udpport/fread()方法用于返回接收的结果，并允许额外返回接收的大小和错误码。

从 UDP 端口接收数据的代码如下：

```
>> result = fread(udpport_connection)
```

8. 向 UDP 端口发送数据的另一种方式

调用@octave_udpport/fwrite()方法以向 UDP 端口发送数据。

@octave_udpport/fwrite()方法至少需要传入两个参数，第 1 个参数是 UDP 端口，第 2 个参数是发送的数据。

此外，@octave_udpport/fwrite()方法还允许追加传入精度，精度是数据的精度。

@octave_udpport/fwrite()方法用于返回发送数据的大小。

向 UDP 端口发送数据 123 的代码如下：

```
>> result = fwrite(udpport_connection, "123")
```

9. 向 UDP 端口发送字符串

调用@octave_serial/fprintf()方法以向 UDP 端口发送字符串。

@octave_serial/fprintf()方法至少需要传入两个参数，第 1 个参数是 UDP 端口，第 2 个参数是发送的字符串。

此外，@octave_serial/fprintf()方法还允许追加传入格式和模式，格式是字符串的编码格式，模式是同步模式。

@octave_serial/fprintf()方法用于返回发送的结果。

向 UDP 端口发送字符串的代码如下：

```
>> result = fprintf(udpport_connection, "123")
```

10. 获取 UDP 端口的属性

调用@octave_udpport/get()方法以获取 UDP 端口的属性。

@octave_udpport/get()方法至少需要传入 1 个参数，这个参数是 UDP 端口，此时@octave_udpport/get()方法用于返回全部属性组成的结构体。

此外，@octave_udpport/get()方法还允许追加传入键参数，此时@octave_udpport/get()方法用于返回对应的值参数。

获取 UDP 端口的属性的代码如下：

```
>> get(udpport_connection)
```

11. 从 UDP 端口接收数据的第 3 种方式

调用@octave_udpport/read()方法以从 UDP 端口接收数据。

@octave_udpport/read()方法至少需要传入 1 个参数，这个参数是 UDP 端口。

此外，@octave_udpport/read()方法还允许追加传入大小和精度，大小是尝试接收数据的大小，精度是数据的精度。

@octave_udpport/read()方法用于返回接收的结果，并允许额外返回接收的大小和错误码。

从 UDP 端口接收数据的代码如下：

```
>> result = read(udpport_connection)
```

12. 设置 UDP 端口的属性

调用@octave_udpport/set()方法以设置 UDP 端口的属性。

@octave_udpport/set()方法至少需要传入 UDP 端口和 1 对键-值对参数,无返回值。

将 UDP 端口的名称设置为 123 的代码如下

```
>> set(udp_connection, "Name", "123")
```

13. 向 UDP 端口发送数据的第 3 种方

调用@octave_udpport/write()方法

@octave_udpport/write()方法至 DP 端口,第 2 个参数是发送的数据。

此外,@octave_udpport/write 精度。

@octave_udpport/write()

向 UDP 端口发送数据的

```
>> result = write(ud
```

14. 向 UDP 端口发

调用@octave_ud 一行字符串。

@octave_udpp 第 1 个参数是 UDP 端口,第 2 个参数是发送

此外,@oct 入对端地址和对端 UDP 端口。

@octave

向 UD

```
>> w
```

9

TMC 连接。

连接。

usbtm 。

此外,usbtm 1 个参数,这个参数是 USBTMC 接口在操作系统下挂载的路径,例如/dev/ 果不指定参数,则默认为/dev/usbtmc0。

usbtmc()方法用于返回 nc 对象,并且用于之后的读写和断开操作。

建立/dev/usbtmc0 设备的 USBTMC 连接的代码如下:

```
>> usbtmc_connection = usbtmc("/dev/usbtmc0")
```

2. 从 USBTMC 连接中接收数据

调用 usbtmc_read()方法从 USBTMC 连接中接收数据。

usbtmc_read()方法需要传入两个参数，第 1 个参数是 usbtmc 对象，第 2 个参数是本次尝试接收的字节数。

usbtmc_read()方法用于返回本次接收的数据和本次接收的字节数。

从 USBTMC 连接中接收 5 字节数据的代码如下：

```
>> result = usbtmc_read(usbtmc_connection, 5)
```

3. 向 USBTMC 连接中发送数据

调用 usbtmc_write()方法向 USBTMC 连接中发送数据。

usbtmc_write()方法需要传入两个参数，第 1 个参数是 usbtmc 对象，第 2 个参数是发送的数据。

usbtmc_write()方法用于返回本次发送的字节数。

向 USBTMC 连接中发送数据 123 的代码如下：

```
>> result = usbtmc_write(usbtmc_connection, "123")
```

4. 断开 USBTMC 连接

调用 usbtmc_close()方法以断开 USBTMC 连接。

usbtmc_close()方法需要传入 1 个参数，这个参数是 usbtmc 对象。

断开 USBTMC 连接的代码如下：

```
>> usbtmc_close(usbtmc_connection)
```

5. 从 USBTMC 连接中接收数据的另一种方式

调用@octave_usbtmc/fread()方法以从 USBTMC 连接中接收数据。

@octave_usbtmc/fread()方法至少需要传入 1 个参数，这个参数是 usbtmc 对象。

此外，@octave_usbtmc/fread()方法还允许追加传入大小和精度，大小是尝试接收数据的大小，精度是数据的精度。

@octave_usbtmc/fread()方法用于返回接收的结果，并允许额外返回接收的大小和错误码。

从 USBTMC 连接中接收数据的代码如下：

```
>> result = fread(usbtmc_connection)
```

6. 向 USBTMC 连接中发送数据的另一种方式

调用@octave_usbtmc/fwrite()方法以向 USBTMC 连接中发送数据。

@octave_usbtmc/fwrite()方法至少需要传入两个参数，第 1 个参数是 usbtmc 对象，第 2 个参数是发送的数据。

此外，@octave_usbtmc/fwrite()方法还允许追加传入精度，精度是数据的精度。

@octave_usbtmc/fwrite()方法用于返回发送数据的大小。

向 USBTMC 连接中发送数据的代码如下：

```
>> result = fwrite(usbtmc_connection)
```

7. 断开 USBTMC 连接的另一种方式

调用@octave_usbtmc/fclose()方法以断开 USBTMC 连接。

@octave_usbtmc/fclose()方法需要传入 1 个参数,这个参数是 usbtmc 对象。

@octave_usbtmc/fclose()方法用于返回断开的结果。

断开 USBTMC 连接的代码如下:

```
>> result = fclose(usbtmc_connection)
```

8. 建立 USBTMC 连接的另一种方式

调用@octave_usbtmc/fopen()方法以建立 USBTMC 连接。

@octave_usbtmc/fopen()方法需要传入 1 个参数,这个参数是 usbtmc 对象。

@octave_usbtmc/fopen()方法用于返回建立的结果。

建立 USBTMC 连接的代码如下:

```
>> result = fopen(usbtmc_connection)
```

9.2.16 VXI-11

instrument-control 工具箱可以控制 VXI-11 连接。

1. 建立 VXI-11 连接

调用 vxi11()方法以建立 VXI-11 连接。

vxi11()方法允许不传入参数调用。

此外,vxi11()方法允许追加传入第 1 个和第 2 个参数,第 1 个参数是 IP,第 2 个参数是设备名。如果不指定第 1 个参数,则默认 IP 为 127.0.0.1;如果不指定第 2 个参数,则默认端口为 instr0。

vxi11()方法用于返回 vxi11 对象,并且用于之后的读写和断开操作。

建立 IP 为 192.168.56.1 的 VXI-11 连接的代码如下:

```
>> vxi11_connection = vxi11("192.168.56.1")
```

2. 从 VXI-11 连接中接收数据

调用 vxi11_read()方法从 VXI-11 连接中接收数据。

vxi11_read()方法需要传入两个参数,第 1 个参数是 vxi11 对象,第 2 个参数是本次尝试接收的字节数。

vxi11_read()方法用于返回本次接收的数据和本次接收的字节数。

从 VXI-11 连接中接收 5 字节数据的代码如下:

```
>> result = vxi11_read(vxi11_connection, 5)
```

3. 向 VXI-11 连接中发送数据

调用 vxi11_write()方法向 VXI-11 连接中发送数据。

vxi11_write()方法需要传入两个参数,第 1 个参数是 vxi11 对象,第 2 个参数是发送的数据。

vxi11_write()方法用于返回本次发送的字节数。

向 VXI-11 连接中发送数据 123 的代码如下：

```
>> result = vxi11_write(vxi11_connection, "123")
```

4. 断开 VXI-11 连接

调用 vxi11_close()方法以断开 VXI-11 连接。

vxi11_close()方法需要传入 1 个参数，这个参数是 vxi11 对象。

断开 VXI-11 连接的代码如下：

```
>> vxi11_close(vxi11_connection)
```

5. 从 VXI-11 连接中接收数据的另一种方式

调用@octave_vxi11/fread()方法以从 VXI-11 连接中接收数据。

@octave_vxi11/fread()方法至少需要传入 1 个参数，这个参数是 vxi11 对象。

此外，@octave_vxi11/fread()方法还允许追加传入大小和精度，大小是尝试接收数据的大小，精度是数据的精度。

@octave_vxi11/fread()方法用于返回接收的结果，并允许额外返回接收的大小和错误码。

从 VXI-11 连接中接收数据的代码如下：

```
>> result = fread(vxi11_connection)
```

6. 向 VXI-11 连接中发送数据的另一种方式

调用@octave_vxi11/fwrite()方法以向 VXI-11 连接中发送数据。

@octave_vxi11/fwrite()方法至少需要传入两个参数，第 1 个参数是 vxi11 对象，第 2 个参数是发送的数据。

此外，@octave_vxi11/fwrite()方法还允许追加传入精度，精度是数据的精度。

@octave_vxi11/fwrite()方法用于返回发送数据的大小。

向 VXI-11 连接中发送数据 123 的代码如下：

```
>> result = fwrite(vxi11_connection, "123")
```

7. 断开 VXI-11 连接的另一种方式

调用@octave_vxi11/fclose()方法以断开 VXI-11 连接。

@octave_vxi11/fclose()方法需要传入 1 个参数，这个参数是 vxi11 对象。

@octave_vxi11/fclose()方法用于返回断开的结果。

断开 VXI-11 连接的代码如下：

```
>> result = fclose(vxi11_connection)
```

8. 建立 VXI-11 连接的另一种方式

调用@octave_vxi11/fopen()方法以建立 VXI-11 连接。

@octave_vxi11/fopen()方法需要传入 1 个参数，这个参数是 vxi11 对象。

@octave_vxi11/fopen()方法用于返回建立的结果。

建立 VXI-11 连接的代码如下：

```
>> result = fopen(vxi11_connection)
```

9.3 SLAM 算法的分类

9.3.1 不同硬件的 SLAM 算法

SLAM 算法在硬件上可分为二维 SLAM 和三维 SLAM。

1. 单目 SLAM 算法

单目 SLAM 算法只需一个相机即可拍摄算法所需的图片。单目 SLAM 算法凭借单目相机拍摄连续的图像序列，并使用 SIF、SIRF 和 ORB 等算法从拍摄的图像中提取特征点或图像特征，然后使用这些特征匹配相机的运动轨迹，最后算出场景的三维结构。

2. 双目 SLAM 算法

双目 SLAM 算法需要两个相机拍摄算法所需的图片。双目 SLAM 算法通过两个相机同时拍摄的一组图像算出景深信息，而不要求图像是连续拍摄的。景深信息的计算可以分为三角测量法和基于视差的深度估计。

三角测量法是计算景深信息最常用的方法之一。三角测量法通过将一条光线从相机穿过两个视角图像上对应的像素，相交得到一个三角形来计算假景深。三角测量法需要确定两个相机之间的相对位置和姿态信息，并且需要匹配两个相机图像上对应的点。通过三角测量不仅可以计算相机到物体的距离，还可以获取物体表面的三维坐标，适合用于测绘等三维重建场景。

基于视差的深度估计通过双目摄像头的两个视角实现。在双目场景下，一组图片可以包含同一物体的两个视差，然后算法利用这种视差即可估计出假景深。深度估计可以通过计算左右视图中对应像素的亮度差异和/或颜色差异，从而计算出每个像素的视差，最后根据视差值和相机焦距算出景深信息的近似值。

基于视差的深度估计在实际应用当中的实现难度较大。在计算视差时，相机容易受到外界对环境光照度和纹理等因素的干扰，也有可能出现歧义或错误匹配的情况，因此在优化基于视差的深度估计的算法时，一般需要通过后处理算法进行优化。

3. RGB-D SLAM 算法

RGB-D SLAM 算法需要一组景深相机拍摄算法所需的图片，可直接从相机中导出景深信息，获得更高精度的场景三维重建和相机运动估计。RGB-D SLAM 算法的硬件成本较高，实际的建图效果也较好。

RGB-D SLAM 算法需要获得相机的位姿，推荐配合 IMU 等外部设备来获得相机的位姿，也可以通过前后两帧图片之间的关系算出近似的相机位姿。

景深相机可以输出图片的 RGB 信息和图片中的每个像素的真景深。在获得相机位姿后，即可通过 RGB 信息和景深信息算出点云数据，然后通过体素或基于对象的方法构建三维地图。

由于 RGB-D SLAM 算法同时需要点云信息和相机位姿信息，因此二者可能出现同步上的误差，此时需要进行误差调整。最常用的误差调整方法是后向差分法，使用此方法可以提高算法的稳健性和地图的精度。

4. 激光 SLAM 算法

激光 SLAM 算法在建图的过程中首先需要对地图进行初始化。地图初始化需要获取激光雷达数据，并计算每个障碍物的位置、尺寸等特征，然后使用激光雷达扫描数据，计算机器人在三维空间中的位置和方向。同时，机器人的运动信息被用于进行位姿计算。

在机器人运动时，激光 SLAM 算法需要不断地更新地图。通过激光雷达获取障碍物的位置、尺寸和形状等信息，并将这些信息更新到地图中。

由于误差和噪声的存在，地图中的数据可能会存在一定的误差，因此激光 SLAM 算法有时需要对地图进行矫正，以确保地图的准确性。

激光 SLAM 算法的优化方式主要从激光雷达的数据入手，例如对激光雷达数据的滤波、处理和点云分割等过程进行优化，并在障碍物识别的算法中进行优化，以获得更好的建图效果。

5. 声呐 SLAM 算法

声呐 SLAM 算法在建图的过程中获取声呐数据，直接获取测量的声波传播时间和反射信号的强度，并使用声波算出机器人的位姿信息。

在得到地图后，声呐 SLAM 算法需要对地图进行优化。首先对地图进行滤波处理以去除较大的误差和噪声，然后对地图进行数据关联和匹配，通过机器人的位置信息来优化地图。优化算法可提高建图的精度和稳健性。

9.3.2 二维 SLAM 和三维 SLAM

SLAM 算法在数据维度上可分为二维 SLAM 和三维 SLAM。二维 SLAM 仅考虑机器人的运动在二维平面上的变化，而三维 SLAM 需要考虑机器人在三维空间内的运动变化，因此三维 SLAM 较为复杂。二维 SLAM 主要用于路径规划和室内的机器人导航。三维 SLAM 主要用于室外的机器人导航、智能驾驶、无人机拍摄和遥感测绘。

9.3.3 紧耦合 SLAM 和松耦合 SLAM

SLAM 算法在算法各部分的耦合程度上可分为紧耦合 SLAM 和松耦合 SLAM。紧耦合 SLAM 的机器人的运动和传感器数据耦合紧密，通常将视觉图像和 IMU 等信息融合，然后使用扩展卡尔曼滤波器进行状态估计。此外，高性能的紧耦合 SLAM 算法也会采用深度神经网络来处理视觉数据。

松耦合 SLAM 的算法复杂度较低，精度比紧耦合 SLAM 更低，但比紧耦合 SLAM 更灵活，适用范围更广，通常基于激光雷达和超声波等传感器实现机器人的定位和地图构建。松耦合 SLAM 在开发时可以较少地考虑每部分对其他部分造成的影响，因此开发者可以相对独立地开发各部分，从而有调试方便、开发速度快的优点，更适用于商用的 AR 产品。

9.3.4 室内 SLAM 和室外 SLAM

SLAM 算法在环境上可分为室内 SLAM 和室外 SLAM。

室外的环境远比室内的环境复杂，往往需要高分辨率建图。此外，室外的环境还涉及天气变化和路面变化等问题，因此对回环检测算法有更高的要求。

9.3.5 不同微调方式的 SLAM

SLAM 算法在微调时可以选择多种代价函数。常用的代价函数包括以下几种：

1. 点线距离代价函数

点线距离代价函数用于计算机器人位姿与地标点之间的距离误差，通常用欧几里得距离或马氏距离表示。

2. 点线匹配代价函数

点线匹配代价函数用于计算机器人位姿与地标点之间的匹配误差，通常用点到线的距离表示。

3. 视觉重投影误差代价函数

视觉重投影误差代价函数用于计算相机位姿与地标点之间的重投影误差，通常用像素坐标的差异表示。

4. 闭环约束代价函数

闭环约束代价函数用于计算机器人在不同时间或位置之间的闭环约束误差，通常用机器人位姿之间的距离或角度差异表示。

在实际的 SLAM 问题中可以将一种或多种代价函数用于复杂的应用场景。

9.4 SLAM 算法实战

本节中的 SLAM 算法是一种二维视觉 SLAM 算法，操作串口设备获取图片，操作 SPI 设备获取相机位姿，操作 USBTMC 设备获取机器人位姿，利用 Sobel 算子＋Hessian 矩阵的方式进行特征提取，利用卡尔曼滤波的方式进行自我定位，利用运动模型预测机器人的位置，利用外部设备输入更新状态和协方差矩阵，利用三角测量方式测量距离，利用 EKF-SLAM 算法更新状态和协方差矩阵，利用估计的位置更新地图，利用代价函数进行微调并利用最小误差法进行后端优化。

1. 传感器数据采集

操作串口设备获取图片的步骤如下：

(1) 实例化串口对象，串口的路径为/dev/tty0，波特率为 115 200，超时时间为 2s(20×0.1s)。

(2) 建立串口连接。

(3) 定义图像的宽和高,并初始化存储图像数据的向量。

(4) 读取串口数据,并将 uint8 类型的串口数据转换为 double 类型。

(5) 断开串口连接。

(6) 将 double 类型的串口数据变更尺寸,得到最终的图片数据。

操作串口设备获取图片的代码如下:

```
#!/usr/bin/octave
#第 9 章/get_serial_picture.m
function img = get_serial_picture()
    serial_connection = serial('/dev/tty0', 115200, 20);
    fopen(serial_connection);
    width = 640;
    height = 480;
    width_height = width * height;
    img_data = zeros(1, width_height);
    while serial_connection.BytesAvailable < width_height
    endwhile
    img_data_uint8 = fread(serial_connection, width_height, 'uint8');
    img_data = double(img_data_uint8);
    fclose(serial_connection);
    img = reshape(img_data, [width, height])';
    #可选: 显示图片
    imshow(uint8(img));
    #保存图片
    imwrite(img, 'image.png');
endfunction
```

操作 SPI 设备获取相机位姿的步骤如下:

(1) 实例化 spi 对象,SPI 接口的路径为/dev/spidev0,比特率为 1Mb/s(1 000 000),时钟极性为时钟信号在空闲状态下保持低电平,时钟相位为数据采样发生在时钟信号的第 1 个跳变沿之后。

(2) 建立 SPI 连接。

(3) 定义数据的尺寸,并初始化存储数据的向量。

(4) 读取 SPI 连接的数据,并将 uint8 类型的串口数据转换为 double 类型。

(5) 断开 SPI 连接。

(6) 将 double 类型的 SPI 连接的数据变更尺寸,得到最终的相机位姿。

操作 SPI 设备获取相机位姿的代码如下:

```
#!/usr/bin/octave
#第 9 章/get_spi_camera_position_and_orientation.m
function [camera_x, camera_y, camera_orientation] = get_spi_camera_position_
and_orientation()
```

```
    spi_connection = spi('/dev/spidev0', "bitrate", 1000000, "clockpolarity",
"idlelow", "clockphase", "firstedge");
    fopen(spi_connection);
    width = 3;
    height = 1;
    width_height = width * height;
    position_and_orientation = zeros(1, width_height);
    position_and_orientation_uint8 = fread(spi_connection, 24, 'uint8');
    position_and_orientation = double(position_and_orientation_uint8);
    fclose(spi_connection);
    position_and_orientation_matrix = reshape(position_and_orientation,
[width, height]);
    camera_x = position_and_orientation_matrix(1);
    camera_y = position_and_orientation_matrix(2);
    camera_orientation = position_and_orientation_matrix(3);
endfunction
```

操作 USBTMC 设备获取机器人位姿的步骤如下：

(1) 实例化 usbtmc 对象，USBTMC 接口的路径为/dev/usbtmc0。

(2) 建立 USBTMC 连接。

(3) 定义数据的尺寸，并初始化存储数据的向量。

(4) 读取 USBTMC 连接的数据，并将 uint8 类型的串口数据转换为 double 类型。

(5) 断开 USBTMC 连接。

(6) 将 double 类型的 USBTMC 连接的数据变更尺寸，得到最终的机器人位姿。

操作 USBTMC 设备获取机器人位姿的代码如下：

```
#!/usr/bin/octave
#第 9 章/get_usb_robot_position_and_orientation.m
function [robot_x, robot_y, robot_orientation] = get_usb_robot_position_and_
orientation()
    usbtmc_connection = usbtmc('/dev/usbtmc0');
    fopen(usbtmc_connection);
    width = 3;
    height = 1;
    width_height = width * height;
    position_and_orientation = zeros(1, width_height);
    position_and_orientation_uint8 = usbtmc_read(usbtmc_connection, 3);
    position_and_orientation = double(position_and_orientation_uint8);
    fclose(usbtmc_connection);
    position_and_orientation_matrix = reshape(position_and_orientation,
[width, height]);
    robot_x = position_and_orientation_matrix(1);
    robot_y = position_and_orientation_matrix(2);
    robot_orientation = position_and_orientation_matrix(3);
endfunction
```

2. 特征提取

特征提取的步骤如下：

(1) 将获取的图像灰度化。

(2) 对灰度化的图像进行高斯滤波。

(3) 计算滤波后的图像在 x 方向和 y 方向上的梯度。

(4) 计算 Sobel 算子的分量 I_x^2、I_y^2 和 I_{xy}。

(5) 对 Sobel 算子的分量进行高斯加权平均。

(6) 计算响应函数 Hessian 矩阵的行列式和迹。

(7) 设置阈值并进行非极大值抑制。

(8) 获取特征点的坐标。

(9) 显示特征点。

本节中的特征提取代码不但含有 Octave 代码，还含有 Python 代码。如果要正确运行本节中的特征提取代码，就需要额外安装 Python 库，命令如下：

```
$ sudo dnf install python3-scikit-image
$ sudo dnf install python3-matplotlib
```

特征提取的代码如下：

```
#!/usr/bin/octave
#第 9 章/feature_extration.m
#特征提取
pkg load image;
#可选：显示原图像
imshow(img);
gray_img = rgb2gray(img);
#高斯滤波
G = fspecial('gaussian', [5, 5], 1);
gray_img = imfilter(gray_img, G, 'same');
#计算 x、y 方向上的梯度
dx = [-1 0 1; -1 0 1; -1 0 1];
dy = dx';
I_x = imfilter(double(gray_img), dx, 'conv');
I_y = imfilter(double(gray_img), dy, 'conv');
#计算 I_x^2、I_y^2、I_xy
I_x2 = I_x.^2;
I_y2 = I_y.^2;
I_xy = I_x.*I_y;
#对 I_x2、I_y2、I_xy 进行高斯加权平均
G = fspecial('gaussian', [5, 5], 3);
A = imfilter(I_x2, G, 'same');
B = imfilter(I_y2, G, 'same');
C = imfilter(I_xy, G, 'same');
#计算响应函数 Hessian 矩阵的行列式和迹
```

```
k = 0.04;                #允许微调
R = (A.* B - C.^2) - k* (A + B).^2;
#设置阈值并进行非极大值抑制
threshold = 10000;       #允许微调
nhood_size = 5;          #允许微调
[h, w] = size(R);
R_thresh = R > threshold;
R_nonmax = zeros(h, w);
#进行非极大值抑制
for i = nhood_size+1:h-nhood_size
    for j = nhood_size+1:w-nhood_size
        if R_thresh(i, j) && R(i,j)>=max(max(R(i-nhood_size:i+nhood_size, j-
nhood_size:j+nhood_size)))
            R_nonmax(i,j) = 1;
        endif
    endfor
endfor
#获取特征点的坐标
[y, x] = find(R_nonmax);

#获取描述子
python get_keypoints_and_descriptors.py old

#可选：显示特征点
figure; hold on;
imshow(img);
plot(x, y, 'r.', 'MarkerSize', 10);

#!/usr/bin/python
#第 9 章/get_keypoints_and_descriptors.py
#获取特征点和描述子
import matplotlib.pyplot as plt
import matplotlib
from skimage import color
from skimage import transform as transform
from skimage.feature import (match_descriptors,ORB,plot_matches)
from skimage.color import rgb2gray
from skimage.io import imread
import csv
import sys

def get_keypoints_and_descriptors(appendix):
    print(appendix)
    img = plt.imread("input.png", format=None)
    #转换为灰度图像
    gray_img = color.rgb2gray(img)
```

```
    #创建 SIFT 对象
    sift = ORB(n_keypoints=200)
    #检测特征点并计算描述子
    sift.detect_and_extract(gray_img)
    keypoints = sift.keypoints
    descriptors = sift.descriptors
    #保存特征点
    with open(f'keypoints_{appendix}.csv', 'w') as file:
        writer = csv.writer(file)
        for keypoint in keypoints:
            writer.writerow(keypoint)
    #保存描述子
    with open(f'descriptors_{appendix}.csv', 'w') as file:
        writer = csv.writer(file)
        for descriptor in descriptors:
            writer.writerow(descriptor)


if __name__ == "__main__":
    args = sys.argv
    get_keypoints_and_descriptors(args[1])
```

3. 自我定位

自我定位的步骤如下：

(1) 初始化状态向量。

(2) 定义运动模型和观测模型。

(3) 设置时间步长和更新次数。

(4) 初始化绘图。

(5) 使用卡尔曼滤波算法循环更新状态和绘制机器人轨迹。

(6) 绘制机器人最终位置。

(7) 保存观测向量。

自我定位的代码如下：

```
#!/usr/bin/octave
#第 9 章/robot_locate.m
#自我定位
#使用卡尔曼滤波算法
#初始化状态向量
#状态向量 x 包含机器人的位置和朝向信息
x = [0; 0; pi/4];                 #初始位置为 (0, 0),初始朝向为 45°
#协方差矩阵 P 表示状态向量的不确定性程度
P = eye(3);                       #初始协方差矩阵
#定义运动模型和观测模型
#运动模型 F 和观测模型 H 分别描述机器人的运动和观测过程
F = [1 0 0; 0 1 0; 0 0 1];        #运动模型
```

```
H = [1 0 0; 0 1 0];                          #观测模型
#运动噪声协方差 Q 和观测噪声协方差 R 分别表示运动和观测过程中的噪声
Q = [0.01 0 0; 0 0.01 0; 0 0 0.01];          #运动噪声协方差
R = [0.1 0; 0 0.1];                          #观测噪声协方差
#设置时间步长和更新次数
dt = 0.1;
T = 100;
N = T/dt;
#初始化绘图
figure;
hold on;
axis equal;
xlim([-5 5]);
ylim([-5 5]);
#使用卡尔曼滤波算法循环更新状态和绘制机器人轨迹
for i = 1:N
    #添加运动噪声并更新状态
    x = F * x + sqrt(Q) * randn(3,1);
    #绘制机器人当前位置和姿态
    plot(x(1), x(2), 'bo');
    plot([x(1) x(1)+0.5 * cos(x(3))], [x(2) x(2)+0.5 * sin(x(3))], 'b-',
    'LineWidth', 2);
    #添加观测噪声并更新状态协方差矩阵
    z = H * x + sqrt(R) * randn(2,1);
    K = P * H' * (H * P * H' + R)^(-1);
    x = x + K * (z - H * x);
    P = (eye(3) - K * H) * P;
endfor
#绘制机器人最终位置
plot(x(1), x(2), 'ro', 'MarkerSize', 10, 'LineWidth', 2);
#保存观测向量
observations = [];
for vertor_number = 1:3
    [camera_x, camera_y, camera_orientation] = get_spi_camera_position_and_
orientation();
    observations(vector_number, 1) = camera_x;
    observations(vector_number, 2) = camera_y;
endfor
```

4. 建图

建图的步骤如下：

（1）初始化运动模型。

（2）初始化状态和协方差矩阵。

（3）初始化控制噪声方差。

（4）初始化初始地图（假设已知两个障碍物的坐标）。

(5) 机器人运动预测。

(6) 测量更新。

(7) 更新地图。

(8) 记录位置估计。

(9) 绘制机器人运动轨迹和建图结果。

本节中的建图代码不但含有 Octave 代码,还含有 Python 代码。如果要正确运行本节中的建图代码,就需要额外安装 Python 库,命令如下:

```
$ sudo dnf install python3-opencv
$ sudo dnf install python3-numpy
```

建图的代码如下:

```
#!/usr/bin/octave
#第 9 章/build_map.m
#建图
#采样时间差(秒)
sample_time = 0.01;
#初始化运动模型
dt = 0.1;#时间间隔
A = [
        1  0  dt  0;
        0  1  0  dt;
        0  0  1  0;
        0  0  0  1
];
B = [
        dt^2/2  0;
        0  dt^2/2;
        dt  0;
        0  dt
];
#初始化状态和协方差矩阵
x = [0; 0; 0; 0];#初始位置和速度
P = eye(4);#方差矩阵
#初始化控制噪声方差
Q = B * diag([0.1, 0.1]) * B';
#初始化初始地图(假设已知两个障碍物的坐标)
map = [5, 3;
-2, 6];
#初始化记录结果的数组
pos = [];
landmarks = [];
#机器人运动及建图
for i = 1:200
    #控制输入(速度和角速度)
```

```
    [robot_x_1, robot_y_1, robot_orientation_1] = get_usb_robot_position_and_
orientation;
    pause(sample_time);
    [robot_x_2, robot_y_2, robot_orientation_2] = get_usb_robot_position_and_
orientation;
    #速度
    vi = sqrt((robot_x_2 - robot_x_1)^2 + (robot_y_2 - robot_y_1)^2) / sample_
time;
    #角速度
    wi = (robot_orientation_2 - robot_orientation_1) / sample_time;
    #速度和角速度
    u = [vi; wi];
    #运动预测
    x = A * x + B * u;
    P = A * P * A' + Q;
    #测量更新
    get_serial_picture;
    python("get_keypoints_and_descriptors.py", "new");
    z = python("get_distance_traingle.py", robot_x_1, robot_y_1, robot_x_2,
robot_y_2);
    H = [
            -(map(1,1)-robot_x_1)/z 0 (map(1,1)-robot_x_1)^2/(z^2) 0;
            -(map(1,2)-robot_x_2)/z 0 (map(1,2)-robot_x_2)^2/(z^2) 0;
            0 0 0 0;
            0 0 0 0
    ];
    K = P * H' / (H * P * H' + diag([0.1, 0.1, 1, 1]));  #R为测量噪声协方差矩阵
    K * (z - [z; atan2(sin(z(2)),cos(z(2))); 0; 0]);
    x = x + K * (z - [z; atan2(sin(z(2)),cos(z(2))); 0; 0]);
    P = (eye(4) - K * H) * P;
    #更新地图
    if i==1 || mod(i, 10)==0
        landmarks = [landmarks, x(1:2)];
    endif
    #记录位置估计
    pos(:, end+1) = x(1:2);
endfor
#可选:绘制机器人运动轨迹和建图结果
figure; hold on;
plot(map(:,1), map(:,2), 'ro', 'MarkerSize', 10, 'LineWidth', 2);
plot(pos(1,:), pos(2,:), 'k-', 'LineWidth', 2);
plot(landmarks(1,:), landmarks(2,:), 'gx', 'MarkerSize', 10, 'LineWidth', 2);
legend('True Landmarks', 'Robot Trajectory', 'Estimated Landmarks')

#!/usr/bin/python
#第9章/get_distance_triangle.py
```

```
#三角测量
import cv2
import numpy as np
import csv
import sys
def get_distance_triangle(point1_x, point1_y, point2_x, point2_y):
#内参矩阵 1
    camera_matrix1 = np.array([[100, 0, 200],
                              [0, 300, 400],
                              [0, 0, 1]])
    #内参矩阵 2
    camera_matrix2 = np.array([[101, 0, 201],
                              [0, 301, 401],
                              [0, 0, 1]])
    #将点坐标转换为齐次坐标
    point1 = np.array([[point1_x, point1_y]])
    point2 = np.array([[point2_x, point2_y]])
    point1 = np.append(point1, 1)
    point2 = np.append(point2, 1)
    #计算基础矩阵
    fundamental_matrix, _ = cv2.findFundamentalMat(point1.reshape(-1, 1, 2),
point2.reshape(-1, 1, 2), cv2.FM_8POINT)
    #计算本质矩阵
    essential_matrix = np.dot(np.dot(camera_matrix2.T, fundamental_matrix),
camera_matrix1)
    #计算相机位姿
    _, R, t, _ = cv2.recoverPose(essential_matrix, point1.reshape(-1, 1, 2),
point2.reshape(-1, 1, 2), cameraMatrix=camera_matrix1)
    #计算三角测量结果
    point_3d_homogeneous = cv2.triangulatePoints(camera_matrix1.dot(np.hstack
((R, t))), camera_matrix2, point1, point2)
    point_3d = point_3d_homogeneous[:3] / point_3d_homogeneous[3]
    #计算深度
    depth = -point_3d[2]
    #返回深度值
    return depth
if __name__ == "__main__":
    args = sys.argv
    depth = get_distance_triangle(args[1], args[2], args[3], args[4])
```

5. 微调

微调的步骤如下：

(1) 计算误差和雅可比矩阵。

(2) 计算代价函数。

(3) 计算梯度。

(4) 计算 Hessian 矩阵。

(5) 判断是否收敛。

(6) 更新地图和机器人位姿。

微调的代码如下：

```
function [map_opt, robot_opt] = fine_tuning_2d(map, robot_poses, observations,
max_iter, tol)
    #map 是地图,robot_poses 是机器人位姿,observations 是观测数据,max_iter 是最大
    #迭代次数,tol 是收敛阈值
    map_opt = map;
    robot_opt = robot_poses;
    for i = 1:max_iter
    #计算误差和雅可比矩阵
    [e, J_e] = slam_error(map_opt, robot_opt, observations);
    #计算代价函数
    cost = sum(e.^2);
    #计算梯度和 Hessian 矩阵
    g = 2 * J_e' * e;
    H = 2 * J_e' * J_e;
    #判断是否收敛
    if norm(g) < tol
        break;
    endif
    #更新地图和机器人位姿
    dx = - H \ g;
    map_opt = map_opt + dx(1);
    robot_opt = robot_opt + dx(end);
    endfor
endfunction

#!/usr/bin/octave
#第 9 章/slam_error.m
#误差函数
function [e, J_e] = slam_error(map, robot_poses, observations)
    #map 是地图,robot_poses 是机器人位姿,observations 是观测数据
    #初始化误差和雅可比矩阵
    e = [];
    J_e = [];
    #遍历所有观测数据
    for i = 1:size(observations, 1)
        #获取当前观测数据的机器人位姿和地标 ID
        robot_pose = robot_poses(observations(i, 1), :);
        landmark_id = observations(i, 2);
        #获取当前地标的位置
        landmark_pos = map(landmark_id, :);
        #计算观测数据的误差和雅可比矩阵
```

```
        [e_i, J_e_i] = observation_error(robot_pose, landmark_pos);
        #将当前观测数据的误差和雅可比矩阵添加到总误差和雅可比矩阵中
        e = [e; e_i];
        J_e = [J_e; J_e_i];
    endfor
endfunction

#!/usr/bin/octave
#第 9 章/slam_error.m
#误差函数中间函数
function [e, J_e] = observation_error(robot_pose, landmark_pos)
    % robot_pose 是机器人位姿,landmark_pos 是地标位置
    %计算机器人到地标的距离和方向
    delta = landmark_pos - robot_pose';
    r = norm(delta);
    theta = atan2(delta(2), delta(1));
    %计算误差和雅可比矩阵
    e = [r; theta];
    J_e = [-delta(1)/r, -delta(2)/r;
   delta(2)/r^2, -delta(1)/r^2];
endfunction
```

6. 后端优化

后端优化的步骤如下：

(1) 定义优化函数。

(2) 初始化位姿及地标。

(3) 运行优化器。

(4) 更新位姿及地标。

后端优化的代码如下：

```
#!/usr/bin/octave
#第 9 章/slam_backend_optimization.m
#后端优化
function [poses, landmarks] = slam _ backend _ optimization (poses, landmarks,
observations)
    #poses 是机器人位姿,landmarks 是地标位置,observations 是观测数据
    #定义优化函数
    fun = @(x) optimize(x, poses, landmarks, observations);
    #初始化位姿和地标
    x0 = [poses(:) landmarks(:)];
    #运行优化器
    x = fminsearch(fun, x0);
    #更新位姿和地标
    poses = reshape(poses, size(poses, 1), 2);
    landmarks = reshape(landmarks, size(landmarks, 1), 2);
endfunction
```

第 10 章

SLAM 算法的常用库

本章讲解 SLAM 算法的常用库，帮助开发者在开发 SLAM 算法时能根据实际需求快速应用对应的库。

10.1 Protobuf

Protobuf 的全称为 Protocol Buffers，是谷歌开发的一种跨平台、与语言无关的序列化数据格式，常用于数据存储、数据交换及通信协议。Protobuf 协议通过 Protobuf 编译器和 Protobuf 运行时得以实现。在 SLAM 算法中，Protobuf 被用于构建跨语言的前后端分离的分布式 SLAM 软件系统。

注意：Protobuf 协议、Protobuf 编译器和 Protobuf 运行时均简称为 Protobuf，因此在阅读本节时一定要根据上下文仔细区分。

10.1.1 Protobuf 源码安装

首先安装 Protobuf 的依赖。安装 G++ 命令如下：

```
$ sudo dnf install g++
```

安装 Git，命令如下：

```
$ sudo dnf install git
```

安装 Bazel，命令如下：

```
$ sudo dnf install bazel4
```

获取 Protobuf 的源码，命令如下：

```
$ git clone https://github.com/protocolbuffers/protobuf.git
```

进入 protobuf 文件夹，命令如下：

```
$ cd protobuf
```

更新 Protobuf 的子模块的源码，命令如下：

```
$ git submodule update --init --recursive
```

编译 Protobuf，命令如下：

```
$ bazel build :protoc :protobuf
```

安装编译后的 Protobuf，命令如下：

```
$ cp bazel-bin/protoc /usr/local/bin
```

10.1.2 Protobuf 通过 DNF 软件源安装

通过 DNF 软件源安装 Protobuf，命令如下：

```
$ sudo dnf install protobuf
```

通过 DNF 软件源安装 Protobuf 的头文件，命令如下：

```
$ sudo dnf install protobuf-devel
```

10.1.3 Protobuf 用法

要使用 Protobuf 进行消息的序列化和反序列化，首先要编写配置文件。编写 test.proto 配置文件，将 Protobuf 的语法版本指定为 proto3，将消息类型指定为 Food，将字段指定为 string name=1 和 int32 amount=2 的代码如下：

```
#第10章/test.proto
syntax = "proto3";

message Food {
  string name = 1;
  int32 amount = 2;
}
```

1. 在 Python 下使用 Protobuf

在编写配置文件后，使用 Protobuf 编译.proto 文件，并指定编译前的文件和编译后的文件均放在当前文件夹下，命令如下：

```
$ protoc --proto_path=. --python_out=./python test.proto
```

此时，在./python 文件夹下会自动生成一个名为 test_pb2.py 的模块文件。开发者可以直接从此模块文件中导入 Food 类，而无须自行编写实体类。

安装 Protobuf 的 Python 运行时，命令如下：

```
$ pip install protobuf
```

进入 python 文件夹，命令如下：

```
$ cd python
```

使用 Python 序列化和反序列化 Protobuf 消息，代码如下：

```
#!/usr/bin/python3
#第 10 章/python/test.py

from test_pb2 import Food

food = Food(name = 'tomato', amount = 1)

#序列化消息
data = food.SerializeToString()

#反序列化消息
new_food = Food(name = 'lettuce', amount = 1)
new_food.ParseFromString(data)

print(new_food.name)
print(new_food.amount)
```

代码的运行结果如下：

```
$ python test.py
tomato
1
```

2. 在 C++ 下使用 Protobuf

在编写配置文件后，使用 Protobuf 编译.proto 文件，并指定编译前的文件和编译后的文件均放在当前文件夹下，命令如下：

```
$ protoc --proto_path = . --cpp_out = ./cxx test.proto
```

此时，在./cxx 文件夹下会自动生成一个名为 test.pb.h 的头文件。开发者可以直接从此头文件中导入 Food 类，而无须自行编写实体类。

进入 cxx 文件夹，命令如下：

```
$ cd cxx
```

使用 C++ 序列化和反序列化 Protobuf 消息，代码如下：

```
//第 10 章/cxx/test.cxx

#include "test.pb.h"

int main(){
    Food food;
    food.set_name("tomato");
    food.set_amount(1);
```

```
    //序列化消息
    std::string data = food.SerializeAsString();

    //反序列化消息
    Food newfood;
    newfood.ParseFromString(data);
    std::cout << newfood.name() << std::endl;
    std::cout << newfood.amount() << std::endl;
}
```

编译 C++ 代码，可能的命令如下：

```
$ gcc test.cxx -o test.out -I/usr/include -L/usr/lib64
$ gcc test.cxx -o test.out -I/usr/include -L/usr/lib64 -std=gnu++11
$ gcc test.cxx -o test.out -I/usr/include -L/usr/lib64 -D_GLIBCXX_USE_CXX11_
ABI=0
$ gcc test.cxx -o test.out -I/usr/include -L/usr/lib64 -std=gnu++11 -D_GLIBCXX_
USE_CXX11_ABI=0
```

注意：笔者在编译 C++ 代码时遇到了 ABI 问题，因此编译失败。在软件发行版的库文件重新编译之前，笔者不推荐在 C++ 下使用 Protobuf。

10.2 g2o

g2o 是一个用于优化基于图的非线性误差函数的开源 C++ 框架。g2o 被设计为可以很容易地扩展到各种各样的问题，一个新的问题通常可以在几行代码中指定。当前的实现为 SLAM 和 BA 的几个变体提供了解决方案。

注意：g2o 运用图论知识进行矩阵优化，因此需要读者对图论的概念有所了解。g2o 的顶点指的是图论中的顶点且边指的是图论中的边，这些和 SLAM 通常对应的含义有所不同。g2o 的图可能是图论中的图，也可能是 SLAM 中的图，因此在阅读本节时一定要根据上下文仔细区分。

机器人学和计算机视觉中的一系列问题涉及可以用图形表示的非线性误差函数的最小化。这些问题的总体目标是找到参数或状态变量的配置，以最大限度地解释受高斯噪声影响的一组测量。g2o 是用于此类非线性最小二乘问题的开源 C++ 框架。如上文所述，g2o 被设计为可以很容易地扩展到各种各样的问题，一个新的问题通常可以在几行代码中指定。当前的实现为 SLAM 和 BA 的几个变体提供了解决方案。在 2011 年 2 月之前，g2o 提供的性能可与针对特定问题的最先进方法的实施相媲美。

10.2.1　g2o 源码安装

首先安装 g2o 的依赖。安装 CMake，命令如下：

```
$ sudo dnf install cmake
```

安装 Eigen 的头文件，命令如下：

```
$ sudo dnf install eigen3-devel
```

安装 SuiteSparse 的头文件，命令如下：

```
$ sudo dnf install suitesparse-devel
```

安装 Qt5，命令如下：

```
$ sudo dnf install qt5-qtbase
```

安装 Qt5 的头文件，命令如下：

```
$ sudo dnf install qt5-qtbase-devel
```

安装 qmake 等工具命令，命令如下：

```
$ sudo dnf install qt5-qttools
```

安装 qt5-qtdeclarative，命令如下：

```
$ sudo dnf install qt5-qtdeclarative
```

安装 libQGLViewer 的头文件，命令如下：

```
$ sudo dnf install libQGLViewer-devel
$ sudo dnf install libQGLViewer-qt5-devel
```

获取 g2o 的源码，命令如下：

```
$ git clone https://github.com/RainerKuemmerle/g2o.git
```

进入 g2o 文件夹，命令如下：

```
$ cd g2o
```

新建 build 文件夹，命令如下：

```
$ mkdir build
```

进入 build 文件夹，命令如下：

```
$ cd build
```

编译 g2o，命令如下：

```
$ cmake ../
$ make -j8
```

10.2.2 g2o的文件格式

g2o的命令行工具和g2o_viewer都支持通过文件输入及输出数据，格式如下：

（1）以#开头的行视为注释。

（2）顶点满足“TAG ID CURRENT_ESTIMATE”的格式，其中，TAG被认为是已知的构造元素的顶点类的类名。

（3）面或约束满足“TAG ID_SET MEASUREMENT INFORMATION_MATRIX”的格式，其中，TAG被认为是已知的构造元素的面类的类名，ID_SET被认为是在这个面上发生连接的顶点的列表。

（4）附加信息满足“FIX ID_SET”的格式。附加信息允许指定一个修正过的顶点列表，并且保证修正过的顶点列表不会被优化矩阵改变。

在二维SLAM中专门支持的格式如下：

（1）二维机器人的位姿满足“VERTEX_SE2 i x y theta”的格式，其中，数据满足x_i=(x,y,theta)^T公式，其中，x和y代表变换且theta代表旋转。

（2）二维地标或特征满足“VERTEX_XY i x y”的格式，其中，数据满足p_i=(x,y)^T公式。

（3）视觉里程计或回环检测满足“EDGE_SE2 i j x y theta info(x,y,theta)”的格式，其中，z_ij=(x,y,theta)^T代表从x_i点到y_i点的移测。

在三维SLAM中专门支持的格式如下：

（1）三维机器人的姿态满足“VERTEX_SE3 i x y z qx qy qz qw”的格式，其中，数据满足x_i=(x,y,z,qx,qy,qz,qw)^T公式，其中，x、y和z代表变换且qx、qy、qz和qw代表四元数表示的旋转。

（2）三维的点满足“VERTEX_TRACKXYZ i x y z”的格式，其中，数据满足x_i=(x,y,z)^T公式，代表点(x,y,z)。

10.2.3 g2o的基本用法

1. g2o命令

g2o命令是g2o框架的核心命令。在执行g2o命令时，配合一组输入数据和不同的参数即可通过终端或外部文件得到变换后的输出数据。

在编写脚本应用（如Python应用）时无须关注内部的源码实现，而只需将g2o命令作为系统命令来调用即可完成数据处理，在实际使用时非常方便。

此外，有些开发者可能会利用g2o的源码，在编写C++应用时调用源码中的函数，这种做法也可以完成数据处理。

g2o支持g2o命令。g2o命令支持的参数如表10-1所示。

表 10-1　g2o 命令支持的参数

参　数	含　义
-computeMarginals	计算边缘协方差； 仅用于调试
-gain <double>	用于停止优化的增益； 默认为 1e−6
-gaugeId <int>	强制测量； 默认为−1
-gaugeList <vector_int>	设置测量列表； 用逗号隔开； 不允许包含空格； 例如 1,2,3,4,5
-gnudump <string>	导出 GNUPLOT 的数据文件
-guess	根据生成树初始化猜测
-guessOdometry	根据里程计初始化猜测
-guiout	GUI 输出
-i <int>	如果出现负增益，则进行 n 次迭代； 默认为 5
-ig <int>	在启用增益的前提下的最大迭代次数； 默认为 2 147 483 647
-inc	增量运行
-listRobustKernels	列出注册的稳健内核
-listSolvers	列出可用的解算器
-listTypes	列出注册的类型
-marginalize	启用或禁用边缘化
-nonSequential	仅在回环检测中且不使用里程计的场合之下启用稳健内核
-o <string>	输出图的最终版本
-printSolverProperties	打印解算器的详细信息
-renameTypes <string>	创建导入的类型导出到其他类型中的概览
-robustKernel <string>	指定使用的稳健错误函数
-robustKernelWidth <double>	指定使用的稳健内核的宽度； 仅在指定了使用的稳健错误函数时生效； 默认为−1
-solver <string>	指定向下取整的解算器； 可选 gn_var、lm_fix3_2、gn_fix6_3、lm_fix7_3； 默认为 gn_var
-solverProperties <string>	设置解算器的初始属性； 例如 initialLambda=0.0001,maxTrialsAfterFailure=2
-solverlib <string>	指定一个需要加载的解算器库

续表

参　　数	含　　义
-stats <string>	指定一个用于统计的文件名
-summary <string>	追加一个本次优化的简介； 在播放简介文件时也将其传递为一个参数
-typeslib <string>	指定一个需要加载的类型库
-update <int>	在 x 个里程计节点后更新； 默认为 10
-v	详细输出

2. g2o_online 命令

g2o 支持 g2o_online 命令。g2o_online 命令被设计为在线 g2o 的工具，支持的参数如表 10-2 所示。

表 10-2　g2o_online 命令支持的参数

参　　数	含　　义
-g	使用 GNUPLOT 可视化
-pcg	使用 PCG 分解，而不使用 Cholesky 分解
-update <int>	在插入 x 个节点后更新； 默认为 10
-v	详细输出

10.2.4　g2o 运行用例

1. ba_anchored_inverse_depth_demo 命令

g2o 支持 ba_anchored_inverse_depth_demo 命令。ba_anchored_inverse_depth_demo 命令被设计为一种锚定的逆深度的 BA 算法的用例。

ba_anchored_inverse_depth_demo 命令的用法为 ba_anchored_inverse_depth_demo [PIXEL_NOISE] [OUTLIER RATIO] [ROBUST_KERNEL] [SCHUR-TRICK]，参数含义如下：

(1) PIXEL_NOISE 代表图像空间内的噪声，默认为 1。

(2) OUTLIER_RATIO 代表假观测的比例，默认为 0.0。

(3) ROBUST_KERNEL 代表启用或禁用稳健内核，默认为 0 或 false。如果为真值，则代表启用稳健内核，否则禁用稳健内核。

(4) SCHUR-TRICK 代表启用或禁用 Schur 小波优化，默认为 1。如果为真值，则代表启用 Schur 小波优化，否则禁用 Schur 小波优化。

将图像空间内的噪声指定为 0.3、将假观测的比例指定为 0.3、启用稳健内核并启用 Schur 小波优化的命令如下：

```
$ ./ba_anchored_inverse_depth_demo 0.3 0.3 1 1
PIXEL_NOISE: 0.3
OUTLIER_RATIO: 0.3
ROBUST_KERNEL: 1
SCHUR-TRICK: 1

Performing full BA:
iteration = 0    chi2 = 913587.999980    time = 0.00810403    cumTime = 0.00810403
edges = 4552     schur = 1               lambda = 16.352928   levenbergIter = 1
iteration = 1    chi2 = 747542.915061    time = 0.00367121    cumTime = 0.0117752
edges = 4552     schur = 1               lambda = 5.450976    levenbergIter = 1
iteration = 2    chi2 = 709244.731304    time = 0.00504568    cumTime = 0.0168209
edges = 4552     schur = 1               lambda = 1.816992    levenbergIter = 1
iteration = 3    chi2 = 692888.212238    time = 0.01018       cumTime = 0.0270009
edges = 4552     schur = 1               lambda = 4.845312    levenbergIter = 3
iteration = 4    chi2 = 686482.454165    time = 0.00799934    cumTime = 0.0350003
edges = 4552     schur = 1               lambda = 12.920832   levenbergIter = 3
iteration = 5    chi2 = 682725.276832    time = 0.00708002    cumTime = 0.0420803
edges = 4552     schur = 1               lambda = 34.455552   levenbergIter = 3
iteration = 6    chi2 = 682242.201331    time = 0.00532232    cumTime = 0.0474026
edges = 4552     schur = 1               lambda = 45.940736   levenbergIter = 2
iteration = 7    chi2 = 681592.226770    time = 0.00350952    cumTime = 0.0509121
edges = 4552     schur = 1               lambda = 30.627157   levenbergIter = 1
iteration = 8    chi2 = 680713.078406    time = 0.00931501    cumTime = 0.0602271
edges = 4552     schur = 1               lambda = 40.836210   levenbergIter = 2
iteration = 9    chi2 = 679771.537581    time = 0.00571469    cumTime = 0.0659418
edges = 4552     schur = 1               lambda = 54.448280   levenbergIter = 2

Point error before optimisation (inliers only): 0.352681
Point error after optimisation (inliers only): 1.94794
```

2. ba_demo 命令

g2o 支持 ba_demo 命令。ba_demo 命令被设计为 BA 算法的用例。ba_demo 命令的用法为 ba_demo [PIXEL_NOISE] [OUTLIER RATIO] [ROBUST_KERNEL] [STRUCTURE_ONLY] [DENSE]，参数含义如下：

(1) PIXEL_NOISE 代表图像空间内的噪声，默认为 1。

(2) OUTLIER_RATIO 代表假观测的比例，默认为 0.0。

(3) ROBUST_KERNEL 代表启用或禁用稳健内核，默认为 0 或 false。如果为真值，则代表启用稳健内核，否则禁用稳健内核。

(4) STRUCTURE_ONLY 代表启用或禁用仅使用结构的 BA。启用仅使用结构的 BA 可以得到更好的初始化点的效果，默认为 0 或 false。如果为真值，则代表启用仅使用结构的 BA，否则禁用仅使用结构的 BA。

(5) DENSE 代表启用或禁用稠密矩阵的解算器，默认为 0 或 false。如果为真值，则代表启用稠密矩阵的解算器，否则禁用稠密矩阵的解算器。

将图像空间内的噪声指定为 0.3、将假观测的比例指定为 0.3、启用稳健内核、启用仅使用结构的 BA 并启用稠密矩阵的解算器的命令如下：

```
$ ./ba_demo 0.3 0.3 1 1 1
PIXEL_NOISE: 0.3
OUTLIER_RATIO: 0.3
ROBUST_KERNEL: 1
STRUCTURE_ONLY: 1
DENSE: 1
#Using DENSE poseDim 6 landMarkDim 3

Performing structure-only BA:

Performing full BA:
iteration = 0  chi2 = 748028.366641  time = 0.00508605        cumTime = 0.00508605
edges = 4911   schur = 1             lambda = 809.760119      levenbergIter = 1
iteration = 1  chi2 = 747634.345633  time = 0.00248698        cumTime = 0.00757303
edges = 4911   schur = 1             lambda = 269.920040      levenbergIter = 1
iteration = 2  chi2 = 747312.179147  time = 0.00229261        cumTime = 0.00986564
edges = 4911   schur = 1             lambda = 89.973347       levenbergIter = 1
iteration = 3  chi2 = 747178.330382  time = 0.00598135        cumTime = 0.015847
edges = 4911   schur = 1             lambda = 1919.431394     levenbergIter = 4
iteration = 4  chi2 = 747023.213273  time = 0.00493086        cumTime = 0.0207779
edges = 4911   schur = 1             lambda = 5118.483718     levenbergIter = 3
iteration = 5  chi2 = 746906.162612  time = 0.00607563        cumTime = 0.0268535
edges = 4911   schur = 1             lambda = 109194.319324   levenbergIter = 4
iteration = 6  chi2 = 746861.787662  time = 0.00188774        cumTime = 0.0287412
edges = 4911   schur = 1             lambda = 72796.212883    levenbergIter = 1
iteration = 7  chi2 = 746796.349016  time = 0.00184576        cumTime = 0.030587
edges = 4911   schur = 1             lambda = 48530.808588    levenbergIter = 1
iteration = 8  chi2 = 746784.101835  time = 0.00186532        cumTime = 0.0324523
edges = 4911   schur = 1             lambda = 32353.872392    levenbergIter = 1
iteration = 9  chi2 = 746692.233374  time = 0.00759238        cumTime = 0.0400447
edges = 4911   schur = 1             lambda = 353390563.516262levenbergIter = 6

Point error before optimisation (inliers only): 1.93064
Point error after optimisation (inliers only): 0.158568
```

3. bal_example 命令

g2o 支持 bal_example 命令。bal_example 命令的用法为 bal_example [options] graph-input，支持的参数如表 10-3 所示。

表 10-3 bal_example 命令支持的参数

参数	含义
-i <int>	进行 n 次迭代； 默认为 5
-o <string>	向 vrml 文件中写入点的信息
-pcg	使用 PCG 分解，而不使用 Cholesky 分解
-stats <string>	指定一个用于统计的文件名
-v	详细输出

4. gicp_demo 命令

g2o 支持 gicp_demo 命令。gicp_demo 命令被设计为一种 GICP 算法的用例。运行用例的命令如下：

```
$ ./gicp_demo
0 0 0 | 0 0 0 1
0 0 1 | 0 0 0 1
Initial chi2 = 7.885232
iteration = 0    chi2 = 0.613425    time = 0.000227753    cumTime = 0.000227753
edges = 1000     schur = 0          lambda = 1.199284     levenbergIter = 1
iteration = 1    chi2 = 0.210255    time = 0.000207499    cumTime = 0.000435252
edges = 1000     schur = 0          lambda = 0.399761     levenbergIter = 1
iteration = 2    chi2 = 0.206900    time = 0.00018927     cumTime = 0.000624522
edges = 1000     schur = 0          lambda = 0.266508     levenbergIter = 1
iteration = 3    chi2 = 0.206896    time = 0.00019346     cumTime = 0.000817982
edges = 1000     schur = 0          lambda = 0.177672     levenbergIter = 1
iteration = 4    chi2 = 0.206895    time = 0.000191155    cumTime = 0.00100914
edges = 1000     schur = 0          lambda = 0.118448     levenbergIter = 1

Second vertex should be near 0,0,1
0 0 0
0.00738643 -0.00577046    0.998051
```

5. gicp_sba_demo 命令

g2o 支持 gicp_sba_demo 命令。gicp_sba_demo 命令被设计为一种 GICP+SBA 算法的用例。运行用例的命令如下：

```
$ ./gicp_sba_demo
0 0 0 | 0 0 0 1
0 0 1 | 0 0 0 1
Initialchi2 = 37.279170
iteration = 0    chi2 = 21.103486    time = 0.000571511    cumTime = 0.000571511
edges = 1000     schur = 0           lambda = 1.199187     levenbergIter = 1
iteration = 1    chi2 = 20.700885    time = 0.000520527    cumTime = 0.00109204
edges = 1000     schur = 0           lambda = 0.399729     levenbergIter = 1
```

```
iteration = 2    chi2 = 20.690371    time = 0.000487562    cumTime = 0.0015796
edges = 1000     schur = 0           lambda = 0.133243     levenbergIter = 1
iteration = 3    chi2 = 20.688044    time = 0.000487283    cumTime = 0.00206688
edges = 1000     schur = 0           lambda = 0.088829     levenbergIter = 1
iteration = 4    chi2 = 20.687495    time = 0.000525975    cumTime = 0.00259286
edges = 1000     schur = 0           lambda = 0.059219     levenbergIter = 1
iteration = 5    chi2 = 20.687381    time = 0.000513334    cumTime = 0.00310619
edges = 1000     schur = 0           lambda = 0.039479     levenbergIter = 1
iteration = 6    chi2 = 20.687366    time = 0.000586527    cumTime = 0.00369272
edges = 1000     schur = 0           lambda = 0.026320     levenbergIter = 1
iteration = 7    chi2 = 20.687364    time = 0.000529886    cumTime = 0.00422261
edges = 1000     schur = 0           lambda = 0.017546     levenbergIter = 1
iteration = 8    chi2 = 20.687364    time = 0.000495873    cumTime = 0.00471848
edges = 1000     schur = 0           lambda = 0.011698     levenbergIter = 1
iteration = 9    chi2 = 20.687364    time = 0.000434552    cumTime = 0.00515303
edges = 1000     schur = 0           lambda = 0.007798     levenbergIter = 1
iteration = 10   chi2 = 20.687364    time = 0.00047087     cumTime = 0.0056239
edges = 1000     schur = 0           lambda = 0.005199     levenbergIter = 1
iteration = 11   chi2 = 20.687364    time = 0.000432596    cumTime = 0.0060565
edges = 1000     schur = 0           lambda = 0.003466     levenbergIter = 1
iteration = 12   chi2 = 20.687364    time = 0.000534216    cumTime = 0.00659071
edges = 1000     schur = 0           lambda = 0.004621     levenbergIter = 2
iteration = 13   chi2 = 20.687364    time = 0.0011843      cumTime = 0.00777501
edges = 1000     schur = 0           lambda = 166499037518199.875000
levenbergIter = 10

Second vertex should be near 0,0,1
0 0 0
0.107556 -0.082586  0.981403
```

6. sba_demo 命令

g2o 支持 sba_demo 命令。sba_demo 命令被设计为一种 SBA 算法的用例。运行用例的命令如下：

```
$ ./sba_demo

Please type:
ba_demo [PIXEL_NOISE] [OUTLIER RATIO] [ROBUST_KERNEL] [STRUCTURE_ONLY] [DENSE]
```

注意：sba_demo 命令已被弃用。

10.2.5 g2o 的拟合命令

1. circle_fit 命令

g2o 支持 circle_fit 命令。circle_fit 命令被设计为圆形拟合工具。circle_fit 命令支持的参数如表 10-4 所示。

表 10-4 circle_fit 命令支持的参数

参　　数	含　　义
-i <int>	进行 x 次迭代； 默认为 10
-numPoints <int>	曲线的采样点的数量； 默认为 50
-v	详细输出

进行 20 次迭代、曲线的采样点的数量为 100 并详细输出的命令如下：

```
$ ./circle_fit 20 100
#Using DENSE poseDim -1 landMarkDim -1
Iterative least squares solution
center of the circle 4.01025  1.9892
radius of the cirlce 1.99265
error 0.28054

Linear least squares solution
center of the circle 4.01018 1.98903
radius of the cirlce 1.99336
error 0.280591
```

2. curve_fit 命令

g2o 支持 curve_fit 命令。curve_fit 命令被设计为曲线拟合工具。curve_fit 命令支持的参数如表 10-5 所示。

表 10-5 curve_fit 命令支持的参数

参　　数	含　　义
-dump <string>	将点导出到文件中； 指定此文件名
-i <int>	进行 x 次迭代； 默认为 10
-numPoints <int>	曲线的采样点的数量； 默认为 50
-v	详细输出

将导出文件名指定为 cfresult.g2o、进行 20 次迭代、曲线的采样点的数量为 100 并详细输出的命令如下：

```
$ ./curve_fit -dump cfresult.g2o -i 20 -numPoints 100
#Using DENSE poseDim -1 landMarkDim -1
Target curve
```

```
a * exp(-lambda * x) + b
Iterative least squares solution
a        = 2.0047
b        = 0.397598
lambda   = 0.199425
```

3. polynomial_fit 命令

g2o 支持 polynomial_fit 命令。polynomial_fit 命令被设计为一种用于多项式拟合的工具。多项式拟合 3、4 和 5 的命令如下：

```
$ ./polynomial_fit 3 4 5
Ground truth vector = -0.729046  0.670017  0.937736
iteration = 0 chi2 = 34603.794120 time = 7.5778e-05        cumTime = 7.5778e-05
edges = 4      schur = 0          lambda = 0.001333        levenbergIter = 1
iteration = 1 chi2 = 34603.794117 time = 1.8997e-05        cumTime = 9.4775e-05
edges = 4      schur = 0          lambda = 0.000889        levenbergIter = 1
iteration = 2 chi2 = 34603.794117 time = 4.8191e-05        cumTime = 0.000142966
edges = 4      schur = 0          lambda = 29.127116       levenbergIter = 5
Computed parameters = 9.49263
iteration = 0 chi2 = 2822.006004  time = 3.8623e-05        cumTime = 3.8623e-05
edges = 4      schur = 0          lambda = 0.015302        levenbergIter = 1
iteration = 1 chi2 = 2822.005973  time = 2.3747e-05        cumTime = 6.237e-05
edges = 4      schur = 0          lambda = 0.010201        levenbergIter = 1
iteration = 2 chi2 = 2822.005973  time = 5.8178e-05        cumTime = 0.000120548
edges = 4      schur = 0          lambda = 701025441.791098  levenbergIter = 8
Computed parameters = 11.521 2.69848
iteration = 0 chi2 = 6.571582     time = 4.6165e-05        cumTime = 4.6165e-05
edges = 4      schur = 0          lambda = 0.253996        levenbergIter = 1
iteration = 1 chi2 = 2.049735     time = 2.0533e-05        cumTime = 6.6698e-05
edges = 4      schur = 0          lambda = 0.084665        levenbergIter = 1
iteration = 2 chi2 = 2.048841     time = 1.7879e-05        cumTime = 8.4577e-05
edges = 4      schur = 0          lambda = 0.056444        levenbergIter = 1
iteration = 3 chi2 = 2.048841     time = 1.7041e-05        cumTime = 0.000101618
edges = 4      schur = 0          lambda = 0.037629        levenbergIter = 1
iteration = 4 chi2 = 2.048841     time = 4.1067e-05        cumTime = 0.000142685
edges = 4      schur = 0          lambda = 25.688139       levenbergIter = 5
iteration = 5 chi2 = 2.048841     time = 1.8508e-05        cumTime = 0.000161193
edges = 4      schur = 0          lambda = 17.125426       levenbergIter = 1
iteration = 6 chi2 = 2.048841     time = 4.4349e-05        cumTime = 0.000205542
edges = 4      schur = 0          lambda = 730.684835      levenbergIter = 4
iteration = 7 chi2 = 2.048841     time = 9.254e-05         cumTime = 0.000298082
edges = 4      schur = 0          lambda = 50212279551423.312500  levenbergIter = 8
Computed parameters =  -0.567 0.712067 0.923187
iteration = 0 chi2 = 2822.006805  time = 3.2406e-05        cumTime = 3.2406e-05
edges = 4      schur = 0          lambda = 0.015302        levenbergIter = 1
iteration = 1 chi2 = 2822.005973  time = 1.6343e-05        cumTime = 4.8749e-05
```

```
edges = 4           schur = 0              lambda = 0.010201         levenbergIter = 1
iteration = 2       chi2 = 2822.005973     time = 1.5575e-05         cumTime = 6.4324e-05
edges = 4           schur = 0              lambda = 0.006801         levenbergIter = 1
iteration = 3       chi2 = 2822.005973     time = 5.6292e-05         cumTime = 0.000120616
edges = 4           schur = 0              lambda = 9508.269197      levenbergIter = 7
iteration = 4       chi2 = 2822.005973     time = 2.4095e-05         cumTime = 0.000144711
edges = 4           schur = 0              lambda = 12677.692263     levenbergIter = 2
iteration = 5       chi2 = 2822.005973     time = 1.8647e-05         cumTime = 0.000163358
edges = 4           schur = 0              lambda = 25355.384525     levenbergIter = 1
Computed parameters = 11.521 2.69848
iteration = 0       chi2 = 34603.794117    time = 3.5619e-05         cumTime = 3.5619e-05
edges = 4           schur = 0              lambda = 0.001333         levenbergIter = 1
iteration = 1       chi2 = 34603.794117    time = 1.5575e-05         cumTime = 5.1194e-05
edges = 4           schur = 0              lambda = 0.000889         levenbergIter = 1
iteration = 2       chi2 = 34603.794117    time = 3.4292e-05         cumTime = 8.5486e-05
edges = 4           schur = 0              lambda = 0.001778         levenbergIter = 1
Computed parameters = 9.49263
```

4. static_dynamic_function_fit 命令

g2o 支持 static_dynamic_function_fit 命令。static_dynamic_function_fit 命令被设计为一种用于静态＋动态函数拟合的工具。静态＋动态函数拟合 3、4 和 5 的命令如下：

```
$ ./static_dynamic_function_fit 3 4 5
Ground truth vectors f = -0.729046  0.670017  0.937736; p = -0.557932 -0.383666
0.0944412
iteration = 0    chi2 = 395114.340368    time = 9.8336e-05        cumTime = 9.8336e-05
edges = 4        schur = 0               lambda = 6.997294        levenbergIter = 1
iteration = 1    chi2 = 394598.482714    time = 3.1918e-05        cumTime = 0.000130254
edges = 4        schur = 0               lambda = 2.332431        levenbergIter = 1
iteration = 2    chi2 = 394598.349894    time = 3.9111e-05        cumTime = 0.000169365
edges = 4        schur = 0               lambda = 0.777477        levenbergIter = 1
iteration = 3    chi2 = 394598.349894    time = 0.000115866       cumTime = 0.000285231
edges = 4        schur = 0               lambda = 16984.245910 levenbergIter = 6
iteration = 4    chi2 = 394598.349894    time = 3.4152e-05        cumTime = 0.000319383
edges = 4        schur = 0               lambda = 11322.830607 levenbergIter = 1
iteration = 5    chi2 = 394598.349893    time = 3.1498e-05        cumTime = 0.000350881
edges = 4        schur = 0               lambda = 7548.553738     levenbergIter = 1
iteration = 6    chi2 = 394598.349892    time = 2.7657e-05        cumTime = 0.000378538
edges = 4        schur = 0               lambda = 5032.369158     levenbergIter = 1
iteration = 7    chi2 = 394598.349891    time = 2.7658e-05        cumTime = 0.000406196
edges = 4        schur = 0               lambda = 3354.912772     levenbergIter = 1
iteration = 8    chi2 = 394598.349890    time = 2.6121e-05        cumTime = 0.000432317
edges = 4        schur = 0               lambda = 2236.608515     levenbergIter = 1
iteration = 9    chi2 = 394598.349889    time = 2.7308e-05        cumTime = 0.000459625
edges = 4        schur = 0               lambda = 1491.072343     levenbergIter = 1
Computed parameters: f = -3.68184 -33.3213  -1.0451; p = 4.4725
```

```
iteration = 0  chi2 = 105632.084377  time = 7.8292e-05     cumTime = 7.8292e-05
edges = 4      schur = 0             lambda = 146.866679   levenbergIter = 1
iteration = 1  chi2 = 18749.426321   time = 5.2591e-05     cumTime = 0.000130883
edges = 4      schur = 0             lambda = 48.955560    levenbergIter = 1
iteration = 2  chi2 = 8988.788523    time = 5.8247e-05     cumTime = 0.00018913
edges = 4      schur = 0             lambda = 16.318520    levenbergIter = 1
iteration = 3  chi2 = 8795.760918    time = 4.0159e-05     cumTime = 0.000229289
edges = 4      schur = 0             lambda = 5.439507     levenbergIter = 1
iteration = 4  chi2 = 8795.215532    time = 4.9028e-05     cumTime = 0.000278317
edges = 4      schur = 0             lambda = 1.813169     levenbergIter = 1
iteration = 5  chi2 = 8795.215321    time = 4.5397e-05     cumTime = 0.000323714
edges = 4      schur = 0             lambda = 1.208779     levenbergIter = 1
iteration = 6  chi2 = 8795.215320    time = 3.9669e-05     cumTime = 0.000363383
edges = 4      schur = 0             lambda = 0.805853     levenbergIter = 1
iteration = 7  chi2 = 8795.215320    time = 7.8571e-05     cumTime = 0.000441954
edges = 4      schur = 0             lambda = 17604.123796 levenbergIter = 6
iteration = 8  chi2 = 8795.215320    time = 4.6585e-05     cumTime = 0.000488539
edges = 4      schur = 0             lambda = 11736.082531 levenbergIter = 1
iteration = 9  chi2 = 8795.215320    time = 4.1136e-05     cumTime = 0.000529675
edges = 4      schur = 0             lambda = 7824.055021  levenbergIter = 1
Computed parameters: f = -5.7378 -3.67707  5.53315; p = 0.665449 -0.816675
iteration = 0  chi2 = 7597.053095    time = 7.3543e-05     cumTime = 7.3543e-05
edges = 4      schur = 0             lambda = 3304.187308  levenbergIter = 1
iteration = 1  chi2 = 6341.442420    time = 4.0647e-05     cumTime = 0.00011419
edges = 4      schur = 0             lambda = 1101.395769  levenbergIter = 1
iteration = 2  chi2 = 4871.264793    time = 9.7289e-05     cumTime = 0.000211479
edges = 4      schur = 0             lambda = 367.131923   levenbergIter = 1
iteration = 3  chi2 = 2995.970504    time = 3.8762e-05     cumTime = 0.000250241
edges = 4      schur = 0             lambda = 122.377308   levenbergIter = 1
iteration = 4  chi2 = 976.992893     time = 3.7155e-05     cumTime = 0.000287396
edges = 4      schur = 0             lambda = 40.792436    levenbergIter = 1
iteration = 5  chi2 = 95.357587      time = 3.8622e-05     cumTime = 0.000326018
edges = 4      schur = 0             lambda = 13.597479    levenbergIter = 1
iteration = 6  chi2 = 4.578746       time = 3.7365e-05     cumTime = 0.000363383
edges = 4      schur = 0             lambda = 4.532493     levenbergIter = 1
iteration = 7  chi2 = 3.042530       time = 3.6247e-05     cumTime = 0.00039963
edges = 4      schur = 0             lambda = 1.510831     levenbergIter = 1
iteration = 8  chi2 = 3.039115       time = 3.4851e-05     cumTime = 0.000434481
edges = 4      schur = 0             lambda = 1.007221     levenbergIter = 1
iteration = 9  chi2 = 3.039115       time = 5.2032e-05     cumTime = 0.000486513
edges = 4      schur = 0             lambda = 0.671480     levenbergIter = 1
Computed parameters: f = -0.647385  0.671255  0.891278; p = -0.566313 -0.380165
0.0951
iteration = 0  chi2 = 13936.711223   time = 4.8749e-05     cumTime = 4.8749e-05
edges = 4      schur = 0             lambda = 146.866679   levenbergIter = 1
iteration = 1  chi2 = 9455.993106    time = 3.1638e-05     cumTime = 8.0387e-05
```

```
edges = 4       schur = 0             lambda = 48.955560       levenbergIter = 1
iteration = 2   chi2 = 8812.720898    time = 4.4209e-05        cumTime = 0.000124596
edges = 4       schur = 0             lambda = 16.318520       levenbergIter = 1
iteration = 3   chi2 = 8795.279979    time = 8.2413e-05        cumTime = 0.000207009
edges = 4       schur = 0             lambda = 5.439507        levenbergIter = 1
iteration = 4   chi2 = 8795.215345    time = 3.4781e-05        cumTime = 0.00024179
edges = 4       schur = 0             lambda = 1.813169        levenbergIter = 1
iteration = 5   chi2 = 8795.215320    time = 4.0229e-05        cumTime = 0.000282019
edges = 4       schur = 0             lambda = 1.208779        levenbergIter = 1
iteration = 6   chi2 = 8795.215320    time = 6.4882e-05        cumTime = 0.000346901
edges = 4       schur = 0             lambda = 825.193301      levenbergIter = 5
iteration = 7   chi2 = 8795.215320    time = 6.2508e-05        cumTime = 0.000409409
edges = 4       schur = 0             lambda = 35208.247519    levenbergIter = 4
iteration = 8   chi2 = 8795.215320    time = 5.0496e-05        cumTime = 0.000459905
edges = 4       schur = 0             lambda = 46944.330025    levenbergIter = 2
iteration = 9   chi2 = 8795.215320    time = 4.6794e-05        cumTime = 0.000506699
edges = 4       schur = 0             lambda = 62592.440033    levenbergIter = 2
Computed parameters: f = -5.7378 -3.67705  5.53316; p = 0.665446 -0.816676
iteration = 0   chi2 = 394907.197065   time = 5.1403e-05       cumTime = 5.1403e-05
edges = 4       schur = 0              lambda = 6.997298       levenbergIter = 1
iteration = 1   chi2 = 394598.376825   time = 3.1429e-05       cumTime = 8.2832e-05
edges = 4       schur = 0              lambda = 2.332433       levenbergIter = 1
iteration = 2   chi2 = 394598.349889   time = 2.214e-05        cumTime = 0.000104972
edges = 4       schur = 0              lambda = 0.777478       levenbergIter = 1
iteration = 3   chi2 = 394598.349888   time = 1.8159e-05       cumTime = 0.000123131
edges = 4       schur = 0              lambda = 0.518318       levenbergIter = 1
iteration = 4   chi2 = 394598.349888   time = 5.0076e-05       cumTime = 0.000173207
edges = 4       schur = 0              lambda = 11322.837260   levenbergIter = 6
iteration = 5   chi2 = 394598.349888   time = 1.8578e-05       cumTime = 0.000191785
edges = 4       schur = 0              lambda = 7548.558174    levenbergIter = 1
iteration = 6   chi2 = 394598.349888   time = 4.3301e-05       cumTime = 0.000235086
edges = 4       schur = 0              lambda = 5153149.046511 levenbergIter = 5
iteration = 7   chi2 = 394598.349888   time = 3.7715e-05       cumTime = 0.000272801
edges = 4       schur = 0              lambda = 5276824623.626864
levenbergIter = 4
Computed parameters: f = -3.68181 -33.3213 -1.04511; p = 4.4725
```

10.2.6 g2o的输出命令

1. constant_velocity_target 命令

g2o 支持 constant_velocity_target 命令。constant_velocity_target 命令被设计为输出恒定速度目标。输出恒定速度目标的命令如下：

```
./constant_velocity_target
iteration = 0   chi2 = 12775623.011176   time = 0.00491704   cumTime = 0.00491704
edges = 2000    schur = 0
```

```
iteration = 1 chi2 = 2913.945372 time = 0.00277787 cumTime = 0.0076949 edges = 2000
schur = 0
iteration = 2 chi2 = 2911.421851 time = 0.00228961 cumTime = 0.00998451 edges = 2000
schur = 0
iteration = 3 chi2 = 2911.421845 time = 0.00252455 cumTime = 0.0125091 edges = 2000
schur = 0
iteration = 4 chi2 = 2911.421849 time = 0.00260578 cumTime = 0.0151148 edges = 2000
schur = 0
number of vertices:1001
number of edges:2000
state =
21892.2
20345.2
-10288.9
0.657454
8.69835
-20.3356
v1 =
21889.8
20326.3
-10246.9
1.72463
10.2751
-20.8465
v2 =
21891.3
20336.2
-10267.4
1.26844
9.63168
-20.1566
delta state =
  1.49659
  9.95331
-20.5014
-0.456188
-0.643375
0.689895
```

2. static_target 命令

g2o 支持 static_target 命令。static_target 命令被设计为输出静态目标，命令如下：

```
$ ./static_target
iteration = 0  chi2 = 29.444467  time = 3.1428e-05  cumTime = 3.1428e-05  edges
= 10  schur = 0
iteration = 1  chi2 = 29.443946  time = 1.1454e-05  cumTime = 4.2882e-05  edges
= 10  schur = 0
```

```
iteration = 2 chi2 = 29.443946 time = 1.2432e-05 cumTime = 5.5314e-05 edges = 10
schur = 0
iteration = 3 chi2 = 29.443946 time = 9.08e-06 cumTime = 6.4394e-05 edges = 10
schur = 0
iteration = 4 chi2 = 29.443946 time = 1.0895e-05 cumTime = 7.5289e-05 edges = 10
schur = 0
truePoint =
468.868
335.009
-364.523
computed estimate =
469.419
334.968
-364.748
covariance
RBI: 1 3
CBI: 1 3
BLOCK: 0 0
0.100002        -0        -0
      -0 0.100002        -0
      -0        -0 0.100002

0x2423340
```

10.2.7　g2o 的转换命令

1. convert_sba_slam3d 命令

g2o 支持 convert_sba_slam3d 命令。convert_sba_slam3d 命令被设计为将 SBA 数据转换为三维 SLAM 数据的工具，用法为 convert_sba_slam3d gm2dl-input gm2dl-output。

2. convertSegmentLine 命令

g2o 支持 convertSegmentLine 命令。convertSegmentLine 命令被设计为转换分段线的工具，用法为 convertSegmentLine [options] [graph-input]，支持-o 参数，用于输出图的最终版本。

3. g2o_anonymize_observations 命令

g2o 支持 g2o_anonymize_observations 命令。g2o_anonymize_observations 命令被设计为用于匿名化观察数据的工具，用法为 g2o_anonymize_observations [options] [graph-output]，支持-o 参数，用于指定输出图的文件名。

10.2.8　g2o 制造数据

1. create_sphere 命令

g2o 支持 create_sphere 命令。create_sphere 命令被设计为创建 g2o 的球体数据的工具，支持的参数如表 10-6 所示。

表 10-6 create_sphere 命令支持的参数

参 数	含 义
-laps <int>	机器人绕球体旋转的圈数； 默认为 50
-nodesPerLevel <int>	球体上每圈的节点数； 默认为 50
-noiseRotation <vector_double>	设置旋转的噪声级别； 用分号隔开； 不允许包含空格； 例如 0.001;0.001;0.001
-noiseTranslation <vector_double>	设置平移的噪声级别； 用分号隔开； 不允许包含空格； 例如 0.1;0.1;0.1
-o <string>	输出图的文件名； 默认为字符串-
-radius <double>	球体半径； 默认为 100
-randomSeed	使用随机种子生成球体

g2o 绘制球体并保存到 sp.g2o 文件中的命令如下：

```
$ ./create_sphere -o sp.g2o
```

2. g2o_hierarchical 命令

g2o 支持 g2o_hierarchical 命令。g2o_hierarchical 命令被设计为用于创建层次图的工具，用法为 g2o_hierarchical [options] [graph-input]，支持的参数如表 10-7 所示。

表 10-7 g2o_hierarchical 命令支持的参数

参 数	含 义
-computeMarginals	计算边缘协方差； 仅用于调试
-Debug	输出调试信息
-gnudump <string>	导出 GNUPLOT 的数据文件
-guess	根据生成树初始化猜测
-guiout	GUI 输出
-hi <int>	迭代 n 次用于构造层次图； 默认为 100

续表

参　　数	含　　义
-hierarchicalDiameter <int>	选择层次图中星形的直径； 默认为－1
-hsolver <string>	选择高阶解算器； 默认为 gn_var_cholmod
-huberWidth <double>	指定稳健 Huber 内核的宽度； 仅在指定使用的稳健错误函数时生效； 默认为－1
-li <int>	在低阶进行 n 次迭代； 默认为 100
-listRobustKernels	列出注册的稳健内核
-listSolvers	列出可用的解算器
-listTypes	列出注册的类型
-o <string>	输出图的最终版本
-renameTypes <string>	创建导入的类型导出到其他类型中的概览
-robustKernel <string>	指定使用的稳健错误函数
-robustKernelWidth <double>	指定使用的稳健内核的宽度； 仅在指定了使用的稳健错误函数时生效； 默认为－1
-si <int>	在建立星形时进行 n 次迭代； 默认为 30
-solver <string>	指定向下取整的解算器； 默认为 lm_var_cholmod
-solverlib <string>	指定一个需要加载的解算器库
-summary <string>	追加一个本次优化的简介； 在播放简介文件时也将其传递为一个参数
-typeslib <string>	指定一个需要加载的类型库
-uThreshold <double>	欠定顶点的拒绝阈值； 默认为－1
-update <int>	在 x 个节点后更新； 默认为 10
-v	详细输出

3. g2o_incremental 命令

g2o 支持 g2o_incremental 命令 g2o_incremental 命令被设计为用于创建增量图的工具，支持的参数如表 10-8 所示。

表 10-8 g2o_incremental 命令支持的参数

参　　数	含　　义
-batch <int>	在插入 n 个节点后，批量进行 Cholesky 分解； 默认为 100
-g	使用 GNUPLOT 可视化
-i <int>	进行 n 次迭代； 默认为 5
-o <string>	输出图的最终版本
-update <int>	在插入 x 个节点后更新； 默认为 10
-v	详细输出

打开球体数据 sp.g2o 并在插入 50 个节点后批量进行 Cholesky 分解，进行 100 次迭代创建增量图并使用 GNUPLOT 可视化的命令如下：

```
$ ./g2o_incremental -i sp.g2o -batch 50 -g -update 100
Updating every 100
Batch step every 50
Parsing sp.g2o ... done.
#Using CHOLMOD online poseDim 6 landMarkDim 3 blockordering 1
FIRST EDGE fixing 0
b 100
b 200
b 300
b 400
b 500
b 600
b 700
b 800
b 900
b 1000
b 1100
b 1200
b 1300
b 1400
b 1500
b 1600
b 1700
b 1800
b 1900
b 2000
b 2100
b 2200
b 2300
```

```
b 2400
b 2500
-----------------------------------------
|                TICTOC STATISTICS               |
-----------------------------------------
parsing        numCalls = 1 total = 0.0650 avg = 0.0650 min = 0.0650 max = 0.0650
ema = 0.0650
inc_optimize   numCalls = 1 total = 20.0037 avg = 20.0037 min = 20.0037 max = 20.0037
ema = 20.0037
-----------------------------------------
```

可视化的结果如图 10-1 所示。

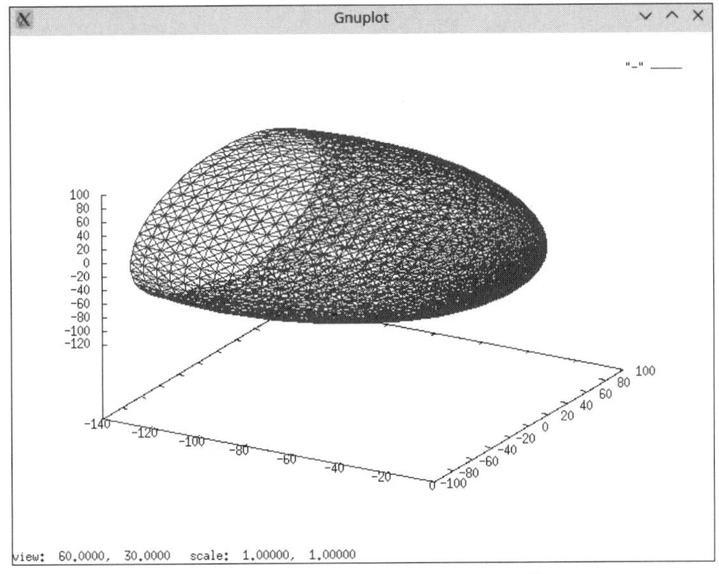

图 10-1 使用 GNUPLOT 可视化的结果

4. tutorial_slam2d 命令

g2o 支持 tutorial_slam2d 命令。tutorial_slam2d 命令被设计为输出二维 SLAM 的测试数据,命令如下:

```
$ ./tutorial_slam2d
Simulator: sampling nodes ...done.
Simulator: Creating landmarks ... done.
Simulator: Simulating landmark observations for the poses ... done.
Simulator: Adding odometry measurements ... done.
Simulator: add landmark observations ... done.
Optimization: Adding robot poses ... done.
Optimization: Adding odometry measurements ... done.
Optimization: add landmark vertices ... done.
Optimization: add landmark observations ... done.
```

```
Optimizing
iteration = 0    chi2 = 1002274.893732    time = 0.0154643    cumTime = 0.0154643
edges = 4945     schur = 0
iteration = 1    chi2 = 12592.848570      time = 0.0112882    cumTime = 0.0267524
edges = 4945     schur = 0
iteration = 2    chi2 = 7488.118760       time = 0.00977596   cumTime = 0.0365284
edges = 4945     schur = 0
iteration = 3    chi2 = 7482.191639       time = 0.0107082    cumTime = 0.0472366
edges = 4945     schur = 0
iteration = 4    chi2 = 7482.191475       time = 0.00892125   cumTime = 0.0561578
edges = 4945     schur = 0
iteration = 5    chi2 = 7482.191415       time = 0.0116213    cumTime = 0.0677791
edges = 4945     schur = 0
iteration = 6    chi2 = 7482.191425       time = 0.00958174   cumTime = 0.0773609
edges = 4945     schur = 0
iteration = 7    chi2 = 7482.191415       time = 0.0100097    cumTime = 0.0873706
edges = 4945     schur = 0
iteration = 8    chi2 = 7482.191434       time = 0.0126787    cumTime = 0.100049
edges = 4945     schur = 0
iteration = 9    chi2 = 7482.191420       time = 0.00867226   cumTime = 0.108722
edges = 4945     schur = 0
done.
```

10.2.9 g2o的模拟器命令

1. g2o_simulator2d 命令

g2o 支持 g2o_simulator2d 命令。g2o_simulator2d 命令被设计为二维 g2o 模拟器，用法为 g2o_simulator2d [options] [graph-output]，支持的参数如表 10-9 所示。

表 10-9 g2o_simulator2d 命令支持的参数

参　数	含　义
-hasCompass	指定当前的机器人具有罗盘
-hasGPS	指定当前的机器人具有 GPS
-hasOdom	指定当前的机器人具有里程计
-hasPointBearingSensor	指定当前的机器人具有点方位传感器
-hasPointSensor	指定当前的机器人具有点传感器
-hasPoseSensor	指定当前的机器人具有分段传感器
-maxSegmentLength <double>	在世界中的最大分段； 默认为 3
-minSegmentLength <double>	在世界中的最小分段； 默认为 0.5

续表

参　　数	含　　义
-nSegments <int>	分段数量； 默认为 1000
-nlandmarks <int>	在图中的地标数量； 默认为 100
-segmentGridSize <int>	网格中要对齐分段的网格单元数； 默认为 50
-simSteps <int>	仿真步数； 默认为 100
-worldSize <double>	世界的大小； 默认为 25

打开示例输出数据 tutorial_after.g2o，指定当前的机器人具有罗盘且指定当前的机器人具有 GPS，模拟二维 g2o 的命令如下：

```
$ ./g2o_simulator2d -hasCompass -hasGPS tutorial_after.g2o
nSegments = 1000
msmsmsmsmsmsmsmsmsmsmsmsmsmsmsmsmsmsmsmsmsmsmsmsmsmsmsmsmsmsmsmsmsmsmsmsmsmsmsms
msmsmsmsmsmsmsmsmsmsmsmsmsmsmsmsmsmsmsmsmsmsmsmsmsmsmsmsmsmsmsmsmsmsmsmsmsmsmsms
msmsmsmsmsmsmsmsmsmsmsmsmsmsmsmsmsmsmsmsmsmsmsmsms
```

2. g2o_simulator3d 命令

g2o 支持 g2o_simulator3d 命令。g2o_simulator3d 命令被设计为三维 g2o 模拟器，用法为 g2o_simulator3d [options] [graph-output]，支持的参数如表 10-10 所示。

表 10-10　g2o_simulator3d 命令支持的参数

参　　数	含　　义
-hasCompass	指定当前的机器人具有罗盘
-hasGPS	指定当前的机器人具有 GPS
-hasOdom	指定当前的机器人具有里程计
-hasPointBearingSensor	指定当前的机器人具有点方位传感器
-hasPointSensor	指定当前的机器人具有点传感器
-hasPoseSensor	指定当前的机器人具有分段传感器
-nlandmarks <int>	在图中的地标数量； 默认为 100
-simSteps <int>	仿真步数； 默认为 100
-worldSize <double>	世界的大小； 默认为 25

打开示例输出数据 tutorial_after.g2o，指定当前的机器人具有罗盘且指定当前的机器

人具有 GPS，模拟三维 g2o 的命令如下：

```
$ ./g2o_simulator3d -hasCompass -hasGPS tutorial_after.g2o
msmsmsmsmsmsmsmsmsmsmsmsmsmsmsmsmsmsmsmsmsmsmsmsmsmsmsmsmsmsmsmsmsms
msmsmsmsmsmsmsmsmsmsmsmsmsmsmsmsmsmsmsmsmsmsmsmsmsmsmsmsmsmsmsmsmsms
msmsmsmsmsmsmsmsmsmsmsmsmsmsmsmsmsmsmsmsmsmsmsms
```

10.2.10 g2o 的优化命令

1. optimize_sphere_by_sim3 命令

g2o 支持 optimize_sphere_by_sim3 命令。optimize_sphere_by_sim3 命令被设计为一种用于通过三维模拟来优化球体数据的工具。通过三维模拟来优化球体数据 sp.g2o 的命令如下：

```
$ ./optimize_sphere_by_sim3 sp.g2o
optimizing ...
iteration = 0    chi2 = 48157.054171    time = 1.79179     cumTime = 1.79179
edges = 9799     schur = 0              lambda = 0.014847  levenbergIter = 1
iteration = 1    chi2 = 11665.977185    time = 1.69552     cumTime = 3.48731
edges = 9799     schur = 0              lambda = 0.009898  levenbergIter = 1
iteration = 2    chi2 = 1905.538282     time = 1.70218     cumTime = 5.18949
edges = 9799     schur = 0              lambda = 0.006180  levenbergIter = 1
iteration = 3    chi2 = 270.191827      time = 1.72559     cumTime = 6.91507
edges = 9799     schur = 0              lambda = 0.002060  levenbergIter = 1
iteration = 4    chi2 = 114.264384      time = 1.86508     cumTime = 8.78015
edges = 9799     schur = 0              lambda = 0.000687  levenbergIter = 1
iteration = 5    chi2 = 52.537482       time = 1.80021     cumTime = 10.5804
edges = 9799     schur = 0              lambda = 0.000458  levenbergIter = 1
iteration = 6    chi2 = 16.085526       time = 1.7757      cumTime = 12.3561
edges = 9799     schur = 0              lambda = 0.000153  levenbergIter = 1
iteration = 7    chi2 = 7.015604        time = 1.75231     cumTime = 14.1084
edges = 9799     schur = 0              lambda = 0.000051  levenbergIter = 1
iteration = 8    chi2 = 5.248070        time = 1.83734     cumTime = 15.9457
edges = 9799     schur = 0              lambda = 0.000017  levenbergIter = 1
iteration = 9    chi2 = 4.908221        time = 1.79931     cumTime = 17.745
edges = 9799     schur = 0              lambda = 0.000006  levenbergIter = 1
iteration = 10   chi2 = 4.828412        time = 1.72832     cumTime = 19.4733
edges = 9799     schur = 0              lambda = 0.000002  levenbergIter = 1
iteration = 11   chi2 = 4.772855        time = 1.79761     cumTime = 21.271
edges = 9799     schur = 0              lambda = 0.000001  levenbergIter = 1
iteration = 12   chi2 = 4.650048        time = 1.70229     cumTime = 22.9732
edges = 9799     schur = 0              lambda = 0.000000  levenbergIter = 1
iteration = 13   chi2 = 4.442337        time = 1.72475     cumTime = 24.698
edges = 9799     schur = 0              lambda = 0.000000  levenbergIter = 1
iteration = 14   chi2 = 4.264223        time = 1.8249      cumTime = 26.5229
edges = 9799     schur = 0              lambda = 0.000000  levenbergIter = 1
```

```
iteration = 15    chi2 = 4.207679    time = 1.85187                cumTime = 28.3748
edges = 9799      schur = 0          lambda = 0.000000             levenbergIter = 1
iteration = 16    chi2 = 4.202022    time = 1.80034                cumTime = 30.1751
edges = 9799      schur = 0          lambda = 0.000000             levenbergIter = 1
iteration = 17    chi2 = 4.201980    time = 1.7878                 cumTime = 31.9629
edges = 9799      schur = 0          lambda = 0.000000             levenbergIter = 1
iteration = 18    chi2 = 4.201930    time = 1.73615                cumTime = 33.699
edges = 9799      schur = 0          lambda = 0.000000             levenbergIter = 1
iteration = 19    chi2 = 4.201929    time = 1.80903                cumTime = 35.5081
edges = 9799      schur = 0          lambda = 0.000000             levenbergIter = 1
iteration = 20    chi2 = 4.201929    time = 1.76973                cumTime = 37.2778
edges = 9799      schur = 0          lambda = 0.000000             levenbergIter = 1
iteration = 21    chi2 = 4.201929    time = 8.43528                cumTime = 45.7131
edges = 9799      schur = 0          lambda = 0.000001             levenbergIter = 5
iteration = 22    chi2 = 4.201929    time = 1.80061                cumTime = 47.5137
edges = 9799      schur = 0          lambda = 0.000000             levenbergIter = 1
iteration = 23    chi2 = 4.201929    time = 16.8818                cumTime = 64.3955
edges = 9799      schur = 0          lambda = 10899140.958180      levenbergIter = 10
saving optimization results in VertexSE3...
```

只要看到 saving optimization results in VertexSE3...字样即代表优化成功。优化后的球体数据被保存在 result.g2o 文件中。

2. simple_optimize 命令

g2o 支持 simple_optimize 命令。simple_optimize 命令被设计为一种用于简单优化的工具,用法为 simple_optimize [options] graph-input,支持的参数如表 10-11 所示。

表 10-11 simple_optimize 命令支持的参数

参　　数	含　　义
-i <int>	进行 n 次迭代; 如果为负数,则指定的是增益
-o <string>	输出图的最终版本

简单优化球体数据 sp.g2o 的命令如下:

```
$ ./simple_optimize sp.g2o
#Using EigenSparseCholesky poseDim -1 landMarkDim -1 blockordering 1
iteration = 0  chi2 = 1023035402.060809  time = 1.08034       cumTime = 1.08034
edges = 9799   schur = 0                 lambda = 805.681002  levenbergIter = 1
iteration = 1  chi2 = 385175251.104630   time = 1.06879       cumTime = 2.14913
edges = 9799   schur = 0                 lambda = 537.120668  levenbergIter = 1
iteration = 2  chi2 = 166175064.507830   time = 0.962553      cumTime = 3.11168
edges = 9799   schur = 0                 lambda = 358.080445  levenbergIter = 1
iteration = 3  chi2 = 86246538.132282    time = 0.955751      cumTime = 4.06743
edges = 9799   schur = 0                 lambda = 238.720297  levenbergIter = 1
iteration = 4  chi2 = 39982412.159654    time = 1.02507       cumTime = 5.0925
edges = 9799   schur = 0                 lambda = 159.146865  levenbergIter = 1
iteration = 5  chi2 = 14177410.445492    time = 0.993891      cumTime = 6.08639
```

```
edges = 9799        schur = 0             lambda = 98.900632    levenbergIter = 1
iteration = 6       chi2 = 5850732.075619 time = 1.00506        cumTime = 7.09145
edges = 9799        schur = 0             lambda = 38.355761    levenbergIter = 1
iteration = 7       chi2 = 1624211.167156 time = 0.931378       cumTime = 8.02283
edges = 9799        schur = 0             lambda = 12.785254    levenbergIter = 1
iteration = 8       chi2 = 547020.145083  time = 0.904556       cumTime = 8.92739
edges = 9799        schur = 0             lambda = 4.261751     levenbergIter = 1
iteration = 9       chi2 = 295259.456765  time = 1.03385        cumTime = 9.96124
edges = 9799        schur = 0             lambda = 2.841167     levenbergIter = 1
```

3. simulator_3d_line 命令

g2o 支持 simulator_3d_line 命令。simulator_3d_line 命令被设计为一种模拟三维曲线优化的过程,支持的参数如表 10-12 所示。

表 10-12　simulator_3d_line 命令支持的参数

参　　数	含　　义
-fixLines	修复直线； 只进行本地化处理
-i <int>	进行 n 次迭代； 默认为 10
-lambdaInit <double>	指定 lambda 的初始值； 用于 Levenberg 算法求解
-listSolvers	列出可用的解算器
-planarMotion	指定当前的机器人在一个平面上运动
-robustKernel <string>	指定使用的稳健错误函数
-solver <string>	指定向下取整的解算器； 默认为 lm_var
-v	详细输出

模拟三维曲线优化的过程的命令如下：

```
$ ./simulator_3d_line
#Using EigenSparseCholesky poseDim -1 landMarkDim -1 blockordering 1
Creating simulator
Creating robot
Creating line sensor
Creating landmark line 1
Creating landmark line 2
Creating landmark line 3
msmsmsmsmsmsmsmsmsmsmsmsmsmsmsmsmsmsmsmsmsmsmsmsmsmsmsmsmsmsmsmsmsmsmsmsmsmsmsmsm
smsmsmsmsmsmsmsmsmsmsmsmsmsmsmsmsmsmsmsmsmsmsmsmsmsmsmsmsmsmsmsmsmsmsmsmsmsmsmsms
msmsmsmsmsmsmsmsmsmsmsmsmsmsmsmsmsmsmsmsmsmsmsmsmsmsmsmsmsmsmsmsmsmsmsmsmsmsmsmsm
smsmsmsmsmsmsmsmsmsmsmsmsmsmsmsmsmsmsmsmsmsmsmsmsmsmsmsmsmsmsmsmsmsmsmsmsmsmsmsms
msmsmsmsmsmsmsmsmsms
Saved graph on file line3d.g2o, use g2o_viewer to work with it.
```

4. simulator_3d_plane 命令

g2o 支持 simulator_3d_plane 命令。simulator_3d_plane 命令被设计为一种模拟三维平面优化的过程，支持的参数如表 10-13 所示。

表 10-13 simulator_3d_plane 命令支持的参数

参 数	含 义
-fixFirstPose	修复机器人的第 1 个姿势
-fixLines	修复直线； 只进行本地化处理
-fixSensor	修复机器人上的传感器位置
-fixTrajectory	修复轨迹
-i <int>	进行 n 次迭代； 默认为 5
-listSolvers	列出可用的解算器
-planarMotion	指定当前的机器人在一个平面上运动
-robustKernel <string>	指定使用的稳健内核函数
-solver <string>	指定向下取整的解算器； 默认为 lm_var
-v	详细输出

模拟三维平面优化的过程的命令如下：

```
$ ./simulator_3d_plane
graph
#Using EigenSparseCholesky poseDim -1 landMarkDim -1 blockordering 1
sim
robot
planeSensor
p1
p2
msmsmsmsmsmsmsmsmsmsmsmsmsmsmsmsmsmsmsmsmsmsmsmsmsmsmsmsmsmsmsmsmsmsmsmsmsmsmsms
msmsmsmsmsmsmsmsmsmsmsmsmsmsmsmsmsmsmsmsmsmsmsmsmsmsmsmsmsmsmsmsmsmsmsmsmsmsmsms
msmsmsmsmsmsmsmsmsmsmsmsmsmsmsmsmsmsmsmsmsmsmsmsmsmsmsmsmsmsmsmsmsmsmsmsmsmsmsms
msmsmsmsmsmsmsmsmsmsmsmsmsmsmsmsmsmsmsmsmsmsmsmsmsmsmsmsmsmsmsmsmsmsmsmsmsmsmsms
msmsmsmsmsmsmsmsCholesky failure, writingDebug. txt (Hessian loadable by
Octave)
error in computing the covariance
```

10.2.11 g2o 的校准命令

1.sclam_laser_calib 命令

g2o 支持 sclam_laser_calib 命令。sclam_laser_calib 命令被设计为一种用于校准激光器的工具，用法为 sclam_laser_calib [options] gm2dl-input，支持的参数如表 10-14 所示。

表 10-14 sclam_laser_calib 命令支持的参数

参数	含义
-gnudump <string>	导出 GNUPLOT 的数据文件
-guess	根据生成树初始化猜测
-i <int>	进行 n 次迭代； 默认为 10
-o <string>	输出图的最终版本
-v	详细输出

2. sclam_odom_laser 命令

g2o 支持 sclam_odom_laser 命令。sclam_odom_laser 命令被设计为一种用于校准里程计+激光器的工具，用法为 sclam_odom_laser [options] gm2dl-input raw-log，支持的参数如表 10-15 所示。

表 10-15 sclam_odom_laser 命令支持的参数

参数	含义
-dump <string>	将图导出到文件中； 指定此文件名
-fixLaser	在优化过程中保持激光器偏移量不变
-i <int>	进行 n 次迭代； 默认为 10
-o <string>	输出图的最终版本
-test <string>	将里程计校准指定到某些测试数据中
-v	详细输出

3. sclam_pure_calibration 命令

g2o 支持 sclam_pure_calibration 命令。sclam_pure_calibration 命令被设计为一种纯粹用于校准的工具，用法为 sclam_pure_calibration [options] gm2dl-input raw-log。

注意： sclam_pure_calibration 命令支持的参数和 sclam_odom_laser 命令支持的参数相同。

10.2.12 g2o 的 GUI 命令

1. g2o_viewer 命令

g2o 支持 g2o_viewer 命令。g2o_viewer 命令被设计为一种用于可视化 g2o 数据的工具，支持的参数如表 10-16 所示。

表 10-16　g2o_viewer 命令支持的参数

参　　数	含　　义
-renameTypes <string>	创建导入的类型导出到其他类型中的概览； 格式为 TAG_IN_FILE＝INTERNAL_TAG_FOR_TYPE，TAG2＝INTERNAL2； 例如 VERTEX_CAM＝VERTEX_SE3：EXPMAP
-solverlib <string>	指定一个需要加载的解算器库
-typeslib <string>	指定一个需要加载的类型库

g2o_viewer 打开球体数据 sp.g2o 的命令如下：

```
$ ./g2o_viewer sp.g2o
```

g2o_viewer 界面在打开球体数据后，预览区域将显示球体的可视化效果，效果如图 10-2 所示。

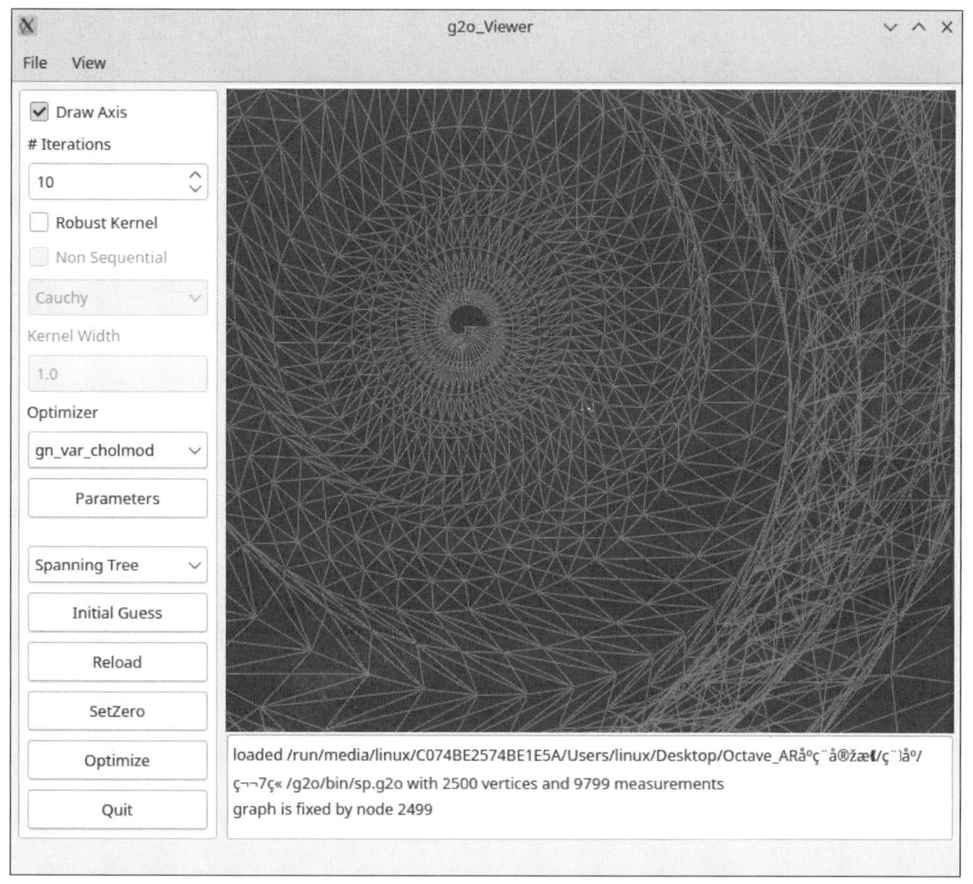

图 10-2　g2o_viewer 显示的球体的可视化效果

g2o_viewer 界面的菜单栏包含 File 选项,可用于输入 g2o 数据、输出 g2o 数据、屏幕截图、输入 g2o_viewer 的状态、输出 g2o_viewer 的状态或退出应用,如图 10-3 所示。

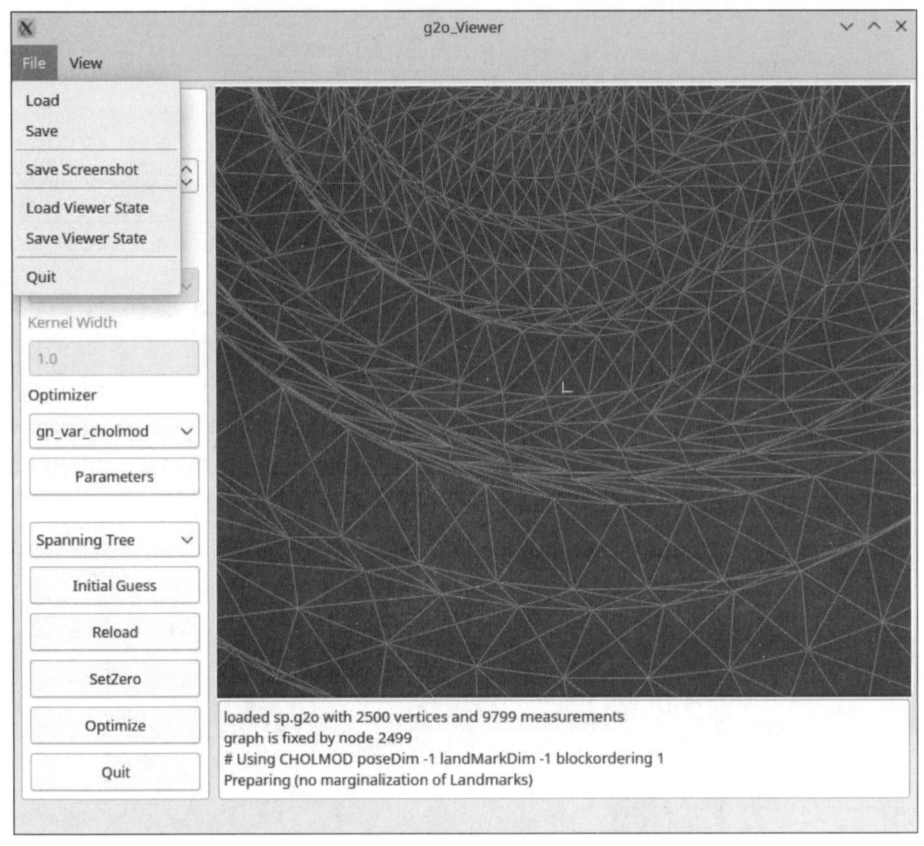

图 10-3 g2o_viewer 的 File 选项

g2o_viewer 界面的菜单栏包含 View 选项,可用于指定白色背景、指定默认颜色背景、启用或禁用导出图像和修改绘图选项,如图 10-4 所示。

g2o_viewer 界面左侧的控件的用法如下:

(1) 勾选 Draw Axis 复选框将绘制坐标轴,反之将不绘制坐标轴。

(2) 单击或修改 # Iterations 下拉菜单后输入框将调节迭代次数。

(3) 勾选 Robust Kernel 复选框将启用稳健内核,反之将禁用稳健内核。

(4) 在勾选 Robust Kernel 复选框的前提下允许勾选 Non Sequential 复选框、单击 Cauchy 下拉菜单、修改 Kernel Width 输入框。

(5) 勾选 Non Sequential 复选框将启用稳健内核的非顺序特性,反之将禁用稳健内核的非顺序特性。

(6) 单击 Cauchy 下拉菜单将修改稳健内核函数。可选 Cauchy、DCS、Fair、GemanMcClure、Huber、PseudoHuber、Saturated、Tukey 和 Welsch。

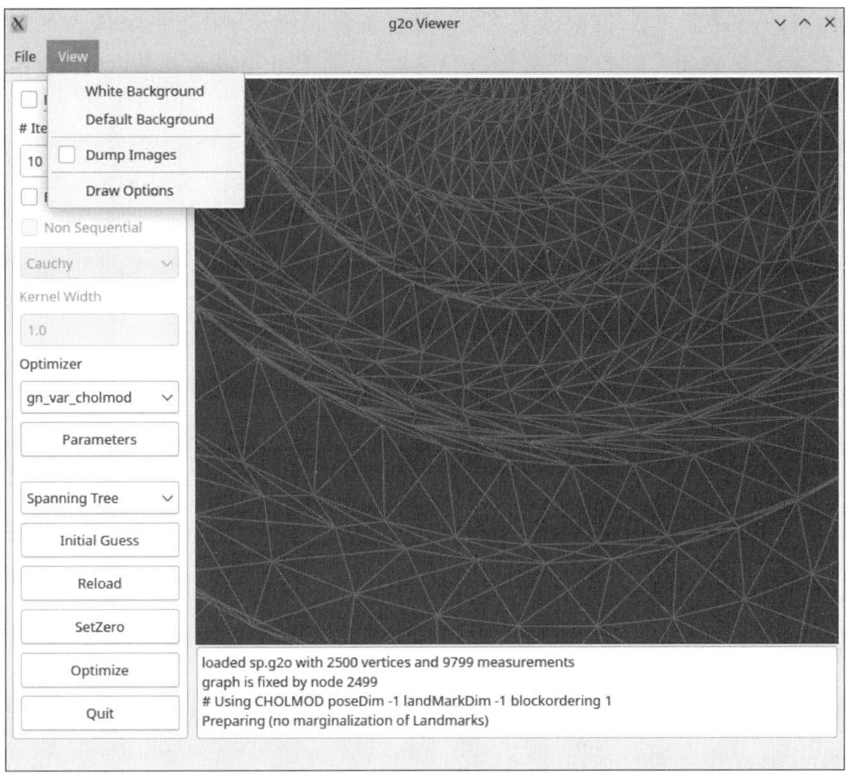

图 10-4　g2o_viewer 的 View 选项

（7）修改 Kernel Width 输入框将修改稳健内核的宽度。

（8）单击 Optimizer 下拉菜单将修改优化器。可选 gn_var_cholmod、gn_fix3_2_cholmod、gn_fix6_3_cholmod、gn_fix7_3_cholmod、lm_var_cholmod、lm_fix3_2_cholmod、lm_fix6_3_cholmod、lm_fix7_3_cholmod、dl_var_cholmod、gn_var_csparce、gn_fix3_2_csparce、gn_fix6_3_csparce、gn_fix7_3_csparce、lm_var_csparce、lm_fix3_2_csparce、lm_fix6_3_csparce、lm_fix7_3_csparce、dl_var_csparce、gn_dense、gn_dense3_2、gn_dense6_3、gn_dense7_3、lm_dense、lm_dense3_2、lm_dense6_3、lm_dense7_3、gn_var、gn_fix3_2、gn_fix6_3、gn_fix7_3、lm_var、lm_fix3_2、lm_fix6_3、lm_fix7_3、dl_var、2dlinear、structure_only_2、structure_only_3、gn_pcg、gn_pcg3_2、gn_pcg6_3、gn_pcg7_3、lm_pcg、lm_pcg3_2、lm_pcg6_3 和 lm_pcg7_3。

（9）单击 Parameters 按钮将弹出修改优化器属性的对话框。对话框中的内容根据解算器选项的不同而发生变化，一种对话框中的内容如图 10-5 所示。

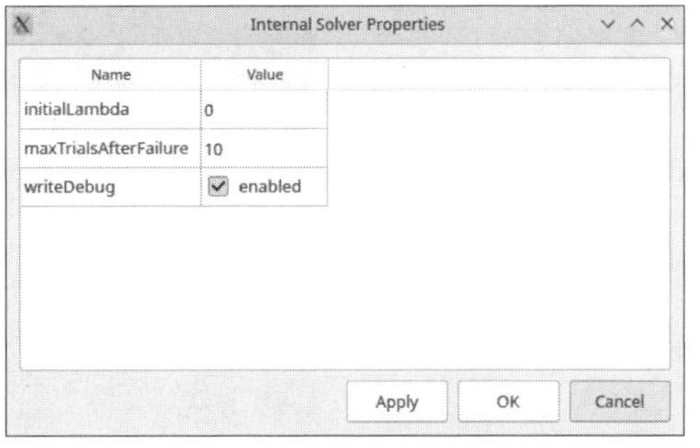

图 10-5　一种对话框中的内容

对话框中的内容按照键-值对分为两栏，第一栏是键参数，第二栏是值参数。对于本身设计为键-值对的参数而言，只需直接修改值参数。对于本身没有被设计为键-值对的参数而言，这类参数的值参数将显示为 enabled 复选框。如果勾选 enabled 复选框，则代表指定此参数，反之则代表不指定此参数。

在修改完参数之后，单击 Apply 按钮将应用更改，单击 OK 按钮将应用更改并退出对话框，单击 Cancel 按钮将放弃更改并退出对话框。

(1) 单击 Spanning Tree 下拉菜单将修改初始猜测应该使用生成树还是里程计。可选 Spanning Tree 和 Odometry。

(2) 单击 Initial Guess 按钮将进行初始猜测。

(3) 单击 Reload 按钮将重新输入 g2o 数据。

(4) 单击 SetZero 按钮将归零内存中的 g2o 数据。此时预览区域也将清空图像。

(5) 单击 Optimize 按钮将进行优化。

(6) 单击 Quit 按钮将退出应用。

2. slam2d_g2o 命令

g2o 支持 slam2d_g2o 命令。slam2d_g2o 命令被设计为一种基于 g2o 的二维 SLAM 的实现，命令如下：

```
$ ./slam2d_g2o
```

二维 SLAM 的实现效果如图 10-6 所示。

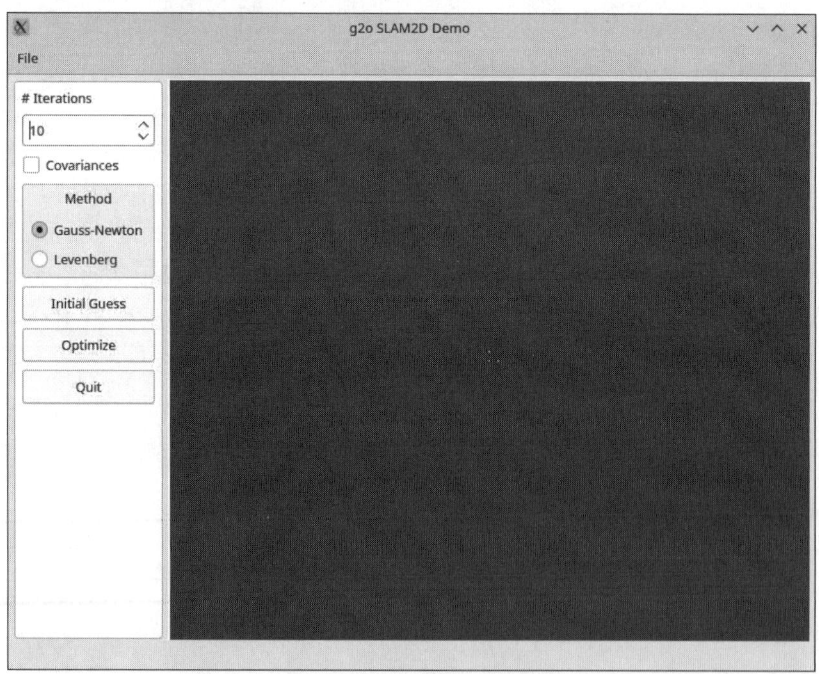

图 10-6　二维 SLAM 的实现效果

10.3　g2opy

g2opy 是一个 g2o 的 Python 包应用。

10.3.1　g2opy 源码安装

获取 g2opy 的源码，命令如下：

```
$ git clone https://github.com/uoip/g2opy.git
```

进入 g2opy 文件夹，命令如下：

```
$ cd g2opy
```

新建 build 文件夹，命令如下：

```
$ mkdir build
```

进入 build 文件夹，命令如下：

```
$ cd build
```

g2opy/python/core/eigen_types.h 文件中的代码如下：

```
        .def("x", (double(Eigen::Quaterniond::*) () const)
&Eigen::Quaterniond::x)
        .def("y", (double(Eigen::Quaterniond::*) () const)
&Eigen::Quaterniond::y)
        .def("z", (double(Eigen::Quaterniond::*) () const)
&Eigen::Quaterniond::z)
        .def("w", (double(Eigen::Quaterniond::*) () const)
&Eigen::Quaterniond::w)
```

对 eign_types.h 文件中的代码进行替换，替换后的代码如下：

```
        .def("x", [](const Eigen::Quaterniond& q) { return q.x(); })
        .def("y", [](const Eigen::Quaterniond& q) { return q.y(); })
        .def("z", [](const Eigen::Quaterniond& q) { return q.z(); })
        .def("w", [](const Eigen::Quaterniond& q) { return q.w(); })
```

编译 g2opy，命令如下：

```
$ cmake ..
$ make -j8
```

进入上级文件夹，命令如下：

```
$ cd ..
```

将 g2opy 安装为 Python 库，命令如下：

```
$ python setup.py install
```

g2opy 被编译为一个名为 g2o.cpython-310-x86_64-linux-gnu.so 的动态库。

10.3.2 g2opy 用法

导入 g2opy 库的代码如下：

```
import g2opy
```

初始化 SparseOptimizer 对象的代码如下：

```
sparse_optimizer = g2o.SparseOptimizer()
```

初始化 CameraParameters 对象的代码如下：

```
cam = g2o.CameraParameters(focal_length, principal_point, 0)
```

向 SparseOptimizer 对象中添加 CameraParameters 对象参数的代码如下：

```
sparse_optimizer.add_parameter(cam)
```

此外，g2opy 还支持更多用法，详见 g2o 的源码，这里不再赘述。

10.4 ROS

ROS 是一个适用于机器人的开源的元操作系统。它提供了操作系统应有的服务，包括硬件抽象、底层设备控制、常用函数的实现、进程间消息传递及包管理。它也提供了用于获取、编译、编写和跨计算机运行代码所需的工具和库函数。在某些方面 ROS 相当于一种机器人框架。

ROS 目前按照依赖的 Python 版本可分为 ROS 1 和 ROS 2，其中，ROS 1 依赖 Python 2.x，而 ROS 2 依赖 Python 3.x。

注意：不建议同时安装 ROS 1 和 ROS 2。在同时安装 ROS 1 和 ROS 2 时往往会破坏对方的依赖，甚至在处理依赖冲突时可能直接卸载对方。建议 ROS 用户至少准备两套环境或使用 Docker，用于分别安装 ROS 1 和 ROS 2。

如果一个应用依赖 ROS，而没有指明是 ROS 1 还是 ROS 2，则此时的 ROS 可能特指 ROS 1。在 ROS 2 还不存在时，那些提到 ROS 的应用显然特指 ROS 1。

注意：即便 ROS Rolling Ridley 版本是目前最新的 ROS 2 版本，其依赖的 Python 版本依然是 Python 3.6。这个依赖非常落后，并且其他的依赖也有落后的现象。建议尽量使用其他人编译好的 ROS 2 版本或使用 Docker，而避免进行源码安装。

10.4.1 ROS 1 源码安装

注意：编译 ROS 1 的难度极高。笔者推荐在开启 VPN 的前提下编译 ROS 1。

以 ROS Noetic Ninjemys 为例，源码安装 ROS 1。首先安装 ROS 1 的依赖，命令如下：

```
$ sudo dnf install gcc-c++ python3-rosdep python3-rosinstall_generator python3-vcstool @buildsys-build
```

初始化 rosdep，命令如下：

```
$ sudo rosdep init
$ rosdep update
```

注意： 上面的代码需要计算机能够在线访问 rosdistro 的前提下才能正确运行。

初始化 catkin 工作空间。新建 ros_catkin_ws 文件夹，命令如下：

```
$ mkdir ~/ros_catkin_ws
```

进入 ros_catkin_ws 文件夹，命令如下：

```
$ cd ~/ros_catkin_ws
```

将 ROS 1 的源码复制到 catkin 工作空间下，命令如下：

```
$ rosinstall_generator desktop --rosdistro noetic --deps --tar > noetic-desktop.rosinstall
```

新建 src 文件夹，命令如下：

```
$ mkdir ./src
```

初始化 Noetic 版本的依赖配置，命令如下：

```
$ vcs import --input noetic-desktop.rosinstall ./src
```

安装 rosdep 的依赖，命令如下：

```
$ rosdep install --from-paths ./src --ignore-packages-from-source --rosdistro noetic -y
```

编译 catkin 工作空间下的源码，命令如下：

```
$ ./src/catkin/bin/catkin_make_isolated --install -DCMAKE_BUILD_TYPE=Release
```

10.4.2 ROS 2 源码安装

注意： 编译 ROS 2 的难度极高。笔者推荐在开启 VPN 的前提下编译 ROS 2。

安装 ROS 2 的依赖，命令如下：

```
$ sudo dnf install cmake cppcheck eigen3-devel gcc-c++ liblsan libXaw-devel libyaml-devel make opencv-devel patch python3-colcon-common-extensions python3-coverage python3-devel python3-empy python3-nose python3-pip python3-
```

```
pydocstyle python3-pyparsing python3-pytest python3-pytest-cov python3-
pytest-mock python3-pytest-runner python3-rosdep python3-setuptools python3-
vcstool poco-devel poco-foundation python3-flake8 python3-flake8-import-
order redhat-rpm-config uncrustify wget
```

初始化 rosdep，命令如下：

```
$ sudo rosdep init
$ rosdep update
```

注意：上面的代码需要计算机能够在线访问 rosdistro 的前提下才能正确运行。

使用 rosdep 继续安装依赖，命令如下：

```
$ rosdep install --from-paths src --ignore-src -y --skip-keys "asio cyclonedds
fastcdr fastrtps ignition-cmake2 ignition-math6 python3-babeltrace python3-
mypy rti-connext-dds-6.0.1 urdfdom_headers"
```

进入 ros2_rolling 文件夹(使用 rosdep 下载好的源码)下，命令如下：

```
$ cd ~/ros2_rolling/
```

使用 colcon 编译文件夹下的源码，命令如下：

```
$ colcon build --symlink-install --cmake-args -DTHIRDPARTY_Asio = ON --no-warn
-unused-cli
```

10.4.3 使用 Docker 安装 ROS 1

以 ROS Noetic Ninjemys 为例，下载 ROS 1 容器的命令如下：

```
#docker pull osrf/ros:noetic-robot
```

使用 Docker 安装 ROS 1 的命令如下：

```
#docker run -it ros:noetic-robot /bin/bash
```

用这种方式安装的 ROS 1 不能显示 GUI。如果想要正常显示 ROS 1 中的 GUI，则需要在代码中添加额外参数，命令如下：

```
#docker run -it \
-v /etc/localtime:/etc/localtime:ro \
-v /tmp/.X11-UNIX:/tmp/.X11-UNIX \
-e DISPLAY = $DISPLAY \
-e GDK_SCALE \
-e GDK_DPI_SCALE \
ros:noetic-robot /bin/bash
```

10.4.4 使用 Docker 安装 ROS 2

以 ROS Rolling Ridley 为例，下载 ROS 2 容器的命令如下：

```
#docker pull osrf/ros:rolling-desktop
```

使用 Docker 安装 ROS 2 的命令如下：

```
#docker run -it osrf/ros:rolling-desktop
```

用这种方式安装的 ROS 2 不能显示 GUI。如果想要正常显示 ROS 2 中的 GUI，则需要在代码中添加额外参数，命令如下：

```
#docker run -it \
-v /etc/localtime:/etc/localtime:ro \
-v /tmp/.X11-UNIX:/tmp/.X11-UNIX \
-e DISPLAY = $DISPLAY \
-e GDK_SCALE \
-e GDK_DPI_SCALE \
osrf/ros:rolling-desktop
```

10.4.5　离线访问 rosdistro

在编译 ROS 时需要计算机能够在线访问 rosdistro。如果不能在线访问 rosdistro，或实战环境有离线部署的需求，则可以借助 rosdistro 的源码在本地搭建离线的 rosdistro 并访问。

如果要编译 ROS 1，则需要手动添加 ros-latest.list 文件，命令如下：

```
$ sudo nano /etc/ros/rosdep/sources.list.d/ros-latest.list
#os-specific listings first
yaml file://home/linux/rosdistro/rosdep/osx-homebrew.yaml osx
#generic
yaml file://home/linux/rosdistro/rosdep/base.yaml
yaml file://home/linux/rosdistro/rosdep/python.yaml
yaml file://home/linux/rosdistro/rosdep/ruby.yaml
```

如果要编译 ROS 2，则需要手动添加 ros2-latest.list 文件，命令如下：

```
$ sudo nano /etc/ros/rosdep/sources.list.d/ros2-latest.list
#os-specific listings first
yaml file://home/linux/rosdistro/rosdep/osx-homebrew.yaml osx
#generic
yaml file://home/linux/rosdistro/rosdep/base.yaml
yaml file://home/linux/rosdistro/rosdep/python.yaml
yaml file://home/linux/rosdistro/rosdep/ruby.yaml
```

获取 rosdistro 的源码，命令如下：

```
$ git clone https://github.com/ros/rosdistro.git
```

假定 rosdistro 的源码的路径为/etc/ros/rosdistro。

手动添加/etc/ros/rosdep/sources.list.d/20-default.list 文件，命令如下：

```
$ sudo touch /etc/ros/rosdep/sources.list.d/20-default.list
```

编辑/etc/ros/rosdep/sources.list.d/20-default.list 文件的内容，命令如下：

```
$ sudo nano /etc/ros/rosdep/sources.list.d/20-default.list
yaml file://etc/ros/rosdistro/master/rosdep/osx-homebrew.yaml osx
yaml file://etc/ros/rosdistro/master/rosdep/base.yaml
yaml file://etc/ros/rosdistro/master/rosdep/python.yaml
yaml file://etc/ros/rosdistro/master/rosdep/ruby.yaml
```

将/usr/lib/python3.10/site-packages/rosdistro/__init__.py 文件中的 https://raw.GitHubusercontent.com/ros/rosdistro/master 改为 file://etc/ros/rosdistro，代码如下：

```
$ sudo nano /usr/lib/python3.10/site-packages/rosdistro/__init__.py
DEFAULT_INDEX_URL = 'file://etc/ros/rosdistro/index-v4.yaml'
```

去掉/usr/lib/python3.10/site-packages/rosdep2/gbpdistro_support.py 文件中的 FUERTE_GBPDISTRO_URL，代码如下：

```
$ sudo nano /usr/lib/python3.10/site-packages/rosdep2/gbpdistro_support.py
#FUERTE_GBPDISTRO_URL = 'https://raw.GitHubusercontent.com/ros/rosdistro/' \
#'master/releases/fuerte.yaml'
```

将/usr/lib/python3.10/site-packages/rosdep2/rep3.py 文件中的 https://raw.GitHubusercontent.com/ros/rosdistro 改为 file://etc/ros/rosdistro，代码如下：

```
$ sudo nano /usr/lib/python3.10/site-packages/rosdep2/rep3.py
REP3_TARGETS_URL = 'file://home/linux/rosdistro/releases/targets.yaml'
```

最后更新 rosdep，命令如下：

```
$ rosdep update
```

此时 rosdep 就会访问离线的 rosdistro。

10.4.6 ROS 包初始化环境变量

有些 ROS 包可能涉及额外的环境变量。在 ROS 1 中初始化 ROS 包的环境变量的命令如下：

```
$ source ~/ros_catkin_ws/install_isolated/setup.bash
```

在 ROS 2 中初始化 ROS 包的环境变量的命令如下：

```
$ . ~/ros2_rolling/install/local_setup.bash
```

在初始化 ROS 包的环境变量后即可在命令行中使用 rosrun 或 ros2 run 等命令，如果在这类命令中还涉及新的文件夹，则应将额外的文件夹加入环境变量，此后其他的文件夹也可以被 rosrun 或 ros2 run 等命令发现。

10.4.7 ROS 1 版本更新

ROS 1 需要先更新源码文件，然后重新源码安装即可更新版本。

备份已有的 rosinstall 文件的命令如下：

```
$ mv -i noetic-desktop.rosinstall noetic-desktop.rosinstall.old
```

生成新的 rosinstall 文件的命令如下：

```
$ rosinstall_generator desktop --rosdistro noetic --deps --tar > noetic-desktop.rosinstall
```

更新 rosinstall 文件的命令如下：

```
$ diff -u noetic-desktop.rosinstall noetic-desktop.rosinstall.old
```

下载新版 ROS 包编译所需的文件的命令如下：

```
$ vcs import --input noetic-desktop.rosinstall ./src
```

重新编译 catkin 工作空间下的源码，命令如下：

```
$ ./src/catkin/bin/catkin_make_isolated --install
```

在重新编译 catkin 工作空间下的源码后会生成新版的 ROS 包的环境变量。初始化新版的 ROS 包的环境变量的命令如下：

```
$ source ~/ros_catkin_ws/install_isolated/setup.bash
```

10.4.8 ROS 2 版本更新

ROS 2 需要先更新源码文件，然后重新源码安装即可更新版本。

切换到 ros2_rolling 文件夹（使用 rosdep 下载好的源码）下，命令如下：

```
$ cd ~/ros2_rolling
```

备份 ros2.repos 文件，命令如下：

```
$ mv -i ros2.repos ros2.repos.old
```

在线获取最新版 ros2.repos 文件，命令如下：

```
$ wget https://raw.GitHubusercontent.com/ros2/ros2/rolling/ros2.repos
```

此外，ROS 2 允许指定版本等参数并检查 ros2.repos 文件更新，这种方式允许更灵活地更新源码，命令如下：

```
$ vcs custom --args remote update
```

根据更新过的 ros2.repos 文件更新源码，命令如下：

```
$ vcs import src < ros2.repos
$ vcs pull src
```

使用 colcon 重新编译文件夹下的源码，命令如下：

```
$ colcon build --symlink-install
```

10.4.9 ROS 的发行版

ROS 的发行版是一系列带版本的 ROS 包的组合，可以类比为 Linux 的发行版。

1. ROS 1 的发行版

当更新 ros-desktop-full 软件包时就相当于更新 ROS 1 的发行版。ROS 1 的发行版列表如表 10-17 所示。

表 10-17 ROS 1 的发行版列表

发 行 版	发 布 日 期	EOL 日期
ROS Noetic Ninjemys	2020 年 5 月 23 日	2025 年 5 月
ROS Melodic Morenia	2018 年 5 月 23 日	2023 年 5 月
ROS Lunar Loggerhead	2017 年 5 月 23 日	2019 年 5 月
ROS Kinetic Kame	2016 年 5 月 23 日	2021 年 4 月
ROS Jade Turtle	2015 年 5 月 23 日	2017 年 5 月
ROS Indigo Igloo	2014 年 7 月 22 日	2019 年 4 月
ROS Hydro Medusa	2013 年 9 月 4 日	2015 年 5 月
ROS Groovy Galapagos	2012 年 12 月 31 日	2014 年 7 月
ROS Fuerte Turtle	2012 年 4 月 23 日	—
ROS Electric Emys	2011 年 8 月 30 日	—
ROS Diamondback	2011 年 3 月 2 日	—
ROS C Turtle	2010 年 8 月 2 日	—
ROS Box Turtle	2010 年 3 月 2 日	—

2. ROS 2 的发行版

ROS 2 包括 Rolling Ridley(rolling)、Galactic Geochelone (galactic)、Eloquent Elusor (eloquent)、Dashing Diademata (dashing)、Crystal Clemmys (crystal)、Bouncy Bolson (bouncy)、Ardent Apalone (ardent)、Beta 3 (r2b3)、Beta 2 (r2b2)、Beta 1 (Asphalt) 和 Alphas 等发行版。

10.5 rviz

rviz 是一个 ROS 包，用于三维可视化。通过 rosrun 命令运行 rviz 的命令如下：

```
$ rosrun rviz rviz
```

10.5.1 rviz 初始化环境变量

初始化 rviz 的环境变量的命令如下：

```
$ source /opt/ros/indigo/setup.bash
$ roscore &
```

10.5.2 rviz 主界面操作

在 rviz 的主界面的菜单栏中包含 File、View、Plugins 和 Help 选项。

在 rviz 的主界面上单击 add 按钮即可增加显示界面，然后将弹出创建可视化界面的对话框。允许增加的显示界面包括坐标轴、相机、点云、网格等界面。所有的界面都被显示在主界面上的预览区域中。

通过主界面上的列表框可以调节主界面上的预览区域的显示效果。主界面上的列表框位于 rviz 的主界面的左侧，其中包含所有已经被创建过的界面。

每个界面标题的右侧都包含一个复选框，用于启用或禁用显示对应的界面。

每个界面标题以不同颜色显示：如果界面为正常状态，则以蓝底显示；如果界面为警告状态，则以黄底显示；如果界面为错误状态，则以红底显示；如果界面为禁用状态，则以灰底显示。

每个界面标题的下方会显示界面的状态：如果界面为正常状态，则显示 Status：OK 字样；如果界面为警告状态，则显示 Status：Warning 字样；如果界面为错误状态，则显示 Status：Error 字样；如果界面为禁用状态，则显示 Status：Disabled 字样。

通过↓按钮和↑按钮可以调节界面的顺序。↓按钮和↑按钮位于主界面上的列表框的下方；单击↓按钮将向下移动选中的界面；单击↑按钮将向上移动选中的界面。

在 rviz 的主界面的 Views 面板中以下拉菜单的形式显示 Orbit、FPS 和 Top-down Orthographic 等相机类型。

在 rviz 的主界面的 Time 面板中以输入框显示实时时间和 ROS 内部时间。

注意：在不仿真时，Time 面板中的内容没有参考价值。

10.5.3 rviz 支持的界面类型

rviz 支持的界面类型如表 10-18 所示。

表 10-18 rviz 支持的界面类型

界面类型	含义	使用的 ROS 消息
Axes	显示一组轴	
Effort	显示机器人的每个旋转关节的受力情况	sensor_msgs/JointStates
Camera	从相机的角度显示渲染效果	sensor_msgs/Image，sensor_msgs/CameraInfo
Grid	显示网格	

续表

界面类型	含　义	使用的 ROS 消息
Grid Cells	显示网格单元格	nav_msgs/GridCells
Image	用图像显示渲染效果	sensor_msgs/Image
InteractiveMarker	显示来自一个或多个可交互的三维对象；允许鼠标交互	visualization_msgs/InteractiveMarker
Laser Scan	显示激光扫描的数据；允许配置不同的渲染模式、数据累加等选项	sensor_msgs/LaserScan
Map	在地平面上显示地图	nav_msgs/OccupancyGrid
Markers	允许程序员通过主题显示任意图元形状	visualization_msgs/Marker，visualization_msgs/MarkerArray
Path	显示导航堆栈中的路径	nav_msgs/Path
Point	将点绘制为小球体	geometry_msgs/PointStamped
Pose	将姿态绘制为箭头或轴	geometry_msgs/PoseStamped
Pose Array	绘制一个"云"箭头，每个姿态对应一个姿态数组	geometry_msgs/PoseArray
Point Cloud(2)	显示来自点云的数据；允许配置不同的渲染模式、数据累加等选项	sensor_msgs/PointCloud，sensor_msgs/PointCloud2
Polygon	将多边形的轮廓绘制为直线	geometry_msgs/Polygon
Odometry	随着时间的推移积累里程计姿态	nav_msgs/Odometry
Range	显示表示声呐或红外距离传感器距离测量值的锥体	sensor_msgs/Range
RobotModel	显示处于正确姿态的机器人的视觉表示(由当前 TF 变换定义)	
TF	显示 TF 变换层次	
Wrench	将旋转绘制为箭头(力)和箭头+圆(扭矩)	geometry_msgs/WrenchStamped
Twist	将扭曲绘制为箭头(线性)和箭头+圆(角度)	geometry_msgs/TwistStamped
Oculus	将 rviz 场景渲染到 Oculus 头盔	

10.5.4 rviz 的配置文件

将一套配置保存为 rviz 的配置文件即可在下次使用时快速导入，从而节省配置界面的时间。老版本的 rviz 的配置文件为.vcg(采用 INI 格式)，而新版本的 rviz 的配置文件为.rviz(采用 YAML 格式)。

注意：rviz 的配置文件不向下兼容，因此在升级 rviz 的版本后需要重新验证配置文件的有效性。

rviz 的配置文件允许存储的配置如下：

(1) 界面和对应的属性。

(2) 工具属性。

(3) 相机类型、相机设置和内部的视点。

此外,单击 rviz 的主界面的菜单栏中的 File 选项,再单击 Recent Configs 选项即可选择最近打开的配置文件。在选择最近打开的配置文件之后,rviz 将修改为对应的配置。

10.5.5 rviz 在预览时支持的鼠标操作

rviz 在预览时支持的鼠标操作和相机类型有关,如表 10-19 所示。

表 10-19　rviz 在预览时支持的鼠标操作

相机类型	含　义	鼠标左键操作	鼠标中键操作	鼠标右键操作	鼠标滚轮操作
Orbital Camera	只绕一个焦点旋转,同时始终注视着该点;移动相机时,焦点被视为一个小圆盘	单击并拖动以围绕焦点旋转	单击并拖动以在由相机的上方向和右方向向量形成的平面中移动焦点;移动的距离取决于焦点;如果焦点上有一个物体,则单击它的顶部将停留在鼠标下	单击并拖动以放大或缩小焦点;向上拖动可放大,向下拖动可缩小	放大或缩小焦点
FPS(first-person) Camera	旋转时就像用头看一样	单击并拖动以旋转;按住 Ctrl 键单击以拾取鼠标下的对象并直接查看	单击并拖动以沿相机的上方向和右方向向量形成的平面移动	单击并拖动以沿摄影机的前向向量移动;如果向上拖动,则向前移动;如果向下拖动,则向后移动	向前或向后移动
Top-down Orthographic	始终沿着 z 轴(在机器人框架中)向下看,并且是正交视图;这意味着物体不会随着距离的增加而变小	单击并拖动以围绕 z 轴旋转	单击并拖动以沿 XY 平面移动相机	单击并拖动以缩放图像	缩放图像
XY Orbit	与 Orbital Camera 相同,但焦点限制在 XY 平面	与 Orbital Camera 相同	与 Orbital Camera 相同	与 Orbital Camera 相同	与 Orbital Camera 相同

续表

相机类型	含　义	鼠标左键操作	鼠标中键操作	鼠标右键操作	鼠标滚轮操作
Third Person Follower	保持朝向目标帧的恒定视角； 与 XY 动态观察相反，如果目标帧偏转，则相机会旋转； 适用于此相机类型的场景，例如对带有角落的走廊进行三维映射	与 Orbital Camera 相同	与 Orbital Camera 相同	与 Orbital Camera 相同	与 Orbital Camera 相同

10.5.6　rviz 的键盘操作选项

rviz 在可视化时支持键盘操作，用于快速调节可视化的行为。rviz 支持的键盘操作和含义对照表如表 10-20 所示。

表 10-20　rviz 支持的键盘操作和含义对照表

键盘操作	含　义
m	默认选项； 在单击三维模型时将移动相机
s	在单击三维模型时将选择模型； 可配合 Shift 键或 Ctrl 键多选； 可配合 Alt 键移动相机； 可配合 F 键对焦
g	设置一个目标
p	设置默认姿态

10.5.7　rviz 管理插件

此外，单击 rviz 的主界面的菜单栏中的 Plugins 选项即可管理插件。通过额外的插件可以实现额外的显示效果。每个插件名都附带 Loaded 复选框和 Auto Load 复选框，选中 Loaded 复选框代表加载插件，而选中 Auto Load 复选框代表在启动 rviz 时自动加载插件。

10.6　GLC-lib

GLC-Player 是一种用于 OpenGL 可视化的库。

10.6.1 GLC-lib 源码安装

获取 GLC-lib 的源码,命令如下:

```
$ git clone https://github.com/laumaya/GLC_lib.git
```

切换到 GLC-lib/文件夹下,命令如下:

```
$ cd ./GLC_lib
```

安装 qt-devel,命令如下:

```
$ sudo dnf install qt-devel
```

安装 Qt Creator,命令如下:

```
$ sudo dnf install qtcreator
```

生成 makefile 文件,命令如下:

```
$ /usr/lib64/qt5/bin/qmake
```

注意:/usr/lib64/qt5/bin/qmake 命令在执行时无须添加额外参数便可自动使用当前文件夹下的.pro 格式的文件生成 makefile 文件。

编译 GLC-lib,命令如下:

```
$ make
$ make install
```

将编译好的动态库文件的目录加入/etc/ld.so.conf 文件中,以便于操作系统可以搜索到新编译的动态库,配置如下:

```
$ sudo nano /etc/ld.so.conf
include ld.so.conf.d/*.conf
第 7 章/GLC_lib/src/lib
```

保存/etc/ld.so.conf 文件后,刷新动态库的搜索目录,命令如下:

```
$ sudo ldconfig
```

10.6.2 GLC-lib 运行用例

在 GLC-lib 源码安装成功后即可在 examples 文件夹中运行用例,命令如下:

```
$ cd ./src/examples
```

examples 文件夹中含有多个用例。以 example01 用例为例,切换到 example01/文件夹下,命令如下:

```
$ cd ./example01
```

运行 example01 用例，命令如下：

```
$ ./example01
```

这个用例展示的是一个绘制了圆形的 OpenGL 窗口。

此外，GLC-lib 不但提供了 libGLC_lib.so 动态库，而且包含了多种头文件。在编写其他和三维可视化相关的 GUI 应用时，可以直接利用这些动态库和头文件进行二次开发。

10.7 GLC-Player

GLC-Player 是一种用于 OpenGL 可视化的库，可用于查看 COLLADA、3DXML、OBJ、3DS、STL、OFF 和 COFF 等类型的三维模型。

注意：笔者没能成功编译 GLC-Player，因此对其可用性持有保留态度。

10.7.1 GLC-Player 源码安装

获取 GLC-Player 的源码，命令如下：

```
$ svn checkout https://svn.code.sf.net/p/glc-player/code/trunk glc-player-code
```

此外，GLC-Player 的作者在 GitHub 上也分发了 GLC-Player 的源码，因此另一种获取 GLC-Player 的源码的命令如下：

```
$ git clone https://github.com/laumaya/GLC_Player.git
```

注意：GLC-Player 在编译时需要 GLC-lib。在当前的源码安装的示例中，假定在第 7 章目录中同时存在 GLC-Player 和 GLC-lib，共 2 个源码文件夹。

安装 qt-devel，命令如下：

```
$ sudo dnf install qt-devel
```

安装 Qt Creator，命令如下：

```
$ sudo dnf install qtcreator
```

生成 makefile 文件，命令如下：

```
$ /usr/lib64/qt5/bin/qmake
```

将头文件所在的 GLC_lib/文件夹和 GLC_lib/include/文件夹手动加入 makefile 文件中的 INCPATH，配置如下：

```
$ nano ./Makefile
INCPATH = - I. - I/usr/local/include/GLC_lib - 2.5 - I/usr/include/qt5 - I/usr/
include/qt5/QtOpenGL - I/usr/include/qt5/QtWidgets - I/usr/include/qt5/QtGui -
```

```
I/usr/include/qt5/QtXml - I/usr/include/qt5/QtCore - IBuild - IBuild - I/usr/
lib64/qt5/mkspecs/linux-g++ -I../GLC_lib -I../GLC_lib/include
```

在保存 makefile 文件后编译 GLC-Player，命令如下：

```
$ make
```

笔者在 GLC-Player 编译出错时尝试的修复步骤如下：

(1) 将 SettingsDialog.cpp 文件中的 vboSupported 替换为 vboUsed。

(2) 将 SettingsDialog.cpp 文件中的 glslSupported 替换为 glslUsed。

(3) 将 glc_player.cpp、glc_player.h、ModelManagerView.h 和 ModelStructure.h 文件中的带 rence 的变量名全部改为 rrence。

(4) 将 glc_material.cpp 文件中涉及 gluErrorString()方法的行去掉。

(5) 在 glc_camera.cpp 和 glc_viewport.cpp 文件中额外包含 glc_glu.h 头文件。

(6) 将 glc_camera.cpp 文件中的 gluLookAt()方法改为 glc::gluLookAt()方法。

(7) 将 glc_viewport.cpp 文件中的 gluUnProject()方法改为 glc::gluUnProject()方法。

(8) 将 glc_viewport.cpp 文件中的 gluPerspective()方法改为 glc::gluPerspective()方法。

(9) 将 glc_viewport.cpp 文件中的 gluPickMatrix()方法改为 glc::gluPickMatrix()方法。

(10) 将 glc_objtomesh2.cpp、glc_exception.cpp、glc_openglexception.cpp、glc_fileformatexception.cpp 文件中的 toAscii()方法改为 toLatin1()方法。

10.7.2 安装 GLC-Player 的 Windows 安装包

GLC-Player 的 Windows 安装包是由 GLC-Player 的作者编译的仅适用于 Windows 的可执行文件。在 Windows 系统下无须编译即可安装并运行此软件。

10.7.3 GLC-Player 的主界面

GLC-Player 的主界面分为菜单栏、工具栏、模型列表框、演示区域、相机参数区域及模型参数区域。GLC-Player 使用相册的概念用于存储一组或多组模型。使用 GLC-Player 打开示例相册的效果如图 10-7 所示。

菜单栏中的 File 选项支持新建模型、新建相册、打开相册、打开最近相册、保存相册、另存为相册、导出到文件夹、导出到 HTML 文件、导出到 3DXML、打开文件、打开最近模型及退出功能，如图 10-8 所示。

菜单栏中的 Edit 选项支持全选、全不选、指定着色器、实例属性、复制和粘贴功能，如图 10-9 所示。

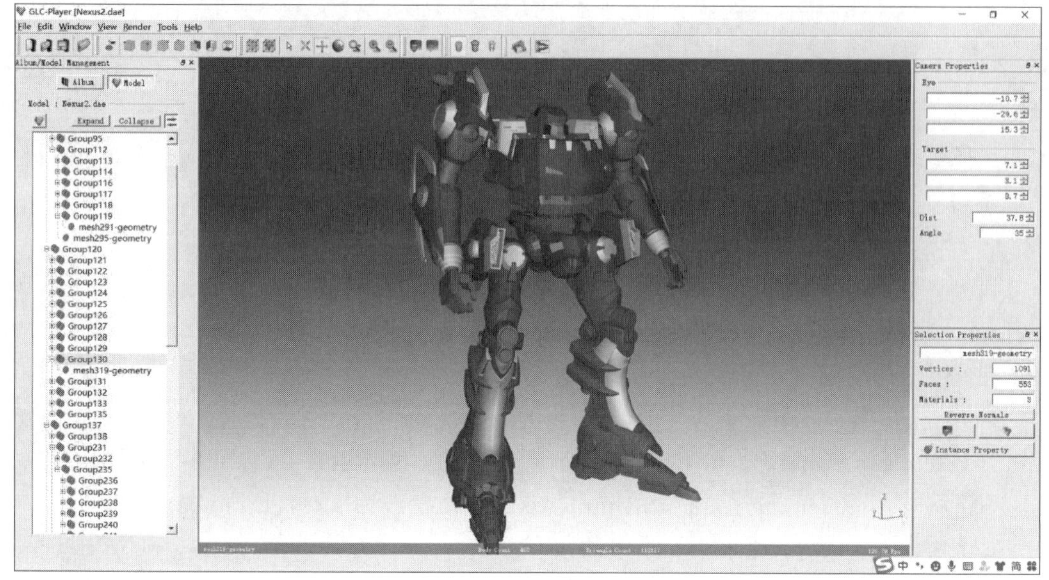

图 10-7　使用 GLC-Player 打开示例相册的效果

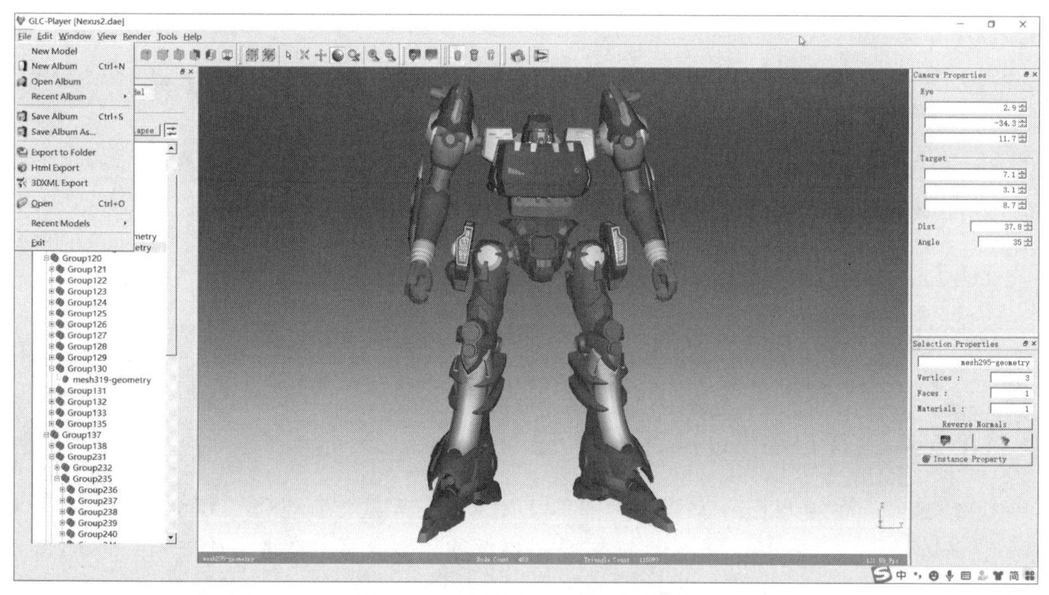

图 10-8　GLC-Player 的 File 选项

菜单栏中的 Window 选项支持相册或模型管理、相机属性和选中项目的属性，如图 10-10 所示。

菜单栏中的 View 选项支持修改向上的向量、导航模式、投影模式、命名过的视图、适应所有元素、适应选中的元素、选择模式、视点模式、平移模式、旋转模式、缩放模式、向内缩放、

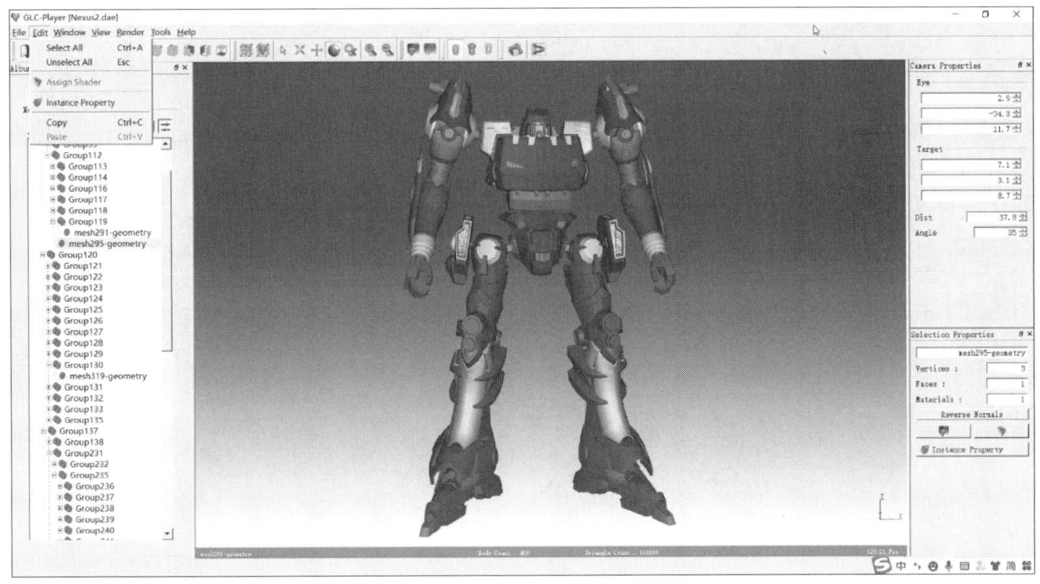

图 10-9 GLC-Player 的 Edit 选项

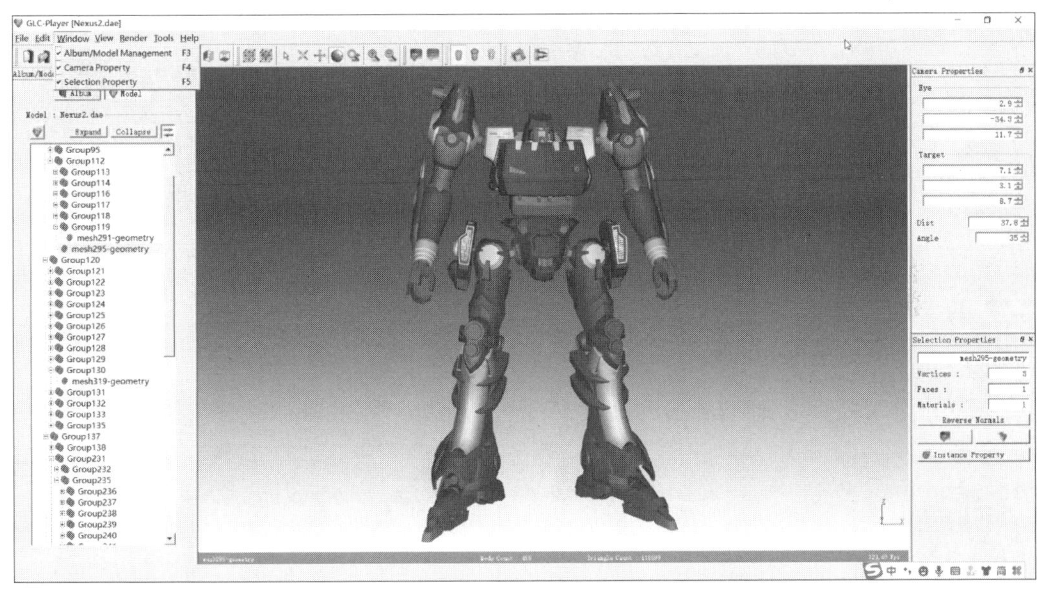

图 10-10 GLC-Player 的 Window 选项

向外缩放、显示或隐藏、隐藏未选中的部分、显示所有部分、交换可见的空间、全屏及显示八叉树，如图 10-11 所示。

菜单栏中的 Render 选项支持设置全局着色器、渲染选项、双面光源及编辑光源，如图 10-12 所示。

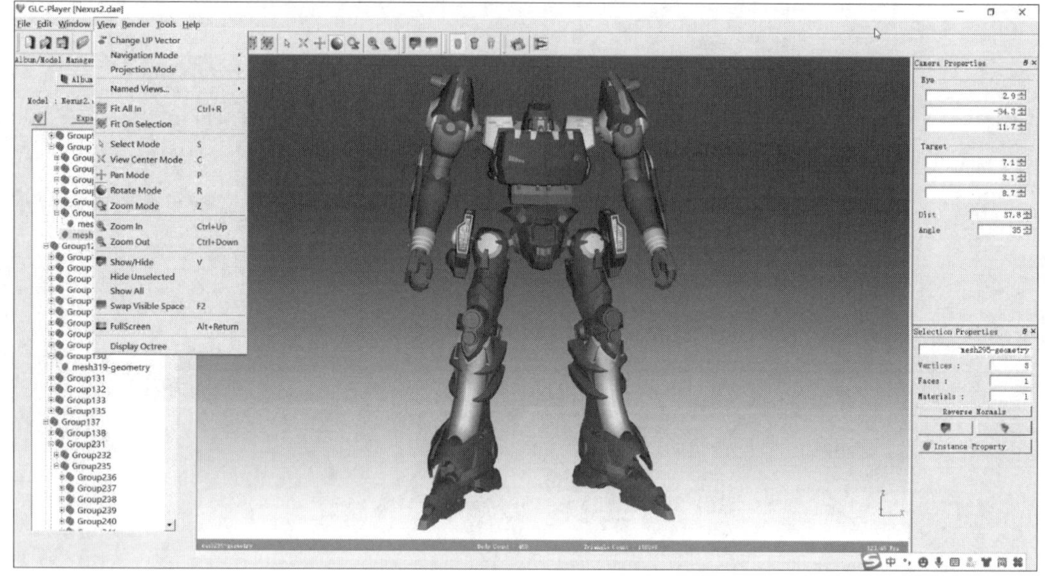

图 10-11　GLC-Player 的 View 选项

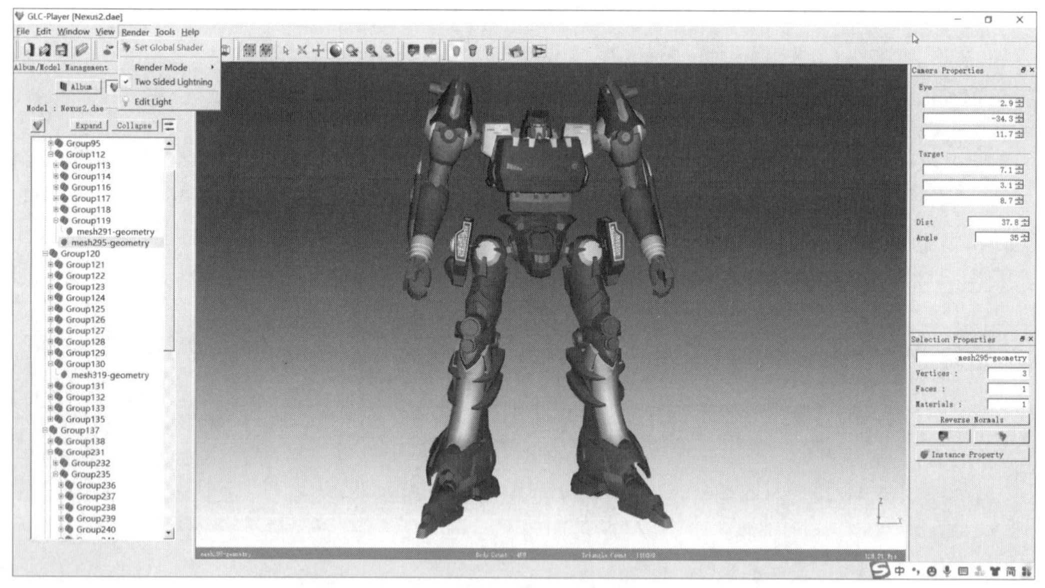

图 10-12　GLC-Player 的 Render 选项

菜单栏中的 Tools 选项支持截图、连续截图、分段和选项，如图 10-13 所示。

菜单栏中的 Help 选项支持在线帮助和关于 GLC_Player，如图 10-14 所示。

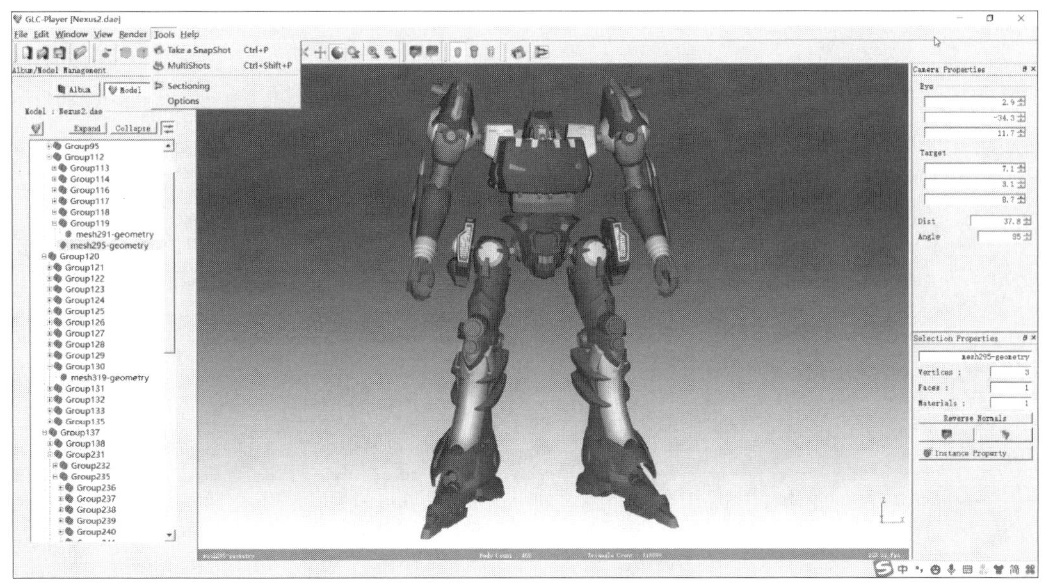

图 10-13 GLC-Player 的 Tools 选项

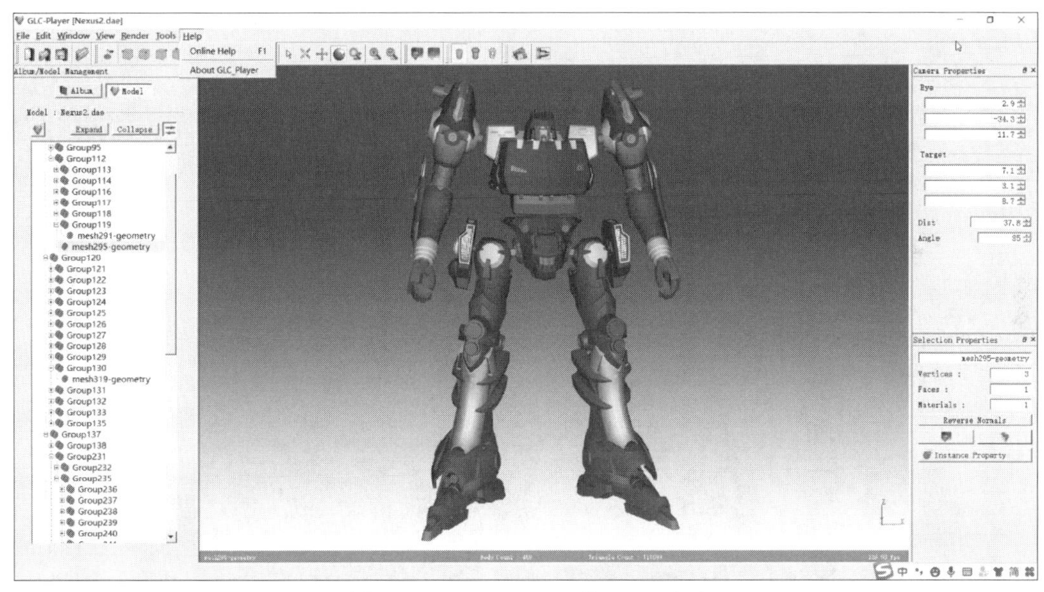

图 10-14 GLC-Player 的 Help 选项

10.7.4 GLC-Player 的用法

1. 选中不同的图元

GLC-Player 可以通过单击演示区域中的图元或单击模型列表框中的图元名的方式选中不同的图元。选中的图元使用橙色高亮显示。选中示例模型中的裤腰带图元，如图 10-15

所示。

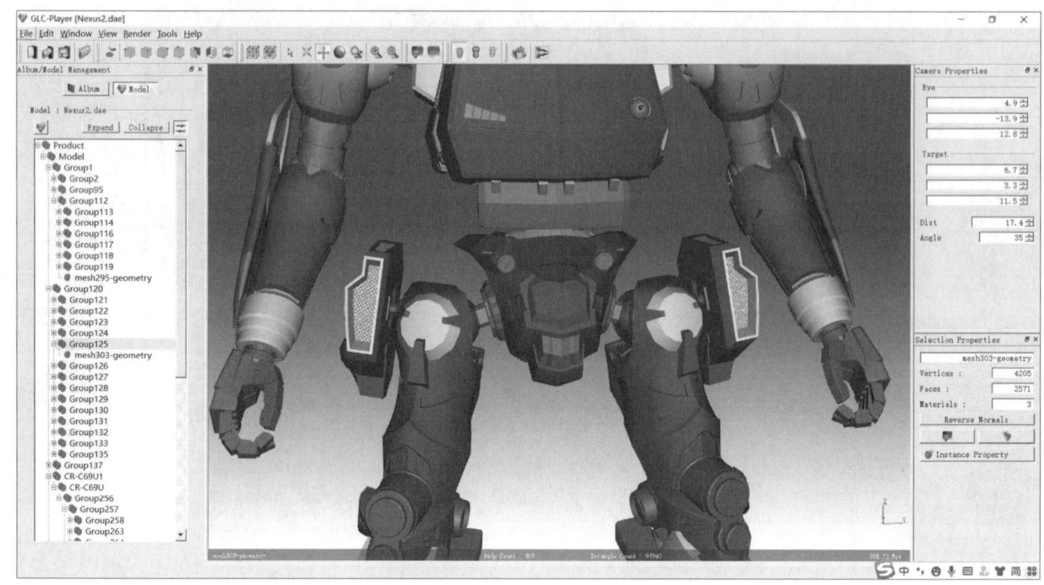

图 10-15　GLC-Player 选中不同的图元

2. 调节模型的预览效果

GLC-Player 可以通过修改相机参数区域内的参数的方式调节模型的预览效果。将相机位置设为[0,0,0],将视点位置设为[10,10,10],将相机到视点的距离设为 17.3 且将视角设为 30°,如图 10-16 所示。

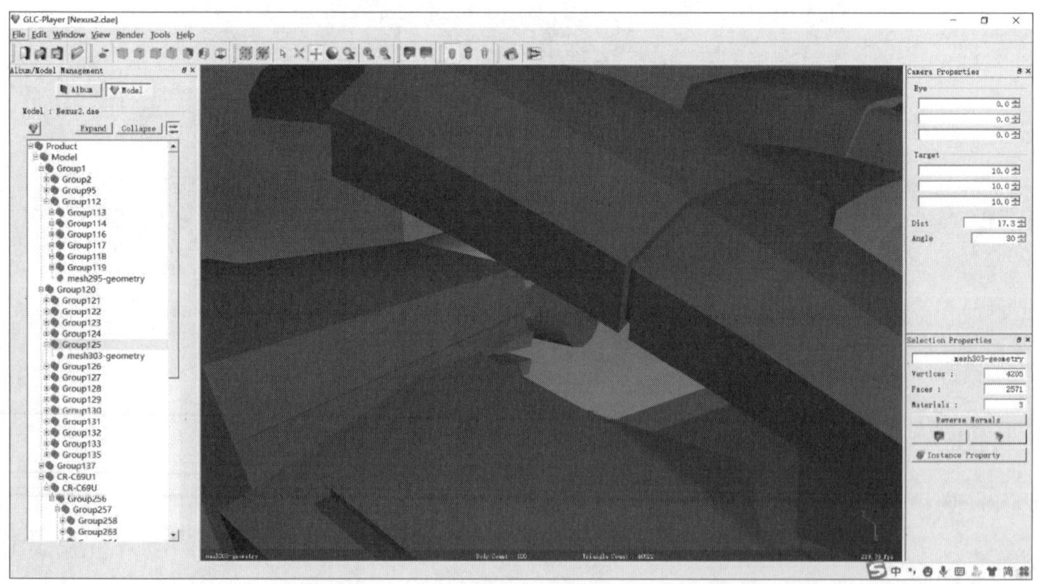

图 10-16　GLC-Player 调节模型的预览效果

3. 单独查看选中的图元

GLC-Player 可以通过单击 Instance Property 按钮的方式单独查看选中的图元。单独查看裤腰带图元，如图 10-17 所示。

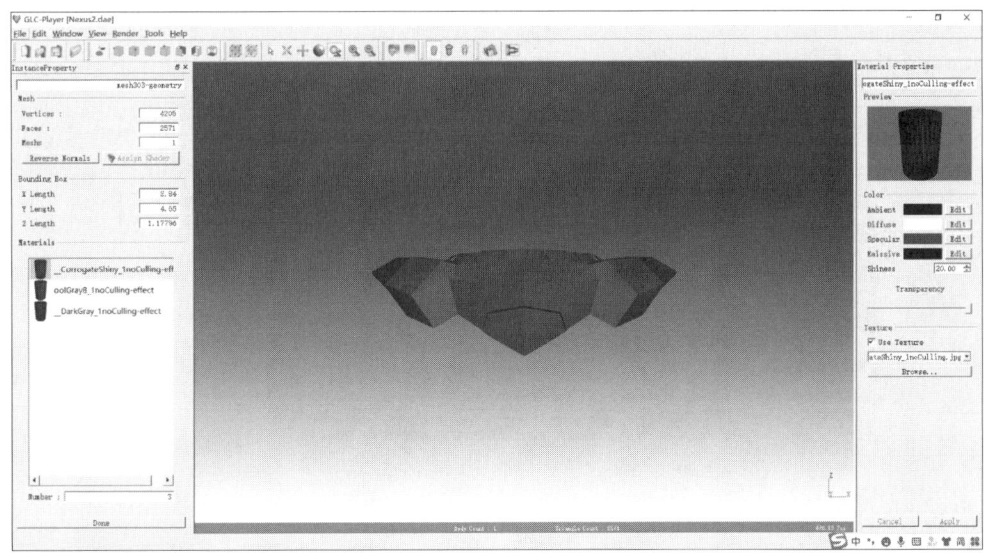

图 10-17　GLC-Player 单独查看裤腰带图元

在此界面上单击 Done 按钮将返回主界面。

4. 截图

GLC-Player 可以通过单击截图按钮的方式进行截图，然后将弹出截图设置对话框。截图设置对话框如图 10-18 所示。

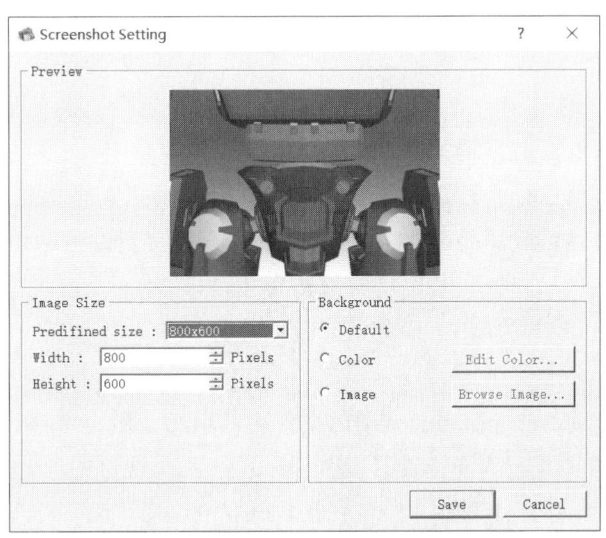

图 10-18　GLC-Player 的截图设置对话框

截图设置对话框分为预览区域、图片大小区域和背景区域，共 3 个区域。预览区域负责预览截图的最终效果，图片大小区域负责将截图设置为预设大小、截图的宽度和截图的高度且背景区域负责将背景设置为默认背景、彩色背景或图片背景。

将截图的宽度设置为 1920，将截图的高度设置为 1080，将背景设置为 image_rainy_road.jpg 图片背景，如图 10-19 所示。

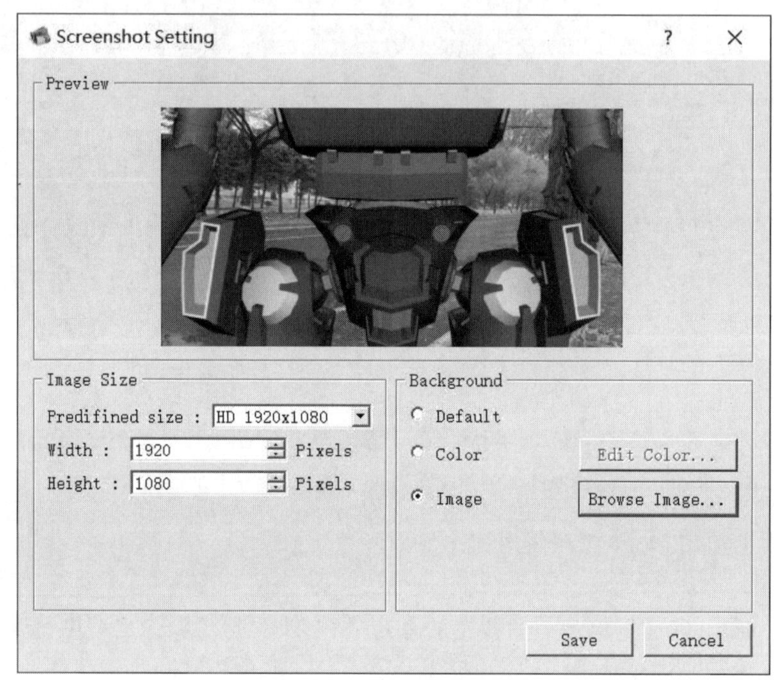

图 10-19 GLC-Player 截图设置后的效果

5. 连续截图

GLC-Player 可以通过单击连续截图按钮的方式进行连续截图，然后将弹出连续截图设置对话框。连续截图设置对话框如图 10-20 所示。

连续截图设置对话框分为预览区域、转台截图设置、图片大小区域和背景区域，共 4 个区域。预览区域负责预览截图的最终效果，转台截图设置负责设置截图数量、保存的截图的文件名的前缀、旋转一周的时间、是否反向旋转和转轴，图片大小区域负责将截图设置为预设大小、截图的宽度和截图的高度，且背景区域负责将背景设置为默认背景、彩色背景或图片背景。

将截图数量设置为 90，将保存的截图的文件名的前缀设置为 Nexus2，将旋转一周的时间设置为 1，将旋转方向设置为正向旋转，将转轴设置为 Z，将截图的宽度设置为 1920，将截图的高度设置为 1080，将背景设置为白色背景，如图 10-21 所示。

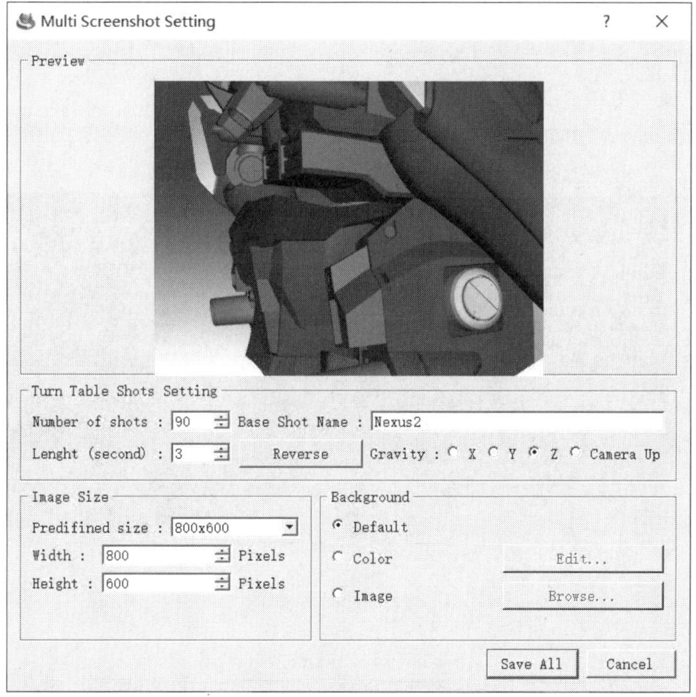

图 10-20　GLC-Player 的连续截图设置对话框

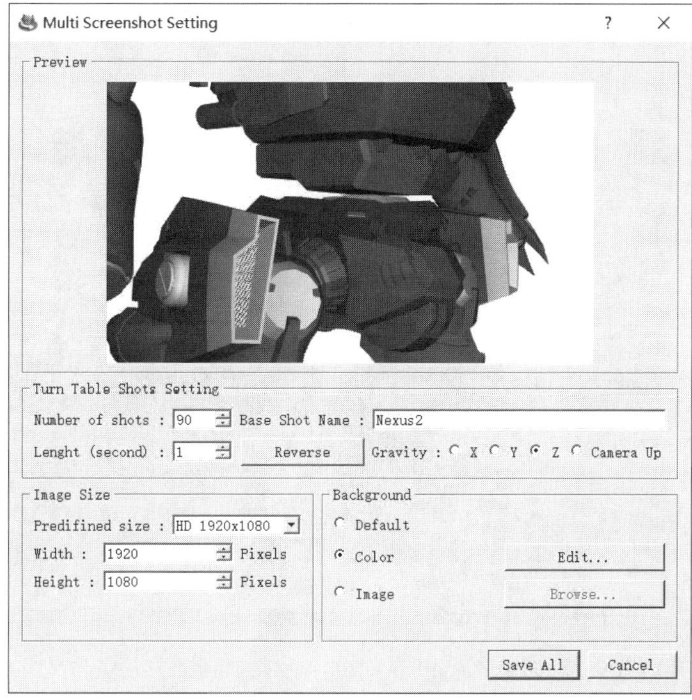

图 10-21　GLC-Player 连续截图设置后的效果

6. 修改渲染模式

GLC-Player 默认使用着色器+线框渲染一个模型，然而，GLC-Player 也可以使用其他模式渲染一个模型。只使用点渲染模型的效果如图 10-22 所示。

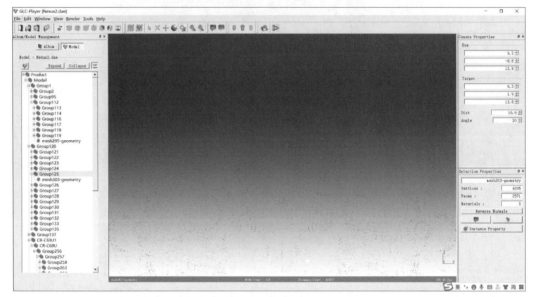

图 10-22 只使用点渲染模型的效果

只使用线框渲染模型的效果如图 10-23 所示。

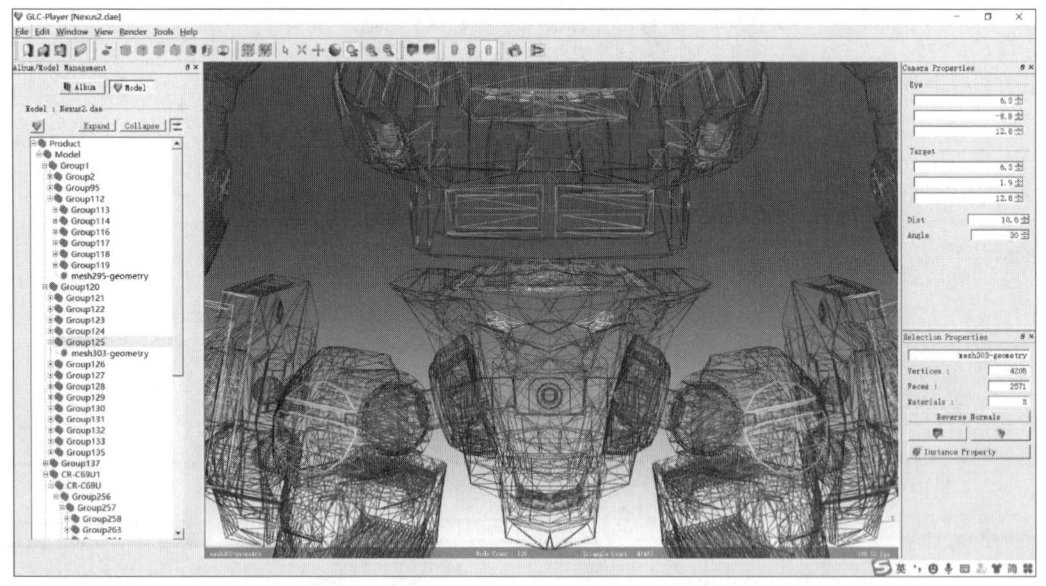

图 10-23 只使用线框渲染模型的效果

只使用着色器渲染模型的效果如图 10-24 所示。

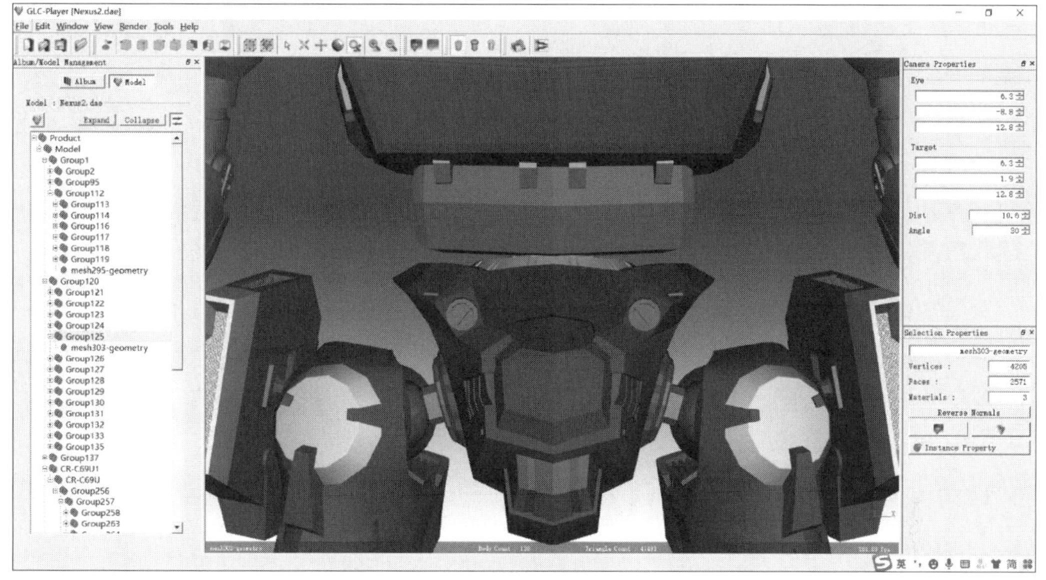

图 10-24　只使用着色器渲染模型的效果

10.8　Pangolin

10.8.1　Pangolin 支持的主要特性

Pangolin 支持的主要特性如下：

(1) 跨平台的窗口展示。

(2) 窗口管理和交互。

(3) 视频输入/输出。

(4) 调校参数。

(5) 下拉菜单形式的终端。

10.8.2　Pangolin 源码安装

获取 Pangolin 的源码，命令如下：

```
$ git clone --recursive https://github.com/stevenlovegrove/Pangolin.git
```

进入 Pangolin 文件夹，命令如下：

```
$ cd Pangolin
```

进入 script 文件夹，命令如下：

```
$ cd ./script
```

查看 Pangolin 的最佳依赖,命令如下:

```
$./scripts/install_prerequisites.sh --dry-run recommended
```

安装 Pangolin 的依赖,命令如下:

```
$./scripts/install_prerequisites.sh --dry-run recommended
```

编译 Pangolin,命令如下:

```
$ cmake -B build
$ cmake --build build
```

使用 ninja-build 编译 Pangolin 可以提高编译速度,命令如下:

```
$ cmake -B build -GNinja
$ cmake --build build
```

编译 Pangolin 的 Python 版本,命令如下:

```
$ cmake --build build -t pypangolin_pip_install
```

进行单元测试,命令如下:

```
$ ctest
```

10.9 TEASER++

TEASER++ 是一种用 C++ 编写的快速且可靠的点云注册库,具有 Python 和 MATLAB 绑定。

10.9.1 TEASER++ 源码安装

安装 TEASER++ 的依赖。安装 CMake,命令如下:

```
$ sudo dnf install cmake
```

安装 Eigen 的头文件,命令如下:

```
$ sudo dnf install eigen3-devel
```

可选安装 PCL 的头文件,命令如下:

```
$ sudo dnf install pcl-devel
```

可选安装 Boost 的头文件,命令如下:

```
$ sudo dnf install boost-devel
```

可选安装 Python 2,命令如下:

```
$ sudo dnf install python2
```

可选安装 Python 3,命令如下：

```
$ sudo dnf install python3
```

可选安装 MATLAB。

获取 TEASER++ 的源码,命令如下：

```
$ git clone https://github.com/MIT-SPARK/TEASER-plusplus.git
```

进入 TEASER-plusplus 文件夹,命令如下：

```
$ cd TEASER-plusplus
```

新建 build 文件夹,命令如下：

```
$ mkdir build
```

进入 build 文件夹,命令如下：

```
$ cd build
```

编译 TEASER++ ,命令如下：

```
$ cmake ..
$ make
$ make install
```

可选编译 TEASER++ 的文档,命令如下：

```
$ make doc
```

测试 TEASER++ ,命令如下：

```
$ ctest
```

可选编译 TEASER++ 的 Python 绑定,命令如下：

```
$ cmake -DTEASERPP_PYTHON_VERSION = 3.6 ..
$ make teaserpp_python
```

其中,3.6 可以被替换为计算机中的实际 Python 版本,也可以使用 pip 命令安装此时需要的额外依赖,命令如下：

```
$ cd python
$ pip install.
```

可选编译 TEASER++ 的 MATLAB 绑定,命令如下：

```
$ cmake -DBUILD_MATLAB_BINDINGS = ON ..
$ make
```

MATLAB 导入编译好的 TEASER++ 的 MATLAB 绑定的命令如下：

```
>> addpath('./TEASER-plusplus/build/MATLAB/')
```

此外,TEASER++ 还允许追加其他的 CMake 参数,如表 10-21 所示。

表 10-21 TEASER++ 允许追加的 CMake 参数

键 参 数	含 义	默认值
BUILD_TESTS	启用或禁用编译测试应用	ON
BUILD_TEASER_FPFH	启用或禁用编译 PCL FPFH 估计的绑定	OFF
BUILD_MATLAB_BINDINGS	启用或禁用编译 MATLAB 绑定	OFF
BUILD_PYTHON_BINDINGS	启用或禁用编译 Python 绑定	ON
BUILD_DOC	启用或禁用编译文档	ON
BUILD_WITH_MARCH_NATIVE	启用或禁用 march=native 标志位并进行编译	OFF
ENABLE_DIAGNOSTIC_PRINT	启用或禁用输出调试信息	OFF

10.9.2 TEASER++ 运行用例

TEASER++ 运行全部用例的命令如下：

```
$ ctest
```

TEASER++ 运行跑分用例的命令如下：

```
$ ctest --verbose -R RegistrationBenchmark.*
```

其中,--verbose 用于详细输出,输出的结果即为跑分结果。

10.10 Ceres 解算器

Ceres 解算器是一种用于建模并解算大型优化问题的 C++ 库,主要用于解算非线性最小二乘问题。

10.10.1 Ceres 解算器源码安装

安装 Ceres 解算器的依赖。安装 CMake,命令如下：

```
$ sudo dnf install cmake
```

安装 Eigen 的头文件,命令如下：

```
$ sudo dnf install eigen3-devel
```

安装 glog,命令如下：

```
$ sudo dnf install glog
```

安装 glog 的头文件,命令如下：

```
$ sudo dnf install glog-devel
```

安装 gflags,命令如下：

```
$ sudo dnf install gflags
```

安装 gflags 的头文件，命令如下：

```
$ sudo dnf install gflags-devel
```

安装 SuiteSparse，命令如下：

```
$ sudo dnf install suitesparse
```

安装 BLAS，命令如下：

```
$ sudo dnf install blas
```

安装 BLAS 的头文件，命令如下：

```
$ sudo dnf install blas-devel
```

安装 LAPACK，命令如下：

```
$ sudo dnf install lapack
```

安装 LAPACK 的头文件，命令如下：

```
$ sudo dnf install lapack-devel
```

可选安装 CUDA。CUDA 只支持 NVIDIA 显卡，并和显卡版本有关，因此可能遇到较多问题，因此不在这里介绍安装方式。

获取 Ceres 解算器的源码，命令如下：

```
$ git clone https://ceres-solver.googlesource.com/ceres-solver
```

此外，Ceres 解算器的作者在 GitHub 上也分发了 Ceres 解算器的源码，因此另一种获取 Ceres 解算器的源码的命令如下：

```
$ git clone https://github.com/ceres-solver/ceres-solver.git
```

进入 ceres-solver 文件夹，命令如下：

```
$ cd ceres-solver
```

新建 ceres-bin 文件夹，命令如下：

```
$ mkdir ceres-bin
```

进入 ceres-bin 文件夹，命令如下：

```
$ cd ceres-bin
```

编译 Ceres 解算器，命令如下：

```
$ cmake ../
$ make -j8
$ make test
$ make install
```

10.10.2 Ceres 解算器通过 DNF 软件源安装

通过 DNF 软件源安装 Ceres 解算器，命令如下：

```
$ sudo dnf install ceres-solver
```

10.10.3 Ceres 解算器通过 vcpkg 安装

获取 vcpkg 的源码，命令如下：

```
$ git clone https://github.com/Microsoft/vcpkg.git
```

进入 vcpkg 文件夹，命令如下：

```
$ cd vcpkg
```

启动 vcpkg，命令如下：

```
$ ./Bootstrap-vcpkg.sh
```

通过 vcpkg 安装 Ceres 解算器，命令如下：

```
$ ./vcpkg integrate install
$ ./vcpkg install ceres
```

10.10.4 Ceres 解算器使用 BAL 数据集

Ceres 解算器使用 BAL 数据集的命令如下：

```
$ ./bin/simple_bundle_adjuster ../ceres-solver-2.1.0/data/problem-16-22106-
pre.txt
```

10.11 Kindr

Kindr 用于计算机器人的运动学和动力学。Kindr 可配合 Eigen 生成的仿射矩阵进行仿射变换，从而实现机器人的位姿计算。

10.11.1 Kindr 源码安装

首先安装 Kindr 的依赖。

安装 Eigen 的头文件，命令如下：

```
$ sudo dnf install eigen3-devel
```

安装 GCC 和 G++，命令如下：

```
$ sudo dnf install gcc g++
```

安装 cmake，命令如下：

```
$ sudo dnf install cmake
```

新建 build 文件夹，命令如下：

```
$ mkdir build
```

进入 build 文件夹，命令如下：

```
$ cd build
```

编译 Kindr，命令如下：

```
$ cmake ..
$ sudo make install
```

编译 Kindr 的用例，命令如下：

```
$ cmake .. -DBUILD_TEST = true
$ make
```

10.11.2 Kindr 使用 catkin 安装

首先进入 catkin 工作空间。进入 ros_catkin_ws 文件夹，命令如下：

```
$ cd ~/ros_catkin_ws
```

进入 src 文件夹，命令如下：

```
$ cd ./src
```

获取 Kindr 的源码，命令如下：

```
$ git clone git@github.com:anybotics/kindr.git
```

使用 catkin 编译 Kindr，命令如下：

```
$ catkin_make_isolated -C ~/catkin_ws
```

此外，还可以使用 catkin 的命令行工具编译 Kindr，命令如下：

```
$ catkin build -w ~/catkin_ws kindr
```

使用 catkin 安装 Kindr 后，Kindr 即可被作为 catkin 工程的依赖使用。

10.11.3 Kindr 二次开发

Kindr 可通过在 CMakeLists.txt 文件中增加配置进行二次开发，配置如下：

```
find_package(kindr)
include_directories(${kindr_INCLUDE_DIRS})
```

此外，Kindr 作为 catkin 工程时可通过在 CMakeLists.txt 文件中增加配置进行二次开发，配置如下：

```
find_package(catkin COMPONENTS kindr)
include_directories(${catkin_INCLUDE_DIRS})
```

在 package.xml 文件中增加配置进行二次开发，配置如下：

```
<package>
  <build_depend>kindr</build_depend>
</package>
```

10.11.4 Kindr 编译文档

新建 build 文件夹，命令如下：

```
$ mkdir build
```

进入 build 文件夹，命令如下：

```
$ cd build
```

编译 Kindr 的文档，命令如下：

```
$ cmake ..
$ make kindr_doc
```

编译后的文档即为 doc/html/index.html 文件。

10.12 Sophus

Sophus 是一种集群的实现，可用于计算二维和三维的几何问题。

此外，Sophus 还提供了 SO(2) 和 SO(3)的特殊正交群，用于表示二维和三维的旋转。

此外，Sophus 还提供了 SE(2) 和 SE(3)的特殊欧几里得群，用于表示二维和三维的刚体平移+旋转。

10.12.1 Sophus 源码安装

首先安装 Sophus 的依赖。

10.12.2 Sophus 安装 Python 的包应用

Sophus 安装 Python 的包应用的命令如下：

```
$ pip install sophuspy
```

注意：不能使用 pip install sophus 安装 Sophus 的 Python 的包应用。sophus 是另一个 Python 库，和当前涉及的 Sophus 没有关系。

10.12.3　Sophus 的 C++ 常用函数和方法

1. Sophus::SO3<Scalar>::exp(Tangent const & omega)

调用 Sophus::SO3<Scalar>::exp(Tangent const & omega)方法可以计算指数映射，代码如下：

```
Sophus::SO3::exp(update_so3);
```

2. Sophus::SO3<Scalar>::hat(Tangent const & omega)

调用 Sophus::SO3<Scalar>::hat(Tangent const & omega)方法可以将矩阵从 so(3) 映射到 SO(3)。hat()方法需要传入一个参数，此时这个参数是 so(3)矩阵，代码如下：

```
Sophus::SO3::hat(update_so3);
```

3. Sophus::SO3<Scalar>::vee(Tangent const & Omega)

调用 Sophus::SO3<Scalar>::vee(Tangent const & Omega)方法可以将矩阵从 SO(3)映射到 so(3)。vee()方法需要传入一个参数，此时这个参数是 SO(3)矩阵，代码如下：

```
Sophus::SO3::vee(update_SO3);
```

10.12.4　Sophus 的 Python 常用函数和方法

1. sophus.complex.Complex(real, imag)

sophus.complex.Complex 类用于涉及复数的计算。

调用 Da_a_mul_b()方法可以先计算两个复数矩阵的乘积再求导。Da_a_mul_b()方法需要传入两个参数，此时这两个参数是进行运算的两个矩阵。计算两个复数矩阵 a 和 b 的乘积再求导的代码如下：

```
Da_a_mul_b(a, b)
```

调用 Db_a_mul_b()方法可以先计算两个复数矩阵的乘积(右乘)再求导。Db_a_mul_b()方法需要传入两个参数，此时这两个参数是进行运算的两个矩阵。计算两个复数矩阵 a 和 b 的乘积(右乘)再求导的代码如下：

```
Db_a_mul_b(a, b)
```

调用 conj()方法可以计算复共轭矩阵。conj()方法无须传入参数。计算复共轭矩阵的代码如下：

```
conj()
```

调用 inv()方法可以计算矩阵的逆。inv()方法无须传入参数。计算矩阵的逆的代码如下：

```
inv()
```

调用 squared_norm()方法可以将复数视为元组并计算平方范数。squared_norm()方法无须传入参数。将复数视为元组并计算平方范数的代码如下：

```
squared_norm()
```

2. sophus.quaternion.Quaternion(real,vec)

sophus.quaternion.Quaternion 类用于涉及四元数的计算。

调用 Da_a_mul_b()方法可以先计算两个四元数矩阵的乘积再求导。Da_a_mul_b()方法需要传入两个参数，此时这两个参数是进行运算的两个矩阵。计算两个四元数矩阵 a 和 b 的乘积再求导的代码如下：

```
Da_a_mul_b(a, b)
```

调用 Db_a_mul_b()方法可以先计算两个四元数矩阵的乘积(右乘)再求导。Db_a_mul_b()方法需要传入两个参数，此时这两个参数是进行运算的两个矩阵。计算两个四元数矩阵 a 和 b 的乘积(右乘)再求导的代码如下：

```
Db_a_mul_b(a, b)
```

调用 conj()方法可以计算复共轭矩阵。conj()方法无须传入参数。计算复共轭矩阵的代码如下：

```
conj()
```

调用 inv()方法可以计算矩阵的逆。inv()方法无须传入参数。计算矩阵的逆的代码如下：

```
inv()
```

调用 squared_norm()方法可以将四元数视为四元元组并计算平方范数。squared_norm()方法无须传入参数。将复数视为元组并计算平方范数的代码如下：

```
squared_norm()
```

3. sophus.so2.So2(z)

sophus.so2.So2 类用于涉及幺元为 1 的二维正交矩阵的群代数的计算。

调用 exp()方法可以计算指数映射。exp()方法需要传入一个参数，此时这个参数是一个 2×2 的矩阵。计算指数为全 1 矩阵的指数运算的代码如下：

```
exp(numpy.ones(2))
```

调用 log()方法可以计算对数映射。log()方法无须传入参数。计算对数运算的代码如下：

```
log()
```

调用 matrix()方法可以返回矩阵表示。matrix()方法无须传入参数。返回矩阵表示的代码如下：

```
matrix()
```

4. sophus.so3.So3(q)

sophus.so3.So3 类用于涉及幺元为 1 的三维正交矩阵的群代数的计算。

调用 exp()方法可以计算指数映射。exp()方法需要传入一个参数,此时这个参数是一个 3×3 的矩阵。计算指数为全 1 矩阵的指数运算的代码如下：

```
exp(numpy.ones(3))
```

调用 log()方法可以计算对数映射。log()方法无须传入参数。计算对数运算的代码如下：

```
log()
```

调用 matrix()方法可以返回矩阵表示。matrix()方法无须传入参数。返回矩阵表示的代码如下：

```
matrix()
```

5. sophus.se2.Se2(so2,t)

sophus.se2.Se2 类用于涉及二维正交矩阵的刚体平移+旋转的计算。

调用 exp()方法可以计算指数映射。exp()方法需要传入一个参数,此时这个参数是一个 4×4 的矩阵。计算指数为全 1 矩阵的指数运算的代码如下：

```
exp(numpy.ones(4))
```

调用 matrix()方法可以返回矩阵表示。matrix()方法无须传入参数。返回矩阵表示的代码如下：

```
matrix()
```

6. sophus.se3.Se3(so3,t)

sophus.se3.Se3 类用于涉及三维正交矩阵的刚体平移+旋转的计算。

调用 exp()方法可以计算指数映射。exp()方法需要传入一个参数,此时这个参数是一个 6×6 的矩阵。计算指数为全 1 矩阵的指数运算的代码如下：

```
exp(numpy.ones(6))
```

调用 hat()方法可以将矩阵从 se(3) 映射到 SE(3)。hat()方法需要传入一个参数,此时这个参数是一个 6×6 的矩阵。将全 1 矩阵从 se(3) 映射到 SE(3)的代码如下：

```
hat(numpy.ones(6))
```

调用 matrix()方法可以返回矩阵表示。matrix()方法无须传入参数。返回矩阵表示的代码如下：

```
matrix()
```

调用 vee()方法可以将矩阵从 SE(3) 映射到 se(3)。hat()方法需要传入一个参数,此时这个参数是一个 4×4 的矩阵。将全 1 矩阵从 SE(3) 映射到 se(3)的代码如下：

```
vee(numpy.ones(4))
```

第11章 开源的SLAM算法实现

SLAM算法集成了机器人的位姿判断、建图和性能优化等流程，算法的实现难度较高。在工作或研究过程中从头编写一个SLAM框架周期长、人力成本高且不一定能利用上学术界的先进理论，因此业界的一种通用做法是对成熟的SLAM框架进行二次开发。

目前，SLAM算法在学术界中也是一个研究热点。众多研究团队已经通过不同角度优化了SLAM算法，甚至开源了不同的代码实现。特别地，国内的SLAM算法的研究正处于领先地位，国产开源SLAM框架也在互联网上得到了众多开发者的认可，因此，本章将对DS-SLAM等国产开源SLAM框架进行详细讲解。

本章涉及一些成熟的SLAM框架，可帮助开发者部署SLAM实战环境，运行SLAM框架，理解SLAM算法的软件架构并在工作或研究过程中对成熟的SLAM框架进行二次开发。

11.1 OKVIS

OKVIS是开源的、基于关键帧的视觉SLAM算法的实现，是一种基于双目+惯性的视觉里程计。

11.1.1 OKVIS源码安装

首先安装OKVIS的依赖。安装cmake，命令如下：

```
$ sudo dnf install cmake
```

安装glog，命令如下：

```
$ sudo dnf install glog
```

安装glog的头文件，命令如下：

```
$ sudo dnf install glog-devel
```

安装gflags，命令如下：

```
$ sudo dnf install gflags
```

安装 gflags 的头文件，命令如下：

```
$ sudo dnf install gflags-devel
```

安装 BLAS，命令如下：

```
$ sudo dnf install blas
```

安装 BLAS 的头文件，命令如下：

```
$ sudo dnf install blas-devel
```

安装 LAPACK，命令如下：

```
$ sudo dnf install lapack
```

安装 LAPACK 的头文件，命令如下：

```
$ sudo dnf install lapack-devel
```

安装 Eigen 的头文件，命令如下：

```
$ sudo dnf install eigen3-devel
```

安装 SuiteSparse，命令如下：

```
$ sudo dnf install suitesparse
```

安装 CXSparse，命令如下：

```
$ sudo dnf install cxsparse
```

安装 Boost 的头文件，命令如下：

```
$ sudo dnf install boost-devel
```

安装 OpenCV 的头文件，命令如下：

```
$ sudo dnf install opencv-devel
```

可选安装与 Skybotix VI 相关的依赖，命令如下：

```
$ git clone https://github.com/ethz-asl/libvisensor.git
$ cd libvisensor
$ ./install_libvisensor.sh
```

获取 OKVIS 的源码，命令如下：

```
$ wget https://www.doc.ic.ac.uk/~sleutene/software/okvis-1.1.3.zip
$ unzip okvis-1.1.3.zip && rm okvis-1.1.3.zip
```

此外，OKVIS 的作者在 GitHub 上也分发了 OKVIS 的源码，因此另一种获取 OKVIS 的源码的命令如下：

```
$ git clone https://github.com/ethz-asl/okvis.git
```

新建 build 文件夹，命令如下：

```
$ mkdir build
```

进入 build 文件夹,命令如下:

```
$ cd build
```

编译 OKVIS,命令如下:

```
$ cmake -DCMAKE_BUILD_TYPE = Release ..
$ make -j8
$ make install
```

11.1.2 OKVIS 运行用例

假定数据集被放置于 MH_01_easy/文件夹下,运行用例的命令如下:

```
$ ./okvis_app_synchronous path/to/okvis/config/config_fpga_p2_euroc.yaml MH_
01_easy/mav0/
```

11.1.3 OKVIS 的输出数据

OKVIS 拥有的术语如下:

(1) W 表示 OKVIS 的世界帧(z 轴向上)。

(2) C_i 表示第 i 个相机帧。

(3) S 表示 IMU 传感器帧。

(4) B 表示用户指定的骨架。

OKVIS 的输出采用 T_WS 姿势、r_WS 姿势和四元数 q_WS 姿势,这 3 种姿势跟随世界帧 v_W、陀螺仪偏差 b_g 及加速度计偏差 b_a 而变化。

11.1.4 OKVIS 的配置文件

OKVIS 的配置文件放置在 config 文件夹下,并采用 YAML 格式编写。OKVIS 的配置文件支持配置的内容如下:

(1) cameras 配置包括每个相机的 T_SC、图片维度(image_dimension)、畸变系数(distortion_coefficients)、畸变类型(distortion_type)、焦距(focal_length)及中心点(principal_point)。如果在 cameras 事件中缺少了任意一个参数,则其他参数也不会起作用。

(2) 如果 useDriver 为真值,则 OKVIS 将尝试从相机中直接读取校准信息;如果 useDriver 为假值,则 OKVIS 优先尝试通过 visensor 服务获取校准信息,只有以这种方式获取失败之后才会尝试从相机中直接读取校准信息。

(3) camera_params 配置包括 camera_rate、sigma_absolute_translation、sigma_absolute_orientation、sigma_c_relative_translation、sigma_c_relative_orientation 和 timestamp_tolerance,其中,camera_rate 代表预估的接收帧的时间;sigma_absolute_

translation 代表相机外参的标准差，用于在线校准，例如 1.0e－10；sigma_absolute_orientation 代表相机外参的标准差，用于在线校准，例如 1.0e－3； sigma_c_relative_translation 代表相机外参的标准差在两帧之间的变化，用于自适应在线校准，例如 1.0e－6；sigma_c_relative_orientation 代表相机外参的标准差在两帧之间的变化，用于自适应在线校准，例如 1.0e－6；timestamp_tolerance 代表双目相机的帧之间的同步允许的偏差。

（4）imu_params 配置包括 a_max、g_max、sigma_g_c、sigma_a_c、sigma_bg、sigma_ba、sigma_gw_c、sigma_aw_c、tau、g、a0、imu_rate 和 T_BS，其中，a_max 代表加速度计的最大测量范围；g_max 代表陀螺仪的最大测量范围；sigma_g_c 代表陀螺仪的噪声密度；sigma_a_c 代表加速度计的噪声密度； sigma_bg 代表陀螺仪的固有偏差；sigma_ba 代表加速度计的固有偏差；sigma_gw_c 代表陀螺仪的漂移噪声密度；sigma_aw_c 代表加速度计的漂移噪声密度；tau 代表逆时间常数，此参数当前不起作用；g 代表地球的重力加速度；a0 代表加速度计的偏差；imu_rate 没有明确的意义；T_BS 代表 IMU 的变换矩阵。

（5）numKeyframes 代表优化窗口中的帧数，此参数用于估计器。

（6）numImuFrames 代表非线性 IMU 中的误差项帧数，此参数用于估计器。

（7）ceres_options 配置包括 minIterations、maxIterations 和 timeLimit，其中，minIterations 代表 Ceres 的最小迭代次数；maxIterations 代表 Ceres 的最大迭代次数，即便结果不收敛；timeLimit 代表 Ceres 在迭代超过这段时间后将直接把值置为无穷大。

（8）detection_options 配置包括 threshold、octaves 和 maxNoKeypoints，其中，threshold 代表检测阈值，默认为像素的均匀性半径；octaves 代表检测的层数，0 代表只在最大分辨率下检测 1 层；maxNoKeypoints 代表限制 1 帧图像内最大只能有这个数量的关键点。

（9）imageDelay 代表图像延迟。在使用自定义设置时必须校准此参数。0 代表使用通过 visensor 服务获取的校准信息。

（10）displayImages 代表是否显示调试图像。如果 displayImages 为真值，则将显示调试图像，反之则不显示调试图像。

（11）publishing_options 配置包括 publish_rate、publishLandmarks、landmarkQualityThreshold、maximumLandmarkQuality、maxPathLength、publishImuPropagatedState、T_Wc_W、trackedBodyFrame 和 velocitiesFrame，在不使用 ROS 的系统中是可选参数，其中，publish_rate 代表发布率，用于控制 imu_rate/publish_rate 为整数；publishLandmarks 代表是否发布地标，如果 publishLandmarks 为真值，则将发布地标；landmarkQualityThreshold 代表发布地标的阈值，只有质量高于 publishLandmarks 的地标才会被发布；maximumLandmarkQuality 代表发布地标的最大质量，所有质量高于 maximumLandmarkQuality 的地标都被发布为最大颜色强度；maxPathLength 代表最大发布路径长度；publishImuPropagatedState 代表是否发布 IMU 传播的所有图像，如果 publishImuPropagatedState 为假值，则将只发布优化的图像；T_Wc_W 代表自定义的世界帧；trackedBodyFrame 代表选择的世界帧使用哪种帧体现，可配置为 B 或者 S； velocitiesFrame 代表选择的 trackedBodyFrame 使用哪种帧体现，可配置为 Wc、B 或者 S。

11.1.5 OKVIS 对校准相机的要求

如果在使用 OKVIS 时需要自行校准相机，则 OKVIS 要求的校准规则如下：

(1) 校准相机内参。

(2) 校准相机外参(姿势相对于 IMU)。

(3) 理解有关于 IMU 噪声的参数。

(4) 全部传感器需要同步。

此外，OKVIS 推荐使用 kalibr 工具校准相机和 IMU。

11.1.6 OKVIS 二次开发

OKVIS 提供了 CMakeLists.txt 文件用于二次开发，配置如下：

```
#第 11 章/okvis/CMakeLists.txt
cmake_minimum_required(VERSION 2.8)

set(OKVIS_INSTALLATION <path/to/install>) #point to installation

#require OpenCV
find_package( OpenCV COMPONENTS core highgui imgproc features2d REQUIRED )
include_directories(BEFORE ${OpenCV_INCLUDE_DIRS})

#require okvis
find_package( okvis 1.1 REQUIRED)
include_directories(${OKVIS_INCLUDE_DIRS})

#require brisk
find_package( brisk 2 REQUIRED)
include_directories(${BRISK_INCLUDE_DIRS})

#require ceres
list(APPEND CMAKE_PREFIX_PATH ${OKVIS_INSTALLATION})
find_package( Ceres REQUIRED )
include_directories(${CERES_INCLUDE_DIRS})

#require OpenGV
find_package(opengv REQUIRED)

#VISensor, if available
list(APPEND CMAKE_MODULE_PATH ${OKVIS_INSTALLATION}/lib/CMake)
find_package(VISensor)
if(VISENSORDRIVER_FOUND)
  message(STATUS "Found libvisensor.")
```

```
else()
  message(STATUS "libvisensor not found")
endif()

#now continue with your project-specific stuff...
```

11.2 VINS-Mono

VINS-Mono 是一种稳健、通用的单目视觉惯性状态估计器。

11.2.1 VINS-Mono 源码安装

首先安装 VINS-Mono 的依赖。

VINS-Mono 在编译前需要安装 ROS。详见 ROS 一节中的内容。

VINS-Mono 在编译前需要安装 Ceres 解算器。详见 Ceres 解算器一节中的内容。

初始化 catkin 工作空间，命令如下：

```
$ cd ~/catkin_ws/src
```

将 VINS-Mono 的源码复制到 catkin 工作空间下，命令如下：

```
$ git clone https://github.com/HKUST-Aerial-Robotics/VINS-Mono.git
```

进入 VINS-Mono 文件夹，命令如下：

```
$ cd VINS-Mono
```

编译 VINS-Mono，命令如下：

```
$ catkin_make
```

VINS-Mono 涉及额外的环境变量。初始化 VINS-Mono 的环境变量的命令如下：

```
$ source ~/catkin_ws/devel/setup.bash
```

11.2.2 VINS-Mono 使用视觉惯性里程计和姿态图数据集

VINS-Mono 使用视觉惯性里程计和闭环检测的数据集的命令如下：

```
$ roslaunch vins_estimator euroc.launch
$ roslaunch vins_estimator vins_rviz.launch
$ rosbag play YOUR_PATH_TO_DATASET/MH_01_easy.bag
```

在运算时可视化地面真相(Ground Truth)的命令如下：

```
$ roslaunch benchmark_publisher publish.launch
sequence_name: = MH_05_difficult
```

注意：上面的代码用了一个不严格的方式实现可视化并将 VINS 与实际情况保持一致，因此不能用于学术发布物的定量比较。

不加参数在相机和 IMU 之间使用 EuRoC 数据集并在线校准的命令如下：

```
$ roslaunch vins_estimator euroc_no_extrinsic_param.launch
```

11.2.3 VINS-Mono 建图合并

在播放 MH_01 建图结果后允许继续播放 MH_02 等建图结果，VINS-Mono 将根据闭环检测合并这些建图结果。

11.2.4 VINS-Mono 建图输入/输出

VINS-Mono 允许在 VINS-Mono/config/euroc/euroc_config.yaml 配置文件中配置 pose_graph_save_path 作为建图的保存位置。以 MH_01 建图结果为例，在播放 MH_01 之后可以向终端中按 S 键，然后按 Enter 键，即可保存 MH_01 当前的那一帧姿态图。

VINS-Mono 允许在 VINS-Mono/config/euroc/euroc_config.yaml 配置文件中将 load_previous_pose_graph 配置为 0 或 1，含义如下：

(1) 如果 load_previous_pose_graph 为 0，则按默认方式播放建图结果。

(2) 如果 load_previous_pose_graph 为 1，则新播放的建图结果将和上一个播放的建图结果对齐。

11.2.5 VINS-Mono AR 演示

打开 3 个终端，并按需启动 AR 演示的命令如下：

```
$ roslaunch ar_demo 3dm_bag.launch
$ roslaunch ar_demo ar_rviz.launch
$ rosbag play YOUR_PATH_TO_DATASET/ar_box.bag
```

在上面的 AR 演示中，画面的前方包含一个 0.8m×0.8m×0.8m 的虚拟盒子模型。

11.2.6 VINS-Mono 使用相机

VINS-Mono 使用相机的步骤如下：

(1) 在配置文件中修改主题名称。图像应超过 20Hz 且 IMU 应超过 100Hz。图像和 IMU 都应具有准确的时间戳。IMU 应包含包括重力在内的绝对加速度值。

(2) 支持使用针孔模型和 MEI 模型校准相机，并在校准相机后按照对应的格式写入配置文件。如果需要使用滚动快门相机，则需要仔细校准相机，确保重投影误差小于 0.5 像素。

(3) 允许在配置文件中指定预估的优化参数。如果用户熟悉变换矩阵，则可以通过目测或笔算来估算旋转和位置，然后将这些值作为初始猜测写入 config。此外，VINS-Mono 的估计器将在线优化外部参数。如果用户不熟悉相机 IMU 变换，则只需忽略外部参数并将 estimate_extrinsic 设置为 2，然后在开始时旋转设备设置几秒即可。当系统成功工作时，VINS-Mono 将自动保存校准结果，然后用户可以将这些结果用作下次的初始值。

（4）支持时间偏移。将 estimate_td 设置为 1，以在线估计相机和 IMU 之间的时间偏移。大多数自制视觉惯性传感器组是不同步的。

（5）如果需要使用滚动快门相机，则需要将 rolling_shutter 设置为 1 并设置滚动快门读取时间 rolling_shutter_tr。滚动快门读取时间来自传感器数据表（通常为 0～0.05s，而非曝光时间）。

注意： VINS-Mono 不推荐使用网络摄像头，并认为网络摄像头拍摄的效果很差。

11.2.7 VINS-Mono 在不同相机上的表现

VINS-Mono 在不同相机上的表现如表 11-1 所示（排名越靠前则表现越好）。

表 11-1 VINS-Mono 在不同相机上的表现

排名	表 现	排名	表 现
1	全局快门相机＋同步高端 IMU，例如 VI 传感器	4	全局摄像机＋非同步低频 IMU
2	全局快门相机＋同步低端 IMU	5	滚动摄像机＋非同步低频 IMU
3	全局摄像机＋非同步高频 IMU		

11.2.8 VINS-Mono 在 Docker 之下安装

将当前用户加入 docker 用户组中，命令如下：

```
$ sudo usermod -aG docker $YOUR_USER_NAME
```

在 Docker 之下安装 Limo 的命令如下：

```
$ cd ~/catkin_ws/src/VINS-Mono/docker
$ make build
$ ./run.sh LAUNCH_FILE_NAME #./run.sh euroc.launch
```

11.3 ROVIO

ROVIO 即稳健视觉惯性里程计。

在 ROVIO 检测成功后将多层的补丁特性和 EKF 滤波方式结合起来，并直接利用强度误差作为更新项。ROVIO 仅以机器人为中心估计三维地标的位置关于当前摄像机的姿势。此外,地标位置被分解成一个方位向量和一个参数化的距离,并在相应的σ-代数上表示差异,以达到更强的一致性和改善计算性能。

11.3.1 ROVIO 源码安装

首先安装 ROVIO 的依赖。

ROVIO 在编译前需要安装 ROS。详见 ROS 一节中的内容。

ROVIO 在编译前需要安装 kindr。详见 kindr 一节中的内容。

获取 ROVIO 的源码,命令如下:

```
$ git clone https://github.com/ethz-asl/rovio.git rovio
```

获取 ROVIO 的子模块的源码,命令如下:

```
$ git submodule update --init --recursive
```

编译 ROVIO,命令如下:

```
$ catkin build rovio --cmake-args -DCMAKE_BUILD_TYPE = Release
```

此外,ROVIO 还可选编译 OpenGL 的支持代码。安装这部分依赖,命令如下:

```
$ sudo dnf install freeglut
$ sudo dnf install glew-devel
```

然后编译 ROVIO,命令如下:

```
$ catkin build rovio --cmake-args -DCMAKE_BUILD_TYPE = Release -DMAKE_SCENE = ON
```

在编译命令中允许设置的额外参数如下:

(1) ROVIO_NMAXFEATURE 代表 ROVIO 的最大特征数量。

(2) ROVIO_NCAM 代表启用的相机数量。

(3) ROVIO_NLEVELS 代表特征图像的层数。

(4) ROVIO_PATCHSIZE 代表补丁的大小。

(5) ROVIO_NPOSE 代表处理额外的外部姿势测量的校准模式。0 代表无额外处理;1 代表 ROVIO 惯性坐标系 W 和参考惯性坐标系 I 在变换时共同估计;2 代表惯性坐标系、IMU 惯性坐标系 M 和参考骨架 V 在变换时共同估计。

将启用的相机数量指定为 2,并编译 ROVIO,命令如下:

```
$ catkin build rovio --cmake-args -DCMAKE_BUILD_TYPE = Release -DMAKE_SCENE = ON
-DROVIO_NCAM = 2
```

11.3.2 ROVIO 相机内参

ROVIO 使用配置文件配置相机内参。在 rovio.info 文件中可以设置配置文件的路径,也可以通过 rosparam 设置配置文件的路径,例如<param name="camera0_config" value="$(find rovio)/cfg/euroc_cam0.yaml"/>。

11.3.3 ROVIO 的配置文件

ROVIO 的配置文件支持的参数如下：

(1) Common 配置包括 doVECalibration 和 verbose，其中，doVECalibration 代表 IMU 相机外参是否需要在线共同估计；verbose 代表是否详细输出。

(2) CameraX 代表第 X 个相机的配置，配置包括 CalibrationFile、qCM 和 MrMC，其中，CalibrationFile 代表相机的校准文件的路径；qCM 代表使用四元数表示的摄像机 X 相对于 IMU 坐标系的方向；MrMC 代表摄像机 X 相对于 IMU 坐标系的位置。

(3) Init 配置包括 State 和 Covariance，其中，State 代表 ROVIO 滤波器状态的初始值；Covariance 代表 ROVIO 滤波器状态的初始值的协方差。

(4) ImgUpdate 配置包括 useDirectMethod、startLevel、endLevel、UpdateNoise、initCovFeature_0、initDepth 和 penaltyDistance，其中，useDirectMethod 代表 EKF 滤波器使用测光误差还是投影误差。如果 useDirectMethod 为 true，则使用测光误差，反之使用投影误差；startLevel 代表使用测光误差时的最大金字塔层数。startLevel 必须小于 ROVIO_NLEVELS；endLevel 代表使用测光误差时的最小金字塔层数；UpdateNoise 代表处理误差使用的协方差。如果 UpdateNoise 为 nor，则用于投影误差；如果 UpdateNoise 为 int，则用于测光误差；initCovFeature_0 代表距离参数的初始协方差；initDepth 代表一个特征的初始距离参数的猜测值；penaltyDistance 代表用于避免水平线上的特征点发生聚集的惩罚距离。

(5) Prediction 配置包括 PredictionNoise，PredictionNoise 代表 EKF 采用的预测噪声。PredictionNoise 需要适应 IMU 的规格。

(6) PoseUpdate 代表处理额外的外部姿势测量时使用的参数。

11.3.4 ROVIO 通过校准方式获取相机内参

ROVIO 允许直接使用 kalibr 工具获取相机内参。调用 kalibr_rovio_config 命令可以将 camchain.yaml 转换为 ROVIO 的配置文件。以这种方式获取 ROVIO 的配置文件之后，再修改 ROVIO 的启动文件以包括 ROVIO 的配置文件，即可直接使用 ROVIO。

11.4 MSCKF_VIO

MSCKF_VIO 是 MSCKF 算法的一个双目相机版本，也是一个 VIO 算法的实现。本软件接收双目摄像头的输入和 IMU 信息，然后生成实时的 6DOF 的 IMU 帧的姿势估计。

11.4.1 MSCKF_VIO 源码安装

首先安装 MSCKF_VIO 的依赖。安装 Eigen 的头文件，命令如下：

```
$ sudo dnf install eigen3-devel
```

安装 Boost 的头文件，命令如下：

```
$ sudo dnf install boost-devel
```

安装 OpenCV 的头文件，命令如下：

```
$ sudo dnf install opencv-devel
```

安装 SuiteSparse，命令如下：

```
$ sudo dnf install suitesparse
```

获取 MSCKF_VIO 的源码，命令如下：

```
$ git clone https://github.com/KumarRobotics/msckf_vio.git msckf_vio
```

编译 MSCKF_VIO，命令如下：

```
$ catkin_make --pkg msckf_vio --cmake-args -DCMAKE_BUILD_TYPE = Release
```

11.4.2 MSCKF_VIO 校准

为了获得软件的最佳性能，双目相机应该和 IMU 硬件同步，并且必须使用校准软件在滤波前校准双目相机和 IMU。MSCKF_VIO 推荐使用 Kalibr 进行校准和相机-IMU 之间的转换，并且可以直接使用 Kalibr 生成的 YAML 文件。

camx/T_cam_imu 参数代表从 IMU 到第 x 个相机之间的向量。cam1/T_cn_cnm1 参数代表从第 0 个相机到第 1 个相机之间的向量。

在滤波时，滤波器使用前 200 个 IMU 消息来初始化陀螺仪偏置、加速度计偏置和初始方向，因此，机器人需要从静止状态开始，以便成功初始化 VIO。

11.4.3 MSCKF_VIO 使用数据集

MSCKF_VIO 提供了两个使用数据集的启动文件，其中，msckf_vio_euroc.launch 用于使用 EuRoc 数据集；msckf_vio_fla.launch 用于使用 UPenn fast flight 数据集。

每个启动文件都包含两个 ROS 节点，其中，image_processor 用于处理双目图像并检测和跟踪目标；vio 获得从 image_processor 获得的特征测量并且将 IMU 消息紧耦合到估计的姿势上。

MSCKF_VIO 使用 EuRoc 数据集的命令如下：

```
$ roslaunch msckf_vio msckf_vio_euroc.launch
```

MSCKF_VIO 使用 UPenn fast flight 数据集的命令如下：

```
$ roslaunch msckf_vio msckf_vio_fla.launch
```

在启动后需要运行包含数据集的 ROS 包，命令如下：

```
$ rosbag play V1_01_easy.bag
```

此外，MSCKF_VIO 允许使用 rviz 进行可视化。使用 EuRoc 数据集时的 rviz 配置文件为 rviz_euroc_config.rviz。使用 UPenn fast flight 数据集时的 rviz 配置文件为 rviz_fla_config.rviz。

11.4.4 MSCKF_VIO 的 ROS 节点

MSCKF_VIO 的 ROS 节点如下：

(1) image_processor 节点订阅了 imu (sensor_msgs/Imu) 话题和 cam[x]_image (sensor_msgs/Image) 话题，其中，imu 话题用于在特征跟踪中补偿旋转和两点的 RANSAC；cam[x]_image 话题用于同步双目图像。

(2) image_processor 节点发布了 features(msckf_vio/CameraMeasurement)话题、tracking_info(msckf_vio/TrackingInfo)话题和 Debug_stereo_img(sensor_msgs::Image)话题，其中，features 话题用于在当前的双目图像对中记录特征测量信息；tracking_info 话题用于记录特征测量状态，便于调试使用；Debug_stereo_img 话题用于在双目图像上绘制特征测量结果，便于调试使用。这种绘制的图像只在订阅时才被创建。

(3) vio 节点订阅了 imu(sensor_msgs/Imu)话题和 features(msckf_vio/CameraMeasurement)话题，其中，imu 话题用于 IMU 测量；features 话题用于来自 image_processor 节点的双目图像的特征测量。

(4) vio 节点发布了 odom(nav_msgs/Odometry)话题和 feature_point_cloud(sensor_msgs/PointCloud2)话题，其中，odom 话题作为 IMU 帧的里程计，并允许一定的协方差；features 话题显示用于估计的当前的图中的特征。

11.5 ORB-SLAM

ORB-SLAM 是一种基于 ORB 特征的 SLAM 算法。ORB-SLAM 基于 PTAM 架构，增加了地图初始化和闭环检测功能，优化了关键帧选取和地图构建的方法，在处理速度、追踪效果和地图精度上效果较好。

注意：ORB-SLAM 的建图是稀疏的。

ORB-SLAM 从单目相机开始开发，如今又扩展到双目相机和景深相机上，是一种应用广泛的 SLAM 算法的实现。

ORB-SLAM 算法的一大特点是在所有步骤统一使用图像的 ORB 特征。ORB 特征是一种非常快速的特征提取方法，具有旋转不变性，并可以利用金字塔构建出尺度不变性。使用统一的 ORB 特征可令 SLAM 算法在特征提取与追踪、关键帧选取、三维重建与闭环检测当中具有内生的一致性。

11.5.1 ORB-SLAM 源码安装

首先安装 ORB-SLAM 的依赖。安装 Eigen 的头文件，命令如下：

```
$ sudo dnf install eigen3-devel
```

安装 Boost 的头文件，命令如下：

```
$ sudo dnf install boost-devel
```

获取 ORB-SLAM 的源码，命令如下：

```
$ git clone https://github.com/raulmur/ORB_SLAM.git ORB_SLAM
```

将 ROS 的路径设为 ROS_PACKAGE_PATH 环境变量，命令如下：

```
$ export ROS_PACKAGE_PATH = ${ROS_PACKAGE_PATH}:PATH_TO_PARENT_OF_ORB_SLAM
```

编译 g2o(ORB-SLAM 使用了一个内置的版本)，命令如下：

```
$ #进入 Thirdparty/g2o/文件夹
$ mkdir build
$ cd build
$ cmake .. -DCMAKE_BUILD_TYPE = Release
$ make
```

注意：可以在 Thirdparty/g2o/CMakeLists.txt 文件中修改编译选项。

编译 DBoW2(ORB-SLAM 使用了一个内置的版本)，命令如下：

```
$ #进入 Thirdparty/DBoW2/文件夹
$ mkdir build
$ cd build
$ cmake .. -DCMAKE_BUILD_TYPE = Release
$ make
```

注意：可以在 Thirdparty/DBoW2/CMakeLists.txt 文件中修改编译选项。

编译 ORB_SLAM，命令如下：

```
$ #进入 ORB_SLAM 源码的根目录
$ mkdir build
$ cd build
$ cmake .. -DROS_BUILD_TYPE = Release
$ make
```

注意：可以在./CMakeLists.txt 文件中修改编译选项。如果计算机用的是 ROS Indigo，则需要在 manifest.xml 文件中去除 opencv2 依赖。

11.5.2 ORB-SLAM 的用法

在使用 ORB-SLAM 之前，必须在当前终端中执行的命令如下：

```
$ roscore
```

从终端启动 ORB-SLAM 的命令如下：

```
$ rosrun ORB_SLAM ORB_SLAM PATH_TO_VOCABULARY PATH_TO_SETTINGS_FILE
```

注意：可以在 ORB_SLAM/Data/ORBvoc.txt.tar.gz 压缩包中获取示例语法文件。

最后一帧图片被保存在/ORB_SLAM/Frame 目录中，可视化此图像的命令如下：

```
$ rosrun image_view image_view image: = /ORB_SLAM/Frame _autosize: = true
```

建好的图被保存在/ORB_SLAM/Map 目录中，对应的相机位姿被保存在/ORB_SLAM/Camera 目录中，对应的相机的世界坐标原点被保存在/ORB_SLAM/World 目录中。如果计算机用的是 ROS Indigo，则可视化此图的命令如下：

```
$ rosrun rviz rviz -d Data/rviz.vcg
```

如果计算机用的是 ROS Groovy 或更高的版本，则可视化此图的命令如下：

```
$ rosrun rviz rviz -d Data/rviz.rviz
```

使用 roslaunch 命令可以组合 ORB_SLAM、image_view 和 rviz 操作并启动。如果计算机用的是 ROS Fuerte，则组合操作并启动的命令如下：

```
$ roslaunch ExampleFuerte.launch
```

如果计算机用的是 ROS Groovy 或更高的版本，则组合操作并启动的命令如下：

```
$ roslaunch ExampleGroovyOrNewer.launch
```

11.5.3 ORB-SLAM 的设置文件

ORB-SLAM 需要从设置文件中读取相机的校准参数和其他的配置参数。

注意：Data/Settings.yaml 是示例设置文件。

11.5.4 ORB-SLAM 结果失败的总结

ORB-SLAM 在某些情况下会得到失败的结果，这些情形如下：

(1) 在系统初始化时没有翻译或包含太多旋转。

(2) 在探索时包含纯旋转。

(3) 环境材质低。

(4) 含有过多的或过大的运动物体,尤其是在它们运动缓慢的场景下。

11.6 ORB-SLAM2

ORB-SLAM2 在 ORB-SLAM 的基础上增加了对 OpenCV 3、Eigen 3.3 和 AR 用例的支持。ORB-SLAM2 可用于单目、双目和 RGB-D 相机,用于计算相机轨迹和稀疏三维重建(仅在具有真实比例的双目和 RGB-D 相机下才支持)。

ORB-SLAM2 能够实时检测环路并重新定位相机。ORB-SLAM2 在 KITTI 数据集中提供了单目或双目相机的示例,在 TUM 数据集中提供了单目或 RGB-D 相机的示例,在 EuRoC 数据集中提供了单目或双目相机的示例。

此外,ORB-SLAM2 还提供一个 ROS 节点来处理实时单目、双目和 RGB-D 流。ORB-SLAM2 可以在没有 ROS 的情况下编译。ORB-SLAM2 提供了在 SLAM 模式和本地化模式之间切换的 GUI。

11.6.1 ORB-SLAM2 源码安装

首先安装 ORB-SLAM2 的依赖。安装 Eigen 的头文件,命令如下:

```
$ sudo dnf install eigen3-devel
```

安装 OpenCV 的头文件,命令如下:

```
$ sudo dnf install opencv-devel
```

安装 Python,命令如下:

```
$ sudo dnf install python3
```

安装 NumPy,命令如下:

```
$ sudo dnf install python3-numpy
```

获取 ORB-SLAM2 的源码,命令如下:

```
$ git clone https://github.com/raulmur/ORB_SLAM2.git ORB_SLAM2
```

此外,ORB-SLAM2 在编译前需要安装 Pangolin。详见 Pangolin 一节中的内容。

此外,ORB-SLAM2 在编译前还可选安装 ROS。详见 ROS 一节中的内容。

此外,ORB-SLAM2 在编译时使用了内置版本的 DBoW2 和 g2o,这些文件被放在 Thirdparty/文件夹下。

编译 ORB-SLAM2,命令如下:

```
$ cd ORB_SLAM2
$ chmod +x build.sh
$ ./build.sh
```

编译后会在 lib/文件夹下生成一个 libORB_SLAM2.so 文件,还会在 Examples/文件夹下生成 mono_tum、mono_kitti、rgbd_tum、stereo_kitti、mono_euroc 和 stereo_euroc 文件。

11.6.2　ORB-SLAM2 的单目相机用例

执行一个使用 TUM 数据集的 ORB-SLAM2 的单目相机用例的命令如下：

```
$ ./Examples/Monocular/mono_tum Vocabulary/ORBvoc.txt Examples/Monocular/TUMX.yaml PATH_TO_SEQUENCE_FOLDER
```

注意：在运行上面的代码前需要将 PATH_TO_SEQUENCE_FOLDER 环境变量改为未解压的序列所在的文件夹。

执行一个使用 KITTI 数据集的 ORB-SLAM2 的单目相机用例的命令如下：

```
$ ./Examples/Monocular/mono_kitti Vocabulary/ORBvoc.txt Examples/Monocular/KITTIX.yaml PATH_TO_DATASET_FOLDER/dataset/sequences/SEQUENCE_NUMBER
```

注意：在运行上面的代码前需要将 PATH_TO_DATASET_FOLDER 环境变量改为未解压的数据集所在的文件夹。

执行一个使用 EuRoC 数据集的 ORB-SLAM2 的单目相机用例的命令如下：

```
$ ./Examples/Monocular/mono_euroc Vocabulary/ORBvoc.txt Examples/Monocular/EuRoC.yaml PATH_TO_SEQUENCE_FOLDER/mav0/cam0/data Examples/Monocular/EuRoC_TimeStamps/SEQUENCE.txt
$ ./Examples/Monocular/mono_euroc Vocabulary/ORBvoc.txt Examples/Monocular/EuRoC.yaml PATH_TO_SEQUENCE/cam0/data Examples/Monocular/EuRoC_TimeStamps/SEQUENCE.txt
```

注意：在运行上面的代码前需要将 PATH_TO_SEQUENCE_FOLDER 环境变量改为未解压的序列所在的文件夹。

11.6.3　ORB-SLAM2 的双目相机用例

执行一个使用 KITTI 数据集的 ORB-SLAM2 的双目相机用例的命令如下：

```
$ ./Examples/Stereo/stereo_kitti Vocabulary/ORBvoc.txt Examples/Stereo/KITTIX.yaml PATH_TO_DATASET_FOLDER/dataset/sequences/SEQUENCE_NUMBER
```

注意：在运行上面的代码前需要将 PATH_TO_DATASET_FOLDER 环境变量改为未解压的数据集所在的文件夹。

执行一个使用 EuRoC 数据集的 ORB-SLAM2 的双目相机用例的命令如下：

```
$ ./Examples/Stereo/stereo_euroc Vocabulary/ORBvoc.txt Examples/Stereo/EuRoC.yaml PATH_TO_SEQUENCE/mav0/cam0/data PATH_TO_SEQUENCE/mav0/cam1/data Examples/Stereo/EuRoC_TimeStamps/SEQUENCE.txt
$ ./Examples/Stereo/stereo_euroc Vocabulary/ORBvoc.txt Examples/Stereo/EuRoC.yaml PATH_TO_SEQUENCE/cam0/data PATH_TO_SEQUENCE/cam1/data Examples/Stereo/EuRoC_TimeStamps/SEQUENCE.txt
```

注意：在运行上面的代码前需要将 PATH_TO_SEQUENCE_FOLDER 环境变量改为未解压的序列所在的文件夹。

11.6.4 ORB-SLAM2 的景深相机用例

生成 RGB 和景深的匹配序列的命令如下：

```
$ python associate.py PATH_TO_SEQUENCE/rgb.txt PATH_TO_SEQUENCE/depth.txt > associations.txt
```

执行一个使用 TUM 数据集的 ORB-SLAM2 的景深相机用例的命令如下：

```
$ ./Examples/RGB-D/rgbd_tum Vocabulary/ORBvoc.txt Examples/RGB-D/TUMX.yaml PATH_TO_SEQUENCE_FOLDER ASSOCIATIONS_FILE
```

注意：在运行上面的代码前需要将 PATH_TO_SEQUENCE_FOLDER 环境变量改为未解压的序列所在的文件夹。

11.6.5 ORB-SLAM2 编译 ROS 包

ORB-SLAM2 的 ROS 包可能涉及额外的环境变量。初始化 ROS 包的环境变量的命令如下：

```
$ export ROS_PACKAGE_PATH = ${ROS_PACKAGE_PATH}:PATH/ORB_SLAM2/Examples/ROS
```

编译 ROS 包。编译命令如下：

```
$ chmod +x build_ros.sh
$ ./build_ros.sh
```

11.6.6 ORB-SLAM2 的 ROS 包的用法

以单目相机为例,通过 ROS 运行用例的命令如下：

```
$ rosrun ORB_SLAM2 Mono PATH_TO_VOCABULARY PATH_TO_SETTINGS_FILE
```

以单目相机＋AR 为例,通过 ROS 运行用例的命令如下：

```
$ rosrun ORB_SLAM2 MonoAR PATH_TO_VOCABULARY PATH_TO_SETTINGS_FILE
```

以双目相机为例，通过 ROS 运行用例的命令如下：

```
$ rosrun ORB_SLAM2 Stereo PATH_TO_VOCABULARY PATH_TO_SETTINGS_FILE ONLINE_
RECTIFICATION
```

如果用例是.bag 格式的文件，则通过 ROS 运行用例的命令如下：

```
$ roscore
$ rosrun ORB_SLAM2 Stereo Vocabulary/ORBvoc.txt Examples/Stereo/EuRoC.yaml true
$ rosbag play --pause V1_01_easy.bag /cam0/image_raw: = /camera/left/image_raw
/cam1/image_raw: = /camera/right/image_raw
```

以景深相机为例，通过 ROS 运行用例的命令如下：

```
$ rosrun ORB_SLAM2 RGBD PATH_TO_VOCABULARY PATH_TO_SETTINGS_FILE
```

11.6.7 ORB-SLAM2 的模式

ORB-SLAM2 同时提供了 SLAM 模式和本地化模式。

SLAM 模式的特点如下：

(1) ORB-SLAM2 默认以 SLAM 模式运行。

(2) 系统以 3 个线程运行，分别用于跟踪、本地建图和关闭循环。

(3) 系统本地化相机、编译图及尝试关闭循环。

本地化模式的特点如下：

(1) 本地建图和关闭循环功能不可用，只能对建好的图进行操作。

(2) 系统在图中本地化相机。

(3) 允许重定位。

11.7 ORB-SLAM3

ORB-SLAM3 在 ORB-SLAM2 的基础上继续优化，并允许用户分析运行时间，鼓励用户进一步改进 ORB-SLAM 算法。

11.7.1 ORB-SLAM3 源码安装

首先安装 ORB-SLAM3 的依赖。安装 Eigen 的头文件，命令如下：

```
$ sudo dnf install eigen3-devel
```

获取 ORB-SLAM3 的源码，命令如下：

```
$ git clone https://github.com/UZ-SLAMLab/ORB_SLAM3.git ORB_SLAM3
```

此外，ORB-SLAM3 在编译前需要安装 Pangolin。详见 Pangolin 一章中的内容。

此外,ORB-SLAM3 在编译前还可选安装 ROS。详见 ROS 一节中的内容。

此外,ORB-SLAM3 在编译时使用了内置版本的 DBoW2 和 g2o,这些文件被放在 Thirdparty/文件夹下。

编译 ORB-SLAM3,命令如下:

```
$ cd ORB_SLAM3
$ chmod +x build.sh
$ ./build.sh
```

编译后会在 lib/文件夹下生成一个 libORB_SLAM3.so 文件,还会在 Examples/文件夹下生成一些可执行文件。

11.7.2 ORB-SLAM3 配置相机

首先按照 Calibration_Tutorial.pdf 中的步骤校准相机,然后编写 your_camera.yaml 文件。

11.7.3 ORB-SLAM3 执行用例

以 D435i 相机为例,运行./Examples/Stereo-Inertial/stereo_inertial_realsense_D435i 用例的命令如下:

```
$ ./Examples/Stereo - Inertial/stereo _ inertial _ realsense _ D435i Vocabulary/
ORBvoc.txt ./Examples/Stereo-Inertial/RealSense_D435i.yaml
```

11.7.4 ORB-SLAM3 编译 ROS 包

ORB-SLAM3 的 ROS 包可能涉及额外的环境变量。编辑.bashrc 文件的命令如下:

```
$ gedit ~/.bashrc
```

在.bashrc 文件中初始化 ROS 包的环境变量的命令如下:

```
$ export ROS_PACKAGE_PATH = ${ROS_PACKAGE_PATH}:PATH/ORB_SLAM3/Examples/ROS
```

编译 ROS 包。编译命令如下:

```
$ chmod +x build_ros.sh
$ ./build_ros.sh
```

11.7.5 ORB-SLAM3 的 ROS 包的用法

以单目相机为例,通过 ROS 运行用例的命令如下:

```
$ rosrun ORB_SLAM3 Mono PATH_TO_VOCABULARY PATH_TO_SETTINGS_FILE
```

如果单目相机的输入为惯性输入,则通过 ROS 运行用例的命令如下:

```
$ rosrun ORB_SLAM3 Mono PATH_TO_VOCABULARY PATH_TO_SETTINGS_FILE [EQUALIZATION]
```

以双目相机为例，通过 ROS 运行用例的命令如下：

```
$ rosrun ORB_SLAM3 Stereo PATH_TO_VOCABULARY PATH_TO_SETTINGS_FILE ONLINE_
RECTIFICATION
```

如果双目相机的输入为惯性输入，则通过 ROS 运行用例的命令如下：

```
$ rosrun ORB_SLAM3 Stereo_Inertial PATH_TO_VOCABULARY PATH_TO_SETTINGS_FILE
ONLINE_RECTIFICATION [EQUALIZATION]
```

以景深相机为例，通过 ROS 运行用例的命令如下：

```
$ rosrun ORB_SLAM3 RGBD PATH_TO_VOCABULARY PATH_TO_SETTINGS_FILE
```

如果用例是.bag 格式的文件，则通过 ROS 运行用例的命令如下：

```
$ roscore
$ rosrun ORB_SLAM3 Stereo_Inertial Vocabulary/ORBvoc.txt Examples/Stereo-
Inertial/EuRoC.yaml true
$ rosbag play --pause V1_02_medium.bag /cam0/image_raw:=/camera/left/image_
raw /cam1/image_raw:=/camera/right/image_raw /imu0:=/imu
```

如果用例是.bag 格式的文件和 TUM-VI 数据集，则 ORB-SLAM3 可能会出现播放问题，此时可以对文件夹进行 rebag 操作，命令如下：

```
$ rosrun rosbag fastrebag.py dataset-room1_512_16.bag dataset-room1_512_16_
small_chunks.bag
```

11.7.6　ORB-SLAM3 分析运行时间

ORB-SLAM3 允许用户分析运行时间。在 include\Config.h 头文件中，如果去除 # define REGISTER_TIMES 这一行的注释，则 ORB-SLAM3 将每个操作的结束时间输出到终端和 ExecTimeMean.txt 文件中。

11.7.7　ORB-SLAM3 相机校准

要使用 ORB-SLAM3 连接相机，就必须按照 Calibration_Tutorial.pdf 文件中的步骤校准相机。

11.8　Cube SLAM

Cube SLAM 是一种目标 SLAM，其支持单目标和多目标，并可以根据优化算法生成三维目标。

11.8.1　Cube SLAM 的模式

Cube SLAM 同时提供了集成了 ORB SLAM 的目标 SLAM 模式和纯 Cube SLAM 模

式。集成了 ORB SLAM 的目标 SLAM 模式的源码放置于 orb_object_slam 文件夹中。纯 Cube SLAM 模式的源码放置于 object_slam 文件夹中。此外，detect_3d_cuboid 文件夹中还存放了用于检测三维目标的边界盒的源码。

11.8.2 Cube SLAM 源码安装

初始化 catkin 工作空间，命令如下：

```
$ mkdir -p ~/cubeslam_ws/src
$ cd ~/cubeslam_ws/src
$ catkin_init_workspace
```

将 Cube SLAM 的源码复制到 catkin 工作空间下，命令如下：

```
$ git clone git@github.com:shichaoy/cube_slam.git
```

切换到 cube_slam 文件夹下，命令如下：

```
$ cd cube_slam
```

安装 Cube SLAM 的依赖，命令如下：

```
$ sh install_dependenices.sh
```

编译 Cube SLAM，命令如下：

```
$ cd ~/cubeslam_ws
$ catkin_make -j4
```

11.8.3 Cube SLAM 的 ROS 包的用法

Cube SLAM 的 ROS 包可能涉及额外的环境变量。初始化 ROS 包的环境变量的命令如下：

```
$ source devel/setup.bash
```

运行 Cube SLAM 的 ROS 包的命令如下：

```
$ roslaunch object_slam object_slam_example.launch
```

在运行后可以看到 rviz 的结果。默认的 rviz 文件是 ROS Indigo 版本的文件。此外，Cube SLAM 也提供了 ROS Kinetic 版本的文件。

与 ORB 目标 SLAM 相关的源码存放在 orb_object_slam 文件夹下。运行 ORB SLAM 的命令如下：

```
$ roslaunch orb_object_slam mono.launch
$ rosbag play mono.bag --clock -r 0.5
```

要运行动态的 ORB 目标 SLAM，只需将 mono.launch 文件改为 mono_dynamic.launch 文件，然后运行上面的代码。

11.8.4 Cube SLAM 的注意事项

Cube SLAM 的注意事项如下：

(1) 对于在线的 ORB 目标 SLAM，Cube SLAM 只需读取每个图像中离线检测到的三维对象文件。在处理 KITTI 等数据集时同样采用类似的方式。

(2) 在启动文件 object_slam_example.launch 中，如果 online_detect_mode 值为 false，则需要 MATLAB 保存的长方体图像、长方体姿态 txts 和相机姿态 txts。如果值为 true，则读取二维对象边界盒文件，然后使用 C++ 在线检测三维长方体姿态。

(3) object_slam/data/文件夹包含了所有预处理数据。depth-imgs/文件夹中的内容仅用于可视化。pred3d_objoverview/文件夹是离线的使用 MATLAB 进行边界盒检测的图像。detect_cuboids_saved.txt 文件是本地地面帧中的离线长方体姿态，其数据格式为“三维位置，一维偏航，三维比例，分数”。pop_cam_poses_saved.txt 是生成离线长方体的相机姿态(相机的 x/y/yaw 为 0 且真实相机滚动/俯仰/高度保存于 truth_cam_poses.txt 文件当中)，这种数据主要用于可视化和比较操作。

(4) filter_2d_obj_txts/文件夹存放了二维对象的边界框文件。可以使用 Yolo 检测二维对象，也可以使用其他类似的方法。preprocessing/2D_object_detect 用于保存图像等文件的预测代码。有时可能存在相同对象实例的重叠的边界框。某些代码用于过滤和清理一些检测，详见 MATLAB 检测包中的 filter_match_2d_box.m。

11.9 DS-SLAM

DS-SLAM 是一个语义 SLAM 系统。使用 DS-SLAM 可以减少动态对象(例如行走的人和其他移动机器人)对姿态估计的影响。此外，DS-SLAM 也提供了基于八叉树的语义分析的实现。

DS-SLAM 的开发基于 ORB-SLAM2。

11.9.1 DS-SLAM 源码安装

首先安装 DS-SLAM 的依赖。

DS-SLAM 在编译前需要安装 ORB-SLAM2。详见 ORB-SLAM2 一节中的内容。

DS-SLAM 在编译前需要安装 ROS；推荐将 catkin_ws 目录设置为 catkin 工作空间。详见 ROS 一节中的内容。

DS-SLAM 在编译前需要安装 Caffe SegNet；推荐安装到 catkin_ws/src 目录下。

DS-SLAM 在编译前需要安装 OctoMap；推荐安装到 catkin_ws/src 目录下。详见 OctoMap 一节中的内容。

DS-SLAM 在编译前需要安装 rviz；推荐安装到 catkin_ws/src 目录下。详见 rviz 一节中的内容。

获取 DS-SLAM 的源码，命令如下：

```
$ git clone https://github.com/ivipsourcecode/DS-SLAM.git DS-SLAM
```

进入 DS-SLAM 文件夹，命令如下：

```
$ cd DS-SLAM
```

添加 DS_SLAM_BUILD.sh 文件的可执行权限，命令如下：

```
$ chmod +x DS_SLAM_BUILD.sh
```

编译 DS-SLAM，命令如下：

```
$ ./DS_SLAM_BUILD.sh
```

11.9.2 DS-SLAM 使用 TUM 数据集

将 Examples/ROS/ORB_SLAM2_PointMap_SegNetM 的路径设为 ROS_PACKAGE_PATH 环境变量，命令如下：

```
$ export ROS_PACKAGE_PATH = ${ROS_PACKAGE_PATH}:PATH/DS-SLAM/Examples/ROS/ORB
_SLAM2_PointMap_SegNetM
```

将 DS_SLAM_TUM.launch 文件中的路径改为 TUM 数据集的路径。

进入 DS-SLAM 文件夹，命令如下：

```
$ cd DS-SLAM
```

DS-SLAM 使用 TUM 数据集的命令如下：

```
$ roslaunch DS_SLAM_TUM.launch
```

11.9.3 DS-SLAM 的目录结构

DS-SLAM 的目录结构如下：

(1) 功能函数目录为 catkin_ws/src/ORB_SLAM2_PointMap_SegNetM/Examples/ROS/ORB_SLAM2_PointMap_SegNetM。

(2) 其中 segmentation 目录为分段部分的功能函数，包括源代码、头文件和由 Cmake 编译的动态链接库。

(3) 其中 launch 目录用于显示八叉树。

(4) 其中 prototxts 目录和 tools 目录包含和分段线程相关的 Caffe 网络的参数。

11.10 DynaSLAM

DynaSLAM 是一个视觉 SLAM 系统。在单目、双目和景深相机的动态场景中具有稳健性。拥有场景的静态贴图，可以修复被动态对象遮挡的帧背景。

DynaSLAM 的开发基于 ORB-SLAM2。

11.10.1 DynaSLAM 源码安装

首先安装 DynaSLAM 的依赖。

DynaSLAM 在编译前需要安装 Pangolin。详见 Pangolin 一节中的内容。

安装 Eigen 的头文件,命令如下:

```
$ sudo dnf install eigen3-devel
```

安装 OpenCV 的头文件,命令如下:

```
$ sudo dnf install opencv-devel
```

安装 Boost 的头文件,命令如下:

```
$ sudo dnf install boost-devel
```

安装 Python 2,命令如下:

```
$ sudo dnf install python2
```

获取 DynaSLAM 的源码,命令如下:

```
$ git clone https://github.com/BertaBescos/DynaSLAM.git
```

进入 DynaSLAM 文件夹,命令如下:

```
$ cd DynaSLAM
```

添加 build.sh 文件的可执行权限,命令如下:

```
$ chmod +x build.sh
```

编译 DynaSLAM,命令如下:

```
$ ./build.sh
```

最后将 mask_R-CNN_coco.h5 模型放入 DynaSLAM/src/python/文件夹。

11.10.2 DynaSLAM 使用景深相机和 TUM 数据集

生成 RGB 和景深的匹配序列的命令如下:

```
$ python associate.py PATH_TO_SEQUENCE/rgb.txt PATH_TO_SEQUENCE/depth.txt >
associations.txt
```

DynaSLAM 使用景深相机和 TUM 数据集的命令如下:

```
$ ./Examples/RGB-D/rgbd_tum Vocabulary/ORBvoc.txt Examples/RGB-D/TUMX.yaml
PATH_TO_SEQUENCE_FOLDER ASSOCIATIONS_FILE (PATH_TO_MASKS) (PATH_TO_OUTPUT)
```

DynaSLAM 使用 TUM 数据集的缺省参数如下:

(1) 如果不提供 PATH_TO_MASKS 和 PATH_TO_OUTPUT,则只使用几何方式检

测动态物体。

(2) 如果提供 PATH_TO_MASKS,则使用 Mask R-CNN 方式分割每帧中的潜在的动态内容。这些掩模被保存于 PATH_TO_MASKS 文件夹中。

(3) 如果 PATH_TO_MASKS 为 no_save,则在计算这些掩模后不将它们保存于 PATH_TO_MASKS 文件夹中。

(4) 如果在 PATH_TO_MASKS 文件夹中找到了掩模文件,则直接使用这些掩模文件而不重新计算它们。

(5) 如果提供 PATH_TO_OUTPUT,则在计算填补帧后将它们保存于 PATH_TO_OUTPUT 文件夹中。

11.10.3 DynaSLAM 使用双目相机和 KITTI 数据集

DynaSLAM 使用双目相机和 KITTI 数据集的命令如下:

```
$ ./Examples/Stereo/stereo_kitti Vocabulary/ORBvoc.txt Examples/Stereo/
KITTIX.yaml PATH_TO_DATASET_FOLDER/dataset/sequences/SEQUENCE_NUMBER (PATH_
TO_MASKS)
```

11.10.4 DynaSLAM 使用单目相机和 TUM 数据集

DynaSLAM 使用单目相机和 TUM 数据集的命令如下:

```
$ ./Examples/Monocular/mono_tum Vocabulary/ORBvoc.txt Examples/Monocular/
TUMX.yaml PATH_TO_SEQUENCE_FOLDER (PATH_TO_MASKS)
```

11.10.5 DynaSLAM 使用单目相机和 KITTI 数据集

DynaSLAM 使用单目相机和 KITTI 数据集的命令如下:

```
$ ./Examples/Monocular/mono_kitti Vocabulary/ORBvoc.txt Examples/Monocular/
KITTIX.yaml PATH_TO_DATASET_FOLDER/dataset/sequences/SEQUENCE_NUMBER (PATH_TO_
MASKS)
```

11.11 DXSLAM

DXSLAM 是一个基于深度 CNN 特征提取的视觉 SLAM 系统。

11.11.1 DXSLAM 源码安装

首先安装 DXSLAM 的依赖。

DXSLAM 在编译前需要安装 Pangolin。详见 Pangolin 一节中的内容。

安装 Eigen 的头文件,命令如下:

```
$ sudo dnf install eigen3-devel
```

安装 OpenCV 的头文件,命令如下:

```
$ sudo dnf install opencv-devel
```

编译 g2o(DXSLAM 使用了一个内置的版本)。详见 g2o 一节中的内容。

安装 TensorFlow(1.12),命令如下:

```
$ pip install tenserflow == 1.12
```

获取 DXSLAM 的源码,命令如下:

```
$ git clone https://github.com/raulmur/DXSLAM.git DXSLAM
```

进入 DXSLAM 文件夹,命令如下:

```
$ cd DXSLAM
```

添加 build.sh 文件的可执行权限,命令如下:

```
$ chmod +x build.sh
```

编译 DXSLAM,命令如下:

```
$ ./build.sh
```

11.11.2 DXSLAM 使用 TUM 数据集

生成 RGB 和景深的匹配序列的命令如下:

```
$ python associate.py PATH_TO_SEQUENCE/rgb.txt
PATH_TO_SEQUENCE/depth.txt > associations.txt
```

进入 hf-net 文件夹,命令如下:

```
$ cd hf-net
```

获取 HF 网络的输出,命令如下:

```
$ python3 getFeature.py image/path/to/rgb output/feature/path
```

DXSLAM 使用 TUM 数据集的命令如下:

```
$ ./Examples/RGB-D/rgbd_tum Vocabulary/DXSLAM.fbow Examples/RGB-D/TUMX.yaml
PATH_TO_SEQUENCE_FOLDER ASSOCIATIONS_FILE OUTPUT/FEATURE/PATH
```

11.11.3 DXSLAM 配置相机

在校准相机后需要手动编写校准文件。校准文件的写法可以参考源码中的为景深相机适配的校准文件。

DXSLAM 使用 OpenCV 的校准模型。景深相机的输入必须是同步的且注册了深度的。

11.11.4 DXSLAM的模式

DXSLAM同时提供了SLAM模式和本地化模式，并允许在GUI建图应用中来回切换。

SLAM模式的特点如下：

(1) DXSLAM默认以SLAM模式运行。

(2) 系统以3个线程运行，分别用于跟踪、本地建图和关闭循环。

(3) 系统本地化相机、编译图及尝试关闭循环。

本地化模式的特点如下：

(1) 本地建图和关闭循环功能不可用，只能对建好的图进行操作。

(2) 系统在图中本地化相机。

(3) 允许重定位。

11.12 LSD-SLAM

LSD-SLAM是一种新的实时的单目相机的SLAM方式。LSD-SLAM是一种完全直接的方式，不使用关键点或特征。此外，LSD-SLAM甚至可以在笔记本电脑上实时计算出图像结果。LSD-SLAM在本例中的输出为rosbag或.ply格式的点云。

11.12.1 LSD-SLAM源码安装

首先安装LSD-SLAM的依赖。

LSD-SLAM在编译前需要安装g2o。详见g2o一节中的内容。

安装LAPACK的头文件，命令如下：

```
$ sudo dnf install lapack-devel
```

安装BLAS的头文件，命令如下：

```
$ sudo dnf install blas-devel
```

安装freeglut的头文件，命令如下：

```
$ sudo dnf install freeglut-devel
```

安装libQGLViewer的Qt4版本的头文件，命令如下：

```
$ sudo dnf install libQGLViewer-devel
$ sudo dnf install libQGLViewer-qt4-devel
```

安装suitesparce的头文件，命令如下：

```
$ sudo dnf install suitesparse-devel
```

安装libX11的头文件，命令如下：

```
$ sudo dnf install libX11-dev
```

获取 LSD-SLAM 的源码，命令如下：

```
$ git clone https://github.com/tum-vision/lsd_slam.git lsd_slam
```

编译 LSD-SLAM，命令如下：

```
$ rosmake lsd_slam
```

11.12.2　LSD-SLAM 的 ROS 包

LSD-SLAM 在编译后被分为 lsd_slam_core 和 lsd_slam_viewer，共两个 ROS 包，其中，lsd_slam_core 包含整个 SLAM 系统，而 lsd_slam_viewer 被选择性地用于三维可视化。

11.12.3　LSD-SLAM 使用相机

LSD-SLAM 直接使用相机的命令如下：

```
$ rosrun lsd_slam_core live_slam /image: = <yourstream topic>
/camera_info: = <yourcamera_info topic>
```

此外，LSD-SLAM 还支持校准文件。如果需要配合校准文件使用相机，则命令如下：

```
$ rosrun lsd_slam_core live_slam /image: = <yourstream topic>
_calib: = <calibration_file>
```

11.12.4　LSD-SLAM 使用数据集

LSD-SLAM 的数据集可以是包含一张或多张图片的文件夹，也可以是一个写着图片文件名的文本文件，此时文本文件中的每行文本都代表一个文件名。

LSD-SLAM 使用数据集的命令如下：

```
$ rosrun lsd_slam_core dataset_slam _files: = <files> _hz: = <hz>
_calib: = <calibration_file>
```

其中，<files>代表数据集，<hz>代表处理图片时使用的帧率。如果<hz>为 0，则 LSD-SLAM 将启用连续跟踪和建图。<calibration_file>代表校准文件。

11.12.5　LSD-SLAM 的校准文件

LSD-SLAM 使用校准文件记录相机的校准信息。一个 FOV 相机的校准文件示例如下：

```
fx/width fy/height cx/width cy/height d
in_width in_height
"crop" / "full" / "none" / "e1 e2 e3 e4 0"
out_width out_height
```

此外，在 lsd_slam_core/calib 中还有更多的校准文件示例。

11.12.6 LSD-SLAM的键盘操作选项

LSD-SLAM 支持的键盘操作选项如表 11-2 所示。

表 11-2 LSD-SLAM 支持的键盘操作选项

键盘操作	含　义
r	执行完整的重置步骤
d/e	在调试内容中循环
o	启用或禁用在屏幕上的信息显示
m	保存当前的图的状态； 此操作将此状态另存为一张图片并保存到 lsd_slam_core/save/下
p	强制查找新的约束； 此操作可能提升建图的效果，但同时会阻塞建图过程一段时间
l	手动指定“跟踪已经丢失”； 此操作将停止跟踪和建图，并且启动重定位程序

11.12.7 LSD-SLAM动态调节参数

LSD-SLAM 在 ROS fuerte 之下动态调节参数的命令如下：

```
$ rosrun dynamic_reconfigure reconfigure_gui
```

LSD-SLAM 在 ROS indigo 之下动态调节参数的命令如下：

```
$ rosrun rqt_reconfigure rqt_reconfigure
```

LSD-SLAM 以两种方式动态调节参数，一种方式是以多种方式启用或禁用/LSD_SLAM/Debug 下的输出，另一种方式是直接影响/LSD_SLAM 中的算法。

LSD-SLAM 支持动态调节的参数如表 11-3 所示。

表 11-3 LSD-SLAM 支持动态调节的参数

支持动态调节的参数	数据类型	含　义
minUseGrad	double	要使用的像素的最小绝对图像梯度； 如果相机具有较大的噪声，则建议加大此参数，反之则建议减小此参数
cameraPixelNoise	double	图像强度噪声，例如用于跟踪权重计算； 此参数应设置为大于实际传感器噪声，以考虑来自离散化或线性插值的噪声
KFUsageWeight	double	决定拍摄关键帧的频率； 此参数需要根据与当前关键帧的重叠来决定
KFDistWeight	double	决定拍摄关键帧的频率； 此参数需要根据与当前关键帧的距离来决定

续表

支持动态调节的参数	数据类型	含义
doSLAM	bool	启用或禁用 SLAM 建图； 此参数仅当重置一次后才能生效
doKFReActivation	bool	启用或禁用关键帧重新激活； 如果接近现有关键帧，则需要启用关键帧重新激活，而不应该创建新的关键帧； 如果此参数为 false，则即使摄影机在相对受限的区域中移动，建图数量也会不断增加； 如果此参数为 false，则关键帧的数量不会任意增长
doMapping	bool	启用或禁用整个关键帧创建或更新模块； 如果此参数为 false，则只跟踪活动的关键帧，这将防止快速运动或移动对象损坏建图
useFabMap	bool	启用或禁用使用 openFABMAP 查找大型循环闭包； 此参数仅当重置一次后才能生效，并且需要使用 FabMap 编译 LSD-SLAM
allowNegativeIdepths	bool	启用或禁用允许 idepth 稍微为负值； 可避免对远处的点产生偏差
useSubpixelStereo	bool	启用或禁用计算亚像素精度立体视差
useAffineLightningEstimation	bool	启用或禁用跟踪过程中全局仿射强度变化的校正； 如果相机有自动曝光的问题，则启用此选项可能会有改善
multiThreading	bool	启用或禁用切换深度图估计是否使用多线程； 禁用此参数可以减少 CPU 使用，但可能会降低建图的质量
maxLoopClosureCandidates	int	首次为每个新关键帧跟踪的循环闭包的最大数量
loopclosureStrictness	double	要添加到映射中的可逆循环闭合一致性检查阈值
relocalizationTH	double	重新分配的尝试被接受的程度
depthSmoothingFactor	double	平滑深度图的程度
plotStereoImages	bool	启用或禁用绘制搜索到的立体线和彩色编码的立体结果； 此参数将提升可视化的效果，但会大大降低建图速度
plotTracking	bool	启用或禁用绘制最终跟踪残差； 此参数将提升可视化的效果，但会大大降低建图速度
continuousPCOutput	bool	启用或禁用在每次更新后发布当前关键帧的点云，以便之后查看； 此参数将提升可视化的效果，但会大大降低建图速度

11.12.8 LSD-SLAM 对优化结果的改进建议

LSD-SLAM 对优化结果的改进建议如下：

(1) 使用全局快门相机。使用卷帘快门相机将导致较差的结果。

(2) 使用广角镜头。推荐使用130°鱼眼镜头。

(3) 帧率至少为30帧/秒(也取决于移动速度)。推荐为30～60帧/秒。

(4) 图像分辨率至少为640×480。在分辨率明显更高或更低时可能需要调整一些硬编码参数。

(5) LSD-SLAM是单目SLAM系统,因此无法估计地图的绝对比例。此外,它需要足够的相机平移,即便在相机旋转时也需要附加平移。一般来讲,侧向运动是最好的;如果相机的视角够大,则向前/向后运动的效果同样好。围绕光轴的旋转不会引起任何问题。

(6) 在初始化过程中,建议在与图像平行的圆圈中平移相机而不旋转。场景应包含足够的结构(不同深度的强度梯度)。

(7) 调整minUseGrad和cameraPixelNoise,以适应相机的传感器噪声和强度对比度。

(8) 如果跟踪或建图的质量较差,则可以尝试稍微降低关键帧阈值KFUsageWeight和KFDistWeight以生成更多关键帧。

(9) LSD-SLAM拥有很大的不确定性,即每次在同一数据集上运行它时结果都会不同。这是由于源码的并行性,并且关于何时拍摄关键帧的微小更改将对随后的一切产生巨大影响。

11.12.9 LSD-SLAM查看器

LSD-SLAM提供查看器,用于SLAM可视化或输出一个生成的.ply格式的点云模型。直接打开查看器的命令如下:

```
$ rosrun lsd_slam_viewer viewer
```

此外,查看器还支持使用rosbag录制或回放输出的结果。使用rosbag录制的命令如下:

```
$ rosbag record /lsd_slam/graph /lsd_slam/keyframes /lsd_slam/liveframes -o
file_pc.bag
```

使用rosbag回放的命令如下:

```
$ rosbag play file_pc.bag
```

此外,查看器无须重启即可自动重置,因此可以在不关闭查看器的情况下查看不同命令的输出结果。

此外,指定一个.bag格式的点云模型并直接打开查看器的命令如下:

```
$ rosrun lsd_slam_viewer viewer file_pc.bag
```

11.12.10 LSD-SLAM查看器的键盘操作选项

LSD-SLAM查看器支持的键盘操作选项如表11-4所示。

表 11-4 LSD-SLAM 查看器支持的键盘操作选项

键盘操作	含 义
r	重置显示的数据
w	向终端输出点的数量、当前显示的点、关键帧和约束
p	将当前显示的点作为点云写入文件 lsd_slam_viewer/pc.ply，以便于可以在 meshlab 中打开；与 sparityFactor 参数结合使用可减少点的数量

11.12.11 LSD-SLAM 查看器动态调节参数

LSD-SLAM 查看器支持动态调节的参数如表 11-5 所示。

表 11-5 LSD-SLAM 查看器支持动态调节的参数

支持动态调节的参数	含 义	最小值	默认值	最大值
showKFCameras	启用或禁用蓝色关键帧相机截头体的绘制	False	True	True
showKFPointclouds	启用或禁用在所有关键帧上绘制点云	False	True	True
showConstraints	启用或禁用红色/绿色姿态图约束的绘制	False	True	True
showCurrentCamera	启用或禁用当前相机姿态的红色平截头体绘制	False	True	True
showCurrentPointcloud	启用或禁用添加到图中的最新点云的绘制	False	True	True
pointTesselation	点的尺寸	0.0	1.0	5.0
lineTesselation	线的尺寸	0.0	1.0	5.0
scaledDepthVarTH	点的方差阈值乘以 log10； 以相应关键帧的比例表示	−10.0	−3.0	1.0
absDepthVarTH	点的方差阈值乘以 log10； 以绝对比例表示	−10.0	−1.0	1.0
minNearSupport	仅绘制具有 minNearSupport 个相似相邻点的点； 值越大则删除的点越多	0	7	9
cutFirstNKf	不显示第 1 个 cutFirstNKf 关键帧的点云； 启用此选项可以移除随机初始化中留下的瑕疵	0	5	100
sparsifyFactor	仅绘制随机选择的 sparsifyFactor 点中的一个； 启用此选项可以显著加快大型图的渲染速度	1	1	100
sceneRadius	定义近剪裁平面和远剪裁平面； 值越小则放大越明显	1	80	200
saveAllVideo	保存所有渲染图像	False	False	True
keepInMemory	如果设置为 false，则点云仅存储在 OpenGL 缓冲区中，而不保存在 RAM 中； 启用此选项可以显著减少大型地图所需的 RAM，但代价是禁止保存或动态更改稀疏因子和方差阈值	False	True	True

11.13 GTSAM

GTSAM 即 Georgia Tech Smoothing and Mapping Library，是一种 SAM（平滑并建图）问题的 C++ 库的实现。GTSAM 使用因子图和贝叶斯网络，只使用基础计算方式而不使用稀疏矩阵。

11.13.1 GTSAM 源码安装

首先安装 GTSAM 的依赖。安装 Boost 的头文件，命令如下：

```
$ sudo dnf install boost-devel
```

安装 CMake，命令如下：

```
$ sudo dnf install cmake
```

安装 TBB 的头文件，命令如下：

```
$ sudo dnf install tbb-devel
```

可选安装 Intel Math Kernel Library (MKL)。创建 MKL 软件源的命令如下：

```
$ sudo nano /tmp/oneAPI.repo
[oneAPI]
name = Intel® oneAPI repository
baseurl = https://yum.repos.intel.com/oneapi
enabled = 1
gpgcheck = 1
repo_gpgcheck = 1
gpgkey = https://yum.repos.intel.com/intel-gpg-keys/GPG-PUB-KEY-INTEL-SW-
PRODUCTS.PUB
```

安装 MKL 软件源的命令如下：

```
$ sudo mv /tmp/oneAPI.repo /etc/yum.repos.d
```

安装 MKL 的命令如下：

```
$ sudo dnf install intel-basekit
```

获取 GTSAM 的源码，命令如下：

```
$ git clone https://github.com/borglab/gtsam.git
```

进入 gtsam 文件夹，命令如下：

```
$ cd gtsam
```

新建 build 文件夹，命令如下：

```
$ mkdir build
```

进入 build 文件夹，命令如下：

```
$ cd build
```

编译 GTSAM，命令如下：

```
$ cmake ..
$ make install
```

在编译命令中允许设置的额外参数如下：

(1) CMAKE_BUILD_TYPE 用于控制编译类型。如果 CMAKE_BUILD_TYPE 为 Debug(默认选项)，则在编译时打开所有错误检查选项且不进行优化；如果 CMAKE_BUILD_TYPE 为 Release，则在编译时进行优化且不编译调试用的符号；如果 CMAKE_BUILD_TYPE 为 Timing，则在编译时加入 ENABLE_TIMING 标志位提供时间统计功能；如果 CMAKE_BUILD_TYPE 为 Profiling，则在收集数据时进行基本配置；如果 CMAKE_BUILD_TYPE 为 RelWithDebInfo，则除了带有-g 标志位的调试用的符号之外，其余行为和 Release 一致。

(2) CMAKE_INSTALL_PREFIX 用于指定安装文件夹，默认为/usr/local/。

(3) GTSAM_TOOLBOX_INSTALL_PATH 用于编译 MATLAB 包应用并指定安装 MATLAB 包应用的子文件夹，默认为 gtsam。

(4) GTSAM_BUILD_CONVENIENCE_LIBRARIES 用于指定编译时使用内置的协方差库。指定此参数时不会编译整个 libgtsam，并且不会用到 libgtsam。

(5) GTSAM_BUILD_UNSTABLE 用于编译并安装 libgtsam_unstable。在指定 GTSAM_BUILD_UNSTABLE 参数后将不会编译 libgtsam，而转而编译 libgtsam_unstable。如果同时指定了 GTSAM_TOOLBOX_INSTALL_PATH 参数和 GTSAM_BUILD_UNSTABLE 参数，则安装 MATLAB 包应用的子文件夹默认为 gtsam_unstable。

指定编译类型为 Release 并编译 GTSAM，命令如下：

```
$ cmake -DCMAKE_BUILD_TYPE = Release ..
```

指定安装文件夹为 $HOME 并编译 GTSAM，命令如下：

```
$ cmake -DCMAKE_INSTALL_PREFIX:PATH = $HOME ..
```

指定安装 MATLAB 包应用的子文件夹为 $HOME/toolbox 并编译 GTSAM，命令如下：

```
$ cmake -DGTSAM_TOOLBOX_INSTALL_PATH:PATH = $HOME/toolbox ..
```

指定编译时使用内置的协方差库并编译 GTSAM，命令如下：

```
$ cmake -DGTSAM_BUILD_CONVENIENCE_LIBRARIES:OPTION = ON ..
```

编译并安装 libgtsam_unstable 并编译 GTSAM，命令如下：

```
$ cmake -DGTSAM_BUILD_UNSTABLE:OPTION = ON ..
```

检查 GTSAM 的编译结果，命令如下：

```
$ make check
```

在检查 GTSAM 的编译结果时将编译并运行 GTSAM 的全部测试内容。如果需要编译 MATLAB 包应用，则需要额外指定 MEX_COMMAND 环境变量。一般而言，MEX_COMMAND 环境变量为 $MATLABROOT/bin/mex，其中 $MATLABROOT 可以通过在 MATLAB 中调用 MATLABroot 函数获得。

在编译时，如果遇到 MKL 动态库的链接问题，则需要将 MKL 动态库的位置加入环境变量，命令如下：

```
$ source /opt/intel/mkl/bin/mklvars.sh intel64
$ export LD_PRELOAD = "$LD_PRELOAD:/opt/intel/mkl/lib/intel64/libmkl_core.so:/
opt/intel/mkl/lib/intel64/libmkl_sequential.so"
```

11.13.2 GTSAM 的用法

GTSAM 使用 libgtsam 提供库函数。在使用 GTSAM 前，原则上只需将 libgtsam 的路径加入环境变量，然而，GTSAM 使用 Boost 库进行序列化，因此可能还需要将 Boost 库的路径加入环境变量。

如果使用 cmake 编译涉及 GTSAM 的源码，则需要将包含 GTSAM、CppUnitLite 和 Wrap 的文件夹也一并写入 CMakeLists.txt 文件中。

GTSAM 主要由 FactorGraph、Values 和 Factors，共 3 个组件组成，其中，FactorGraph 是因子图，包含一组要求解的变量(例如机器人姿态和地标姿态等)及这些变量之间的一组约束，这些约束构成因子；Values 是值，包含所有变量的标记值的单个对象。所有变量都用字符串标记，但变量的类型或作用域可以更改；Factors 是非线性因素，表示变量之间的约束。在 SLAM 示例中，Factors 是一种测量，例如地标上的视觉读数或里程计。

此外，GTSAM 也调用其他库，调用情况如下：

(1) 第三方库包括 Eigen3 和 CCOLAMD 等本地的库。

(2) 基础库包括一些数学库、与数据相关的库和与测试相关的库。

(3) 几何库包括和点、姿势和 tensor 相关的库。

(4) 干扰库包括和干扰相关的库，例如因子图、决策树、贝叶斯网络和贝叶斯树等。

(5) 线性库包括专门用于处理高斯线性问题和高斯因子图等的库。

(6) 非线性库包括和非线性因子图和非线性优化相关的库。

(7) SLAM 库包括和 SLAM 和视觉 SLAM 应用相关的代码。

11.13.3 GTSAM 的包应用

GTSAM 提供了 MATLAB 和 Python 的包应用。

MATLAB 的包应用被设计为一个工具箱。要使用 MATLAB 的包应用，就需要将其路径导入 MATLAB 的搜索路径中。

此外,MATLAB 的包应用也需要搜索到 libgtsam.so.4 库文件的位置。刷新动态库配置的命令如下:

```
$ sudo ldconfig
```

手动将 libgtsam.so.4 库文件的位置加入环境变量,命令如下:

```
$ export LD_LIBRARY_PATH = <install-path>/gtsam:$LD_LIBRARY_PATH
```

如果 MATLAB 出现的动态库的链接问题如下:

```
Invalid MEX-file '/usr/local/gtsam_toolbox/gtsam_wrapper.mexa64':
Missing symbol 'mexAtExit' required by
'/usr/local/gtsam_toolbox/gtsam_wrapper.mexa64'
Missing symbol 'mexCallMATLABWithObject' required by
'/usr/local/gtsam_toolbox/gtsam_wrapper.mexa64'
...
```

此时需要手动将 libstdc++.so.6 库文件的位置加入环境变量,命令如下:

```
$ export LD_PRELOAD = /usr/lib/x86_64-linux-gnu/libstdc++.so.6
```

然后在同一终端中启动 MATLAB 即可解决问题。

Python 的包应用被设计为 Python 库。在编译 Python 的包应用前需要安装额外依赖,命令如下:

```
$ pip install -r <gtsam_folder>/python/requirements.txt
```

在编译时需要额外的 cmake 参数,命令如下:

```
$ cmake .. -DGTSAM_BUILD_PYTHON = 1 -DGTSAM_PYTHON_VERSION = 3.6.10
```

如果在计算机上没有安装 TBB,则也可以编译,但需要修改 cmake 参数,命令如下:

```
$ cmake .. -DGTSAM_BUILD_PYTHON = 1 -DGTSAM_PYTHON_VERSION = 3.6.10 -DGTSAM_
WITH_TBB = OFF
```

编译 Python 的包应用的命令如下:

```
$ make python-install
```

在 Python 中,GTSAM 需要双精度浮点型的向量和矩阵,对应 NumPy 中的 dtype=float 或 dtype=float64 类型的矩阵。此外,GTSAM 需要以列为主的矩阵,而 NumPy 默认存储的矩阵是以行为主的矩阵,所以矩阵可能需要额外的转换步骤。

11.13.4 GTSAM 的包应用运行用例

GTSAM 的 MATLAB 的包应用运行用例的命令如下:

```
>> cd /Users/yourname/toolbox  % Change to wherever you installed the toolbox
>> cd gtsam_examples           % Change to the examples directory
>> gtsamExamples               % Run the GTSAM examples GUI
```

GTSAM 的 MATLAB 的包应用单元测试的命令如下：

```
>> cd /Users/yourname/toolbox  % Change to wherever you installed the toolbox
>> cd gtsam_tests              % Change to the examples directory
>> test_gtsam                  % Run the unit tests
Starting: testJacobianFactor
Starting: testKalmanFilter
Starting: testLocalizationExample
Starting: testOdometryExample
Starting: testPlanarSLAMExample
Starting: testPose2SLAMExample
Starting: testPose3SLAMExample
Starting: testSFMExample
Starting: testStereoVOExample
Starting: testVisualISAMExample
Tests complete!
```

编译 GTSAM 的 Python 的包应用的用例的命令如下：

```
$ make python-test
```

上面的代码编译后的结果是 Python 的 unittest 脚本，然后使用 unittest 对这些脚本进行测试即可运行用例。

11.13.5 GTSAM 对提升性能的改进建议

GTSAM 对提升性能的改进建议如下：

(1) 以 Release 模式编译 GTSAM。以 Release 模式编译的 GTSAM 的性能是以 Debug 模式编译的 GTSAM 的性能的 10 倍。

(2) 启用 TBB。在现代的多核 CPU 上启用 TBB 预计可提升 30%～50%的速度，但多线程工作带来的损失可能大于收益，因此是否启用 TBB 要在评估后才能决定。

(3) 将-march=native 指定到 GTSAM_CMAKE_CXX_FLAGS 参数上。在现代的 CPU 上预计可提升 25%～30%的速度，但-march=native 可能带来兼容性问题，因此是否指定此参数要在评估后才能决定。

(4) GTSAM 不能保证 MKL 的性能，因此是否启用 MKL 要在评估后才能决定，并且 GTSAM 建议在不启用 MKL 的情况下进行编译。

11.14 Limo

Limo 即 Lidar-Monocular Visual Odometry，是一种激光 SLAM 算法，也是一种激光里程计。本库被设计用于开源的视觉里程计的算法开发，包含的核心技术如下：

(1) 关键帧选择。

(2) 地标选择。

(3) 先验估计。

(4) 来源于不同传感器的深度的集成。

(5) 通过地平面约束缩放积分。

11.14.1 Limo 源码安装

首先安装 Limo 的依赖。安装 catkin_tools,命令如下:

```
$ sudo dnf install python3-catkin_tools
```

此外,Limo 在编译前需要在 catkin 工作空间之内找到 opencv_apps。初始化 opencv_apps 的环境变量的命令如下:

```
$ source ros_catkin_ws/src/opencv_apps/setup.bash
```

初始化 catkin 工作空间,命令如下:

```
$ cd ros_catkin_ws
$ catkin init
```

新建 src 文件夹,命令如下:

```
$ mkdir ros_catkin_ws/src
```

进入 src 文件夹,命令如下:

```
$ cd ros_catkin_ws/src
```

获取 Limo 的源码,命令如下:

```
$ git clone https://github.com/johannes-graeter/limo.git
```

安装内置的依赖库,命令如下:

```
$ bash install_repos.sh
```

进行单元测试,命令如下:

```
$ catkin run_tests --profile limo_release
```

11.14.2 Limo 在 Docker 之下安装

在 Docker 之下安装 Limo 的命令如下:

```
$ mkdir $HOME/limo_data
$ cd limo/docker
$ docker-compose build limo
```

其中,在 limo/docker 文件夹之下已经放置了 dockerfile,因此 docker-compose 命令可以直接生成 Limo 的 Docker 容器。此外,$ HOME/limo_data 文件夹被配置为共享文件夹,用于传输 Docker 内外的文件。

在 Docker 之下以交互式终端运行 Limo 的命令如下:

```
$ docker-compose run limo bash
```

在 Docker 之下后台运行 Limo 的命令如下：

```
$ docker-compose up limo
```

此时 Docker 不允许通过终端与 Limo 交互。如果想与 Limo 交互，则可以通过 Jupyter 连接到 Limo。

11.14.3 Limo 在 Docker 之下安装语义分割功能

获取 Limo 的语义分割功能的源码，命令如下：

```
$ git clone https://github.com/johannes-graeter/semantic-segmentation
```

编译 Limo 的语义分割功能，命令如下：

```
$ docker-compose build semantic-segmentation
```

运行 Limo 的语义分割功能，命令如下：

```
$ docker-copmose run semantic-segmentation
```

语义分割功能需要 GPU 的支持。此功能已经在 NVIDIA Quadro P2000 型号的 GPU 上测试通过，此时每幅图像大概需要 6s 的处理时间。

11.14.4 Limo 的核心库

Limo 的核心库为 keyframe_bundle_adjustment，被设计为后端，设计的优点如下：

(1) 核心库应该是一个附加模块，用于对优化图进行时间推断，从而平滑结果。

(2) 使用了窗口方法以在线实现平滑结果的功能。

(3) 关键帧是用于光束法平差的时间实例，一个关键帧允许有多个摄影机，因此允许有多个相关联的关键帧。

(4) 关键帧的选择试图减少冗余信息的数量，同时延长优化窗口覆盖的时间跨度以减少漂移。

(5) 关键帧选择方法允许分为时间上的差异和运动上的差异。

(6) 核心库同时结合激光雷达与单目视觉。

11.14.5 Limo 使用数据集

Limo 的数据集是.bag 格式的 ROS 包。

准备可视化的命令如下：

```
$ roscore
```

播放 ROS 包的命令如下：

```
$ rosbag play 04.bag -r 0.1 --pause - clock
```

Limo 读取 KITTI 数据集的命令如下：

```
$ source ros_catkin_ws/devel_limo_release/setup.sh
$ roslaunch demo_keyframe_bundle_adjustment_meta kitti_standalone.launch
```

取消暂停播放 ROS 包的命令如下：

```
$ unpause rosbag
```

此外，在终端中按空格按键也可以取消暂停播放 ROS 包。

Limo 进行可视化的命令如下：

```
$ rviz -d ros_catkin_ws
/src/demo_keyframe_bundle_adjustment_meta/res/default.rviz
```

这种方式使用 rviz 观看 Limo 如何跟踪投影。

11.15 LeGO-LOAM

LeGO-LOAM 是一种轻量级的地面优化的 LOAM 算法的实现，也是一种激光里程计。LeGO-LOAM 专用于 ROS 兼容的 UGV。系统从水平放置的 Velodyne VLP-16 激光雷达接收点云，并且可选输入 IMU 数据，输出实时的六维姿态估计结果。

11.15.1 LeGO-LOAM 源码安装

首先安装 LeGO-LOAM 的依赖。

LeGO-LOAM 在编译前需要安装 ROS。详见 ROS 一节中的内容。

LeGO-LOAM 在编译前需要安装 GTSAM 4.0.0-alpha2。获取 GTSAM 4.0.0-alpha2 的源码，命令如下：

```
$ wget -O ~/Downloads/gtsam.zip
https://github.com/borglab/gtsam/archive/4.0.0-alpha2.zip
```

进入 Downloads 文件夹，命令如下：

```
$ cd ~/Downloads/
```

解压 gtsam.zip 文件，命令如下：

```
$ unzip gtsam.zip -d ~/Downloads/
```

进入 gtsam-4.0.0-alpha2 文件夹，命令如下：

```
$ cd ~/Downloads/gtsam-4.0.0-alpha2/
```

新建 build 文件夹，命令如下：

```
$ mkdir build
```

进入 build 文件夹，命令如下：

```
$ cd build
```

编译 GTSAM 4.0.0-alpha2，命令如下：

```
$ cmake ..
$ sudo make install
```

进入 src 文件夹，命令如下：

```
$ cd ~/catkin_ws/src
```

获取 LeGO-LOAM 的源码，命令如下：

```
$ git clone https://github.com/RobustFieldAutonomyLab/LeGO-LOAM.git
```

进入上级文件夹，命令如下：

```
$ cd ..
```

编译 LeGO-LOAM，命令如下：

```
$ catkin_make -j1
```

注意：在第 1 次编译 LeGO-LOAM 时需要在之后加上-j1 以输出必要信息。再次编译时无须加上-j1。

11.15.2 LeGO-LOAM 的外部变量

LeGO-LOAM 源码中的 utility.h 文件用于存放外部变量。一套适用于 VLP-16 的外部变量，命令如下：

```
extern const int N_SCAN = 16;
extern const int Horizon_SCAN = 1800;
extern const float ang_res_x = 0.2;
extern const float ang_res_y = 2.0;
extern const float ang_bottom = 15.0;
extern const int groundScanInd = 7;
```

另一套适用于 Velodyne HDL-32e 的外部变量的命令如下：

```
extern const int N_SCAN = 32;
extern const int Horizon_SCAN = 1800;
extern const float ang_res_x = 360.0/Horizon_SCAN;
extern const float ang_res_y = 41.333/float(N_Scan-1);
extern const float ang_bottom = 30.666666;
extern const int groundScanInd = 20;
```

在更换新的传感器时需要一并更换这些外部参数。

11.15.3 LeGO-LOAM 使用 ROS 包

启动 LeGO-LOAM 的命令如下：

```
$ roslaunch lego_loam run.launch
```

LeGO-LOAM 使用 ROS 包的命令如下：

```
$ rosbag play * .bag --clock --topic /velodyne_points /imu/data
```

11.16 SC-LeGO-LOAM

SC-LeGO-LOAM 是一种优化了回环检测的 LeGO-LOAM。系统综合使用了 Scan Context C++ 和激光雷达位置识别法作为 SLAM 应用。系统只需包含 Scancontext.h 头文件。

11.16.1 SC-LeGO-LOAM 源码安装

进入 src 文件夹，命令如下：

```
$ cd ~/catkin_ws/src
```

获取 SC-LeGO-LOAM 的源码，命令如下：

```
$ git clone https://github.com/irapkaist/SC-LeGO-LOAM.git
```

进入上级文件夹，命令如下：

```
$ cd ..
```

编译 SC-LeGO-LOAM，命令如下：

```
$ catkin_make
```

11.16.2 SC-LeGO-LOAM 使用 ROS 包

初始化 SC-LeGO-LOAM 的环境变量的命令如下：

```
$ source devel/setup.bash
```

启动 SC-LeGO-LOAM 的命令如下：

```
$ roslaunch lego_loam run.launch
```

LeGO-LOAM 使用 ROS 包的命令如下：

```
$ rosbag play * .bag --clock --topic /velodyne_points /imu/data
```

11.17 MULLS

MULLS 是一种基于多指标线性最小二乘的多功能的激光 SLAM。LeGO-LOAM 专用于 ROS 兼容的 UGV，也是一种完全更新版本的 LLS-SLAM。

11.17.1 MULLS 源码安装

首先安装 MULLS 的依赖。

安装 PCL 的头文件,命令如下:

```
$ sudo dnf install pcl-devel
```

安装 glog,命令如下:

```
$ sudo dnf install glog
```

安装 glog 的头文件,命令如下:

```
$ sudo dnf install glog-devel
```

安装 gflags,命令如下:

```
$ sudo dnf install gflags
```

安装 gflags 的头文件,命令如下:

```
$ sudo dnf install gflags-devel
```

安装 Eigen 的头文件,命令如下:

```
$ sudo dnf install eigen3-devel
```

可选安装 libLAS,命令如下:

```
$ sudo dnf install liblas
```

可选安装 HDF5,命令如下:

```
$ sudo dnf install hdf5
```

可选安装 Proj4,命令如下:

```
$ sudo dnf install proj-devel
```

可选安装 Sophus,源码的网址如下:

```
https://github.com/strasdat/Sophus
```

可选安装 OpenCV 的头文件,命令如下:

```
$ sudo dnf install opencv-devel
```

可选安装 g2o(需要 2016 年之前的版本)。获取这个特别版本的 g2o 的命令如下:

```
$ wget -O ./g2o_2016.tar.gz
https://github.com/RainerKuemmerle/g2o/archive/refs/tags/20160424_git.tar.gz
$ tar -xzvf ./g2o_2016.tar.gz
```

MULLS 在编译前可选安装 Sophus。详见 Sophus 一节中的内容。

MULLS 在编译前可选安装 Ceres 解算器。详见 Ceres 解算器一节中的内容。

MULLS 在编译前可选安装 GTSAM。详见 GTSAM 一节中的内容。

MULLS 在编译前可选安装 TEASER++。详见 TEASER++ 一节中的内容。

通过脚本安装依赖库的命令如下：

```
$ sh script/tools/install_dep_lib.sh
```

注意：Ceres 解算器、g2o 和 GTSAM 均可用于可视化，因此只需安装三者其一。

获取 MULLS 的源码，命令如下：

```
$ git clone https://github.com/YuePanEdward/MULLS.git
```

进入 MULLS 文件夹，命令如下：

```
$ cd ./MULLS
```

新建 build 文件夹，命令如下：

```
$ mkdir build
```

进入 build 文件夹，命令如下：

```
$ cd build
```

编译 MULLS，命令如下：

```
$ cmake ..
$ make -j8
```

11.17.2　MULLS 运行用例

MULLS 的用例使用 16 线激光雷达扫描的结果，位于./demo_data 文件夹下。运行 MULLS 的 SLAM 用例的命令如下：

```
$ sh script/run_mulls_slam.sh
```

运行 MULLS 的注册用例的命令如下：

```
$ sh script/run_mulls_reg.sh
```

在 script/run_mulls_slam.sh 脚本文件中修改使用的配置文件如下：

```
config_file = ./script/config/lo_gflag_list_[xxx].txt
```

此外，MULLS 允许在配置文件中禁用回环检测。在配置文件中追加参数如下：

```
--loop_closure_detection_on = true
```

以启用回环检测。

在配置文件中追加参数如下：

```
--loop_closure_detection_on = false
```

以禁用回环检测。

MULLS在使用数据集后将结果保存在result文件夹下。

11.17.3 MULLS使用数据集

MULLS使用数据集前需要转换数据集的格式。

以KITTI数据集为例，需要将其中的.bin格式的文件和.label格式的文件转换为.pcd格式的文件。script/tools/run_kittibin2pcd.sh脚本用于将.bin格式的文件转换为.pcd格式的文件并放置于pcd/文件夹下，script/tools/run_semantic_kitti_labelbin2pcd.sh脚本用于将.label格式的文件转换为.pcd格式的文件并放置于label_pcd/文件夹下。

在自行准备数据集时，要求数据集的格式必须为.pcd格式、.ply格式、.txt格式、.las格式、.csv格式、.h5格式和.bin格式中的一种，然后修改script/run_mulls_slam.sh脚本文件中指定的数据集格式，最后将数据集按照一定的目录结构放置于文件夹下，目录结构如下：

```
Base Folder
        |__dummy_framewise_point_cloud
        .     |__00001.pcd (las,txt,ply,h5,csv,bin...)
        .     |__00002.pcd (las,txt,ply,h5,csv,bin...)
        .     |__...
        |__dummy_ground_truth_trajectory.txt(可选)
        |__dummy_calibration_file.txt(可选)
```

运行此脚本以使用数据集。

此外，script/tools/batch_rename.sh用于将1.pcd这种命名规则的数据集重命名为00001.pcd这种命名规则的数据集。

使用数据集的命令如下：

```
$ sh script/run_mulls_slam.sh
```

11.17.4 MULLS的键盘操作选项

MULLS在可视化时支持键盘操作，用于快速调节可视化的行为。MULLS支持的键盘操作和含义对照表如表11-6所示。

表11-6 MULLS支持的键盘操作和含义对照表

键盘操作	含 义
空格	暂停/恢复
F1	切换到单色地图可视化
F2	切换到逐帧随机彩色地图可视化
F3	切换到基于高程的地图可视化
F4	切换到基于强度的贴图可视化； 使用灰阶颜色图

续表

键盘操作	含 义
F5	切换到基于强度的贴图可视化； 使用jet颜色图
F6	在扫描窗口中打开/关闭当前扫描的可视化
F7	打开/关闭姿势图(节点)的可视化
F8	在地图窗口中打开/关闭局部特征地图的可视化
F9	在地图窗口中打开/关闭密集点云的可视化
F10	打开/关闭特征窗口中注册特征点的可视化
F11	在注册窗口中打开/关闭成对注册的可视化
F12	打开/关闭姿势图(边)的可视化
T	打开/关闭地面真实轨迹可视化(如果可用)
N	在特征窗口中打开/关闭法线/主向量的可视化
S	打开/关闭扫描、特征窗口中某种距离的圆圈的可视化； 距离在30m/60m/90m/120m中来回切换
U	在可视化中打开/关闭颜色条
J	屏幕截图
R	重置窗口比例
Y	重置窗口透视
K	启用跳转到某一帧的模式； 仅在SLAM回放过程中可用
L	启用在检测到回环时暂停的特性
F	飞向目的地
G	打开/关闭绘制比例
V	打开/关闭地图和要素窗口中顶点关键点的可视化
O	在透视/正交投影之间切换
M	刷新(使可视化更流畅)
上方向键	降低下采样率； 用于显示更密集的点
下方向键	增加下采样率； 用于显示稀疏点
左方向键	降低窗口背景的亮度
右方向键	增加窗口背景的亮度
+	增加点的大小
−	减小点的大小
H	暂停并在终端中显示帮助信息

11.17.5 MULLS的SLAM参数

MULLS的SLAM参数如表11-7所示。

表11-7 MULLS的SLAM参数

参　　数	含　　义	默认值
motion_compensation_method	激光雷达运动补偿方法； 0代表禁用激光雷达运动补偿； 1代表使用基于均匀运动模型(来自点时间戳)的激光雷达运动补偿； 2代表使用来自方位的激光雷达运动补偿； 3代表使用来自方位(仅旋转)的激光雷达运动补偿； 4代表使用IMU辅助的激光雷达运动补偿	0
scan_to_scan_module_on	在扫描到扫描注册之前进行扫描到图的注册，或者只进行扫描到图的注册	false
initial_scan2scan_frame_num	当本地地图中的特征点不足时，仅对前${initial_scan2scan_frame_num}帧进行扫描-扫描注册	3
used_feature_type	特征类型； 1代表打开，0代表关闭； 顺序为地面、柱、梁、立面、屋顶和顶点； 地面、立面和屋顶是平面点(使用点到平面距离度量)； 柱和梁是线性点(使用线到点距离度量)； 顶点是球形点(使用点到点距离度量)	"111111"
adaptive_parameters_on	针对不同环境和路况使用自适应参数	false
semantic_assist_on	应用语义掩码辅助几何特征点提取； 仅当语义分段模块打开或提供语义掩码时可用	false
cloud_down_res	点云的体素下采样的体素大小(m)； 如果设置为0.0，则将禁用体素下采样	0.0
cloud_pca_neigh_r	目标点云的pca邻域搜索半径(单位：m)	0.5
cloud_pca_neigh_k	仅使用r邻域中的k个最近邻进行PCA	20
gf_grid_size	地面分割网格尺寸(单位：m)	2.0
gf_in_grid_h_thre	地面分割网格中最低点上方的高度阈值(单位：m)	0.3
gf_neigh_grid_h_thre	用于地面分割的相邻网格之间的高度阈值(单位：m)	2.2
ground_normal_method	估计地面点法向量的方法； 0代表直接使用(0,0,1)； 1代表估计固定半径邻域中的法向量； 2代表估计k最近邻域中的法线； 3代表使用ransac估计网格中的平面系数	0
sharpen_with_nms_on	是否使用非最大抑制从非锐化点获得锐化特征点； 如果此参数为false，则使用更高的阈值	true

续表

参　　数	含　　义	默认值
linearity_thre	目标点云的 PCA 线性最小阈值	0.65
planarity_thre	目标点云的 PCA 平面度最小阈值	0.65
curvature_thre	PCA 局部曲率阈值	0.1
fixed_num_downsampling_on	启用/禁用固定点数下采样； 处理时间的标准差将更小	true
ground_down_fixed_num	固定数量的检测到的地面特征点； 用于源点云	500
pillar_down_fixed_num	固定数量的检测柱特征点； 用于源点云	150
facade_down_fixed_num	固定数量的检测到的立面特征点； 用于源点云	350
beam_down_fixed_num	固定数量的检测到的波束特征点； 用于源点云	100
roof_down_fixed_num	检测到的屋顶特征点的固定数量； 用于源点云	0
unground_down_fixed_num	用于 PCA 计算的固定数量的未接地点	15 000
corr_weight_strategy	对应关系的加权策略； 1 代表启用； 0 代表禁用； 顺序为 xyz 平衡权重、剩余权重、距离权重和强度权重	"1101"
z_xy_balance_ratio	沿 z 和 xy 方向的误差权重比； 仅在启用平衡权重时可用	1.0
pt2pt_res_window	点到点对应的剩余稳健核函数的剩余窗口大小； 仅在启用剩余权重时可用	0.1
pt2pl_res_window	点平面对应的剩余稳健核函数的剩余窗口大小； 仅在启用剩余权重时可用	0.1
pt2li_res_window	点对线对应的剩余稳健核函数的剩余窗口大小； 仅在启用剩余权重时可用	0.1
reg_intersection_filter_on	在配准期间过滤两点云相交区域之外的点	true
normal_shooting_on	在确定对应关系时使用正常拍摄代替最近邻搜索	false
corr_dis_thre_init	在第 1 次迭代开始时的对应点之间的距离阈值(单位：m)； 当车辆快速行驶时需要增加该值	1.5
corr_dis_thre_min	开始时对应点之间的最小距离阈值(单位：m)	0.5
dis_thre_update_rate	对应点之间距离阈值的更新率； 在每次迭代中除以该值	1.1
converge_tran	平移配准收敛阈值(单位：m)	0.001
converge_rot_d	旋转的配准收敛阈值(单位：度)	0.01

续表

参　　数	含　　义	默认值
post_sigma_thre	配准期间最小二乘调整的后验标准差的最大阈值(单位：m)； 如果后验标准差大于该值，则注册将被视为失败	0.25
reg_max_iter_num_s2s	基于 icp 的配准的最大迭代次数(扫描到扫描)	15
reg_max_iter_num_s2m	基于 icp 的配准的最大迭代次数(扫描到地图)	15
reg_max_iter_num_m2m	基于 icp 的配准的最大迭代次数(map 到 map)	20
local_map_max_pt_num	本地地图允许的最大特征点编号	20 000
local_map_max_vertex_pt_num	局部地图允许的最大顶点关键点编号	1000
local_map_radius	局部地图的半径(单位：m)； 前提是将局部地图视为球面	100.0
local_map_recalculation_frequency	每 ${local_map_recalcation_frequency}帧重新计算局部地图中的线性特征； 用于柱和梁的点	99 999
append_frame_radius	用于附加到局部地图的帧的半径(单位：m)	60.0
apply_map_based_dynamic_removal	是否使用基于地图的动态对象移除	false
dynamic_removal_radius	基于地图的动态对象移除的半径(单位：m)； 仅在启用动态对象移除时可用	30.0
initial_guess_mode	使用哪种初始预测； 0 代表禁用初始预测； 1 代表启用基于均匀运动(仅平移)的初始预测； 2 代表启用基于均匀运动(平移＋旋转)的初始预测； 3 代表启用基于 imu 的初始预测	0
loop_closure_detection_on	是否进行闭环检测和姿态图优化	false
submap_accu_tran	用于生成新子地图的累积平移(单位：m)	40.0
submap_accu_rot	用于生成新子地图的累计旋转(单位：度)	120.0
submap_accu_frame	用于生成新子地图的累积帧数	150
robust_kernel_on	在 pgo 中启用稳健内核函数	true
cooling_submap_num	应用成功的 pgo 后，等待子映射的数量； 不包括闭环检测	2
equal_weight_on	姿态图优化中信息矩阵的等权(恒等矩阵)法	false
diagonal_information_matrix_on	在 pgo 中是否使用对角信息矩阵	false
max_iter_inter_submap	子地图间 pgo 的最大迭代次数	100
max_iter_inner_submap	内部子映射 pgo 的最大迭代次数	100
pose_graph_optimization_method	使用哪个库进行 pgo； 可选 g2o、ceres 和 gtsam	"ceres"

11.17.6 MULLS 保存结果的首选项

MULLS 保存结果的首选项如表 11-8 所示。

表 11-8 MULLS 保存结果的首选项

参 数	含 义	默认值
real_time_viewer_on	是否启动实时查看器 GUI	true
screen_width	显示器的水平屏幕分辨率	1920
screen_height	显示器的垂直屏幕分辨率	1080
vis_intensity_scale	数据集点云的最大强度(反射率)值	256
vis_map_history_down_rate	保存在存储器中用于可视化的地图点云的下采样率	300
vis_initial_color_type	地图可视化工具的渲染颜色图; 0 代表使用单色和语义遮罩渲染; 1 代表逐帧渲染; 2 代表按高度渲染; 3 代表使用灰度颜色图渲染; 4 代表使用 jet 颜色图渲染	0
laser_vis_size	地图查看器上激光扫描仪(车辆)的尺寸(单位:m)	0.5
vis_pause_at_loop_closure	当构建新的循环闭包时,让可视化工具暂停	false
show_range_image	是否实时显示距离图像; 仅当已知扫描线规格时才有效	false
show_bev_image	是否实时显示 BEV 图像	false
write_out_map_on	是否输出地图点云	false
write_out_gt_map_on	是否输出 GNSSINS 姿态生成的地图点云; 仅在提供 GNSSINS 姿势时才有效	false
write_map_each_frame	是否在地图坐标系中输出每个帧的点云	false
map_downrate_output	输出地图点云的下采样率	5

第 12 章

贴　　图

贴图是针对三维模型的一个概念。在计算机图形学中,三维模型受到光照和材质等因素的影响,在着色时往往不直接使用其本身的颜色,最终会呈现出复杂的贴图效果。

在 AR 应用中,贴图主要是为了压缩数据和节省运算资源。如果直接使用拍摄的三维模型或扫描的点云模型进行渲染,则会导致模型中包含特别多的面,并导致 CPU 和显卡的运算量过大。贴图技术将模型以基本的几何形状替代,然后使用不同的方式上色,最终在渲染模型时使运算量变小,可提高 AR 应用的实时性。

Octave 中的三维图形对象可分为补丁对象和面对象。实际的三维模型可以只使用补丁对象绘制,可以只使用面对象绘制,也可以同时使用补丁对象和面对象绘制。为了统一控制某些属性,有时也使用 hggroup 统一管理模型中的部分三维图形对象,使用这种技术的模型更易于控制贴图效果。

12.1　补丁对象

12.1.1　由单个多边形构成的补丁对象

补丁对象在绘制时可以接受 4 个参数来绘制三维多边形,第 1 个参数是 x 坐标按顺序组成的矩阵,第 2 个参数是 y 坐标按顺序组成的矩阵,第 3 个参数是 z 坐标按顺序组成的矩阵,第 4 个参数是补丁对象的颜色。绘制由坐标(1,1,0)、(0,1,0)和(0,0,0)组成的三角形补丁对象的代码如下:

```
#!/usr/bin/octave
#第 12 章/draw_patch_triangle_1.m
function o = draw_patch_triangle_1()
    patch_xdata = [1;0;0];
    patch_ydata = [1;1;0];
    patch_zdata = [0;0;0];
    o = patch(patch_xdata, patch_ydata, patch_zdata, [0.5; 0.2; 0.1]);
    view(3);

endfunction
```

代码执行的结果如图 12-1 所示。

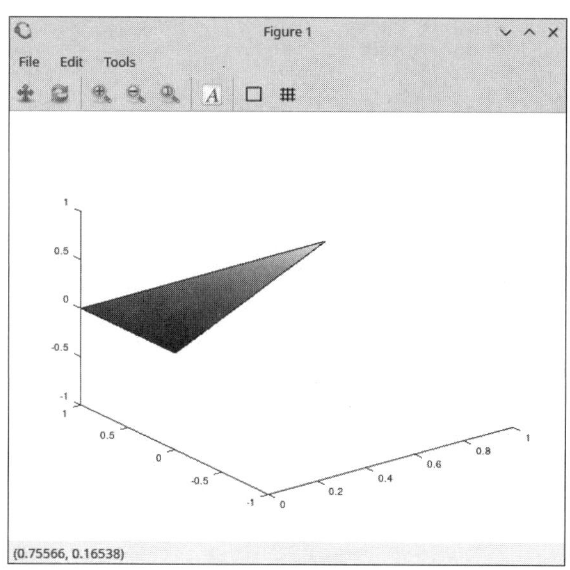

图 12-1 三角形补丁对象

图 12-1 中的补丁对象描述的是一个三角形，由 3 个顶点组成。

12.1.2 由多个多边形构成的补丁对象

补丁对象允许表示任意数量的多边形，例如两个三角形，因此使用补丁对象可以轻松地描述一个三维模型。绘制由坐标(1,1,0)、(0,1,0)和(0,0,0)组成的三角形和由坐标(1,2,3)、(4,5,6)和(7,8,9)组成的三角形所组成的补丁对象的代码如下：

```
#!/usr/bin/octave
#第 12 章/draw_patch_two_triangles.m
function o = draw_patch_two_triangles()
    patch_xdata = [1 1;0 4;0 7];
    patch_ydata = [1 2;1 5;0 8];
    patch_zdata = [0 3;0 6;0 9];
    o = patch(patch_xdata, patch_ydata, patch_zdata, [0.5 0.5; 0.2 0.2; 0.1 0.1]);
    view(3);

endfunction
```

12.1.3 使用多个补丁对象绘图

Octave 在绘制完一个补丁对象后不会清空图形对象，这就意味着如果在绘制完一个补丁对象后再绘制另一个补丁对象，则新的补丁对象将会在原有图形对象的基础上再进行绘制，最终有可能在同一个图形对象上显示多个补丁对象。不关闭当前图形对象的窗口，并在上文中的三角形的基础上再绘制一个三角形的代码如下：

```
#!/usr/bin/octave
#第 12 章/draw_patch_triangle.m
function o = draw_patch_triangle()
    o = [];
    o(end) = draw_patch_triangle_1;
    o(end) = draw_patch_triangle_2;
    .
endfunction
```

代码执行的结果如图 12-2 所示。

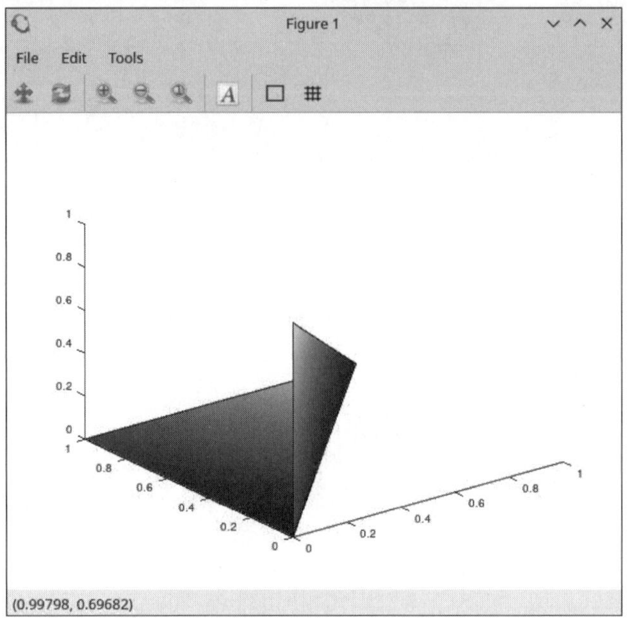

图 12-2 两个三角形组成的补丁对象

图 12-2 中同时出现了两个三角形，并且两个三角形之间存在遮挡关系。

12.2 面对象

12.2.1 由单个面构成的面对象

面对象在绘制时可以接受 4 个参数来绘制三维面，第 1 个参数是 x 坐标按顺序组成的矩阵，第 2 个参数是 y 坐标按顺序组成的矩阵，第 3 个参数是 z 坐标按顺序组成的矩阵，第 4 个参数是面对象的颜色。绘制由坐标(0,0,0)、(0,1,0)、(1,0,1)和(1,1,1)组成的面对象的代码如下：

```
#!/usr/bin/octave
#第 12 章/draw_surface_quadrilateral_1.m
function o = draw_surface_quadrilateral_1()
```

```
    patch_xdata = [0;1];
    patch_ydata = [0;1];
    patch_zdata = [0 1;0 1];
    o = surface(patch_xdata, patch_ydata, patch_zdata, [0.5 0.2; 0.2 0.1]);
    view(3);

endfunction
```

代码执行的结果如图 12-3 所示。

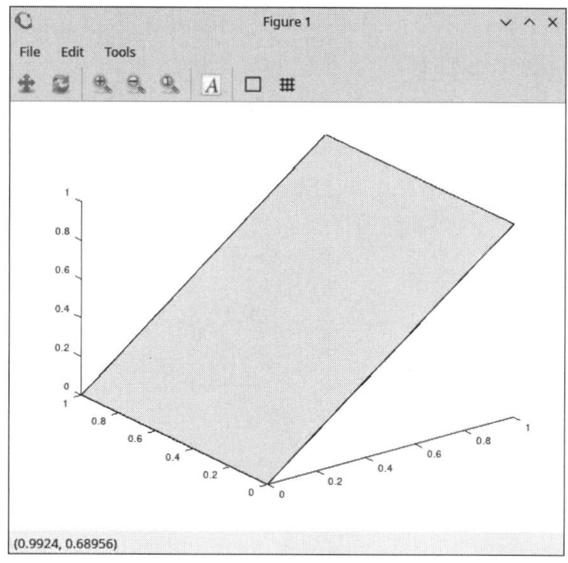

图 12-3　由单个面构成的面对象

12.2.2　由多个面构成的面对象

面对象允许表示任意数量的面，例如两个面，因此使用面对象可以轻松地描述一个三维模型。由坐标(0,0,0)、(0,1,0)、(1,0,1)和(1,1,1)组成的面以及坐标(1,0,1)、(1,1,1)、(0,0,2)和(0,1,2)组成的面所组成的面对象的代码如下：

```
#!/usr/bin/octave
#第 12 章/draw_surface_two_quadrilaterals.m
function o = draw_surface_two_quadrilaterals()
    patch_xdata = [0;1;0];
    patch_ydata = [0;1;0];
    patch_zdata = [0 1 2;0 1 2;0 1 2];
    o = surface(patch_xdata, patch_ydata, patch_zdata, [0.5 0.2 0.1; 0.5 0.2 0.1;
0.5 0.2 0.1]);
    view(3);

endfunction
```

注意：面对象在表示多个面时，相邻的面将共用两个顶点，因此这些面必须是有关联的。这一点和补丁对象不同。

12.2.3 使用多个面对象绘图

Octave 在绘制完一个面对象后不会清空图形对象，这就意味着如果在绘制完一个面对象后再绘制另一个面对象，则新的面对象将会在原有图形对象的基础上再进行绘制，最终有可能在同一个图形对象上显示多个面对象。不关闭当前图形对象的窗口，并在上文中的面的基础上再绘制一个面的代码如下：

```
#!/usr/bin/octave
#第 12 章/draw_surface_quadrilateral.m
function o = draw_surface_quadrilateral()
    o = [];
    o(end) = draw_surface_quadrilateral_1;
    o(end) = draw_surface_quadrilateral_2;

endfunction
```

代码执行的结果如图 12-4 所示。

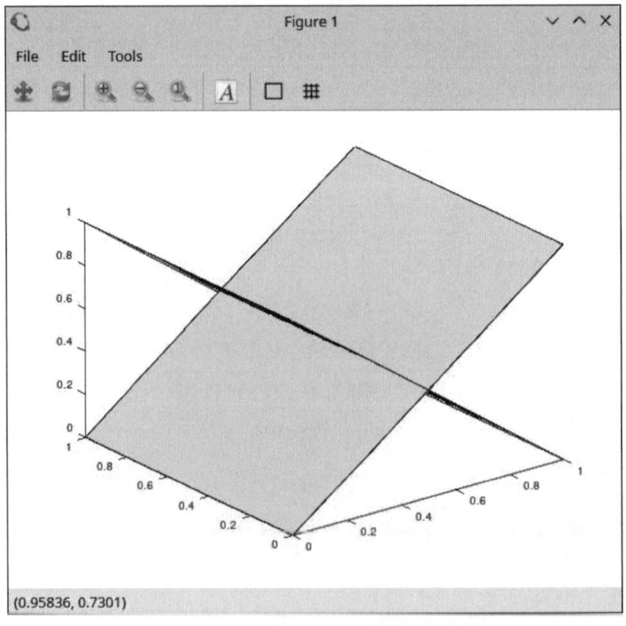

图 12-4　由多个面构成的面对象

图 12-4 中同时出现了两个面，并且两个面之间存在遮挡关系。

12.3 颜色图

颜色图也叫颜色映射，用于存储一组颜色。

颜色图不决定如何绘制实际的图，而是根据图中的图元填色。特别地，有一种图专门表现颜色图中的颜色组成，这种图即为色谱。

在 AR 应用中常用 jet 颜色图表示通用模型的渲染效果。此外，不同的模型也可能需要使用不同的颜色图，例如建议使用绿色系的颜色图渲染树冠模型，而建议使用棕色系的颜色图渲染树干模型。

12.3.1 Octave 的内置颜色图

Octave 内置了一部分常用的颜色图，因此在绘图时可以直接调用这些颜色图。Octave 的内置颜色图的组成颜色如表 12-1 所示。

表 12-1 Octave 的内置颜色图的组成颜色

内置颜色图	组成颜色
viridis	默认颜色
jet	遍历蓝色、青色、绿色、黄色和红色
cubehelix	以增加的强度遍历黑色、蓝色、绿色、红色和白色
hsv	遍历色调、饱和度和明度
rainbow	遍历红色、黄色、蓝色、绿色和紫色
hot	遍历黑色、红色、橙色、黄色和白色
cool	遍历青色、紫色和品红色
spring	从洋红到黄色
summer	从绿色到黄色
autumn	遍历红色、橙色和黄色
winter	从蓝色到绿色
gray	在灰色阴影中从黑色到白色
bone	遍历黑色、灰蓝色和白色
copper	从黑色到浅紫色
pink	遍历黑色、灰粉色和白色
ocean	遍历黑色、深蓝色和白色
colorcube	RGB 颜色空间中等间距的颜色
flag	红色、白色、蓝色和黑色的循环 4 色
lines	具有轴 ColorOrder 属性的颜色
prism	红色、橙色、黄色、绿色、蓝色和紫色的循环 6 色
white	白色(无颜色)

12.3.2 查看颜色图

调用 colormap()函数可以查看颜色图。colormap()函数在调用时无须参数，此时将返回当前使用的颜色图，代码如下：

```
>> colormap
```

此外，colormap()函数允许追加一个参数，用于显示特定的颜色图，此时这个参数是颜色图变量或 Octave 的内置颜色图的名称。

jet 是一种 Octave 的内置颜色图的名称。在查看 jet 颜色图时需要将字符串 jet 传入 colormap()函数中。查看 jet 颜色图的代码如下：

```
>> jet = colormap('jet')
jet =

          0         0    0.5625
          0         0    0.6250
          0         0    0.6875
          0         0    0.7500
          0         0    0.8125
          0         0    0.8750
          0         0    0.9375
          0         0    1.0000
          0    0.0625    1.0000
          0    0.1250    1.0000
          0    0.1875    1.0000
          0    0.2500    1.0000
          0    0.3125    1.0000
          0    0.3750    1.0000
          0    0.4375    1.0000
          0    0.5000    1.0000
          0    0.5625    1.0000
          0    0.6250    1.0000
          0    0.6875    1.0000
          0    0.7500    1.0000
          0    0.8125    1.0000
          0    0.8750    1.0000
          0    0.9375    1.0000
          0    1.0000    1.0000
     0.0625    1.0000    0.9375
     0.1250    1.0000    0.8750
     0.1875    1.0000    0.8125
     0.2500    1.0000    0.7500
     0.3125    1.0000    0.6875
     0.3750    1.0000    0.6250
```

```
    0.4375    1.0000    0.5625
    0.5000    1.0000    0.5000
    0.5625    1.0000    0.4375
    0.6250    1.0000    0.3750
    0.6875    1.0000    0.3125
    0.7500    1.0000    0.2500
    0.8125    1.0000    0.1875
    0.8750    1.0000    0.1250
    0.9375    1.0000    0.0625
    1.0000    1.0000         0
    1.0000    0.9375         0
    1.0000    0.8750         0
    1.0000    0.8125         0
    1.0000    0.7500         0
    1.0000    0.6875         0
    1.0000    0.6250         0
    1.0000    0.5625         0
    1.0000    0.5000         0
    1.0000    0.4375         0
    1.0000    0.3750         0
    1.0000    0.3125         0
    1.0000    0.2500         0
    1.0000    0.1875         0
    1.0000    0.1250         0
    1.0000    0.0625         0
    1.0000         0         0
    0.9375         0         0
    0.8750         0         0
    0.8125         0         0
    0.7500         0         0
    0.6875         0         0
    0.6250         0         0
    0.5625         0         0
    0.5000         0         0
```

12.3.3 查看色谱

调用 rgbplot()函数可以生成由 RGB 颜色组成的色谱。rgbplot()函数在生成色谱时至少需要传入两个参数,此时第 1 个参数是颜色图变量,第 2 个参数必须是字符串 composite。以 jet 颜色图为例,使用 jet 颜色图变量生成色谱的代码如下:

```
>> rgbplot(jet, 'composite')
```

jet 颜色图变量生成的色谱如图 12-5 所示。

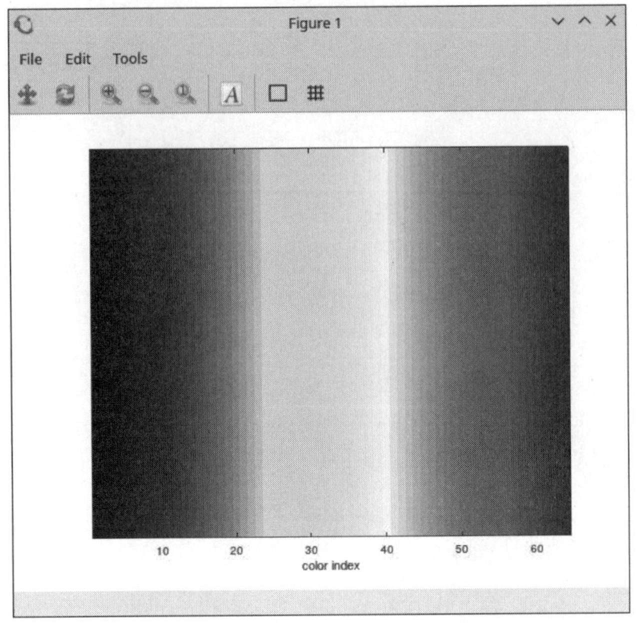

图 12-5 jet 颜色图变量生成的色谱

12.3.4 颜色调节

使用 Octave 可以绘制出不同种颜色效果。

Octave 内部对于颜色的定义通过三元组矩阵实现。三元组矩阵是一个列数为三列的矩阵,每列三元组矩阵数据分别代表红颜色分量(R)、绿颜色分量(G)和蓝颜色分量(B)。根据 3 种颜色的配比不同,就可以构成一个实际上的颜色,然后三元组矩阵的每行都代表了一种颜色。

在向颜色图中添加三元组时,可以先确定每种颜色对应的红颜色分量、绿颜色分量和蓝颜色分量,再将这个矩阵追加到已有的三元组矩阵当中,这样就完成了颜色添加过程,代码如下:

```
#!/usr/bin/octave
#第 12 章/add_color.m
function o = add_color(r,g,b,i)
    size_i = size(i)(1) * size(i)(2)
    i(size_i+1) = r;
    i(size_i+2) = g;
    i(size_i+3) = b;
    o = i;
endfunction
```

颜色删除也按照类似的规律实现。将对应的颜色的行数记下来,删除这一行三元组矩阵的数据,然后保留其他数据,代码如下:

```
#!/usr/bin/octave
#第 12 章/delete_color_subfunction.m
function o = delete_color_subfunction(row,i)
    for j = 1:length(row)
        recent_row = row(j);
        total_row = size(i)(1);
        i(recent_row) = NA;
        i(recent_row+total_row) = NA;
        i(recent_row+total_row * 2) = NA;
    endfor
    o = i;
endfunction
#!/usr/bin/octave
#第 12 章/delete_color.m
function o = delete_color(row,i)
    o = delete_color_subfunction(row,i);
    x = find(isna(o));
o(x) = [];
o = reshape(o,[],3);
endfunction
```

12.3.5 颜色设计

在使用颜色图进行填色时,有时需要按照模型的实际含义而设计特定的颜色。常用的 jet 颜色图的配色是五彩斑斓的,这种颜色图比较抽象,适合绘制通用模型。换而言之,当不能确定模型的形态或模型可能适用于很多种事物的场合时才适合使用这种颜色图,但当要填色的模型已经确定时,jet 颜色图可能就不适用了,例如对土地的填色就更适合暖色调,而不适合使用 jet 颜色图中的大红大绿风格的配色。

以土地为例,土地需要一组柔和的色调,并以偏棕色的暖色为主,所以在颜色图中要以红色分量为主,以绿色分量为搭配,蓝色分量要尽量少出现甚至不出现。根据这个原则进行色彩设计:

(1) 设计 color_design()函数,用于动态生成暖色调的颜色图。

(2) 函数传入一个参数,用于指定生成色彩的数量。

(3) 在函数设计当中,将红色分量设计为周期变化的主色调,将绿色分量设计为恒定的辅助色调,最后设计蓝色分量作为带有微小变化且变化缓慢的辅助色调。

```
#!/usr/bin/octave
#第 12 章/color_design.m
function o = color_design(num)
    xscale = linspace(1,num,num);
    x = sin(xscale) .* 0.3+0.7;
    y = 0.2.* ones(1,num);
    z = 0.1.* sin(xscale)+0.1;
    o = [x;y;z]';
endfunction
```

可以调用的函数如下：

```
>> chroma = color_design(64)
>> rgbplot(chroma, 'composite')
```

生成一个含有 64 种颜色的色谱，并且观察每种颜色的色调分量，如图 12-6 所示。

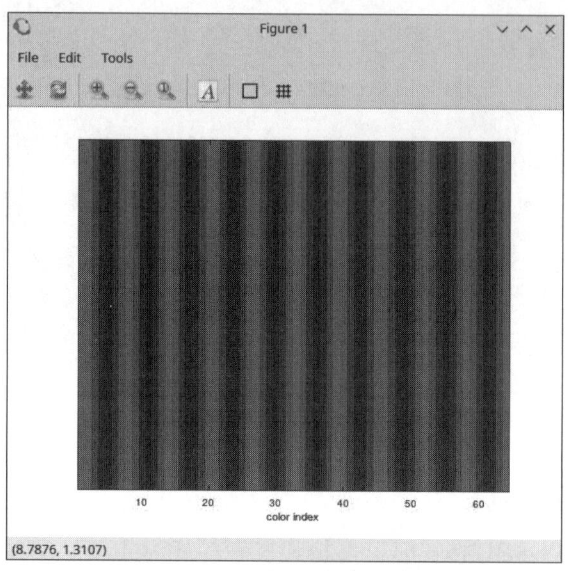

图 12-6 一个含有 64 种颜色的色谱

同理，绿色系的颜色图可适用于树冠模型的填色，灰色系的颜色图可适用于石头模型的填色。生成绿色系的色谱的代码如下：

```
#!/usr/bin/octave
#第 12 章/color_design_green.m
function o = color_design_green(num)
    xscale = linspace(1,num,num);
    x = 0.1.* ones(1,num);
    y = sin(xscale).* 0.3+0.7;
    z = 0.2.* ones(1,num);
    o = [x;y;z]';
endfunction
```

生成灰色系的色谱的代码如下：

```
#!/usr/bin/octave
#第 12 章/color_design_grey.m
function o = color_design_grey(num)
    xscale = linspace(1,num,num);
    x = sin(xscale).* 0.3+0.4;
    y = sin(xscale).* 0.3+0.4;
    z = sin(xscale).* 0.3+0.4;
    o = [x;y;z]';
endfunction
```

12.4 颜色图插值

当颜色图中的颜色数量过少时，可以通过插值方式增加颜色图的颜色个数。对一种颜色图进行插值后将得到更多颜色的颜色图，利用这种方式产生的颜色图可以保证颜色设计不会产生太大改变。

12.4.1 interp1()函数

interp1()函数用于插值一个向量。interp1()函数在插值时至少需要传入 3 个参数，此时第 1 个参数是插值前的 x 坐标，第 2 个参数是需要插值的向量，第 3 个参数是插值后的 x 坐标。

调用 interp1()函数将 jet 颜色图插值为 4 倍长度的代码如下：

```
#!/usr/bin/octave
#第 12 章/interp_jet_four_times.m
#将 jet 颜色图插值为 4 倍长度

function o = interp_jet_four_times()
    jet = colormap('jet');
    jet_lines = size(jet)(1);
    new_jet_r = (interp1(1:jet_lines, jet(:,1), 1:0.25:jet_lines))';
    new_jet_g = (interp1(1:jet_lines, jet(:,2), 1:0.25:jet_lines))';
    new_jet_b = (interp1(1:jet_lines, jet(:,3), 1:0.25:jet_lines))';
    o = abs([new_jet_r new_jet_g new_jet_b]);

endfunction
```

interp1()函数通过插值前的 x 坐标和需要插值的向量，使用特定的拟合方式计算出拟合曲线，然后通过插值后的 x 坐标采样得到插值后的向量。

12.4.2 interp1()函数支持的插值方式

interp1()函数支持 nearest、previous、next、linear、pchip、cubic 和 spline，共 7 种插值方式，每种插值方式的含义如下：

(1) nearest 插值方式将未知值插值为最近邻值。

(2) previous 插值方式将未知值插值为之前的邻值。

(3) next 插值方式将未知值插值为之后的邻值。

(4) linear 插值方式是默认插值方式，将未知值按照最近邻值进行线性插值。

(5) pchip 插值方式将未知值按照具有平滑一阶导数的分段三次 Hermite 插值的方式进行多项式保形插值。

(6) cubic 插值方式将未知值进行三次插值。这种插值方式和 pchip 插值方式相同。

（7）spline 插值方式将未知值进行三次样条插值，并平滑整个曲线的一阶导数和二阶导数。

如果要在调用 interp1()函数时额外指定插值方式，则需要在调用 interp1()函数时追加传入第 4 个参数，这个参数是插值方式。

调用 interp1()函数将 jet 颜色图插值为 4 倍长度，并将插值方式指定为 spline 的代码如下：

```
#!/usr/bin/octave
#第 12 章/interp_jet_four_times_spline.m
#将 jet 颜色图插值为 4 倍长度

function o = interp_jet_four_times_spline()
    jet = colormap('jet');
    jet_lines = size(jet)(1);
    new_jet_r = (interp1(1:jet_lines, jet(:,1), 1:0.25:jet_lines, "spline"))';
    new_jet_g = (interp1(1:jet_lines, jet(:,2), 1:0.25:jet_lines, "spline"))';
    new_jet_b = (interp1(1:jet_lines, jet(:,3), 1:0.25:jet_lines, "spline"))';
    o = abs([new_jet_r new_jet_g new_jet_b]);

endfunction
```

注意：在颜色图中使用 spline 等（外插法）插值方式可能会得到小于 0 或大于 1 的颜色分量，从而导致插值得到的颜色图不能用于上色。

Octave 在绘制插值后的颜色图时将报错如下：

```
>> new_jet = interp_jet_four_times_spline;
>> rgbplot(new_jet, 'composite')
error: colormap: all MAP values must be in the range [0,1]
error: called from
    colormap at line 127 column 9
    rgbplot at line 73 column 7
```

12.4.3 其他的一维插值函数

1. interpft()函数

interpft()函数使用 FFT 变换插值一个向量。interpft()函数在插值时至少需要传入两个参数，此时第 1 个参数是需要插值的向量，第 2 个参数是插值后的向量长度。

调用 interpft()函数使用 FFT 变换将 jet 颜色图插值为 4 倍长度的代码如下：

```
#!/usr/bin/octave
#第 12 章/interp_jet_four_times_fft.m
#使用 FFT 变换将 jet 颜色图插值为 4 倍长度

function o = interp_jet_four_times_fft()
```

```
    jet = colormap('jet');
    jet_lines = size(jet)(1);
    new_jet_r = interpft(jet(:,1), 4 * jet_lines);
    new_jet_g = interpft(jet(:,2), 4 * jet_lines);
    new_jet_b = interpft(jet(:,3), 4 * jet_lines);
    o = abs([new_jet_r new_jet_g new_jet_b]);

endfunction
```

2. spline()函数

spline()函数使用样条插值来插值一个向量。spline()函数在插值时至少需要传入两个参数，此时第 1 个参数是插值前的 x 坐标，第 2 个参数是需要插值的向量。

如果需要改变插值向量的长度，则 spline()函数还需要追加传入第 3 个参数，这个参数是插值后的 x 坐标。调用 spline()函数使用样条插值将 jet 颜色图插值为 4 倍长度的代码如下：

```
#!/usr/bin/octave
#第 12 章/spline_jet_four_times.m
#使用样条插值将 jet 颜色图插值为 4 倍长度

function o = spline_jet_four_times()
    jet = colormap('jet');
    jet_lines = size(jet)(1);
    new_jet_r = (spline(1:jet_lines, jet(:,1), 1:0.25:jet_lines))';
    new_jet_g = (spline(1:jet_lines, jet(:,2), 1:0.25:jet_lines))';
    new_jet_b = (spline(1:jet_lines, jet(:,3), 1:0.25:jet_lines))';
    o = abs([new_jet_r new_jet_g new_jet_b]);

endfunction
```

12.5　颜色图重采样

当颜色图中的颜色数量过多或过少时，可以通过重采样方式减少或增加颜色图的长度。对一种颜色图进行重采样后将得到更少颜色或更多颜色的颜色图，利用这种方式产生的颜色图可以保证颜色设计不会产生太大改变。

resample()函数用于重采样一个向量。resample()函数在重采样时至少需要传入 3 个参数，此时第 1 个参数是需要插值的向量，第 2 个参数是 p 参数，第 3 个参数是 q 参数。实际采样后的向量长度为原长度的 p/q 倍，因此 resample()函数既可用于向下采样又可用于向上采样。

12.5.1　颜色图向下采样

以 jet 颜色图为例，将 jet 颜色图向下采样为 0.5 倍长度的代码如下：

```
#!/usr/bin/octave
#第 12 章/resample_jet_down_sampling.m
#将 jet 颜色图向下采样为 0.5 倍长度

function o = resample_jet_down_sampling()
    jet = colormap('jet');
    jet_lines = size(jet)(1);
    new_jet_r = resample(jet(:,1), 1, 2);
    new_jet_g = resample(jet(:,2), 1, 2);
    new_jet_b = resample(jet(:,3), 1, 2);
    o = abs([new_jet_r new_jet_g new_jet_b]);

endfunction
```

12.5.2 颜色图向上采样

以 jet 颜色图为例,将 jet 颜色图向上采样为 4 倍长度的代码如下:

```
#!/usr/bin/octave
#第 12 章/resample_jet_up_sampling.m
#将 jet 颜色图向上采样为 4 倍长度

function o = resample_jet_up_sampling()
    jet = colormap('jet');
    jet_lines = size(jet)(1);
    new_jet_r = resample(jet(:,1), 4, 1);
    new_jet_g = resample(jet(:,2), 4, 1);
    new_jet_b = resample(jet(:,3), 4, 1);
    o = abs([new_jet_r new_jet_g new_jet_b]);

endfunction
```

12.6 颜色条

颜色条以条形呈现,一般被绘制于图的旁边,用于提示一张图中的每种颜色指代的数值。一般而言,颜色条中填充的颜色就是颜色图。在绘制一张图时额外显示颜色条可以令读者更清晰地理解图中的数值变化。

12.6.1 显示颜色条

调用 colorbar 函数可以在图的旁边显示颜色条,代码如下:

```
>> colorbar
```

12.6.2 指定颜色条的绘制位置

颜色条默认被显示在图的右侧外部。

此外，colorbar 函数还允许追加传入方位参数，用于指定颜色条的显示位置。colorbar 函数支持的方位参数如表 12-2 所示。

表 12-2 colorbar 函数支持的方位参数

方位参数	含义	方位参数	含义
EastOutside	在当前的图的右侧外部显示颜色条	NorthOutside	在当前的图的上方外部显示颜色条
East	在当前的图的右侧内部显示颜色条	North	在当前的图的上方内部显示颜色条
WestOutside	在当前的图的左侧外部显示颜色条	SouthOutside	在当前的图的下方外部显示颜色条
West	在当前的图的左侧内部显示颜色条	South	在当前的图的下方内部显示颜色条

在当前的图的右侧内部显示颜色条的代码如下：

```
>> colorbar East
```

在当前的图的右侧内部显示颜色条的效果如图 12-7 所示。

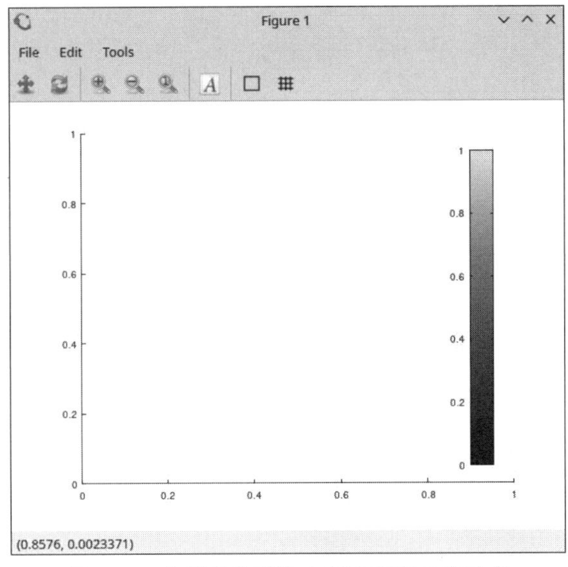

图 12-7 在当前的图的右侧内部显示颜色条

12.6.3 删除颜色条

在一张图中，如果不再需要显示颜色条，则可以调用特定的函数以便于在不关闭图形窗口的情况下删除颜色条。

colorbar 函数允许追加删除参数，用于删除一个图形对象的颜色条。colorbar 函数支持 off、delete 和 hide，共 3 个删除参数。

指定 delete 参数删除一个图形对象的颜色条的代码如下：

```
>> colorbar delete
```

12.7 按坐标上色

在实际的应用场景当中，如果已知点集模型的坐标和颜色图，则可以用按坐标上色的方式直接将点集绘制为三维模型，并且绘制出的模型将一并按照颜色图上色。

12.7.1 fill3()函数

fill3()函数用于按坐标上色一个三维模型。fill3()函数在插值时至少需要传入 4 个参数，此时第 1 个参数是点集中的所有 x 坐标，第 2 个参数是点集中的所有 y 坐标，第 3 个参数是点集中的所有 z 坐标，第 4 个参数是用于上色的颜色图。

调用 fill3()函数将点集{(1,2,0),(4,0,6),(0,8,9),(10,11,2)}用 jet 颜色图的前 4 种颜色上色的代码如下：

```
#!/usr/bin/octave
#第 12 章/coloring_with_coordinates_with_jet.m
#按坐标和 jet 颜色图上色

function o = coloring_with_coordinates_with_jet()
    jet = colormap('jet');
    used_jet = jet((1:4),:);
    dataset = [1 2 0;4 0 6;0 8 9;10 11 2];
    o = fill3(dataset(:,1), dataset(:,2), dataset(:,3), used_jet);

endfunction
```

调用 fill3()函数上色的效果如图 12-8 所示。

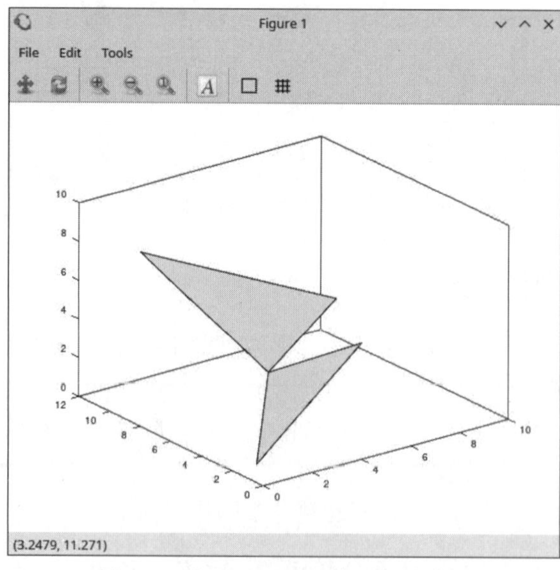

图 12-8 调用 fill3()函数上色的效果

12.7.2 fill3()函数支持的其他参数

fill3()函数还支持以键-值对传入的其他参数，用于控制补丁对象的属性。fill3()函数支持的键-值对参数和补丁对象支持的键-值对参数相同，通过传入参数的方式控制补丁对象的属性等同于直接修改返回的补丁对象的属性。

12.7.3 按坐标上色和其他对象的关系

fill3()函数按坐标上色返回的对象是一个补丁对象。在按坐标上色后，可以直接修改返回的补丁对象的属性，以此来调整贴图效果。

12.8 使用颜色图上色

补丁对象和面对象的颜色由 cdata 属性控制。cdata 属性的值允许是一个或多个三元组颜色，规则如下：

(1) 如果 cdata 属性的值是一个三元组颜色，则所有需要上色的元素均由这个三元组颜色上色。

(2) 如果 cdata 属性的值是多个三元组颜色，则 cdata 属性中的颜色个数需要等于需要上色的元素的个数，每个需要上色的元素均由对应的一个三元组颜色上色。

(3) 如果 cdata 属性的值既不是一个三元组颜色，也不是多个三元组颜色，则不能用于上色。

由于三元组颜色的个数受到需要上色的元素的个数的限制，在使用颜色图上色的过程中往往需要对颜色图进行预处理，然后才能完成上色操作。对颜色图进行预处理的常用方式如下：

(1) 去除多余的颜色。

(2) 用插值方式生成新的颜色。

(3) 随机生成新的颜色。

(4) 手动添加新的颜色。

(5) 复制颜色图中已有的颜色。

在对颜色图进行预处理后，只要确保颜色图中三元组颜色的个数满足要求，即可将颜色图赋值给需要上色的对象的 cdata 属性，以此完成上色操作。

12.9 网格和网格面

模型的面可以由网格面进行描述。将一个面描述为网格面，然后 Octave 绘制每个网格面中的矩形代替绘制面中的每个点，即可简化计算机的运算过程。

在 Octave 中，网格面使用矩形进行绘制，每个网格点对应矩形的每个顶点。如果要绘制一个网格面，则需要先确定网格面在 XY 平面上的网格，再确定每个顶点的网格高度，然后调用网格面的绘制函数绘制三维模型的效果。

12.9.1 创建网格

网格分为二维网格和三维网格。调用 meshgrid()函数既可以将 x 坐标和 y 坐标转换为二维网格坐标，又可以将 x 坐标、y 坐标和 z 坐标转换为三维网格坐标，然后返回网格的坐标分量矩阵。meshgrid()函数至少需要传入一个参数，此时这个参数被同时认为是 x 坐标和 y 坐标或 x 坐标、y 坐标和 z 坐标。传入一个参数调用 meshgrid()函数并生成二维网格的代码如下：

```
#!/usr/bin/octave
#第 12 章/gen_meshgrid.m
xy = linspace(1, 4, 4);
[
    x_mesh_one_param_two_dimensions, ...
    y_mesh_one_param_two_dimensions...
    ] = meshgrid(xy)
```

结果如下：

```
x_mesh_one_param_two_dimensions =

   1   2   3   4
   1   2   3   4
   1   2   3   4
   1   2   3   4

y_mesh_one_param_two_dimensions =

   1   1   1   1
   2   2   2   2
   3   3   3   3
   4   4   4   4
```

传入一个参数调用 meshgrid()函数并生成三维网格的代码如下：

```
#!/usr/bin/octave
#第 12 章/gen_meshgrid.m
xyz = linspace(1, 3, 3);
[
    x_mesh_one_param_three_dimensions, ...
    y_mesh_one_param_three_dimensions, ...
    z_mesh_one_param_three_dimensions...
    ] = meshgrid(xyz)
```

结果如下：

```
x_mesh_one_param_three_dimensions =

ans(:,:,1) =

   1   2   3
   1   2   3
   1   2   3

ans(:,:,2) =

   1   2   3
   1   2   3
   1   2   3

ans(:,:,3) =

   1   2   3
   1   2   3
   1   2   3

y_mesh_one_param_three_dimensions =

ans(:,:,1) =

   1   1   1
   2   2   2
   3   3   3

ans(:,:,2) =

   1   1   1
   2   2   2
   3   3   3

ans(:,:,3) =

   1   1   1
   2   2   2
   3   3   3

z_mesh_one_param_three_dimensions =

ans(:,:,1) =

   1   1   1
   1   1   1
   1   1   1
```

```
ans(:,:,2) =

   2   2   2
   2   2   2
   2   2   2

ans(:,:,3) =

   3   3   3
   3   3   3
   3   3   3
```

通过相同的下标分别访问网格的坐标分量矩阵即可得到特定的网格点的坐标。获得二维网格结果中的(1,4)下标的网格点的坐标的代码如下：

```
#!/usr/bin/octave
#第12章/gen_meshgrid.m
point_1_4 = [
    x_mesh_one_param_two_dimensions(1, 4), ...
    y_mesh_one_param_two_dimensions(1, 4)...
    ]
```

结果如下：

```
point_1_4 =

   4   1
```

上面的代码显示二维网格结果中的(1,4)下标的网格点的坐标为(4,1)。

获得三维网格结果中的(1,3,2)下标的网格点的坐标的代码如下：

```
#!/usr/bin/octave
#第12章/gen_meshgrid.m
point_1_3_2 = [
    x_mesh_one_param_three_dimensions(1, 3, 2), ...
    y_mesh_one_param_three_dimensions(1, 3, 2), ...
    z_mesh_one_param_three_dimensions(1, 3, 2)...
    ]
```

结果如下：

```
point_1_3_2 =

   3   1   2
```

上面的代码显示三维网格结果中的(1,3,2)下标的网格点的坐标为(3,1,2)。

此外，meshgrid()函数还允许额外传入第2个参数，此时第1个参数是 x 坐标，第2个参数是 y 坐标。传入2个参数调用 meshgrid()函数并生成二维网格的代码如下：

```
#!/usr/bin/octave
#第 12 章/gen_meshgrid.m
x_1 = linspace(1, 4, 4);
y_1 = [5, 6];
[
    x_mesh_two_params, ...
    y_mesh_two_params...
    ] = meshgrid(x_1, y_1)
```

结果如下：

```
x_mesh_two_params =

   1   2   3   4
   1   2   3   4

y_mesh_two_params =

   5   5   5   5
   6   6   6   6
```

此外，meshgrid()函数还允许额外传入第 3 个参数，此时第 1 个参数是 x 坐标，第 2 个参数是 y 坐标，第 3 个参数是 z 坐标。传入 3 个参数调用 meshgrid()函数并生成三维网格的代码如下：

```
#!/usr/bin/octave
#第 12 章/gen_meshgrid.m
x_2 = linspace(1, 4, 4);
y_2 = [5, 6];
z_2 = [7, 8];
[
    x_mesh_three_params, ...
    y_mesh_three_params, ...
    z_mesh_three_params...
    ] = meshgrid(x_2, y_2, z_2)
```

结果如下：

```
x_mesh_three_params =

ans(:,:,1) =

   1   2   3   4
   1   2   3   4

ans(:,:,2) =

   1   2   3   4
   1   2   3   4
```

```
y_mesh_three_params =

ans(:,:,1) =

   5   5   5   5
   6   6   6   6

ans(:,:,2) =

   5   5   5   5
   6   6   6   6

z_mesh_three_params =

ans(:,:,1) =

   7   7   7   7
   7   7   7   7

ans(:,:,2) =

   8   8   8   8
   8   8   8   8
```

12.9.2 绘制网格面

网格面需要在二维网格的基础上进行绘制。调用 mesh()函数可以在二维网格的坐标分量矩阵的基础上追加每个网格点的 z 坐标,然后绘制网格面。mesh()函数既可以绘制二维网格面,又可以绘制三维网格面。mesh()函数至少需要传入一个参数,此时这个参数是 z 坐标,然后 mesh()函数将 z 坐标中的列索引视为 x 坐标,并将 z 坐标中的行索引视为 y 坐标。传入一个参数调用 mesh()函数并生成三维网格面的代码如下:

```
#!/usr/bin/octave
#第 12 章/gen_mesh.m
mesh(z_mesh)
```

代码执行的结果如图 12-9 所示。

此外,mesh()函数还允许传入 3 个参数,此时第 1 个参数是网格的 x 坐标分量矩阵,第 2 个参数是网格的 y 坐标分量矩阵,第 3 个参数是 z 坐标。传入 3 个参数调用 mesh()函数并生成三维网格面的代码如下:

```
#!/usr/bin/octave
#第 12 章/gen_mesh.m
z_mesh = [6, 9, 2, 7; 2, 8, 5, 7];
mesh(x_mesh_two_params, y_mesh_two_params, z_mesh)
```

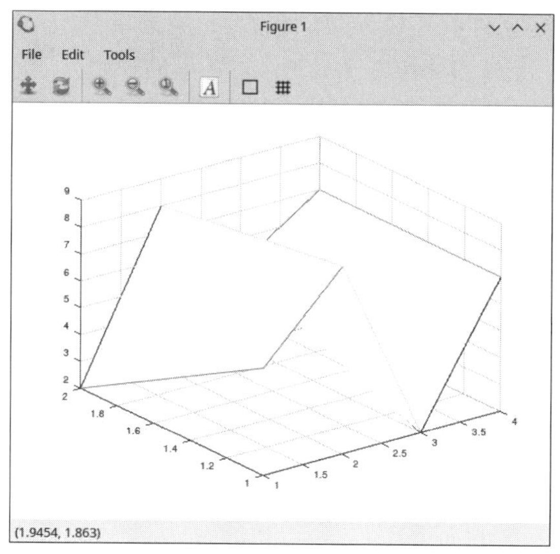

图 12-9 网格面

特殊地，只要将 z 坐标中的矩阵分量均设置为 0，得到的网格面就是在 XY 空间内的网格面，也就是二维网格面。可见绘制二维网格面和绘制三维网格面的原理和操作相同，因此在绘制网格面时无须特地区分二维网格面和三维网格面。传入 3 个参数调用 mesh()函数并生成二维网格面的代码如下：

```
#!/usr/bin/octave
#第 12 章/gen_mesh.m
mesh(x_mesh_two_params, y_mesh_two_params, zeros(2, 4))
```

代码执行的结果如图 12-10 所示。

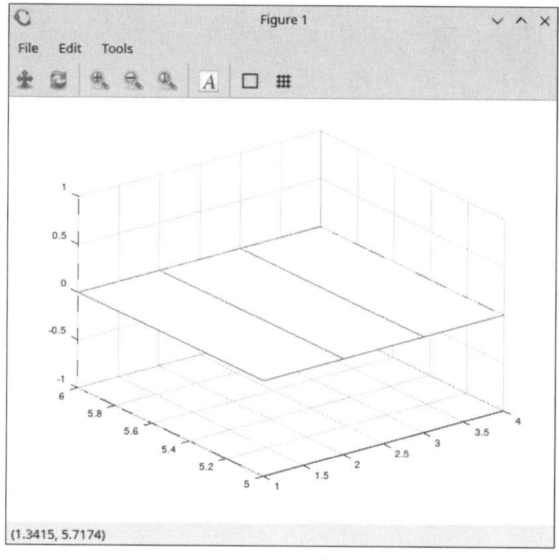

图 12-10 传入 3 个参数绘制的网格面

此外，mesh()函数还允许额外传入颜色参数，此时最后一个参数是颜色参数。传入3个参数和颜色参数调用mesh()函数并生成三维网格面的代码如下：

```
#!/usr/bin/octave
#第 12 章/gen_mesh.m
mesh(x_mesh_two_params, y_mesh_two_params, z_mesh, zeros(2, 4))
```

12.9.3 特殊的网格面

调用meshc()函数将绘制带等高线的网格面，调用meshz()函数将绘制带帷幕的网格面，调用surf()函数将绘制填色的网格面，调用surfc()函数将绘制带等高线的填色的网格面，调用surfl()函数将绘制带光照的填色的网格面。这些函数的用法和mesh()函数的用法类似，不再赘述。

12.9.4 网格面和其他对象的关系

网格面返回的对象通常是一个面对象，但也有可能返回面对象和补丁对象组合而成的对象。在绘制一个网格面后，可以直接修改返回的面对象的属性来调整网格面的贴图效果。

12.10 光照效果

在贴图时可以对三维对象增加光照效果。光照效果是一种着色的步骤，并且着色的含义为根据光照条件重建"物体各表面明暗不一的效果"的过程。

12.10.1 构造光源对象

光源对象用于处理补丁对象和面对象的光效。

光源对象显示在轴对象上，作为轴对象的子对象。

调用light()函数可以构造一个光源对象：

(1) 如果当前光源对象所在的轴对象已经存在，则调用light()函数会在这个轴对象上直接生成一个新的光源对象。

(2) 如果当前光源对象所在的轴对象不存在，则调用light()函数会先新建一个轴对象，然后在这个轴对象上生成一个新的光源对象。

以默认参数在当前轴对象上生成一个新的光源对象的代码如下：

```
>> light
```

注意： 默认的光源对象和默认的轴对象从外表看起来是一样的。

此外，light()函数还支持以键-值对传入其他参数，用于控制光源对象的属性。光源对象支持的键-值对参数如表12-3所示。

表 12-3　光源对象支持的键-值对参数

键参数	值参数类型	值参数选项	默认值参数	值参数含义	备　注
color	颜色协议	—	[1 1 1]	光的颜色	可以使用三元组颜色。三元组颜色规定为一个 1×3 矩阵，矩阵中的每个分量代表颜色的 R、G、B 分量，每个分量的值的范围为 0～1 的一个 double 数字； 可以使用字符串表示常用颜色。常用颜色包括 blue、black、cyan、green、magenta、red、white 和 yellow
position	1×3，double 矩阵	—	[1 0 1]	光照射的方向	—
style	字符串	infinite/local	infinite	infinite 表示光源是无穷远处的平行光源； local 表示光源是附近的点光源	—

将光的颜色指定为[0.1 0.2 0.5]，将光照射的方向指定为[0.5 0.5 0.5]并在当前轴对象上生成一个新的光源对象的代码如下：

```
>> light('color', [0.1 0.2 0.5], 'position', [0.5 0.5 0.5])
```

12.10.2　光源对象的数量限制

1 个轴对象上只支持至多 8 个光源对象。如果在 1 个轴对象上生成 8 个以上的光源对象，则 Octave 所报的警告如下：

```
>> light
>> light
>> light
>> light
>> light
>> light
>> light
>> light
>> light
>> warning: light: Maximum number of lights(8) in these axes is exceeded.
light
>> warning: light: Maximum number of lights(8) in these axes is exceeded.
```

以上警告表明 Octave 允许无限调用 light()函数，但在 1 个轴对象上的光源对象达到 8 个之后便不再继续生成光源对象。

12.10.3 光源对象对其他对象的影响

光源对象对其他对象的影响如下：

（1）一旦轴对象上存在一个或多个光源对象，则这个轴对象中的补丁对象和面对象中的 edgelighting 属性和 facelighting 属性将自动变为一个不为 none 的值。

（2）如果轴对象中的补丁对象或面对象中的 edgelighting 属性或 facelighting 属性为 flat，则最终的光照效果还取决于 facenormals 属性。

（3）如果轴对象中的补丁对象和面对象中的 edgelighting 属性或 facelighting 属性为 gouraud，则最终的光照效果还取决于 vertexnormals 属性。

（4）无论是先构造光源对象还是先构造补丁对象或面对象，最终都可以在图形窗口中呈现正确的光照效果。

12.10.4 光照效果对比

支持光照效果的三维图形对象为补丁对象和面对象。补丁对象和面对象的光照效果均可以由 edgelighting 属性和 facelighting 属性进行控制，其中，edgelighting 属性用于控制边缘的光照效果，而 facelighting 属性用于控制表面的光照效果。为了让光照效果变化得更明显，下面使用三维面对象和补丁对象举例对比 facelighting 属性控制的光照效果。

1. facelighting 属性

facelighting 属性用于控制多边形或面的表面光照效果。首先对比 flat、gouraud 和 none 方式在多边形数少的场景下的区别，如图 12-11 所示。

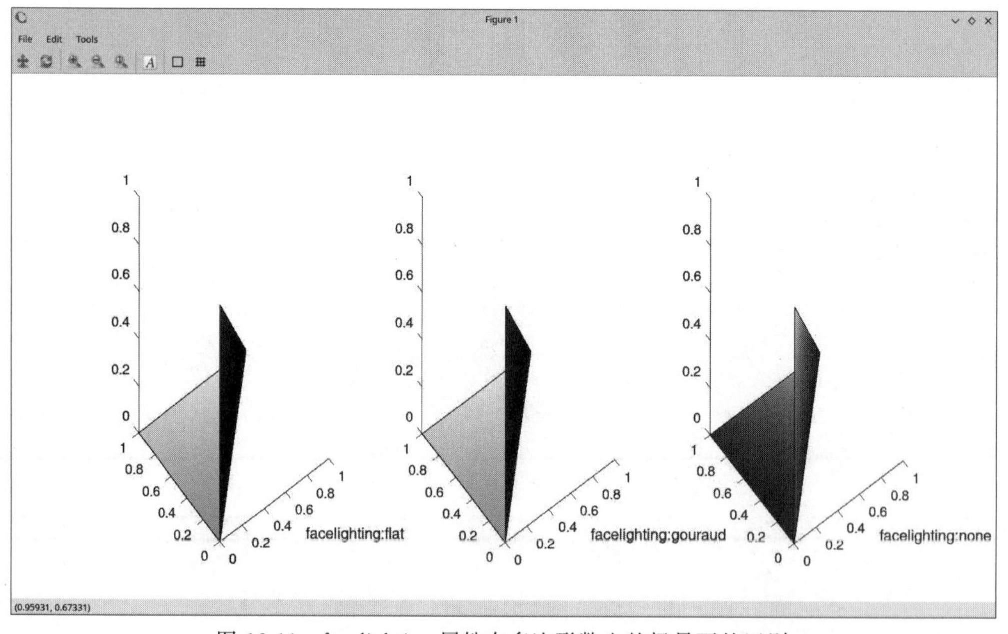

图 12-11 facelighting 属性在多边形数少的场景下的区别

flat 和 gouraud 方式在多边形数少的场景下的区别非常细微。增加到 100 个顶点后，多边形数也随之增加，光照效果的区别变大，如图 12-12 所示。

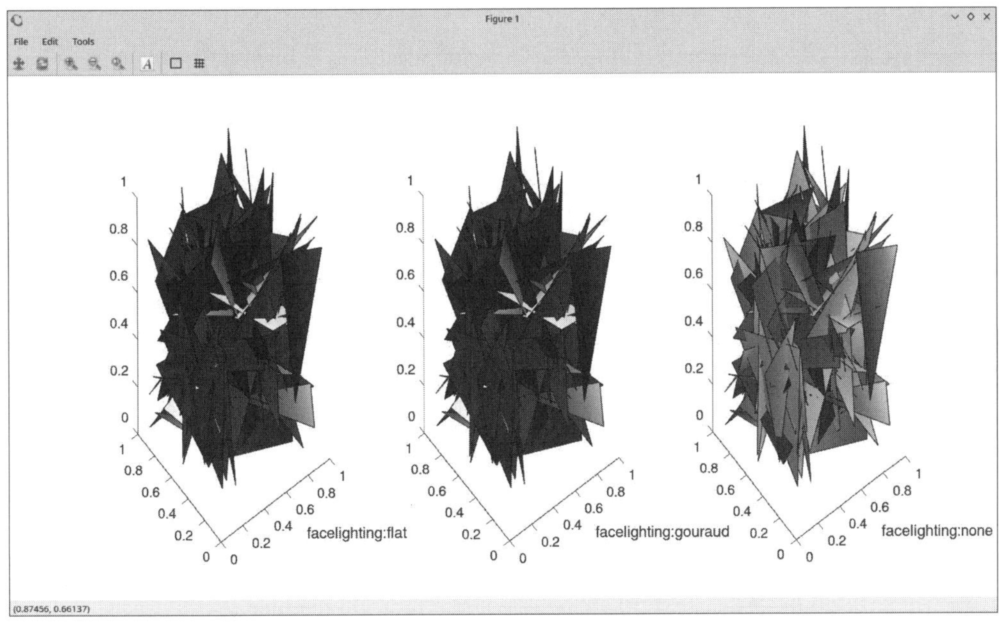

图 12-12 facelighting 属性在多边形数多的场景下的区别

再对比 flat、gouraud 和 none 方式在面数少的场景下的区别，如图 12-13 所示。

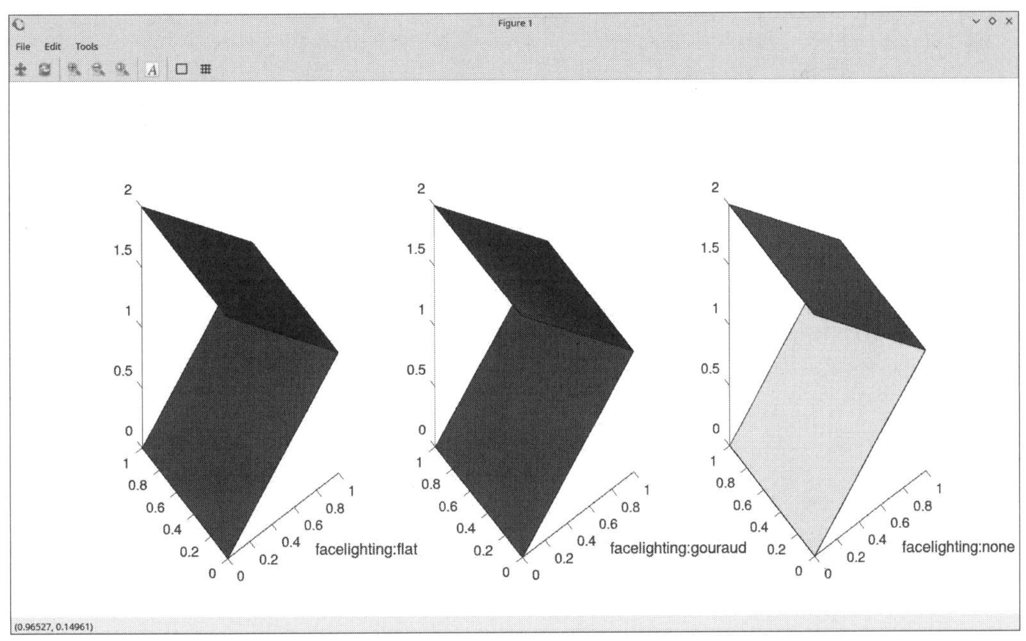

图 12-13 facelighting 属性在面数少的场景下的区别

flat 和 gouraud 方式在面数少的场景下的区别非常细微。增加到 100 个顶点后，面数也随之增加，光照效果的区别变大，如图 12-14 所示。

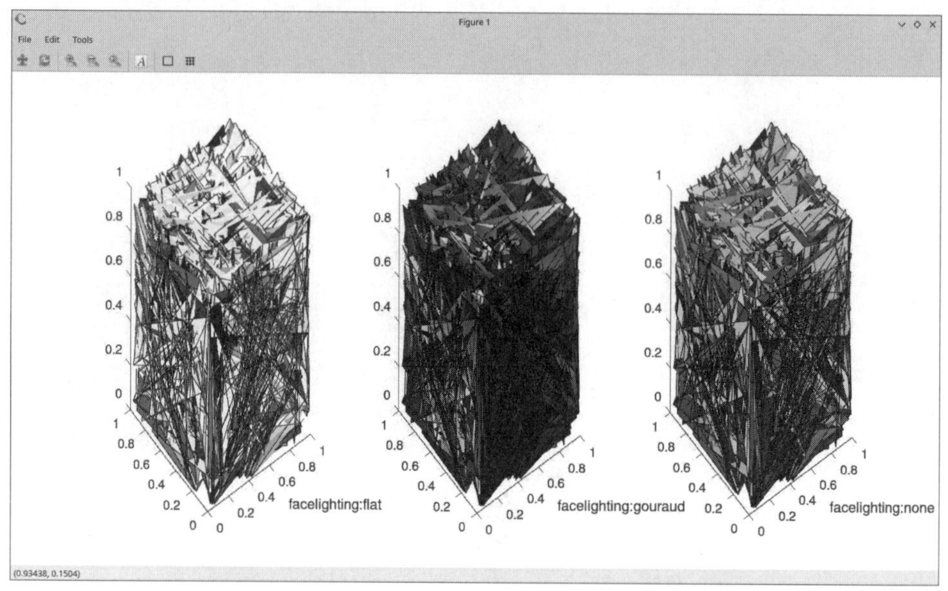

图 12-14 facelighting 属性在面数多的场景下的区别

2. edgelighting 属性

edgelighting 属性用于控制多边形或面的边缘光照效果。首先对比 flat、gouraud 和 none 方式在多边形数少的场景下的区别，如图 12-15 所示。

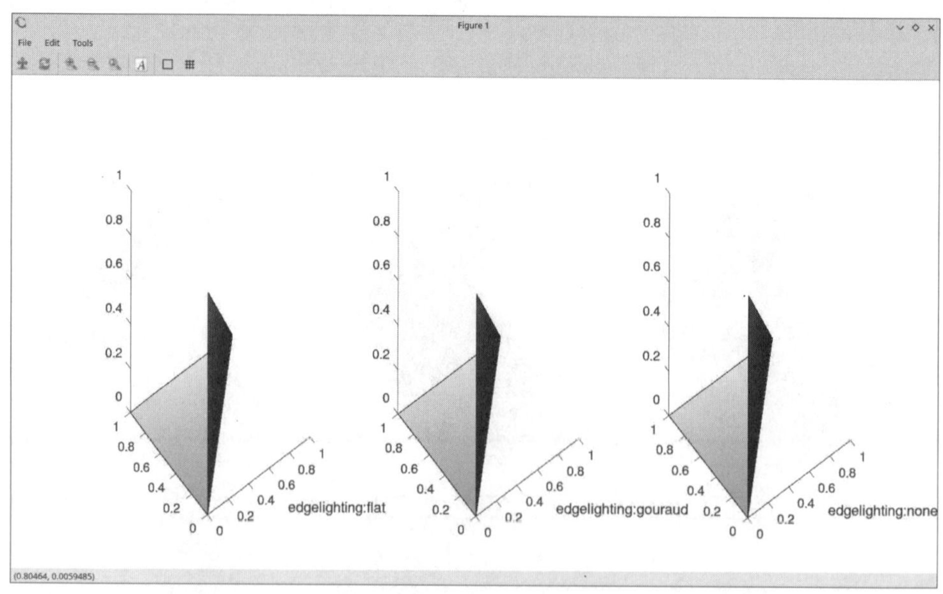

图 12-15 facelighting 属性在多边形数少的场景下的区别

flat 和 gouraud 方式在多边形数少的场景下的区别非常细微。增加到 100 个顶点后，多边形数也随之增加，光照效果的区别变大，如图 12-16 所示。

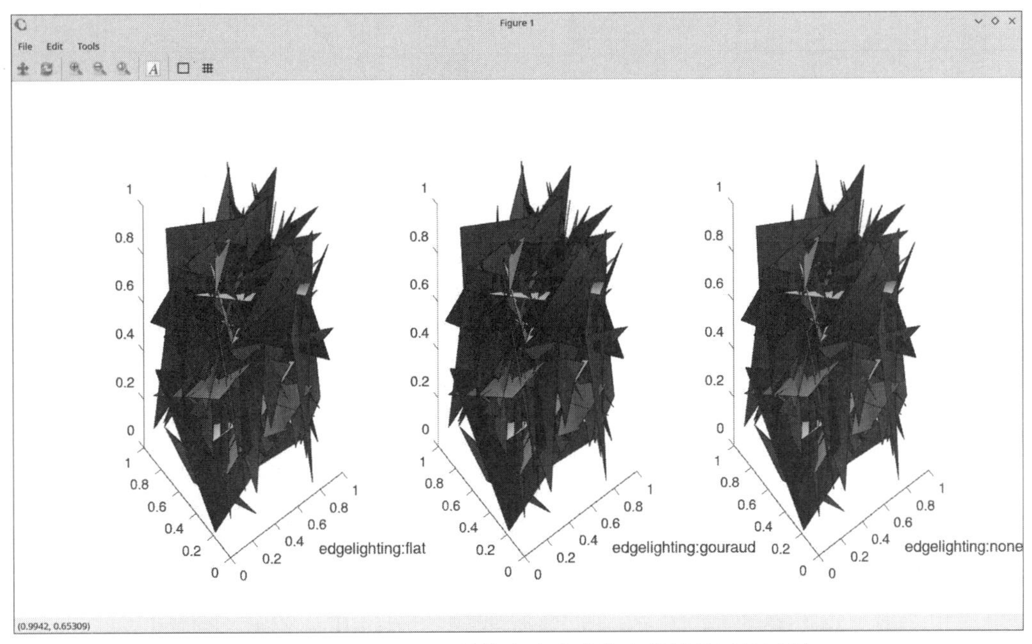

图 12-16 facelighting 属性在多边形数多的场景下的区别

再对比 flat、gouraud 和 none 方式在面数少的场景下的区别，如图 12-17 所示。

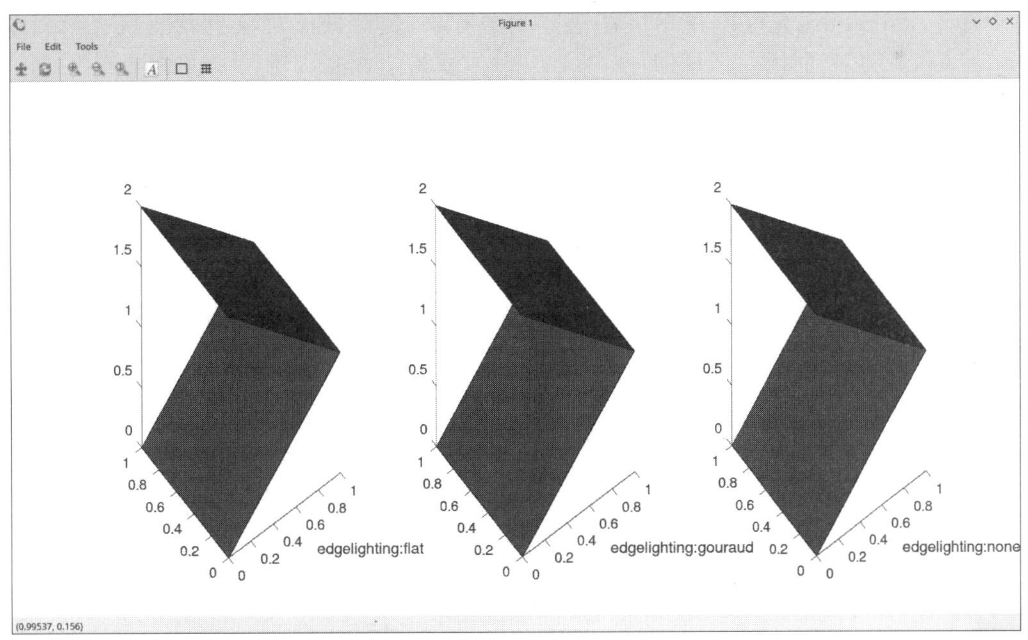

图 12-17 facelighting 属性在面数少的场景下的区别

flat 和 gouraud 方式在面数少的场景下的区别非常细微。增加到 100 个顶点后，面数也随之增加，光照效果的区别变大，如图 12-18 所示。

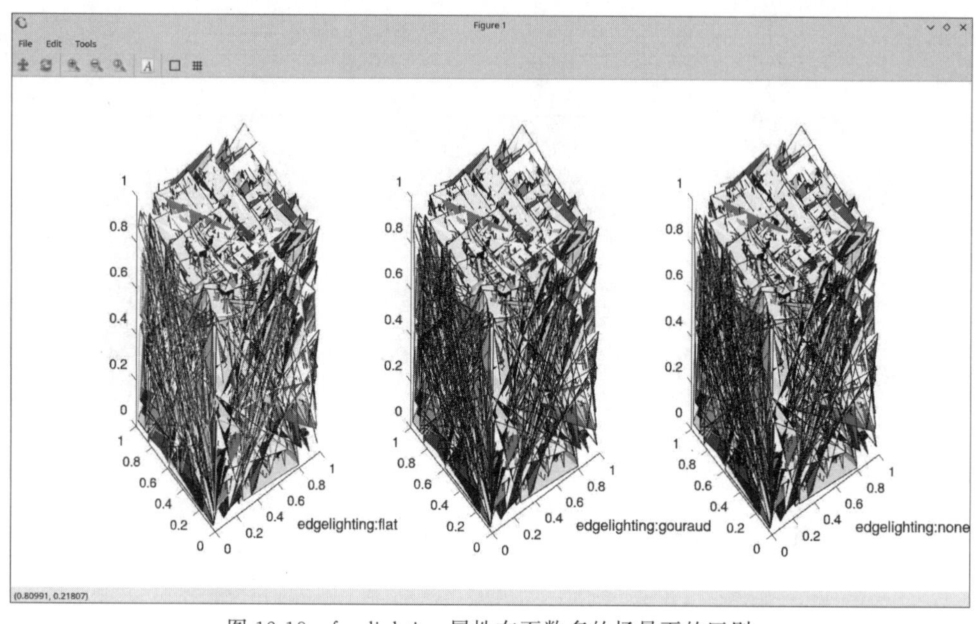

图 12-18　facelighting 属性在面数多的场景下的区别

12.10.5　构造相机光源对象

调用 camlight 函数可以在相机处构造光源对象，这种光源对象也叫相机光源对象。camlight 函数将自动计算光照射的方向，以这种方式构造的光源对象呈现的光照效果是正射在三维模型上的。

调用 camlight 函数可以构造一个相机光源对象，代码如下：

```
>> camlight
```

任意构造一个补丁对象或面对象，调用 camlight 函数构造相机光源对象，再修改 facelighting 属性补丁对象或面对象。

此外，camlight 函数可以指定光源的方向，相当于不将光源放在相机的同一位置上，而将光源放在相机附近的某个位置处。

此外，camlight 函数还可以更精细地构造相机光源对象。在调用 camlight 函数时，如果第 1 个参数是光源对象对应的句柄，则 camlight 函数将在这个光源对象的基础上修改属性，而不构造一个新的光源对象；如果第 1 个参数是轴对象对应的句柄，则 camlight 函数将在这个轴对象上构造一个新的光源对象，而不在 gca 上构造一个新的光源对象。

12.10.6　内置的相机光源方向

camlight 函数支持内置的光源方向，用于快速创建常用的相机光源。内置的光源方向如表 12-4 所示。

表 12-4　内置的光源方向

光源方向	含　　义	光源方向	含　　义
right	将光源放在相机附近的右侧	headlight	将光源放在相机附近的前方
left	将光源放在相机附近的左侧		

构造一个放在相机附近的右侧的相机光源对象的代码如下：

```
>> camlight right
```

12.10.7　精确的相机光源方向

camlight 函数允许通过球面角的方式传入精确的光源方向。camlight 函数在传入球面角时，第 1 个参数是 azimuth 角，第 2 个参数是 elevation 角，并且这里的球面角的单位是度。

构造一个球面角为(10,20)的相机光源对象的代码如下：

```
>> camlight(10, 20)
```

类似地，lightangle()函数也允许通过球面角的方式传入精确的光源方向。调用 lightangle()函数构造一个球面角为(10,20)的相机光源对象的代码如下：

```
>> lightangle(10, 20)
```

lightangle()函数还可以返回当前光源对象的球面角。如果要返回球面角，则需要返回两个值，第 1 个返回值是 azimuth 角，第 2 个返回值是 elevation 角，并且这里的球面角的单位是度。调用 lightangle()函数返回句柄 2 的球面角的代码如下：

```
>> [az, el] = lightangle(2)
```

12.10.8　指定相机光源的风格

camlight 函数允许指定光源的风格。光源的风格可以是 infinite 或 local，其中，infinite 表示光源是无穷远处的平行光源，local 表示光源是附近的点光源。

构造一个球面角为(10,20)且风格是 local 的相机光源对象的代码如下：

```
>> camlight(10, 20, 'local')
```

12.11　材质

材质在渲染程序中是表面各可视属性的结合，这些可视属性是指表面的色彩、纹理、光滑度、透明度、反射率、折射率、发光度等。模型的材质可以令用户观察出三维模型的原材料，不同的材质可以按照应用场景被分配到不同的模型上。

12.11.1 材质的尺度

Octave 将材质参数分为 ambient-strength、diffuse-strength、specular-strength、specular-exponent 和 specular-color-reflectance，共 5 个尺度，每个尺度的含义如下：

(1) ambient-strength 即环境光强度。环境光强度用于控制物体受环境光的影响程度。

(2) diffuse-strength 即漫反射强度。漫反射强度用于控制物体的漫反射效果。

(3) specular-strength 即镜面反射强度。镜面反射强度用于控制物体的镜面反射效果。

(4) specular-exponent 即镜面反射系数。镜面反射系数用于控制物体的镜面反射效果。

(5) specular-color-reflectance 即镜面颜色反射率。镜面颜色反射率用于控制物体的镜面反射效果。

12.11.2 Octave 的内置材质

Octave 的内置材质如表 12-5 所示。

表 12-5 Octave 的内置材质

材质名	环境光强度	漫反射强度	镜面反射强度	镜面反射系数	镜面颜色反射率
shiny	0.3	0.6	0.9	20	1
dull	0.3	0.8	0	10	1
metal	0.3	0.3	1	25	0.5
default	default	default	default	default	default

12.11.3 修改材质

material 函数允许按内置材质传入材质参数。将所有三维图形对象的材质修改为 dull 的代码如下：

```
>> material dull
```

此外，material 函数允许按尺度传入材质参数，规则如下：

(1) 传入的所有尺度都必须放在同一个矩阵当中。

(2) 若材质参数形如[as,ds,ss]，则 as 代表环境光强度，ds 代表漫反射强度，ss 代表镜面反射强度，其余的材质尺度保持不变。

(3) 若材质参数形如[as,ds,ss,se]，则 as 代表环境光强度，ds 代表漫反射强度，ss 代表镜面反射强度，se 代表镜面反射系数，其余的材质尺度保持不变。

(4) 若材质参数形如[as,ds,ss,se,scr]，则 as 代表环境光强度，ds 代表漫反射强度，ss 代表镜面反射强度，se 代表镜面反射系数，scr 代表镜面颜色反射率。

(5) 其他格式的材质参数矩阵不能用于修改材质。

将所有三维图形对象的材质修改为[0.1 0.2 0.3 10 0.4]的代码如下：

```
>> material([0.1 0.2 0.3 10 0.4])
```

此外，material 函数还可以更精细地修改材质。在调用 material 函数时，如果第 1 个参数是矩阵，并且矩阵中的所有元素均为句柄，则 material 函数将只修改这些句柄对应的三维图形对象的材质，而保持其他三维图形对象的材质不变。

只将句柄 1 对应的三维图形对象的材质修改为 dull 的代码如下：

```
>> material(1, 'dull')
```

12.11.4　材质设计

在实际的模型中，模型的每个部位都可能拥有不同的材质，这种模型在光照下会呈现更加真实的视觉效果。材质的不同尺度对最终的视觉效果会产生不同的影响，在设计时往往要模仿显示中的物体设计模型的材质。现实中的部分物体的材质的例子如下：

(1) 阳面的环境光强度较高。

(2) 镜面的漫反射强度较高，并且镜面反射强度更高。

(3) 光滑表面的镜面反射系数较高。

(4) 磨砂面的漫反射强度较高，但镜面反射强度很低，甚至趋于 0，并且镜面反射系数较低。

(5) 金属的漫反射强度较低。

(6) 水面的漫反射强度较高，但镜面颜色反射率较低。

(7) 人体的镜面颜色反射率较低。

(8) 动物毛皮的镜面颜色反射率较高。

12.12　贴图实战案例

贴图在 AR 应用中是一种充满艺术性的工序，因此只学会贴图的技术要点是不够的，在学习时还要配合实战案例才能深入领会贴图的整个流程与意义。

下面的例子从点集模型入手，经过 10 个步骤，最后将贴图结果渲染在图形窗口上。

1. 设计点集模型

设计一个折纸模型作为点集模型，函数名为 flexagon，返回 $n\times3$ 的点集矩阵，代码如下：

```
#!/usr/bin/octave
#第 12 章/flexagon.m
#折纸点集

function o = flexagon()
    o = [
        164 58 64;...
        170 51 63;...
```

```
        168 58 61;...
        177 52 63;...
        180 57 64;...
        184 49 66;...
        178 43 67;...
        188 37 64;...
        194 51 62;...
        200 30 65;...
        208 32 67;...
        197 37 64;...
        210 35 62;...
        197 43 61;...
        233 48 65;...
        201 46 63;...
        234 52 62;...
        204 53 61;...
        237 58 65;...
        237 58 64;...
        203 59 65;...
        236 75 66;...
        201 65 64;...
        227 70 62;...
        238 80 61;...
        236 87 63;...
        229 72 65;...
        229 72 62;...
        220 97 63;...
        201 86 66;...
        192 77 65;...
        197 79 63;...
        202 74 62;...
        200 54 64;...
        194 58 65
    ];

endfunction
```

2. 设计颜色图

设计一个由金色组成的颜色图，函数名为 golden，返回 $m\times3(m\neq n)$ 的颜色图，代码如下：

```
#!/usr/bin/octave
#第 12 章/golden.m
#金色颜色图

function o = golden()
    o = [
        0.91 0.87 0.64;...
```

```
        0.93 0.85 0.61;...
        0.94 0.82 0.70;...
        0.86 0.73 0.71
    ];

endfunction
```

3. 设计光源

设计 6 个方位的直射光源，脚本名为 straight_light，代码如下：

```
#!/usr/bin/octave
#第 12 章/straight_light.m
#直射光源

light('position', [1 0 0]);
light('position', [-1 0 0]);
light('position', [0 1 0]);
light('position', [0 -1 0]);
light('position', [0 0 1]);
light('position', [0 0 -1]);
```

4. 设计材质

设计纸板材质，函数名为 cardboard，返回 1×5 的材质矩阵，代码如下：

```
#!/usr/bin/octave
#第 12 章/cardboard.m
#纸板材质

function o = cardboard()
    o = [0.5 0.7 0 15 0.9];

endfunction
```

5. 设计点集获取函数

设计点集获取函数，函数名为 get_dataset，返回处理后的点集，代码如下：

```
#!/usr/bin/octave
#第 12 章/get_dataset.m
#获取点集

function o = get_dataset(name)
    o = feval(name);

endfunction
```

6. 设计颜色图获取函数

设计颜色图获取函数，函数名为 get_colormap，返回处理后的颜色图，代码如下：

```
#!/usr/bin/octave
#第 12 章/get_colormap.m
#获取颜色图

function o = get_colormap(name, colormap_size)
    used_colormap = feval(name);
    used_colormap_lines = size(used_colormap)(1);
    if used_colormap_lines > colormap_size
        o = used_colormap((1:colormap_size),:);
    else
        interp_times = ceil(colormap_size/(used_colormap_lines - 1));
        new_used_colormap_r = (interp1(
            1:used_colormap_lines, ...
            used_colormap(:,1), ...
            1:1/interp_times:used_colormap_lines
            ))';
        new_used_colormap_g = (interp1(
            1:used_colormap_lines, ...
            used_colormap(:,2), ...
            1:1/interp_times:used_colormap_lines
            ))';
        new_used_colormap_b = (interp1(
            1:used_colormap_lines, ...
            used_colormap(:,3), ...
            1:1/interp_times:used_colormap_lines
            ))';
        new_used_colormap = abs([
            new_used_colormap_r ...
            new_used_colormap_g ...
            new_used_colormap_b
            ]);
        o = new_used_colormap((1:colormap_size),:);
    endif

endfunction
```

7. 设计光源增加函数

设计光源增加函数,函数名为 add_light,无返回值,代码如下:

```
#!/usr/bin/octave
#第 12 章/add_light.m
#增加光源

function add_light(name)
    run(name);

endfunction
```

8. 设计材质获取函数

设计材质获取函数，函数名为 get_material，返回处理后的材质，代码如下：

```
#!/usr/bin/octave
#第 12 章/get_material.m
#获取材质

function o = get_material(name)
    o = feval(name);

endfunction
```

9. 设计贴图实战函数

设计贴图实战函数，用于串联整个贴图流程，函数名为 map_practice，返回补丁对象的句柄，代码如下：

```
#!/usr/bin/octave
#第 12 章/map_practice.m
#贴图实战

function o = map_practice(dataset_name, colormap_name, light_name, material_
name)
    dataset = get_dataset(dataset_name);
    used_colormap = get_colormap(colormap_name, size(dataset)(1));
    o = fill3(dataset(:,1), dataset(:,2), dataset(:,3), used_colormap);
    add_light(light_name);
    used_material = get_material(material_name);
    material(used_material);

endfunction
```

10. 设计贴图实战控制器

设计贴图实战控制器，用于执行贴图实战流程，脚本名为 map_practice_controller，代码如下：

```
#!/usr/bin/octave
#第 12 章/map_practice_controller.m
#贴图实战控制器

map_practice('flexagon', 'golden', 'straight_light', 'cardboard')
view(2)
```

11. 贴图效果

运行贴图实战控制器代码即可查看贴图效果，代码如下：

```
>> map_practice_controller
```

贴图实战效果如图 12-19 所示。

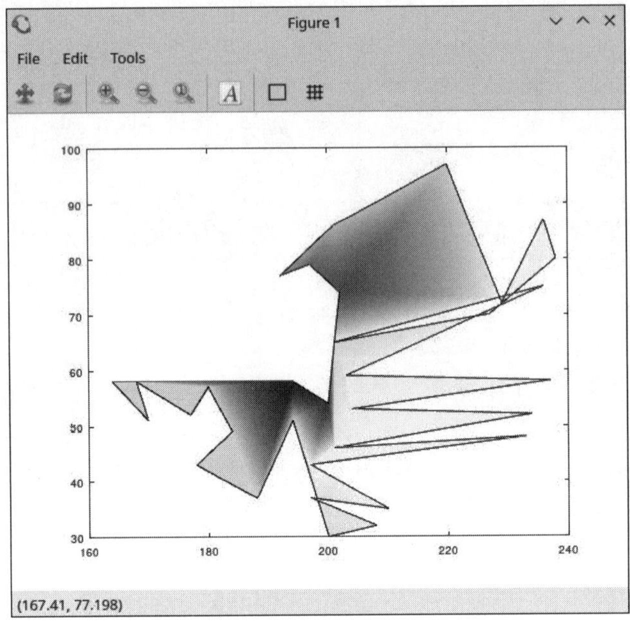

图 12-19　贴图实战效果

第 13 章

推流和拉流

实时性强的 AR 应用需要视频流技术，用于将机器人系统拍摄到的视频流式传输到其他计算机等设备上。

对视频流的操作可分为推流和拉流，推流就是把静态媒体以视频流的形式发送到网络上，拉流就是从网络上获取视频流并播放。

视频流技术是一个包含多个元素的非常复杂且较为新生的主题，其中，推流受到众多的协议、网络传输类型和视频本身的编码器等因素的影响，因此更需要系统地讲解。

本章从推流时使用的网络协议入手，然后讲解推流服务器软件、推流客户端、拉流客户端的部署等内容。

13.1 推流时使用的网络协议

对于推流时使用的网络协议而言，有些本身是通用的网络传输协议，而有些则是专门被设计为推流使用的网络协议，因此种类繁多。本节只介绍最为常用和最为成熟的几种协议。

13.1.1 HTTP

目前，HTTP 是媒体点播或直播最常使用的协议。此外，HLS 和 WebRTC 等协议也基于 HTTP 进行传输。

HTTP 将长时间的视频分割成多个小时间段的视频段，每个视频段单独传输。在客户端收到视频段后，再通过文件媒体协议进行拼接，达到播放视频的效果。

13.1.2 RTMP

RTMP 是一种用于视频和声频流传输的协议，目前是一种 Adobe 旗下的标准协议。

RTMP 协议支持实时媒体传输，适用于许多场景，例如直播、点播、互动游戏等。RTMP 协议使用 TCP 作为传输层协议，并且有 3 个不同的版本：RTMP、RTMPT 和 RTMPS。

RTMP 协议的主要优势如下：

(1) 可以提供低延迟的流传输和较高的安全性。

(2) 允许加密传输,并且可以在服务器和客户端之间进行通信,可以确保数据的完整性和可靠性。

(3) 支持动态码率控制和多路复用等特性,可以自适应不同网络环境和带宽的变化,用户体验较好。

13.1.3 RTSP

RTSP协议是一种用于流媒体传输的应用层协议,由IETF组织制定,被广泛地应用于IP网络视频和声频播放系统中。

RTSP协议通过与RTP和RTCP组合使用来传输实时数据流。RTSP可以控制媒体服务器如何发送流,并且支持例如UDP、TCP和HTTP等多种传输模式。此外,RTSP也支持传输和控制不同分辨率和编解码格式的媒体流,在视频流编码时较为灵活。

RTSP协议的主要优势如下:

(1) 可控制流媒体服务器的播放、暂停、快进、倒退等操作。

(2) 支持实时回放和点播两种模式。

(3) 支持以广播和单播方式传输流媒体数据。

(4) 支持安全认证和加密传输。

然而,RTSP协议并不适用于所有应用场景。RTSP协议主要的缺陷如下:

(1) 在处理大规模的视频流时问题较多。

(2) 没有原生的加密机制,需要额外的安全措施来保护数据的安全。

13.1.4 RTP

RTP是一种网络传输协议。在推流时,RTP协议被用来实现在互联网上传输声频和视频流,可以提供实时传输、多媒体同步和错误恢复等功能。

RTP通常与RTCP结合使用,在这种场景下,RTP负责将多媒体数据分片传输,然后标识时间戳和序列号,RTCP则提供了对RTP会话的整个控制,包括QoS反馈、同步数据、参与者信息、源描述符等。

RTP协议的主要优势如下:

(1) 使用UDP协议作为传输层协议,减少了延迟和数据重传,适用于语音和视频通信等实时性较强的应用。

(2) 可在不同的数据流之间进行时间戳的同步,能够保证音视频的同步播放。

(3) 提供了误差控制和纠错功能,能够快速调节码率及对丢失的数据进行补偿。

(4) 能够适应不同的媒体类型,并且能够容忍新的参数加入。

RTP协议主要的缺陷如下:

(1) 在网络拥塞或错误恢复方面,RTP不能提供完美的解决方案。

(2) 没有原生的加密机制,需要额外的安全措施来保护数据的安全。

13.1.5 TCP

TCP是一种面向连接的传输协议,能够提供可靠的数据传输保证。在推流时,TCP可以确保视频数据的完整性和稳定性,但代价是较高的延迟。

在使用TCP进行视频流传输时,通常使用类似HLS的方式分段传输。视频文件先被切成较小的块并存储在服务器上,客户端发起请求后按照顺序下载和播放这些块。由于TCP会采用确认应答和重传等机制,所以即使在网络出现拥堵或丢包等情况下也能够保证数据的可靠性。

TCP协议主要的缺陷如下:

(1) 需要建立持久连接,因此建立连接的时间可能较长。

(2) TCP会进行数据重传,延迟大。

(3) 对带宽和网络状况较为敏感。在网络不稳定时,响应时间也会增长。

13.1.6 UDP

UDP是一种无连接的协议,不保证数据包的可靠性和有序性,但延时较短。在推流时,UDP被实现为一种广播式推流的协议。

UDP协议的主要优势如下:

(1) 在传输过程中不建立连接,因此不需要等待确认信息,数据到达接收端后可以直接进行处理和解码,延迟小。

(2) 不会重发丢失的数据,并且也不会对数据进行分组重组并重新排序。这意味着UDP可以更好地利用网络带宽,因此适用于高分辨率或者高帧率的视频流传输。

(3) 不建立连接,也没有保持状态和自动重传等机制,相比TCP协议在传输过程中所需要的资源更少,实时性更好。

UDP协议主要的缺陷如下:

(1) 由于UDP没有重传机制,所以一旦丢包就无法恢复,因此画面卡顿或出现噪声的现象会更加明显。

(2) 没有原生的加密机制,需要额外的安全措施来保护数据的安全。

13.2 Nginx

推流客户端在点对点推流时需要有推流服务器提供推流网址才能推流成功。推流服务器通过服务器软件提供推流网址并开放对应的端口。本节采用Nginx作为推流服务器软件,并采用一体化部署方式,直接把服务器软件和客户端软件部署在一台机器上。

Nginx是一款轻量级、性能优秀的Web服务器软件。在本章中,Nginx主要被作为一个API网关来使用,将来自客户端的请求根据API的不同而进行可能的操作如下:

(1) 将此请求转发到其他Web服务器上。

(2) 直接响应此请求。

此外,Nginx 还支持反向代理、负载均衡、网址重写等功能,实现原理如下:

(1) Nginx 在反向代理时,会接收客户端的请求,将请求转发到其他服务器上,并将其他服务器的响应返回客户端。

(2) Nginx 在负载均衡时,会根据轮询等方式将客户端的请求分发到不同的服务器上,降低单台服务器的负载。

(3) Nginx 在网址重写时,会将客户端实际访问的网址以预定的方式替换为另一个网址。实际上,用户访问的是经过处理后的网址。

13.2.1 带插件编译并安装 Nginx

获取 Nginx 的源码,命令如下:

```
$ wget http://nginx.org/download/nginx-1.25.0.tar.gz
```

获取 nginx-rtmp-module 的源码,命令如下:

```
$ git clone https://github.com/arut/nginx-rtmp-module.git
```

解压 Nginx 的源码,命令如下:

```
$ tar zxvf nginx-1.25.0.tar.gz
```

解压 nginx-rtmp-module 的源码,命令如下:

```
$ unzip nginx-1.25.0.zip
```

进入 nginx-1.25.0 文件夹,命令如下:

```
$ cd nginx-1.25.0
```

生成编译配置,命令如下:

```
$ ./configure --with-http_ssl_module - add-module = ../nginx-rtmp-module
```

编译带插件的 Nginx,命令如下:

```
$ make
```

安装带插件的 Nginx,命令如下:

```
$ make install
```

编译后的 Nginx 的路径如下:

```
/usr/local/nginx/sbin/nginx
```

编译后的 Nginx 的配置文件的路径如下:

```
/usr/local/nginx/conf/nginx.conf
```

编译后的 Nginx 的 HTML 的路径如下:

```
/usr/local/nginx/html
```

编译后的 Nginx 的日志的路径如下：

```
/usr/local/nginx/logs
```

在安装了编译后的 Nginx 之后还需要查看当前的 nginx 命令指的是编译后的 Nginx 还是通过 DNF 软件源安装的 Nginx，命令如下：

```
$ which nginx
/usr/sbin/nginx
```

这个命令输出的 Nginx 路径不是编译后的 Nginx 的路径，用户在执行 nginx 命令时将不会启动编译后的 Nginx，因此需要卸载通过 DNF 软件源安装的 Nginx，命令如下：

```
$ sudo dnf remove nginx
```

切换到超级用户，命令如下：

```
$ su -
```

将带插件的 Nginx 链接到/usr/bin/文件夹下，命令如下：

```
#ln /usr/local/nginx/sbin/nginx /usr/bin/
```

将带插件的 Nginx 为所有用户增加可执行权限，命令如下：

```
#chmod a+x /usr/bin/nginx
```

再次查看当前的 nginx 命令指的是编译后的 Nginx 还是通过 DNF 软件源安装的 Nginx，命令如下：

```
#which nginx
/usr/bin/nginx
```

显然，现在的 Nginx 路径就是编译后的 Nginx 的路径了。带插件编译并安装 Nginx 的过程至此完成。

13.2.2 启动和停止 Nginx

启动编译后的 Nginx，命令如下：

```
#nginx
```

停止编译后的 Nginx，命令如下：

```
#nginx -s stop
```

13.2.3 安装 HLS 库

nginx-rtmp-module 在运行时依赖于 HLS 库，因此必须在安装 HLS 库后 Nginx 才能推流成功。

HLS 库的软件包名为 gstreamer1-plugin-libav。安装 HLS 库，命令如下：

```
$ sudo dnf install gstreamer1-plugin-libav
```

13.2.4 Nginx 的 RTMP 配置

要想令 Nginx 按照 RTMP 协议进行推流工作，就需要在 Nginx 的配置中加入 RTMP 配置。在编译后的 Nginx 的配置文件中加入 RTMP 配置的代码如下：

```
#第 13 章/nginx.conf

rtmp {
        server {
                listen 2468;
                chunk_size 4096;

                application rtmp {
                 live on;
                 hls on;
                 hls_path <要推流的文件所在的路径>;
                 hls_fragment 5s;
                }
        }
}
```

注意：开发者每当修改 Nginx 配置后都必须先停止再启动 Nginx 才能使新的配置生效。

13.3 rtsp-simple-server

rtsp-simple-server 是一款专为 FFmpeg 设计的推流服务器软件，支持多种网络协议，方便配置，使用稳定。在使用 FFmpeg 作为推流客户端时，除推荐使用 Nginx 外，也推荐使用 rtsp-simple-server。

13.3.1 安装 rtsp-simple-server

下载 rtsp-simple-server 的预编译版本，网址如下：

```
https://github.com/aler9/rtsp-simple-server/releases
```

解压 rtsp-simple-server 的预编译版本，命令如下：

```
$ tar zxvf mediamtx_v0.23.3_linux_amd64.tar.gz
```

rtsp-simple-server 的可执行文件为 mediamtx。运行 rtsp-simple-server，命令如下：

```
$ ./mediamtx
```

如果终端中出现类似下面的输出内容，即代表启动成功。

```
2023/05/27 22:21:04 INF MediaMTX / rtsp-simple-server v0.23.3
2023/05/27 22:21:04 INF [RTSP] listener opened on :8554 (TCP), :8000 (UDP/RTP), :
8001 (UDP/RTCP)
2023/05/27 22:21:04 INF [RTMP] listener opened on :1935
2023/05/27 22:21:04 INF [HLS] listener opened on :8888
2023/05/27 22:21:04 INF [WebRTC] listener opened on :8889 (HTTP)
```

13.3.2　rtsp-simple-server 的用法

rtsp-simple-server 支持 RTSP＋UDP 推流、RTSP＋TCP 推流、HLS 推流、RTMP 推流和 WebRTC 推流。

1. RTSP＋UDP 推流

```
$ ffmpeg -i ../video_backward_rainy_ground_tile.mp4 -c copy -f rtsp rtsp://
localhost:8554/stream
```

拉流地址如下：

```
rtsp://localhost:8554/stream
```

2. RTSP＋TCP 推流

```
$ ffmpeg -i ../video_backward_rainy_ground_tile.mp4 -c copy -rtsp_transport tcp
-f rtsp rtsp://localhost:8554/stream
```

拉流地址如下：

```
rtsp://localhost:8554/stream
```

3. HLS 推流

```
$ ffmpeg -i ../video_backward_rainy_ground_tile.mp4 -f hls http://localhost:
8888/stream
```

拉流地址如下：

```
http://localhost:8888/stream
```

4. RTMP 推流

```
$ ffmpeg -i ../video_backward_rainy_ground_tile.mp4 -vcodec copy -acodec copy
-f flv -y rtmp://localhost:1935/rtmp
```

拉流地址如下：

```
rtmp://localhost:1935/rtmp
```

5. WebRTC 推流

```
$ ffmpeg -i ../video_backward_rainy_ground_tile.mp4 -f h264 http://localhost:
8889/stream
```

拉流地址如下：

```
http://localhost:8889/stream
```

13.4 使用 FFmpeg 推流

FFmpeg 作为老牌的媒体应用，除播放和处理媒体外，还支持推流和拉流。FFmpeg 支持多种媒体的推流，支持多种网络协议并具有较强的可扩展性，因此推荐使用 FFmpeg 作为推流服务。

13.4.1 FFmpeg 推流媒体文件

FFmpeg 可以推流存储在本地的媒体文件，在离线 AR 的场景中较为常用。FFmpeg 推流媒体文件的命令如下：

```
$ ffmpeg -i ../video_backward_rainy_ground_tile.mp4 -vcodec copy -acodec copy
-f flv -y rtmp://localhost:2468/rtmp
```

拉流地址如下：

```
rtmp://localhost:2468/rtmp
```

13.4.2 FFmpeg 转流

FFmpeg 支持将一个视频流转换为另一个视频流，这种操作被称为转流。转流被用于视频流的压缩、缓冲和转换等场景。

以 rtmp 转 rtmp 为例，首先在 Nginx 的配置文件中再额外加入 1 个 rtmp 配置，配置如下：

```
#第 13 章/nginx.conf

rtmp {
        server {
                listen 2470;
                chunk_size 4096;

                application rtmp {
                 live on;
            }
        }
}
```

转流的命令如下：

```
$ ffmpeg -i rtmp://localhost:2468/rtmp tcp -vcodec copy -acodec copy -f flv
rtmp://localhost:2470/rtmp
```

拉流地址如下：

```
rtmp://localhost:2470/rtmp
```

13.4.3　FFmpeg 支持的网络协议

FFmpeg 支持的网络协议如表 13-1 所示。

表 13-1　FFmpeg 支持的网络协议

协议名	是否支持	协议名	是否支持
AMQP	E	RTMPE	X
file	X	RTMPS	X
FTP	X	RTMPT	X
Gopher	X	RTMPTE	X
Gophers	X	RTMPTS	X
HLS	X	RTP	X
HTTP	X	SAMBA	E
HTTPS	X	SCTP	X
Icecast	X	SFTP	E
MMSH	X	TCP	X
MMST	X	TLS	X
pipe	X	UDP	X
Pro-MPEG FEC	X	ZMQ	E
RTMP	X		

注意：X 代表当前完全支持，而 E 代表需要外部库才能支持。

13.4.4　FFmpeg 指定编译选项

FFmpeg 的默认编译配置禁用了一些推流功能的外部库，这些库同样是经过 FFmpeg 团队测试过的，但由于遵循尽量减少依赖数量的原则才默认不编译。开发者在编译 FFmpeg 时可以通过选项控制哪些库需要一并被编译。

可以在 FFmpeg 源码的./configure 文件下查看需要的编译选项。

13.4.5　FFmpeg 编译第三方库

此外，有些第三方开发者也开发了一些用于扩展 FFmpeg 推流功能的库，但这些库还没有被包含在 FFmpeg 中。如果要想使用这种第三方的未被包含的库，就不能通过编译选项进行控制，而只能先实现 FFmpeg 的外部 API，然后编译第三方库，这样才能实现第三方库的功能。

FFmpeg_WebRTC 是使 FFmpeg 支持使用 WebRTC 协议推流的一个第三方库。下面以 FFmpeg_WebRTC 库为例介绍编译 FFmpeg 的第三方库并实现功能的方式。

获取 Depot 的源码，命令如下：

```
$ git clone https://chromium.googlesource.com/chromium/tools/depot_tools.git
```

将 depot_tools 文件夹的路径加入 PATH 环境变量，命令如下：

```
$ export PATH = $PATH:/path/to/depot_tools
```

获取 WebRTC 的源码，命令如下：

```
$ fetch --nohooks webrtc
```

进入 src 文件夹，命令如下：

```
$ cd src
```

进入分支 branch-heads/72，命令如下：

```
$ git checkout branch-heads/72
```

进行 gclient 同步，命令如下：

```
$ gclient sync
```

构建 WebRTC，命令如下：

```
$ gn gen out/Default
$ ninja -C out/Default
```

进入 webrtc 文件夹，命令如下：

```
$ cd webrtc
```

获取 FFmpeg_WebRTC 的源码，命令如下：

```
$ git clone https://github.com/joykaiyo/FFmpeg_WebRTC.git
```

进入 src 文件夹，命令如下：

```
$ cd src
```

执行 git 补丁命令，命令如下：

```
$ git am --signoff < ../FFmpeg_WebRTC/0001-FFmpeg-Adapter.patch
```

将编译好的 FFmpeg_WebRTC 库复制到 FFmpeg 文件夹中，命令如下：

```
$ TARGET_DIR = /usr/bin
$ mkdir $TARGET_DIR
$ cp ../FFmpeg_WebRTC/src/* $TARGET_DIR
```

再次构建 WebRTC，命令如下：

```
$ gn gen out/Default
$ ninja -C out/Default
```

此时的 FFmpeg 就支持使用 WebRTC 协议推流了。

13.5　libx264 编码器

FFmpeg 推荐使用 libx264 作为推流时使用的视频编码器。libx264 是一个高质量的 H.264/AVC 编码器，具有的优势如下：

(1) 使用了现代的压缩算法，在不同的视频内容和场景进行专门的优化，能够获得更好的视频质量和更高的压缩比。

(2) 提供了可配的参数较多，用户可以根据自己的需求和使用场景来调整编码器的输出，从而获得更好的压缩效果。

(3) 提供了几种不同的编码模式，例如传统的帧编码模式和现代的自适应帧编码模式，其中，自适应帧编码模式可以更好地适应视频内容变化，从而提高视频质量和压缩比。

13.6　推流的分类

推流按连接类型可分为两大类：点对点推流和广播式推流。

13.6.1　点对点推流

点对点推流用于将视频流从一台计算机流式传输到另一台计算机。开发者可以在一台计算机上启动一台服务器，然后从 FFmpeg 流式传输到此服务器，然后让客户端连接到该服务器。这里的服务器不但可以分离部署，还可以和客户端一体化部署。

一个点对点推流的示例的推流客户端的命令如下：

```
$ ffmpeg -i ../video_backward_rainy_ground_tile.mp4 -y -an -codec copy -vcodec copy -f rtp rtp://localhost:2468/rtmp
```

拉流地址如下：

```
udp://localhost:2468
```

这里使用 RTP 的原因是 RTP 使用 UDP 传输，因此拉流客户端可以随时启动而不用担心推流失败。

注意：RTP 只能同时推 1 个流。对于同时拥有视频和声频轨道的视频文件而言，推流的过程相当于同时推视频流和声频流，这样会导致推流失败。上面的命令已经去除了视频的声频轨道，相当于只推流视频轨道，因此不会失败。

13.6.2 广播式推流

UDP 支持向广播端口广播，此时的推流客户端具有广播功能。

推流客户端的命令如下：

```
$ ffmpeg -i ../video_backward_rainy_ground_tile.mp4 -y -an -codec copy -vcodec
copy -tune zerolatency -preset ultrafast -f mpegts
udp://localhost:2468
```

拉流地址如下：

```
udp://localhost:2468?fifo_size = 100000000&buffer_size = 10000000
```

注意：在使用 TCP 的视频流时允许使用任何格式的多路复用器，但在使用 UDP 的视频流时应该只使用 mpegts 等支持随时连接的多路复用器。

13.7 常用的拉流客户端

常用的拉流客户端包括 VLC、mplayer 和 mpv 等。VLC、mplayer 和 mpv 三者均支持 CLI 命令行用法，适合作为拉流后端并配合实际的业务编写出最终的拉流应用。

13.7.1 VLC

安装 VLC，命令如下：

```
$ sudo dnf install vlc
```

使用 VLC 拉流的命令如下：

```
$ vlc http://localhost:8889/stream
```

使用 VLC 的 pthread 支持并拉流的命令如下：

```
$ vlc http://localhost:8889/stream?fifo_size = 100000000
```

使用 VLC 的缓冲大小支持并拉流的命令如下：

```
$ vlc http://localhost:8889/stream?buffer_size = 10000000
```

使用 VLC 的 pthread 支持和缓冲大小支持并拉流的命令如下：

```
$ vlc http://localhost:8889/stream?fifo_size = 100000000&buffer_size = 10000000
```

13.7.2 mplayer

安装 mplayer，命令如下：

```
$ sudo dnf install mplayer
```

使用 mplayer 拉流的命令如下：

```
$ mplayer http://localhost:8889/stream
```

使用 mplayer 的 pthread 支持并拉流的命令如下：

```
$ mplayer http://localhost:8889/stream?fifo_size = 100000000
```

使用 mplayer 的缓冲大小支持并拉流的命令如下：

```
$ mplayer http://localhost:8889/stream?buffer_size = 10000000
```

使用 mplayer 的 pthread 支持和缓冲大小支持并拉流的命令如下：

```
$ mplayer
http://localhost:8889/stream?fifo_size = 100000000&buffer_size = 10000000
```

13.7.3　mpv

安装 mpv，命令如下：

```
$ sudo dnf install mpv
```

使用 mpv 拉流的命令如下：

```
$ mpv http://localhost:8889/stream
```

使用 mpv 的 pthread 支持并拉流的命令如下：

```
$ mpv http://localhost:8889/stream?fifo_size = 100000000
```

使用 mpv 的缓冲大小支持并拉流的命令如下：

```
$ mpv http://localhost:8889/stream?buffer_size = 10000000
```

使用 mpv 的 pthread 支持和缓冲大小支持并拉流的命令如下：

```
$ mpv
http://localhost:8889/stream?fifo_size = 100000000&buffer_size = 10000000
```

13.8　推流工具类

推流工具类在推流应用中起到中间件的作用，用于在 Octave 应用中对接 FFmpeg 的推流操作。推流工具类可以指定推流命令中的视频编码器、声频编码器、多路复用器、源文件、推流协议和推流网址，然后按需拼接其中的每部分并得到推流命令，最后将拼接得到的推流命令发送到推流服务器的操作系统中。

13.8.1　推流工具类的构造方法

推流工具类需要在构造时传入推流参数。所有的推流参数作为 JSON 字符串传入，然后在推流工具类中完成解析，最后按需将传入的推流参数覆盖掉默认的视频编码器、声频编码器、多路复用器、源文件、推流协议和推流网址的值。

推流参数的构造方法的代码如下：

```
#!/usr/bin/octave
#第13章/@PushStreamCore/PushStreamCore.m
function ret = PushStreamCore(json_config, varargin)
    ##-*- texinfo -*-
    ##@deftypefn {} {} PushStreamCore()
    ##推流工具类
    ##
    ##@example
    ##param: -
    ##
    ##return: ret
    ##@end example
    ##
    ##@end deftypefn
    file = "";
    #源文件 file
    audio_encoder = "";
    #声频编码器 audio_encoder
    video_encoder = "";
    #视频编码器 video_encoder
    muxer = "";
    #多路复用器 muxer
    stream_protocol = "";
    #推流协议 stream_protocol
    website_string = "";
    #推流网址 website_string
    if(nargin >= 1)
        config_struct = jsondecode(json_config);
        if isfield(config_struct, "file")
            file = config_struct.("file");
        endif
        if isfield(config_struct, "audio_encoder")
            audio_encoder = config_struct.("audio_encoder");
        endif
        if isfield(config_struct, "video_encoder")
            video_encoder = config_struct.("video_encoder");
        endif
        if isfield(config_struct, "muxer")
            muxer = config_struct.("muxer");
        endif
        if isfield(config_struct, "stream_protocol")
            stream_protocol = config_struct.("stream_protocol");
```

```
        endif
        if isfield(config_struct, "website_string")
            website_string = config_struct.("website_string");
        endif
        a = struct(
            "command", "ffmpeg ",...
            "file", file,...
            "audio_encoder", audio_encoder,...
            "video_encoder", video_encoder,...
            "muxer", muxer,...
            "stream_protocol", stream_protocol,...
            "website_string", website_string...
        );
        ret = class(a, "PushStreamCore");
    else
        print_usage();
    endif

endfunction
```

推流参数的默认值如表 13-2 所示。

表 13-2 推流参数的默认值

键参数	默认值	含　义	键参数	默认值	含　义
video_encoder	""	视频编码器	file	""	源文件
audio_encoder	""	声频编码器	stream_protocol	""	推流协议
muxer	""	多路复用器	website_string	""	推流网址

13.8.2 拼接推流命令

推流命令由 FFmpeg 命令和其他参数共同组成。在其他的参数中,有些参数必须包含在推流命令中才能成功推流,而有些参数当不包含在推流命令中时也可以成功推流。推流工具类也负责校验参数的有效性,校验规则如下:

(1) 声频编码器当不包含在推流命令中时也可以成功推流。推流工具类在未指定声频编码器时报警。

(2) 源文件必须包含在推流命令中才能成功推流。推流工具类在未指定源文件时报错。

(3) 多路复用器必须包含在推流命令中才能成功推流。推流工具类在未指定多路复用器时报错。

(4) 如果在推流网址中直接写了推流协议,则推流协议当不包含在推流命令中时也可以成功推流。推流工具类在未指定推流协议时报警。

(5) 视频编码器当不包含在推流命令中时也可以成功推流。推流工具类在未指定视频编码器时报警。

(6) 推流网址必须包含在推流命令中才能成功推流。推流工具类在未指定推流网址时报错。

如果参数校验通过,则推流工具类就将对应的参数拼接到最终的推流命令当中。

拼接声频编码器的方法,代码如下:

```
#!/usr/bin/octave
#第 13 章/@PushStreamCore/join_audio_encoder.m
function ret = join_audio_encoder(this)
    ##-*- texinfo -*-
    ##@deftypefn {} {} join_audio_encoder(@var{this})
    ##拼接声频编码器
    ##
    ##@example
    ##param: this
    ##
    ##return: ret
    ##@end example
    ##
    ##@end deftypefn
    if strcmp(this.audio_encoder, "")
        warning(ClientHints.EMPTY_AUDIO_ENCODER);
    else
        this.command = [this.command "-acodec " this.audio_encoder " "];
    endif
    ret = this;
endfunction
```

拼接源文件的方法,代码如下:

```
#!/usr/bin/octave
#第 13 章/@PushStreamCore/join_file.m
function ret = join_file(this)
    ##-*- texinfo -*-
    ##@deftypefn {} {} join_file(@var{this})
    ##拼接源文件
    ##
    ##@example
    ##param: this
    ##
    ##return: ret
    ##@end example
    ##
    ##@end deftypefn
    if strcmp(this.file, "")
```

```
        error(ClientHints.EMPTY_FILE);
    endif
    this.command = [this.command "-i " this.file " "];
    ret = this;
endfunction
```

拼接多路复用器的方法,代码如下:

```
#!/usr/bin/octave
#第 13 章/@PushStreamCore/join_muxer.m
function ret = join_muxer(this)
    ##-*- texinfo -*-
    ##@deftypefn {} {} join_muxer(@var{this})
    ##拼接多路复用器
    ##
    ##@example
    ##param: this
    ##
    ##return: ret
    ##@end example
    ##
    ##@end deftypefn
    if strcmp(this.muxer, "")
        error(ClientHints.EMPTY_MUXER);
    endif
    this.command = [this.command "-f " this.muxer " "];
    ret = this;
endfunction
```

拼接推流协议的方法,代码如下:

```
#!/usr/bin/octave
#第 13 章/@PushStreamCore/join_stream_protocol.m
function ret = join_stream_protocol(this)
    ##-*- texinfo -*-
    ##@deftypefn {} {} join_stream_protocol (@var{this})
    ##拼接推流协议
    ##
    ##@example
    ##param: this
    ##
    ##return: ret
    ##@end example
    ##
    ##@end deftypefn
    if strcmp(this.stream_protocol, "")
        warning(ClientHints.EMPTY_STREAM_PROTOCOL);
    else
```

```
        this.command = [this.command this.stream_protocol];
    endif
    ret = this;
endfunction
```

拼接视频编码器的方法,代码如下:

```
#!/usr/bin/octave
#第 13 章/@PushStreamCore/join_video_encoder.m
function ret = join_video_encoder(this)
    ##-*- texinfo -*-
    ##@deftypefn {} {} join_video_encoder(@var{this})
    ##拼接视频编码器
    ##
    ##@example
    ##param: this
    ##
    ##return: ret
    ##@end example
    ##
    ##@end deftypefn
    if strcmp(this.video_encoder, "")
        warning(ClientHints.EMPTY_VIDEO_ENCODER);
    else
        this.command = [this.command "-vcodec " this.video_encoder " "];
    endif
    ret = this;
endfunction
```

拼接推流网址的方法,代码如下:

```
#!/usr/bin/octave
#第 13 章/@PushStreamCore/join_website_string.m
function ret = join_website_string(this)
    ##-*- texinfo -*-
    ##@deftypefn {} {} join_website_string (@var{this})
    ##拼接推流网址
    ##
    ##@example
    ##param: this
    ##
    ##return: ret
    ##@end example
    ##
    ##@end deftypefn
    if strcmp(this.website_string, "")
        error(ClientHints.EMPTY_WEBSITE_STRING);
```

```
    endif
    this.command = [this.command this.website_string];
    ret = this;
endfunction
```

13.8.3 获取推流命令

推流工具类支持随时获取推流命令。一般而言,在推流命令拼接完毕后,开发者即可调用获取推流命令方法,以便获取最终的推流命令。获取推流命令方法的代码如下:

```
#!/usr/bin/octave
#第 13 章/@PushStreamCore/get_command.m
function ret = get_command(this)
    ##-*- texinfo -*-
    ##@deftypefn {} {} get_command (@var{this})
    ##获取 FFmpeg 命令
    ##
    ##@example
    ##param: this
    ##
    ##return: ret
    ##@end example
    ##
    ##@end deftypefn
    ret = this.command;
endfunction
```

13.8.4 发送推流命令

推流工具类支持将推流命令发送至本机或远端执行。在本机执行的命令就是拼接得到的推流命令,而在远端执行的推流命令还需要满足 ssh 命令的格式。

ssh 命令用于远程连接其他计算机并执行其他命令。在调用 ssh 命令时,除了要执行的其他命令之外,还要额外附带用于登录远端计算机的用户名和 IP。如果登录的用户含有密码,则终端也会提示输入密码用于鉴权。在鉴权通过后,其他命令将自动执行,因此,ssh 命令可以实现远端推流。

注意: 不能在运行 ssh 命令时将远端指定为本机。

发送推流命令的逻辑如下:

(1) 在发送推流命令时必须指定用户名和 IP。

(2) 如果 IP 为 127.0.0.1 或 localhost,则将推流命令发送至本机执行。

(3) 如果 IP 不为 127.0.0.1 或 localhost,则将推流命令发送至远端执行。

(4) 在发送推流命令时,将推流命令按空格分成各部分,然后将推流命令的各部分以命令+参数的格式发送到目标机器上。

发送推流命令方法的代码如下：

```
#!/usr/bin/octave
#第 13 章/@PushStreamCore/send_command.m
function [in, out, streaming_pid] = send_command(this, user_name, ip)
    ##-*-texinfo-*-
    ##@deftypefn {} {} send_command (@var{this}, @var{user_name}, @var{ip})
    ##将 FFmpeg 命令发送到本机或远端执行
    ##
    ##@example
    ##param: this, user_name, ip
    ##
    ##return: [in, out, streaming_pid]
    ##@end example
    ##
    ##@end deftypefn
    command_cell = strsplit(this.command, " ");
    send_command_string = sprintf ("ssh %s@%s %s\n", user_name, ip, this.
command);
    username_ip = sprintf("%s@%s", user_name, ip);
    % [status, output] = system(send_command_string)
    if !strcmp(ip, "localhost") && !strcmp(ip, "127.0.0.1")
        [in, out, streaming_pid] = popen2("ssh", [{username_ip}, command_cell])
    else
        [in, out, streaming_pid] = popen2("ffmpeg", {command_cell{2:end}})
    endif
endfunction
```

在发送推流命令后还会得到用于发送推流命令的管道和推流命令的线程号，用于在合适的时机释放系统资源。

测试推流工具类是否能正常运行的代码如下：

```
#!/usr/bin/octave
#第 13 章/test_push_stream_cli.m
##测试 PushStreamCore 的功能
a = struct(
        "file", "../video_backward_rainy_ground_tile.mp4",...
        "audio_encoder", "copy",...
        "video_encoder", "copy",...
        "muxer", "rtsp",...
        "stream_protocol", "rtsp://",...
        "website_string", "localhost:8554/stream"...
    );
json_config = jsonencode(a);
push_stream_cli = PushStreamCore(json_config);
push_stream_cli = join_file(push_stream_cli);
```

```
push_stream_cli = join_video_encoder(push_stream_cli);
push_stream_cli = join_audio_encoder(push_stream_cli);
push_stream_cli = join_muxer(push_stream_cli);
push_stream_cli = join_stream_protocol(push_stream_cli);
push_stream_cli = join_website_string(push_stream_cli);
fprintf([get_command(push_stream_cli) "\n"])
[in, out, streaming_pid] = send_command(push_stream_cli, "Linux", "localhost");
fclose(in);
EAGAIN = errno("EAGAIN");
done = false;
do
    s = fgets(out);
    if(ischar(s))
        fputs(stdout, s);
    % elseif(errno() = = EAGAIN)
    %     pause(0.1);
    %     fclear(out);
    else
        done = true;
    endif
until (done)
fclose(out);
waitpid (streaming_pid);
```

13.9 推流 CLI 应用

在实际的部署方案中，有时可能会考虑将推流应用放在远端服务器上，而服务器大多不具备图形界面，因此可设计推流 CLI 应用，用于在服务器上以 CLI 方式启动推流。

推流 CLI 应用需要接收用户传入的一对或多对键-值对，分割输入的键-值对并根据用户输入的键-值对生成推流工具类所需要的 JSON 配置。为了方便用户输入配置，推流 CLI 应用将接收的键-值对原样传入推流工具类中，而不进行取别名等二次处理。

推流 CLI 应用的代码如下：

```
#!/usr/bin/octave
#第 13 章/push_stream_cli.m

function push_stream_cli(varargin)
    argin_cell = {};
    [status, result] = system("tty");
    if strcmp(result, "/dev/pts/0")
        argin_cell = varargin;
    else
        argin_cell = argv();
    endif
    config_struct = struct();
    key = "";
```

```
    value = "";
    for i = 1 : numel(varargin)
        if mod(i, 2) = = 1
            key = varargin{i};
        else
            value = varargin{i};
            config_struct.(key) = value;
        endif
    endfor
    json_config = jsonencode(config_struct);
    push_stream_cli = PushStreamCore(json_config);

    push_stream_cli = join_file(push_stream_cli);
    push_stream_cli = join_video_encoder(push_stream_cli);
    push_stream_cli = join_audio_encoder(push_stream_cli);
    push_stream_cli = join_muxer(push_stream_cli);
    push_stream_cli = join_stream_protocol(push_stream_cli);
    push_stream_cli = join_website_string(push_stream_cli);
    fprintf([get_command(push_stream_cli) "\n"])
    [in, out, streaming_pid] = send_command(push_stream_cli, "Linux", "localhost");
    fclose(in);
    EAGAIN = errno("EAGAIN");
    done = false;
    do
        s = fgets(out);
        if(ischar(s))
            fputs(stdout, s);
        % elseif(errno() = = EAGAIN)
        %     pause(0.1);
        %     fclear(out);
        else
            done = true;
        endif
    until(done)
    fclose(out);
    waitpid(streaming_pid);
endfunction
```

在 Octave 中使用推流 CLI 应用推流的代码如下：

```
>> push_stream_clifile ../video_backward_rainy_ground_tile.mp4 audio_encoder
copy video _encoder copy muxer rtsp stream _ protocol rtsp://website _ string
localhost:8554/stream
```

在 Linux Shell 中使用推流 CLI 应用推流的代码如下：

```
$ ./push_stream_cli.m file "../video_backward_rainy_ground_tile.mp4" audio_
encoder "copy" video _encoder "copy" muxer "rtsp" stream _protocol "rtsp://"
website_string "localhost:8554/stream"
```

13.10 推流 GUI 应用

推流 GUI 应用用于在本地修改推流配置，启动推流或停止推流。推流 GUI 应用不提供视频流的播放功能，这类功能由拉流应用来实现。

13.10.1 推流应用原型设计

推流应用允许用户选择视频编码器、声频编码器、多路复用器、源文件和推流协议，并允许用户填写源文件和推流网址。以上操作均可在同一个推流界面上完成，所以将推流界面作为推流应用的主界面。

在推流界面上应该包含以下元素：

(1) 用于提示用户选择或填写视频编码器、声频编码器、多路复用器、源文件、推流协议和推流网址的控制文本。

(2) 用于用户选择视频编码器、声频编码器、多路复用器和推流协议的下拉菜单。

(3) 用于用户选择源文件的控制按钮。

(4) 用于用户填写源文件和推流网址的控制输入框。

(5) 用于提示用户当前推流状态的控制文本。

(6) 用于启动或停止推流的控制按钮。

根据以上元素绘制推流界面的原型设计图，如图 13-1 所示。

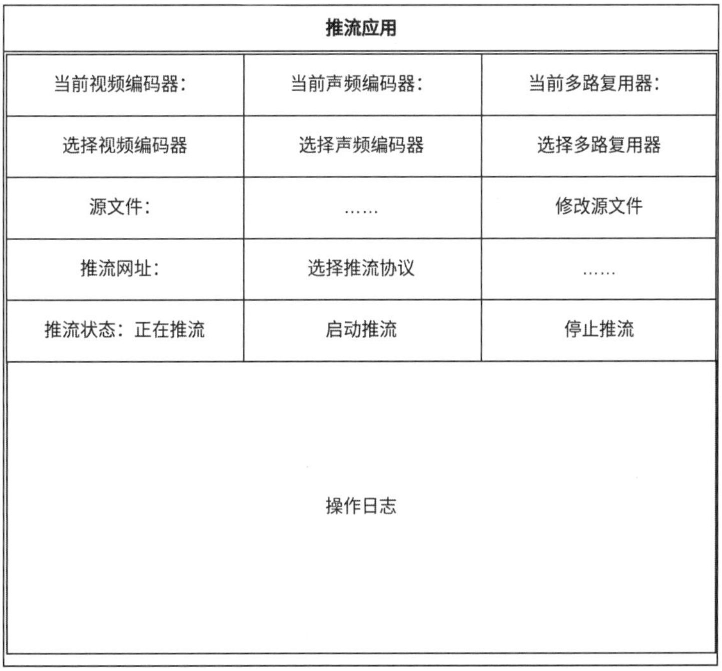

推流应用		
当前视频编码器:	当前声频编码器:	当前多路复用器:
选择视频编码器	选择声频编码器	选择多路复用器
源文件:	……	修改源文件
推流网址:	选择推流协议	……
推流状态：正在推流	启动推流	停止推流
操作日志		

图 13-1 推流界面的原型设计图

13.10.2 推流应用视图代码设计

根据推流应用的原型设计图来编写视图部分的代码，编写规则如下：

(1) 使用"当前视频编码器："字样提示视频编码器，再放置下拉菜单，用于选择视频编码器。

(2) 使用"当前声频编码器："字样提示声频编码器，再放置下拉菜单，用于选择声频编码器。

(3) 使用"当前多路复用器："字样提示多路复用器，再放置下拉菜单，用于选择多路复用器。

(4) 使用"源文件："字样提示源文件的路径，放置输入框，用于修改或显示源文件的路径，再放置"修改源文件："按钮允许通过文件选择器方式选择文件。

(5) 使用"推流网址为"字样提示推流协议和网址，放置下拉菜单，用于修改推流协议，再放置输入框，用于填写推流网址。

(6) 使用"当前推流状态"字样，在正在推流时显示为"当前推流状态：正在推流"，在未推流时显示为"当前推流状态：未推流"，用于提示用户当前的推流状态。

(7) 放置"启动推流"和"停止推流"按钮。"启动推流"按钮在正在推流时不可用，必须在单击"停止推流"按钮后才会再次变为可用状态。

(8) 放置输入框，用于显示操作日志。

根据以上规则编写推流应用的视图类的代码如下：

```
#!/usr/bin/octave
#第 13 章/@PushStreamGUI/PushStreamGUI.m

function ret = PushStreamGUI()
##-*- texinfo -*-
##@deftypefn {} {} PushStreamGUI ( @var{})
##推流应用主类
##@example
##param: -
##
##return: ret
##@end example
##
##@end deftypefn
    global logger;
    global field;
    field = StreamAttributes;

    toolbox = Toolbox;
    window_width = get_window_width(toolbox);
    window_height = get_window_height(toolbox);
```

```
    callback = PushStreamGUICallbacks;
    AUDIO_ENCODER_CELL = get_audio_encoder_cell(field);
    VIDEO_ENCODER_CELL = get_video_encoder_cell(field);
    MUXER_CELL = get_muxer_cell(field);
    STREAM_PROTOCOL_CELL = get_stream_protocol_cell(field);
    key_height = field.key_height;
    key_width = window_width / 3;
    log_inputfield_height = key_height * 3;
    margin = 0;
    margin_x = 0;
    margin_y = 0;
    x_coordinate = 0;
    y_coordinate = 0;
    width = key_width;
    height = window_height - key_height;
    title_name = '推流应用';

    f = figure();
    ##基础图形句柄 f
    set_handle('current_name', title_name);

    % set(f, 'closerequestfcn', {@callback_close_edit_window, callback})
    set(f, 'numbertitle', 'off');
    set(f, 'toolbar', 'none');
    set(f, 'menubar', 'none');
    set(f, 'name', title_name);

    log_inputfield = uicontrol('visible', 'on', 'style', 'edit', 'min', 0, 'max',
4, 'horizontalalignment', 'left', 'string', {'操作日志'}, "position", [0, 0,
window_width, window_height - key_height * 5]);
    push_stream_website_hint = uicontrol('visible', 'on', 'style', 'text',
'string', '推流网址为', "position", [0, window_height - key_height * 4, key_
width, key_height]);
    stream_protocol_popup_menu = uicontrol('visible', 'on', 'style', 'popupmenu',
'string', STREAM_PROTOCOL_CELL, "position", [key_width, window_height - key_
height * 4, key_width, key_height]);
    push_stream_website_inputfield = uicontrol('visible', 'on', 'style', 'edit',
'string', 'localhost:8554/stream', 'horizontalalignment', 'left', "position",
[key_width * 2, window_height - key_height * 4, key_width, key_height]);
    file_hint = uicontrol('visible', 'on', 'style', 'text', 'string', '源文件: ',
"position", [0, window_height - key_height * 3, key_width, key_height]);
    file_inputfield = uicontrol('visible', 'on', 'style', 'edit', 'string', '',
'horizontalalignment', 'left', "position", [key_width, window_height - key_
height * 3, key_width, key_height]);
    edit_file_button = uicontrol('visible', 'on', 'style', 'pushbutton',
'string', '修改源文件', "position", [key_width * 2, window_height - key_height *
3, key_width, key_height]);
```

```
    current_audio_encoder_hint = uicontrol('visible', 'on', 'style', 'text',
'string', '当前视频编码器：', "position", [0, window_height - key_height, key_
width, key_height]);
    video_encoder_popup_menu = uicontrol('visible', 'on', 'style', 'popupmenu',
'string', VIDEO_ENCODER_CELL, "position", [0, window_height - key_height * 2,
key_width, key_height]);
    current_video_encoder_hint = uicontrol('visible', 'on', 'style', 'text',
'string', '当前声频编码器：', "position", [key_width, window_height - key_height,
key_width, key_height]);
    audio_encoder_popup_menu = uicontrol('visible', 'on', 'style', 'popupmenu',
'string', AUDIO_ENCODER_CELL, "position", [key_width, window_height - key_
height * 2, key_width, key_height]);
    current_muxer_hint = uicontrol('visible', 'on', 'style', 'text', 'string',
'当前多路复用器：', "position", [key_width * 2, window_height - key_height, key_
width, key_height]);
    muxer_popup_menu = uicontrol('visible', 'on', 'style', 'popupmenu', 'string',
MUXER_CELL, "position", [key_width * 2, window_height - key_height * 2, key_
width, key_height]);
    push_stream_status_hint = uicontrol('visible', 'on', 'style', 'text',
'string', '推流状态：未推流', "position", [0, window_height - key_height * 5, key_
width, key_height]);
    start_push_stream_button = uicontrol('visible', 'on', 'style', 'pushbutton',
'string', '启动推流', "position", [key_width, window_height - key_height * 5,
key_width, key_height]);
    stop_push_stream_button = uicontrol('visible', 'on', 'style', 'pushbutton',
'string', '停止推流', "position", [key_width * 2, window_height - key_height *
5, key_width, key_height]);

    set(edit_file_button, 'callback', {@callback_edit_file_button, callback});
    set(start_push_stream_button, 'callback', {@callback_start_push_stream_
button, callback});
    set(stop_push_stream_button, 'callback', {@callback_stop_push_stream_
button, callback});

    addlistener(
        stream_protocol_popup_menu, ...
        'value', {@on_stream_protocol_popup_menu_changed, callback}...
        );

    set_handle('current_figure', f);
    set_handle('log_inputfield', log_inputfield);
    set_handle('push_stream_website_hint', push_stream_website_hint);
    set_handle('stream_protocol_popup_menu', stream_protocol_popup_menu);
    set_handle('push_stream_website_inputfield', push_stream_website_
inputfield);
    set_handle('file_hint', file_hint);
```

```
    set_handle('file_inputfield', file_inputfield);
    set_handle('edit_file_button', edit_file_button);
    set_handle('current_audio_encoder_hint', current_audio_encoder_hint);
    set_handle('audio_encoder_popup_menu', audio_encoder_popup_menu);
    set_handle('current_video_encoder_hint', current_video_encoder_hint);
    set_handle('video_encoder_popup_menu', video_encoder_popup_menu);
    set_handle('current_muxer_hint', current_muxer_hint);
    set_handle('muxer_popup_menu', muxer_popup_menu);
    set_handle('push_stream_status_hint', push_stream_status_hint);
    set_handle('start_push_stream_button', start_push_stream_button);
    set_handle('stop_push_stream_button', stop_push_stream_button);

    logger = Logger('log_inputfield');
    init(logger, log_inputfield);

endfunction
```

13.10.3 启动推流或停止推流

在单击"启动推流"按钮时，推流应用尝试启动推流。如果推流应用启动推流成功，则推流状态变为正在推流，并且"启动推流"按钮变为灰化状态，此时用户如果想要再次启动推流就必须先单击"停止推流"按钮。

推流应用启动推流成功的效果如图 13-2 所示。

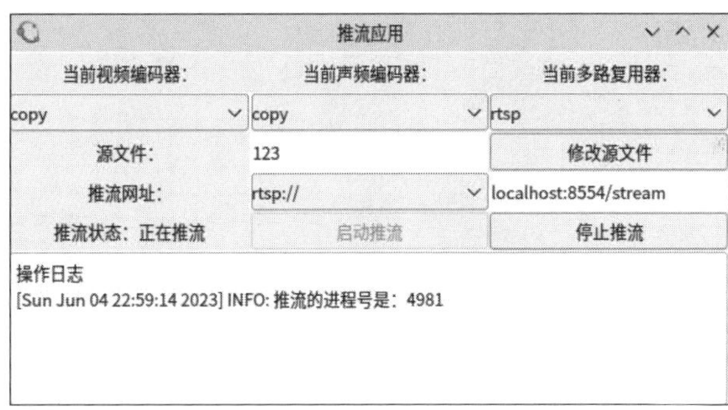

图 13-2　推流应用启动推流成功的效果

注意：推流应用如果成功开启推流进程就判断为启动推流成功，而不理会 FFmpeg 是否推流成功。

启动推流的回调函数的代码如下：

```
#!/usr/bin/octave
#第 13 章/@PushStreamGUICallbacks/callback_start_push_stream_button.m

function callback_start_push_stream_button(h, ~, this)
```

```
    ##-*- texinfo -*-
    ##@deftypefn {} {} callback_start_push_stream_button (@var{h}, @var{~}, @
var{this})
    ##启动推流按钮的回调函数
    ##
    ##@example
    ##param: h, ~, this
    ##
    ##return: -
    ##@end example
    ##
    ##@end deftypefn
    global logger;
    global field;

    stream_protocol_popup_menu = get_handle('stream_protocol_popup_menu');
    audio_encoder_popup_menu = get_handle('audio_encoder_popup_menu');
    video_encoder_popup_menu = get_handle('video_encoder_popup_menu');
    muxer_popup_menu = get_handle('muxer_popup_menu');
    push_stream_website_inputfield = get_handle('push_stream_website_inputfield');
    file_inputfield = get_handle('file_inputfield');
    push_stream_status_hint = get_handle('push_stream_status_hint');
    start_push_stream_button = get_handle('start_push_stream_button');

    stream_protocol_popup_menu_string = get(stream_protocol_popup_menu, 'string');
    stream_protocol_popup_menu_index = get(stream_protocol_popup_menu, 'value');
    current_stream_protocol = stream_protocol_popup_menu_string{stream_
protocol_popup_menu_index};
    if stream_protocol_popup_menu_index == 1
        current_stream_protocol = '';
        log_warning(logger, ClientHints.EMPTY_STREAM_PROTOCOL);
    endif

    audio_encoder_popup_menu_string = get(audio_encoder_popup_menu, 'string');
    audio_encoder_popup_menu_index = get(audio_encoder_popup_menu, 'value');
    current_audio_encoder = audio_encoder_popup_menu_string{audio_encoder_
popup_menu_index};
    if audio_encoder_popup_menu_index == 1
        current_audio_encoder = '';
        log_warning(logger, ClientHints.EMPTY_AUDIO_ENCODER);
    endif

    video_encoder_popup_menu_string = get(video_encoder_popup_menu, 'string');
    video_encoder_popup_menu_index = get(video_encoder_popup_menu, 'value');
    current_video_encoder = video_encoder_popup_menu_string{video_encoder_
popup_menu_index};
```

```
    if video_encoder_popup_menu_index = = 1
        current_video_encoder = '';
        log_warning(logger, ClientHints.EMPTY_VIDEO_ENCODER);
    endif

    muxer_popup_menu_string = get(muxer_popup_menu, 'string');
    muxer_popup_menu_index = get(muxer_popup_menu, 'value');
    current_muxer = muxer_popup_menu_string{muxer_popup_menu_index};
    if muxer_popup_menu_index = = 1
        current_muxer = '';
        log_error(logger, ClientHints.EMPTY_MUXER);
    endif

     push _ stream _ website _ inputfield _ string = get (push _ stream _ website _
inputfield, 'string');
    if strcmp(push_stream_website_inputfield_string, "")
        log_error(logger, ClientHints.EMPTY_WEBSITE_STRING);
    endif

    file_inputfield_string = get(file_inputfield, 'string');
    if strcmp(file_inputfield_string, "")
        log_error(logger, ClientHints.EMPTY_FILE);
    endif

    a = struct(
        "file", file_inputfield_string,...
        "audio_encoder", current_audio_encoder,...
        "video_encoder", current_video_encoder,...
        "muxer", current_muxer,...
        "stream_protocol", current_stream_protocol,...
        "website_string", push_stream_website_inputfield_string...
    );
    json_config = jsonencode(a);
    push_stream_cli = PushStreamCore(json_config);
    try
        push_stream_cli = join_file(push_stream_cli);
        push_stream_cli = join_video_encoder(push_stream_cli);
        push_stream_cli = join_audio_encoder(push_stream_cli);
        push_stream_cli = join_muxer(push_stream_cli);
        push_stream_cli = join_stream_protocol(push_stream_cli);
        push_stream_cli = join_website_string(push_stream_cli);
        streaming_command = get_command(push_stream_cli);
        fprintf([streaming_command "\n"])
        % [status, output] = system(streaming_command);
        [in, out, field.push_streaming_pid] = send_command(push_stream_cli,
"Linux", "localhost");
```

```
        if !(field.push_streaming_pid = = -1)
            log_info(logger, sprintf(ClientHints.STREAMING_PID_IS, num2str
            (field.push_streaming_pid)));
            set(push_stream_status_hint, "string", "推流状态: 正在推流");
            set(start_push_stream_button, "enable", "off");
        else
            log_error(logger, sprintf(ClientHints.PUSH_STREAM_CLI_ERROR,
            ClientHints.INTERNAL_FFMPEG_ERROR));
        endif
        fclose(in);
        EAGAIN = errno("EAGAIN");
        done = false;
        do
            s = fgets(out);
            if(ischar(s))
                fputs(stdout, s);
            % elseif(errno() = = EAGAIN)
            %     pause(0.1);
            %     fclear(out);
            else
                done = true;
            endif
        until(done)
        fclose(out);
    catch
        e = lasterror()
        log_error(logger, sprintf(ClientHints.PUSH_STREAM_CLI_ERROR, e.message));
    end_try_catch

endfunction
```

在单击"停止推流"按钮时,推流应用尝试杀掉推流进程,并将推流状态变为未推流,并且"启动推流"按钮变为启用状态,此时用户即可单击"启动推流"按钮以再次启动推流。

推流应用停止推流后的效果如图 13-3 所示。

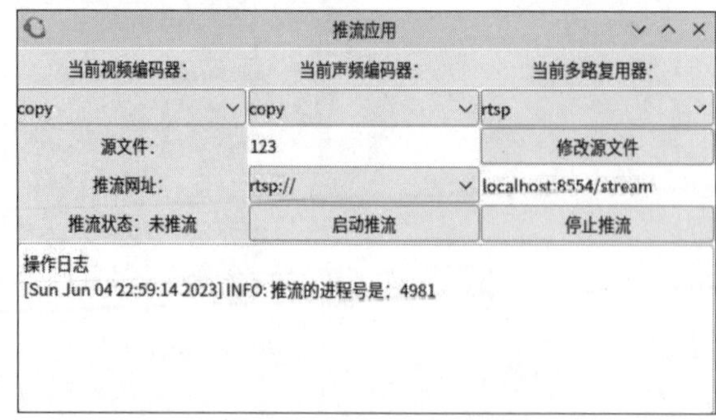

图 13-3　推流应用停止推流后的效果

注意： 推流应用在停止推流后不会判断是否真的杀掉了推流进程。

停止推流的回调函数的代码如下：

```
#!/usr/bin/octave
#第 13 章/@PushStreamGUICallbacks/callback_stop_push_stream_button.m

function callback_stop_push_stream_button(h, ~, this)
    ##-*- texinfo -*-
    ##@deftypefn {} {} callback_stop_push_stream_button (@var{h}, @var{~}, @
var{this})
    ##停止推流按钮的回调函数
    ##
    ##@example
    ##param: h, ~, this
    ##
    ##return: -
    ##@end example
    ##
    ##@end deftypefn
    global logger;
    global field;

    push_stream_status_hint = get_handle('push_stream_status_hint');
    start_push_stream_button = get_handle('start_push_stream_button');
    kill(field.push_streaming_pid, 9)
    set(push_stream_status_hint, "string", "推流状态：未推流");
    set(start_push_stream_button, "enable", "on");

endfunction
```

13.10.4　推流应用和推流工具类的配合逻辑

推流应用在用户没有选择视频编码器时启动推流会打印警告日志，如图 13-4 所示。

图 13-4　当用户没有选择视频编码器时启动推流会打印警告日志

推流应用在用户没有选择声频编码器时启动推流会打印警告日志，如图 13-5 所示。

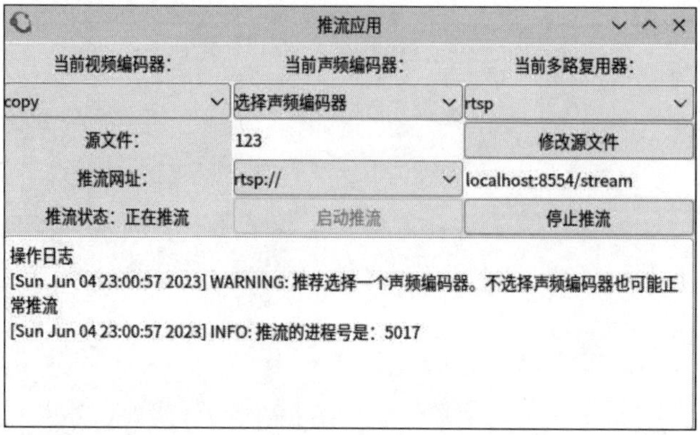

图 13-5　当用户没有选择声频编码器时启动推流会打印警告日志

推流应用在用户没有选择多路复用器时启动推流会打印错误日志，如图 13-6 所示。

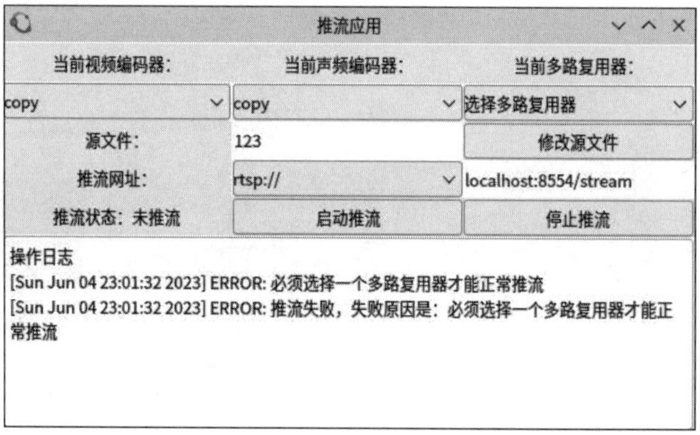

图 13-6　当用户没有选择多路复用器时启动推流会打印错误日志

推流应用在用户没有填写或修改源文件时启动推流会打印错误日志，如图 13-7 所示。

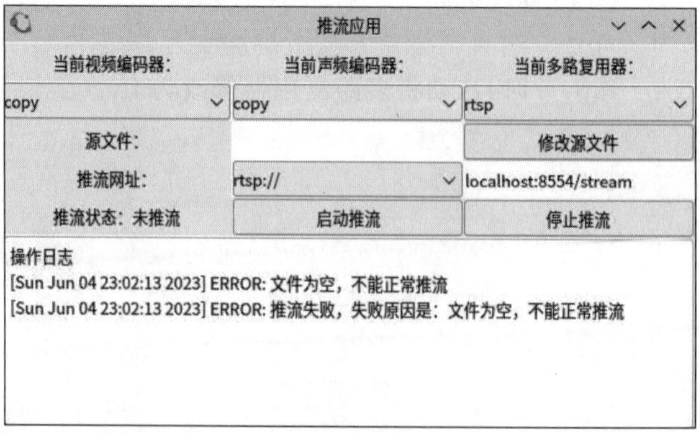

图 13-7　当用户没有填写或修改源文件时启动推流会打印错误日志

推流应用在用户没有选择推流协议时启动推流会打印警告日志,如图 13-8 所示。

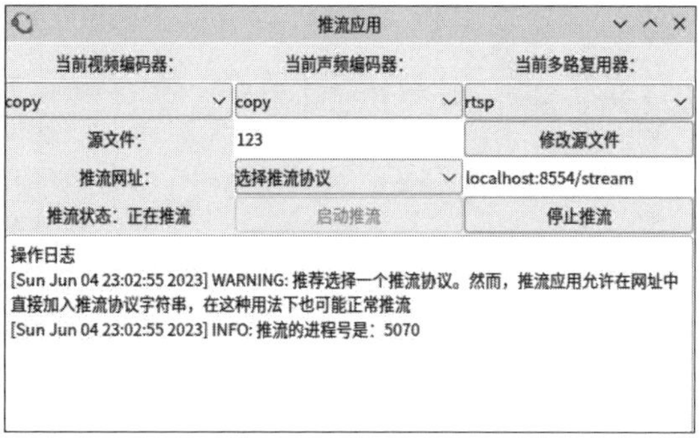

图 13-8　当用户没有填写或修改源文件时启动推流会打印警告日志

推流应用在用户没有填写推流网址时启动推流会打印错误日志,如图 13-9 所示。

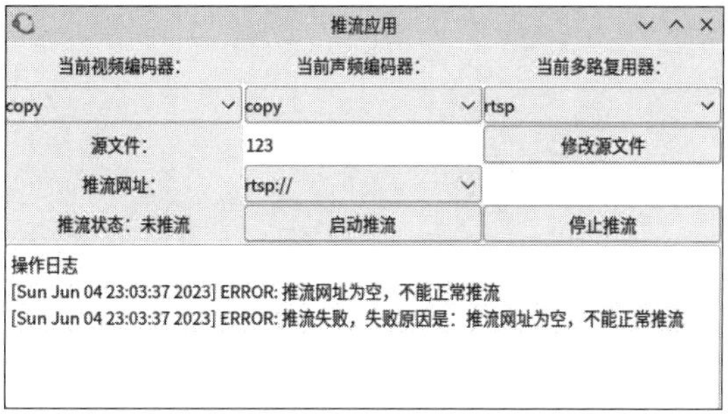

图 13-9　当用户没有填写推流网址时启动推流会打印错误日志

13.10.5　推流应用的优化逻辑

由于 FFmpeg 的推流协议和多路复用器强相关,因此在推流应用中设计推流协议的监听器以在某些配置下自动设置多路复用器,可增大修改推流配置的成功率。

自动设置多路复用器的规则如下:

(1) 当推流协议为 rtsp://时,自动将多路复用器修改为 rtsp。

(2) 当推流协议为 rtmp://时,自动将多路复用器修改为 flv。

(3) 当推流协议为 rtp://时,自动将多路复用器修改为 rtp。

(4) 当推流协议为 udp://时,自动将多路复用器修改为 mpegts。

自动设置多路复用器的方法,代码如下:

```
#!/usr/bin/octave
#第 13 章/@PushStreamGUICallbacks/on_stream_protocol_popup_menu_changed.m

function on_stream_protocol_popup_menu_changed(h, ~, this)
    ##-*- texinfo -*-
    ##@deftypefn {} {} on_stream_protocol_popup_menu_changed (@var{h}, @var{~}, @var{this})
```

```
    ##推流协议选项改变时的监听器
    ##
    ##@example
    ##param: h, ~, this
    ##
    ##return: -
    ##@end example
    ##
    ##@end deftypefn
    global logger;
    global field;

    stream_protocol_popup_menu = get_handle('stream_protocol_popup_menu');
    muxer_popup_menu = get_handle('muxer_popup_menu');

    muxer_popup_menu_string = get(muxer_popup_menu, 'string');
    stream_protocol_popup_menu_string = get(stream_protocol_popup_menu, 'string');
    stream_protocol_popup_menu_index = get(stream_protocol_popup_menu, 'value');
    current_stream_protocol = stream_protocol_popup_menu_string{stream_
protocol_popup_menu_index};
    if strcmp(current_stream_protocol, "rtsp://")
        for muxer_popup_menu_string_index = 1:numel(muxer_popup_menu_string)
            if strcmp(muxer_popup_menu_string{muxer_popup_menu_string_index},
            "rtsp")
                set(muxer_popup_menu, 'value', muxer_popup_menu_string_index);
            endif
        endfor
    elseif strcmp(current_stream_protocol, "rtmp://")
        for muxer_popup_menu_string_index = 1:numel(muxer_popup_menu_string)
            if strcmp(muxer_popup_menu_string{muxer_popup_menu_string_index},
            "flv")
                set(muxer_popup_menu, 'value', muxer_popup_menu_string_index);
            endif
        endfor
    elseif strcmp(current_stream_protocol, "rtp://")
        for muxer_popup_menu_string_index = 1:numel(muxer_popup_menu_string)
            if strcmp(muxer_popup_menu_string{muxer_popup_menu_string_index},
            "rtp")
                set(muxer_popup_menu, 'value', muxer_popup_menu_string_index);
            endif
        endfor
    elseif strcmp(current_stream_protocol, "udp://")
        for muxer_popup_menu_string_index = 1:numel(muxer_popup_menu_string)
            if strcmp(muxer_popup_menu_string{muxer_popup_menu_string_index},
            "mpegts")
                set(muxer_popup_menu, 'value', muxer_popup_menu_string_index);
            endif
        endfor
    endif

endfunction
```

13.11　拉流应用

拉流应用用于从一个网址拉取视频流并调用操作系统上的拉流客户端完成播放操作。

13.11.1　拉流应用原型设计

拉流应用允许用户选择填写推流网址并随时停止拉流。将拉流界面作为拉流应用的主界面。

在拉流界面上应该包含以下元素：

(1) 用于提示用户选择或填写推流协议、拉流网址、拉流后端和其他选项的控制文本。

(2) 用于用户选择推流协议和拉流后端的下拉菜单。

(3) 用于用户选择其他选项的复选框。

(4) 用于用户填写拉流网址的控制输入框。

(5) 用于提示用户当前推流状态的控制文本。

(6) 用于启动或停止推流的控制按钮。

根据以上元素绘制拉流界面的原型设计图，如图13-10所示。

拉流应用

拉流网址：　选择推流协议　……

拉流网址：　选择推流协议

其他选项：　启用pthread支持　启用缓冲大小支持

拉流状态：正在拉流　启动拉流　停止拉流

操作日志

图13-10　拉流界面的原型设计图

13.11.2 拉流应用视图代码设计

(1) 使用"拉流网址为"字样提示推流协议和网址，放置下拉菜单，用于修改推流协议，再放置输入框，用于填写拉流网址。

(2) 使用"拉流后端："字样提示拉流后端，放置下拉菜单，用于修改拉流后端。

(3) 使用"其他选项："字样提示"启用 pthread 支持" 选项和"启用缓冲大小支持" 选项，放置复选框，用于修改其他选项。

(4) 使用"当前拉流状态"字样，在正在推流时显示为"当前拉流状态：正在拉流"，在未推流时显示为"当前拉流状态：未拉流"，用于提示用户当前的拉流状态。

(5) 放置"启动拉流"和"停止拉流"按钮。"启动拉流"按钮在正在拉流时不可用，必须在单击"停止拉流"按钮后才会再次变为可用状态。

(6) 放置输入框，用于显示操作日志。

根据以上规则编写拉流应用的视图类，代码如下：

```
#!/usr/bin/octave
#第 13 章/@PullStream/PullStream.m

function ret = PullStream()
##-*- texinfo -*-
##@deftypefn {} {} PullStream ( @var{})
##拉流应用主类
##@example
##param: -
##
##return: ret
##@end example
##
##@end deftypefn
    global logger;
    global field;
    field = StreamAttributes;

    toolbox = Toolbox;
    window_width = get_window_width(toolbox);
    window_height = get_window_height(toolbox);
    callback = PullStreamCallbacks;
    STREAM_PROTOCOL_CELL = get_stream_protocol_cell(field);
    PULL_STREAM_BACKEND_CELL = get_pull_stream_backend_cell(field);
    key_height = field.key_height;
    key_width = window_width / 3;
    key_width_2 = window_width / 2;
    log_inputfield_height = key_height * 3;
    margin = 0;
```

```
    margin_x = 0;
    margin_y = 0;
    x_coordinate = 0;
    y_coordinate = 0;
    width = key_width;
    height = window_height - key_height;
    title_name = '拉流应用';

    f = figure();
    ##基础图形句柄 f
    set_handle('current_name', title_name);

    % set(f, 'closerequestfcn', {@callback_close_edit_window, callback})
    set(f, 'numbertitle', 'off');
    set(f, 'toolbar', 'none');
    set(f, 'menubar', 'none');
    set(f, 'name', title_name);

    log_inputfield = uicontrol('visible', 'on', 'style', 'edit', 'min', 0, 'max', 4,
'horizontalalignment', 'left', 'string', {'操作日志'}, "position", [0, 0, window_
width, window_height - key_height * 4]);
    pull_stream_website_hint = uicontrol('visible', 'on', 'style', 'text',
'string', '拉流网址为', "position", [0, window_height - key_height, key_width,
key_height]);
    stream_protocol_popup_menu = uicontrol('visible', 'on', 'style', 'popupmenu',
'string', STREAM_PROTOCOL_CELL, "position", [key_width, window_height - key_
height, key_width, key_height]);
    pull_stream_website_inputfield = uicontrol('visible', 'on', 'style', 'edit',
'string', 'localhost:8554/stream', 'horizontalalignment', 'left', "position",
[key_width * 2, window_height - key_height, key_width, key_height]);
    pull_stream_backend_hint = uicontrol('visible', 'on', 'style', 'text', 'string',
'拉流后端：', "position", [0, window_height - key_height * 2, key_width_2, key_
height]);
    pull_stream_backend_popup_menu = uicontrol('visible', 'on', 'style', 'popupmenu',
'string', PULL_STREAM_BACKEND_CELL, "position", [key_width_2, window_height -
key_height * 2, key_width_2, key_height]);
    other_options_hint = uicontrol('visible', 'on', 'style', 'text', 'string', '其他
选项：', "position", [0, window_height - key_height * 3, key_width, key_height]);
    enable_pthread_checkbox = uicontrol('visible', 'on', 'style', 'checkbox',
'string', '启用 pthread 支持', "position", [key_width, window_height - key_height
* 3, key_width, key_height]);
    enable_buffer_size_checkbox = uicontrol('visible', 'on', 'style', 'checkbox',
'string', '启用缓冲大小支持', "position", [key_width * 2, window_height - key_
height * 3, key_width, key_height]);
    pull_stream_status_hint = uicontrol('visible', 'on', 'style', 'text', 'string',
'拉流状态：未拉流', "position", [0, window_height - key_height * 4, key_width, key_
height]);
```

```
    start_pull_stream_button = uicontrol('visible', 'on', 'style', 'pushbutton',
'string', '启动拉流', "position", [key_width, window_height - key_height * 4,
key_width, key_height]);
    stop_pull_stream_button = uicontrol('visible', 'on', 'style', 'pushbutton',
'string', '停止拉流', "position", [key_width * 2, window_height - key_height *
4, key_width, key_height]);


    set(start_pull_stream_button, 'callback', {@callback_start_pull_stream_
button, callback});
    set(stop_pull_stream_button, 'callback', {@callback_stop_pull_stream_
button, callback});

    set_handle('current_figure', f);
    set_handle('log_inputfield', log_inputfield);
    set_handle('pull_stream_website_hint', pull_stream_website_hint);
    set_handle('stream_protocol_popup_menu', stream_protocol_popup_menu);
    set_handle('pull_stream_website_inputfield', pull_stream_website_
inputfield);
    set_handle('pull_stream_backend_popup_menu', pull_stream_backend_popup_
menu);
    set_handle('enable_pthread_checkbox', enable_pthread_checkbox);
    set_handle('enable_buffer_size_checkbox', enable_buffer_size_checkbox);
    set_handle('pull_stream_status_hint', pull_stream_status_hint);
    set_handle('start_pull_stream_button', start_pull_stream_button);
    set_handle('stop_pull_stream_button', stop_pull_stream_button);

    logger = Logger('log_inputfield');
    init(logger, log_inputfield);

endfunction
```

拉流应用在用户没有选择推流协议时启动推流会打印警告日志，如图 13-11 所示。

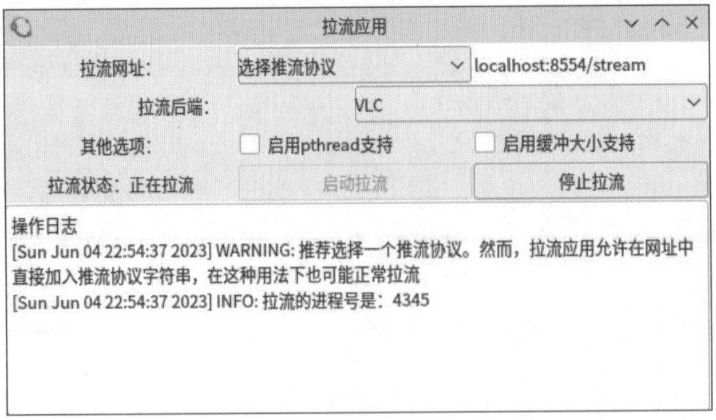

图 13-11　当用户没有选择推流协议时启动推流会打印警告日志

拉流应用在用户没有选择拉流后端时启动推流会打印警告日志，如图 13-12 所示。

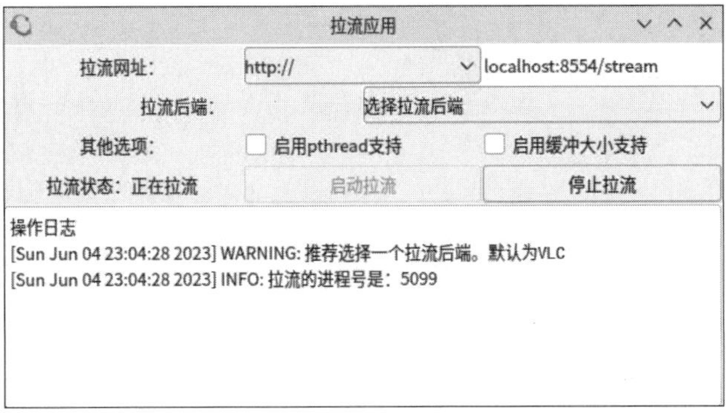

图 13-12　当用户没有选择拉流后端时启动推流会打印警告日志

13.11.3　拉流应用回调函数代码设计

拉流应用根据 GUI 控件需要设计回调函数，回调函数适用的场景如下：

(1) 当用户单击“启动拉流”按钮时，需要回调函数控制如何启动拉流。

(2) 当用户单击“停止拉流”按钮时，需要回调函数控制如何停止拉流。

拉流应用的回调函数的代码如下：

```
#!/usr/bin/octave
#第 13 章/@PullStreamCallbacks/callback_start_pull_stream_button.m

function callback_start_pull_stream_button(h, ~, this)
    ##-*- texinfo -*-
    ##@deftypefn {} {} callback_start_pull_stream_button (@var{h}, @var{~}, @var{this})
    ##启动拉流按钮的回调函数
    ##
    ##@example
    ##param: h, ~, this
    ##
    ##return: -
    ##@end example
    ##
    ##@end deftypefn
    global logger;
    global field;
    PULL_STREAM_BACKEND_VALUE_CELL = get_pull_stream_backend_value_cell(field);

    stream_protocol_popup_menu = get_handle('stream_protocol_popup_menu');
    pull_stream_website_inputfield = get_handle('pull_stream_website_inputfield');
```

```
    pull_stream_status_hint = get_handle('pull_stream_status_hint');
    start_pull_stream_button = get_handle('start_pull_stream_button');
    enable_pthread_checkbox = get_handle('enable_pthread_checkbox');
    enable_buffer_size_checkbox = get_handle('enable_buffer_size_checkbox');
    pull_stream_backend_popup_menu = get_handle('pull_stream_backend_popup_
menu');

    stream_protocol_popup_menu_string = get(stream_protocol_popup_menu, 'string');
    stream_protocol_popup_menu_index = get(stream_protocol_popup_menu, 'value');
    current_stream_protocol = stream_protocol_popup_menu_string{stream_
protocol_popup_menu_index};
    pull_stream_backend_popup_menu_string = get(pull_stream_backend_popup_
menu, 'string');
    pull_stream_backend_popup_menu_index = get(pull_stream_backend_popup_
menu, 'value');
    current_pull_stream_backend = PULL_STREAM_BACKEND_VALUE_CELL{pull_stream_
backend_popup_menu_index};
    if stream_protocol_popup_menu_index == 1
        current_stream_protocol = '';
        log_warning(logger, ClientHints.EMPTY_STREAM_PROTOCOL);
    endif
    if pull_stream_backend_popup_menu_index == 1
        current_pull_stream_backend = PULL_STREAM_BACKEND_VALUE_CELL{2};
        log_warning(logger, sprintf(ClientHints.EMPTY_PULL_STREAM_BACKEND_
        DEFAULT_IS, current_pull_stream_backend));
    endif

    pull_stream_website_inputfield_string = get(pull_stream_website_inputfield,
    'string');
    if strcmp(pull_stream_website_inputfield_string, "")
        log_error(logger, ClientHints.EMPTY_WEBSITE_STRING);
    endif

    pull_stream_website = [current_stream_protocol, get(pull_stream_website_
inputfield, 'string')];

    enable_pthread_checkbox_value = get(enable_pthread_checkbox, 'value');
    enable_buffer_size_checkbox_value = get(enable_buffer_size_checkbox, 'value');
    if enable_pthread_checkbox_value || enable_buffer_size_checkbox_value
        pull_stream_website = [pull_stream_website, "?"];
    endif
    if enable_pthread_checkbox_value
        if !strcmp(pull_stream_website(end), "&") && !strcmp(pull_stream_
        website(end), "?")
            pull_stream_website = [pull_stream_website, "&"];
        endif
```

```
        pull_stream_website = [pull_stream_website, "fifo_size = 100000000"];
    endif
    if enable_buffer_size_checkbox_value
        if !strcmp(pull_stream_website(end), "&") && !strcmp(pull_stream_
        website(end), "?")
            pull_stream_website = [pull_stream_website, "&"];
        endif
        pull_stream_website = [pull_stream_website, "buffer_size = 10000000"];
    endif

    pull_stream_command_cell = {
        current_pull_stream_backend;
        pull_stream_website
    };
    % pull_stream_command = [current_pull_stream_backend, " ", current_stream_
protocol, " ", pull_stream_website_inputfield];
    sprintf([current_pull_stream_backend, " ", pull_stream_website])
    try
        [in, out, field.pull_streaming_pid] = popen2(current_pull_stream_
        backend, pull_stream_website);
        if !(field.pull_streaming_pid = = -1)
            log_info(logger, sprintf(ClientHints.PULL_STREAMING_PID_IS,
            num2str(field.pull_streaming_pid)));
            set(pull_stream_status_hint, "string", "拉流状态: 正在拉流");
            set(start_pull_stream_button, "enable", "off");
        else
            log_error(logger, sprintf(ClientHints.PULL_STREAM_ERROR,
            ClientHints.INTERNAL_PULL_STREAM_BACKEND_ERROR));
        endif
        fclose(in);
        EAGAIN = errno("EAGAIN");
        done = false;
        do
            s = fgets(out);
            if(ischar(s))
                fputs(stdout, s);
            % elseif(errno() = = EAGAIN)
            %     pause(0.1);
            %     fclear(out);
            else
                done = true;
            endif
        until(done)
        fclose(out);
    catch
        e = lasterror()
```

```
        log_error(logger, sprintf(ClientHints.PULL_STREAM_ERROR, e.message));
    end_try_catch

endfunction

#!/usr/bin/octave
#第13章/@PullStreamCallbacks/callback_stop_pull_stream_button.m

function callback_stop_pull_stream_button(h, ~, this)
    ##-*-texinfo-*-
    ##@deftypefn {} {} callback_stop_pull_stream_button (@var{h}, @var{~}, @
var{this})
    ##停止拉流按钮的回调函数
    ##
    ##@example
    ##param: h, ~, this
    ##
    ##return: -
    ##@end example
    ##
    ##@end deftypefn
    global logger;
    global field;

    pull_stream_status_hint = get_handle('pull_stream_status_hint');
    start_pull_stream_button = get_handle('start_pull_stream_button');
    kill(field.pull_streaming_pid, 9)
    set(pull_stream_status_hint, "string", "拉流状态: 未拉流");
    set(start_pull_stream_button, "enable", "on");

endfunction
```

13.12 一体化部署

本节讲解对兼容性要求最高的一体化部署场景，即将推流服务器软件、推流客户端、拉流客户端、推流应用和拉流应用全部部署在同一台机器上。

13.12.1 部署方案

本节在一体化部署时使用 rtsp-simple-server 作为推流服务器软件，使用 FFmpeg 作为推流客户端，使用 VLC、mplayer 或 mpv 作为拉流后端，使用本节中编写的推流应用和拉流应用来实现推流功能和拉流功能。

13.12.2 rtsp-simple-server 的端口配置

rtsp-simple-server 需要配置多个端口以监听不同种类的推流请求。rtsp-simple-server

的端口配置如表 13-3 所示。

表 13-3 rtsp-simple-server 的端口配置

服务名	IP	服务名	IP
rtspAddress	8554	multicastRTCPPort	8003
rtspsAddress	8322	rtmpAddress	1935
rtpAddress	8000	rtmpsAddress	1936
rtcpAddress	8001	hlsAddress	8888
multicastRTPPort	8002	webrtcAddress	8889

13.12.3 视频流属性代码设计

在一体化部署时，由于推流应用和拉流应用都需要用到全局属性，而在全局属性中又有推流协议元胞等共用数据，因此将推流应用和拉流应用属性类合成为同一个类，称为视频流属性。

根据推流应用和拉流应用的结构和业务逻辑编写属性部分的代码，编写规则如下：

（1）在设计 UI 控件时需要一个基础尺寸。设计按键高度属性作为 UI 控件的基础尺寸。

（2）某些控件的显示文本需要根据状态实时改变，因此要在代码中增加对应的变化逻辑。

（3）应用涉及停止推流的操作，而停止推流涉及进程号，因此要在代码中记录推流进程号。

（4）应用涉及停止拉流的操作，而停止拉流涉及进程号，因此要在代码中记录拉流进程号。

根据以上规则编写视频流应用属性类，代码如下：

```
#!/usr/bin/octave
#第 13 章/@StreamAttributes/StreamAttributes.m

function ret = StreamAttributes()
    ##-*- texinfo -*-
    ##@deftypefn {} {} StreamAttributes()
    ##视频流应用属性类
    ##
    ##@example
    ##param: -
    ##
    ##return: ret
    ##@end example
    ##
    ##@end deftypefn
    key_height = 30;
```

```
    #按键高度 key_height
    push_streaming_pid = 0;
    #推流进程号 push_streaming_pid
    pull_streaming_pid = 0;
    #拉流进程号 pull_streaming_pid

    a = struct(
        'key_height', key_height,...
        'push_streaming_pid', push_streaming_pid,...
        'pull_streaming_pid', pull_streaming_pid...
        );
    ret = class(a, "StreamAttributes");
endfunction

#!/usr/bin/octave
#第 13 章/@StreamAttributes/get_audio_encoder_cell.m

function AUDIO_ENCODER_CELL = get_audio_encoder_cell(this)
    ##-*- texinfo -*-
    ##@deftypefn {} {} get_audio_encoder_cell (@var{this})
    ##获取声频编码器元胞
    ##
    ##@example
    ##param: this
    ##
    ##return: AUDIO_ENCODER_CELL
    ##@end example
    ##
    ##@end deftypefn

    AUDIO_ENCODER_CELL = {
        ClientHints.CHOOSE_AUDIO_ENCODER_CELL,...
        'copy',...
        'aac',...
        'libopus',...
        'wmav2'...
    };

endfunction

#!/usr/bin/octave
#第 13 章/@StreamAttributes/get_muxer_cell.m

function MUXER_CELL = get_muxer_cell(this)
    ##-*- texinfo -*-
    ##@deftypefn {} {} get_muxer_cell (@var{this})
    ##获取多路复用器元胞
    ##
    ##@example
```

```
    ##param: this
    ##
    ##return: MUXER_CELL
    ##@end example
    ##
    ##@end deftypefn

    MUXER_CELL = {
        ClientHints.CHOOSE_MUXER_CELL,...
        'flv',...
        'rtp',...
        'mpegts',...
        'sdl',...
        'rtsp',...
        'hls',...
        'h264'...
    };

endfunction

#!/usr/bin/octave
#第 13 章/@StreamAttributes/get_pull_stream_backend_cell.m

function PULL_STREAM_BACKEND_CELL = get_pull_stream_backend_cell(this)
    ##-*- texinfo -*-
    ##@deftypefn {} {} get_pull_stream_backend_cell (@var{this})
    ##获取拉流后端元胞
    ##
    ##@example
    ##param: this
    ##
    ##return: PULL_STREAM_BACKEND_CELL
    ##@end example
    ##
    ##@end deftypefn

    PULL_STREAM_BACKEND_CELL = {
        ClientHints.CHOOSE_PULL_STREAM_BACKEND_CELL,...
        'VLC',...
        'mplayer',...
        'mpv'...
    };
endfunction

#!/usr/bin/octave
#第 13 章/@StreamAttributes/get_pull_stream_backend_value_cell.m

function PULL_STREAM_BACKEND_VALUE_CELL = get_pull_stream_backend_value_cell
(this)
```

```
    ##-*- texinfo -*-
    ##@deftypefn {} {} get_pull_stream_backend_value_cell (@var{this})
    ##获取拉流后端值元胞
    ##
    ##@example
    ##param: this
    ##
    ##return: PULL_STREAM_BACKEND_VALUE_CELL
    ##@end example
    ##
    ##@end deftypefn

    PULL_STREAM_BACKEND_VALUE_CELL = {
        '',...
        'vlc',...
        'mplayer',...
        'mpv'...
    };

endfunction

#!/usr/bin/octave
#第 13 章/@StreamAttributes/get_stream_protocol_cell.m

function STREAM_PROTOCOL_CELL = get_stream_protocol_cell(this)
    ##-*- texinfo -*-
    ##@deftypefn {} {} get_stream_protocol_cell (@var{this})
    ##获取推流协议元胞
    ##
    ##@example
    ##param: this
    ##
    ##return: STREAM_PROTOCOL_CELL
    ##@end example
    ##
    ##@end deftypefn

    STREAM_PROTOCOL_CELL = {
        ClientHints.CHOOSE_STREAM_PROTOCOL_CELL,...
        'http://',...
        'rtsp://',...
        'rtmp://',...
        'rtp://',...
        'tcp://',...
        'udp://'...
    };

endfunction

#!/usr/bin/octave
```

```
#第 13 章/@StreamAttributes/get_stream_protocol_cell.m

function STREAM_PROTOCOL_CELL = get_stream_protocol_cell(this)
    ##-*- texinfo -*-
    ##@deftypefn {} {} get_stream_protocol_cell (@var{this})
    ##获取推流协议元胞
    ##
    ##@example
    ##param: this
    ##
    ##return: STREAM_PROTOCOL_CELL
    ##@end example
    ##
    ##@end deftypefn

    STREAM_PROTOCOL_CELL = {
        ClientHints.CHOOSE_STREAM_PROTOCOL_CELL,...
        'http://',...
        'rtsp://',...
        'rtmp://',...
        'rtp://',...
        'tcp://',...
        'udp://'...
    };

endfunction

#!/usr/bin/octave
#第 13 章/@StreamAttributes/get_video_encoder_cell.m

function VIDEO_ENCODER_CELL = get_video_encoder_cell(this)
    ##-*- texinfo -*-
    ##@deftypefn {} {} get_video_encoder_cell (@var{this})
    ##获取视频编码器元胞
    ##
    ##@example
    ##param: this
    ##
    ##return: VIDEO_ENCODER_CELL
    ##@end example
    ##
    ##@end deftypefn

    VIDEO_ENCODER_CELL = {
        ClientHints.CHOOSE_VIDEO_ENCODER_CELL,...
        'copy',...
        'libx264',...
        'libopenh264',...
        'wmv2'...
    };

endfunction
```

13.12.4 客户端提示字符串设计

将推流应用和拉流应用的提示字符串合成为同一个类，称为客户端提示字符串类，代码如下：

```
#!/usr/bin/octave
#第13章/ClientHints.m
classdef ClientHints
    ##-*- texinfo -*-
    ##@deftypefn {} {} ClientHints(@var{})
    ##客户端提示字符串类
    ##
    ##@example
    ##param: -
    ##
    ##return: ret
    ##@end example
    ##
    ##@end deftypefn
    properties(Constant = true)
        SUCCESS = 'SUCCESS';
        FAILURE = 'FAILURE';
        PICTURE_PARSE_FAILURE = '图片解析失败！请重新选择图片。';
        CHOOSE_AUDIO_ENCODER_CELL = '选择声频编码器';
        CHOOSE_VIDEO_ENCODER_CELL = '选择视频编码器';
        CHOOSE_MUXER_CELL = '选择多路复用器';
        CHOOSE_STREAM_PROTOCOL_CELL = '选择推流协议';
        EMPTY_FILE = '文件为空,不能正常推流';
        EMPTY_AUDIO_ENCODER = '推荐选择一个声频编码器。不选择声频编码器也可能正常推流';
        EMPTY_VIDEO_ENCODER = '推荐选择一个视频编码器。不选择视频编码器也可能正常推流';
        EMPTY_MUXER = '必须选择一个多路复用器才能正常推流';
        EMPTY_STREAM_PROTOCOL = '推荐选择一个推流协议,然而,推流应用允许在网址中直接加入推流协议字符串,在这种用法下也可能正常推流';
        EMPTY_WEBSITE_STRING = '推流网址为空,不能正常推流';
        PUSH_STREAM_CLI_ERROR = '推流失败,失败原因是：%s';
        STREAMING_PID_IS = '推流的进程号是：%s';
        INTERNAL_FFMPEG_ERROR = 'FFmpeg 内部错误。重新安装 FFmpeg 可能会解决此问题';
        CHOOSE_PULL_STREAM_BACKEND_CELL = '选择拉流后端';
        EMPTY_PULL_STREAM_BACKEND_DEFAULT_IS = '推荐选择一个拉流后端。默认为%s';
        PULL_STREAMING_PID_IS = '拉流的进程号是：%s';
        PULL_STREAM_ERROR = '拉流失败,失败原因是：%s';
        INTERNAL_PULL_STREAM_BACKEND_ERROR = '拉流后端内部错误。重新安装拉流后端可能会解决此问题';

    endproperties
endclassdef
```

13.12.5　推流应用和拉流应用共同运行

本节中的各个应用的运行和操作顺序如下：

(1) 运行推流服务器软件，启动推流服务。

(2) 运行推流应用。

(3) 推流应用启动推流。

(4) 运行拉流应用。

(5) 拉流应用启动拉流。

在推流应用和拉流应用协同运行时，推流应用和拉流应用的系统日志会同时输出到同一个终端上，如图 13-13 所示。

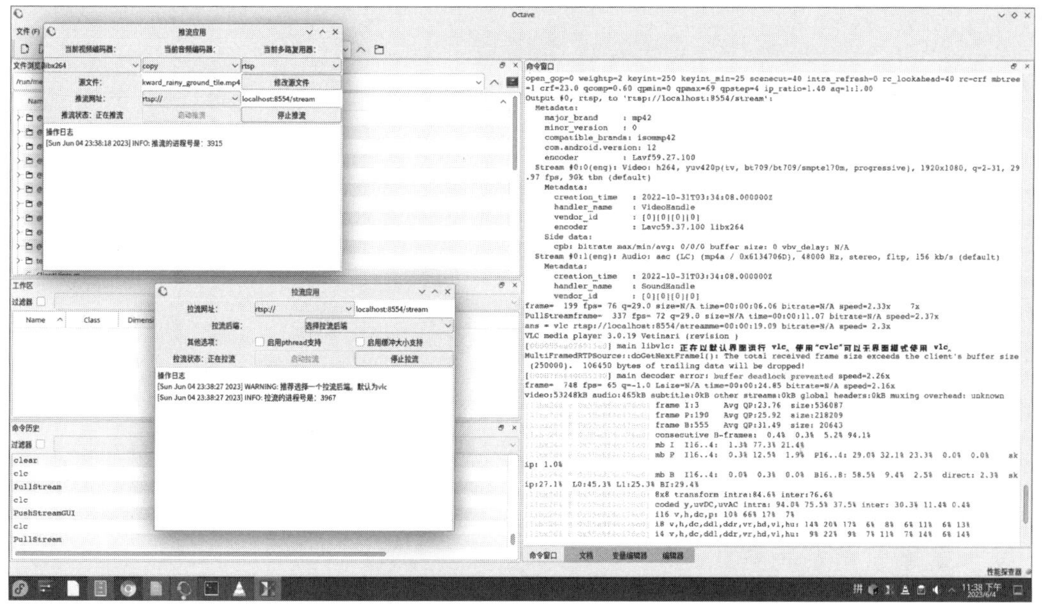

图 13-13　推流应用和拉流应用的系统日志截图

图 13-13 中的右上部分和右下部分的日志是 FFmpeg 的日志，右侧中间部分的日志是 VLC 的日志。可见，推流应用和拉流应用在一体化部署的场景下均可以正常工作。

图书推荐

书　　名	作　　者
深度探索 Vue.js——原理剖析与实战应用	张云鹏
剑指大前端全栈工程师	贾志杰、史广、赵东彦
Flink 原理深入与编程实战——Scala+Java(微课视频版)	辛立伟
Spark 原理深入与编程实战(微课视频版)	辛立伟、张帆、张会娟
PySpark 原理深入与编程实战(微课视频版)	辛立伟、辛雨桐
HarmonyOS 移动应用开发(ArkTS 版)	刘安战、余雨萍、陈争艳 等
HarmonyOS 应用开发实战(JavaScript 版)	徐礼文
HarmonyOS 原子化服务卡片原理与实战	李洋
鸿蒙操作系统开发入门经典	徐礼文
鸿蒙应用程序开发	董昱
鸿蒙操作系统应用开发实践	陈美汝、郑森文、武延军、吴敬征
HarmonyOS 移动应用开发	刘安战、余雨萍、李勇军 等
HarmonyOS App 开发从 0 到 1	张诏添、李凯杰
HarmonyOS 从入门到精通 40 例	戈帅
JavaScript 基础语法详解	张旭乾
华为方舟编译器之美——基于开源代码的架构分析与实现	史宁宁
Android Runtime 源码解析	史宁宁
鲲鹏架构入门与实战	张磊
鲲鹏开发套件应用快速入门	张磊
华为 HCIA 路由与交换技术实战	江礼教
华为 HCIP 路由与交换技术实战	江礼教
openEuler 操作系统管理入门	陈争艳、刘安战、贾玉祥 等
恶意代码逆向分析基础详解	刘晓阳
深度探索 Go 语言——对象模型与 runtime 的原理、特性及应用	封幼林
深入理解 Go 语言	刘丹冰
Spring Boot 3.0 开发实战	李西明、陈立为
深度探索 Flutter——企业应用开发实战	赵龙
Flutter 组件精讲与实战	赵龙
Flutter 组件详解与实战	[加]王浩然(Bradley Wang)
Flutter 跨平台移动开发实战	董运成
Dart 语言实战——基于 Flutter 框架的程序开发(第 2 版)	亢少军
Dart 语言实战——基于 Angular 框架的 Web 开发	刘仕文
IntelliJ IDEA 软件开发与应用	乔国辉
Vue+Spring Boot 前后端分离开发实战	贾志杰
Vue.js 快速入门与深入实战	杨世文
Vue.js 企业开发实战	千锋教育高教产品研发部
Python 从入门到全栈开发	钱超
Python 全栈开发——基础入门	夏正东
Python 全栈开发——高阶编程	夏正东
Python 全栈开发——数据分析	夏正东
Python 编程与科学计算(微课视频版)	李志远、黄化人、姚明菊 等
Python 游戏编程项目开发实战	李志远
量子人工智能	金贤敏、胡俊杰
Python 人工智能——原理、实践及应用	杨博雄 主编,于营、肖衡、潘玉霞、高华玲、梁志勇 副主编
Python 预测分析与机器学习	王沁晨

续表

书　　名	作　　者
Python 数据分析实战——从 Excel 轻松入门 Pandas	曾贤志
Python 概率统计	李爽
Python 数据分析从 0 到 1	邓立文、俞心宇、牛瑶
FFmpeg 入门详解——音视频原理及应用	梅会东
FFmpeg 入门详解——SDK 二次开发与直播美颜原理及应用	梅会东
FFmpeg 入门详解——流媒体直播原理及应用	梅会东
FFmpeg 入门详解——命令行与音视频特效原理及应用	梅会东
Python Web 数据分析可视化——基于 Django 框架的开发实战	韩伟、赵盼
Python 玩转数学问题——轻松学习 NumPy、SciPy 和 Matplotlib	张骞
Pandas 通关实战	黄福星
深入浅出 Power Query M 语言	黄福星
深入浅出 DAX——Excel Power Pivot 和 Power BI 高效数据分析	黄福星
云原生开发实践	高尚衡
云计算管理配置与实战	杨昌家
虚拟化 KVM 极速入门	陈涛
虚拟化 KVM 进阶实践	陈涛
边缘计算	方娟、陆帅冰
物联网——嵌入式开发实战	连志安
动手学推荐系统——基于 PyTorch 的算法实现(微课视频版)	於方仁
人工智能算法——原理、技巧及应用	韩龙、张娜、汝洪芳
跟我一起学机器学习	王成、黄晓辉
深度强化学习理论与实践	龙强、章胜
自然语言处理——原理、方法与应用	王志立、雷鹏斌、吴宇凡
TensorFlow 计算机视觉原理与实战	欧阳鹏程、任浩然
计算机视觉——基于 OpenCV 与 TensorFlow 的深度学习方法	余海林、翟中华
深度学习——理论、方法与 PyTorch 实践	翟中华、孟翔宇
HuggingFace 自然语言处理详解——基于 BERT 中文模型的任务实战	李福林
Java+OpenCV 高效入门	姚利民
AR Foundation 增强现实开发实战(ARKit 版)	汪祥春
AR Foundation 增强现实开发实战(ARCore 版)	汪祥春
ARKit 原生开发入门精粹——RealityKit + Swift + SwiftUI	汪祥春
HoloLens 2 开发入门精要——基于 Unity 和 MRTK	汪祥春
巧学易用单片机——从零基础入门到项目实战	王良升
Altium Designer 20 PCB 设计实战(视频微课版)	白军杰
Cadence 高速 PCB 设计——基于手机高阶板的案例分析与实现	李卫国、张彬、林超文
Octave 程序设计	于红博
Octave GUI 开发实战	于红博
ANSYS 19.0 实例详解	李大勇、周宝
ANSYS Workbench 结构有限元分析详解	汤晖
AutoCAD 2022 快速入门、进阶与精通	邵为龙
SolidWorks 2021 快速入门与深入实战	邵为龙
UG NX 1926 快速入门与深入实战	邵为龙
Autodesk Inventor 2022 快速入门与深入实战(微课视频版)	邵为龙
全栈 UI 自动化测试实战	胡胜强、单镜石、李睿
pytest 框架与自动化测试应用	房荔枝、梁丽丽